# 계산화학개론

Introduction to
Computational Chemistry

백경구 저

북스힐

# 머리말

이 책은 2008년 봄에 한정판으로 출판한 '계산화학 개론 및 실습'이라는 책의 개정 증보판이다. 이러한 성격과 내용의 책이 국내에서 출간된 것으로는 처음이었고, 아직까지도 유사한 성격의 다른 한글 서적은 없다. 따라서 지난번 책의 내용이 부실하였음에도 불구하고 나름의 수요가 있었고, 개정판의 요구도 있었다. 그러나 계산화학 분야는 화학의 여러 분야들 중에서도 가장 빠르게 발전하는 분야에 해당한다. 따라서 계산화학을 처음 학습하는 학생들을 대상으로, 어느 범위까지를 어느 정도의 깊이로 포함시키는 것이 적절한지 조정하는 것이 어려워 선뜻 개정판을 만들지 못하였다. 그러나 고민만 하면서 아무것도 하지 않는 것 보다는, 좀 부족하더라도 일단 개정판을 만들어 놓고, 국내의 다른 분들이 이 책과 유사하면서도 더 좋은 책으로 발전시키기를 기다리는 것이 지금 이 시점에서 그나마 최선이라는 생각으로 이번 개정 증보판을 만든다.

계산화학 방법의 기본 개념들과 계산화학 프로그램들을 실제로 적용하는 기초수준의 실습 경험을 화학분야 학부 학생들에게 제공하여, 이들이 나중에 연구개발 현장에 참여하였을 때 계산화학 방법을 본격적으로 습득할 수 있는 기본 준비를 제공하는 것이 이 책의 주요 목적이다. 그래서 계산화학 방법들 자체에 대한 수식의 엄밀한 유도 과정은 가능한 간단하게 생략하고, 그 대신 최종 수식에 포함된 물리적인 의미를 강조하였다. 그리하여 계산화학 방법들을 사용하는 연구자가 상식 수준에서라도 알고 있을 필요가 있는 기본 개념들을 정성적으로나마 이해할 수 있는 수준으로만 다루었다. 또한 너무 긴 시간을 요구하지 않도록, 이 책의 분량을 적절하게 제한하였다.

미시 물질계(microscopic material system)의 기본 법칙은 양자역학(Quantum Mechanics)이고, 그 양자역학을 화학 연구의 기본 단위인 분자(Molecule)의 내부 구조와 특성에 적용하는 분야가 양자화학(Quantum Chemistry)이다. 여러 계산화학 방법들의 핵심 기반이 양자화학이기는 하지만, 계산화학 프로그램을 실제로 활용하기 위하여 양자화학의 세부 지식을 갖추도록 요구하는 것은 계산화학 분야의 진입 장벽을 필요 이상으로 높이는 것일 뿐이다. 또한 최근까지 발달한 여러 기법들 덕분에, 화학 전반에 대한 이해만 갖추고 있다면, 계산화학 프로그램들의 여러 기능들을 충분히 잘 활용할 수 있는 환경이 갖추어지고 있다. 그래서 이 책의 앞부분인 2장에서는 일단 고전역학의 개념을 바탕으로 분자를 다루는 계산화학 방법들을 먼저 간단히 소개하고, 이들 방법을 적용하는 실습들을 진행하면서 계산화학에 필요한 기본 개념들에 익숙해지도록 유도한다. 3장에서는 모든 양자화학 계산방법들의 출발점이자 기반이라 할 수 있는 하트리-포크 자체-일치-장(HF/SCF) 방법과 바탕집합(바탕함수집합, Basis Set)에 관련된 여러 내용을 설명하면서 양자화학 계산방법을 본격 활용하는 데 필요한 최소한의 기초를 제공한다.

이 책의 핵심 내용이라 할 수 있는 4장에서는 계산화학 방법들을 실제로 적용하는 여러 대상(각 계산화학의 구체 목표)들을 포함시켰는데, 가능한 기본적인 계산으로부터 시작하여 점차 복잡한 단계들을 포함하는 경우에 이르도록 순차적으로 배치하였다. 계산화학의 결과가 실제 연구에 도움이 될 수 있는 수준이 되려면 5장에서 다루는 '전자 상관성 효과'를 포함하는 방법들을 적용해야 한다. 그러나 계산화학을 처음 학습하는 학생에게는 5장의 내용이 필요 이상으로 복잡하고 혼란스러울 수 있어 4장의 뒤로 미루었다. 계산화학을 처음 학습하는 학생이라면, 일단 4장까지만 학습해도 어느 정도의 기본을 갖출 수 있을 것이다. 5장의 내용 전부를 굳이 이해하지 않아도 되지만, 그래도 시간이 되는대로 한번쯤 읽어보는 것이 필요할 것이다. 한편 맨 앞의 1장에서는 계산화학의 배경 및 역사, 그리고 계산화학의 의미와 적용 대상 등에 대하여 폭넓게 설명하였으며, 이 책에 포함시키지 않은 계산화학 방법들에 대해서도 조금씩 언급하였다. 1장 내용의 중간부분 이후는 계산화학을 처음 학습하는 학생에게는 어려운 내용일 수 있으니, 그 부분은 나중에 읽어보는 것이 더 좋을 수도 있다.

이 책은 여러 계산화학 방법의 기반을 이루는 이론 내용을 개념적으로 설명한 부분에 뒤이어 그러한 방법을 실제로 적용해보는 여러 가지의 실습 내용들을 포함하고 있다. 이 책에 포함된 실습 내용들은 지난 10여 년간 '계산화학 개론 및 실습'이라는 '3학점-2시간강의-2시간실습' 형식의 강좌를 학생들에게 실제로 교육하면서 학부 학생들에게 적합하도록 조정하여 개발한 내용들이다. 이 책만을 사용하면서 혼자 학습하는 경우에도 충분히 도움이 될 수 있도록, 어떤 면에서는 다소 지나치게 자세히 설명하였다. 실습 조교의 도움을 받을 수 있는 경우에는 반드시 이 책에서 제시한 순서대로 실습할 필요는 없다. 그러나 각 계산화학 프로그램을 처음 접하는 단계의 실습 내용은 자세하게 설명된 반면에, 그 뒤에 나오는 실습 내용의 설명에서는 앞의 실습에서 익힌 것을 염두에 두고, 보다 간략하게 실습 내용을 설명하였다. 따라서 혼자서 학습하는 경우뿐만 아니라 실습 조교의 도움을 받는 경우에도, 가능하면 서두르지 말고, 실습의 번호 순서대로 하는 것이 더 쉬울 것이다.

각 실습 내용은 한 시간 정도 조교의 시연을 통하여 학생들이 기본 내용을 학습한 후, 각자의 과제를 한 시간 정도에 마칠 수 있도록 구성하였다. 그리고 대략 15주간의 한 학기에 이 책의 대부분을 끝마칠 수 있도록 분량을 조절하였다. 또한 양자화학이나 물리화학-2와 같이 계산화학의 배경 지식에 해당하는 관련 과목을 수강하지 않은 학생도 이 책에 포함된 실습 내용들을 통하여 계산화학의 기본 개념을 학습할 수 있는 수준으로 가능한 쉽게 설명하도록 노력하였다. 이 책을 접하는 각 학생의 배경 지식(물리화학-2, 양자화학 등의 선수 과목을 이수하였는지의 여부)에 따라 어느 부분은 너무 쉽고 필요이상으로 자세하며, 어떤 부분은 다소 어렵게 느낄 수도 있을 것이다. 그러나 위험한 시약, 깨지기 쉬운 초자기구, 고가의 분석 장비 등을 사용하는 실제 실험-실습과는 달리, 학생이 원하는 추가 실습을 학생이 원하는 시간에 언제든지 혼자서 안전하게 할 수 있다는 점이 계산화학 실습의 또 다른 장점이라 할 수 있을 것이다. 따라서 각자가 필요한 부분은 반복해서 실습하여도 아무런 사고 없이 안전하게 이 책에서 제시하는 실습을 수행하여 각자의 수준에 맞는 성과를 거두기 바란다. 그러나 학교(교육기관) 안의 시설에 정식으로 설치할 수 있어야 한다는 제한(site license)과 학생들이 쉽게 배울 수 있는 편리성을 고려한 결과 특정 프로그램들(ChemDraw, HyperChem, Gaussian, GaussView)만을 사용하도록 실습 내용이 구성되었다는 점이 다소 아쉽다.

끝으로, 복잡한 수식들과 기호들의 편집을 꼼꼼하게 처리한 (주)북스힐 편집부(이수정 씨)에 고마움을 표한다.

2017년 12월

강릉원주대학교 화학과(화학신소재학과)

백경구

# 차 례

# 1장 계산화학의 개요와 기본 준비

이 책은 계산화학 방법의 이론 내용들 자체를 중심으로 다루려는 것이 아니라, 계산화학 방법을 화학의 다른 분야에 실제로 활용하려는 연구자에게 필요한 최소한의 기본 개념들과 기초 실습을 중심으로 다룬다. 또한 계산화학 분야를 처음 학습하는 대학교 3~4학년 학생이 이 책의 주요 독자라고 생각하고 있기 때문에, 계산화학에 관련된 깊은 내용과 전체 범위를 이 책에 모두 포함시킬 수는 없다. 그러다 보니 이 책을 학습한 학생이 계산화학의 의미와 범위에 대하여 너무 좁은 시각만을 가지게 될 것이 염려된다. 그래서 이번 1장에서는 계산화학의 전체 개요를 설명하면서, 이 책의 2장 이후 내용에서 거의 다루지 않는 내용들에 대해서도 일단은 간단하게나마 언급하고 지나가고자 한다. 한편, 계산화학이 본격적으로 주목받기 시작한지 얼마 지나지 않은 1997년 시점에서 계산화학의 현황을 정리한 내용이 참고문헌 1-1번의 13쪽부터 30쪽 사이에 포함되어 있는데, 그것은 참고문헌 1-2의 내용을 번역한 것이니, 기회가 된다면 그 부분도 읽어볼 것을 권한다.

이번 장의 내용이 비록 피상적이고 개괄적인 수준이기는 하지만, 계산화학을 처음 배우는 학부 학생의 관점에서는 너무 방대하여 어렵게 느껴질 수 있다. 그런 경우에는 1장의 내용 전부를 읽을 필요 없이 마지막 1.5절의 내용만을 살펴본 후, 곧바로 2장부터 (고전역학 방법에 관심이 없다면, 3장부터) 학습하여도 된다. 이 책의 학습을 끝마치는 시점에서 1장을 다시 읽어보는 방식도 추천할 만하다.

## 1.1 간단한 역사, 현황, 그리고 전망

화학 분야의 일반 연구자들에게 계산화학이라는 분야가 구체적으로 인식되기 시작한 것은 1990년대 중반이라고 할 수 있다. 그러나 현재 계산화학의 바탕이 되는 기본 방법들의 발전은 이전에 이미 수십 년 동안 진행되어 왔다. 양자역학 이론이 성립된 직후인 1920년대 후반에 벌써 양자역학 이론을 화학에 적용하기 위한 노력이 시작되었으며, 1930년대와 40년대에는 양자역학을 화학에 적용한 화학결합 이론, 결정장 이론(crystal field theory) 등이 화학 개념의 발전에 주요한 영향을 미치기 시작하였다. 분자에 대한 Schrödinger 방정식의 실제 풀이를 1950년대 초반에 이미 반경험 방식으로 시작되었으며, 이원자 분자(diatomic molecule)에 대한 최초의 하트리-포크(HF) 계산이 1956년에 수행되었다. 뒤를 이어, 컴퓨터를 사용한 계산으로 분자의 내부 구조를 다루는 연구들이 1950년대 후반부터 본격적으로 시작되었다. HF 방법뿐만 아니라, 현재 사용되고 있는 높은 수준의 양자화학 계산 방법들 대부분의 원초적인 형식들 각각이 1950년대 말부터 1960년대 중반 사이에 이미 시작되었다고 볼 수 있다. 분자의 화학결합을 양자역학으로 규명한 업적으로 1966년 노벨 화학상을 수상한 **로버트 멀리컨**(Robert Sanderson Mulliken, 1896. 06. 07.~1986. 10. 31.)은 양자화학 계산 방법들을 본격적으로 발전시키는 초석을 제공하였으며, 지금 사용되고 있는 양자화학 계산 컴퓨터 프로그램들의 핵심 바탕이 되는 구체적인 이론들을 발전시킨 가장 중요한 선도자들 중 한 명이라고 할 수 있다. 계산화학 분야의 전문가가 아닌 타분야 연구자들도 사용할 수 있도록 하려는 시도는(반경험 양자화학 방법들이 개발되던) 1960년대 후반부터 시작되었다고 볼 수도 있다. 현재 활용되고 있는 계산화학 컴퓨터 프로그램들 중 가장 널리 알려져 있는 것이라고 할 수 있는 **가우시안**(Gaussian) **Software Program**이 1970년에 시작되었다. 또 한편으로 분자역학 방법의 대표라 할 수 있는 MM2 프로그램도 **노만 알링거**(Norman Allinger, 1928~현재) 교수에 의하여 그 무렵에 시작되었다. **계산화학**(computational chemistry)이라는 용어가 1970년대 초부터 등장하기 시작하였으며, 미국화학회(American Chemical Society)에서 계산화학 분과의 맹아라고 할 수 있는 위원회를 1970년대 초반에 조직하기는 하였지만, 그다지 활발한 활동성과는 없었던 듯하다. 비록 1970년대 기간 동안 계산화학 방법의 여러 세부 갈래에서 중요한 발전들이 이루어지기는 했지만, 1980년대 초반까지도 계산화학이라는 것이 여전히 일부 분야 전문가들에 의해서만 수행되는 독특한 연구 방식이었을 뿐, 화학의 다른 연구 분야에 미치는 영향이 크지 않았고, 하나의 독립된 분야로 인정되지는 않았었다.

그러나 계산화학 방법들의 바탕이 되는 여러 이론들이 지속적으로 발전하였고 화학 연구에서의 주요한 도구로 발전될 가능성이 인정되기 시작하면서, 계산화학을 중심 주제로 내세운 전문 학술잡지인 Journal of Computational Chemistry가 미국화학회 주관으로 1980년에 발행되기 시작하였다. 양자화학 이론을 화학반응 과정에 적용한 연구로, 1981년 노벨 화학상을 수상한 **후쿠이 겐이치**(福井 謙一, ふくい けんいち, 1918. 10. 04.~1998. 01. 09.)와 로알드 호프만(Roald Hoffmann, 1937. 07. 18.~현재)을 계산화학 분야의 연구자라고 하기는 좀 어렵지만, 계산화학이 화학의 다른 분야에 큰 영향을 미치는 것이 점차 인정되기 시작한 것으로 볼 수 있다. 또한 1980년대부터는 계산화학의 핵심 수단에 해당하는 컴퓨터의 성능이 본격적으로 발전하였으며, 많은 대학과 연구기관에서 자체의 전산센터(Computer Center)를 갖추어 소속 연구원들에게 빠른 컴퓨터 계산 능력을 제공하는 것이 매우 일반화되기 시작하였다. 단지 계산 능력의 발전뿐만 아니라, 비전문가가 컴퓨터를 활용하는데 필요한 도구들이 이 시기에 발전하면서 계산화학의 발전에 특히 중요한 기여를 하였다. 즉, 1980년대 초반에 GUI(Graphical User Interface)가 컴퓨터 운영체제(Operating System, OS)에 도입되기 시작하였고, 이것을 바탕으로 하는 MS-Windows OS가 1990년대 중반 무렵부터 널리 사용되기 시작하였다. 그동안 일반 연구자들이 계산화학 방법을 배워서 사용하려는 시도의 초기 단계에서 만나게 되는 가장 큰 어려움(즉, 문자와 숫자로만 구성된 프로그램의 입력자료(input)를 만드는 단계와, 역시 문자와 숫자들로만 구성된 계산 결과(output)의 의미를 분석하는 과정에서의 어려움)들이 크게 극복되기 시작하였다. 그리하여 1990년대 초부터는 특별한 연구자들만 사용하는 독특한 방법이 아니라, 화학의 거의 모든 분야에서 누구나 활용할 수 있고, 또 활용하여야 하는 도구와 같은 것이 되면서, 계산화학 분야가 화학에서 차지하는 비중이 더 이상 무시할 수 없는 정도가 되기 시작하였다.

미국화학회의 경우에는 계산화학분과(Division of Computational Chemistry)가 1994년부터는 하나의 독립된 분과(Division)로 분리되면서, 본격적인 활동을 시작하였다. 또한, 1990년대 후반부터는 양자화학 계산 결과를 마치 NMR, Mass, IR/Raman, UV/Vis의 분광학 관측 실험 결과와 거의 유사한 의미의 보증자료(Supporting Information)로 인정되고 사용되기 시작하였다. 계산화학에서 보조 도구의 역할을 하는 컴퓨터 그래픽 프로그램들의 성능이 눈부시게 발전하면서, 계산화학의 결과들이 화학의 다른 분야 연구자들을 현혹시키는 사례들이 비례하여 증가한 점도 무시할 수 없는 부분이다. 미국화학회의 대표 학술지인 JACS(Journal of American Chemical Society)에 실리는 유기화학 및 무기화학에 관련된 실험 논문들에는, 해당 실험에 관련된 양자화학 계산 결과들을 분광학 관측 자료들과 함께 포함하는 경우가 매우 많아지기 시작하였으며, 2000년대에 들어선 이후부터는 계산화학을 사용한 연구 결과들만을 주로 포함하는 전문 학술 잡지들이 추가되기 시작하였다. 예컨대 Journal of Theoretical and Computational Chemistry는 2002년부터 발간되기 시작하였고, Journal of Chemical Theory and Computation은 2005년부터 시작되어, 지금은 화학 분야의 주요 학술잡지들에 해당되고 있다. 이들 학술잡지 논문들의 저자들 중에는 원래의 박사학위과정을 계산화학이 아닌 분야에서 마친 이후, 자기 분야의 연구를 진행함과 동시에 계산화학 방법들을 본격적으로 사용하기 시작하여, 계산화학을 전공했던 연구자들보다 오히려 더 좋은 계산화학 연구 성과를 이루는 경우들도 매우 많다.

1998년도 노벨화학상이 **존 포플**(Sir John Anthony Pople, 1925. 10. 31.~ 2004. 03. 15.)과 **월터 콘**(Walter Kohn, 1923. 03. 09.~2016. 04. 19.) 두 사람에게 수여된 것은 계산화학이 하나의 독립된 연구 분야로까지 확실히 인정받았다는 것을 보여주는 상징이라고도 할 수 있다. 존 포플 교수는 1960년대 중반의 반－경험 양자화학방법(CNDO, etc.)들을 개발한 선도 연구자들 중 하나였으며, 계산화학 방법의 여러 분야에서 이론적 발전을 선도한 바가 많기도 하지만, 특히 Gaussian(Software) 프로그램을 1970년부터 다른 연구자들에게도 제공하기 시작하면서, 계산화학을 비－전문가도 사용할 수 있는 범용 연구도구의 일종으로 발전시키는데 주도적인 역할을 하였다. 한편, 파동함수를 바탕으로 하는 전통적인 계산화학 방법들로는 분자의 크기가 커짐에 따라 계산－자원(컴퓨터의 메모리 및 저장 공간 크기와 계산시간)들이 급격하게 증가하기 때문에 실제 계산화학으로 다룰 수 있는 분자의 크기를 심각하게 제한하여, 실제 연구 현장에 계산화학을 활용하는데 어려움이 너무 많았다. 이러한 제한을 크게 완화한 것이 밀도－범함수－이론(DFT, Density－Functional－Theory)인데, 월터 콘 교수는 1960년대 중반에 DFT의 기초를 확립한 두 사람(Walter Kohn and Pierre Hohenberg) 중 (1998년에 생존해 있던) 한 명이다. 사실 1980년대 후반까지는 분자를 대상으로 하는 계산에 DFT 방법을 적용한 결과들이 그다지 우수하지 않아 화학의 다른 분야 연구자들에게는 크게 인정받지 않았지만, 1980년대 후반부터 1990년대 중반까지 DFT 방법의 분야에서 눈부신 발전이 이루어졌다. 또한 혼성(Hybride)－DFT 방법이 개발된 1990년대 중반 이후부터는 DFT 결과들의 신뢰성이 크게 향상되면서, 계산화학이 지금처럼 널리 활용되도록 하는데 기여한 DFT 방법들의 역할이 크게 인정되고 있다. (DFT 방법의 발달 과정에 대하여 간단하게 정리한 이 책의 5장 뒷부분을 참고하라.)

2000년대에 들어선 이후에는 컴퓨터 과학 분야에서 발전된 병렬처리 및 분산처리 방식이 계산화학에도 본격적으로 활용되기 시작하면서 분자에 대한 계산 능력(특히 속도)이 또 다른 차원으로 급격하게 향상되었다. 한편 양자화학 계산 방법의 이론에서는 분자의 크기 증가와 계산량(주로 계산 시간)의 의존성을 크게 완화시키는 **선형-비례**(linear scaling) **기법**이 본격적으로 완성되었다. 이처럼 컴퓨터 계산능력의 향상과 계산 방식(알고리즘)의 개선이 함께 이루어지면서, 계산화학으로 다루는 분자(최소한 바닥 전자상태인 분자)의 크기에 대한 제한이 급속히 완화되기 시작하였다. 2000년대 후반에서 2010년도 초반부터는, 새로운 물질에 대한 연구 결과를 보고하는 논문들에서 계산화학 결과를 사용하는 것이(혹은 사용하여야 하는 것이) 당연한 사항들 중 하나로 간주되고 있다. 더구나 이제는 적합한 수준의 계산화학 방법을 적용한 결과라면, 실험 결과가 전혀 없는 경우에도 그것을 실제 실험의 결과와 거의 동등하게 인정하고 있다. 이는 단지 대학이나 연구소에서 수행하는 학술 연구 논문에서만 한정된 것이 아니라, 미국표준국(NIST)에서 관리하는 것과 같은 국가 차원의 표준 값 설정이나, 산업체의 연구개발 현장에서의 활용, 그리고 특허청에서 물질특허의 인정 여부에 대한 심사와 같은 실용 분야에서도 그러하다. 이러한 경향은 점차 강화되고 있으며, 다양한 계산화학 방법들을 누구나 쉽게 사용할 수 있는 수준으로 사용자 편의성이 강화된(user friendly developed) 여러 종류의 상용 컴퓨터 프로그램들이 화학의 거의 모든 분야 연구 현장에서 매우 폭넓게 활용되고 있다. 이제는 좁은 의미의 화학 분야에만 적용되는 것을 넘어서서 생화학 및 생명과학, 의약 및 약학, 식품공학, 에너지-환경-신소재공학 등 화학과 관련된 여러 분야에서 매우 필수적인 연구 방법들 중 하나가 되어 가고 있다. 2013년도 노벨 화학상은 계산화학의 여러 수준들을 다층(multi-scale) 방식으로 적용하여 생화학 과정처럼 복잡한 화학계들(complex chemical systems)을 성공적으로 연구한 마르틴 카르플러스(Martin Karplus, 1930.03.15.~현재), 마이클 레빗(Michael Levitt, 1947.05.09.~현재), 아리에 와르셸(Arieh Warshel, 1940.11.20.~현재) 세 사람에게 수여되었는데, 이는 계산화학이 더 이상 물리화학의 영역에 국한되는 것이 아니라, 화학 전체 분야와 화학에 관련된 다른 분야들에서도 매우 효과적인 주요 연구 방법이 되고 있음을 보여주는 대표적인 예들 중 하나다.

연구 내용에서 2017년의 현황을 보자면, 계산화학은 물리화학 분야뿐만 아니라 화학의 여러 다른 세부 분야들과 매우 밀접하게 연동되어 변화 및 발전하고 있으며, 전통적인 화학의 좁은 범위를 벗어난 분야(신소재과학, 에너지과학, 환경과학, 의학과 약학, 생명과학 등)와의 연동성도 큰 편이다. 또한 지금까지와 마찬가지로 컴퓨터 과학의 발전과도 밀접하게 연동되고 있는데, 특히 최근 들어 더욱 주목받고 있는 인공지능(AI, Artificial Intelligence) 분야와 화학을 접목하여 융합하는 부분이 계산화학의 주요한 한 요소로 도입되고 있다. 연구자들의 분포 관점에서 현황을 보자면, 계산화학에 대한 경험이 충분하지 않은 다른 분야의 연구자들이 계산화학을 활용하는 분야로 진입하는 흐름이 매우 활발하며,

또 한편으로는 지금까지 계산화학 분야에서 활동하던 연구자들이 공과대학의 재료, 기계, 전자, 에너지, 환경 관련 학과의 교수 또는 의학 및 약학대학의 기초연구분야 교수로 소속을 옮기는 경우들도 많아지고 있다. 이러한 변화는 단지 외국에서의 사례만이 아니고, 국내에서도 제법 활발히 진행되고 있다.

지금까지 간단하게 살펴본 역사와 현황을 바탕으로, 앞으로 수십 년 뒤의 상황을 다소 과감하게 전망해 본다면, 화학에 관련된(혹은 물질을 다루는) 거의 모든 연구에서는 계산화학을 적용한 모사실험(Simulation)을 일단 진행한 후, 실험 연구를 실행하는 것이 당연한 순서로 간주될 것이다. 특히 인간과 기타 생물체 및 환경에 미치는 위험 요인들을 포함하는 실험 연구와 학생 실습에 대해서는 계산화학 모사실험을 먼저 시행하도록 요구될 수도 있을 것이다. 또한 이미 일부 국내외 대학원에서 시작되고 있는 것처럼, 계산화학이 다른 **계산과학**(자연과학 및 공학 분야에서 계산 프로그램을 사용하는 모사실험 중심의 연구 분야들을 총괄하는 개념) 및 인공지능 분야와 융합되어, 전통적인 화학분야의 교육과정에서 독립된, 별도의 교육과정(대학이나 대학원의 독립된 학과 또는 전공과정)으로 확립될 수도 있다.

따라서 미래의 연구개발 현장으로 진출하려는 화학과의 학부과정 학생들도 이제는 계산화학 방법에 관련된 기본 개념들과 지식, 그리고 계산화학 프로그램을 실제로 활용해보는 최소한의 경험을 갖출 필요성이 점차 증대되고 있다. 또한 교육과정(대학원 석·박사 학위과정)을 이미 20여년 이전에 끝마치고, 그동안 산업계 개발현장에서 활동해온 연구자들은 지금이라도 계산화학의 개요를 간단하게나마 살펴본 후, 요사이 자신의 주변에서 활동하고 있는 계산화학 분야의 연구자들과의 협동 연구를 증진시킬 수 있도록 준비를 좀 더 갖출 필요가 있다.

## 1.2 계산화학의 정의와 특성 및 적용 대상

### 1.2.1 계산화학이란?

'**계산화학**'은 '**Computational Chemistry**'에 대한 한국어 표기다. 예전(1970~1990년대)에는 '전산화학' 또는 '컴퓨터화학'이라는 용어가 함께 사용되기도 하였으나, 이제는 계산화학이라는 용어가 가장 널리 사용되고 있다. 계산 연구가 실제로는 실리콘-기반의 전자소재(silicon chip) 안에서 진행된다는 점을 강조하려는 **'In Silico Chemistry'**라는 용어를 일부에서 사용하기도 한다.

계산화학은 화학 전체를 크게 나누는 분류 중 하나인 물리화학(Physical Chemistry) 분야에 속하는 이론물리화학(Theoretical Physical Chemistry)의 한 부분이라고 할 수 있다. 이론 수식 및 모형(Theoretical Model) 자체를 연구하는데 집중하는 전통적인 이론화학이라기보다는, 이론 모형을 기반으로 개발된 컴퓨터 프로그램을 연구대상인 분자(또는 물질)에 적용하여 **모사실험**(simulation experiment)을 수행한 후, 그 결과를 분석하는 것이 계산화학 분야 연구의 주요 내용이다. 따라서 컴퓨터 하드웨어와 소프트웨어로 구성된 일종의 가상공간(cyber space)에서 수행하는 **가상실험**(Virtual Experiment) 연구라고도 볼 수 있다. 사실 화학의 모든 연구 분야에서는 다양한 모형들을 예전부터 이미 사용해 왔다. 화학을 처음 배우는 학생들이 사용하는 플라스틱 분자모형은 분자의 구조를 눈으로 보면서 이해하도록 도와주는 모형을 대표한다. 숙련된 화학자들은 동일한 목적을 위하여(즉 눈으로 보면서 이해하기 위하여) 컴퓨터 화면에 분자구조를 그려주는 프로그램들을 이미 이전부터 사용해 왔다. 이러한 모든 모형들의 공통점은 화학의 실제 대상들과 과정들을 근사하기 위하여 미리 정의된 구성 요소들과 규칙들의 조합을 사용한다는 것이다.

이러한 기존의 도구−모형들과 계산화학에서 사용하는 이론−모형들 사이의 가장 큰 차이는 단지 정성적인 주요 특성들을 표현하는 데 머물지 않고, 실제로 신뢰할 수 있는 수준의 **정량적 결과(즉 수치 값)**들을 제공할 수 있다는 것이다. 2017년 현재 시점에서 좀 더 엄격한 기준을 강조하자면, 모형을 적용하여 구한 수치와 실제 실험 연구에서 구한 수치 사이의 차이가 과학 연구의 관점에서 허용할 수 있는 오차 범위 이내인 경우에만, 이전의 도구−모형과 차별하여 인정할 수 있는 계산화학의 이론−모형이라고 할 수 있다. 물론 허용할 수 있는 오차의 범위는 연구 분야와 연구 대상에 따라 유동적이기는 하다. 또한 이러한 엄격한 기준에서 벗어나는 낮은 수준의 이론−모형도 얼마든지 유용한 계산화학의 한 도구가 될 수 있다는 점을 인정하지만, 계산화학이 추구하는 지향점은 **'실제 실험 연구의 결과와 비견될 수 있는 수준의 신뢰성'**이라는 것이 이 책의 관점이다. 이를 위하여 계산화학에서 사용하는 이론−모형은 분자의 미시적 특성을 지배하는 기본 물리 법칙(제 일 원리, 즉 양자역학 이론)들에 가능한 충실히 근거하여 분자의 내부 구조들과 분자구조 변화(화학반응 포함)들을 수치적으로 재현해야 한다.

### 1.2.2 계산화학의 특성과 주의 사항

계산화학은 실제 실험이 아니라 이론에 근거한 컴퓨터 프로그램이라는 도구를 사용하는 모사실험이기 때문에, 아직은 실제 연구의 경험이 충분하지 않은 대학생들에게는 **실제 실**

**험을 통한 연구와 구별되는 모사실험의 특성**을 강조할 필요가 있다. 실험 연구의 경우에는, 그것이 일정 수준의 훈련을 거친 연구자에 의하여 적합하게 수행된 실험이라면, 그 실험결과에 포함된 오차범위를 고려해야 하기는 하지만, 일단은 자연계의 **사실**(fact) 그 자체라고 인정할 수 있다. 그에 비하여 모사실험 연구는, 비록 적합한 과정으로 수행되었다 하여도, 그 모사실험의 결과를 자연계의 사실 그 자체로 받아들이는 것은 매우 위험할 수 있다는 사실을 항상 주의하여야 한다. 쉽게 이야기하자면, 컴퓨터가 제공하는 수치를 무조건 믿는 것은 위험하다. 컴퓨터의 계산 과정 자체에 의한 오차는 거의 무시할 수준으로 작아지도록 계산화학 프로그램들이 잘 개발되었기는 하지만, 계산화학의 결과에는 컴퓨터 프로그램의 바탕이 되는 이론 도구의 한계 때문에 추가되는 오차가 포함되어 있다는 것을 항상 주의하여야 한다. 계산화학을 처음 배우는 학생들은 이 점이 어떤 의미인지 다소 혼란스러워 하는 경향을 보인다. 지금 여기서 그 점에 대하여 자세히 설명하는 것 보다는 구체적인 기초 실습을 진행하면서, 동일한 대상에 대하여 여러 가지 계산 방법들을 적용한 결과를 구해보고, 또 그것들을 믿을만한 실제 실험 결과와 비교해 보는 과정을 거치다보면, 지금 여기서 강조하는 바를 자연스럽게 이해할 수 있을 것이다. 그러나 이러한 위험성에 대한 사전 주의사항을 확실하게 인지하지 않고 계산화학 실습을 진행하다보면, 이러한 위험성을 끝까지 인지하지 못하는 경우도 있다. 다시 강조하자면, 계산화학의 결과는 일정 범위 이내에서 실제 사실에 유사한 가상 결과일 뿐 사실 그 자체는 아닐 수 있다는 점을 항상 주의해야 한다.

그렇다면 사실이라고 인정하기에 위험한 결과만을 제공하는 모사실험을 수행하는 이유는 무엇인가? 실제 실험은 자연계의 사실(fact)에 대한 정보를 제공하기는 하지만, 그 실험결과를 결정하는 데 관여하는 모든 요인들을 실험 연구자가 완벽하게 인식하고 있다고 확신하기 어렵다. 또 설사 그 요인들을 모두 인지하였다 하여도, 그 요인들을 개별적으로 조절하는 것이 매우 어렵거나 현실적으로 거의 불가능한 경우가 매우 흔하다. 다시 말하자면, 최종 현상에 영향을 미치는 요인들(factors)을 구체적으로 선별하여 조정하면서 실험하는 것이 매우 어렵다는 한계를 가진다. 따라서 원하는 수준의 실험 결과를 다양한 방향과 분량으로 조절하면서 얻을 수 없다. 반면에 계산화학 모사실험에서는 최종 결과를 결정하는 여러 요인들을 (계산화학 프로그램의 개발 과정에서 그것들을 당연히 반영하였다고 전제하면) 명확히 인식할 수 있으며, 또한 각 요인별로 세부적으로 분리하고 조절하는 것이 비교적 자유롭다. 따라서 원하는 분량과 방향 및 수준의 실험 결과를 얻는 것이 가능하다. 따라서 어느 정도 신뢰할만한 오차범위 이내에 해당하는 실험 결과를 훨씬 더 많이 (원리적으로는 필요한 정도까지 얼마든지) 만들 수 있다. 따라서 이를 바탕으로 자연 현상에 대한 체계적인 분석과 이해가 훨씬 더 쉬워진다. 간단히 정리하자면, 실제 실험은 믿을만한 정보를 제공하기 때문에 사실에 대한 **지식**(knowledge)의 확실한 기반을 제공하지만 그 지식을 이해하는 데 필요한 추가 자료를 획득하는 데 어려움이 많다. 반면에 잘 개발된 이론 모형을 사용하는 모사실험을 수행하면, 사실 자체는 아니지만 사실에 거의 근접한, 보다 다양한 결과들을 재현할 수 있으며, 각 요인들과 최종 결과 사이의 관계를 훨씬 더 쉽게 파악할 수 있다. 따라서 이를 바탕으로 사실이 의미하는 바를 **이해**(understand)하는 것이, 실제 실험 연구만을 적용하는 것보다 훨씬 더 쉬어진다. 그러나 모사 실습인 경우에도 그 결과의 신뢰성을 높이려고 이론 방법의 수준을 높이면, 그에 수반한 계산 자원의 양은 매우 급격하게 증가한다. 그렇기 때문에 원하는 수준의 신뢰성이 매우 증가하는(즉 허용되는 오차 범위가 아주 좁혀지는) 경우에는, 실제 실험 연구에 비견될 정도로 모사실험의 수행이 매우 어려워질 수도 있다.

따라서 계산화학을 공부하면서 학생들은 두 가지 점을 항상 주목하여야 하는데, 그 첫 번째는 **각 계산 방법의 신뢰성 범위에 대한 이해**이며, 두 번째는 **각 계산 방법이 요구하는 컴퓨터 자원의 양(주로 계산 시간)에 대한 예측 능력**이다. 이론 개념에 대한 학습 부분과 계산화학 실습 결과를 분석하는 부분에서, 각 계산 방법의 결과를 어느 정도까지 신뢰할 수 있는지를 항상 주목할 필요가 있다. 또한 각 계산 방법이 요구하는 컴퓨터 자원의 양에 대한 조건에 대해서는 이론적 분석으로 미리 예측되는 부분도 있기는 하지만, 실제 연구에서의 여러 조건들 때문에 반드시 그러한 이론적 예측과 일치하지는 않는 경우도 흔하다. 이 책에 포함된 기초 실습들은 비교적 작은 분자들만을 대상으로 하면서 기본 개념의 학습을 위한 매우 간단한 계산들만을 중심으로 구성되어 있기 때문에, 컴퓨터 자원의 요구량에 대한 감각을 익히기에는 많이 부족하다. 그래서 학생들이 이 부분(필요한 컴퓨터 계산 시간의 크기에 대한 인식)을 잘 확립하지 못하는 경향을 보인다. 그런데 계산화학을 활용하는 실제 연구에서는 이 부분이 의외로 매우 중요한 영향을 미친다. 따라서 계산화학을 배우는 학생들이 계산 방법 및 대상 분자의 크기에 의하여 실제 계산 시간이 어떻게 증가하는지를 잘 살펴보는 것이 생각보다 매우 중요하다.

### 1.2.3 계산화학의 주요 대상

화학의 본질은 물질의 구조와 변화를 원자/분자 수준에서 연구하는 것이기 때문에, 계산화학의 주요 대상 역시 물질의 구조와 특성의 변화에 대한 것이다. 이를 위한 첫 번째 단계는 연구 대상인 분자의 내부 구조를 계산하는 것이다. 그런데 **분자의 내부 구조라는 용어**

**는 세 가지 의미를 포함**한다. 가장 쉬운 의미는 분자 내에서 원자들이 어떤 순서와 방식으로 연결되는지를 나타내는 입체적 기하 구조이며, 이것을 다루는 부분이 분자의 **기하 구조 최적화**(geometry optimization) 계산이다. 최적화된 분자구조는 회전 분광학(microwave spectroscopy)에 대한 정보를 제공하기도 하지만, 다른 대부분 계산의 출발 기준점을 제공한다. 분자의 내부 구조에 대한 두 번째이자 매우 중요한 것이 **에너지 구조**이다. 즉 **양자화-된**(quantized) **에너지 준위의 분포 특성**이다. 에너지 준위 구조는 원자핵과 전자에 관련된 것으로 구분되는데, 먼저 분자 내에서 원자핵들의 상대적인 거동에 관련하여 양자화-된 것이 **진동 에너지 준위**다. 이것에 대한 실험 관측이 적외선 분광학(IR spectroscopy)과 라만 분광학(Raman spectroscopy)인데, 이에 대한 부분이 **진동특성**(vibrational frequency) 계산이다. 진동특성에 대한 계산 결과는 계산화학 결과를 실제 실험 결과와 비교할 때 포함시켜야 하는 **열화학적**(thermochemical) **기여** 부분을 구하는 데 꼭 필요하다. 한편, 원자핵들의 상대적인 배치에 따라 변하는 에너지 준위의 특성이 **퍼텐셜-에너지-곡면**(**PES,** potential energy surface)인데, 이에 대한 계산은 화학변화의 중간 과정을 직접 다루어 **반응-기작**(reaction mechanism)**을 규명**하는 연구에 필수적인 요소이다.

분자 내 전자 상태에 관련하여 양자화-된 것이 **전자 에너지 준위**(electronic energy level)이고, 이에 관련된 대표적인 실험 관측이 자외선/가시광선 분광학(UV/Vis spectroscopy)이다. 넓은 관점에서 보자면, 전자-스핀 분광학(ESR spectroscopy)과 광-전자 분광학(photo-electron spectroscopy)도 여기에 해당한다. 양자화-된 전자상태들을 다루는 부분은 **들뜬 전자상태들**(excited electronic states) 계산이다. 분자구조가 의미하는 마지막 세 번째는 **전자분포 밀도구조**다. 물론 이것을 방금 전에 언급한 양자화-된 전자구조의 하위 개념으로 볼 수도 있겠지만, 그보다는 에너지 준위가 아니라 전자 밀도의 공간 분포라는 관점으로 별도로 구분할 필요가 있다. 원자핵에 아주 근접한 부근에서의 전자 밀도 분포가 드러나는 실험 관측이 **핵자기공명 분광학**(NMR, Nuclear Magnetic Resonance spectroscopy)이다. 핵자기 공명 자체는 핵-스핀(nuclear spin)들 사이의 상호작용에 의한 것이지만, 그 상호작용의 크기를 결정하여 NMR 스펙트럼에서 관측되는 피크-위치들(peak's positions)을 결정하는 것은 분자 내 전자 밀도의 분포다. 또한 분자 내 공간에서의 전자 밀도 분포는 분자가 전체적으로 발현하는 쌍극자 및 다-극자 모멘트(dipole and higher multipole moments) 특성과 분자 전체의 편극율(polarizability)을 결정한다. 이들은 분자와 외부 전자기장 사이의 상호작용에 관련된 광학 활성 등에 영향을 줄 수 있으며, 다른 분자들과 근거리 및 원거리 상호작용의 특성을 결정하는 중요한 요인이다. 또한 광학/전자 소자(photonics and electronic device)로 작동하는 분자의 경우에는 분자 내 전자 밀도의 분포 특성에 대한 파악이 매우 중요할 수 있다.

계산화학은 실제 실험에서의 제한 조건에서 자유롭기 때문에, 일반 조건에서 안정하게 존재하는 분자들뿐만 아니라, 비록 실험으로 직접 검출이 가능하기는 하지만 아주 잠깐의 시간 동안만 존재하는 불안정한 중간체도 어렵지 않게 다룰 수 있다. 심지어는 존재하는 시간 간격을 정의하기조차 어려울 정도로 빠르게($10^{-13}$~$10^{-12}$초 수준으로) 지나쳐가기만 하는 **전이 상태**(Transition State)까지도 다룰 수 있다. 따라서 NMR 실험으로는 관측되지만 실제 결정을 얻을 수 없어서 분자의 기하 구조를 알 수 없는 경우에도, 그 NMR 관측에 해당하는 분자의 입체 구조를 다룰 수 있다. 또한 결정으로부터 구조를 확인할 수는 있지만, 실제 용액 상태에서는 결정일 때와 완전히 다르게 거동하는 경우에 대해서도 다룰 수 있다. 또한 실험만으로는 얻기 매우 어렵거나 아예 불가능한 분자들의 내부 구조에 대한 정보들도 얻을 수 있으며, 이를 바탕으로 하여 미지 화학반응의 가능성 여부와 반응의 구체적인 과정을 연구하는 것도 가능하다. 그래서 실험 사실로부터 추론된 반응 기작(reaction mechanism)이 얼마나 타당한지 여부를 매우 직접적으로, 믿을만한 수준으로 검증하는 것이 가능하다. 실험 결과를 설명하는 적합한 반응 경로가 아직 제시되지 않은 경우에 대하여 전혀 새로운 반응 기작을 계산화학만으로 규명하는 경우도 가능하며, 이를 바탕으로 새로운 실험을 제안할 수도 있다.

이러한 여러 종류의 계산들을 조합하면 원하는 특성을 가지는 미지의 신소재 물질을 개발하는 분야에서 활용될 수 있으며, 또한 실제로 이미 활용되고 있다. 특정한 성능이 기대되는 나노 신소재 개발, 특정한 약효(생리 활성)가 기대되는 신약 개발, 2차 전지의 전극 및 전해액의 연구, 유기 전도성 고분자와 유기 전자-발광(EL) 소자 및 액정 분자 개발 분야 등에서 **분자 설계**(molecular design)의 개념으로 적용되고 있다. 이제는 단순히 특정 종류의 화합물 자체에 대한 설계뿐만 아니라, 유기소재, 금속재료, 무기(세라믹) 소재 물질들이 동시에 융합된 소재의 연구, 극한 조건에서 작동하는 소재 연구, 광-발전 및 광학 분자 소재의 개발, 생체 내에서 작동하는 나노 소재의 연구 분야 등 신물질을 연구하는 거의 모든 분야가 계산화학의 적용 대상이라 할 수 있다.

현재는 아래에 열거된 바와 같은 많은 종류의 전문 학술잡지들이 계산화학에 주로 특화된 연구 결과들을 수용하고 있는데, 이들이 바로 '계산화학의 정의와 특성 및 적용 대상'에 대한 2017년의 현재 상황을 모두 포함하여 보여준다고 할 수 있다.

Reviews in Computational Chemistry

Journal of Computational Chemistry

Journal of Chemical Information and Modeling
Journal of Computer–aided Molecular Design
Journal of Chemical Information and Modeling
Journal of Chemical Theory and Computation
Computational and Theoretical Polymer Science
Computational and Theoretical Chemistry
Journal of Theoretical and Computational Chemistry
Journal of Cheminformatics
Journal of Computer Chemistry Japan
Annual Reports in Computational Chemistry
Computers & Chemical Engineering
Journal of Chemical Software
Molecular Informatics
Journal of Computer Aided Chemistry
Theoretical Chemistry Accounts

## 1.3 계산화학 방법들의 종류

현재 활용되고 있는 계산화학의 범위는 보는 관점에 따라 매우 넓게 혹은 좁게 설정할 수 있으며, 그에 따라서 방법들의 종류 역시 다양하게 분류할 수 있는데, 이 책의 관점에서는 다음과 같이 크게 네 가지 종류로 구분한다. (1) 순–이론 양자화학(제 일 원리) 방법들, (2) 반–경험 양자화학 방법들, (3) 고전역학 방법들, (4) 통계적 자료 분석 (또는 경험적) 방법들.

물론 실제 연구 현장에서는 이들 각각의 방법을 연결–융합하여 다층(Multi–scale) 방식으로 사용하는 경우가 많아지고 있지만, 계산화학을 처음 배우는 학생들로서는 일단 이렇게 구분하여 이해할 필요가 있다.

### 1.3.1 순–이론 양자화학(제 일 원리) 방법들

계산화학의 주요 연구 대상이 분자에 대한 것이며, 분자의 내부 구조를 지배하는 기본 법칙(제 일 원리)이 양자역학(quantum mechanics)이기 때문에, 양자역학을 화합물에 적용하는 것에 해당하는 양자화학 계산 방법을 적용하는 것이 계산화학의 가장 핵심 방법이라고 보는 것이 이 책의 관점이다. 이에 해당하는 방법들을 '**순−이론 양자화학 방법**(ab initio quantum chemical method)' 또는 '**제 일 원리 방법**(first principle method)'이라고 부른다. 화학 이외의 분야들(물리학이나 신소재 분야)에서는 '**제 일 원리 방법**'이라는 용어를 주로 사용하는 반면에, 화학 분야에서는 '**순−이론 양자화학 계산화학 방법**'라는 용어를 주로 사용하는데, 'Ab initio'는 '처음부터'라는 의미를 가지는 희랍−라틴 어휘에 해당한다.

이름이 의미하는 바와 같이, 이 방법에서는 연구 대상을 묘사하는 양자역학 이론 수식을 수학적으로 가능한 가장 엄밀하게 적용하여 풀이하며, 기본 물리상수(예컨대, 빛의 속도, 전하의 기본 단위, 전자나 원자핵의 질량 등)들과 연구 대상인 분자(물질)에 어떤 종류의 원자핵들과 전자들이 몇 개 포함되어 있는지에 대한 기본 정보만 사용할 뿐, **그 어떠한 실험 결과도 사용하지 않는 방법**이다. 그래서 일부 문헌에서는 '비−경험(non−empirical) 양자화학 방법'이라고 표기하기도 하며, 가장 높은 신뢰성을 기대할 수 있는 이론 방법이고, 원하는 정도까지의 정확성을 추구하는 것이 원리적으로는 가능하다. 그러나 독립적으로 거동하는 입자의 수가 3개 이상만 되어도 정확한 해석 함수적인 해(analytical solution in closed form)를 얻는 것이 불가능하기 때문에(이것을 물리학에서는 3체−문제(three−body problem)라고 부른다) 적절한 수준의 수학적 근사를 도입하여야 한다. 즉, 순−이론 방법의 결과가 반드시 정확한 결과는 아닐 수 있다는 점을 인식할 필요가 있다. 다−전자 문제를 다루기 위하여 도입하는 수학적 근사의 방법과 수준에 따라, 순−이론 양자화학 방법들에 속하는 여러 단계의 모형들이 개발되었고, 또한 계속 발전하고 있다.

**하트리−포크**(HF, Hartree−Fock)/**자체−일치−장**(SCF, Self-Consistent-Field) **방법**은 여러 가지 순−이론 양자화학 계산 방법들의 기반이 되는 방법이다. 이것은 일반화학 교재에서 소개되는 분자−궤도함수−이론(MOT, molecular orbital theory)에 해당하는 것이라고 일단은 이해하고 지나가도 된다. HF 방법과 SCF 방법이 엄밀한 의미에서는 동일한 것이 아니지만, 많은 문헌에서는 거의 동등한 의미로 사용되고 있다. 그러나 이 방법을 적용한 계산 결과는 대부분의 경우에 충분히 만족스럽지 않기 때문에, **HF/SCF** 방법의 결과를 바탕으로, **전자−상관성**(electron correlation) 효과를 추가하면서, 계산 결과의 정확성을 순차적으로 높여가는 다양한 방법들이 개발되었다. 이러한 방법들을 **Post−HF 방법**이라고 부르는데, 대표적인 것들이 **다체−섭동−이론**(MBPT, Many−Body Perturbation Theory) 방법들, **배치간−상호−작용**(CI, Configuration Interaction) 방법들, **다중−배**

**치**(MCSCF, Multi Configuration Self Consistent Field) **및 완전-활성-공간**(CASSCF, Complete Active Space Self-Consistent-Field) 방법들, **짝진-뭉치 이론**(CCT, Coupled Cluster Theory) 방법들이다. 이들 Post-HF 방법들(그리고 HF/SCF 방법을 포함하여)은 Schrödinger 방정식을 풀이하면서 파동함수를 기본 수단으로 사용하기 때문에, **파동-함수-이론**(WFT, wave-function theory) 방법이라는 용어를 사용하기도 한다. 이들 방법과는 좀 다른 관점에서 출발하여 전자-밀도-분포를 기본 도구로 사용하는 **밀도-범함수-이론**(DFT, density functional theory) 방법들이 있다. 예전에는 DFT 방법을 반-경험 방법의 일종으로 생각하기도 하였으나, 이제는 DFT 방법들도 순-이론 양자화학 계산 방법의 한 종류로 간주되고 있다. 이들 Post-HF 방법들과 DFT 방법들에서도 이론-근사의 구체적인 수준과 세부 방식에 따라 여러 가지 세부 방법들로 구분된다.

비록 HF/SCF 방법 자체만으로는 충분히 정확한 수준의 계산 결과를 제공하지 않기는 하지만, 다른 모든 순-이론 양자화학 방법과 반-경험 양자화학 방법들의 기초가 되기 때문에, 이 책의 3장에서는 HF/SCF 방법의 기본 내용들을 바탕-함수-집합(basis set)의 기본 개념과 함께 주로 살펴볼 것이다. Post-HF 방법들과 DFT 방법들의 기본 특징과 장단점들에 대해서는 이 책의 5장에서 살펴볼 것이다.

순-이론 방법이 가장 바람직하기는 하지만, 분자의 크기(분자에 포함된 원자와 전자들의 수)가 커지면 실제 계산에 요구되는 자원의 양(컴퓨터 계산 시간, 메모리 요구량, 보조 저장장치들의 크기 등)들이 기하급수적으로 급격하게 증가하기 때문에 실제로 연구할 수 있는 분자의 크기에 많은 제한이 따른다.

### 1.3.2 반-경험 양자화학 방법들

**반-경험**(semi-empirical) **양자화학 방법**은 보다 큰 화합물을 다루기 위하여 개발된 계산 방법에 해당한다. 분자의 여러 특성을 계산하는데 필요한 이론 수식 자체는 순-이론 양자화학 방법의 기본 출발점에 해당하는 HF/SCF 방법에 근거하여 유도한 후, 복잡한 최종 수식의 여러 항들 각각을 실제 컴퓨터 프로그램으로 계산하는 과정에서 얼마나 많은 양의 계산 자원이 요구되는지 분석한다. 연구의 목표에 해당하는 최종 결과의 수치 값에 큰 영향을 미치면서도 계산량 자체가 크지 않은 수식-항들은 실제 수식대로 그대로(ab initio 방법에서와 동일하게) 계산한다. 반면에 최종 결과의 수치 값에는 비교적 영향이 적으면서도 실제 계산량의 대부분을 차지하여, 큰 분자를 계산하는 것을 현실적으로 어렵게 만드는 수식-항들은 더 과감한 수학적 근사를 적용하여 계산 양을 대폭 줄이거나, 또는 대상 분자에 포함된 원자들에 대하여 잘 알려진 실험 결과(empirical) 값들(원자의 이온화 에너지, 전자 친화도, 편극률 등)을 조합하는 (가감승제 수준의) 간단한 계산식으로 다루는 방법이 반−경험(semi−empirical) 모형들이다. 이들 모형들에서는 몇 개의 조정 인자들(adjustable parameters)을 도입한 후, 실험 결과들이 잘 알려진 분자들(이런 분자들의 실험 결과 모임을 test−set/training−set이라고 부른다)에 대하여 이들 모형을 적용하여 계산한 결과가 그 분자의 실험 결과에 잘 접근하도록, 조정인자들을 최적화하는 부분을 포함하기도 한다. 이 과정은 원래의 HF/SCF 방법으로는 포함되지 않는 전자−상관성 효과를 일부 포함시키는 효과도 가진다. 그렇게 조정된 인자들을 사용하여 아직 실험으로 연구되지 않은 미지 분자들에 적용한다. 반−경험 방법들을 적용하면 실제 계산할 수 있는 분자의 크기가 순−이론 방법을 사용하는 경우에 비하여 매우 커지게 되어, 요즈음 컴퓨터 성능을 고려하면 수천 개 이상의 원자들을 포함하는 화합물을 계산하는 것도 그다지 어렵지 않다.

1981년 노벨 화학상 수상자 중 한 명인 호프만 교수(Roald Hoffmann, 1937.07.18~현재)가 1963년에 개발한 EHT(Extended Huckel Theory) 방법을 반−경험 방법의 시작이라고 볼 수도 있다. 그러나 HF/SCF 양자화학 수식에 해당하는 실제 계산을 가능한 적게 하면서, HF/SCF 수준의 결과를 목표로 하여 1960년대 중반에 시작된 **CNDO**(Complete Neglect of Differential Overlap) 방법이 본격적이고 실질적인 반−경험 방법들의 출발이라고 할 수 있다. 1970년대를 거치면서 **INDO**(Intermediate Neglect of Differential Overlap) 방법과 **MNDO**(Moderate Neglect of Differential Overlap) 방법으로 발전하면서 원래의 양자화학 수식에 해당하는 항들 중 직접 계산하는 부분들이 점차 증가하여 계산 결과의 신뢰성도 개선되었고, 또한 다룰 수 있는 대상 분자들의 종류들도 탄화수소가 주−골격인 단순한 유기화합물들로부터 헤테로 원소들을 포함하거나, 특이한 구조를 가지는 경우들처럼 보다 더 다양한 화합물로 확장되면서 발전하였다. 1970년대 후반에는 전이금속을 포함하는 대상들과 들뜬 전자상태들도 다룰 수 있는 **ZINDO**(Zerner's Parameterized INDO) 방법도 등장하였고, 반−경험 방법에 내포된 조정 인자(adjustable parameter)들의 수와 종류를 대폭 증가시킨 후, 그때까지 축적된 매우 다양한 유기−무기 화합물들에 대한 실험 결과들을 바탕으로 확장된 인자들의 반−경험적 수치 값을 더욱 잘 개선한 **AM−1**(Austin Model−1) 방법과 그것을 조금 더 개선한 (그러나 사실 AM−1 방법과 본질적으로는 거의 동일한) **PM3** 방법까지 등장하였다. 그리하여 1980년대 중반쯤에는 (물리화학 분야가 아닌) 유기화학이나 생화학분야에서 실제로 가장 널리 활용되는 계산화학 도구는 ZINDO와 AM−1/PM3 같은 반−경험 양자화학 계산 방법(그리고 아래에 설명하는 고전역학 방법)들이었다고도 할 수 있다. 1980년대 후반까지는 일부 전문가들만이 순−이론 양자화학 방법들을 사용하였다고 해도 큰 무리는 없다.

그러나 순-이론 양자화학 방법들 중 하나인 밀도-범함수-이론(DFT) 방법의 성능과 신뢰성이 1980년대 후반부터 1990년대 전반부에 이르러 급격히 향상되면서, 그 전까지는 반-경험 방법으로 다룰 수밖에 없을 정도로 큰 분자들을 DFT 방법으로 다루는 것을 차라리 우선하기 시작하였다. 1990년대부터 2000년대 사이에 이루어진 컴퓨터 계산 능력(특히 주-연산 장치인 CPU 성능)의 눈부신 발전으로 인하여 2000년대 초반부터는 산업계 연구개발 현장에서는 DFT 방법들을 사용하는 것이 주류가 되면서 반-경험 방법들이 더 이상 그다지 중요하지 않은 것처럼 간주되기 시작하였다. 그러나 일부 연구 분야에서는 아직도 여전히 활용되고 있기 때문에, 이 책에서는 3.2절에서 반-경험 방법도 일정한 분량으로 다룰 것이다.

한편, 반-경험 양자화학 방법보다 더 심하게 근사를 적용하는 것이 **경험적 양자화학 방법**(empirical quantum mechanical) 방법들인데, HT(Huckel theory) 방법, PPP(Pariser-Parr-Pople) 방법, FEM(free electron model) 방법 등이 여기에 속한다고 할 수 있다. 여기서는 양자역학에 근거하여 수식을 유도하기는 하지만, 유도된 수식의 각 항들 중 수식 그대로를 실제 계산하는 부분은 거의 없고, 그 대신 이미 알려진 실험값들(심지어는 대상 분자 자체에 대한 실험값)을 사용한 가감승제 수준의 추가 계산만을 수행하여 목표로 하는 물리화학 특성의 값을 추정하는 방식이다. 컴퓨터 성능을 본격적으로 활용하기 이전에 사용했던 역사적인 의미가 있을 뿐이고, 지금은 거의 활용되지 않기 때문에, 이 책에서는 경험적 양자화학 방법에 대해서는 더 이상 다루지 않을 것이다. 그러나 현재 널리 활용되고 있는 순-이론 및 양자화학 방법들의 내부 요소에는 여전히 완전 경험적인 요소를 아주 조금은 포함한 부분도 있다는 점을 지적할 필요는 있다. 또 한편으로, 아래의 (1.3.4)절에서 언급하는 통계분석 기반의 모든 방법들을 또 다른 의미(즉 양자역학과의 관계를 고려하지 않은 관점)에서 경험적 방법의 일종에 포함시키는 시각도 있다.

### 1.3.3 고전역학 방법들

연구하려는 계(system)에 포함된 원자들의 수가 수만 개 이상으로 커지는 대상(예컨대 용매분자를 고려한 동력학 계산, 나노 크기 물질에서 원자핵들의 거동 연구, 세포막을 통과하는 생리활성 분자들의 거동, 단백질 분자의 용액 내 거동, SEM/TEM 주사 탐침과 고체 표면 사이에서 분자 응집체들의 거동 특성 등)을 다루는 경우에는 반-경험 방법을 적용하는 것조차도 비현실적으로 어려워진다. 그리고 이러한 경우의 연구에서 주요 관심 사항은

(분자 내 전자 구조가 아니라) 원자핵들의 거동이며, 이러한 경우에는 고전역학 방법을 주로 사용하면서, 필요한 순간 또는 단계에서만 양자역학 효과를 추가하는 방식이 훨씬 더 효율적이기도 하다. 경우에 따라서는(특히 물리적 성질을 중심으로 연구하는 생체 및 공업적 고분자 소재 연구의 경우에는) 양자역학의 효과를 (표면적으로는) 거의 무시하고, 고전역학만 적용한 것처럼 보이는 계산 방법만으로도 적절한 모사실험 결과를 얻을 수 있는 경우도 매우 많다. 그러나 이들 고전역학의 방법에 암묵적으로 포함되거나, 혹은 반-경험적 내부 인자들(parameters)로 사용되는 것 중에, 많은 것들이 사실은 양자역학에 근거하여 정해진 것들이 많다는 사실을 기억하는 것이 중요하다.

고전역학은 뉴턴(Sir Isaac Newton) 역학과 함께 열역학을 포함하는 개념이며, 포함된 원자가 매우 많은 대상을 다루는 모사실험 연구에서는 열역학의 개념도 적합하게 포함하여 다루어야만 의미 있는 결과를 기대할 수 있다. 또는 원자의 수가 많지 않은 대상인 경우에도, 계산 결과와 비교하려는 실험 결과가 열역학 효과를 포함하는 실험 조건에서 정해진 것이라면, 역시 열역학 효과를 보정하는 단계를 포함하여야 한다.

화합물의 분자구조에 뉴턴의 고전역학을 적용하는 이론 모형을 **분자역학 방법**(molecular mechanics method) 또는 **역장법**(force-field method)이라고 부른다. 이 모형에서는 분자라는 것을 '공(sphere)들이 스프링으로 연결된 것'처럼 설정한다. 각 원소의 종류에 따라 (마치 돌턴의 원자 모델에서처럼) 각각의 고유한 크기와 질량을 가지는 공(sphere)으로 원자를 대신하며, 화학결합의 특성에 따라 정해지는 평형길이와 힘 상수를 가지는 스프링들이 원소들 사이의 결합을 대신한다. 주의할 점은, 동일한 원소라하여도, 인접한 원소와 어떤 특성으로 연결되는지에 따라 완전히 다른 종류로 취급되는데, 이것을 **원자-형식**(atomic type)이라고 부른다. 예컨대, 같은 탄소 원자라 할지라도, 그에 인접한 원소와 연결되는 화학결합에 참여하면서 $sp^3$-, $sp^2$-, sp-혼성-궤도(hybride orbital)들 중 어느 것에 해당하는지, 또 같은 $sp^2$-혼성궤도함수인 경우에도 연결되는 인접한 원소가 탄소, 산소, 질소 중 어떤 것인지에 따라 완전히 다른 원자-형식으로 취급된다. 따라서 분자역학 방법에서는 계산을 시작하기 전에 원자들 사이의 화학결합 유무와 화학결합의 형식을 분명하게 지정하여야 한다. 양자화학 방법에서는 모든 탄소원자는 동일하게 취급된다는 점에서 고전역학과는 완전히 구별되며, 또한 순-이론 양자화학 방법에서는 원자 사이의 화학 결합 유무 및 형식을 지정할 필요가 없으며, 또 지정하는 것이 최종 계산 결과에 영향을 미치지 않는다.

공과 스프링으로 연결된 모형으로 분자의 3차원 기하 구조(즉 결합 길이와 결합각도 및 비틀림 각도 등의 구체적인 수치 값들)가 잘 알려진 수많은 실험 결과들을 사용하여, 모형을 나타내는 수식에 포함된 인자들(parameters), 즉 스프링의 평형 결합길이와 힘 상수들을 최적화(parameter optimization)하고, 시험(test)하고, 수식의 구조 자체를 개조(modify)/개선(improve)하는 순환 과정을 거친다. 이렇게 개발된 방법을 적용하여 미지 분자의 기하 구조와 (상대적인) 내부 에너지 크기를 구한다. 이에 관련된 보다 자세한 내용은 이 책의 2장에서 분자역학 방법이 발전된 순서를 기준으로 설명할 것이다. 또한 분자역학 방법의 기본 골격과 특성을 간단하게 정리한 후, 계산화학을 처음 접하는 학생들의 관점을 고려한, 비교적 간단한 모사실험을 수행하면서 여러 고전역학 방법들의 장단점과 특성을 비교적 쉽게 인식할 수 있는 다음 네 가지 방법들을 간단히 소개할 것이다. (1) **MM+**(Molecular Mechanics) 방법, (2) **AMBER**(Assisted Model Building and Energy Refinement) 방법, (3) **OPLS**(Optimized Potential for Liquid Simulations) 방법, (4) **BIO+** 방법(예전의 **CHARM**, Chemistry at Harvard Macromolecular Mechanics). 신소재 분야에서 널리 사용되고 있는 FEM(Finite Element Method) 방법도 고전역학 방법에 해당하지만, 화학과 학생들을 주요 독자로 생각하는 이 책에서는 다루지 않는다.

이 시점에서 다소 성급하기는 하지만, 고전역학 방법의 한계와 장점(혹은 한계에도 불구하고 여전히 중요하고, 앞으로도 중요할 수 있는 의미)을 미리 지적할 필요가 있다. 가장 중요하고 본질적인 한계는 고전역학 방법들에서는 전자의 존재 및 영향을 명시적으로는 전혀 다루지 않는다는 점이다. 그렇기 때문에 바닥 전자상태에 해당하는 것만을 다루도록 제한되어 있으며, 전자－전이(에너지 준위 사이의 전이 및 전하 밀도 분포의 이동 등)에 관련된 특성을 전혀 다룰 수 없다. 또 하나 중요한 한계는 고전역학 방법들은 그 방법에 포함된 경험적 인자들의 전이성(transferability of empirical parameters)에 크게 의존하기 때문에 본질적으로 보간법(내삽법, interpolation method)의 일종에 해당하며, 따라서 내부 인자들을 결정할 때 활용한 기존 실험 결과들이 포함할 수 있는 영역 밖의 대상을 다루는 경우에는 그 결과의 신뢰성을 전혀 보장하지 않는다는 점이다. 고전역학 방법의 가장 중요한 장점은 계산－자원의 양(특히 계산 시간)들이 매우 적기 때문에 큰 대상을 다룰 수 있다는 점이다. 이점은 단순히 큰 대상을 다룰 수 있다는 점에 머물지 않고, 작은 분자에 대한 계산에서도 때로는 매우 중요하게 고려하여야 하는, 그러나 양자화학 방법으로는 충분히 다루기에 매우 곤란한, **환경 효과**(environmental effect)를 명시적으로 포함시킬 수 있다는 점에서 매우 중요한 강점이다. **용매 효과**(solvent effect)가 대표적인 환경 효과에 해당하지만, 생화학 분야의 경우에는 활성지점(active site) 주변의 단백질 혹은 곁－가지(side chains)들의 입체 효과도 환경 효과의 한 가지에 해당한다. 그렇기 때문에 계산화학을 실제 연구 대상에 적용하는 현장에서는 양자화학 방법과 고전역학 방법을 연결하여 함께 사용하는 다층(multi－layer, or multi－scale) 개념의 여러 방식들이 지금도 매우 활발하게 연구되고 있다. 따라서 양자화학 계산 방법들의 성능이 계속하여 발전한다 하여도, 고전역학 방법들은 여전히 중요한 역할을 할 것이기 때문에, 계산화학을 배우는 학생들이 고전역학 방법들에 대해서도 기본적인 내용을 학습할 필요가 있다.

앞의 1.2절에서 언급한 바와 같이, 이 책에서는 계산화학의 주요 대상을 분자의 내부 구조 및 분자구조에 대한 계산 결과를 사용하는 것을 중심으로 설정하였지만, 화학의 주요 대상이자 최종 지향점은 물질 변화에 대한 부분이다. 그리고 변화 과정의 매 순간 자체를 직접 다루는 것이 동력학 과정이기 때문에, 동력학에 대한 모사실험 연구가 계산화학의 중요한 분야 중 하나다. 그런데 동력학에 대한 부분(특히 화학과 학생들의 관점에서)은 매우 다양하고 익숙하지 않은 새로운 배경 지식들을 요구한다. 그래서인지 화학과 학부 학생들을 대상으로 10여년 이상 교육한 경험으로는 동력학에 대한 부분을 화학과 학생들에게 전달하는 것이 생각보다 어려웠다. 동력학에 대한 간단한 기초 실습을 해 보는 것은 그다지 어렵지 않지만, 분자구조에 대한 계산화학 실습과는 달리, 동력학 계산에 대한 실습은 그 실습 결과가 어떤 의미인지를 이해하는 것이 화학과 학생들에게는 다소 어려운 듯 보인다. 그럼에도 불구하고 계산화학으로 동력학 과정을 다룰 수 있다는 것을 학생들이 경험해 볼 필요는 있기 때문에, 2장의 뒷부분에서는 주로 뉴턴 역학만을 적용하는 **분자-동력학**(molecular dynamics) 방법의 기초 내용들을 간단히 설명하고, 이에 관련한 간단한 실습도 포함시켰다. **랑게빈-동역학**(Langevin dynamics) 방법과 **몬테카를로 모사**(Monte Carlo simulation) 방법을 이번 책에 포함시키지 않은 것은 좀 아쉽다.

### 1.3.4 통계 분석 (경험적) 방법들

통계 분석에 기반을 둔 방법들은 위의 1.3.2절의 끝부분에 언급한 바와 같이, 일종의 경험적 계산(empirical computation) 방법에 해당한다고 볼 수 있는데, 전통적인 화학 자체의 연구 분야들보다는 의학/약학, 생명과학, 고분자 과학, 촉매 및 신소재 분야 등 화학을 활용하는 분야들에 앞서서 도입하였다. 이들 분야에서는 앞에서 언급한 계산화학 방법들을 직접 적용하려는 접근 방식이 당장 도움이 되는 결과를 제공할 수 있을 것으로 크게 기대하기 어렵기 때문이기도 하다. 통계분석 방법에서는 연구 대상이 되는 분자 자체에 대한 계산을 수행하지는 않고, 그 대신 대상 분자와 밀접하게 관련된 다른 분자들에 대하여 이미 알려진 매우 많은 사실들(실험 결과들 또는 다른 계산 방법으로 얻은 모사실험 결과들)의 집합을 다룬다는 점이 앞에서 언급한 다른 계산화학 방법들과 확연히 구별되는 특징을 가진다. 그렇기 때문에 모사실험이라고 부를 수 있는지 아닌지는 좀 애매하다. 그러나 많은 양의 자료들 사이에 숨겨진 관련성을 찾아내기 위해서는 인간의 직관성을 초월하는 수학 및 통계적인 처리가 필요하며, 여기서 컴퓨터의 빠른 성능이 필수적으로 요구된다. 관점에 따라서는 계산화학의 범주에 포함시키지 않는 경우도 많기는 하지만, 계산화학을 실제 연구에 적용하는 현장에서는 매우 중요한 역할을 하고 있기 때문에, 계산화학의 한 분야로 간주하는 것이 타당하다고 본다.

어디까지를 통계 분석에 근거한 방법이라고 보아야 할지 애매한 부분이 있기는 하지만, **조합화학**(Combinatorial Chemistry), **생물-정보학**(Boinformatics)/**화학-정보학**(Cheminformatics), **구조-활성-정량 관계**(QSAR)/**구조-특성-정량-관계**(QSPR), **자료 검색과 분석**(Data Mining and Data Base Analysis) 방법 등이 대표적인 통계분석 방법들이라 할 수 있다. 사실 이들 방법은 각각 구별되는 방법들이라기보다는 일련의 순서와 체계 안에서 서로 연결되어 있는 방법들이라고 할 수 있다.

**조합화학**은 의약활성 물질에 대한 연구 분야에서 주도적으로 시작하였는데, 특정한 대상(생체 조직)에 대하여 생물학적 활성을 나타낼 수 있는 **단서-화합물**(lead compound)을 찾아내는 것을 목표로 하였다. 이 과정에는 수십만의, 심지어는 수백만 종류의 화합물이 관여될 수 있기 때문에 엄청나게 많은 양의 관련 자료와 그 자료들 각각에 내포된 다면적인 정보를 처리하여야 하는 어려움이 수반된다. 그런데 이러한 연구에서는 생물학적 목표 자체를 어떻게 구체적으로 설정하는지가 매우 중요하다. 그래서 시작된 것이 생물-정보학인 셈이다. **생물-정보학**에서는 생물학적 활성의 목표 그 자체라고 할 수 있는 유전자를 발견하는 것으로부터 시작하여, DNA와 단백질의 순서, 구조, 기능에 관한 유전 정보(genomic information)를 주로 다루기 때문에 **유전-정보학**이라고 부르기도 한다. 전 세계에 걸친 노력에 의하여 인간의 유전자(게놈, genome)뿐만 아니라 쥐와 같은 동물들, 벼와 같은 식물들, 그리고 곤충과 효모와 같은 것들을 포함한 거의 모든 종류의 생명체들에 대한 유전자 정보들이 넘쳐흐르고 있다. 축적된 수많은 자료에 포함된 정보들 사이에 내포된 암묵적인 관계를 구체적인 수치로 도출하는 부분에 집중하는 연구 분야가 **QSAR**(Quantitative Structure Activity Relationships, **정량적-구조-활성-관계분석**) 방법에 해당한다. 대상 화합물의 특정 성격을 표현할 수 있는 **묘사-자**(molecular descriptor)로 어떤 것을 설정하여야만, 축적된 자료 안에 포함된 수십만의 화합물들 사이에 숨겨진 암묵적 관계를 도출할 수 있는지가 QSAR에서 중요한 부분 중 하나다.

한편 산업용 유기, 무기 및 세라믹 소재 분야 등과 같이 생물체 내에서 작용하는 것을 목적으로 하지 않는 경우에는, 물질 자체의 물리-화학적 성질들만이 중요할 뿐 생체 내의 과정이나 독성에 대한 고려는 크게 중요하지 않다. 그래서 **화학-정보학**(Cheminformatics)

과 거기에서 요구하는 **QSPR**(Quantitative Structure Property Relationships, **정량적-구조-특성-관계분석**)에서는 생체 내 작용에 대한 고려를 제외하고, 물질 자체의 순수한 기계적, 열적, 전기적, 화학적 특성들만을 고려한다. 또 한편으로 화학-정보학과 QSPR에서는 자료-창고(data base)에 포함된 특정 물질의 자료를 그 물질 자체의 자료만으로 처리하는 것을 초월하여, 그 물질을 구성하고 있는 기본 단위들로 분배한 후, 그렇게 파편화된 자료들을 재-조합하는 방식으로 추가 분석하는 내용들이 추가되기도 한다.

자료 검색과 분석(Data Mining and Data Base Analysis) 방법은 위에 열거한 통계분석 방법들의 기초에 해당하는 것이기 때문에 굳이 계산화학의 관점에서 언급할 필요가 없기는 하다. 그러나 대상이 되는 자료의 특성이 화학에 관련된 것이기 때문에 컴퓨터 과학 분야의 연구자들에게만 맡기지 않고, 화학자의 식견을 투영하도록 관심을 가질 필요가 있다. 특히 거대한 연구 집단(기업체 연구소 및 국책 연구소)들 내부에서 지금도 끊임없이 진행되고 있는 수많은 실제 실험 및 계산화학에 의한 모사실험들로부터 생성된 자료들을 분석, 분류, 저장 및 관리하는 부분에서 자체의 새로운 관점과 기법을 연구-발전시키는 것이 새로운 경쟁력의 일부분이 될 수도 있다.

통계분석에 근거하는 방법만으로는 한계가 있고, 또 한편으로는 앞에서 열거하였던 계산 방법들의 성능이 급격하게 개선되기 때문에, 통계분석 방법 내부에서 일정한 계산화학 과정을 추가하는 방법들이 활발하게 시도되고 있다. 다른 한편으로는 앞서 언급한 계산화학 방법들의 중간 단계에서 통계분석 방법을 포함하는 방법들도 활발하게 개발되고 있다. 그래서 현재의 산업계 연구개발 현장에서 실제 활용되고 있는 응용 계산화학 프로그램들의 내용을 들여다보면, 어디까지가 전통적인 계산화학 프로그램이고, 어느 부분이 통계분석 기반에 해당하는 부분인지 구분하기 어려운 정도이기도 하다.

마지막으로, 최근 들어 더욱 주목받고 있는 분야인 인공지능(AI, artificial intelligence)의 한 분야인 기계학습(machine learning) 방법이 화학분야에 도입된다면, 일단은 통계분석에 근거한 계산화학의 범주 또는 일종의 경험적 계산 방법에 포함될 것이다. 이 방향으로의 시도가 시작되었으며 최근에는 주목할 만한 성과가 나오고 있지만, 아직은 학부 학생들에게 소개할 정도로 구체적이지는 않다. 이 책에서는 이에 대한 내용을 거의 다루지 않지만, 계산화학에 관심을 가지게 된 학생들 중에서 이 방향으로 진출하는 경우가 생기기를 기대해 본다.

통계분석에 근거한 계산화학 방법들을 실습하려면, 적절한 자료-저장소(data base)에 접근할 수 있어야 하며, 수많은 자료 채굴(data mining)의 실습 시간이 요구된다. 그래서 이 책에서는 이들에 대한 내용을 더 이상 다루지 않는다.

## 1.4 이 책의 구성과 학습 방법에 대한 제안

이번 1장에서는 계산화학 전반에 대한 개요와 계산화학의 학습에 필요한 준비들을 소개하였다. 2장의 앞부분에서는 고전역학을 적용하여 안정한 화합물의 분자구조를 다루는 분자역학 방법을 다루고, 뒷부분에서는 분자구조가 변화는 과정을 고적역학을 적용하여 다루는 분자-동역학의 내용을 아주 간단하게 소개한다. 3장부터 5장까지는 양자화학 방법에 해당하는데, 먼저 3장에서는 모든 양자화학 방법들의 출발 지점에 해당하는 HF/SCF 방법의 기본 개념과 반-경험 양자화학 방법들의 기본 특징과 장단점, 그리고 바탕-함수-집합(basis set)에 대한 내용을 다룬다. 보다 높은 수준의 계산 방법들 자체에 대한 설명은 일단 5장으로 미루고, 먼저 4장에서는 여러 물리-화학 특성들을 계산하는 데 필요한 기본 개념들(분자구조 최적화, 진동특성과 IR 분광학, 들뜬 전자상태 계산과 UV/Vis 분광학, NMR 분광학, 용매 효과, 반응경로의 전이상태 등)과 기초 실습들을 다룬다. 마지막으로 5장에서는 보다 정확한 계산 결과를 위하여 요구되는 전자-상관성 효과를 포함하는 Post-HF 방법들과 밀도-범함수-이론(DFT) 방법들을 다룬다.

이 책은 화학과 3학년 2학기 또는 4학년 학생을 주요 독자로 생각하고 만들었기 때문에 자세한 수식의 유도 과정은 가능한 제한하였다. 그보다는 유도된 수식의 물리-화학 의미를 정성적이고 직관적으로 이해할 수 있도록 설명하는 방식을 택하였다. 그러나 지난 10년간 경험해 보았지만, 화학과 학생들에게는 여전히 생소하고 어려운 내용이 많은 듯하다.

책의 순서에 따라 그에 해당하는 기본 개념들을 설명하는 내용이 소개된 후, 이들 개념들을 실제 적용해볼 수 있는 간단한 기초 실습들이 책의 중간에 끼워져 있다. 각 실습 내용은 실습 조교가 주도하여 50분 정도의 시간 동안 진행하는 기본 설명과 시연을 통하여 학생들이 기초 사용법들을 배운 후, 각자의 개별 과제를 50분 정도의 시간 안에 충분히 마칠 수 있도록 구성하였다. 그러나 경우에 따라서는 실습 조교의 도움 없이 학생 혼자서 학습하는 경우에도 충분히 습득할 수 있을 수준으로(다소 지나칠 정도로 자세하게) 실습 내용을 작성하였다. 그리고 실습을 통하여 얻게 되는 주요 결과를 설명하는 '실습 내용 추가 설명' 부분이 포함된 경우도 있다. 학생들 입장에서는 이 부분을 미리 살펴본 후 실습하려는 생각이 들겠지만, 가능하면 일단 기초 실습의 내용을 직접 수행해 본 후, '실습 내용 추가 설명' 부분을 나중에 보기를 권한다. 기초 실습만을 통하여 기본 개념들을 모두 이해하기는 어려울 수 있다. 이 책에서 중요하게 설정한 관점은, 계산화학을 처음으로 접하는 학생들이 제한된 시간의 실습을 통하여 계산화학에서 가장 기본이 되는 최소한의 내용들을 우선하여 학습할 수 있도록 하는 점이다. 그리고 실제 실험 실습과는 다르게, 학생이 원하는 추가 실습을 학생이 원하는 시간에 언제든지(혼자서 안전하게, 그리고 재료비를 사용하지 않으면서) 추가로 할 수 있다는 점이 계산화학 실습의 또 다른 장점이라 할 수 있을 것이다.

## 1.5 계산화학 학습에서의 실습 준비

계산화학의 내용에 대한 이론 학습과 실습을 본격적으로 시작하기 전에, 화학분야 학생들이 대학원 또는 산업체의 연구 개발 분야에 진출하게 되었을 때 상식 수준에서 알고 있을 필요가 있는 ChemDraw와, 그리고 특히 물리화학 분야로 진출하려는 경우에 익혀둘 필요가 있는 기초 내용에 해당하는, 원격지 컴퓨터 접속과 Unix/Linux의 기본 사용법을 여기서 간단하게 소개한다.

### 1.5.1 화학 구조식 문서 작성－ChemDraw

**ChemDraw** 프로그램의 사용법은 요즘의 화학과 학생이라면 꼭 익혀둘 필요가 있는 (그리고 사실 화학과 학생들에게는 그다지 어렵지 않은) 내용이지만, 화학 관련 학과의 기존 정규 교육과정에서는 학습할 기회가 포함되어 있지 않다. 그래서 의외로 많은 학생들이 배우지 못하고 지나가는 경우가 많은듯하여 안타깝다.

ChemDraw는 다양한 화합물의 복잡한 구조와 화학반응식 등을 효과적으로 표현하는, 일종의 문서작성－프로그램(Word Process Program)이다. 요사이의 추세를 보면 화학에 관련된 거의 모든 분야에서 세계 표준 방식의 위상을 거의 확보하였다. 각종 학술잡지 등에 논문을 투고할 때나 연구자들 사이에서 관련 정보를 전자－형식(Electronic Form)으로 교환할 때 기본 방법으로 사용되고 있다. 또한 최근의 계산화학 프로그램들 중에는 ChemDraw로 그려진 구조식 자체를 프로그램의 입력자료(Input data)로 곧바로 받아들이는 경우도 많아지고 있다. 이 책의 3장 마지막 부분에는 ChemDraw에서 그린 구조를 HyperChem에서 읽어 들여 고전역학 방법으로 기본 계산을 진행한 후, 그 결과를 GaussView(혹은 IQMol)로 읽어 들여 양자화학 계산을 위한 입력자료(input)를 만드는 간단한 실습을 포함시켰다. 또한 ChemDraw의 확장판에는 간단한 계산화학 기능(분자역학 방법에 의한 3차원 입체구조 제시)을 포함하기도 한다.

따라서 ChemDraw는 화학 분야 학생들이 꼭 알아두어야 할 상식적인 내용인 동시에 앞으로는 계산화학을 수행하는 출발 보조 도구로의 역할도 할 수 있다. 이 책에 포함된 실습 내용 정도만 익혀도 일단 기본적인 활용을 할 수 있을 것이다. 실제로 지난 10여 년간의 경험을 보면, 이 책의 내용 정도만 학생들에게 학습시켜도, 한두 달 후에는 ChemDraw를 매우 잘 활용하는 수준에 도달하는 경우가 대부분이다.

### 1.5.2 SSH를 사용한 원격지 컴퓨터 활용과 Unix/Linux 사용

실습-1-02에서는 먼저 SSH라는 도구-프로그램(utility program)을 사용하여 다른 장소에 위치한 전자계산소 또는 슈퍼컴퓨터 센터의 컴퓨터에 접근하는 것을 설명한 후, 원격지 컴퓨터의 Unix/Linux 환경의 기본 명령어들을 사용하는 것을 실습한다. 이 책에서 실습하는 내용들은 대부분 작은 화합물들을 대상으로 하기 때문에 개인용 컴퓨터로도 충분하다. 그러나 대상 분자의 크기와 복잡성이 조금만 증대하여도 계산에 필요한 자원(계산시간과 주-메모리 용량 및 계산 중간 과정에서의 자료 저장 공간의 크기)이 급격하게 증가한다. 이런 경우에는 학교 전산소의 컴퓨터들, 대학원 연구실의 Workstations들 또는 컴퓨터센터의 슈퍼컴퓨터 등 먼 거리에 위치한 보다 고성능의 컴퓨터를 원격으로 접속하여 활용할 필요가 있다. 그러한 경우에는 자신의 개인용 컴퓨터에서는 계산의 입력(input) 자료만을 만든 후, 원격지 컴퓨터에 그 입력 자료를 전송하고, 원격지의 고성능 컴퓨터에서 계산을 실행한 후, 그 결과를 다시 자신의 개인용 컴퓨터에 가져와서 계산 결과를 이용하는 방식을 사용하여야 한다. 물론 이러한 전체 과정을 자동으로 실현해 주는 도구-프로그램들(utility programs)이 개발되어 있기는 하지만, 그러한 도구-프로그램들의 환경-설정에 어려움이 있거나, 그래픽 화면만을 이용하는 과정으로 작업을 수행하는 데 한계가 있을 수 있다. 그러한 경우에는 간단한 기본 수준의 Unix/Linux 명령어들(대략 20여 가지 정도)만을 익히고 있어도 큰 도움이 된다.

Unix/Linux 사용법을 자세히 알려면 의외로 많은 시간이 요구되기는 하지만, 이 책의 기초 실습에 포함된 기본 내용들만 알고 있어도 충분히 유용하게 활용할 수 있다. 그리고 여기서 다루는 수준의 Unix/Linix 명령어는 어느 환경에서나 거의 완전히 동일하기 때문에 Unix/Linux 환경을 채용하는 (컴퓨터가 아닌) 다른 실험 기기들을 이용하는 경우에도 도움이 될 수 있다. 지난 수년간의 경험으로는 일부러 조교의 설명을 제공하지 않고, 이 책에 포함된 내용만으로 학생들이 스스로 실습하도록 하여도 거의 대부분의 학생들이 기본 사용법을 적절한 수준까지 충분히 익힐 수 있었다.

ChemDraw 사용법에 대한 내용은 학기가 시작되면 곧바로 1~2주 사이에 다루는 것이 바람직하다. 왜냐하면 이후에 이어지는 계산화학 실습의 결과물들 중 일부는 이들 프로그램을 보조 프로그램으로 사용하여 작성하도록 유도할 수 있기 때문이다. 반면에 Unix/Linux 명령어 사용법은 처음부터 학습할 필요는 없다. 학기 중반까지는 여러 가지 계산화학 방법들의 개념들을 학습하고, 작은 분자들을 대상으로 하는 기초 실습들을 개인용 컴퓨터에서 수행해도 된다. 점차 큰 분자들을 다루는 시점에서 또는 학생 각자가 흥미를 가지는 대상 화합물들에 대하여 그동안 학습한 방법들을 본격적으로 융합-연결하여 적용하는 묶음과제(Term Project)를 시작하는 시점에서 Unix/Linux 사용법을 학습하는 것이 더 적당할 수 있다. 그러면 계산전용의 고성능 컴퓨터들을 활용하여 보다 더 의미 있는 실전-형 실습도 가능할 것이다.

### 1.5.3 Unix/Linux 환경에서의 문서 편집기(vi) 기초 사용법

원격지의 컴퓨터를 사용하여 본격적인 계산화학 연구를 진행하다 보면 계산 입력 자료(input)를 조금씩만 변경시키면 되는 경우가 많으며, 또한 원격지 컴퓨터 안의 파일 내용 중 극히 일부분만을 약간 변경시켜야 하는 경우가 매우 많다. Unix/Linux 환경에서 표준으로 사용되고 있는 문서 편집기인 vi의 사용법을 일정 수준으로라도 익혀두면, 이런 모든 경우에 매우 신속하고 효과적으로 대응할 수 있다. 그런데 vi 편집기 사용법을 처음 익히는 학생들이 의외로 혼란스러워 하는 경우가 많으며, 이 때문에 vi 편집기 사용법을 익히는 것을 포기하는 경우가 꽤 흔하다. 사실 불편함을 감수한다면, vi 편집기를 사용하지 않고도 계산화학 연구를 진행할 수는 있다.

실습-1-03에서는 지난 10년간 학생들을 지도한 경험을 바탕으로, 매우 조심스럽고 신중하며, 지나치게 친절하게 vi 사용법을 설명하고 있다. 주의할 점은 설명 순서를 건너뛰지 않고, 서두르지 않으며, 차분하게 따라하면 충분히 초기의 혼란을 극복할 수 있다. 혹시 중간에 혼란스럽다면 처음부터 다시 시작하는 방식을 권한다.

# 실습-1-01 ChemDraw 기본 사용법

## [1] 기본 설명

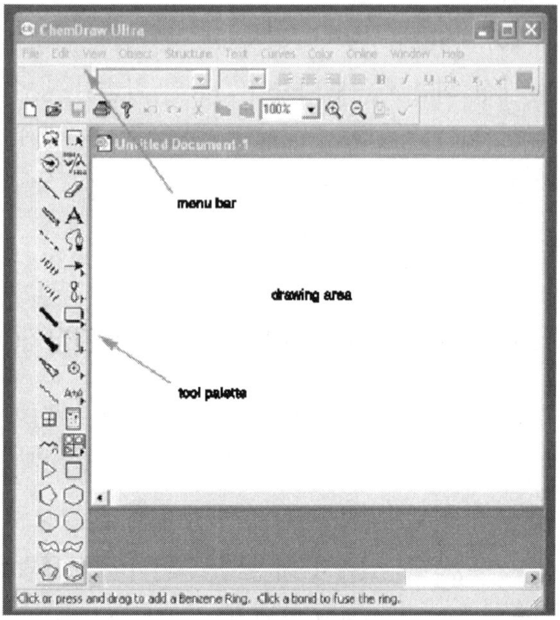


컴퓨터의 바탕화면에서 ChemDraw의 바로가기 아이콘(CD)을 찾아서 클릭하면, 옆 그림과 유사한 시작 화면이 나타난다.

오른쪽 위 모서리의  화면 크기 조절 버튼의 사용법은 일반적인 프로그램과 유사하다. 화면을 키우고, 줄이고, 옮겨본다.

Untitled Document 화면의 모서리, 경계선 등을 마우스로 지정하여 크기 조절과 위치 이동을 해 본다.

### 1-1 기본/주요 도구 모임(Main Tool Bar)의 설명

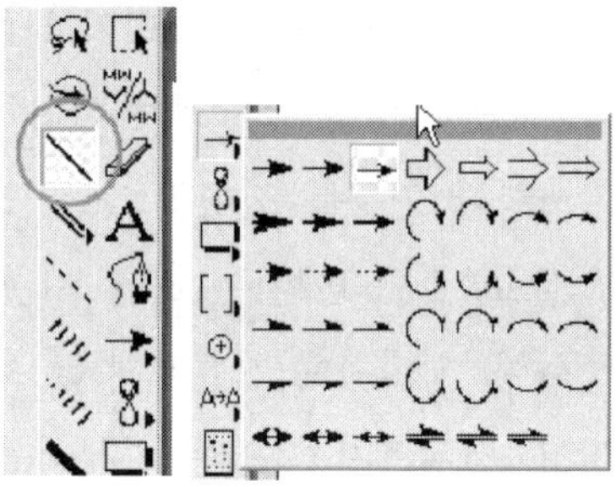

(1) 선택 도구(Lasso, Marquee)와 지우개(Eraser)
(2) 여러 가지 결합들(Solid Bond, Hashed Bond, Bold Bond, Wedged Bond, etc)
(3) 문자 입력(Text)
(4) 화살표(Arrows)와 펜-그리기(Pen)
(5) 오비탈들(Orbitals)
(6) 그리기 요소들(Drawing Elements)
(7) 화학기호들(Chemical Symbols)
(8) 여러 가지 고리 구조들(Ring Templates) → 고리 구조뿐만 아니라 여러 가지 복잡한 구조를 그리는 시작으로 활용
(9) 확장 하위 도구가 있는 경우: ▶가 표시되어 있다. 예) 화살표 그리기 경우

도구들 모음 칸 부분을 마우스로 끌어 옮겨서 화면의 적당한 곳으로 이동시킨다. 위에 열거한 여러 도구들을 하나씩 클릭해서 시험해 보자. 흐린 글씨로 나타나는 하위 메

뉴는 현재 작업 상태에서는 사용할 수 없다는 의미다.

### 1-2 기본 주-메뉴들과 세부 항목들 확인

ChemDraw 주-화면 맨 윗줄에 열거된 것(File, Edit, ...)들이 주-메뉴이다.

주-메뉴의 각 항목들을 마우스로 클릭하여 나오는 하위 메뉴들에 포함된 것을 모두 일단 확인해 보라. 하위 항목에 또 다시 세부 항목이 있는 경우에는 그 항목 이름 옆에 ▶가 표시되어 있다. 예컨대 주-메뉴의 Text 항목을 클릭할 때 활성화되는 세부 항목들에서 Font, Style, Size 옆에 ▶가 있고, Font에 마우스 포인터가 위치하면 여러 글자체-형식들이 나타난다.

지금부터 설명할 때 'Text → Font → @HY궁서'라는 표기가 나오면, 이런 단계를 거쳐서 해당 기능을 찾아가면서 실습하여야 한다. 따라서 주-메뉴(Main Menu bar)의 여러 항목들을 모두 한 번씩 클릭하면서 각 항목들에는 어떤 세부 항목(sub menu)들이 있는지 일단 모두 한 번씩 잘 보고 지나가자.

## [2] 기초 실습-1: 반응 Scheme 그리기

기초 실습의 목표는 옆 그림과 같이, 유기화학 반응 경로를 설명하는 반응 Scheme을 그리는 것이다.

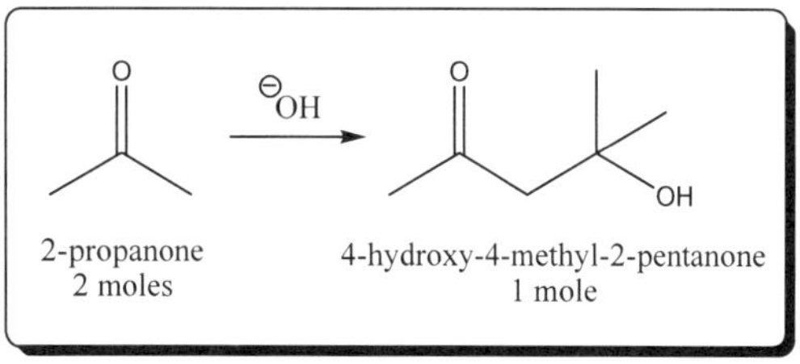


### 2-1 기본 환경 설정

(1) ChemDraw가 시작된 초기 화면에서 Menu bar의 File을 클릭한 후,

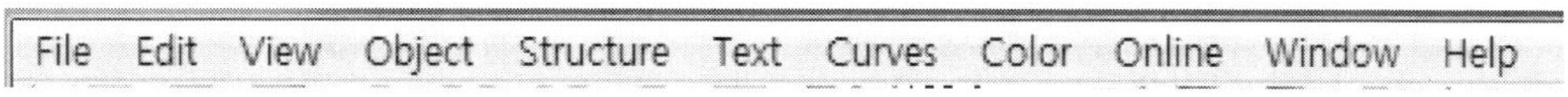


sub menu들 중 → Save As를 클릭한 후, 파일 이름으로 test-1.cdx를 입력, → Directory 이동 기능으로 적합한 폴더 위치로 이동한 후, Save를 클릭하여 현재의 빈 화면(Untitled Document-1) 상태를 일단 저장한다. → 'Untitled Document-1' 부분이 'test-1.cdx'로 바뀐 것을 주목하라!

(2) Menu bar의 View를 클릭하여 나타난 항목들에서 Show General Toolbar, Show

Style Tool bar, Show Chemical Warnings 항목이 선택된 상태인지 (Check 되었는지) 확인하고, 만약 선택되어있지 않으면 클릭하여 선택한다. → Main Tools, General Tool bar, Style Tool bar 등을 화면 여기저기로 이동시켜 자신의 작업에 적당한 곳에 위치시킨다. (현재 그대로 사용해도 된다.)

(General Tools →) 

(Style Tool bar →) 

(3) Menu bar의 View를 클릭한 후 나타난 항목들 중에서 Show Info Window를 클릭하고, 이때 활성화된 작은 창은 화면 오른쪽 구석으로 이동시켜둔다. (꼭 필요하지는 않음)

(4) Menu bar의 Object를 클릭 후 나타난 항목들 중 Fixed Length와 Fixed Angle 항목이 선택되어 있는지 확인하고, 선택되어 있지 않으면 그 항목을 선택해 둔다.

Q 중간확인: 'Main Tool Bar', 'General Tool Bar', 'Style Too Bar'가 무엇인가?

## 2-2 출발물질(2-propanone) 그리기

(아래 설명에서 '클릭'은 왼쪽 버튼 누르기, '눌러-끌기'는 왼쪽 버튼 누르고 약간 끌기를 의미한다.)

(1) Main Tool bar에서 Solid Bond Tool(╲)을 클릭(왼쪽 버튼 누르기)하여 선택한다.
⇒ 커서가 + 모양으로 변한다. (마우스 포인터의 모양이 중요한 의미를 가진다!)

(2) 화면 중앙의 적당한 곳에 커서를 이동시키고 클릭 또는 약간 눌러-끌기를 하여 결합을 그린다. 이때 Show Info Window 창에 나오는 각도가 150 ° 또는 −30 °이 되도록 한다. 오른쪽 그림과 같이 그린다.

(3) 잘못 그려졌다면 지우기 도구(✐)를 클릭한다. ⇒ 커서가 □ 모양으로 변한다. 커서를 지우려는 부분으로 이동시킨 후 클릭하여 지운다.
⇒ 다시 Solid Bond Tool ╲을 클릭한 후 결합을 그린다.

(4) 이미 그려진 결합의 오른쪽 위로 이동시켜 옆 그림처럼 + 표시가 나타났을 때 클릭하거나, + 표시가 나타난 상태에서 오른쪽 아래로 눌러-끌기를 한다.
⇒ 그러면 옆 그림처럼 결합이 하나 덧붙여진다.

(5) 두 개의 결합이 만나는 지점(구부러진 곳)에 커서가 이동하여 커서 모양이 ╬과 같이 되었을 때 클릭하면, 수직 방향으로 세 번째 결합이 그려진다.

(6) 세 결합이 만나는 지점에서 커서 모양이 과 같은 상태에서 반복하여 마우스 왼쪽 버튼을 클릭하면 결합이 계속 생긴다.

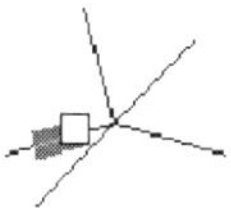

(7) 지우기 도구 를 선택하여 불필요한 결합들을 지워, 원하는 세 결합만 남긴다.

(8) 다시 Solid Bond Tool 을 클릭한다.

(9) 커서가 위를 향한 결합의 중간에 위치하면 커서 모양이 ▌ 모양으로 바뀐다. 이때 마우스 버튼을 클릭하면 옆 그림처럼 이중 결합으로 바뀐다.

(10) 이중결합의 윗부분에 커서를 놓고 더블 클릭하여 나타난 상자에 대문자 O를 입력하고 Esc 키를 눌러 빠져 나온다. → 옆 그림처럼 된다.

### 2-3 생성물질(4-hydroxy-4-methyl-2-pentanone) 그리기

(1) 기존 구조 복사를 위하여, 먼저 Main Tool Bar에서 Lasso 도구( )를 클릭한다. ⇒ 커서 모양이 변한다.

(2) 화면에 그려진 구조 주위를 마우스 버튼을 누른 상태에서 둘러싸면 화면 구조 주변으로 흐린 청색 선의 사각형이 둘러지며 구조가 선택된다.

(3) 커서가 점선 사각형 안으로 들어가면 커서가 손 모양으로 변한다. 그 상태에서 마우스 버튼을 누르고 이동시키면 선택된 구조가 이동한다.

(4) 그 상태에서 컨트롤 키를 누르면 손 모양 안에 +표가 나타난다. 손 모양 안에 + 표시가 있는 상태(즉 컨트롤 키를 누른 상태)에서 마우스 버튼을 누르고 이동시키면 원래의 구조가 남아 있는 상태에서 복사된 구조가 이동한다. 이동 후 왼쪽 버튼을 떼어내면 수평 위치에 복사된 구조를 만들어 옆 그림처럼 만들어진다.

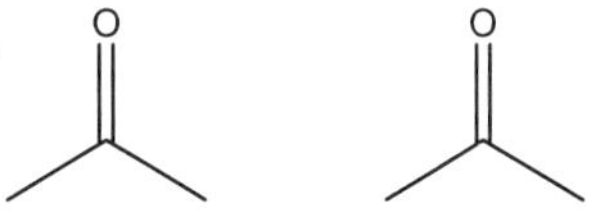

(5) Solid Bond Tool 을 클릭하여 커서 모양을 +로 바꾼다.

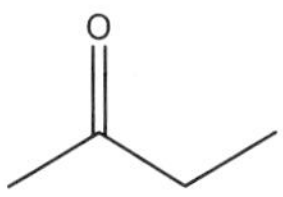

(6) 오른쪽 구조의 오른쪽 결합 밑에서 커서를 클릭하여 새 결합을 만든다.

(7) 동일한 방법으로 계속 필요한 결합을 추가하고, 필요한 곳에 원소기호를 기입하여 옆 그림과 같이 만든다.

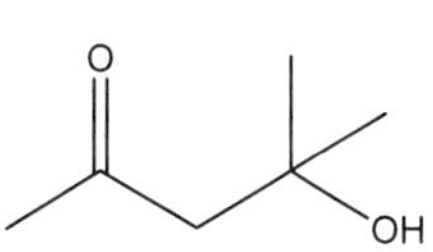


(8) Marquee 도구( )를 클릭하여 방금 만든 생성물 구조를 선택한다.

(9) 커서 모양이 손바닥 모양으로 되었을 때 '눌러-끌기'하여 출발 물질과 생성 물질 사이에 화살표를 그리기에 적당한 공간이 되도록 이동시킨다.

중간확인: Lasso 도구( )와 Marquee 도구( )의 활용 차이는 무엇인가?

## 2-4 중간 화살표와 반응조건 그리기

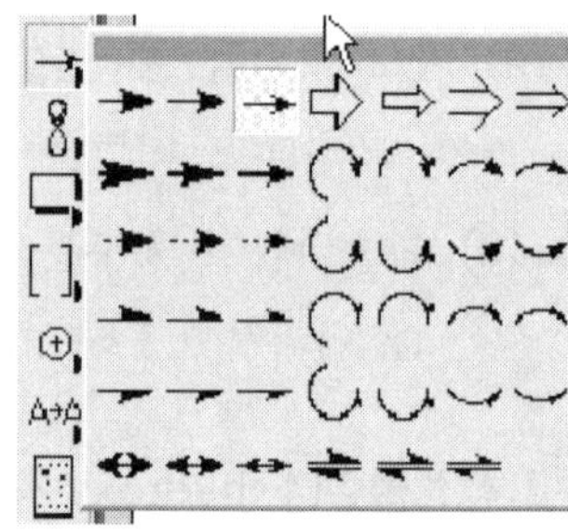

(1) Main Tool Bar의 화살표 그리기 도구( )를 클릭하여 활성화된 창에서 옆 그림과 같이 위의 세 번째를 클릭하여 선택한다. (커서의 모양은 여전히 + 모양이다.)

(2) 출발물질과 생성물질의 중간 지역에 커서를 누르고-오른쪽으로-이동하기 방법으로 화살표를 그린다. 마우스 포인터가 화살표 화살촉의 아래에 닿았을 때 나타나는 상하좌우 화살표를 '눌러-끌기'하여 화살촉 크기(두께, 길이)를 조절한다.

(3) Main Tool Bar의 Text tool(A)을 클릭하여 선택한다. ⇒ 포인터의 모양 변화!

(4) 화살표와 적당히 먼 위치에서 마우스를 클릭하여 나타나는 문자입력 상자에 OH를 입력하고 Esc 키를 눌러 나온다. (OH 주변에 빨간 물결 테두리가 나타난다.)

(5) Main Tool Bar의 Chemical Symbol tool( )을 클릭, 마우스를 누른 상태에서 나타나는 것들 중에서 음-전하 표시( ⊖ )를 선택한다.

(6) OH의 산소 위에서 마우스의 왼쪽 버튼을 누르고 움직이면 ⊖ 표시가 커서를 따라서 이동한다. 산소의 왼쪽 위에 -전하가 있을 때 누르고 있던 마우스 버튼을 놓아, 그 위치에 -전하가 놓이도록 한다. (OH 주변 빨간색 테두리가 없어진다.)

(7) Marquee 도구( )를 클릭하면 방금 만든 $^-$OH가 선택된다. → 마우스 '눌러-끌기'로 $^-$OH를 화살표 위의 중앙 부근 적당한 곳으로 이동시킨다.

(8) Marquee 도구( )가 선택된 상태에서 Shift 키를 누른 상태에서 한 그룹으로 묶기를 원하는 대상을 클릭하면 클릭한 것들이 하나의 그룹으로 선택된다.
→ $^-$OH와 화살표를 그룹으로 선택한 후 마우스를 이동시켜 $^-$OH와 화살표가 출발물질과 생성물질 중간 적당한 곳에 놓이게 한다.

(9) 지금까지 만든 결과는 다음과 같아야 한다.

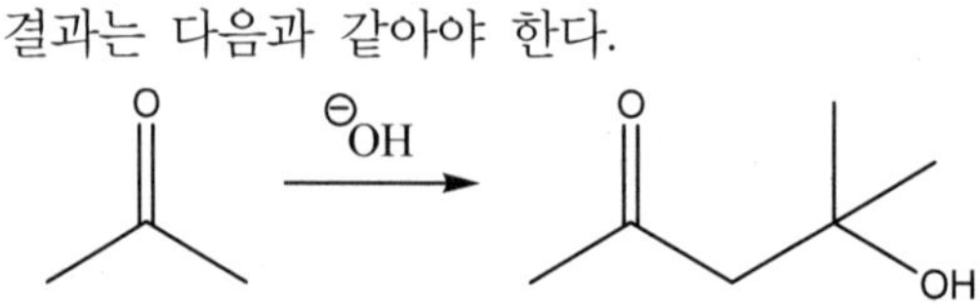

## 2-5 문자 입력

(1) Main Tool Bar의 Text tool(A)을 클릭하여 선택한다. 커서를 출발물질의 구조(위 그림에서 왼쪽 구조) 아래에 놓고 클릭하여 만들어진 문자−입력−창에 '2−propanone'을 입력하고 enter 키를 누른 후 다시 '2 moles'를 입력한다.
Main Menu bar에서 Text를 클릭하였을 때 나타나는 항목에서 Centered를 클릭(또는 Style Tool bar를 이용)하여 상자 안의 글자들을 중앙으로 정리한다.

(2) 커서를 생성물질 구조(위 그림의 오른쪽 주조) 아래에 놓고 클릭하여 만들어진 문자−입력−창에 '4−hydroxy−4−methyl−2−pentanone'을 입력하고 enter 키를 누른 후 다시 '1 mole'을 입력한다.

(3) Marquee 도구( )를 클릭한 후, 출발물질 또는 생성물질 아래의 글자 부분을 클릭하면 그 부분이 네모 상자로 선택된다.
→ 마우스를 이동시켜 글자의 위치가 적절하도록 이동시킨다.

(4) 지금까지 만들어진 결과는 옆 그림과 같아야 한다.

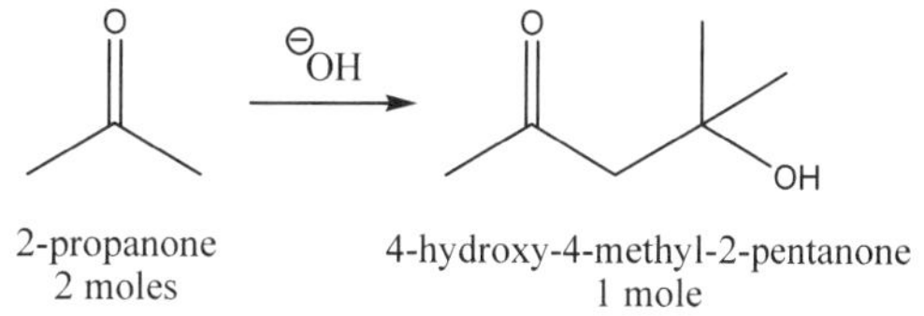


## 2-6 테두리 장식 그리기 및 결과 저장

(1) Main Tool Bar에서 테두리 그리기 도구( )를 클릭하고, 이때 나타나는 테두리 방식들 중에서 둥근 모서리 사각형 입체 틀(세 번째 줄, 왼쪽에서 오른쪽으로 다섯 번째)을 클릭하여 선택한다. (커서 모양은 여전히 + 모양)

(2) 테두리로 두르고자 하는 부분 왼쪽 위에서 마우스 버튼을 누른 후, 버튼을 누른 상태에서 대각선으로 누르고−끌기(drag)하여 전체를 둘러싼다.

(3) 그러면 옆 그림과 같은 최종 상태가 된다.

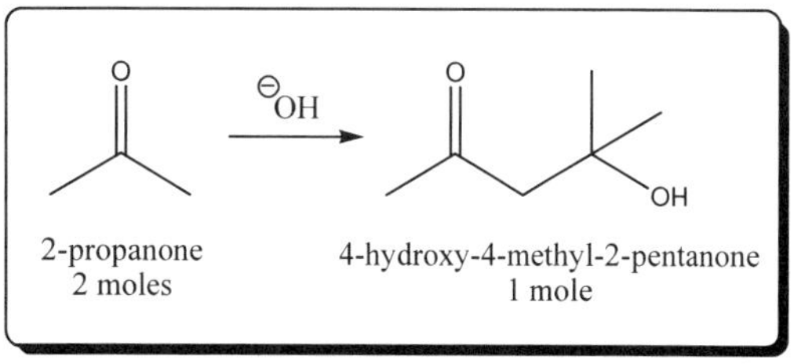


(4) Menu Bar에서 File을 클릭한 후, Save를 클릭하여 저장한다.
'test−1.cdx' 화면 오른쪽 위 모서리의 X 부분을 클릭하여, 'test−1.cdx' 화면을 없앤다. Main Menu의 File → Open에서 저장했던 파일을 선택하여 가져온다.

(5) Marquee 도구()를 클릭한 후, 문서 작성 파일(한글, MS Word, 파워포인트)에 넣기를 원하는 부분을 둘러싸 선택한다.

(6) 옅은 청색(또는 점선) 사각형으로 선택된 상태에서 마우스 오른쪽 버튼을 클릭하여 나타난 메뉴 중에서 Copy를 선택한 후(또는 Menu Bar의 Edit를 클릭한 후 나타나는 메뉴들 중에서 Copy를 선택한 후), 해당 문서작성 파일의 원하는 위치에 붙여넣기(Paste)를 한다.

### [3] 기초 실습-2: 복잡한 구조 그릴 때 고리 구조를 이용하기

(1) 주 메뉴에서, File → New Document를 선택하여 새 작업창 열기

(2) Main Tool Bar의 고리 구조 도구()를 클릭 ⇒ 커서 포인터 모양 변화 주목.

(3) 새 작업창 빈 공간의 적당한 위치에서 클릭하면, 육각형 고리가 하나 만들어진다.

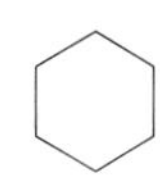

(4) 마우스 포인터가 육각형 고리의 한 변에 닿았을 때, 클릭하는 것을 반복하여 오른쪽 첫 그림처럼 만든다.

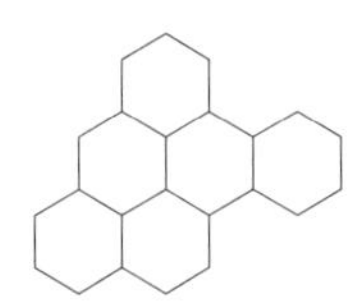

(5) 지우개 도구를 사용하여 불필요한 변들을 지워서, 골격 구조만 남긴다.

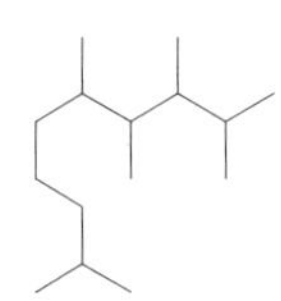

(6) 기초 실습-1에서 설명한 방법들을 사용하여, 오른쪽과 같이 마무리한다.

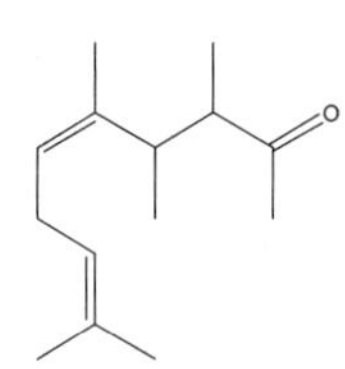


(7) 주 메뉴에서 File → Save As...를 선택하고, 파일이름 **test-2.cdx**로 저장한다.

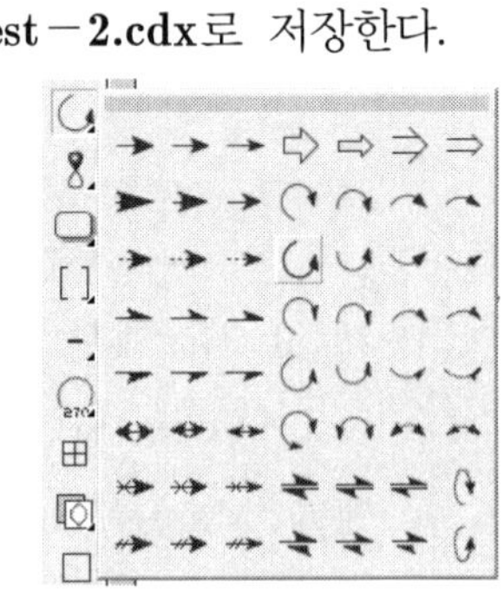

### [4] 기초 실습-3: 전자-이동 설명 그림 그리기

(1) 주 메뉴 File → New Document 선택 후,
→ 새 작업창 열기

(2) 기초 실습-1, 2의 방법으로 일단 오른쪽 그

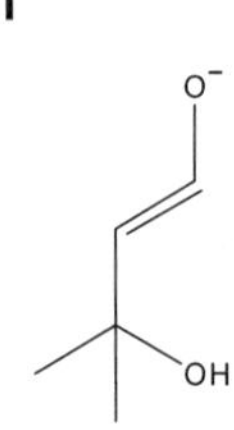

림처럼 만든다.

(3) Main Tool Bar의 화살표 그리기 도구( )를 클릭하여 활성화된 창에서, 옆 그림과 같이 세 번째 줄, 네 번째( )를 클릭하여 선택한다. (커서의 모양은 여전히 + 모양)

(4) 마우스 포인터(+)가 이중결합 아래에 있을 때, 마우스의 왼쪽 버튼을 '누르고−끌기'하여, 오른쪽 그림처럼 만든다.

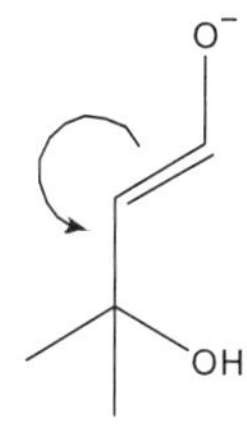


(5) 그려진 둥근 화살표가 너무 크거나 작으면, 마우스 포인터가 둥근 화살표에 닿았을 때, 나타나는 작은 사각형들 중 아래의 작은 사각형을 마우스로 '눌러−끌기'하여 둥근 화살표 크기를 작게(혹은 크게) 조절한다.

(6) Main Tool Bar의 펜 그리기 도구( )를 클릭하여 자유−곡선 화살표를 두 곳에 추가하여, 오른쪽과 같은 최종 그림을 만든다. (자유 곡선 화살표 그리기는 조교 설명 참조)

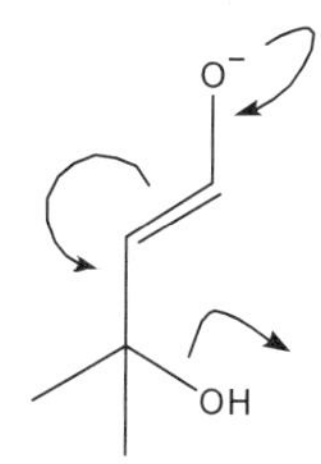


(7) 주 메뉴에서 File → Save As...를 선택하고, 파일이름 **test−3.cdx**로 저장한다.

## [5] 개별 과제

(1) 다음 두 가지 구조들 중 하나를 선택하여 그리라.

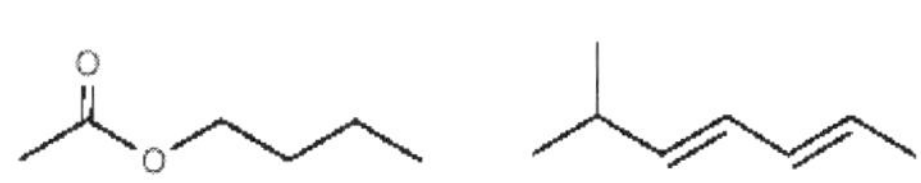


(2) 다음 두 가지 구조들 중 하나를 선택하여 그리라.

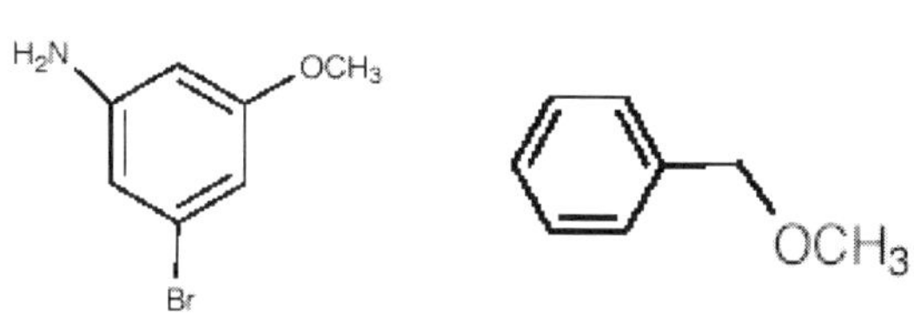


## [6] 보고서 제출

기초실습 1, 2, 3에서 그린 결과와 개별과제 (1), (2)에서 그린 결과를 하나의 한글파일을 제출하라.

(파일 이름은 홍길동_실습_01.hwp)에 포함시켜 전자우편으로 담당 조교에게 제출하라.)

## [7] 추가 실전 연습

실습 시간이 충분하거나 개별적인 흥미가 강하거나, 또는 필요가 있으면 다음과 같은 보다 더 복잡한 구조 그리기를 시도해 본다.

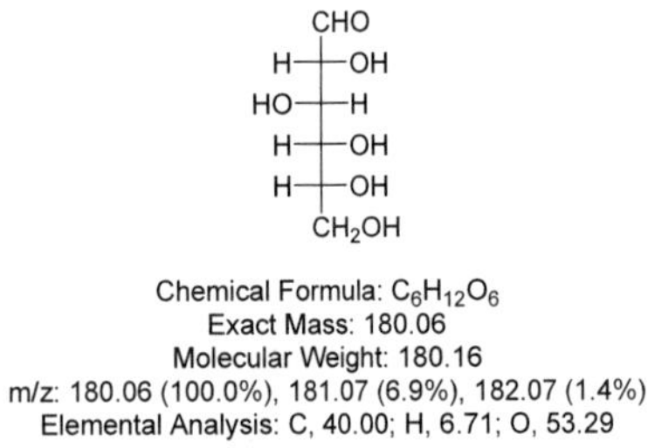


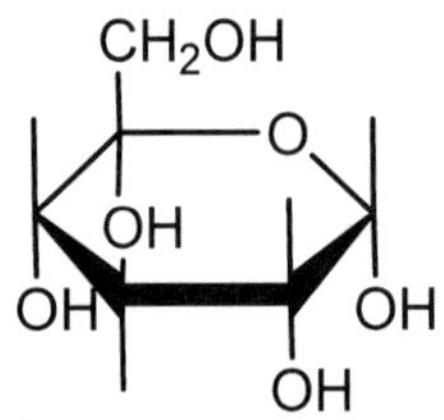


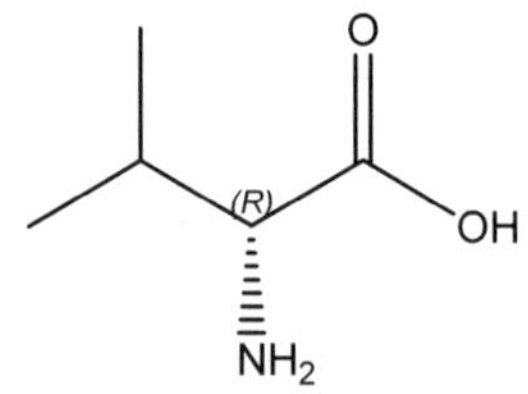


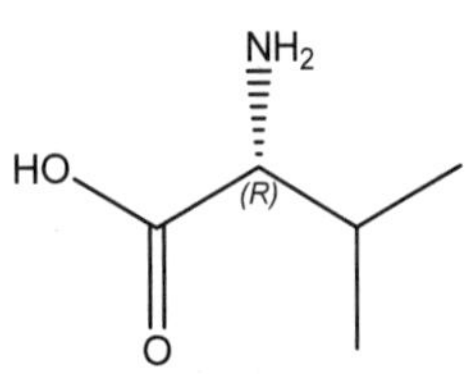


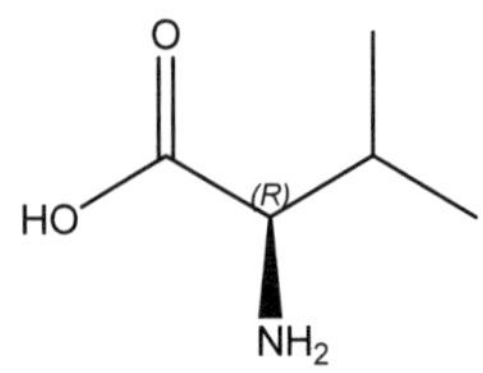


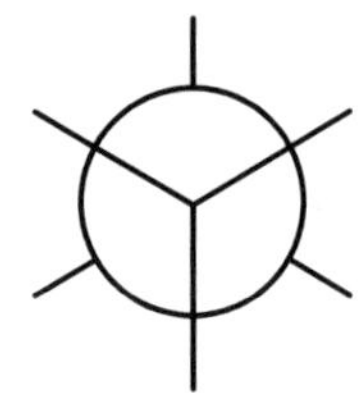

보다 더 자세한 고급 기능들은 ChembridgeSoft사에서 나온 사용 설명서(User's Guide) 내용을 참조하라.

# 실습-1-02 원격지 컴퓨터와 Unix/Linux 기본 명령어

## [1] 원격지 컴퓨터와 SSH 프로그램의 사용

Unix/Linux 환경에서 계산화학 프로그램을 사용하는 데 필요한 기본 실습들을 아래 [2]번 내용에 포함시켰지만, 계산화학을 처음 시작하는 학생들에게는 Unix/Linux 명령어들을 익히는 것이 커다란 초기 장벽이 될 수도 있다. 특히 실습-1-03에서 설명하는 Unix/Linux 환경에서의 기본 문서-편집기인 vi editor를 익혀서 사용하는 것을 어려워하는 학생들이 제법 많다. 이러한 경우에는 계산화학 프로그램의 입력(input)을 개인용 컴퓨터(PC)의 WINDOWS 환경에서 만든 후, 원격지 컴퓨터에 보내어 계산을 수행하고, 그 결과들(output files)을 다시 자신의 PC로 가져와서 분석하는 것이 훨씬 더 쉬울 수 있다. Unix/Linux를 잘 사용할 수 있는 경우에도 계산 결과를 그래픽 화면으로 들여다보는 부분에서는 자신의 PC를 사용하는 것이 여러모로 훨씬 더 편리하다.

이 경우에 흔히 사용되는 도구가 SSH 프로그램이다. 시큐어 셸(Secure Shell, SSH)을 의미하는 이것은 인터넷 공간(https://www.ssh.com/ssh/download/)에서 무료로 자신의 PC에 내려-받아서 쉽게 설치할 수 있으며, 비교적 안전하게 사용할 수 있는 프로그램이다. 아래 그림의 왼쪽은 SSH를 실행한 초기 화면이며, 이것은 원격지 Unix/Linux 컴퓨터로 직접 연결하여 Unix/Linix 명령어를 입력 및 실행하는 모니터 역할을 수행한다. Profiles 부분을 클릭하면, 원격지 컴퓨터를 지정하는 내용들(IP address, user-id, password, etc)과 이들을 저장해 두는 방법들이 나타난다. 한편 왼쪽 그림 상단의 도구-

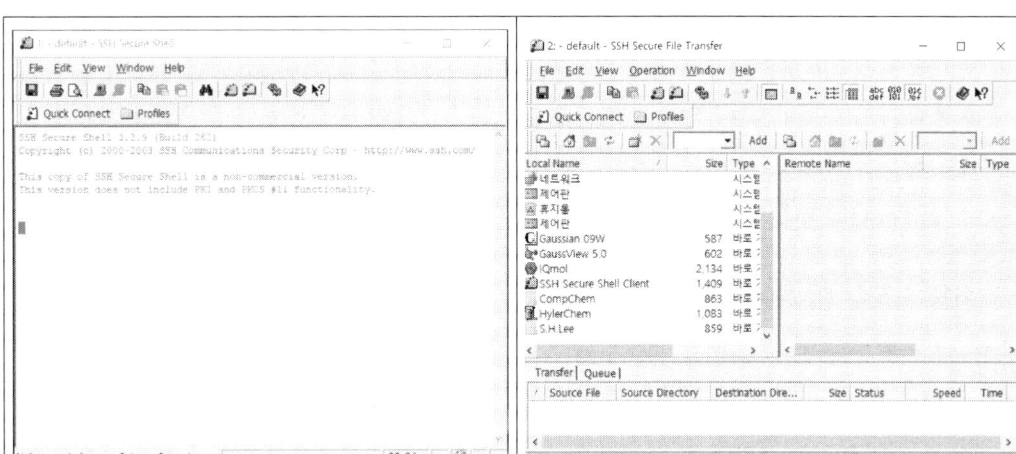

그림(icon)들 중 11번째인 을 클릭하면 그림의 오른쪽 창이 별도로 나타나는데, 이것은 원격지의 Unix/Linux 컴퓨터와 나의 PC 사이에 파일을 주고받는(upload－download, ⇩ ⇧ ) 용도(File Transfer)로 사용된다.

이런 목적으로 가장 널리(거의 표준으로) 사용되는 프로그램이고, 이것들의 사용법에 대한 자료는 인터넷 공간에서(한글로 된 자료들 포함하여) 아주 쉽게 찾을 수 있기 때문에, 더 이상의 설명은 여기서 생략한다. 여기서는 계산화학에 관련하여 한 가지만 강조한다. 계산화학 프로그램의 생성된 결과들 중에서 ***.chk 파일과 같이 이진수로 작성된 내용을 서로 다른 컴퓨터 사이에서 교환하는 경우에는 위 오른쪽 그림 상단의 도구－그림(icon)들 중 에서 0101 부분을 선택한 후, 파일의 교환(upload－download, ⇩ ⇧ )을 진행하여야 한다. 그리고 그렇게 교환한 경우에도 두 컴퓨터의 기본 형식(hard－ware or OS)이 다르면, 교환한 파일을 사용할 수 없기 때문에 ***.chk를 ***.fchk로 바꾸는 단계가 필요하다. 여러 경우가 가능하기 때문에 더 이상의 설명은 여기서 생략한다.

## [2] Unix/Linux 기초 명령어

- 기본사항 1: 다음 설명 내용에서 **굵은 고딕체**로 표기된 용어들(예: **pwd, ls** 등)은 그대로 입력해야 하는 명령어들이고, *기울어진 글씨체*로 표기된 용어들(예: *comp－chem, dir－name*)은 사용자에 따라서 또는 작업 환경에 따라서 적절한 것으로 바꿔서 사용해야 하는 것들이다.
- 기본사항 2: 아래의 설명에서 '...을 입력한다'는 문장의 의미는 '...'까지 입력한 후, enter 키를 누른다는 의미를 포함한다.
- 기본사항 3: 아래의 설명에서 밑줄 된 부분(예: new password)은 컴퓨터가 화면에 보여주는 내용인데, 경우에 따라서 조금 다르게 나타날 수 있다. 그러나 각 명령어를 입력하였을 때 컴퓨터가 화면에 보여주는 것들을 모두 아래 설명 부분에 포함시키지는 않았다.
- 기본사항 4: 아래의 설명에서 숫자 1과 영어 알파벳 L의 소문자 l이 혼동되는 경우가 있으니 잘 구별하여 한다. 가끔은 숫자 0과 영어 알파벳 O의 소문자 o가 혼동되는 경우도 있다.

### 2-1 처음 시작할 때 하여야 할 일

(1) 원격 컴퓨터 접속용 프로그램 설치

① 먼저 원격 터미널 접속 프로그램(SSH, Secure Shell Client)을 인터넷에서 찾아서 자신의 PC에 설치하고 실행한다.

② SSH 프로그램을 실행한 후, 나타나는 화면에서 Profile 부분을 클릭한 후, Add Profile을 선택 ⇒ 활성화된 창의 Profile Name 부분에 적절한 이름(예: *Comp_ Chem*)을 입력한다.

③ 다시 Profile 부분을 클릭한 후, Edit Profile을 선택 ⇒ 활성화된 창의 Profile Name들 중에서 위에서 입력한 이름(예: *Comp_ Chem*)을 클릭한 후, 오른쪽 창의 Host name 부분에 실습조교가 알려준 ip−address(220.67.163.193)를 입력하고, User 부분에는 각자에게 부여된 user−id를 입력한 후, 열려진 창 아래 부분의 OK 를 클릭하여 저장한다.

④ 다시 Profile 부분을 클릭한 후, 활성화(Pup−Up)된 창의 목록들 중에서 위에서 입력한 이름(예: *Comp_ Chem*)을 클릭한 후 나타나는 창에서 자신의 password를 입력한다. (Linux에서는 대문자와 소문자가 엄격하게 구분된다.)

⑤ 원격 컴퓨터에 성공적으로 접속되면, Linux prompt인 *user−id@localhost−name* 이 화면에 나타난다. 이제부터는 Linux 환경이다!

(2) 비밀번호의 변경

password의 변경: 임시로 정해진 패스워드(암호)를 변경하여야 한다. (권장사항)

먼저 변경할 새로운 암호를 마음속에서 정한다.

(6글자 이상, 알파벳과 숫자의 조합, 대문자−소문자 구별)

Unix(Linux) 화면에서 다음 사항을 입력한다. (여기서 밑줄 친 부분은 컴퓨터가 제공해주는 내용이고, 밑줄 쳐지지 않은 부분을 사용자가 입력해야 하는 부분이다.)

**passwd**

<u>(current) UNIX password:</u> *com−chem−nnnn*

<u>New password:</u>********

<u>Retype new password:</u>********

<u>passwd: all authentication tokens updated successfully.</u>

(기본실습−1) 위의 사항을 실행하고, **exit** 명령어를 입력하여(enter 키 눌러서) 빠져(log−out) 나간 후 다시 log−in하여 확인하면서, 변경한 password가 올바르게 작동하는지 확인한다.

## 2-2 일반적인 정보에 관한 명령어들: Linux 환경에서 기본 명령어들 실행

(1) **date** : 날짜와 시간을 알려준다.

(2) **du** : 파일이나 디렉터리가 사용하고 있는 블록 수를 각 파일별로 보여준다.

**du -s** : 파일이나 디렉터리가 사용하고 있는 블록의 총 합만 보여준다.

**du** *dir−name(file−name)* : 특정 디렉터리나 파일의 크기만 보여준다.

(3) **df** : 파일 시스템 별 디스트 사용량을 보여준다. (다음은 실제 예)

| Filesystem | 1K−blocks | Used | Available | Use% | Mounted on |
|---|---|---|---|---|---|
| /dev/sda1 | 103210272 | 68064648 | 29902848 | 70% | / |
| devtmpfs | 8166272 | 156 | 8166116 | 1% | /dev |
| tmpfs | 8166272 | 944 | 8165328 | 1% | /dev/shm |
| /dev/sda3 | 1786148528 | 15412912 | 1680004508 | 1% | /work |
| /dev/sdb1 | 473086160 | 97329944 | 351337016 | 22% | /home |

**df** */part−name* : 특정 파티션의 사용 현황만 보여준다. (참고 : df 명령어를 실행해서 나타나는 파티션들의 수가 위와 같이 몇 개 안되는 경우에는 df /part−name을 사용할 필요가 없지만, 파티션들의 개수가 수십 개 이상인 경우에 파티션 이름을 알고 있는 특정한 파티션에 대한 정보만 알기 위해 **df** */part−name*을 사용한다.)

(예 **df** */work*)

(4) **id** : 사용자의 이름(uid), 그룹(gid)에 대한 정보를 보여준다.

(5) **logname** : 사용자의 login 명을 보여준다.

**whoami** : 사용자의 login 명을 보여준다. (logname과 동일한 정보)

(6) **ps** : 현재 작업 중인 프로세스(process)에 관한 정보를 준다.

**ps -ux** : 지난번에 logout할 때 사용자 각자가 수행시켰던 job들을 보여준다. (아직도 진행 중이면 이 명령어는 일단 기억해 두었다가 나중에 사용함.)

**ps -u** *user−id* : 다른 사용자(user−id)의 작업 내용을 보여준다.

ps 명령어를 실행했을 때 나오는 정보들 각 줄의 첫 번째 숫자가 ps−id 번호.

(7) **kill** : 진행 중인 프로세스를 종료시키는 명령어.

**kill** *nnnn* : ps−id 번호가 nnnn인 작업을 종료시킨다.

**kill -9** *nnnn* : ps−id 번호가 nnnn인 작업을 강제로 종료시킨다.

(8) **pwd** : 현재 작업 디렉터리(present working directory)의 절대 경로를 보여준다.

(9) **who** : 시스템에 로그인하고 있는 사용자들의 리스트를 준다.

(기본실습-2) 위의 명령들을 모두 직접 수행해 보라.

### 2-3 파일, 디렉터리 관련 명령어

(1) **ls** : 디렉터리 파일 목록 보기 명령: (ls는 'list'라는 단어에서)

**ls** : 현재 디렉터리의 파일과 디렉터리들을 간단하게 알파벳 순서대로 보여준다.

**ls -t** : 파일과 디렉터리들을 만들어지거나 변경된 시간 순서로 보여준다.

**ls -l** : 파일의 모드, 소유권, 파일 크기, 최종 변경 일자와 시간을 보여준다.

**ls -a** : 디렉터리를 포함한 모든 파일을 보여준다.

**ls -al** : 'ls -l'과 'ls -a'를 합한 내용

**ls** *dir-name* : 디렉터리명을 적으면 그 디렉터리 안의 내용을 보여준다.

(예) **ls** *examples*

**ls -l** *examples*

(2) **cat** : 파일의 내용을 화면에 보여준다. (cat은 'catenate'라는 단어에서)

(예) **cat** *h2o2.zmat*

(3) **more** : 파일의 내용을 한 화면씩 보여준다. (다음 화면은 스페이스 바를 눌러서)

(예) **cat** *h2o2.out*

(예) **more** *h2o2.out*

(4) **cd** : 디렉터리 변경 명령 : Change Directory를 의미

**cd** 다음에 이동하고자 하는 sub-디렉터리 이름을 적는다. (상대 경로를 지정)

(예) **cd** *examples*

**pwd**

**ls -l**

**cd** 다음에 이동하려는 디렉터리 이름을 적는다. (절대 경로 지정)

(예) **cd** */work/tmp/gam12* : 직접 /work/tmp/gam12 디렉터리로 이동

**cd** : cd 명령어 뒤에 아무것도 없이 enter 키를 누르면, 자기 자신의 원래 home directory로 돌아온다.

**cd ..** : cd 명령어 뒤에 점 2개를 연속하여 입력하면, 상위 디렉터리로 이동

(5) **cp** : 파일 복사 명령: copy를 의미

**cp** [원본 파일명] [복사 파일명]: 단순하게 하나의 파일을 다른 이름으로 복사

**cp** [원본 파일명1] [원본 파일명2] … [원본 파일명 n] [복사할 디렉터리 명] : 여러 개의 파일을 특정 디렉터리에 모두 복사

(예) **cp** *h2o2.zmat exe01.zmat*

**cp** *h2o2.out exe01.out*

**cp** *exe01.zmat test*

(6) **mv** : 파일 이동/이름 변경 명령 : move와 rename을 의미

**mv** [원본 파일명] [변경할 파일명] : 이름만 바꾼다.

**mv** [원본 파일명 1] [원본 파일명 2] … [원본 파일명 n] [디렉터리명] :

원본 파일들을 지정한 디렉터리 안으로 이동

(예) **mv** *exe01.out exe01.log*

**ls -l**

**mv** *exe01.log test*

**ls -l** *test*

(7) **rm** : 파일 삭제 명령: remove를 의미

**rm** [삭제할 파일명 1] [삭제할 파일명 2] …

**rm -i** : 사용자에게 파일의 삭제 여부를 물어본다.

**rm -r** : 디렉터리와 그 속에 있는 파일들을 삭제한다.

(예) **rm -i** *exe01.zmat*

**rm -r** *test*

(8) **mkdir** / **rmdir** : 디렉터리 만들기 / 지우기 명령

**mkdir** *dir−name* : dir−name이란 디렉터리를 만든다.

**rmdir** *dir−name* : dir−name이란 디렉터리를 지운다. 내부에 파일들이 없을 때!

**rm -r** *dir−name* : 내부에 파일들이 있는 디렉터리를 지우는 경우에 사용한다.

(예) **mkdir** *test−2*

**ls -l**

**cp** *h2o2.zmat test−2*

**ls -l** *test−2*

**cd** *test−2*

**rm** *h2o2.zmat*

**cd ..**

**rmdir** *test−2*

(9) **which** *xxxx* : xxxx란 실행 파일(프로그램)을 확인한다.

(참고: 실습 환경에서는 이미 g09 프로그램이 실행되도록 환경설정이 되어 있음.)

예 **which** *g09*

(10) *xxxx* : *xxxx*란 프로그램을 실행한다. (참고: 아래 예에서와 같이 명령어 입력 줄 끝에 &를 붙여서 입력하면, xxxx에 해당하는 작업(프로그램)이 실행되는 도중에도 다른 명령어를 실행할 수 있다. 이러한 것을 back-ground job이라 한다.)

(주의: 일단은 아래 예에서와 같이 명령어 입력 줄 끝에 &를 붙여서 입력한다.)

예 g09 < *h2o2.zmat* > *h2o2.log* **&**

**ps**

(기본실습-3) 위의 설명에서 예로 된 부분을 모두 직접 수행해 보라.

이번 실습-03의 결과는 원격지 컴퓨터에 남아 있기 때문에, 별도의 실습 보고서를 제출할 필요는 없다.

## 실습-1-03 vi 기본 사용법

### [1] vi 편집기 소개

(1) vi 편집기는 Unix/Linux 환경에서 text 형식으로 된 파일의 내용을 편집하는 가장 기본이 되며, 또한 가장 오랫동안 널리 사용되는 편집기(text editor)다. Unix/Linux 환경에서 **소문자 vi**로 이 편집기 프로그램이 호출된다.

(2) vi 편집기는 명령 양식(command mode)과 삽입 양식(insert mode)의 두 가지로 엄격히 구분되니, vi 사용법을 학습하면서 이 두 가지 양식의 차이를 잘 구분하면서 여러 조작 방법들을 순차적으로 이해하고 연습하여야 한다.

(3) 처음 학습하는 경우에는 먼저 명령 양식(command mode)에서의 여러 조작들을 충분히 잘 익힌 후, 그 다음으로 삽입 양식(insert mode)에서의 조작 방법들을 익혀야 혼동을 줄일 수 있다.

(4) vi 편집기가 인식하는 명령은 3 종류로 구분되는데, 1) 자판 하나만 누르는 것, 2) Shift 키나 Ctrl 키를 누른 채 자판 하나를 동시에 누르는 것, 3) 두 개 이상의 자판들을 (동시에 누르지 않고) 정해진 순서대로 누르는 것으로 나뉜다.

(5) 대문자로 표기한 명령은 Shift 키를 누른 채 해당 문자를 누른다. 일련의 문자나 부호(심볼)로 표기한 명령은 두 키를 (동시에 누르지 않고) 차례로 누른다.

(6) 아래에서 설명하는 모든 조작들은 마우스 커서가 Unix/Linux 환경인 모니터 화면 안의 어딘가에 있는 상태에서 실행하여야 한다. Linux 화면에서 마우스의 커서 표시와 Linux 화면 자체의 커서(명령어를 받아들이는 현재 위치)를 나타내는 표시(보통은 짙은 청색의 글자 하나 크기의 사각형)을 잘 구분하여야 인식하여야 한다.

(7) 아래 설명에서 밑줄 친 부분(예 **:set nu**)은 그대로 입력해야 한다. 밑줄 부분에 이탤릭체가 나오면 (예 **vi** *h2o2.out*) 이탤릭체 부분은 적절히 다른 것으로 대체해도 된다. 아래 설명에서 '실행한다' 또는 '입력하라'는 부분은 enter 키를 누르는 것까지 포함한다.

(8) vi 편집기에서는 Key－board의 모든 자판 하나 하나가 각각의 고유한 기능을 가지면서 그에 해당하는 조작이 일어나기 때문에, 잘 이해하지 못하는 상태에서 아무 자판이나 누르면, 이해하지 못하는 변화가 일어나고, 그 다음부터는 전혀 의도하지 않은 조작이 되어 버린다. 혹시 vi 편집기를 사용하는 도중에, 뭔가 의도대로 되지 않

으면, 일단 키보드 왼쪽 맨 위에 있는 esc(escape) 자판을 한두 번 누른 후, 원래 의도한 조작을 다시 시도하면 된다.) (esc 키를 누르는 이 조작의 의미는 나중에 이해하게 된다.)

## [2] vi 편집기에서 파일 내용을 보기만 하는 방법

(1) Unix/Linux 환경인 모니터 화면에서 먼저 ls –l을 실행하여 *h2o2.out* 파일이 있는지 확인한 후, 만약 *h2o2.out* 파일이 없으면 cd 명령어들을 적절히 실행하여, *h2o2.out* 파일이 있는 곳으로 이동한다. *h2o2.out* 파일이 아예 없으면 다른 이름의 ****.out* 파일을 아래 설명에서 *h2o2.out* 대신 사용한다.

(2) 화면에서 **vi** *h2o2.out* 명령을 실행한다. 화면에 *h2o2.out* 파일 내용의 첫 페이지가 보인다.

(3) **:set nu**를 입력한다. 이와 같이 세미콜론(:)으로 시작되는 명령어를 입력하는 순간부터 Linux 모니터 화면 맨 아래 줄에 자신이 입력한 내용이 표시되는 것을 확인하라. 이 부분을 보면서 명령어를 올바르게 입력하는지 여부를 확인하는 습관을 가지는 것이 좋다. 화면에 나오는 각 줄의 앞에 줄 번호가 생기는 것을 확인한다.

(4) **:set nonumber**를 입력한다. 각 줄의 앞에 줄 번호가 없어지는 것을 확인한다.

(5) 다시 **:set nu**를 입력한다. (다음 조작들은 줄 번호가 없는 상태에서 시행해도 되지만, 줄 번호가 있어야 다음 조작들의 결과가 확실하게 눈에 잘 보인다.)

다음 (6)번부터 (16)번은 파일 안의 내용을 보여주는 '화면을 이동시키는 조작'들이다.

(6) ***:100***을 입력한다. 100번째 줄이 화면 중앙 높이에 오는 것을 확인한다.

(7) **:$**을 입력한다. 파일 내용의 가장 끝부분이 화면에 나오는 것을 확인한다. Linux 화면에서 G 자판(대문자 G)을 누르면 **:$**을 입력한 것과 동일한 변화가 된다.

(8) **Cotl+b**를 누른다. 화면이 파일 내용의 한 페이지 뒤로(back) 되돌아가는 것을 확인한다. **Cotl+b**를 5번 실행하면, 5페이지 뒤로 되돌아간다.

(9) **Cotl+u**를 누른다. 화면이 파일 내용의 반–페이지 위로(up) 올라가는 것을 확인한다. **Cotl+u**를 4번 실행하면, 반–페이지씩 4번 올라간다.

(10) **Cotl+f**를 누른다. (control 자판과 f 자판을 동시에 누른다.) 화면이 파일 내용의 다음 페이지 앞으로(forward) 넘어가는 것을 확인한다. **Cotl+f**를 2번 실행하면, 2페

이지가 넘어간다.

(11) **Cotl+d**를 누른다. 화면이 파일 내용의 반–페이지 아래로(down) 가는 것을 확인한다. **Cotl+d**를 3번 실행하면, 반–페이지씩 3번 내려간다.

(12) 자판의 화살표(←↓↑→)를 이용하여 vi 화면 안의 프롬프트 위치(글자 하나의 크기인 청색 사각형)를 상하좌우로 이동시켜본다. 파일 내용이 없는 (빈 공간)으로 이동시키려 하면, 경고음이 나오면서 이동하지 않는다.

(13) 멀리 떨어진 곳(예를 들어 다른 지역의 슈퍼컴 센터)의 Unix/Linux 환경에 접속한 경우에는 자판의 화살표가 작동하지 않을 수 있다. 이런 경우에는 자판의 h, j, k, l 글자 각각이 ←, ↓, ↑, →의 역할을 한다. 즉 j 자판을 한 번씩 누르면 아래로 한 줄씩 내려간다. h, k, l 자판을 눌러 보면서 이들의 기능을 연습하라.

(**주의**: 여기서 혹시 다른 자판을 누르면 그 다음부터 뭔가 잘 이해되지 않는 엉뚱한 일이 생긴다. 그런 경우에는 이번 장의 맨 앞에 설명한 바와 같이 자판 왼쪽 위의 esc 자판을 한두 번 누른 후, 원래 하려던 조작을 하면 된다.)

(14) 위 조작들은 한 글자씩 이동하는데, 한 단어씩 이동할 수 있다. 자판에서 **w** 자판을 누르면 커서는 한 낱말 앞으로 이동한다. **b** 자판을 누르면 커서는 한 낱말 뒤로 이동한다. w와 b는 각 단어의 맨 (왼쪽) 앞 글자에 커서가 위치한다. 반면에 **e** 자판은 앞 낱말의 맨 (오른쪽) 마지막 글자로, **g** 자판은 뒤 낱말의 맨 (오른쪽) 마지막 글자로 커서를 이동한다.

(15) **$**를 입력한다. 즉 Shift와 4를 동시에 누른다. Linux의 커서가 각 줄의 맨 오른쪽 칸으로 이동하는 것을 확인하라. 이 상태에서 ↓, ↑ 자판을 누르면서 변화를 확인하라.

(16) **0**를 입력한다. 즉 숫자 0을 누른다. 자판의 오른쪽에 모여 있는 숫자들 자판은 작동하지 않고, 자판 상단에 옆으로 나열된 숫자 자판을 사용하여야 한다. 이 상태에서 ↓, ↑ 자판을 누르면서 변화를 확인하라.

다음 (17)번부터 (22)번은 파일 안의 내용들 중 '특정 부분(단어)을 찾는 조작'들이다.

(17) 먼저 **:1**을 입력(숫자 1을 입력)하여, 파일의 첫 부분부터 화면에 보이도록 한다. 자판에서 **gg**를 입력하면 (즉 소문자 g를 두 번 연속하여 누르면) **:1**을 입력한 것과 동일한 변화가 된다.

(18) ***/Charge***를 입력한다. (**주의**: Linux 환경에서는 대문자와 소문자가 완전히 다른 것으로 취급되기 때문에, Charge에서 대문자와 소문자를 확실히 구별하여야 한다. 즉

CHarge로 입력하면, 이것은 Charge가 아닌 다른 것(CHarge)을 찾는다.) 왼쪽-슬래시(/)를 입력하는 순간부터, Linux 화면 맨 아래 줄에 입력하는 내용이 나타나는 것을 확인하면서 입력하라. 세미콜론(:)으로 시작되는 명령어는 모두 입력한 다음에도 화면 맨 아래 줄에 입력한 내용이 남아 있지만, 왼쪽-슬래시(/)로 시작하는 명령어는 모두 입력하여 실행되는 순간 맨 아래 줄에 나타났던 명령어가 사라지는 차이가 있음을 확인하라. Charge를 포함하는 줄이 화면의 중앙 높이에 나타나는 것을 확인하라.)

(19) 화면에서 소문자 n 자판을 누른다. Charge를 포함하는 또 다른 줄이 화면 중앙에 나타나는 것을 확인하라. 계속하여 n 자판을 눌러 보면서 화면의 변화와, 화면 맨 아래 줄의 검은색 바탕에 나오는 내용(message)을 확인해 보라.

(20) ***/basis***를 입력한다. (13)-(14)와 유사한 조작들을 연습해 본다.

(21) Charge, basis 대신에 다른 단어(예 function, Atom, Number)들을 선택하여 (13)-(14)를 연습해 보라.

(22) ***?Charge***를 입력하고, 어떤 변화가 되는지 확인하라. 자판에서 n 자판을 누르면서 변화를 확인하라. (/로 시작하는 명령어는 아래로 내려가면서 검색하고, ?로 시작하는 명령어는 위로 올라가면서 검색하는 차이가 있을 뿐이다.)

다음 (23)-(25)번은 현재 열려있는 파일을 닫고 빠져 나가는 조작들이다.

(23) **:q**를 입력한다. 이것은 그냥 빠져 나가는(탈출, quit) 조작이다. 지금까지 위에서 실습하는 동안 실수가 없었다면, 파일 내용에 아무런 변화가 없었기 때문에 아무 문제없이 그냥 빠져 나가고, Linux 프롬프트가 나온다.

(24) 그러나 그 사이 뭔가 변화가 일어났으면, Linux 화면 맨 아래 줄에 검은색 바탕으로 뭔가 나타나면서 빠져나가지 않는다. 이런 경우에는 **:q!**를 입력하면 그동안 어떤 변화가 생겼더라도, 변화 내용을 모두 취소하고 파일 내용이 원래 상태로 되돌아가면서 빠져 나간다.

(25) 만약 그동안 변화시킨 것을 유지하면서 빠져 나가려면, **:wq**를 입력한다. 이것은 write-quit를 의미한다.

마지막으로 원래 파일(또는 다른 파일)을 다시 열고 위 내용들을 복습한다.

(26) 화면에서 **vi** *h2o2-opt.out* 명령을 실행한다. 화면에 *h2o2-opt.out* 파일 내용의

첫 페이지가 보인다.

(27) 위에 설명한 (2)−(25) 단계를 되풀이 해 본다.

## [3] vi 편집기에서 파일 내용을 편집하는 방법

다음 (1)−(18)번은 새로운 파일을 열고, 그 안에 새로운 내용들을 입력하는 조작들이다.

(1) Linux 화면에서 **vi** *my−test−1* 명령을 실행한다. 아무 내용이 없는 화면이 보인다.

(2) **i**를 입력한다. 즉 소문자 i 자판을 누른다. 이 순간 vi 화면의 맨 아래 줄에 −−INSERT−−가 나타나는 것을 확인하라. 여기에 −−INSERT−−가 나타나 있는 동안은 삽입 상황(insert mode)이라는 것을 잘 인식해야 한다.

(3) 자판을 이용하여 'It is my first file for vi test.'라고 입력(enter 키 입력 포함)한다. 아무 내용이나 각 줄이(빈칸 포함하여) 최소 10글자 이상, 최소 5줄 이상 되도록, 마음대로 일단 아무 내용이나 입력한다.

(4) esc 자판을 누른다. 이 순간 vi 화면의 맨 아래 줄에 −−INSERT−−가 사라지는 것을 확인하라. 이제부터는 입력 상황이 아니라, 그냥 화면 조작 상황이다.

(5) 화살표 자판(혹은 h, j, k, l 자판)을 이용하여, 입력된 내용의 두 번째 줄 다섯 번째 칸에 커서가 위치하도록 한다. **i**를 입력한 후, 그냥 enter−key를 누르고, esc 자판을 누른다. 커서가 있던 위치에서 두 줄로 분리되는 것을 확인하라.

(6) 화살표 자판을 이용하여, 입력된 내용의 네 번째 줄 다섯 번째 칸에 커서가 위치하도록 한다. **a**를 입력한다. 즉 소문자 a 자판을 누른다. 이 순간 vi 화면의 맨 아래 줄에 −−INSERT−−가 나타나는 것을 확인하라.

(7) 이 상태에서 'I would like to insert something here'를 입력시키면서 화면의 변화를 관찰하라. (아래의 20번 설명에서 사용할 것이니, 이 부분은 그대로 입력하라.) enter key를 입력하고, 계속하여 마음대로 아무 내용이나 2줄 정도 더 입력한다. (여전히 vi 화면의 맨 아래 줄에 −−INSERT−−가 유지된다.)

(8) esc 자판을 누른다. 이 순간 vi 화면의 맨 아래 줄에 −−INSERT−−가 사라지는 것을 확인하라. 이제부터는 입력 상황이 아니라, 그냥 화면 조작 상황이다.

(9) 화살표 자판(혹은 h, j, k, l 자판)을 이용하여, 입력된 내용의 네 번째 줄 맨 오른쪽 줄 끝에 커서가 위치하도록 한다. (위에 설명한 2절의 (15)번 참조.)

(10) **I**를 입력한다. 즉 대문자 I를 누른다. 이 순간 vi 화면의 맨 아래 줄에 −−INSERT

−−가 나타나는 것을 확인하라.

(11) 이 상태에서 ‘Where am I now?’를 입력시키면서 화면의 변화를 관찰하라. (아래의 24번 설명에서 사용할 것이니, 이 부분도 여기 설명대로 입력하라.) enter key를 입력하고, 계속하여 마음대로 아무 내용이나 2줄 정도 더 입력한다. (여전히 vi 화면의 맨 아래 줄에 −−INSERT−−가 유지된다.)

(12) esc 자판을 누른다. 이 순간 vi 화면의 맨 아래 줄에 −−INSERT−−가 사라지는 것을 확인하라. 이제부터는 입력 상황이 아니라, 그냥 화면 조작 상황이다. 이제 esc 자판이 어떤 의미이고, 이것을 어떻게 활용할 수 있는지 짐작되기 시작할 것이다.

(14) 화살표 자판(혹은 h, j, k, l 자판)을 이용하여, 파일 내용의 적당한 위치로 커서를 옮긴 후, **o**를 입력한다. 즉 소문자 o를 누른다. 위에 설명한 방식으로 화면 각 부분의 변화를 주의 깊게 관찰하면서 입력하기를 원하는 내용을 입력하고, esc 자판을 눌러서 insert−mode에서 빠져 나온다.

(15) 화살표 자판을 이용하여, 파일 내용의 적당한 위치로 커서를 옮긴 후, **O**를 입력한다. 즉 대문자 O를 누른다. 위의 (14)번과 유사하게 실행해본다.

(16) 화살표 자판(혹은 h, j, k, l 자판)을 이용하여, 파일 내용의 적당한 위치로 커서를 옮긴 후, **A**를 입력한다. 즉 대문자 A를 누른다. 위의 (14)번과 유사하게 실행하면서 A를 사용한 입력 방법을 이해한다.

(17) 일단 **:wq**를 실행하여 그동안 변화된 내용을 유지한 채, vi 편집 프로그램에서 빠져나간다. (위에 설명한 2절의 (23)−(25)번 내용 참조.)

(18) Linux 화면에서 **vi** *my−test−2* 명령을 실행한다. 위의 (2)−(17)번을 다시 연습해 본다.

지금까지 새로운 내용을 입력하는 여섯 가지 방식(a, i, A, I, o, O)을 설명하였다. 각 방식의 차이가 명확해지고, 익숙해질 때까지 여러 가지 방식으로 연습한다. 자신이 어떤 상황에 있는지 확실하지 않은 경우에는 일단 esc 자판을 눌러서 insert−mode가 아니라 그냥 보기(view−mode)로 되돌아 간 후, 다시 원래 의도한 조작을 시도하면 된다.

다음 (19)−(33)번은 기존 파일의 내용에서 줄 단위로 변화시키는 조작들이다.

(19) Linux 화면에서 **vi** *my−test−1* 명령을 실행하여, 위에서 만든 파일을 연다.

(20) **/insert**를 실행하여 파일 안에서 insert의 i에 커서가 위치하도록 한다. (위에서 설

명한 (7)번에서 insert를 입력하였다.)

(21) **yy**를 실행한다. 즉 소문자 y를 두 번 연속 누른다. 이번 경우에는 화면에 아무런 변화가 없다. 이 명령어는 커서가 위치한 줄의 내용을 보이지 않는 저장 공간에 쏙 들어가게(yank) 만드는 것이다. (참고 : 만약 여기서 **3yy**를 실행하면, 즉 숫자 3을 누른 후 yy를 누르면, 현재 커서가 있는 줄과 그 아래 2줄(총 3줄)의 내용이 저장 공간에 넣어진다.)

(22) 화살표 자판을 이용하여, 파일 내용의 적당한 위치로 커서를 옮긴 후, **p**를 실행한다. 즉 소문자 p를 한 번 누른다. 커서가 있던 곳 아래에 새로운 줄(위 21번에서 저장해둔 줄의 내용)이 더해지는 것을 확인하라. **p**를 또 한 번(또는 두세 번) 실행하면서 변화를 확인하라.

(23) 화살표 자판을 이용하여, 파일 내용의 적당한 위치로 커서를 옮긴 후, **P**를 실행한다. 즉 대문자 P를 한 번 누른다. 이번에는 커서가 있던 곳 아래가 아니라 위에 새로운 줄이 더해지는 것을 확인하라. **P**를 두세 번 실행하면서 변화를 확인하라.

(24) **/am**를 실행하여 파일 안에서 am에 커서가 위치하도록 한다. (위에서 설명한 (11)번에서 am을 입력하였다.) 위에 설명한 (21)−(23)번 내용을 반복하라.

(25) 화살표 자판을 이용하여, 파일 중앙의 적당한 곳으로 커서를 이동시킨 후, **J**를 실행하라. 즉 대문자 J를 한번 누른다. 커서가 있던 줄 뒤에 그 아래 줄의 내용이 연결되어 하나의 긴 줄로 되는 것을 확인하라.

(26) 위에 설명한 (5)번 방법을 사용하여 원래대로 돌려놓는다.

(27) 화살표 자판을 이용하여, 화면 중앙의 적당한 곳으로 커서를 이동시킨 후, **x**를 실행하라. 즉 소문자 x 자판을 한번 누른다. 커서가 있던 자리의 한 글자가 지워지는 것을 확인하라. **X**를 실행하라. 즉 대문자 X를 한번 누른다. 커서가 있던 자리 앞에 있던 한 글자가 지워지는 것을 확인하라. **x** 또는 **X**를 두세 번 실행하면서 몇 글자를 지워본다.

(28) **dw**를 실행하라. 즉 소문자 d와 w 자판을 순서대로 연속하여 누른다. 커서가 위치한 곳의 한 단어가 지워지는 것을 확인하라. **d$**를 실행하라. 그러면 커서가 있던 부분부터 그 줄의 끝까지 내용이 지워지는 것을 확인하라.

(29) 화살표 자판을 이용하여, 위 22번으로 만든(동일한 내용이 여러 번 또 입력된) 부분에 커서가 위치하도록 이동한 후, **dd**를 실행한다. 즉 소문자 d를 두 번 연속 누른다. 커서가 있던 줄이 지워지는 것을 확인하라. 마찬가지 방식으로 (22)−(24)번 조작들로 만든 여러 줄들 중, 동일한 내용의 줄을 4개씩만 남기고 모두 정리하라. (아

래 실습에서 동일한 내용의 줄이 4개 필요함.)

(30) 이번에는 **:w *my - test - 3***를 실행하여 그동안 변화된 내용을 my−test−3라는 이름의 새로운 파일로 저장한다. 여기서 실행한 명령을 앞에 설명한 2절의 (23)−(25)번 내용과 비교하여, 차이점을 이해하라.

(31) **:wq**를 실행하여 vi 편집 프로그램에서 빠져 나간다.

(32) Linux 명령어 **ls -l**을 실행하여 새로운 파일(*my−test−3*)이 생성되어 있음을 확인하라.

(33) ***cat my - test - 1***을 실행해 본다. ***cat my - test - 3***을 실행해 본다. 두 경우의 차이를 이해하라.

다음 (34)−(46)번은 기존 파일의 내용에서 글자 단위로 변화시키는 조작들이다.

(34) Linux 화면에서 **vi** *my−test−3* 명령을 실행하여, 위에서 만든 파일을 연다.

(35) **/insert**를 실행하여 파일 안에서 insert의 i에 커서가 위치하도록 한다. (위에서 설명한 (7)번에서 insert를 입력하였다.)

(36) vi 화면 상태에서 **cw**을 실행한다. 즉 소문자 c와 w를 순서대로 누른다. 화면에서 insert 부분이 지워지면서 vi 화면 맨 아래 줄에 −−INSERT−−가 나타나는 것을 확인하라. 이 상태에서 계속하여 delete를 입력하면서 화면에 delete가 나타남을 확인하라. 이 시점에서 esc 자판을 누르면서 화면 아래 줄의 −−INSERT−−가 사라지는 것을 확인하라. 즉 원래 파일 내용에 있던 insert 부분이, cw를 누른 후 esc 자판을 누르기 이전 사이에 입력한 delete로 대체된 것이다.

(37) 이 상태에서 **u**를 실행하라. 즉 자판에서 소문자 u를 누른다. 위 (32)번에서 고쳤던 것이 그냥 원래대로 돌아가는 것을 확인하라. 즉 이것은 편집 기능의 되돌리기(undo)에 해당한다. 만약 또 다시 **u**를 실행하면, 그 이전에 변경시켰던 것들이 역순으로 원래대로 되돌아간다. 다시 (36) 조작을 실행하여 insert를 delete로 변화시키고, esc 자판을 눌러 insert−mode에서 빠져 나온다.

(38) **/insert**를 실행하여 파일 안에서 남아 있던 insert의 i에 커서가 위치하도록 한다. vi 화면에서 **.**을 실행한다. 즉 자판에서 점(.)을 누른다. 커서가 있던 insert 부분이 delete로 변하는 것을 확인하라. 즉 점(.)을 누르는 조작은 바로 앞에 수행한 편집 조작을 되풀이 한다.

(39) vi 화면에서 **n**을 실행한다. 즉 자판에서 소문자 n을 누른다. 파일 안에서 여전히 남

아 있던 또 다른 insert의 i에 커서가 위치하는 것을 확인하라. 즉 n을 누르는 조작은 바로 앞에 수행한 검색(찾기) 조작을 되풀이 한다. 이 상태에서 .을 실행하여 insert 부분이 delete로 또 변하는 것을 확인하라. **n**을 다시 한 번 더 실행하고, 뒤이어 .을 실행하여 변화를 확인하라. (여기까지는 원래 목적대로 실행한 것인데...) 또 다시 **n**과 .을 연속하여 반복 실행하면서 어떻게 되는지 확인하라.

(40) **/am**를 실행하여 파일 안에서 am 부분의 a에 커서가 위치하도록 한다. 자판에서 연속하여 r과 b를 누르면서 am 부분이 bm으로 변하는 것을 확인하라. 즉 r을 누르면 한 글자가 바뀌는 것이다. (**주의**: 여기서 계속 b를 누르면 커서가 한 글자씩 앞(back)으로 이동할 뿐 더 이상 내용이 바뀌지는 않는다. 앞 2절의 (14)번을 다시 보라.)

(41) 이 상태에서 커서를 bm의 b에 위치시킨 후, **s**를 실행한다. 즉 소문자 s를 누른다. 이때 vi 화면 아래 줄에 --INSERT--가 나타남을 확인하라. 이 상태에서 are를 입력한 후, esc 자판을 눌러 insert-mode에서 빠져 나온다. bm 부분이 arem으로 변한 것을 확인하라. 즉 **s**를 실행하면, esc 자판을 누를 때까지 입력한 것들(여러 글자들)로 커서가 있던 곳의 한 글자가 대체(substitute)된다.

(42) **/am**를 실행하여 파일 안에서 남아 있던 am 부분의 a에 커서가 위치하도록 한다. **2s**를 실행한다. 즉 숫자 2와 소문자 s를 순서대로 입력한다. 그러면 am 부분이 사라지고 그 자리에 커서가 있으면서, vi 화면 맨 밑줄에 --INSERT--가 나타남을 확인하라. 이 상태에서 has를 입력한 후 esc 자판을 눌러 insert-mode에서 빠져 나온다. am 부분이 has로 바뀐 것을 확인하라.

(43) 이 상태에서 **n**을 실행하고, 이어서 .을 실행하여 남아 있던 am 부분이 has로 변하는 것을 확인하라. 위에 설명한 (38)-(39)를 참고하여, 남아 있는 모든 am 들을 has로 바꾸라.

(44) 이번에는 **:w! *my-test-1***를 실행하여, my-test-1이라는 이름의 원래 파일에, (35)-(45) 사이에서 변경된 내용으로 바꾸어 넣는다. 여기서 실행한 명령(w!)을 앞에 설명한 2절의 (23)-(25)번 내용과 비교하여, 차이점을 이해하라. 2절의 (23)-(25)번에서는 *my-test-1* 파일을 열어서 작업한 다음 마무리하는 상황이었는데, 현재 여기서는 위의 (34)번의 *my-test-3* 파일을 열어서 편집 작업을 하고나서 마무리하려는 상황이다. 따라서 만약 여기서 느낌표 없이 **:w *my-test-1***를 실행하면, *my-test-1*이라는 파일이 이미 있다는 내용이 vi 화면 맨 아래 줄에 나오면서 실행되지 않는다. (vi 화면 맨 아래 줄에 검은 바탕으로 message가 나타나면, 뭔가 조건이 올바르지 않아 지시한 명령(작업)이 실행되지 않았다는 의미이다.) 여기서 만약

w 명령어 뒤에 !를 붙이면 지금 저장하려는 내용으로 이미 있는 파일의 내용을 덮어 쓴다(override). (즉 어떤 명령(지시) 뒤에 !를 붙이면, 어쩐 조건이 올바르지 않더라도 무조건 그 지시를 실행하도록 강제한다.)

(45) **:q!**를 실행하여 vi 편집 프로그램에서 빠져 나간다. Linux 명령어 **ls -l**을 실행하여 *my−test−1*의 생성 일자가 변화된 것을 확인하라.

(46) Linux 화면에서 **cat *my-test-1***과 **cat *my-test-3*** 라는 명령어를 각각 실행하여, 어떤 변화가 이루어졌는지 확인하라. my−test−1에는 (35)−(43)번 사이에 변화된 내용이 들어있고, *my−test−3*에는 (35)번으로 열었던 원래의 *my−test−3* 내용이 변하지 않은 상태로 들어있다.

(47) Linux 화면에서 **diff *my-test-1 my-test-3***이라는 명령어를 실행하여, 화면에 나오는 내용을 관찰하고, 이들로부터 **diff**라는 Linux 명령어의 용도에 대하여 이해하라.

(48) Linux 화면에서 **grep *would my-test-1***과 **grep *would my-test-3*** 이라는 명령어를 각각 실행하여, 화면에 나오는 내용을 관찰하라. **grep '*Where am*' *my-test-1***과 **grep '*Where am*' *my-test-3***이라는 명령어를 각각 실행하여, 화면에 나오는 내용을 관찰하라. 이들을 바탕으로 **grep**이라는 Linux 명령어의 용도에 대하여 이해하라.

이번 실습−04의 결과는 원격지 컴퓨터에 남아 있기 때문에, 별도의 실습 보고서를 제출할 필요는 없다.

# 2장 고전역학 방법: 분자역학과 분자 동력학

연구의 대상인 분자(또는 물질)에 포함된 원자의 수가 수만 개 이상이 되는 경우를 다루는 계산화학 방법들은 기본적으로 고전역학(Classical Mechanics)을 적용한다. 계산화학에서 사용되는 고전역학 방법은, 분자 자체의 내부 평형구조를 다루는 **분자역학**(Molecular Mechanics)과 대상 분자가 외부와 작용하면서 동적 평형상태 사이를 변화하거나, 혹은 화학 변화가 진행되는 과정을 다루는 **고전 분자 동력학**(Classical Molecular Dynamics)으로 크게 구분된다. 고전역학에 바탕을 둔 이 방법들에서는 원자들 사이에 작용하는 상호작용을 뉴턴의 고전역학으로 다루기 위하여, 서로 다른 종류의 원자는 서로 다른 크기와 질량을 가지는 공(ball)처럼 간주한다. 그리고 원자들 사이에 존재하는 화학 결합은 이들 공들 사이를 연결하는 스프링의 개념으로 다루는데, 화학 결합의 특성에 따라 서로 다르게 정의되는 평균길이와 힘-상수를 이들 스프링 모형에 적용한다. 화학 결합으로 연결되지 않은 원자들 사이의 작용은 반데르발스(van der Waals) 작용으로 다룬다. 또한 필요한 경우에는 원자들의 부분 전하(partial atomic charge) 사이의 작용을 정전기적 작용으로 보정한다.

물론 이와 같은 고전역학 방법으로 분자를 다루는 것은 적절한 방법이 아니기 때문에 이 방법으로 다룰 수 있는 분자의 물리-화학 성질들은 일부분으로 제한된다. 그러나 고전역학을 바탕으로 하는 방법은 계산 시간이 매우 짧게 걸리기 때문에 매우 큰 분자-계(Molecular Systems)를 다룰 수 있으며, 다음 3장부터 5장에서 소개하는 보다 더 정확한 양자화학 방법을 적용하여 분자를 다루는 데 필요한 기본 개념들을 이해하고 실습하는 목적에도 도움이 된다. 또한 이들 양자화학 방법을 본격적으로 적용하기 이전 단계에서 적용하는 경우도 많다. 또한 양자역학 방법과 고전역학 방법을 적절하게 조합하여 보다 큰 화학계(Chemical System)를 정확하면서도 빠르게 연구하는 여러 방법들이 현재 개발되어 사용되고 있다. 예컨대 화합물이 실제 거동하는 환경에서 중요하게 작용하는 용매 효과(solvent effect)와 같은 환경 효과(environmental effect)를 오로지 양자역학만 적용하여 다루는 것은 지나치게 많은 계산량을 요구하며, 또 반드시 그럴 필요가 없는 부분이 많다. 그래서 생화학 현상들을 다루는 연구에서는 화학변화가 직접 발생하는 활성-부분(active site)은 정교한 양자화학 방법을 적용하여 다루고, 그 부분에 연결된 곁-사슬(side chain) 부분은 고전역학 방법으로 다루는 다층(multi scale) 방법이 사용되고 있다. 따라서 실제 연구 현장에서 계산화학을 적용하려면, 비록 본질적이고 본격적인 계산은 양자화학 방법을 적용한다 하여도, 고전역학 방법에 대한 기본 이해를 갖출 필요가 있다. 그래서 이 책에서는 이번 2장에서 먼저 고전역학 방법의 기본 내용을 다루기로 한다.

또 한편으로, 계산화학을 적용하는 연구 대상들 중에는 화학변화는 직접 진행되지 않는 물리적 변화가 주요 관심인 경우도 많다. 이러한 연구에서는 화학 결합의 변화는 일어나지 않는 대신에 수천~수만 개 이상의 원자들이 포함된 벌크(bulk) 규모의 물질을 직접 다루는 것이 더 중요한데, 이러한 경우에는 고전역학 방법이 거의 유일한 접근 방법일 수 있다. 또한 생체 단백질이나 고분자와 같은 대상의 3차원 구조 특성의 변화를 다루는 경우에도 고전역학 방법이 충분히 적절할 수 있으며, 세포막을 통과하는 약리 활성 분자의 거동이나, 나노 구조와 작용하는 특정 분자의 동력학 거동을 다루는 경우에도 고전역학 방법이 충분히 중요한 정보를 제공할 수 있다. 이들 경우에는 고적역학 방법으로 절절히 연구한 이후에, 그 다음 단계로 양자역학 방법을 필요한 부분에 대하여 적용하는 것이 타당하다.

2.1절에서는 안정한 평형 상태의 분자구조에 대한 연구에 적용하는 분자역학(Molecular Mechanics) 방법의 기본 내용을 설명한다. 역장(Force Field) 방법이라고도 부르는 분자역학 방법의 간단한 발전 역사, 배경 개념과 이론, 기본 수식들의 의미 등을 간단하게 살펴본다. 그리고 2장의 실습에서 사용하게 되는 4가지 분자역학 방법들(MM+, AMBER, OPLS, BIO+)의 특징과 장단점을 간단히 설명하고, 분자역학 방법들의 장단점 및 한계 등을 다룬다.

2.2절에서는 평형 상태들 사이의 변화 과정을 원자 수준의 거동으로 직접 다루는 분자-동력학(Molecular Dynamics) 방법의 기본 내용을 설명한다. 고전 동력학의 배경이 되는 기본 개념들과 수식들을 간단히 설명하고, 고전 동력학 방법을 적용하는 절차 및 적용 과정에서의 참고 사항 등을 간단히 다룬다.

마지막 2.3절은 단기간(10일 동안) 무료로 사용할 수 있는 계산화학 프로그램인 HyperChem을 사용하여 분자역학 방법과 고전 분자 동력학 방법을 적용하는 실습들을 포함한다. 계산화학을 처음 학습하는 대학교 4학년 학생을 주요 독자로 생각하기 때문에 고전역학 방법의 개념을 소개하는 수준의 간단한 것들뿐이다. 그러나 실습 내용 중 일부는 양자화학 방법들을 본격적으로 적용하기 이전 단계로 활용하면 충분히 도움이 될 수 있는 내용도 포함되었다.

## 2.1 분자역학 방법

### 2.1.1 분자역학법의 배경과 역사

분자역학(Molecular Mechanics) 방법은 한편으로는 역장법(Force Field Method)으로 부르는 방법과 관련성이 매우 깊으며, 실제로 두 이름이 거의 동등하게 혼용되고 있다. 이번 2.1절에서 설명하는 분자역학 방법은 노만 알링거(Norman Allinger) 교수가 이끄는 연구진에 의하여 발전되고 널리 알려진 MM－계열의 방법을 중심으로 설명하고 있는데, Ulrich Burkert와 Norman L. Allinger가 공동 집필하여 미국화학회가 1982년에 출판한 'Molecular Mechanics'라는 책의 전체 내용이 2.1절의 내용에 대한 가장 좋은 참고 문헌이다. 한편, Frank Jensen이 1999년에 저술한 'Introduction to Computational Chemistry'라는 책의 2장 부분도 고전역학 방법에 대한 문헌으로 추천할 만하다.

분자역학 방법의 바탕은 '화학 결합들은 자연스런 평균 결합길이와 결합 각도를 가지고 있으며, 각각의 분자들에서는 입체적인 상호작용 때문에 이들 값이 조정되어 결정된다'는 생각인데, 이러한 개념은 이미 1930년대부터 제시되었다(D. H. Andrews, *Phys. Rev.* **1930**, 36, 544.). 그리고 이 생각에 바탕을 둔 실제 계산 방법들이 1946년에 T. L. Hill, C. K. Ingold, 그리고 F. H. Westheimer에 의하여 각각 독자적으로 거의 비슷한 시기에 개발되었으며, 한동안 'Westheimer 방법'이라고 불렸다.

그러나 이 방법을 적용하여 실제 분자들을 계산하는 것이 그 당시에는 쉽지 않았기 때문에 그다지 널리 활용되지는 않았다. 그런데 1950년대 중후반에 컴퓨터가 등장하면서 'Westheimer 방법'이 다시금 주목받기 시작하였고, 이 시기부터 'Westheimer 방법'은 '분자역학법(Molecular Mechanics method)'과 동의어로 사용되었고, '역장법(Force Field Method)'도 거의 유사한 의미로 사용되었다. 그러나 원래 분광학 분야의 연구자들이 진동 분광 스펙트럼을 예측하고 해석하는 목적으로 사용하던 방법을 '역장법'이라고 부르는 반면에, '분자역학법'은 분자의 구조를 연구하고 해석하는 방법을 의미하였기 때문에 초기에는 두 방법 각각의 목적과 세부 내용에서 서로 다른 점이 많았다.

컴퓨터가 보다 널리 보급되어 활용되기 시작한 1960년대에 분자역학법과 역장법은 더욱 세밀하게 발전하였으며, 두 방법 사이의 구별이 점차 무의미해지기 시작하였다. 1970년대 들어서면서 매우 정교하게 발전된 분자역학법(역장법) 컴퓨터 프로그램들이 보급되어 활용되기 시작하였다. 그리고 1970년대 후반과 1980년대부터는 일반적인 유기화학 분자들뿐만 아니라 고분자, 생화학분자, 용액 속의 분자, 전이금속을 포함한 경우 등 보다 더 넓고 다양한 경우를 보다 더 효과적으로 다루기 위한 방향으로도 많은 발전이 이루어졌다. 그리고 1980년대 중반 이후부터는 나중에 설명하게 될 양자화학 방법들과 연결하여 활용되는 방향으로도 발전하고 있다. 분자역학 방법이 비록 이론적인 면에서는 많은 한계점을 가지고 있지만 나름대로 잘 발전되어왔으며, 큰 분자를 효율적으로 다룰 수 있기 때문에, 현재 계산과학의 여러 분야에서 기본적인 구성 요소의 하나로 널리 활용되고 있다. 특히 생화학 분야의 연구와 고분자 재료과학 분야에서는 여전히 매우 중요한 역할을 담당하고 있다.

### 2.1.2 분자역학법의 기본 가정과 원자 형식

분자역학법(Molecular Mechanics)의 근거를 이루는 **두 가지 기본 가정**은 **보른–오펜하이머 근사**(BOA, Born–Oppenheimer Approximation)와 힘–상수와 인수–값들의 **전이성**(transferability of parameters and force constants between molecules)이다. 그리고 **전이성**(transferability)을 실제 실현하는 과정에서 **원자 형식**(atomic type)의 개념이 중요한 역할을 한다. 분자 역학 방법의 세부 내용을 다루기 이전에 이들 두 가지 가정과 원자 형식의 개념을 먼저 이해할 필요가 있다.

#### 1) 보른–오펜하이머 근사(Born–Oppenheimer Approximation)

분자는 원자들의 결합으로 구성되어 있고, 원자는 원자핵과 전자들로 구성된 미시–계(microscopic system)이며, 이를 다루기 위한 근본적인 이론은 양자역학이다. 따라서 분자를 다루기 위해서는 원자핵들뿐만 아니라 전자들의 역할도 동시에 고려하여야 한다. 한편, 하나의 계를 구성하고 있는 내부 각 입자들의 평균 운동 속도는 입자 질량의 제곱근에 반비례한다. 그런데 전자의 질량은 양성자 질량의 약 1883분의 1이고, 중성자의 질량은 양성자의 질량과 거의 비슷하며, 보통의 탄소 원자($^{12}C$)핵은 6개의 양성자와 6개의 중성자를 포함한다. 따라서 탄소 원자핵의 질량은 전자의 약 22600배이며, 전자의 운동 속도는 탄소 원자핵 운동 속도의 대략 150배 정도다. 즉 전자의 운동 속도는 원자핵에 비하여 매우 빠르다. 전자의 거동에 대한 수식을 풀이하면서 원자핵은 일단 움직이지 않는다고 가정하고 풀이하여도 충분히 좋은 근사가 된다. 그리고 전자에 대한 운동 양식(거동)이 풀이된 이후, 그 풀이를 활용하여 원자핵의 거동을 풀이하면 된다. 그러므로 원자핵의 움직임과 전자의 움직임을 분리하여 독립적으로 다룰 수 있다는 것이 바로 '**보른-오펜하이머 근사**'다.

따라서 분자역학법에서 원자핵의 거동을 다룰 때, **전자들에 의한 영향을** 이미 정해진(혹은 별도의 계산으로 정한) **인수**(parameters)**들의 값으로 대치**하여 다룬다. 즉 '분자역학법'은 전자들의 영향을 더 이상 명시적으로 포함하여 다루지 않는다. 그렇기 때문에 전자 분포 또는 전자 상태의 변화에 직접 관여하는 성질들은 '분자역학법'으로 전혀 다룰 수 없다. 전자의 분포나 상태에 관여하는 성질들을 다루기 위해서는 최소한 반-경험 양자화학 방법들을 적용하여야 하며, 순-이론 양자화학 방법들을 사용하는 것이 최종 해결 방법이다.

### 2) 힘-상수와 인수-값들의 전이성

최근 대학 교재(2017년도 일반화학 교재)들의 주기율표에 나와 있는 원소들의 종류는 약 116가지이고, 실제 일반적인 화합물들의 거의 대부분은 50여 가지 미만의 원소들만으로 구성되어 있다. 그러나 이들 수십 가지 원소들로 만들어질 수 있는 화합물의 종류는 매우 많은데, 최근 미국화학회(ACS)에서 추정한 바에 의하면 현재까지 알려진(혹은 합성된) 화합물의 종류는 약 5000만 가지 정도이며, 매년 30만~50만 종류의 새로운 화합물이 합성되거나 발견되고 있다. 만약 이들 수천만 가지의 화합물에 대하여 각각의 분자들마다 고유한 수식과 그 수식에 포함된 인수(parameter) 값들을 사용하여 다루어야 한다면 이러한 이론 방법의 효용성은 거의 의미 없게 된다. 따라서 제한된 수식과 인수들(가능하면 더 간단한 수식과 더 적은 수의 인수들)만으로 이들 수천만 가지의 분자들을 다룰 수 있어야만 의미 있는 이론 방법이라 할 수 있다.

분자역학(Molecular Mechanics)법에서는 분자를 고전역학에 따르는 것으로 단순화하여 다루며, 분자를 구성하는 각 원자들은 각 원자의 종류에 따라 서로 다르게 정해지는 일정한 크기와 질량 및 단단함의 정도를 가지는 공처럼 간주한다. 그리고 원자들 사이의 결합은 이들 공들 사이를 연결하는 스프링으로 표현하는데, 이들 스프링은 결합의 특성에 따라 서로 다른 특정한 평균길이와 힘-상수를 가지는 것으로 표현한다. 이러한 공-스프링 모델로 분자를 표현하고 다루며, 필요한 경우에는 원자들의 부분 전하 사이의 작용을 전자기학 방법으로 보정하여 분자의 특성들을 다룬다. 다소 지나치게 단순해 보이는 이러한 분자역학법이 어느 정도 타당하고 의미 있는 방법이 될 수 있는 것은 '큰 분자의 구조를 살펴보면 구조가 거의 비슷하게 유지되는 단위 부분들이 여러 가지 서로 다른 분자들의 내부에서 관찰된다'는 사실을 바탕으로 하고 있다. 예컨대 대부분의 분자들에서 C−H 사이의 결합길이는 대략 1.06 ~ 1.10 Å 정도이며, C−H의 진동수들도 대략 2900 ~ 3300 $cm^{-1}$ 사이다. C−H 결합에서 C 원자가 인접한 다른 원자에 연결된 방식을 단일결합, 이중결합, 삼중결합 중 어느 방식에 해당하는지에 따라서 C−H 결합들을 그룹으로 나누어 본 후, 각 그룹에 속하는 C−H의 결합길이와 진동수를 비교해 보면 이들 사이의 유사성은 한 층 더 두드러진다. C=O 결합들을 서로 비교해 보아도, 결합길이가 대충 1.21 Å 정도이며, C=O의 진동수들도 대략 1700 $cm^{-1}$ 이내이다.

이처럼 일정한 특징이 다른 분자들에서도 공통으로 나타나는 것은 에너지에 관련된 성질들에서도 관찰된다. 예컨대 선형 알켄(Alkane) 분자들($CH_3(CH_2)_nCH_3$)의 생성열(Heat of Formation)을 $n$ 값에 대하여 그래프로 나타내 보면 거의 직선이 된다. 이것은 $CH_2$ 부분이 분자의 전체 생성열에 기여하는 정도는 거의 일정하게 유지된다는 사실을 의미한다. 이처럼 작용기(Functional Group)라고 부르는 특정한 구조 단위들이 서로 다른 분자들 내에서 거의 유사하게 거동한다는 생각은 유기화학에서 아주 일반적인 개념이다. 역장법은 이러한 개념을 보다 유연하게 확장하여 수식화한 것이라고 생각할 수 있다.

이러한 사실들을 바탕으로, 동일한 힘−상수와 인수−값들이 동일한 원소에 대해서는 모든 분자들에 대하여 두루 널리 적용될 수 있다고 가정하는 것이 바로 '힘−상수와 인수−값들의 **전이성**(Transferability)'이다. 물론 이러한 가정이 완벽하게 올바르게 적용된다면 그것은 더 이상 가정이 아니라 매우 기본적인 이론에 해당하며, 그러한 것이 바로 3장부터 설명하게 될 순−이론(제 일 원리) 방법이다. 분자역학법에서 사용하는 수식과 인수들은 비록 이러한 전이성을 완벽하게 만족시키지는 않지만, 상당히 넓은 범위의 분자들에 대하여 적용하였을 때 상당히 만족할 만한 수준의 결과를 제공하기 때문에 분자역학법이 (조심스럽게 그러나 제법 널리) 활용되고 있는 것이다.

### 3) 원자−형식(Atom Type)의 개념

그런데 화학에서 정의하는 원소 혹은 원자를 기준으로 적용하면 이러한 **전이성**(Transferability) 가정이 잘 만족되지 않는다. 그 대신 동일한 원자가 서로 다른 분자들 내에서 비슷하게 거동하는 경우들로 새롭게 분류를 나눈 후, 이들을 **원자−형식**(Atom Type)으로 구분하여 정의하면서 분자역학이 본격적으로 성립될 수 있었다. 즉, 단지 원자의 종류에 의해서만 원자-형식이 정의되는 것이 아니라, 그 원자가 분자 내에서 다른 원자와 어떤 형식으로 화학결합을 하는지도 함께 고려하여 정의된다는 사실이다. 원자가 참여하는 화학결합의 특성에 따라 **동일한 원자가 두 가지 이상의 원자-형식으로 다르게 정의**된다. 탄소 원자의 경우를 구체적인 예로 들자면, 탄소 원자가 다른 원자와 연결될 때 $sp^3$-혼성, $sp^2$-혼성, 또는 sp-혼성 중 어느 혼성궤도를 형성하는지에 따라 다른 원자-형식으로 정의된다. 심지어 같은 $sp^2$-혼성인 경우에도 이 탄소 원자의 $sp^2$-혼성이 알켄(Alkene)의 경우인지, 카르보닐(Carbonyl)이거나 이민(Imine)인 경우인지, 혹은 방향족(Aromatic)의 경우인지에 따라 서로 다른 원자-형식으로 정의된다. 원자 형식은 고유한 형식-번호로 표시되거나 혹은 간단한 기호(Symbol)로 나타내는데, 구체적인 내용은 분자역학 방법에 해당하는 서로 다른 프로그램들에 따라 각각 다르다. 예컨대 동일한 방향족(aromatic)의 $sp^2$-탄소라 하여도, TRIPOS라는 프로그램과 AMBER라는 서로 다른 계산 프로그램에서 다른 원자 형식 번호로 취급할 수 있다.

원자-형식에 대한 이해를 돕기 위하여, 일반적인 분자들에서 가장 빈번하게 등장하는 원자들인 탄소, 질소, 산소, 수소(그리고 비-공유 전자쌍)에 대하여 MM2(91) 프로그램에서 정의하여 사용하고 있는 원자-형식들의 일부를 표 2.1에 포함시켰다. MM2(91)에서 91은 이들 원자-형식들에 대한 여러 가지 인수들(parameters)의 값이 1991년에 발표되었음을 의미하며, 형식-번호(Type)의 숫자는 이들 원자-형식들의 인수들 값이 정해진(그 프로그램에 도입된) 순서와 대체로 일치한다. 서로 다른 여러 연구진들에 의하여 보다 정교하게 발전된 여러 종류의 인수-값 조합(Parameter Set)들이 계속하여 발표되고 있으며, 각 경우에 대해서는 해당 프로그램에 대한 설명서를 참고해야 한다.

**표 2.1** MM2(91)에서 정의하고 있는 원자-형식들(Atom Types)

| 형식번호(Type) | 기호(Symbol) | 설명(Description) |
|---|---|---|
| 1 | C | $sp^3$-탄소 |
| 2 | C | 알켄(alkene)의 $sp^2$-탄소 |
| 3 | C | 카보닐(carbonyl)과 이민(imine)의 $sp^2$-탄소 |
| 4 | C | sp-탄소 |
| 22 | C | 사이클로프로페인($C_3H_6$)의 탄소 |
| 29 | C· | 탄소 라디칼(radical) |
| 30 | $C^+$ | 양-전하의 탄소(carbocation) |
| 38 | C | 사이클로프로펜($C_3H_4$)의 $sp^2$-탄소 |
| 50 | C | 방향족(aromatic)의 $sp^2$-탄소 |
| 56 | C | 사이클로부테인($C_4H_8$) $sp^3$-탄소 |

| 57 | C | 사이클로부텐($C_4H_6$)의 $sp^2$−탄소 |
|---|---|---|
| 58 | C | 사이클로부타논의 카보닐 탄소 |
| 67 | C | 사이클로프로파논의 카보닐 탄소 |
| 68 | C | 케텐(ketene, C=C=O)의 카보닐탄소 |
| 71 | C | 케토늄(ketonium)의 탄소 |
| 8 | N | $sp^3$−질소 |
| 9 | N | 아마이드(amide)의 $sp^2$−질소 |
| 10 | N | sp−질소 |
| 37 | N | 아조화합물 또는 피리딘(−N=)의 질소 |
| 39 | $N^+$ | 암모늄 화합물($R_4N^+$)의 $sp^3$−질소 |
| 40 | N | 피롤의 $sp^2$−질소 |
| 43 | N | 아족시(azoxy, −N=N−O)의 질소 |
| 45 | N | 아자이드의 중심 질소 원자 |
| 46 | N | 니트로($-NO_2$)의 질소 |
| 72 | N | 이민 또는 옥심(=N−)의 질소 |
| 6 | O | $sp^3$−산소 |
| 7 | O | 카보닐의 $sp^2$−산소 |
| 41 | O | 퓨란(furan)의 $sp^2$−산소 |
| 47 | $O^-$ | 카르복실 음이온 부분(carboxylate)의 산소 |
| 49 | O | 에폭시(epoxy)의 산소 |
| 69 | O | 아민 옥사이드의 산소 |
| 70 | O | 케토늄(ketonium)의 산소 |
| 5 | H | 수소(N 또는 O와 연결된 경우는 제외) |
| 21 | H | 알콜의 수소 (O−H) |
| 23 | H | 아민의 수소 (N−H) |
| 24 | H | 카르복실산의 수소 (−COO−H) |
| 28 | H | 엔올(enol) 또는 아마이드(amide)의 수소 |
| 48 | H | 암모늄의 수소 |
| 36 | D | 중수소(deuterium) |
| 20 | 1p | 비−공유 전자쌍(lone pair) |

## 2.1.3 기본 수식의 발달 과정과 수식의 세부 항

### 1) 기본 수식과 인수들의 개발과정

프로그램을 사용하는 사용자가 프로그램의 내용에 대하여 자세하게 이해할 필요는 없겠지만, 그래도 프로그램의 바탕이 되는 기본 이론과 프로그램의 개발 과정의 내용을 대략적으로라도 이해하고 있으면 프로그램을 보다 현명하게 사용하는 데 도움이 된다. 따라서 우선은 프로그램의 바탕을 이루는 기본 수식을 보여주고, 이 수식을 기본으로 실제 프로그램이 개발되는 과정을 간략하게 5단계로 설명한다. 이론 수식들의 보다 자세한 내용은 다음 절에서 다룬다.

1단계: 프로그램 개발의 첫 단계는 분자의 구조변화에 의한 퍼텐셜 에너지( $V_{pot}$ )의 변화를 나타내는 수식들의 형태를 정하는 것이다. 이 수식은 다음과 같은 몇몇 기본 항들의 합으로 표시된다.

$$V_{pot} = \sum V_{stretch} + \sum V_{bend} + \sum V_{torsion} + \sum V_{VDW} \tag{2.1}$$

여기서 $\sum V_{stretch}$ 는 각 화학결합의 길이가 변함에 따라 퍼텐셜 에너지가 달라지는 것을 나타내는 항이고, $\sum V_{bend}$와 $\sum V_{torsion}$는 각각 결합각의 변화와 비틀림 각도의 변화에 따른 에너지 변화를 나타내며, $\sum V_{VDW}$는 화학결합으로는 직접 연결되어 있지 않지만 공간적인 거리가 가까운 부분들 사이의 van der Waals 인력을 나타낸다. 이들 각 항들의 구체적인 수식들은 원자핵의 위치 변화를 독립변수로 하고 에너지 값을 종속변수로 하는 함수들이다. 그리고 중요한 사실은 이들 수식에는 아직 정해지지 않은 일련의 인수(parameter) 값들을 포함한다는 것이다. 구체적인 예를 들자면 $V_{pot}$ 에는 다음과 같은 항들이 포함될 수 있는데,

$$\frac{1}{2}\sum_i f_{r,i}(r_i - r_{i,0})^2 \tag{2.2}$$

여기서 $(r_i - r_{i,0})$는 $i$ −번째 결합 길이의 위치가 기준 값에서 벗어나는 정도를 나타내는 독립변수에 해당하는데 이 항에 들어 있는 $f_{r,i}$와 $r_{i,0}$가 바로 실험값들을 이용하여 따로 결정해 주어야하는 인수(parameter)에 해당한다.

2단계: 프로그램 개발의 두 번째 단계는 잘 알려진 실험값들을 이용하여 첫 단계에서 정한 수식들 내부에 포함되어 있는 인수 값들을 최적화(optimization)하는 것이다. 즉, 첫 단계에서 정한 수식으로 실제 분자의 결합길이나 생성 에너지 값들을 계산한 후, 이 계산 값들이 실제의 정확한 실험값들과 가능한 잘 일치하도록 인수 값들을 조정하는 것이다. 하나의 분자에 대한 실험값만을 대상으로 하는 것이 아니라 실험값이 잘 알려진 여러 분자들의 모든 실험 결과와 가능한 잘 일치하는 계산 결과가 나오도록 인수 값들을 최적화시킨다.

3단계: 위의 두 번째 단계에서 정한 인수 값들을 사용하여 계산한 결과들을 그에 해당하는 실험값들과 비교하여, 아직 충분히 일치하지 않는다면, 계산 결과에 포함된 오차를 체계적으로 분석하여, 그 오차가 줄어들도록 첫 단계에서 정한 수식의 형태를 개선하는 과정이 세 번째 단계에 해당한다. 이 단계의 개선 작업은 오차에 대한 통계적

인 분석을 포함하기도 하지만, 분자의 퍼텐셜 에너지 함수에 대한 물리-화학적인 통찰이 보다 중요한 요소이기도 하다. 수식의 개선은 기존 수식에서 의미가 적은 항을 제외시키거나, 혹은 물리화학적으로 보다 더 의미 있는 새로운 수식-항을 추가하기도 한다. 새로운 항의 추가는 새로운 인수 값들의 추가를 의미한다.

4단계: 세 번째 단계에서 개선된 수식을 사용하여 개별 분자들의 결합길이나 생성 에너지 등과 같은 값들을 계산하고, 이렇게 계산된 값들을 정확한 실험값들과 비교하면서 새로 개선된 수식에 포함된 인수 값들을 다시 최적화시킨다.

5단계: 만족할 수준의 결과를 얻을 수 있을 때까지, 즉 이론적인 계산 값들과 실험값들 사이의 오차가 만족할만한 정도로 적어질 때까지, 이러한 세 번째와 네 번째 과정들을 반복하여 되풀이하여 최종 수식의 형태와 인수 값들을 결정한다.

대체로 이러한 과정을 거쳐 결정된 수식과 인수 값들은 새로운 분자들에 적용하거나, 혹은 분자 자체는 이미 알려진 것이지만 그 분자의 구체적인 내부 구조가 잘 알려져 있지 않은 구조 특성, 분광학 특성, 그리고 에너지 특성들을 계산하는 데 적용된다. 잘 이해하여야 할 한 가지 사실은 수식과 인수 값들을 결정하는 위의 과정에서 사용하는 실험값들은 그 값이 비교적 잘 알려진 경우들만을 사용하며, 이러한 분자들의 실험값 집합을 일반적으로 훈련-자료-집합(training set)이라고 부른다. 이러한 훈련-자료-집합에 속하는 분자들의 수는 보통은 몇 십에서 몇 백 개 정도에 불과하다. 반면에 이러한 과정을 거쳐 개발된 프로그램과 인수들을 훨씬 더 많은 분자들에 적용한다는 것이 요점이다.

또 한 가지 염두에 두어야 할 사항은 이러한 방식으로 수식과 인수-값들을 정한 후 그것을 새로운 경우에 적용하는 방법은 일종의 내삽법(보간법, interpolation)에 해당하기 때문에, 위의 수식과 인수 값들을 정하는데 사용하였던 훈련-자료-집합의 특성과 너무 다른 특성을 가지는 분자들 혹은 성질들에 적용하는 경우에는, 그 계산 결과의 신뢰성을 보장하기가 어렵다는 사실을 주의해야 한다. 이것은 고적역학으로는 올바르게 묘사할 수 없는 미시 세계에 해당하는 분자를 고전역학 방법으로 다루려고 하는 것 때문에 발생하는 어쩔 수 없는 본질적 한계다.

한편 이러한 과정을 거쳐 개발된 결과를 살펴보면, 특정한 항들은 본질적으로 중요한 역할을 하는 반면에 몇몇 항들은 그다지 중요하지 않으며, 또한 대상 분자들의 경우에 따라 그 중요도가 달라지는 경우가 있음을 알 수 있다. 이러한 분석을 바탕으로, 본질적으로 보다 더 중요한 항들을 중심으로 하여, 이론 수식들의 주요 내용만을 다음 절에서 간단하게 설명한다.

### 2) 기본 수식들의 발전 과정

이제 분자역학 방법의 기본 골격에 해당하는 가장 기본이 되는 수식에서 출발하여 차차 복잡한 형태로 유도하며, 그에 따라 조금씩 다른 용어로 부르게 되는 방법들의 발전 과정을 아주 간단하게 설명해 보자.

역장(Force Field)의 기본 개념은 퍼텐셜 에너지를 테일러-급수로 전개(Taylor series expansion)하는 것으로부터 출발한다. N개의 원자로 이루어진 분자의 구조는 3N개의 좌표로 표시하는 것이 가장 일반적이고 간단한 방법이며, 이 좌표계에서 각 원자의 위치가 변함에 따르는 에너지의 변화는 다음과 같은 테일러-급수로 전개할 수 있다.

$$V_{Pot} = V_0 + \sum_{i=1}^{3N}\left(\frac{\partial V}{\partial Q_i}\right)_0 \Delta Q_i + \frac{1}{2}\sum_{i=1}^{3N}\sum_{j=1}^{3N}\left(\frac{\partial^2 V}{\partial Q_i \partial Q_j}\right)_0 \Delta Q_i \Delta Q_j \tag{2.3}$$

$$+ \frac{1}{3!}\sum_{i=1}^{3N}\sum_{j=1}^{3N}\sum_{k=1}^{3N}\left(\frac{\partial^3 V}{\partial Q_i \partial Q_j \partial Q_k}\right)_0 \Delta Q_i \Delta Q_j \Delta Q_k + \cdots$$

에너지의 절댓값보다는 상대적인 변화가 주요 관심 대상이기 때문에 $V_0 = 0$으로 선택할 수 있고, 평형 구조에서는 당연히 $\frac{\partial V}{\partial x_i} = 0$이다. 한편 평형 구조에서 그다지 많이 벗어나지 않았다고 가정하면(즉 $\Delta Q$가 작은 값이라면), $\Delta Q$에 대하여 3차 이상 고차-항들은 매우 작아지기 때문에 무시할 수 있게 된다. 따라서 위 식에서 세 번째 항만 남게 되는데, 여기서 $\frac{\partial^2 V}{\partial Q_i \partial Q_j}$를 $f_{ij}$로 표시하면 퍼텐셜 에너지 수식은 다음과 같이 간략하게 근사된다.

$$V_{pot} = \frac{1}{2}\sum_{i=1}^{3N}\sum_{j=1}^{3N} f_{ij}\, \Delta Q_i\, \Delta Q_j \tag{2.4}$$

이 수식에는 (1/2)(3N-6)(3N-5)개의 서로 다른 인수들인 $f_{ij}$ 값들을 포함한다. 만약 다음과 같은 영년 행렬식(secular determinant)을 풀이하여

$$\begin{vmatrix} f_{1,1} - m\lambda & f_{1,2} & \cdots & f_{1,3N} \\ f_{2,1} & f_{2,2} - m\lambda & \cdots & f_{2,3N} \\ \vdots & \vdots & & \vdots \\ f_{3N,1} & f_{3N,2} & \cdots & f_{3N,3N} - m\lambda \end{vmatrix} = 0 \tag{2.5}$$

**표준 진동 양식**(Normal mode vibration)의 진동수와 진동좌표를 구하려면 매우 많은 진동수 값($\lambda$)들이 실험으로 알려져 있어야 한다. 따라서 대부분의 경우에는 동일한 분자 안에서 여러 가지 다른 방식으로 동위원소를 포함하는 동일한 분자들을 만든 후, 그들 모두

의 진동수 실험값들을 사용해야 위 식의 $f_{ij}$ 값들을 정하게 된다. 그러나 각 원자의 위치 변화를 출발점으로 하는 이러한 방식은 필요 이상으로 복잡하고, 따라서 인수 값들을 정하는 단계가 효율적이지 않다. 오직 진동 분광학 실험 결과가 충분히 제공되는 경우에만 이 방식의 사용이 쉬울 뿐이다. 그래서 이 방식은 애초에 분광학 결과들을 다루는 분야에서 개발되고 사용되었다. 따라서 일반적인 분자들에 적용할 때는 대상 분자계의 특성을 고려하여, 다음에 설명하는 중심-역장 또는 원자가-역장으로 구분하여 다루는 것이 더 쉬운 방식이다.

**중심-역장**(central force field) 방법에서는 원자들 사이에 화학 결합이 있는지 아닌지를 따지지 않고 상호작용이 가능한(혹은 고려할 필요가 있는) 모든 가능한 원자-쌍들 사이의 거리를 기본 변수로 택한다. 이러한 중심-역장 방법이 이온성 고체의 경우에는 적합하지만 일반적인 공유결합성 분자들을 다루기에는 충분히 효과적이지 않다. 따라서 공유결합성 분자를 다루는 **원자가-역장**(Valence force field) 방법에서는 화학결합으로 연결된 상태를 고려하는 내부좌표(internal coordinate)를 처음부터 도입한다. 그리하여 결합-거리, 결합-각도, 비틀림-각도가 기준 값으로부터 얼마나 변하는지에 따라 퍼텐셜 에너지의 변화를 계산하는, 다음과 같은 수식으로부터 출발한다.

$$V = \frac{1}{2}\sum_i f_{r,i}(r_i - r_{i,0})^2 + \frac{1}{2}\sum_k f_{\theta,k}(\theta_k - \theta_{k,0})^2 + \frac{1}{2}\sum_l f_{\omega,l}(\omega_l - \omega_{l,0})^2 \qquad (2.6)$$

이 식에서 $r_i$와 $r_{i,0}$는 각각 $i$번째 결합의 길이와 그 길이의 기준-값을 나타내며, $\theta$와 $\omega$는 각각 결합-각도와 비틀림-각도에 대한 것들을 나타낸다. 위 식은 각 화학결합의 신축(stretch), 구부림(bending), 그리고 비틀림(torsion)이 서로 독립적으로 다루어지고 있으며, 따라서 신축(stretch), 구부림(bending), 그리고 비틀림(torsion)들 사이의 교차-짝지음(cross coupling)에 해당하는 (영년 행렬식의) 비-대각선 항(off-diagonal)들이 모두 무시되었음을 의미한다.

그런데 이러한 비-대각선-항들 중 일부를 무시하지 않으면 서로 다른 분자들에 대해서도 사용할 수 있는 전이성-공통-인수 값(transferable force constant)들을 찾을 수 있다는 사실을 Schachtschnieider와 Snyder가 보여주면서 분자역학 방법이 본격적으로 발전하게 되었다. 특히 동일한 원자 또는 인접한 원자들이 동시에 참여하는 결합들(내부 좌표들)의 신축(stretch), 구부림(bending), 그리고 비틀림(torsion)들 사이의 교차-짝지음-항(cross coupling term)을 포함시키는 것이 중요하다는 것이 차차 알려지게 되었으며, 교차-항을 포함하는 이러한 방법을 **확장-원자가-역장**(Extended valence force field) 방법이라고 부르기도 한다.

한편, 결합으로는 직접 연결되지 않은 부분들 사이의 입체적 영향을 고려하기 위하여 이들 원자－쌍들 사이의 거리에 의존하는 항들을 포함시킬 필요가 있는데(즉 중심 역장 방법에 해당하는 내용을 혼합할 필요가 있으며), 식 (2.7)의 두 번째 줄을 포함시키는 이러한 방식을 **혼합－역장**(Mixed force field) 방법이라고 부른다. 한편 이러한 혼합 때문에 도입되게 되는 과잉 효과를 제거하기 위해서는 식 (2.7)의 세 번째 줄에 해당하는 (변위에 대한) 일차항들도 일부 포함시켜야 한다는 사실이 알려지게 되었는데 이러한 일차－항들을 Urey－Bradley 항이라 부르며, 이것들까지를 모두 포함하는 방법을 **Urey－Bradley 역장** 방법이라고 부르기도 한다.

$$
\begin{aligned}
V = {} & \frac{1}{2}\sum_i f_{r,i}(r_i - r_{i,0})^2 + \frac{1}{2}\sum_k f_{\theta,k}(\theta_k - \theta_{k,0})^2 + \frac{1}{2}\sum_l f_{\omega,l}(\omega_l - \omega_{l,0})^2 \\
& + \sum_i^{3N}\sum_j^{3N} f'(r_{ij})^2 + \sum_i^{3N}\sum_j^{3N} f'' r_{ij} \\
& + \sum_i f''_{r,i}(r_i - r_{i,0}) + \sum_k f''_{\theta,k}(\theta_k - \theta_{k,0}) + \sum_l f''_{\omega,l}(\omega_l - \omega_{l,0})
\end{aligned}
\tag{2.7}
$$

이러한 여러 과정들을 간단하게 도식화하여 나타낸 것이 그림 2.1이다.

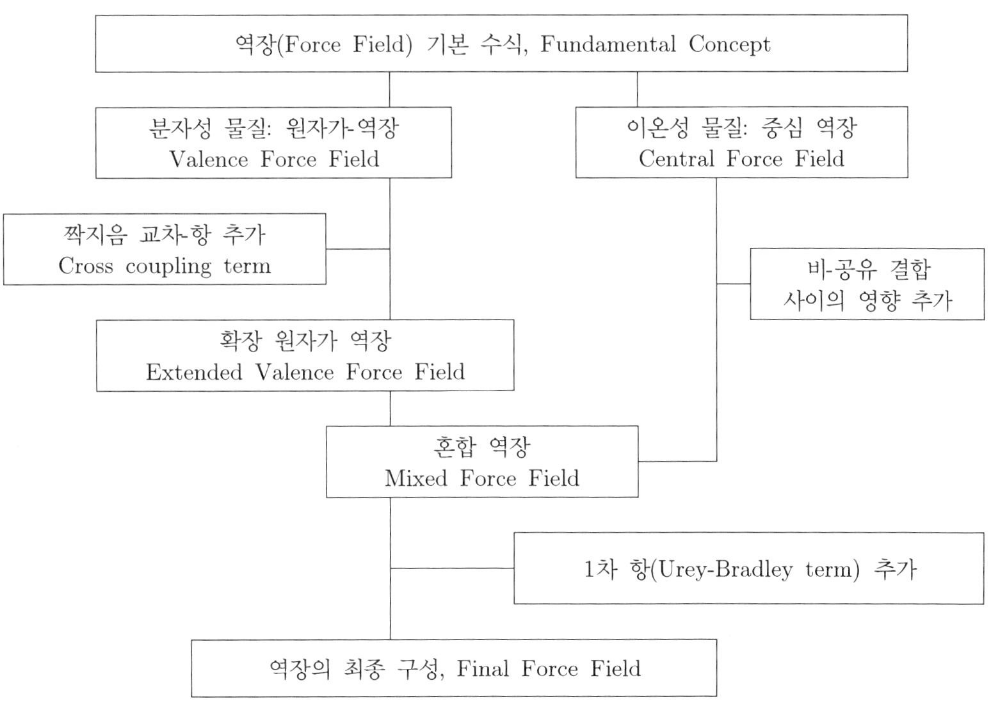


**그림 2.1** 역장(Force Field)법 발전 과정의 개념도

### 3) 기본 수식들의 세부 내용

이러한 과정으로 발전하여, 현재 활용되고 있는 분자역학 방법들은 어느 정도 널리 알려진 것들만 해도 최소 20여종에 이르며, 각 방법에 포함된 구체적인 수식들은 매우 다양하기 때문에 여기서 모두 소개할 수 없다. 그러나 거의 모든 분자역학 방법(Molecular Mechanics) 및 역장-법(Force Field Methods)들의 퍼텐셜 함수에서 공통으로 포함되어 있는 요소들을 간단하게 정리하면 다음과 같이 네 가지 성분으로 크게 나눌 수 있다.

(1) 결합-길이 변화(Bond stretching)와 결합-각도(Angle bending) 변화

$$V_r = \frac{1}{2}k_r(r-r_0)^2 + k'_r(r-r_0)^3 \tag{2.8}$$

$$V_\theta = \frac{1}{2}k_\theta(\theta-\theta_0)^2 \tag{2.9}$$

(2) 비틀림 각도($\omega$)의 변화

$$1\text{-차 근사: } V_{Tor} = k_\omega[1-\cos 3\omega] \tag{2.10}$$

$$\text{고차 근사: } V_{Tor} = \frac{1}{2}\sum_j V_j[1-\cos(j\omega)] \tag{2.11}$$

여기서 고차-항 근사를 사용할 때 보통은 $j=6$까지 포함시키는데, 해당 원자-형식에 따라 일부 항들만 포함하기도 한다.

(3) 결합의 신축, 결합-각도 변화, 비틀림-각도 변화들 사이의 교차-항

$$V_{Str/Bend} = \frac{1}{2}k_{r\theta}(r-r_0)(\theta-\theta_0) \tag{2.12}$$

$$V_{Tor/Bend} = k_{TB}(\theta-\theta_0)(\omega-\omega_0) \tag{2.13}$$

$$V_{TTB} = k_{TTB}(\theta-\theta_0)(\omega-\omega_0)(\omega'-\omega'_0) \tag{2.14}$$

여기서 $V_{str/bend}$는 결합의 신축과 결합-각도 구부림 사이의 교차-항이고, TTB는 비틀림-비틀림-구부림(Torsion-Torsion-Bending)의 교차-항을 의미한다.

(4) 비-결합 상호-작용(Non-bonded Interactions): 결합으로 직접 연결되지 않은 부분들 사이의 상호작용은 크게 전하 사이(Between Charge)의 작용, 쌍극자 사이(Between Dipoles)의 작용, 중성이며 무극성인 원자/분자 사이(Between neutral,

nonpolar atoms and/or molecules)의 작용, 그리고 수소결합(Hydrogen Bonds)의 네 종류로 크게 구분하여 다룬다.

① 전하 사이 작용(Between Charges):

$$V_{Charges} = \frac{q_i q_j}{D r_{ij}} \tag{2.15}$$

여기서 $q_i$와 $q_j$는 부분전하의 값이고 $r_{ij}$는 전하들 사이의 거리이다.

② 쌍극자 사이 작용(Between Dipoles):

$$V_{Dipole} = \frac{u_1\, u_2}{D\, r_{12}^3}\left[\cos\chi - 3\cos(a_1)\cos(a_2)\right] \tag{2.16}$$

여기서 $u_1$과 $u_2$는 두 쌍극자의 크기이며, $r_{12}$는 두 쌍극자 중심 사이의 거리이다. 그림 2.2에서 쌍극자 크기가 $u_1$과 $u_2$인 경우를 예로 들어 두 쌍극자의 상대적인 배향에 의하여 결정되는 각도들($\chi$, $a_1$, $a_2$)을 나타내고 있다.

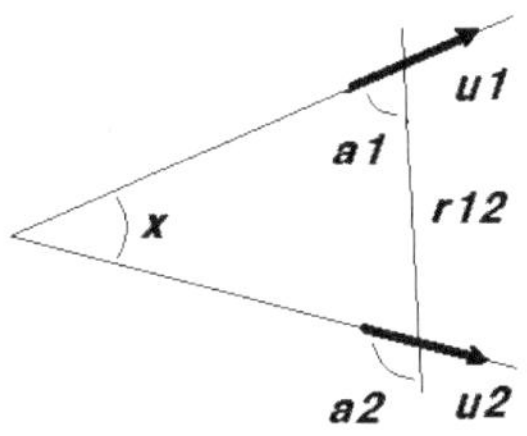


그림 2.2 두 쌍극자 $u_1$과 $u_2$ 사이의 인력을 정의하는 식 (2.16)의 기호들

③ 중성 또는 비극성 원자/분자 사이 작용(Between neutral, nonpolar atoms or molecules):

이 부분은 일반적으로 다음과 같은 van der Waals 수식으로 나타내는데, Lennard-Jones의 6-12 퍼텐셜 함수식이 가장 널리 사용된다.

$$V_{VDW} = \varepsilon\left[\left(\frac{r_0}{r}\right)^{12} - 2\left(\frac{r_0}{r}\right)^{6}\right] \tag{2.17}$$

한편으로는 다음과 같은 Buckingham 함수를 쓰기도 한다.

$$V_{VDW} = \frac{\varepsilon}{1-6/\alpha}\left[\frac{6}{\alpha}e^{\alpha/(1-r/r_0)} - \left(\frac{r_0}{r}\right)^6\right] \tag{2.18}$$

④ 마지막으로 **수소결합의 영향에 대한 가장 기본적인 수식**은 다음과 같다. 여기서 $C_{ij}$와 $D_{ij}$는 **수소－결합**(Hydrogen bond)으로 연결된 양 끝단의 특성에 의하여 정해진 상수들이다.

$$\text{Hydrogen Bonds : } V_{H-bond} = \sum\left[\frac{C_{ij}}{r_{ij}^{12}} - \frac{D_{ij}}{r_{ij}^{10}}\right] \tag{2.19}$$

위의 식들의 각 항들에 포함된 인수들의 값들은 앞의 "1) 기본 수식과 인수들의 개발 과정"에서 설명한 과정을 거쳐 최적화하는데, 앞서 강조하였듯이 인수 값들의 최적화 과정은 위에서 설명한 수식들의 각 항들의 구체적인 형태를 조정하는 과정도 함께 포함한다. 그 결과 구체적인 수식은 훨씬 더 복잡해지는 경우가 대부분이다.

### 2.1.4 여러 분자역학 방법들의 비교

분자역학 방법에 해당하는 수많은 방법들이 개발되어 보급되고 있는데, 서로 다른 분자역학 방법은 퍼텐셜 에너지를 나타내는 기본 수식의 차이, 교차－항들을 포함하는 정도, 인수 값들을 최적화하는데 사용한 정보들의 형태 등에 따라 서로 다른 방법으로 구별된다. 비교적 널리 보급되어 사용되고 있는 방법들을 대충 골라서 알파벳 순서로 열거하면 AMBER, BIO+(CHARMM), COSMIC, CVFF, CFF, DREIDING, EAS, ECEPP, EFF, GROMOS, MMFF, MM2, MM3, MM4, MM+, MOMEC, OPLS, SHAPES, TRIPOS, USFF, UFF 방법 등이 있다. 이 방법들을 크게는 두 가지로 대별하여 구분할 수 있는데, 정확성에서는 다소 미흡하더라도 가능한 더 큰 분자들을 보다 효율적으로 다루려는 방법들을 **제1군**(Class I) **방법**이라고 부른다. 반면에, 비교적 크지 않은 분자들에 대한 정보를 가능한 정확하게 다루려는 방법들을 **제2군**(Class II) **방법**이라고 부른다. 제2군 방법은 분자의 구조와 상대적 (열역학) 에너지 값들의 계산뿐만 아니라 분자의 진동특성 계산도 목표로 한다. 여기서 이러한 방법들을 모두 설명할 수 없으며, 단지 이 책의 실습에서 직접 사용하게 될 방법들 네 가지만을 대상으로 하여 각 방법의 특징들을 간단하게 정리하고 비교해 본다. 그림 2.3은 이들 네 가지 방법의 특징과 관계를 매우 간단히 요약하여 보여준다.

### 1) MM+

이 방법은 Allinger 교수(Indiana University)의 연구팀에서 개발한 MM2 방법을 기반으로 하여 발전된 방법이며 MM2, MM3, MM4 방법들과 기본적으로 공통된 계열에 해당한다. 이 방법은 분자역학 방법이 널리 사용되도록 하는 데 큰 역할을 하였다. 이 방법의 가장 큰 특징은 보통의 유기 화합물을 보다 더 정확하게 다루도록 하는 데 중점을 두고 개발되었다는 점인데, 최근에는 단백질 결합(Peptide)으로 연결된 더 큰 분자들에도 적용할 수 있도록 확장되었다. 그러나 이 방법에 포함된 원자－형식(Atom Type)이 다소 제한적이어서, 이 방법으로는 계산할 수 없는 분자가 많다는 점이 이 방법의 단점이다. 그러나 이는 MM+만의 단점이 아니고, 모든 분자역학 방법들이 공통으로 가지는 문제점이라 할 수 있다. 최근에는 금속 원소들을 포함하는 경우도 다룰 수 있는 방향으로의 개선이 이루어지고 있다.

용매와 같은 주위 상황의 영향을 무시할 수 있는 조건의 일반적인 유기 화합물과 (제한적이기는 하지만) 일부 무기화합물들의 기체상태 특성을 다루는 분자역학 방법의 가장 표준적인 방법이 MM 계열 방법이라고 할 수 있으며, 위에서 언급한 제2군(Class II) 방법의 대표적인 예에 해당한다.

### 2) AMBER

이 방법의 이름은 Assisted Model Building and Energy Refinement를 의미하는데, Peter Kollman 교수(University of California, San Franciso)의 연구팀에서 개발되었다. 이 방법의 주요 특징은 일반적인 유기 분자들보다는 단백질(Proteins)이나 핵산(Nucleic acids) 분자들을 주로 다루려는 목적을 가진다는 점이다. 단백질이나 핵산 분자들처럼 큰 대상을 다루려면 큰 분자에 포함된 모든 원자들을 원래의 MM 방법에서와 같이 다루려면 계산량이 너무 많아지고 또한 최적화가 복잡해지기 때문에 AMBER 방법에서는 일반적으로 통합－원자 모형을 사용한다.

메틸기(Methyl group)를 이용하여 <u>**통합－원자**(United atom) **모형**</u>을 간단하게 설명하면 다음과 같다. 메틸기($-CH_3$) 또는 탄소 골격 중간의 $-CH_2-$ 부분은 탄소 원자뿐만 아니라 2～3개의 수소 원자를 포함하고 있다. 그런데 단백질, 핵산, 또는 고분자와 같은 큰 분자에는 이러한 부분들이 무수히 많이 포함되어 있고, 이러한 경우에 이 수소 원자들을 모두 일일이 명시적으로 다루어 주는 것은 매우 복잡한 계산들을 포함한다. 또한 이 부분에서 각 수소 원자들과 탄소 원자들 사이의 상대적인 위치의 세부 정보는 거대한 분자의 특성에 사실 별다른 영향을 주지 않는다. 따라서 이 부분의 모든 수소원자들을 굳이 명시적으로 다루지 않고 탄소 원자에 고정된 상태로 합체되어있다고(united) 가정하고, 이러한 탄소 원자와 수소들의 합체된 상태를 나타내는 새로운 원소－형식(atom type)을 정의하여 메틸기 전체 혹은 $-CH_2-$전체의 통합적인 역할과 거동을 나타내도록 한 것을 **통합－원자－형식**(United atom type)이라고 부른다. AMBER 외에도 CHARMM, GROMOS, DREIDING 방법들이 이와 같은 통합－원자－형식을 사용하는 방법들이다.

AMBER 방법은 이러한 통합－원자－형식을 사용하기 때문에 당연히 작은 유기 분자들이나 무기물을 다루기에는 적합하지 않다. 그러나 단백질, 핵산, 고분자 등과 같은 거대 분자를 보다 효율적으로 다룰 수 있는 방법이다. 또한, 탄소－탄소 사이의 단일－결합 양쪽 치환기들 사이의 배향에 의하여 구분되는 지역－최소(local minimum) 지점들 사이를 구분하는 지역적인 회전－장벽(local rotational barrier)이 통합－원자－형식에서는 자연스럽게 없어지기 때문에, 중요하지 않은 지역－최소 구조들을 건너뛰는 기능을 제공하기도 하는데, 이것이 또한 통합－원자－형식을 사용하는 중요한 장점이기도 하다.

### 3) OPLS

OPLS 방법의 이름은 용액 상태에서의 거동을 모사하기 위한 함수(Optimized Potential for Liquid Simulations)라는 의미를 나타내는데, Bill Jorgensen 교수(Yale University ← Purdue University)의 연구팀에 의하여 개발되었다. 이 방법은 주로 단백질과 핵산의 거동을 다루기 위한 용도인데, 특히 계산의 대상인 단백질이나 핵산 분자뿐만 아니라 그 주변의 용매 분자를 명시적으로 포함하여 다루는 방법이다. 용매 분자들의 영향을 포함시키기 위하여 용매 분자와 용질(단백질 또는 핵산) 분자 사이의 **비－결합 상호작용**을 나타내는 항들(non－bonded interaction terms)을 AMBER 방법에 추가하여 개발되었다고 생각할 수 있다.

OPLS 방법은 이름에 Liquid Simulation 부분이 포함된 것으로부터 알 수 있는 바와 같이 용액상태의 계를 (다음 2.2절에서 설명하는) 동력학 방법으로 모사하는 연구에서 주로 사용된다. 이 책에서는 OPLS 방법을 이용하여 용질분자의 구조, 구조 이성질체들 사이의 상대적 에너지 차이, 진동－분광학(IR/Raman) 스펙트럼 흡수선의 위치 등이 용매의 종류에 따라 변화하는 것을 다루는 경우를 실습할 것이다.

#### 4) BIO+(CHARMM)

이 방법은 원래 CHARMM 방법이라 부르던 것에 해당하는데, 이 방법을 개발한 Martin Karplus 교수(Harvard University)의 연구실을 나타내는 이름(Chemistry at Harvard Macromolecular Mechanics)에서 유래한 것이다. 원래 이름에 들어 있는 Macromolecule이 의미하는 바와 같이 거대 분자들을 다루기 위한 목적에 중점을 두고 개발되었는데, 새로 바뀐 이름(BIO+)이 암시하는 바와 같이 생화학 분자들을 다루는 연구에 주로 적용되고 있는 우수한 방법이다.

그러나 이 방법을 제대로 사용하려면 이 방법을 적용하려는 대상에 최적화된 인수 집합을 별도로 확보하여야 한다. 이 책에서 실습하면서 사용하는 HyperChem 프로그램에 포함된 BIO+ 방법에는 매우 제한된 인수 값들만을 포함하고 있을 뿐이다.

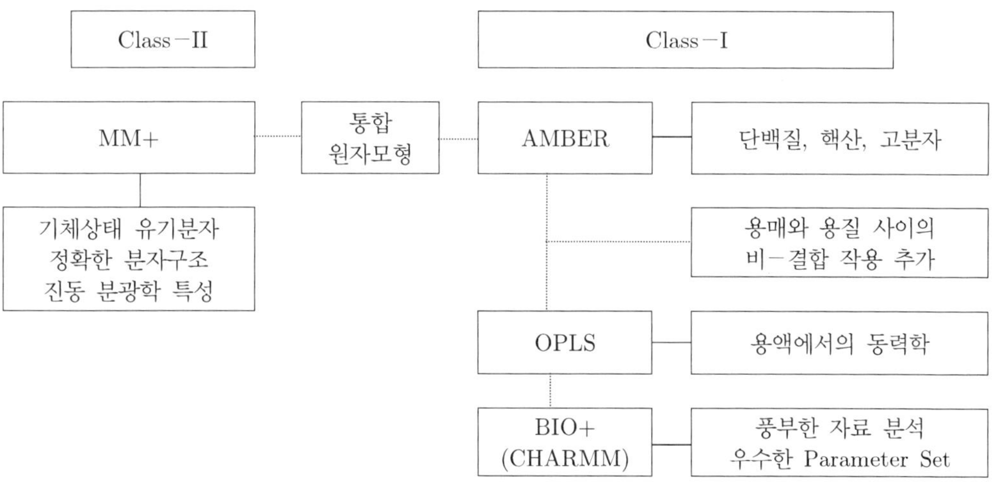


**그림 2.3** 이 책의 실습에 사용되는 분자역학(역장) 방법들 사이의 기본 관계

### 2.1.5 분자역학의 사용법과 계산 대상

#### 1) 계산의 초기 조건 설정

계산화학 분야를 처음 시작하는 학생들을 위하여 분자역학 방법을 적용하는 단계를 간략하게 설명하면 다음과 같다.

먼저 계산하려는 분자에 포함되어 있는 원자들의 위치에 대한 초깃값들을 입력하여야 한다. 이러한 초기 위치는 직각－좌표계(Cartesian rectangular coordinates)의 값($x$, $y$, $z$)으로 제공되거나, 혹은 (이 책 4장의 앞부분에서 설명하게 될 Z－matrix와 같은) 내부－좌표계(Internal coordinates)로 표시되거나, 혹은 (적절한 변환 프로그램이 연결된 경우에는) 결정-좌표계(Crystal coordinates)의 값들로 지정할 수 있다. 또한 이 책에 포함된 실습에서 학습하게 되는 바와 같이 그래픽 화면에서 마우스를 이용하여 그려 넣는 방식으로 이러한 초기 위치를 직접 지정하기도 한다.

또는 이전에 계산한 구조에서 일부 치환기를 제거하거나 덧붙이는 방식으로, 계산하려는 대상에 포함된 원자들의 초기 위치를 결정한다. 그리고 고전역학 방법에서는 원자핵들 사이의 연결 순서와 연결 형식을 사용자가 지정하여야 한다. 그러면 이렇게 제공된 초기위치와 원자들 사이의 연결 상태를 분석하여 각 원자들의 **원자-형식**(Atom Type)을 프로그램이 자동으로 결정한다. (원자-형식의 의미에 대해서 명확하지 않으면 "2.1.2의 3)" 내용을 복습하여야 한다.) 여기서 중요한 사항은 분자역학 방법에서는 원자의 상대적인 위치가 동일하다 하여도 원자들 사이의 연결 방식에 따라 각 원자의 원자-형식이 다르기 때문에 프로그램을 사용하는 연구자가 원자들 사이의 연결 방식을 올바르게 지정하여만 의미 있는 계산 결과가 제공된다는 점이다.

그 다음 단계에서 분자 내부에 존재하는 상호작용의 종류와 수를 프로그램이 분석하고, 적용하려는 분자역학 방법(퍼텐셜 함수식과 인수 값들)을 선택한다. 분자역학의 방법을 지정하는 것은 2.1.4절에 설명한 몇 가지 방법들(MM+, AMBER, OPLS, BIO+ 등)을 나타내는 기호들을 프로그램 사용자가 선택하는 것에 해당한다. 경우에 따라서는 퍼텐셜 함수식의 일부 또는 인수 값들의 일부를 프로그램 사용자가 추가로 제공할 수 있는 기능이 있기도 하지만 이것은 분자역학 방법의 내용과 프로그램의 내용에 대한 충분한 이해를 가진 고급 사용자들만이 가능한 부분이다.

위의 단계를 거치면 프로그램이 계산을 진행할 준비가 된 상태이다.

### 2) 분자구조 최적화(Geometry Optimization)

계산화학 방법들을 적용하는 대부분의 경우에 가장 먼저 하는 계산이자 또한 가장 중요한 부분이 분자의 **평형 구조-최적화**(equilibrium geometry optimization)다. 많은 경우에 원소분석, IR/Raman, NMR, UV/VIS 등의 분광학 방법을 통하여 연구 대상화합물의 조성과 분자 내부의 작용기(Functional Group)들의 존재 여부는 알려져 있다. 하지만 원자들 사이의 구체적인 배치구조는 결정의 X-선 회절 분광 실험을 거치는 경우를 제외하면 정확히 알기 어렵다. 또한 X-선 분광학으로 분자구조가 비교적 정확히 알려진 경우에도, 그 대상 화합물이 실제 화학작용을 할 때는 결정구조 상태가 아닌 용액상태인 경우가 대부분이기 때문에, 결정성 고체에서 용액으로 변했을 때 분자구조가 어떻게 어느 정도 변하는지를 정확히 예측하기는 쉽지 않다. 따라서 많은 경우의 계산화학 연구는 첫 단계에서 평형상태 분자구조에 대한 정확한 정보를 얻어야 하며, 이러한 과정을 분자구조 최적화(Geomerty Optimization, Molecular Structure Optimization)라고 부른다. 최적화된 분자구조가 아닌 구조에 대하여 뒤에서 언급하는 다른 성질들을 계산하는 것은 특별한 경우를 제외하고는 대부분 의미 없는 계산인 경우에 해당한다.

분자구조 최적화 계산이 진행된다는 것은 앞의 2.1.3절에서 설명한 여러 수식의 여러 항들에 포함된 독립변수들($r$, $\theta$, $\omega$)의 값들을 변화시키면서, 계산하고 있는 대상 분자－계 전체의 퍼텐셜 에너지가 가장 낮아지는 조건을 탐색하는 것이다. 즉 구조 최적화에서는 원자핵들의 운동 에너지가 항상 영(zero)에 해당하는 조건을 적용한다. 이것이 바로 3.2절의 **분자 동력학과의 가장 큰 차이점**이다. 즉 분자구조 최적화는 퍼텐셜 에너지 최소화에 해당한다. 에너지 최적화 과정을 도식으로 표현하면 그림 2.4에 나타낸 바와 같이 에너지가 가장 낮아지는 원자들의 상대적인 위치를 찾는 것이다. 기본적인 생각으로는 모든 가능한 분자구조에 대한 에너지를 계산한 후, 그들 중 가장 에너지가 낮은 구조가 가장 안정한 구조에 해당하는데, 그러한 방식은 큰 분자에 대한 연구에서는 효율성이 매우 떨어진다.

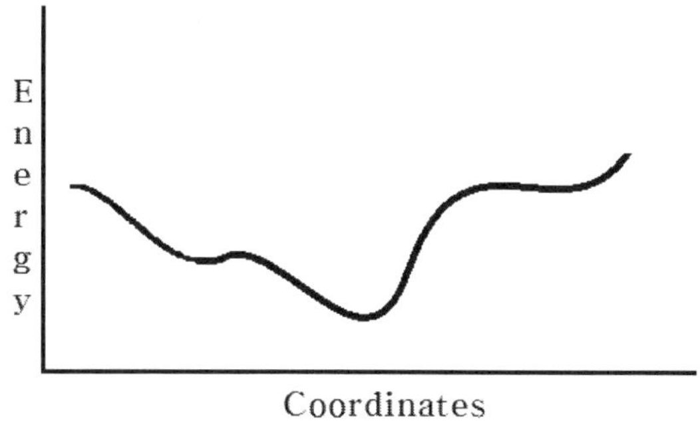


**그림 2.4** 퍼텐셜 에너지의 최적화 → 평형 구조 탐색

계산의 초기 설정에서 지정한 출발 구조에서의 에너지 기울기(1차 미분과 2차 미분) 값들을 이용하여 에너지가 가장 낮은 최적의 구조를 탐색하는 효율적인 방법인 기울기－함수 방법(Analytical Gradient Method)이 1970년대부터 발전되었으며, 현재의 계산 프로그램들은 그러한 방식으로 최적 구조를 탐색하고 있다. 그런데, 3N개의 원자를 포함하는 분자－계의 경우에는 3N－6(선형분자인 경우 3N－5)개의 독립적인 내부 자유도(Internal degree of freedom)를 가지기 때문에 그림 2.4의 $x$－축이 실제로는 3N－6개의 좌표들을

포괄하여 나타내는 것에 해당한다. 따라서 퍼텐셜 에너지는 그 보다 한 차원 더 높은 3N－5의 좌표 공간에서 표현되는 함수다. 이러한 다－차원 공간에서의 퍼텐셜 함수 값을 최소화시키는 과정의 수학적인 내용은 복잡하기 때문에 여기서 더 이상 설명하지 않는다.

### 3) 이성질체(Isomer)에 대한 고려

여러 원자들로 구성된 분자의 평형 구조를 구하는 계산에서의 가장 큰 어려움들 중 하나는 **이성질체**(Isomer)에 관련된 부분이다. 연구대상 물질의 화학식에 포함된 원자가 수십 개에 불과한 경우에도, 동일한 화학식에 해당하는 **구조 이성질체**(Constitutional isomer, Structural isomer)가 여러 가지 가능하고, 동일한 구조 이성질체에도 여러 가지 **입체 이성질체**(Stereoisomer, Spatial isomer)가 가능하다. 만약 그 분자에 단일결합이 많이 포함된 경우에는 에너지가 크게 차이나지 않는 무수히 많은 **형태 이성질체**(Conformers, Rotamers)들이 가능하다. 그림 2.5에 보인 것과 같이 여러 이성질체가 가능한 경우에는 일단 고전역학 방법을 적용하여 기초적인 특성을 파악하고, 양자역학 방법을 적용할 대상을 구체적으로 정한 이후에 적합한 양자화학 계산방법을 적용하는 것이 합당하다.

이러한 다양한 이성질체를 알아서 모두 계산하고, 그 결과를 분석하여 정리해 주는 계산화학 프로그램의 기능이 아직은 충분하지 않기 때문에, 어떤 이성질체가 계산되는지에 대해서는 계산화학 프로그램의 사용자가 판단하고, 그에 적합한 초기 구조를 지정해야만 적합한 계산 결과를 얻을 수 있다. 구조 이성질체를 구분하는 것은 큰 어려움이 없지만, 단일

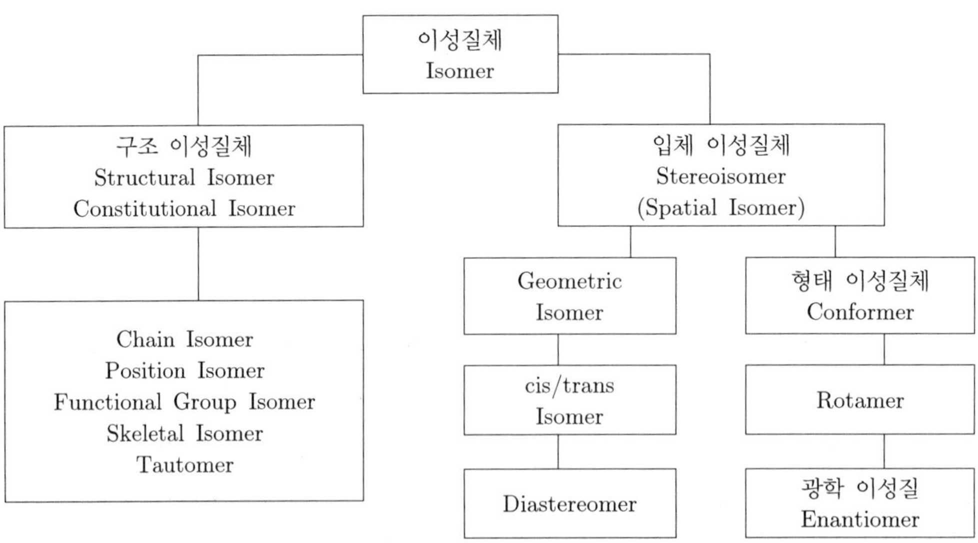


**그림 2.5** 동일한 화학식에서 가능한 여러 이성질체(Isomers)들의 구분

결합의 양쪽 원소에 연결된 부분들 사이의 상대적인 배향의 차이로 인하여 구분되는 형태 이성질체를 적합하게 모두 고려하여 다루는 것은 어려운 문제다. 2.3절에 포함된 실습 2-04는 이러한 경우를 다루는 데 도움이 되는 내용이다.

### 4) 평형 구조의 특성 값들 계산

에너지 최적화가 마무리되면 분자구조가 결정되었음을 의미하는데, 그 결과를 그래픽 화면으로 표시하거나 혹은 최초 입력에 사용하였던 좌표계의 값으로 표시한다. 그리고 마지막 단계로 분자 진동 특성을 계산하여 분자-진동 스펙트럼의 특성을 계산하면 IR/Raman 실험에서 관측하는 기본 진동수(Fundamental Frequency) 값들을 제공하게 된다. 또한 이들 진동수 값들을 이용하여 영점-에너지(Zero point vibration energy)를 계산하고, 이것을 최적화된 구조에서의 퍼텐셜 에너지 값에 더하여 계산한 분자의 생성열(Heat of Formation)을 계산한다.

정확한 실험으로부터, 혹은 바로 앞에서 설명한 분자구조-최적화를 통하여 분자구조가 정해지면, 그 분자구조를 고정한 상태에서 계산하는 성질들을 **정적-성질**(Static Property)이라고 하는데, 여러 가지 정적-성질들 중에서 첫 번째로 중요한 것이 총-에너지다. 일반적으로 총-에너지는 원자핵 사이의 반발력, 원자핵-전자 및 전자-전자 사이의 인력, 그리고 영점-에너지(Zero Point Energy, ZPE)를 합한 값으로 정의된다.

$$E_{Total} = E_{Nuclear} + E_{Electronic} + ZPVE \tag{2.20}$$

그런데, 분자역학 방법에서는 처음 두 항(Nuclear Energy + Electronic Energy)을 합한 개념을 퍼텐셜 에너지(그림 2.4의 y-축)로 다루고 있다. (**주의**: 여기서의 $E_{Nuclear}$ 는 원자핵 사이의 퍼텐셜 에너지만 포함하며, 원자핵들의 운동 에너지를 포함하지는 않는다.) 따라서 구조-최적화로 정해진 부분에서 분자-진동수($\nu_i$)들을 모두 계산한 후 다음과 같이 **영점-에너지**(zero-point vibration energy)를 계산하면 총-에너지가 구해진다. ($h$는 프랑크상수, $h = 6.626 \times 10^{-34}\ \mathrm{J \cdot s}$)

$$\text{영점 에너지, } ZPVE = \frac{h}{2} \sum_{i=1}^{3N-6} \nu_i \tag{2.21}$$

그러나 이러한 방식, 즉 분자 진동수를 구하여 ZPVE를 포함시키는 방법은 분자에 포함된 원자의 수가 수십 개 이하인 경우에는 현실적이지만, 원자의 수가 수백 개 이상이 되면 불가능하다. 그러한 경우에는 진동 에너지까지 포함하는 화학-퍼텐셜(Chemical Potential)이라는 개념을 사용하는데, 여기서 그에 대한 설명은 생략한다. 일단은 퍼텐셜 에너지의 개념에 해당한다고 생각해도 된다.

이렇게 결정된 총-에너지는 여러 가지 열역학적 계산에서 중요한 역할을 하게 되는데, 우선은 서로 다른 구조들 사이의 상대적인 안정성에 대한 정보를 제공한다. 예를 들면 동일한 화학식 $C_2H_6O$에 해당하는 두 가지 구조 이성질체인 에탄올($CH_3-CH_2-OH$)과 디메틸에테르($CH_3-O-CH_3$)에 대하여 어느 분자가 얼마나 더 안정한지는 각각의 두 구조에서 계산한 총-에너지 값을 비교하여 계산한다. 2.3절에 포함된 실습-2-02는 이러한 경우를 다루는 내용을 포함한다. 또는 에틸렌($H_2C=CH_2$)에 수소 분자($H_2$)가 첨가되어 에테인($CH_3-CH_3$)으로 변하는 과정에서의 에너지 변화량도 반응물들(Reactants) 각각의 최적구조에서 구한 총-에너지 값들을 합한 것과 생성물들(Products)의 최적구조에서 계산한 총-에너지를 비교하여 계산할 수는 있다. 그러나 이처럼 화학결합 자체가 변하는 경우에 대하여 고전역학 방법을 적용한 결과는 그다지 신뢰하기 어렵기 때문에, 양자화학 방법을 적용하여야 한다.

### 2.1.6 분자역학 방법들의 장점과 한계

분자역학 방법의 가장 큰 장점은 계산이 빠르고, 그래서 매우 큰 분자들도 다룰 수 있다는 점이다. 그래서 요즘 일반적으로 사용되는 개인용 컴퓨터를 사용하여도 수천~수만 개의 원자들을 포함하는 계산도 큰 어려움 없이 할 수 있다. 그래서 많은 연구 현장에서는 분자역학 방법을 사용하여 단백질이나 DNA 등에 대한 연구를 진행하고 있다. 많은 원자를 포함하는 계를 다룰 수 있다는 장점은 용매들의 효과를 명시적으로 다루거나 고체 결정을 형성할 때의 격자-끼워-맞춤(crystal packing)의 효과를 실제로 다룰 수 있는 거의 유일한 실제적인 방법임을 의미한다.

그러나 분자역학 방법에 의한 결과의 신뢰도는 제한적이라는 사실을 알아야 한다. 앞서 언급하였듯이 분자역학 방법은 일종의 내삽법(보간법, interpolation)에 해당하기 때문에 특정 분자역학 방법을 개발하는데 활용되었던 분자들과 기본적인 특성이 매우 유사한 새로운 분자들에 적용하였을 때는 (어떤 경우에는 뒤에서 설명하는 훨씬 더 고급 수준 이론방법의 결과보다도 더 좋은) 매우 좋은 결과를 제공하지만, 방법의 개발과정에서 고려하였던 분자들과는 다른 특성을 가지는 대상에 적용하였을 때의 결과에 대한 신뢰성은 그다지 높지 않으며, 어떤 경우에는 전혀 엉뚱한 결과를 제시하기도 하기 때문에 이에 대한 주의가 필요하다.

분자역학 방법의 또 다른 중요한 한계는 분자 내의 **전자 분포의 변화에 따르는 특성을**

**전혀 고려할 수 없다**는 점이다. 그것은 분자역학 방법을 설명하는 맨 처음에 언급하였듯이, 분자역학에서는 분자라는 것을 일정한 질량을 가지는 원자핵들이 화학결합을 나타내는 스프링으로 연결된 모델로 다루고 있으며, 따라서 부분-전하(atomic partial charge)나 쌍극자-모멘트의 효과를 제외하고는 전자의 존재나 전자의 분포에 대한 것은 전혀 다루지 않는다. 따라서 들뜬 전자 상태에 관한 것을 전혀 다룰 수 없으며, 바닥 전자상태에 대해서도 전하의 분포 특성에 관련된 것을 다루는데 매우 제한적이다. 따라서 화학적 특성이 변하는 내용에 대하여 분자역학 방법을 적용하는 것은 매우 위험하다.

이론적인 관점에서 볼 때, 분자역학 방법의 또 다른 큰 단점은 이 방법에 의한 결과가 내포할 수 있는 오차의 범위를 이 방법 자체만으로는 전혀 예측할 수 없다는 점이다. 이러한 특성을 가지는 방법을 **영-차원 방법**(zero dimensional method)이라고 부른다. 이것은 이 방법에 의한 계산 결과의 신뢰성을 개선시킬 수 있는 체계적인 방법이 매우 제한적이라는 점을 의미한다. 이러한 제한점은 뒤에서 다루게 되는 양자역학 방법을 통하여 극복하여야 한다.

분자역학 방법에 관련하여 마지막으로 언급할 내용은 **양자역학/고전역학 혼성**(QM/MM Hybride) 방법이다. 복잡하고 큰 분자를 연구하는 경우에, 연구 목적과 밀접한 관계를 가지는 중요한 일부분만은 양자역학 방법을 적용하여 다루어 신뢰성을 높이고, 대상 분자의 나머지 대부분은 분자역학 방법으로 다루어 계산 효율을 높이려는 것으로, 분자역학의 방법과 양자역학의 방법을 결합하는 방법이다. 최근의 생화학 분야에서 계산화학을 적용하는 경우에는 거의 대부분 이러한 혼성 방법에 바탕을 둔 다층(multi scale) 방법을 사용하고 있다. 노벨 화학상 2013년도 수상 업적은 이러한 방법을 적용한 연구의 대표적인 예에 해당한다.

## 2.2 고전 분자 동력학

분자 동력학(Molecular Dynamics, MD)은 분자(또는 원자, 이온, 분자들로 이루어진 복잡한 계)의 내부에서 각 원자(또는 일정한 원자의 모임 부분)가 실제 시간으로 움직이는 것을 들여다보고, 이를 통하여 (실험에서) 거시적으로 관측되는 현상들을 미시적으로 이해하려는 모사(시늉, Simulation) 실험 방법이다. 궁극적으로는 분자-계에 포함된 전자들의 거동 혹은 전자 밀도 분포의 거동까지 포함하여 다루어야 진정한 분자 동력학이겠지만, 거기까지 포함하려면 양자 동력학(Quantum Dynamics) 방법을 동원하여야 하는데, 이 책에서 소개하는 고전 분자 동력학은 단지 원자핵들의 거동에 대한 것만 다룬다.

분자 동력학에서는 각 원자(또는 원자단)의 운동 상태를 수식으로 풀이하여, 그 결과를 시각적으로 들여다보면서 원자핵들의 운동을 바탕으로 물리-화학 변화의 복잡한 정보들을 해석한다. 이 책에서 그러한 모든 내용들을 모두 설명한다는 것은 무리이며, 단지 간단한 분자 또는 용질 분자와 용매 분자들로 이루어진 모델을 대상으로 하여 각 시간 단위에서 원자들의 움직임을 다루는 방법의 기본적인 개념을 이해하도록 노력한다. 이 책에서 설명하고 있는 내용들은 Allen과 Tildesley가 1987년 발간한 'Computer Simulation of Liquids'라는 책의 내용을 주로 참고하였으며, 그 책의 내용과 많은 부분이 겹치는 국내 서적으로는 이송희 교수가 2000년에 펴낸 '분자 동력학 모의실험'이라는 책도 일부 참고하였다.

분자 동력학에 관한 이론은, 고전역학만을 사용하는 경우에도 화학을 전공한 학생들에게는 어려운 개념과 수식들이 등장하기 때문에 여기서 분자-동력학의 모든 내용을 자세히 설명할 수는 없다. 단지 계산화학을 처음 시작하는 학생들이 고전 동력학에 대한 기본 경험을 한번 해 볼 수 있도록, 이 책에 포함시킨 실습 내용을 진행하는 데 필요한 매우 기본적인 개념들만을 간략하게 설명한다.

### 2.2.1 동력학의 기본 개념

Newton의 운동 방정식(Equation of Motion)을 풀이하여 분자들의 운동 상태를 연구하는 모의실험(Simulation, 모사실험)의 배경 기본 이론은 아주 간단하게 한 문단으로 정리하면 다음과 같다.

먼저 계를 이루고 있는 각 각 입자들의 현재 위치에서 각 입자에 작용하는 힘을 계산한 후, 현재 위치와 속도를 초기 조건으로 이용하여 뉴턴의 운동 방정식을 풀이하면, 일정 시간($\Delta t$)이 지난 후 각 입자들의 변경된 위치와 새로운 속도를 계산할 수 있다. 그러면 이 새로운 위치에서 각 입자들에 작용하는 힘을 다시 계산하고, 새로운 위치와 속도를 이용하여 다시 뉴턴의 운동 방정식을 풀이하여 일정 시간($\Delta t$)이 더 흐른 후의 위치와 속도를 계산하게 된다. 이러한 과정을 계속하여 반복하면 각 입자들의 위치가 시간에 따라 어떻게 변화하는지를, 일정 시간 간격(time step)으로 나타내는 궤적(Trajectory)을 구하게 된다. 계를 구성하고 있는 모든 입자들의 운동 궤적을 이러한 방식으로, 필요한 시간 동안 전체에 걸쳐 대하여 알아낸 후, 이들 궤적의 특성들을 통계적으로 혹은 시간적으로 분석하여 연구 대상인 계의 여러 특성을 알아낸다. 이렇게 모사실험으로 구한 결과가 실제 실험에서 구한 결과와 잘 일치하면, 모사실험의 중간 과정에서 제공되는 각 원자들 궤적의 시각적인 변화로부터 원자 단위인 미시적인 수준의 이해를 도출할 수 있는 것이다.

### 2.2.2 동력학의 기본 수식들

앞 절에서 언급한 과정, 즉 Newton의 운동 방정식을 각 시간 단계마다 풀이하는 과정을 보다 구체적으로 각 단계별로 설명해 보자.

#### 1) 현재 위치에서 작용하는 힘과 가속도 계산

계를 구성하고 있는 각 원자들의 현재 위치에 의하여 결정되는 퍼텐셜 에너지의 변화 값으로부터 각 원자에 작용하는 힘($\overline{F_i}$)을 계산한다. 다음 식 (2.22)는 이 관계를 나타낸다.

$$\overline{F}_i = \frac{\partial V}{\partial r_i} \tag{2.22}$$

여기서 $r_i$는 $i-$번째 원자의 위치(Position of i−th atom)를 나타내고, $V$는 위치 에너지 함수(Potential Energy Function)인데, 이 $V$는 앞의 2.1절에서 언급한 퍼텐셜 에너지에 해당한다.

각 원자에 작용하는 힘을 구했으면, 각 원자의 질량($m_i$)과 힘($\overline{{}^{z}F_i}$)을 Newton의 운동방정식 (2.23)에 대입하여 각 원자의 가속도($\overline{a_i}$)를 계산한다.

$$\overline{a_i} = \frac{\overline{F_i}}{m_i} \tag{2.23}$$

그리고 속도($v$)와 가속도($a$) 사이의 관계식으로부터 유도되는 근사식 (2.24)를 적용하여 각 원자의 속도 변화량($\Delta v$)을 계산한다.

$$a = \frac{dv}{dt} \Rightarrow \Delta\overline{v_i} = \int_t^{t+\Delta t} \overline{a_i}\,dt \approx a_i(t) \cdot \Delta t \tag{2.24}$$

만약 연구 대상인 용질 분자와 주변의 용매 분자들 사이의 (비탄성 충돌을 포함한) 상호작용의 효과를 포함시키는 수식($\overrightarrow{a_i} = (\overrightarrow{F_i}/m_i) - \gamma v_i + (\overrightarrow{R_i}/m_i)$, 여기서 $\gamma$는 1/ps(단위로 주어지는 마찰계수)으로 가속도를 구하는 것이 Langevin 동력학에 해당하는데, 이 책에서는 이에 대한 내용을 생략한다.

#### 2) 속도 계산

그러면 이전 시점에서의 속도와 현 시점에서의 가속도 값들을 식 (2.25)와 식 (2.26)에 적용하여 현재 위치에서의 속도를 계산한다.

$$v_i\left(t+\frac{1}{2}\Delta t\right)=v_i\left(t-\frac{1}{2}\Delta t\right)+a_i(t)\,\Delta t \tag{2.25}$$

$$v_i(t)=\frac{1}{2}\,v_i\left(t+\frac{1}{2}\Delta t\right)+\,v_i\left(t-\frac{1}{2}\Delta t\right) \tag{2.26}$$

여기서 $\Delta t$ 는 분자 동력학 모사 실험에서의 시간 간격(Leap Time)이며, 대부분의 경우에 일정한 값으로 고정하여 적용한다. 이 식에서 $v_i\left(t-\frac{1}{2}\Delta t\right)$는 이전 시점의 정보에 해당하는데, 위 수식들을 풀이하는 최초의 단계(즉 동력학 계산의 시초 단계)에서는 계의 초기 조건에 의하여 정해지는 값을 사용하게 되며, 그 이후부터는 이전 시간−단계에서 구해놓은 정보를 이용한다. 초기 조건을 정하는 부분은 뒤에서 간단하게 설명한다. 현재 시점에서의 속도를 계산하는 방법에는 여러 가지 방법들이 있는데, 위의 식 (2.25)와 (2.26)은 이들 여러 가지 방법들 중 하나인 개구리−뜀뛰기(Leap−flog) 방법에 해당한다.

### 3) 새로운 위치 계산과 에너지 계산

위치의 변화를 계산하는 방법에도 여러 가지가 있는데, 가장 널리 사용되는 방법들 중 하나인 Verlet 방법의 경우에는 다음 수식으로 각 원자의 위치 변화를 계산한다.

$$r(t+\Delta t)=2r(t)-r(t-\Delta t)+(\Delta t)^2\,a(t) \tag{2.27}$$

이보다 오차를 더 줄이기 위하여 속도 값도 함께 이용하는 Velocity Verlet 방법도 널리 사용되는 방법들 중 하나다. 속도와 위치의 변화를 구하는 방법에는 위에서 언급한 Leap−flog, Verlet 방법들 외에도 여러 방법들(Gear's predictor−corrector, Rounge−Quater methods, etc.)이 있다.

이제 현재 시점에서 각 입자들의 위치와 속도가 정해지면 운동 에너지(Kinetic Energy, K)와 총에너지(Total Energy, E)는 다음과 같이 각각 계산된다. 여기서 N은 계(분자)에 포함되어 있는 입자(분자)들의 총 수에 해당하며, 위치 에너지(Potential Energy, V)는 위의 식 (2.22)에서 언급한 바로 그 퍼텐셜 에너지다.

$$K=\frac{1}{2}\sum_{i=1}^{N}m_i v_i^2 \tag{2.28}$$

$$E=K+V \tag{2.29}$$

### 4) 새로운 단계의 시작

각 원자들의 새로운 위치들이 위의 식 (2.27)로 정해졌기 때문에, 이들 새로운 위치 값으로부터 새로운 위치에서의 퍼텐셜 에너지 V와 그 퍼텐셜 에너지의 기울기 값($\partial V / \partial r_i$)을 구하게 되고, 그러면 위에서 설명한 1)~3) 과정을 시간 간격($\Delta t$)에 대하여 반복하여 풀이하며, 이러한 반복 과정을 계속하여 되풀이 한다. 하나의 시간 간격($\Delta t$)에 대하여 위에서 설명한 1)~3) 과정을 이와 같이 되풀이 하는 것을 동력학 모사 실험의 한 단계(one step)라고 부른다.

이처럼 모사실험을 수행하는 시간 전체를 매우 짧은 시간 간격($\Delta t$)으로 나누어 운동방정식을 매 시간 단계마다 풀이하여야 하는데, 그 이유는 운동방정식을 풀이하는 데 필요한 힘(각 입자들에 매 시간 작용하는 힘)의 값이 항상 일정하지 않고 각 입자들의 상대적인 위치가 매 시간 변함에 따라 힘도 매 시간 변하기 때문이다. 위에서 언급한 시간 간격($\Delta t$)은 그 시간 동안에는 힘의 크기와 방향이 일정하다는 가정을 크게 벗어나지 않는 정도여야 함을 의미한다.

일반적인 분자의 경우에는 분자-진동이 분자 회전보다 (작은 분자인 경우에는 수십 분의 일에서 수백 분의 일 정도로) 훨씬 더 짧고, 분자-진동의 시간 정도(time-scale)가 약 2~3 ps(ps = pico-second = $10^{-12}$ sec) 정도라는 사실을 고려하면 분자 동력학에서 사용하는 시간 간격($\Delta t$)은 분자-진동 시간 크기보다 더 작아야 함을 알 수 있다. 한편 위에서 설명하였듯이 운동방정식을 풀이하는 1)~3) 과정이 무수히 여러 번 반복되어야 하기 때문에 이러한 반복-과정을 되풀이하면서 누적되는 오차가 충분히 작아야 한다. 또 한편으로는 위의 식 (2.29)로 계산한 총-에너지 값이 일정하게 유지되는 에너지 보전법칙(The Law of Energy Conservation)도 지켜져야 한다. 이러한 요인들을 고려하여, 일반적인 분자 동력학 모사실험에서의 $\Delta t$ 크기는 1펨토-초(femto-second =$10^{-15}$ sec = fs) 또는 그보다 더 작은 0.2~0.5 fs 정도의 값을 사용한다.

그런데, 일반적인 연구의 대상이 되는 물리-화학 과정들은 매우 빠른 현상이라 하여도 그 시간 정도가 아무리 짧아도 보통 나노-초(ns = nano-second = $10^{-9}$ sec) 정도다. 따라서 이러한 과정을 모사하기 위해서는 위에서 설명한 1)~3)번 반복-과정을 최소 $10^6$ 번 이상 반복하여야 함을 의미한다.

### 5) 에너지 보전 법칙과 속도 보정

계의 총-에너지 값은 일정하게 유지되어야 한다는 에너지 보전 법칙은 운동 에너지 변화량 $\Delta K$와 위치 에너지 변화량 $\Delta V$가 크기는 같고 부호는 반대여야 한다는 것을 의미한다. 그러나 이러한 조건을 정말로 엄밀하게 만족하기 위해서는 시간－간격 $\Delta t$의 값이 무한히 작아야 하며, 이것은 모사실험의 반복－과정이 무한히 많아짐을 의미하기 때문에 실제로 이러한 조건을 만족시킬 수는 없다. 그래서 일정한 크기의 시간－간격을 사용하는 경우에는 에너지 보전 법칙을 만족시키기 위하여 비－결합 상호－작용의 근사(Cutoff intermolecular non－bonded interactions) 방법과 온도－조절(Temperature scaling) 방법이 사용된다.

특히 온도－조절 방법은 분자 동력학으로 모사실험을 진행하는 계의 온도를 일정한 값으로 유지하는 '**일정 온도 모사 실험**(Constant Temperature simulation)'에서 널리 적용되는 방법인데, 이 방법에서는 계의 온도를 일정한 값으로 유지하기 위하여 각 원자들의 속도를 일정한 비율(scale)로 조정해 버린다. 즉 다음 수식을 이용하여 비례인자(Scaling Factor) $\lambda$를 계산하고, 모든 원자들의 속도에 이 $\lambda$ 값을 곱하여 속도를 조절한다.

$$\lambda = \left[1 + \frac{\Delta t}{\tau}\left(\frac{T_0}{T} - 1\right)\right]^{1/2} \tag{2.30}$$

여기서 $T_0$는 목표로 설정한 온도(Temperature of simulated heat bath), 즉 일정한 값으로 유지하려는 온도이고, $T$는 계 내부 입자들의 현재 속도와 위치로 계산한 총－에너지(식 (2.29)의 E)에 해당하는 온도(Temperature of present system, $E = \frac{3}{2}kT$)다. 즉 $T = 2E/3k$로 계산된다. $\tau$는 짝지음의 세기를 반영하는 짝지음－인수(Coupling parameter)인데, $\tau$는 온도를 완화하는 데 적용되는 시간의 의미를 가진다.

일반적으로 절대온도 0 K에 해당하는 조건에서 최적 에너지 상태의 구조를 탐색하는 모사－실험(For minimum energy structure at 0 K)의 경우에는 $\tau < 0.1\,\text{ps}$ 정도의 값을 사용하는데, 이렇게 하면 평형 온도에 빨리 도달하며, 운동 에너지가 비교적 일정하게 유지되는 조건에 해당한다. 반면에 실제의 동력학 성질들을 연구하기 위한 모사실험인 경우에는 $\tau > 0.1\,\text{ps}$ 정도의 값을 사용하는데, 이렇게 하면 총－에너지의 순간 변화량(Fluctuation)이 더 커지게 되지만, 그 대신 더 넓은 앙상블 공간을 포함하는 의미를 가지게 된다.

### 2.2.3 분자 동력학 모사실험의 기본 단계들

앞 절에서는 모사실험이 진행되는 동안에 이루어지는 이론 계산의 기본 수식들을 간단하게 살펴보았다. 실제의 동력학 모사실험은 (1) 초기조건의 설정과 가열(Initial Condition and Heating), (2) 동력학 과정의 모사실험 진행(Simulation Run), (3) 용매 효과(Solvent

Effects)의 반영, (4) 두 가지 냉각(Cooling) 방식, (5) 모사실험 결과의 분석(Analysis)과 같은 다섯 단계로 이루어진다. 이들 각 단계의 의미와 내용을 간단하게 살펴보자.

### 1) 초기 조건(Initial Conditions)의 설정과 가열(Heating)

Newton의 운동 방정식을 풀기 위해서는 계를 구성하고 있는 각 입자들(이 경우에는 각 원자들)의 현재 위치와 속도(또는 운동량)를 알아야 한다. 따라서 초기 조건의 설정이라 함은 각 원자들의 위치와 속도의 값을 정하는 것을 의미한다. 그런데 고전역학에 의한 방법은 초기 조건의 설정이 최종 결과가 미치는 정도가 매우 크기 때문에, 초기 조건의 설정 자체가 연구하고자 하는 대상의 특징을 올바르게 반영하지 않으면 의미 없는 결과를 제공할 수 있으며, 따라서 초기 조건의 설정에 매우 조심하여야 한다. 초기 조건의 설정에 관하여 여러 가지 고려할 사항들이 많지만, 여기서는 가장 기본적인 내용과 일반적이고 무난한 방법만을 설명한다.

먼저 각 원자의 초기 위치는 (가능하다면) 평형 구조에 대한 최적화 계산을 통하여 정하는 것이 바람직하다. 그래야만 실제 계의 특성을 가능한 잘 반영할 수 있다. 그러나 평형구조 최적화 방법은 기본적으로 각 원자의 순간 속도를 무시하는 것에 해당한다. N개의 원자로 구성된 계의 구조를 최적화하고, 그 구조에서의 진동특성까지 계산하면, 동력학 모사실험의 초기 조건인 3N개의 좌표 값들($x_i, y_i, z_i,\ i=1,\cdots,N$)과 3N개의 속도 성분 값들($v_\xi,\ v_{yi}, v_{zi},\ i=1,\cdots,N$)을 제공하게 되는데, 이러한 초기 조건은 절대온도 0 K의 상태에 해당한다. 따라서 실제 온도에서 진행되는 현상에 대한 모사실험을 수행하려면 실제 온도로 가열하여야 하는데, 이것은 계를 구성하는 모든 입자들의 초기 속도를 모사실험 온도에 해당되도록 높여가면서 조정하여야 함을 의미한다.

초기 속도 성분의 값들은 일단 무작위-수 생성(Random Number Generator) 방법으로 만든 후, 이들 무작위 값에 우연하게 포함될 수 있는 상관성-거동(correlated motion, 예를 들어 계 전체가 한쪽 방향으로 이동하거나 전체적으로 회전하는 등 계 내부의 특성과는 무관한 거동)에 해당하는 내용을 제거한다. 그리하여 속도 성분들의 분포가 가우스 정규분포함수(Gaussian Normal Distribution) 형태가 되도록 조정한다. 이러한 (앞 절의 식 (2.25)의 $v_i\left(t-\dfrac{1}{2}\Delta t\right)$에 해당하는) 속도 값들의 분포를 이용하여 모사실험의 몇 단계(보통 수백 단계)를 진행시킨 후, 각 원자들의 속도 성분의 분포를 다시 분석해 본다. 이때 이 분포가 원래 설정하였던 온도에 해당하는 볼츠만(Boltzmann) 분포가 되어야 하는데, 만약 그렇지 않으면 앞 절의 끝 부분 '일정 온도 모사실험'에서 설명한 방법을 적용하여 각 원자의 속도를 조정한 후 다시 수십 단계의 모사를 진행시킨 후 온도를 다시 분석하여 조정하는 과정을 계속 되풀이하여 계가 설정한 온도에 해당하는 열-평형(Thermal Equilibrium)에 도달하도록 한다.

한편 이러한 온도의 상승 가열(Heating) 과정을, 절대온도 0 K에서 출발하여 모사실험을 진행할 설정 온도까지 단숨에 한 단계로 올리는 것보다는, 좁은 온도 구간으로 나눈 후 각 단계의 온도마다 열-평형에 도달한 후, 다음 단계의 온도로 올리는 방식이 오히려 보다 효과적이며 안정된 모사실험 결과를 제공하기 때문에 대부분의 동력학 모사실험에서는 그러한 방식을 따르고 있다. 한 가지 더 고려할 사항은, 모사실험의 목적에 따라서는 모사실험의 대상이 되는 실제 계의 온도와 가열과정에서 설정한 목표 온도가 꼭 일치할 필요는 없다는 사실이다. 많은 경우에는 실제 연구 대상인 계의 온도보다 조금 더 높게 온도를 올리고, 일정 시간 동안 모사실험의 과정을 진행한 후, 원래의 목표 온도로 다시 조금 낮추는(Cooling) 과정을 선택하기도 한다. 이러한 부분은 모사실험을 실제 연구에 적용하는 방법에 관련된 사항이기 때문에 뒤에서 다시 설명하기로 한다.

### 2) 동력학 과정의 모사실험 진행(Simulation Run)

앞의 가열(Heating) 과정(필요하면 더 높은 온도로 가열한 후 목표 온도로 낮추는 과정까지 포함하는 과정)을 거쳐 연구 목표로 설정한 온도에 도달하였으면, 이제 연구 대상인 계의 동력학 특성을 본격적으로 다루는 모사실험의 본 과정을 시작한다. 이는 동력학적 평형상태의 구조와 동력학 특성을 탐색하는 것에 해당하며, 이 과정에서 축적된 자료를 분석하여 계의 동력학 특성들을 분석하게 된다.

앞의 가열 단계에서는 수백 단계 정도의 모사실험 진행의 결과들만을 바탕으로 특정 온도에 도달하였는지를 판단하고, 그 다음 온도로 올리는 과정을 거쳤다. 그러나 이러한 분석으로 해당 온도에 도달하였다 하여도 그것만으로는 계가 해당 온도의 완전한 평형 상태에 도달하였다고 판단할 수 없다. 가열 단계에서 도입한 인위적인 요인들이 아직은 완전히 제거되지 않은 상태이다. 그래서 완전한 열-평형 상태에 도달하기 위한 본격적인 모사실험 진행(Simulation Run) 단계에서는 (연구 대상인 계의 특성에 따라 다르기는 하지만) 일반적으로 100 ps.(pico-second=$10^{-12}$s) 정도의 모사실험을 진행하는데, 이것은 동력학 모사실험의 시간 단계($\Delta t$)가 1.0 fs.(femto-second=$10^{-15}$s)이라고 하면 앞의 2.2.2절의 1)~3) 과정을 100,000번 반복하는 것에 해당한다.

이러한 모사실험의 본 과정은 일정-에너지(Constant Energy) 조건 또는 일정-온도

(Constant Temperature) 조건 두 가지 중 한 가지 방법으로 진행한다. (이 책에서는 일정 압력 조건에 대한 것은 다루지 않는다.) 일정-에너지 조건에서는 온도의 조정 없이 총-에너지의 값이 일정하게 유지되도록 하면서 모사실험을 진행하는데, 그러한 조건을 만족시키기 위해서는 운동방정식을 풀이하여 원자들의 운동궤적을 전개하는 과정에 사용하는 적분 방법의 수학적인 정확성과 신뢰성이 크게 중요하다. 더 정확하게 (오류의 누적이 매우 작도록) 운동 방정식을 풀이하기 위해서는 모사실험의 시간 간격($\Delta t$)을 (0.1 fs 정도로) 더 좁게 선택하여야 하는데, 이는 모사 실험의 전체 기간이 짧거나, (수백 femto-seconds 이하의) 매우 빠른 동력학 과정을 매우 정밀하게 연구하고자 하는 경우에 주로 적용한다.

반면에 (수십 pico-seconds에서 nano-seconds 정도의) 일반적인 동력학 과정에 대해서는 일정-온도 조건의 모사실험을 주로 적용하는데, 이것은 앞의 2.2.2절의 끝 부분에서 언급한 바와 같이 일정한 시간 간격마다 계의 온도를 측정(계산)한 후, 그 값이 목표 온도와 다른 경우, 목표 온도를 가지는 열원(Heat Bath)과 짝지음(Coupling)을 시켜서 계의 온도를 일정하게 조정하는 방식이다. 즉 식 (2.30)으로 계산한 짝지음 인수(Coupling Factor) $\lambda$를 모든 원자들의 속도 값들에 곱하여 조정한다.

여기서 $\lambda$의 값이 작으면 목표 온도와 더 근접해 있으며, 이러한 상황에서의 짝지음 조정은 오히려 강한-구속(Tight binding)에 해당하며 온도 조정에 의한 계의 요동(Fluctuation)은 적지만, 어떤 면에서는 인위적인 조작의 가능성이 오히려 더 큰 온도 조정이라고 할 수 있다. 반면에 $\lambda$의 값이 크다는 것은 목표 온도에서 많이 벗어난 상태이고, 이러한 상황에서의 짝지음 조정은 오히려 약한-구속(Weak binding)에 해당하며 온도 조정에 의한 계의 요동(Fluctuation)은 커진다. 그리고 이러한 조건에서는 평형에 도달하기가 더 어렵다.

열-평형에 도달하였는지의 여부는 다음과 같은 여러 가지 성질-값들의 변화를 관찰(by monitoring the properties)하여 이 값들의 변화-폭(Fluctuation)이 일정한 기준 이하가 되면 평형에 도달한 것으로 평가한다.

a) 온도(Temperature)
b) 운동 에너지의 총량(Kinetic Energy, K)
c) 계의 총-에너지(Total Energy, E)
d) 수소-결합(H-bond)의 수, 또는 특정 비-결합 접촉(non-bonded contact)의 수
e) 특정 배치구조(specific configuration)의 반복 횟수
f) 모사실험의 주 연구 대상인 특정 성질들의 값

실제 모사실험을 진행해 보면, 일부 성질들은 10~20 ps. 이후에는 거의 일정한 반면에

어떤 성질들은 100 ps. 이후에도 여전히 큰 변화-폭을 보이는 경우가 있기 때문에, 열-평형에 도달하였는지의 여부를 판단하고 처리하는 것이 여기서 간단하게 설명할 수 있는 단순한 문제는 아니다. 그리고 100 ps. 시간 동안의 모사를 진행하는 과정에서 온도나 총-에너지가 일정하게 증가하거나 감소한다면, 이것은 반드시 보정하여야 하는데, 이는 뒤에서 다시 언급하는 방식을 통하여 다룬다.

한편 모사실험이 진행되는 동안 계의 변화를 주의 깊게 살펴보아야 하며, 필요하다면 인위적인 무작위성을 첨가할 필요도 있다. 왜냐하면 만약 진행 중인 모사과정이 동일하거나 매우 유사한 과정만을 되풀이한다면 이것은 초기조건의 부적합한 설정으로 인한 무의미한 경우에 해당할 수도 있기 때문이다. 고전역학 방법의 결과는 본질적으로는 초기조건에 의하여 거의 대부분 결정된다는 특성이 있기 때문에, 이러한 경우에는 중간 과정에서 임의의 무작위성을 추가하면 보다 더 의미 있는 결과를 얻을 수도 있다. 임의의 무작위성을 도입하는 첫 번째 간단한 방법은 일정 시간 모사 과정을 진행시킨 후, 대상 분자의 위치를 일정량 회전시키는 것이다. 이렇게 하면 각 원자의 좌표는 변하지만 속도 벡터는 변하지 않게 (그래서 운동 에너지 총량은 변하지 않게) 되는데, 이렇게 변화된 조건에서 다시 계속하여 모사실험을 진행시킨다. 또 다른 한 가지 방법은 모사실험을 종료시킨 후 (필요한 정보들은 따로 저장하고), 원자들의 좌표와 속도에 대한 모든 정보를 폐기하고 새로운 초기 조건부터 다시 시작하는 과정을 되풀이한다. 두 번째 방법이 보다 근본적인 방식이기는 하지만, 첫 번째 방식이 계산 시간을 줄일 수 있다는 장점을 가진다.

### 3) 용매 효과(Solvent Effects)의 반영

동역학 모사실험의 대상이 되는 많은 경우는 특정 용질 분자 하나가 진공 상태에 있는 단순한 계가 아니라 연구의 대상인 용질분자 주변에 많은 수의 용매 분자들이 존재하는 경우가 대부분이다. 이러한 경우에 의미 있는 결과를 얻기 위해서는 용매의 작용을 포함하여 동력학 모사실험을 진행하여야 한다. 용매 분자들의 초기 조건 위치와 속도 역시 앞에서 설명한 초기화 방식으로 정한 후, 모사실험의 대상 온도로 가열하는 단계를 거친다.

이때 주의하여야 하는 한 가지 사항은 연구 대상인 용질 분자에 대한 모사실험의 초기 진행과 용매 분자들에 대한 초기 진행을 구분하여 다루어야 한다는 점이다. 대상 분자(용질)의 초기 구조는 x-선 결정구조 방식으로 정하거나 혹은 독립적인 구조 최적화 방법으로 정한 후, 용질분자 주변의 용매분자들의 위치와 속도를 일단은 무작위-수를 이용한 방법으로 정한다. 그리고 동력학 모사의 초기 단계에서는 일단 용질 분자들의 구조는 변하지 않도록 고정하는 제한을 두면서 주위의 용매 분자들의 위치와 속도만을 변화시키는 모사실험 과정을 어느 정도 시간 동안 진행하여 용매 분자들이 적정한 온도 상태에 도달하도록 만들어야 한다. 그런 다음에 용질 분자들의 구조도 함께 변하도록 하면서 모사실험을 진행하여야 한다. 단백질 등과 같이 크고 복잡한 용질 분자의 용액 내 구조를 다루려고 할 때, 만약 이러한 (일단 먼저 용매들의 상태를 준 평형 상태에 도달시키는) 과정을 거치지 않고, 처음부터 용질 분자와 용매 분자들이 모두 함께 변하도록 모사실험을 진행하면 전혀 엉뚱한 결과를 얻게 되기도 한다.

용질 분자의 크기와 용매 분자의 크기가 큰 차이를 가지는 경우에는 동력학 모사실험을 진행할 때, 계 전체의 온도는 일정하게 유지된다. 그러나 계 안의 각 분자들을 자세히 분석해보면 크기가 작은 용매들의 온도는 올라가는 반면에 크기가 큰 용질의 온도는 냉각되는 현상이 나타날 수 있는데, 그 이유는 큰 분자의 경우 운동 에너지의 대부분이 분자의 내부 진동 형태로 분포할 수 있기 때문이다. 따라서 이러한 경우에는 계 전체의 온도뿐만 아니라 용질과 용매 각각의 온도 변화에도 주의하면서 모사실험을 진행하여야 한다.

### 4) 두 가지 냉각(Cooling) 방식

실제 연구 대상의 온도보다 약간 더 높은 온도에서 열－평형에 도달하도록 한 이후에 원래 목표한 온도로 낮추는 과정을 거치기도 한다. 이러한 냉각(Cooling) 과정을 거치는 주요 이유는 동력학 모사실험에서 사용하는 퍼텐셜 함수에 포함된 인위적인 에너지 장벽들 때문에 계가 올바른 평형 구조에 도달하지 못하는 것을 예방하고자 함이다. 인위적 에너지 장벽의 극복을 통하여 분자구조 내부에 남아있을 수 있는 응력(stress)을 완화하면 계의 열역학 성질들이 보다 올바르게 구현될 수 있다.

온도를 낮추는 냉각에도 담금질과 벼림의 두 가지 방식이 있다. **담금질**(Quenching) 방식은 위의 2)에서 설명한 모사실험 진행(Simulation Run) 과정의 온도로부터 목표 온도까지 단숨에 낮추는(급랭시키는) 방식이다. 반면에 **벼림**(Annealing) 방식은 모사실험 진행 온도에서 목표 온도까지를 몇 구간으로 나눈 후 각 온도－구간을 거치면서 천천히 낮추는 방식이다.

담금질(급랭) 방식을 사용하는 경우에는 연구하려는 계의 목표 온도보다 더 높은 온도에서 보통 0.5～1.0 ps. 정도의 시간 동안 모사실험을 진행한 후, 높은 온도에서의 순간구조(Snapshot)를 저장한다. 그리고 다시 처음의 초기화 조건부터 시작하여 높은 온도까지 가열하여 0.5 ～1.0 ps. 정도 모사실험을 진행한 후, 그 높은 온도에서의 또 다른 순간구조

(Snapshot)를 저장한다. 이러한 과정을 다수 되풀이하여 높은 온도에서의 순간구조를 여러 개 저장한다. 혹은 계산 시간을 줄이기 위하여 처음에 높은 온도에서 순간구조(Snapshot)를 얻은 후, 계속하여 그 온도에서 다시 또 1.0 ps. 정도 모사과정을 진행한 후 새로운 순간구조를 저장하는 방식으로 필요한 개수의 순간구조를 저장할 수도 있다. 처음부터 다시 시작하여 순간구조를 얻는 방식이 보다 넓은 범위의 가능성을 포함시키는 방식이기는 하지만, 두 번째 방식이 계산량을 훨씬 더 줄이는 방식이다. 이렇게 정해진 순간구조에서 출발하여 구조－최적화 과정을 수행하고, 이런 과정으로 최적화된 구조들 사이의 안정성을 바탕으로 **광역－최소**(Global Minimum) **구조**를 정하거나, 혹은 열역학적 평균(Ensemble average)을 계산한다. 즉 급랭 방식에서는 높은 온도에서 순간적으로 가지게 되는 구조를 그대로 유지하면서 온도만 낮아지는 효과를 거둘 수 있기 때문에 원래 계의 온도에 해당하는 조건에서 모사실험을 진행할 때 인위적 에너지 장벽 때문에 탐색할 수 없는 구조도 찾을 수 있게 되며, 따라서 이러한 급랭 과정을 여러 번 반복하면 매우 복잡한 계에 대해서도 광역－최적화 구조(Global Minimum Structure)를 찾을 수 있는 가능성이 높아진다.

반면에 벼림(Annealing) 방식은 계의 특정 부분에 에너지가 부자연스럽게 응집된 구조를 피할 수 있게 되면서도, 실제 자연계의 특성에 보다 유사한 과정의 가능성을 탐색하는데 해당한다고 볼 수 있다. 그러나 이러한 목적에 도달하려면, 퍼텐셜 함수들이 올바르지 않은 인위적인 에너지 장벽들을 가능한 포함하지 않아야 한다.

### 5) 실험 결과의 분석(Analysis)

모사실험이 충분히 진행되고 나면, 그 결과를 분석하여 의미 있는 결론을 끌어내야 하는데, 이것은 모사실험의 목적에 따라 다양한 방식으로 수행된다. 연구의 목적이 단순히 특정 온도, 압력, 농도 조건에서의 안정된 평형구조를 찾는 경우에는 모사실험의 최종 결과가 보여주는 구조 자체만 통계적으로 분석하면 되지만, 동력학 과정에 대한 정성적인 이해를 구하는 것이 목적이라면 모사실험이 제공하는 원자들의 실－시간(Real time) 거동을 그래픽 화면으로 분석하여야 한다. 이러한 시각적이고 정성적인 결과만으로도 연구 대상에 대한 보다 깊은 이해를 얻을 수 있으며, 이를 바탕으로 새로운 다른 연구의 방향과 내용을 보다 구체적으로 세울 수 있다.

그러나 단순한 정성적인 이해뿐만 아니라, 계의 동력학 특성에 해당하는 정량적인 값들을 구하려면, 각 시간 단계에서 원자들의 위치와 속도 등과 같은, 동력학 모사실험이 제공하는 보다 자세한 정보들을 취합하여 분석하여야 한다. 그러기 위해서는 일단 목표 온도에 해당하는 열-평형에 도달한 후 일정 기간 동안 추가의 모사실험을 진행하면서 계의 구조에 대한 수치 정보들을 일정한 시간 간격으로 수집하여 저장하여야 한다. 그리고 이러한 수치정보들을 사용하여 필요한 열역학 계산을 수행한다. 이에 대한 내용은 연구하고자 하는 성질들에 따라 달라지며, 배경 이론과 방법에 대한 자세한 설명은 이 책의 범위를 넘어서는 것이다.

자료를 수집하는 시간 간격(Sampling Frequency, Sampling Interval)은 보통 0.5~1.0 pico-seconds이며, 이 간격은 한번 정해진 일정한 값을 계속 사용한다. 자료-수집 간격이 너무 짧으면 (보다 더 다양한 구조 집단이 모아지지 않기 때문에) 특정 구조 집단에 속하는 자료의 수가 전체 자료에 비하여 너무 작아지는 단점이 있다. 반면에 자료수집 주기가 너무 길면 수집된 자료의 전체 수가 너무 작아지거나, 아니면 모사실험의 전체 시간이 너무 길어져서 전체 계산 량이 너무 많아진다. 한편, 퍼텐셜 에너지 곡면에서 에너지가 낮은 지역에 해당하는 구조에서는 원자들의 운동 속도가 빠르게 되며 퍼텐셜 에너지가 높은 경우에는 운동 속도가 느려지는데, 일반적인 자료 수집(Sampling)에서는 보통 천천히 변하는 (즉 퍼텐셜 에너지는 더 크고 운동 에너지는 더 작은) 구조가 더 많이 선택되는데, 자료수집 간격이 커지면 이러한 경향이 더 증가한다. 가장 좋은 자료 수집은 더 많은 지역-최소(Local minimum) 구조를 포함하면서 또한 가능하다면 모든 부분-최소 구조를 최소한 한 번 이상씩 포함하는 것이다. 이러한 최상의 자료수집(Sampling)을 얻기 위해서는 수집된 자료들에 포함된 비틀림-각, 비-결합(non-bonded) 길이 등 여러 요인들을 세심하게 고려하여야 한다.

### 2.2.4 분자 동력학 모사실험의 적용 전략에 대한 사항들

이번 2장 끝의 2.3절에 포함된 실습-2-05를 수행하는 과정에서, 사용자가 지정하여야 하는 입력 값들(즉 모사실험의 조건 설정 값들)의 내용을 간단하게 설명한다.

#### 1) 가열 시간(Heating Time)

가능한 모든 배치-구조(Conformation)들을 탐색하는 것이 목적인 경우에는 가열 시간을 어떤 값으로 하여도(너무 짧거나 너무 길지만 않으면) 상관없다. 그러나 평형 구조를 탐색하는 경우에는 가열 시간을 적절하게 선택하여야 하는데, 특히 생화학적인 분자를 다룰 때는 천천히 가열하여야 하기 때문에 가열 시간은 보통 500 ps, 가열 온도 간격은 5 K 정도로 선택한다. 가열 시간을 짧게 선택하면 당연히 가열 온도 간격이 커지게 되는데, 그러면 초기 과정에서 엉뚱한 방향으로 출발한 것을 중간 과정에서 보정하기가 어려워져 잘못된 결과를 얻게 될 가능성이 있다.

#### 2) 모사실험 본 과정 시간(Run time)

모사실험의 본 과정(Simulation Run)은 연구 대상의 특성(분자 크기, 용매의 조건 등)에 따라서, 그리고 모사실험의 주요 목적(연구하려는 계의 물리-화학적 특성)에 따라 본 과정의 시간을 다르게 선택하여야 한다. 생화학 단백질의 경우에는 보통 300 K 근처에서 약 200 pico-seconds 정도는 진행하여야 어느 정도 믿을만한 결과를 얻을 수 있다.

#### 3) 냉각 시간(Cooling Time)

급랭(담금질, quenching)인 경우에는 냉각 시간을 따로 거치지 않고 곧 바로 목표 온도로 낮춘다. 반면에 벼림(Annealing) 방식으로 냉각하는 경우에는 가열 시간과 동일한 수준(온도 간격 및 시간)으로 설정하는 것이 보통이지만, 연구 목적에 따라 달라질 수 있다.

#### 4) 시간-간격(Step size, Time step)

원자들의 위치를 변화시키기(원자들을 움직이기) 위해서는 2.2.2절에서 설명한 바와 같이 운동방정식을 단계별로 풀이하여야 하며, 이때의 시간 간격의 선택은 모사실험 대상의 특징에 따라 달라진다. 수소 원자를 포함하는 경우에는 (가벼운 수소 원자의 움직임이 빠르기 때문에) 시간 간격($\Delta t$)을 보통 0.1~0.2 femto-second 정도로 짧게 하여야 하지만, 수소 원자가 없는 일반적인 분자들의 경우에는 시간 간격($\Delta t$)을 보통 0.5~1.0 femto-second 정도로 선택한다. 만약 (2.1절 분자역학 방법에서 언급한) 통합-원자-형식(United Atom Type)을 사용하는 경우라면 시간 간격($\Delta t$)을 1~2 femto-second 정도로 크게 하여 계산을 빨리 진행시켜도 된다. 아주 빠른 동력학 과정이 (원자핵의 거동과 전자의 거동 사이의 상관성이 큰) 비-단열(Nonadiabatic) 상황을 거쳐 가는 경우에는 시간 간격을 0.01 femto-second 수준으로 아주 짧게(수십 atto-second 수준으로) 선택하여야 하는 매우 드문 상황도 있을 수 있다. 그러나 이러한 경우는 여기서 설명한 고전 동력학으로 다룰 수 없다는 점만 여기서 언급하기로 한다. 한편 고전 분자 동력학을 적용하는 경우에도 계의 온도가 매우 높아지면 원자들(특히 가벼운 원자들)의 속도가 매우 빨라지게 되기 때문에 이러한 경우에도 시간 간격을 0.1 femto-second 보다도 더 적게 하여야 하는 경우도 있다. 어떤 경우에도 시간 간격($\Delta t$)이 짧으면 짧을수록 더 정확한 결과를 제공하기는 하지만, 그에 비례하여 계산 시간이 증가한다.

## 2.3 고전역학 방법을 적용하는 실습들

### 실습-2-01. HyperChem 기본 사용법

1) 무료로 10일간 사용할 수 있는 HyperChem 시험판을 설치
2) 새로운 분자구조 만들기, 구조 특성들 측정, 새로운 구조 저장

### 실습-2-02. 구조 최적화와 구조 이성질체들

1) $CH_3-CO-NH-CH_3$ 분자구조, 퍼텐셜 에너지 곡면 탐색, 구조 최적화
2) 즈비터 이온(Zwitterion) 구조 만들기, 부분 전하 지정하기, 구조 최적화
3) 화학식이 $C_4H_8$인 모든 구조 이성질체들의 상대적 안정성 비교

### 실습-2-03. 분자구조에 미치는 용매 효과

1) 구조의 용매화 – 용매 효과를 포함한 구조 최적화
2) 기체 상태의 최적 구조와 겹쳐서 비교
3) $CH_3-CH(CO_2^-)-CH_2-NH_3^+$ Zwitterion에 대한 적용 실습

### 실습-2-04. 형태 이성질체(Conformer)들 탐색

1) C–C 단일 결합 중심의 회전에 의한 Conformer들 탐색
2) 6각형 고리 화합물에서의 Conformer들 탐색
3) 고리가 3개 융합된(Fused Ring) 분자의 Conformer들 탐색

### 실습-2-05. 동역학 모사의 기본

1) 기체 상태의 동력학
2) 아미노산 단위체 2개의 기체 상태 동력학
3) 용액 상태의 동력학의 기초
4) 가열과 냉각 과정을 포함하는 동력학 과정
5) 아미노산 단위체 2개의 용액 속 동력학
6) $CH_3-CH(CO_2^-)-CHR-NH_3^+$ 동력학 과정

## 실습 2-06. 기존 자료(Database)의 이용

1) 기본 유기분자구조의 이용
2) 단백질 구조의 이용
3) 핵산 구조의 이용
4) 작은 분자의 결정자료(CSD, CIF) 이용
5) 큰 단백질 분자의 결정자료(PDB) 이용

## 실습-2-01 HyperChem 기본 사용법

HyperChem, www.hyper.com을 방문하면 최신 시험판을 내려 받아서 10일 동안 무료로 사용할 수 있다. 시험판을 일단 한번 내려 받은 후 10일이 지나면, 동일한 컴퓨터에서는 다시 내려 받을 수 없다. 프로그램을 설치하면, 초록색 액체가 채워진 실험실 비커 모양 아이콘(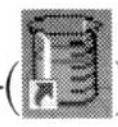)이 생성되며, 이것을 클릭하여 프로그램을 실행시킨다.

### [1] 프로그램의 기본 작동 방법 연습

#### 1-1 HyperChem의 초기 화면 각 부분의 명칭과 역할

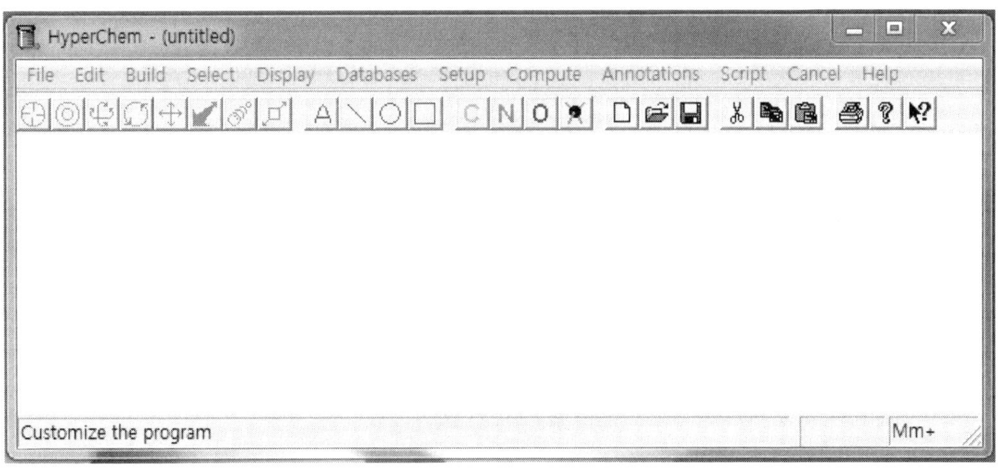


(1) Title Bar: 맨 위의 파란색 바탕의 줄. 작업(계산)하는 파일의 이름. 현재는 Untitled로 나타나 있다.

(2) Menu Bar: 파란색 바탕 줄 바로 아래 부분. File, Edit, Build, Select, Display, Database, Setup, Compute, Annotation, Script, Cancel, Help. Menu bar에 나타난 기본 메뉴들을 클릭하면 나타나는 하위 메뉴(full−down menu)들을 일단 대충 살펴본다. 나중에 나오는 설명에서 하위 메뉴들이 사용된다.

(3) Tool Bar: Menu Bar 아래 줄에는 화면에 분자를 그리거나 그려진 분자를 조작하려고 할 때 사용하는 Tool icon들이 보이고, 뒤이어 새로운 파일을 만들거나 기존 파일을 열고, 또는 저장하는 등 파일 관리와 프린터 작업 등에 자주 사용하는 기능들을

활성화시키는 toolbar icon들이 나열되어 있다. Tool bar의 선택에 따라서 커서(마우스 포인터) 모양이 변하는 것을 관찰한다. 마우스 포인터의 모양에 따라 마우스 버튼의 기능이 변한다는 것을 잘 이해해야 한다.

(4) Work Space: 분자를 그리고 작업(위 작업창에서는 현재 완전히 비어있는)하는 공간이며, 계산이 진행되는 동안의 중간 과정이나 결과를 그림으로 보여주는 공간이다.

(5) Status Line: 위 작업 창에서는 현재 Customize the program이라고 표시된 부분인데, 계산의 진행 상태, 분자 그리기의 작업 상태, 구조 측정 결과(선택한 원자 사이의 거리, 각도 등)에 대한 설명 또는 수치 값을 보여주는 공간이다. 맨 오른쪽에는 현재 사용하는 계산 방법(위 화면에서는 Mm+)을 보여준다.

(6) Control Menu: 작업 창 왼쪽 상단의 비커 모양을 클릭하면, 작업 창 화면의 크기 조절, 이동, 확대/축소 등의 하위 메뉴가 나타나는데, 이것 대신에 작업 창 상단 오른쪽(Title Bar의 맨 오른쪽)에 있는 Minimize(__), Maximize(□), Exit 버튼(붉은색 바탕의 X 표시)의 기능을 사용해도 된다.

### [2] 예제 File 열기와 저장 공간 이동 연습

(1) Menu bar에서 File 부분을 지정/선택

⇒ Open, Save, Save As...의 차이점은 보통 프로그램과 동일하다.

(2) File에서 Open을 선택한다.

나타나는 윈도우에서 디렉터리를 바꾸고 이동하기를 연습한다.

적당한 위치에 새로운 디렉터리(MyJobs)를 만든다.

내컴퓨터/로컬디스크/Hyper80/MyJobs

(3) File 선택: 마우스로 선택하거나, 글 상자에 File 이름을 직접 입력한다.

다음 파일을 마우스로 클릭하여 선택한다.

내컴퓨터/로컬디스크/Hyper80/Samples/Organics/ALANIN.HIN

⇒ OK를 선택하면 바뀐 화면에 분자가 그려진다.

⇒ title bar의 표시내용이 ALANINE.HIN으로 변하는 것을 관찰한다.

⇒ 왼쪽 하단 Status에 전체 원자의 수(Alanin의 경우 13 atoms)가 표시된다.

## [3] 화면 조작 연습

(1) XY-병진 이동: 

⇒ XY 병진 도구를 클릭하여 선택하여 커서 모양의 변화를 확인한다.

⇒ 화면의 분자를 지정/선택 후, 왼쪽-누르기-끌기를 시행(좌우)한다.

⇒ XY 병진 연장을 더블 클릭한 후 나타나는 대화 상자를 이용한다.

(2) Z-병진: 

⇒ Display 메뉴 → Rendering → Vector & Line → Perspective View 선택한다.

⇒ Z-병진 연장을 클릭하여 선택, 커서 모양 변화를 확인한다.

⇒ 화면의 분자를 지정/선택 후, 왼쪽-누르기-끌기를 시행(상하)하여 화면에서 사라지는 것을 확인한다.

⇒ Z-병진 연장을 더블 클릭한 후 나타나는 대화 상자를 이용한다.

(3) Zoom 도구, XY-회전 도구, Z-회전 도구, Z-절단(Z-Clipping)도구

   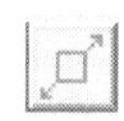

⇒ 이들 각 도구들을 선택하면, 마우스 포인터 모양이 바뀐다.

⇒ 각 도구들을 사용하여 알라닌 분자 모습이 변하는 것을 관찰한다.

## [4] Display (분자구조 표현 방식) 선택 연습

(1) Menu bar에서 display 부분을 지정/선택한다.

⇒ 현재 어떤 하위 메뉴들이 선택되었는지 확인한다.

Show Hydrogens, Show Multiple Bonds, Show Hydrogen Bonds

각각을 선택하거나 혹은 선택을 취소하면 어떻게 변하는지 확인하라.

⇒ 다른 사항들이 선택될 때의 변화를 관찰하라.

Show Internal Axes, Show All, etc,...

⇒ 추가 선택할 수 있는 하위 메뉴를 포함한 항목들을 확인하라.

(2) Label 하위 메뉴를 열어서 다른 선택에 따른 변화를 확인하라.

⇒ Label의 종류는? (None, Symbol, Name, Number, Type, etc.)

각각을 선택하고 확인(OK)을 누르면 화면 표시가 어떻게 변하는지 관찰한다.

(3) Rendering 하위 메뉴에서 다른 선택에 따른 변화를 확인하라.

⇒ Rendering의 종류는? (Sticks, Balls, Balls and Cylinders, etc.)
각각을 선택하면 화면 표시가 어떻게 변하는지 관찰한다.

(4) Color Element...와 Element Colors... 부분을 클릭하여 나타나는 하위 메뉴들의 내용과 기능을 확인하라.

## [5] 기본 그리기와 구조의 성질 측정

먼저 File → New를 클릭하여 화면을 정리한다.

### 5-1 원자들 그리기

(1) **주기율표 열기**: Build 메뉴의 Default Element를 선택하거나, Drawing 도구( )를 더블 클릭하면 주기율표가 나타난다.
⇒ Allow Arbitrary Valence와 Explicit Hydrogen의 선택 사항을 확인하라.
⇒ 원하는 원소를 지정/선택한 후(커서 모양 변화를 주의) 작업 공간의 원하는 위치에 클릭하여 놓는다.
⇒ 필요한 종류와 수에 맞추어 지정한다. (예 : $CH_3-CO-NH_2$)

(2) **원자들의 편집**: 다른 원자로 바꾸기
⇒ 주기율표에서 다른 원자를 선택한 후, 커서를 기존의 다른 원자 위치에 옮겨서 클릭한다.

(3) **원자 지우기**: 지우려는 원자에 커서를 놓고, 마우스 오른쪽 버튼을 누른다.

### 5-2 결합 그리기

결합시킬 원자 위에 정확하게 커서를 위치시킨 후, 마우스 왼쪽 버튼을 누르고 끌어서 결합시킬 원자까지 이동한다. ⇒ 단일 결합이 생성됨을 확인하라.

필요한 연결을 (일단 단일 결합으로) 모두 만든다.

(1) **다중결합 만들기**: 커서를 결합 위에 정확하게 위치시킨 후, 마우스 왼쪽 버튼을 누르면 결합차수가 증가하고, 오른쪽 버튼을 누르면 결합차수가 감소함을 확인한다.

(2) **결합 지우기**: 단일 결합 상태에서 마우스 오른쪽 버튼을 누른다.

(3) **링 구조를 방향족으로 만들기**: 육각형 링을 만든 후, 링의 결합선 위에서 왼쪽 버튼을 빠르게 두 번 (double click) 누른다..

### 5-3 모델 생성기(Model Builder) 이용

Build 메뉴에서 수소 더하여 만들기(Add H and Model Build)를 선택한다.

⇒ 수소가 더해지고 분자 모양이 적당하게 변하는 것을 확인하라.

⇒ 화면을 회전시켜 입체 모양이 됨을 확인하라.

(1) 라벨 달기: Display 메뉴에서 Label을 선택

⇒ 활성화된 대화 상자에서 Symbol을 선택한 후 변화를 관찰하라.

⇒ 다른 것(Name, Numbe, Type, Chage, Chirality)을 선택하여 보라.

### 5-4 원자 선택

(1) 정보 알아보기: Select 메뉴에서 설정 상황을 확인한다. (Atom은 선택하고, Multiple Selection은 취소시킨다.)

⇒ 선택 도구(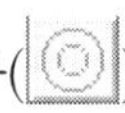)를 클릭하여 커서의 모양 변화를 확인한다.

⇒ 원하는 원자 또는 결합을 클릭하여 색(또는 밝기)의 변화를 확인한다.

⇒ 빈 작업 공간에서 오른쪽 버튼을 누르면 모든 선택이 취소된다.

(2) 결합 길이 측정: 측정하는 결합을 선택한다. ⇒ 상태선(Status Line) 내용 확인.

(3) 결합 각 측정: 각도를 측정하려는 세 원자의 처음 원자를 선택한 상태에서 왼쪽 버튼을 누른 상태로 세 번째 원자까지 이동시킨다.

⇒ 작업 창 아래 상태선(Status Line)의 내용을 읽어 보라.

(4) 비틀림 각 측정: 비틀림 각을 이루는 처음 원자를 선택한 후 왼쪽 버튼을 누른 상태에서 네 번째 원자까지 곧바로 끌기 하여 이동시킨다.

⇒ 상태선의 내용을 읽어 보라.

(5) 비-결합 길이(Non-bonded distance)의 측정: 먼저 Select 메뉴에서 Multiple Selection을 선택하여야 한다. 거리를 측정하려는 원자를 순차로 선택한다.

⇒ 상태선(Status Line)에 거리 값이 표시된다.

## [6] 분자구조 저장

(1) 작업 내용의 저장: Main menu의 File 메뉴에서 Save를 선택한다.

⇒ 활성화된 화면에서 저장 공간을 지정(이동)하고, 이름을 쓴다. ***.HIN

(2) 다른 프로그램에서 사용하는 형식으로 저장: Main menu의 File 메뉴에서 Save As ... 를 선택 후, 활성화된 화면에서 파일 형식을 ***.MOL로 선택하고, 적합한 이름을

지정하면 된다. (**참고** : ***.HIN 형식은 IQmol 프로그램에서 읽어 계산화학 프로그램 QChem의 input을 만드는데 사용할 수 있고, **<u>***.MOL 형식은 IQmol, GaussView 뿐만 아니라 거의 대부분 계산화학 프로그램</u>**에서 읽어서 계산화학 프로그램 Gaussian의 input을 만드는 데 사용할 수 있다.)

(3) **구조 그림의 저장:** Main menu → Edit → Copy Image를 선택하여(혹은 그냥 간단히 Function−Key의 F9을 눌러서) HyperChem 작업 공간 화면을 clip−board에 저장한 후, 보고서(또는 다른 문서 파일) 안에 옆 그림처럼 붙여 넣으면 된다.

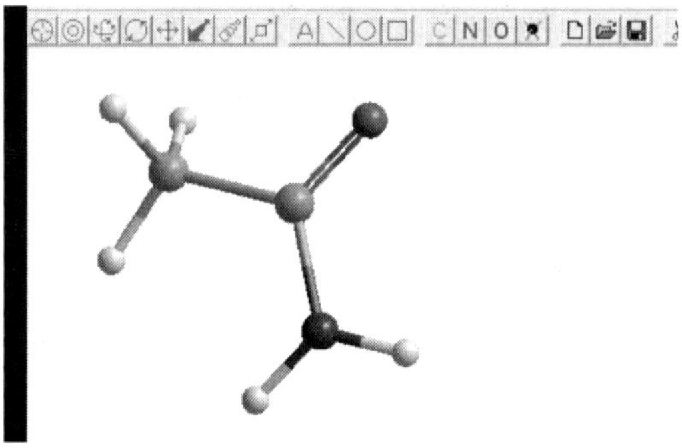

## [7] 실습 보고서

(1) 수소를 제외한 원자가 최소한 5개 이상 포함하는 분자를 각자 자유롭게 선택하고, 그 분자의 구조를 파일(실습−2−01−홍길동.hin)로 저장한다.

(2) 분자의 구조가 가장 잘 나타나는 방향으로 위치시킨 후, Edit → Copy Image를 클릭한 후, 다른 한편에서 한글파일을 연 후에 적당한 위치에 붙여넣기 하고, 적절한 설명을 (자유롭게) 덧붙인 후, 한글파일을 합당한 이름으로 저장한다.(실습−2−01−홍길동.hwp)

(3) 각자 2개의 파일(실습−2−01−홍길동.hin과 실습−2−01−홍길동.hwp)을 전자우편으로 제출한다.

# 실습-2-02 분자구조 최적화와 구조 이성질체들

## [1] 기본 실습: $CH_3-CO-NH-CH_3$ 분자구조 최적화

### 1-1 대상 분자 그리기

실습−2−01의 방법으로 대상 분자의 초기 구조를 그린다.

(1) Menu bar의 File → File → New

(2) Tool Icon에서 그리기 도구( )를 더블 클릭한다.

⇒ 탄소, 질소, 산소 등을 각각 선택하여 작업공간의 적당한 위치에 원자들을 위치시키고 필요한 연결을 단일결합으로 연결한 후, C−O 사이의 결합을 두 번 클릭하여 이중결합으로 만들어 주 골격을 그린다.

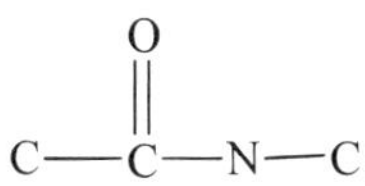

(3) Menu bar의 Build → **Add H & Model Build**를 선택하여 수소를 더해준다. Tool Icon에서 XY−회전 도구( )를 선택한 후, 화면에서 회전시켜 3차원 구조를 확인한다.

(3) 결합 길이 조정: 만약 특정 결합 길이(예를 들어 C−O 길이)를 변경시키려면, Tool bar에서 선택 도구( )를 클릭한 후, C와 O를 클릭하여 두 원자가 초록색으로 선택된 상태에서 Menu bar의 Edit → Set Bond Length를 클릭한다. 그 후 나타나는 창에 결합 길이를 입력한 후, OK를 클릭한다.

(4) 결합−각도 조정: 만약 특정 결합−각도(예를 들어 C−O−N 각도)를 변경시키려면, Tool bar에서 선택 도구( )를 클릭한다. 그 후 C, O, N을 순서대로 클릭하여 세 원자가 초록색으로 선택된 상태에서, Menu bar의 Edit → Set Bond Angle을 클릭한 후 나타나는 창에 결합 각도를 입력한 후, OK를 클릭한다.

(5) 비틀림 각도 조정: 위와 비슷한 방식으로 4개의 원자들을 순서대로 선택한 후, Set Torsion Angle 값을 지정한다.

(6) 그러나 대부분의 경우에는 Menu bar의 Build → **Add H & Model Build**를 사용하는 것이 적절하다.

(7) Menu bar의 File → Save As...를 선택하고, 적합한 경로와 이름으로 저장한다. (예 내컴퓨터/로컬디스크/Hyper80/MyJobs/CH3CONHCH3.hin)

## 1-2 계산 방법의 설정

(1) Menu bar의 Set up → Molecular Mechanics를 선택(클릭)한다.

(2) 활성화되어 생성되는 새로운 작은 창에서 다음의 네 가지 분자-역학법(역장법)의 종류를 확인한다. MM+, Amber, BIO+, OPLS

(3) 일단 MM+ 방법을 선택(클릭)하고 OK를 클릭한다.

⇒ Status Line 가장 오른쪽에 Mm+로 표기되는지 확인한다.

## 1-3 퍼텐셜 에너지 곡면 탐색

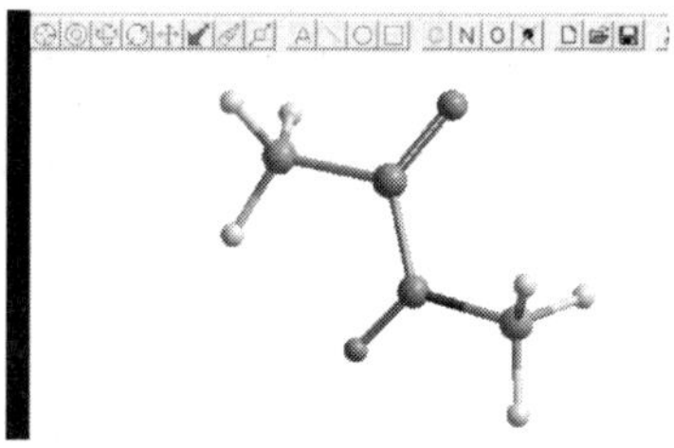

(1) Tool bar에서 선택 도구()를 클릭한다.

(2) 분자 그림에서 O-C-N-H를 순서대로 선택하여, 선택한 원자들이 옆 그림처럼 초록색으로 보이게 한다.

(3) Menu bar에서 Compute → Potential을 선택하면 나타나는 새로운 창에서 Bond Angle의 Initial Bond Angle은 0.00, Final Bond Angle은 360.0, Step은 10.0을 입력한 후 OK를 클릭한다.

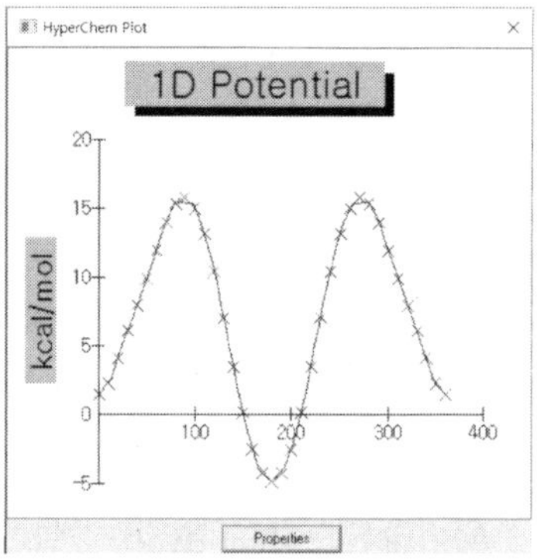


(4) 계산이 진행된 후, 오른쪽 그림과 같은 1D Potential이 나타난다. 에너지가 가장 낮은 각도의 대략 값을 확인한다. 이번 경우는 180 근처이다.

(5) 만약 현재 그려진 구조의 각도가 위 (4)에서 확인한 최저 에너지 값과 다르면, HyperChem Main menu → Edit → Set Bond Torsion을 클릭하면 나타나는 창에서 Torsion 값을 입력한 후, OK를 클릭하면 변경된다.

(6) 만약 구조가 변경되었다면, Main menu → File → Save로 저장한다.

## 1-4 구조 최적화 계산 수행

(1) Menu bar의 Compute → Geometry Optimizer를 선택한다.

⇒ 활성 창의 여러 내용들(여러 선택 사항들)을 읽어본 후, OK를 클릭한다.

일단은 프로그램에 제시하는 기본 선택 사항들을 그냥 사용한다.

(2) OK를 클릭한 후, 주 작업 창 하단의 상태 표시줄(Status Line)에 나타나는 내용의 변화를 관찰한다.

⇒ 작업이 종료되었을 때의 에너지 값과 기울기 값을 기록한다.

(에너지 값 = __________ kcal/mol, 기울기 값 = __________)

(3) Menu bar의 File → Save → 위 1－1의 (4)에서 지정한 이름으로 저장한다.

($CH_3-CO-NH-CH_3$.hin) (이 파일은 결과물로 **제출하지 않음**)

### 1-5 계산 결과의 재확인

(1) 에너지와 쌍극자 모멘트

⇒ Menu bar의 Compute → Single Point를 선택(클릭)한 후, 상태 표시줄(Status line)에 나타난 값과 위 1－4의 (2)에서 기록한 값을 비교하라. (동일한 값인가 아니면 다른 값인가?                    )

⇒ Menu bar의 Compute → Properties를 선택(클릭)한 후, 활성화되는 창의 내용을 위 1－3의 (2), 1－4의 (1)에서 기록한 값들과 비교한다. (동일한 값인가 아니면 다른 값인가?                    )

⇒ Dipole Moment 값을 적어둔다. (Dipole Moment = 3.77 Debyes)

⇒ Dipole Moment 항목 오른쪽의 Details...를 클릭하면, x, y, z－성분이 보인다. OK를 눌러서 Property 창을 빠져 나간다.

(2) 전하 밀도(Total Charge Density) 확인

⇒ Menu bar의 Compute → Plot Molecular Graphics를 선택(클릭)한다. 활성화되는 창의 Property 항목에서 Total Charge Density를 선택하고, Representation 항목에서 **3D－Isosurface**를 선택한 후, 확인 부분을 클릭한다.

⇒ 화면 관찰 XY－회전 도구()를 선택한 후, 화면에서 회전시키면서 관찰한다.

⇒ 다시 Menu bar의 Compute → Plot Molecular Graphics를 선택(클릭)한다. 활성화되는 창의 Menu 중에서 Isosurface Grid를 선택하여 Grid Mesh Size 항목에서 Fine을 선택하여 그림의 경계가 더 부드러워지는 것을 관찰한다.

⇒ 다시 Menu bar의 Compute → Plot Molecular Graphics를 선택(클릭)한다. 활성화되는 창의 Menu 중 Isosurface Rendering을 선택하여 나타나는 여러 항목들 중에서, Wire－Mesh, Lines, Shaded Surface 등에서 각각을 선택하면서, 화면의 변화를 관찰한다.

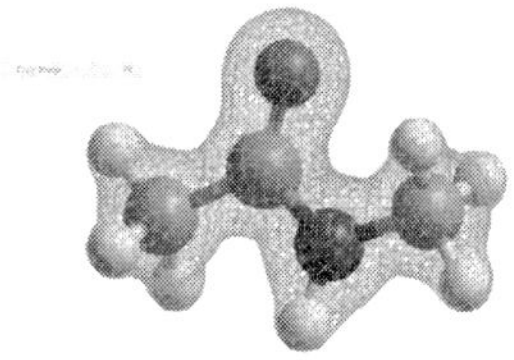

⇒ 다시 Menu bar의 Compute → Plot Molecular Graphics를 선택(클릭)한다. 활

성화되는 창의 Property 항목에서 Total Charge Density 선택하고, Representation 항목에서 **2D－Contour**를 선택한 후, 확인 부분을 클릭한다.

⇒ 화면 관찰 XY－회전 도구( )를 선택한 후, 화면에서 회전시키면서 관찰한다.

(3) 정전기 퍼텐셜(Electrostatic Potential) 확인

Menu bar의 Compute → Plot Molecular Graphics를 선택(클릭)한다. 새로 활성화되는 창에서 **Electrostatic Potential**를 선택(클릭)한 후, 화면을 관찰한다.

⇒ 위(2번)에서와 같은 방법으로 Isosurface Grid, Isosurface Rendering 등을 바꾸면서 화면 변화를 관찰한다. Representation 방법에서 2D－Contour, 3D－Isosurface, 3D－Mapped isosurface를 각각 선택하여 표시되는 화면의 변화를 관찰한다.

⇒ 3D－Mapped isosurface를 선택하였을 때 각 부분의 색 차이가 무엇을 의미한다고 생각하는지 추측해 설명한다.

(색 차이는? )

## [2] 확장 실습: Alanine의 Zwitterion 구조 최적화

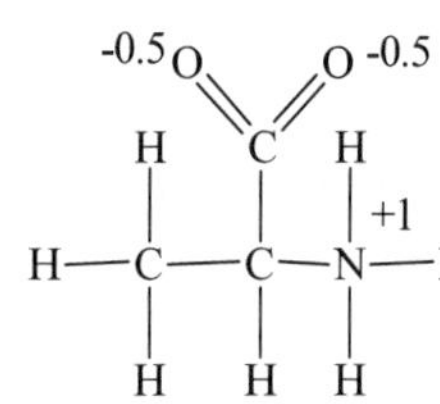


참고 1: 다음 실습－2－03에서는 용액 속 분자구조에 대한 것이고, 이번 실습은 기체상태 분자구조에 대한 것이다.

참고 2: 즈비터 이온(Zwitterion)은 하나의 분자 안에 양이온 부분과 음이온 부분이 동시에 존재한다.

(1) 이번 실습에서는 공명구조(1.5중 결합)를 포함하는 구조를 만드는 연습을 포함하기 때문에, HyperChem Main Menu에서 Display → Rendering 화면의 Rendering Method에서 Sticks를 선택하고 시작하여야 한다.

(2) Main Menu들 아래의 Tool Bar에서 구조 그리기 도구( )를 더블 클릭한다. 새로 나타나는 주기율표의 하단 부분에서 Allow Arbitrary Valence와 Explicit Hydrogen을 선택한다.

(3) 실습－2－01에서 학습한 방법으로 일단 C 3개, O 2개, N 1개만으로 이루어진 기본 골격을 그린다. C, O, N 사이를 일단 단일 결합으로 연결한다. C－O 사이를 공명－이중－결합(Conjugated double bond)으로 만들려면, C－O 사이의 단일결합 위에 마우스 포인터가 있는 상태에서 마우스 왼쪽 버튼을 빠르게 더블 클릭하여야 한다. 그림처럼 Conjugate 결합(실선과 점선으로 동시에 연결되는 결합)이 올바르게 표시되도록 주의한다. 분자역학 방법에서는 결합의 종류가 올바르게 지정되어야만

적합한 계산이 진행되기 때문에 결합의 특성에 대한 올바른 초기 선택이 매우 중요하다.

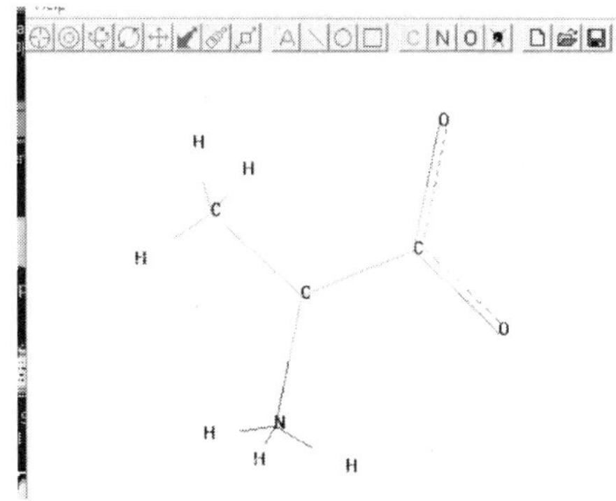

(4) Menu bar의 Build → Add Hydrogen을 선택하고, 다시 Menu bar의 Build → Build Model을 클릭하면, 분자 모양이 어느 정도 적절하게 변한다. XY－회전 도구( )를 선택한 후, 분자를 회전시켜 입체 구조가 타당한지 확인한다.

(5) 그리기 도구( )를 다시 한 번 더 선택한 후, 수소 원자 하나를 N 원자에 추가로 연결한다. 그 다음 다시 한 번 Menu bar의 Build → Build Model을 또 클릭하면, N 원자 주변이 사면체 구조가 된다. XY－회전 도구( )를 선택한 후, 분자를 회전시켜 입체 구조가 타당한지 확인한다.

(6) Select → sub menu들에서 Atoms 하나만 선택되도록 한다.

(7) 형식 전하의 지정: 선택 도구( )를 클릭한다. 마우스 포인터 모양이 바뀌는 것을 확인한다. 산소 원자를 왼쪽 버튼 클릭으로 선택한 후, (특정 원자가 선택되면, 그 부분에만 초록색 원이 표시된다. 마우스 포인터가 올바른 위치에서 벗어난 상태에서 클릭하면 분자 전체가 초록색으로 선택된다. 만약 분자의 모든 부분이 초록색으로 보이면, 분자 전체가 선택되었다는 의미다. 이 경우에는 마우스 포인터를 화면의 빈 곳에 위치한 상태에서 마우스 포인터 오른쪽 버튼을 클릭하여 분자 전체가 지정된 상태를 해제한 후, 특정 원자만 왼쪽 버튼 클릭으로 선택한다. 마우스 포인터가 원소 기호 약간 아래에 있을 때 클릭하여야 그 원자만 선택된다.) Menu bar의 Build → Set Charge를 클릭한다. 새로 나타난 작은 입력 상자에 －0.5를 입력하고 OK를 클릭한다. 동일한 방법으로 나머지 산소에도 －0.5를, 질소 원자에는 ＋1.0의 전하를 지정한다.

(8) Menu bar의 Display → Label → Charge를 선택하여, 각 원자의 형식전하를 확인한다. 두 산소 원자에는 －0.500, 질소 원자에는 1.00이 표시되어야 한다. 분자역학 방법에서는 올바른 형식전하가 지정되어야만 그에 해당하는 계산이 진행된다.

(9) Menu bar의 Set up → Molecular Mechanics → Amber를 선택하고 OK를 클릭한다. Recalculate가 나오면 (확인) Yes!를 누른다.

(10) Menu bar의 Compute → Geometry Optimize를 선택한 후, OK를 클릭하여 구조 최적화를 시작한다. 최적화된 구조의 에너지 값을 기록해 둔다. (기체 상태의 에너지. Gas Phase Energy (AMBER) = ___ kcal/mol)

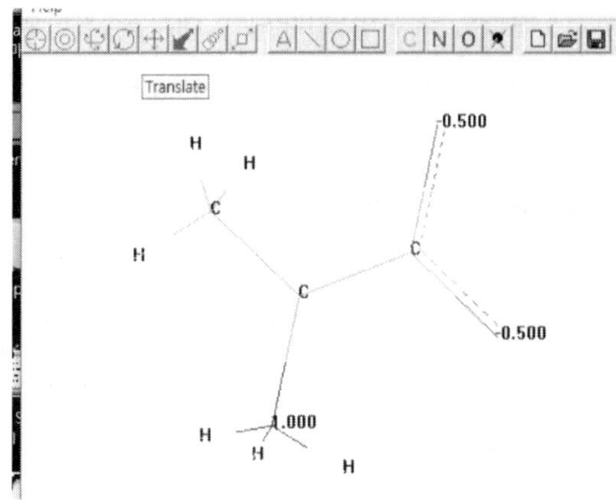


(11) Menu bar의 File → Save as → 실습-2-02-홍길동-ala-gas-amber.hin 이름으로 저장한다. (실습-2-02-홍길동-**ala-gas-amber.hin 파일을 전자우편으로 제출하라.)**

(12) Menu bar의 Set up → Molecular Mechanics → MM+를 선택하고 OK를 클릭한다. Recalculate가 나오면 (확인)Yes!를 누른다. Menu bar의 Compute → Geometry Optimize를 선택한 후, OK를 클릭하여 구조 최적화를 시작한다. 최적화된 구조의 에너지 값을 기록해 둔다.

(기체 상태의 에너지. Gas Phase Energy (MM+) = _______ kcal/mol )

(13) Menu bar의 File → Save as → 실습-2-02-홍길동-ala-gas-mm.hin 이름으로 저장한다. (실습-2-02-홍길동-**ala-gas-mm.hin 파일을 전자우편으로 제출하라.)**

**참고**: ala-gas-amber.hin 파일은 실습-2-03에 사용되고, ala-gas-amber.hin은 실습-2-05에서 사용된다.

## [3] 실전 실습-구조 이성질체들의 상대적 안정성

(1) 화학식이 $C_4H_8$에 해당하는 가능한 모든 구조 이성질체들(6개)을 찾은 후, 이들의 구조를 MM+ 방법과 AMBER 방법으로 최적화하고, 이들 구조 이성질체들 사이의 상대적 에너지 값을 기록하라. (**참고**: kcal/mol 단위로 주어지는 에너지 값은 소수점 이하 한자리만 기록하여도 충분하다.)

(2) MM+로 최적화된 구조에서 방법만을 AMBER로 변경하여 다시 구조 최적화를 시작하라. 또, AMBER로 최적화된 구조에서 방법만을 MM+로 다시 변경하여 구조 최적화를 다시 진행하는 과정을 3~4회 이상 반복하면서 변화를 관찰한다.

(3) 결과들을 아래와 같은 표로 정리한 후, 결과들의 의미(계산 결과의 신뢰성, 각 방법

사이의 비교, 각 방법의 한계 등)에 대하여 설명하라.

| 구조 | 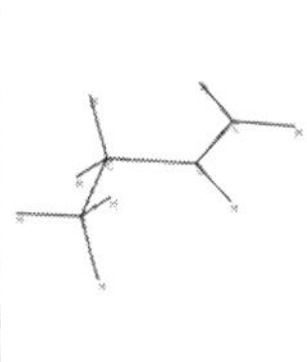 | 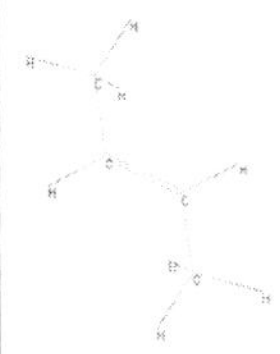 | 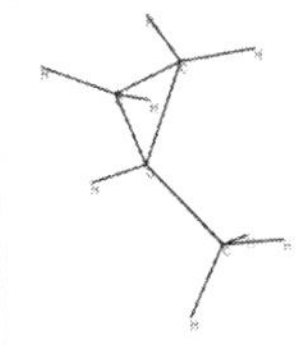 | 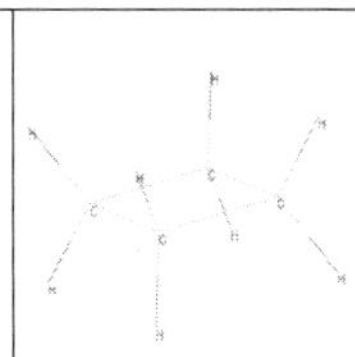 | 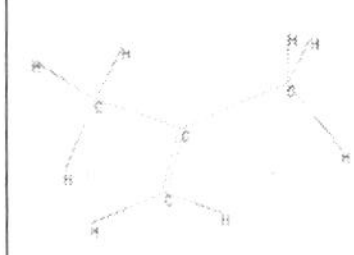 |
|---|---|---|---|---|---|
| MM+ | kcal/mol | kcal/mol | kcal/mol | kcal/mol | kcal/mol |
| AMBER | | | | | |

실습결과를 실습-2-02-홍길동-c4h8-isomer.hwp **파일로 만든 후 전자우편으로 제출하라.**

## 실습-2-03 분자구조에 미치는 용매 효과

### [1] 구조의 용매화(수용액 속에서의 분자구조: 용매화)

먼저 File → open을 선택하여 앞서 만든 실습-2-02-홍길동-ala-gas-amber를 불러온다.

(1) Display → Label → None

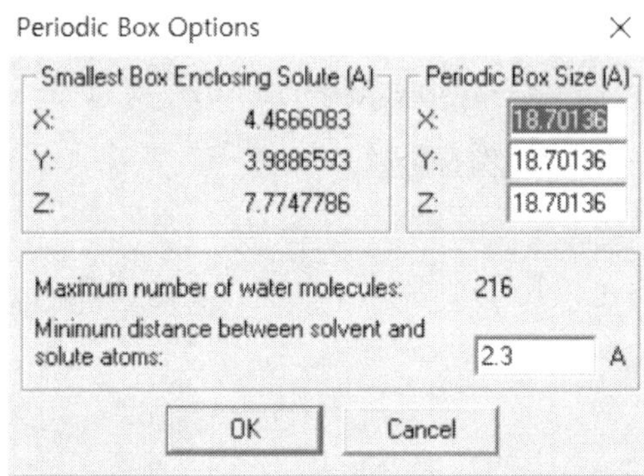


(2) Setup → Periodic Box를 선택한다. 활성화된 상자 메뉴에서 왼쪽의 Smallest Box의 크기를 보면서, 오른쪽에서 Periodic Box Size 크기를 Smallest Box 크기의 5배 정도(예를 들어 X=20, Y=18, Z=24)로 조정한다. X, Y, Z의 값을 조정하면 그에 따라 Maximum Number of Water Molecules 값이 변화하는 것을 관찰하고, 물 분자의 수가 200~300 정도가 되면 OK를 클릭한다. (컴퓨터의 성능이 좋으면, Periodic Box Size를 더 키워도 된다.)

(3) Display → Rendering → Vector & Line Options에서 Perspective와 Wedges를 선택한다. XY-회전 도구( )를 사용하여 적당한 모양으로 보이도록 조절한다. 용매 분자와 용질 분자의 색상이 다른 것을 확인한다.

(4) Setup → Molecular Mechanics → AMBER가 선택된 상태에서 Options를 클릭하고, Dielectric 부분에서 Constant를 선택(다른 값들도 살펴본다)한 후 OK 클릭한다.

(5) 커서 모양이 선택 도구 모양( )이 되도록 한 후, 커서를 빈 공간에 놓고 마우스의 왼쪽 버튼을 클릭하여 알라닌의 선택을 취소한다. 모든 분자의 색상이 (초록색으로) 같아짐을 확인한다. (오른쪽 버튼과 왼쪽 버튼을 번갈아 눌러 보라!)

(6) Compute → Geometry Optimization → OK를 클릭하여 계산을 시작한다. (컴퓨터 성능에 따라 4~5분 정도! 계산 시간은 Periodic Box의 크기에 의존한다.) **화면 아래의 Status Line에 나오는 값들이 변하는 것,** 즉 계산 도중 에너지가 낮아짐을 확인한다. 최종 에너지 값을 확인하고 기록한다.
(초기 조건으로부터 최적화한 용매화된 구조의 전체 에너지 값)

(7) 결과 저장: File → Save as → 실습−2−02−홍길동−ala−**liq**−amber로 저장

## [2] 겹쳐서 비교하기(구조에 미치는 용매 효과)

(1) File → Save as → 실습−2−02−홍길동−ala−**aq**−amber 이름으로 현재화면을 저장한다.

(2) 물 분자 지우기: Select → Molecule 선택(Multiple Selection은 취소 확인) (**주의**: 커서 모양은 선택 도구 모양이어야 함) Alanine 분자를 클릭하여 선택(색의 변화 확인: 알라닌은 초록색, 물 분자들은 빨간색)

(3) Selection 메뉴에서 Complement Selection을 선택하면 물 분자들이 초록색으로 선택되고, 알라닌은 다른 색으로 구별된다. Edit → Clear → (Do you really want to delete the selected atoms? Yes!)

(4) Display → Show Periodic Box가 선택된 걸 다시 클릭하여 Periodic Box를 지운다. (화면에는 수용액 내에서 최적화된 분자구조만 남는다)

(5) 두 분자를 합병하기 위하여 알라닌을 선택한 후(알라닌 분자의 일부분에 커서가 있을 때 왼쪽 버튼을 클릭), Select → Name Selection → Other 부분의 칸에 Solvated를 써넣고→ OK 클릭

(5) File → Merge → 홍길동_실습05_ala−gas를 선택하고 열기를 클릭하면, 화면에 2개의 구조가 보인다. 왼쪽은 용매화되어 안정화시킨 후 용매 분자들을 제거한 구조이고, 오른쪽은 기체 상태에서 최적화한 구조이다.

(6) 커서를 선택자 모양()으로 만든 후, 용매화된 구조를 클릭하여 초록색으로 선택한 후, Display → Color atoms를 클릭 → 활성화되는 창에서 → Red를 선택 → OK 클릭(커서를 빈 공간에 놓고 오른쪽 버튼을 클릭, 용매화된 분자가 노란색인지 확인)

(7) 기체 상태 구조를 클릭하여 초록색이 되도록 선택한 후, Display→ Color atoms를 클릭 → 활성화되는 창에서 → Cyan을 선택 → OK 클릭(커서를 빈 공간에 놓고 오른쪽 버튼을 클릭, 기체 상태 분자가 파란색인지 확인)

(8) Select → Atoms와 Multiple Selection을 선택(즉 Atoms와 Multiple selection이 동시에 선택되어 있어야 한다.)

(9) 용매화된 분자구조에서 N−C$\alpha$−C' 순서대로 누른다. (C$\alpha$는 중심부 탄소, C'은 −$CH_3$의 탄소) 선택된 부분의 색이 초록색으로 변하는지 확인한다.

(10) 기체 상태 분자구조에서도 대해서도 동일한 방법으로 N−C$\alpha$−C' 순서대로 누른다. (선택된 부분의 색이 초록색으로 변하는지 확인한다.)

(11) 지금까지 올바르게 진행되었다면 용매화된 구조는 빨간색, 기체 상태 분자는 파란색이면서 두 분자에서 N−C$\alpha$−C' 는 초록색으로 보여야 한다.

(12) Display → Overlay를 클릭하면, 두 분자가 겹쳐져 보인다.

(13) 키보드의 스페이스 바를 건드리거나 주 메뉴에서 Display → Scale to Fit을 선택하면, 겹쳐진 구조가 화면 중앙으로 이동한다.

(14) X−Y 회전 도구( )를 이용해 두 분자구조의 차이가 가장 잘 보이도록 조정한다. (또한 확대/축소 도구를 이용하여 적당하게 보이도록 조정한다.)

(15) 주의사항: 알라닌에서 C$\alpha$는 Chiral center이기 때문에 주의하여야 한다.

(16) 저장: File → Save as (실습−2−02−홍길동−ala−**overlap**) : 시범 실습 끝

## [4] 실전 실습 과제

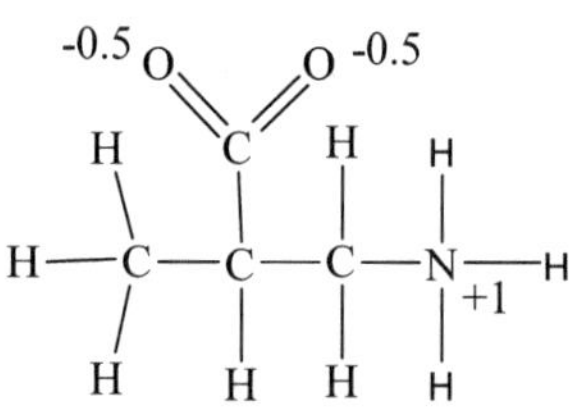


즈비터 이온(Zwitterion)인 $CH_3-CH(CO_2^-)-CH_2-NH_3^+$의 3차원 구조를 만든 후, 기체상태 구조를 MM+ 방법으로 최적화하여 저장하고(실습−2−02−홍길동−exercise−gas), 용매화된 상태에서 최적화된 구조를 찾은 후, 물 분자들을 제거한 구조를 구하여 저장하고(실습−2−02−홍길동−exercise−aq), 두 구조를 겹쳐 그려서 저장하여(실습−2−02−홍길동−exercise−overlap), 분자구조에 미치는 용매 효과를 확인하라.

(과제물 제출) 실습−2−02−홍길동exercise−gas, 실습−2−02−홍길동exercise−aq, 실습−2−02−홍길동exercise−overlap 파일들을 전자우편으로 제출한다.

## 실습-2-04 형태 이성질체(Conformer)들 탐색

### [1] C-C 단일결합 Conformers 탐색

#### 1-1 기본골격 설정: $CH_2F$—CHBrCl 분자를 그린다.

(1) Menu bar의 File → New

(2) Tool Icon에서 그리기 도구( )를 더블 클릭하여 주기율표를 불러낸다. 탄소, 불소, 염소, 브롬 원자를 각각 선택하여 작업 공간에 위치시키고, 모든 원자를 단일결합으로 연결시켜, 옆 그림과 같은 골격을 만든다. (참고: Menu bar의 File → Preference에서 Background color를 White로 설정하고, Menu bar의 Display → Rendering에서 Atom Renderinf 부분을 Ball and Cyliners로 선택한다. Rendering에서 Ball의 크기는 35% 정도, Cylinder의 크기는 25% 설정해 놓으면, 분자구조를 그리기에 편리하다.)

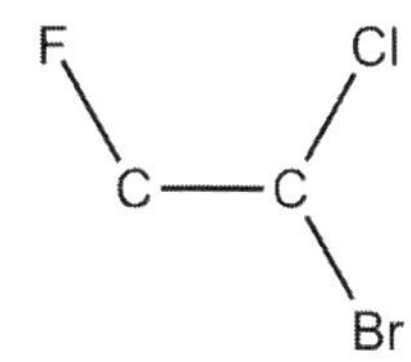


(3) Menu bar의 Build → Add Hydrogens & Model Build를 선택하여 수소를 더해준다. Tool Icon에서 XY-회전도구( )를 선택한 후, 화면에서 회전시켜 3차원 구조가 적합한지 확인한다.

(4) Menu bar의 File → Save as ... → 적합한 directory/file-name을 지정하여 저장한다. (예 c:\Hyper80\myjobs\confomer-1.hin)

(5) Menu bar의 Set up → Molecular Mechanics를 선택 → MM+ 방법을 선택

#### 1-2 비틀림-각(torsion angle) 선택 및 이름 설정

(1) Tool Icon에서 Select 도구( )를 선택한다. Menu bar의 Select 메뉴에서 "Atoms"와 "Multiple Selections"가 두 가지가 체크(√)되도록 선택한다.

(2) 작업공간에 그린 분자에서 F-C-C—Br 원자 순서대로(반드시 C-C 가 중간에 들어가도록) 클릭한다. 선택한 4 원자들을 연결하는 비틀림-각이 녹색으로 표시됨을 확인한다.

(3) Menu bar의 Select → Name Selection 클릭

(4) 활성화되는 새 창에서 가장 아래의 "Other"를 선택하고(또는 Other가 이미 선택된 것을 확인한 후) 빈칸에 적절한 이름(예컨대 fccbr)을 입력한 후 OK를 클릭한다.

(5) 마우스 포인터가 분자 그림(현재 F－C－C－Br이 초록색으로 선택된 상태인) 화면의 빈 공간에 있을 때 마우스 버튼 오른쪽을 클릭하여, 원자들과 결합들이 제각각 다른 색으로 보이도록(특정한 선택들을 해제하여) 되돌린다.

## 1-3 Conformational Search 계산 수행

(1) Menu bar의 Compute → Conformational Search 클릭하면 다음 그림과 같은 새 창(Conformational Search)이 활성화된다.

(2) 활성화되는 새로운 창(Conformational Search)의 Menu bar에서 Options → Choose Torsions 선택

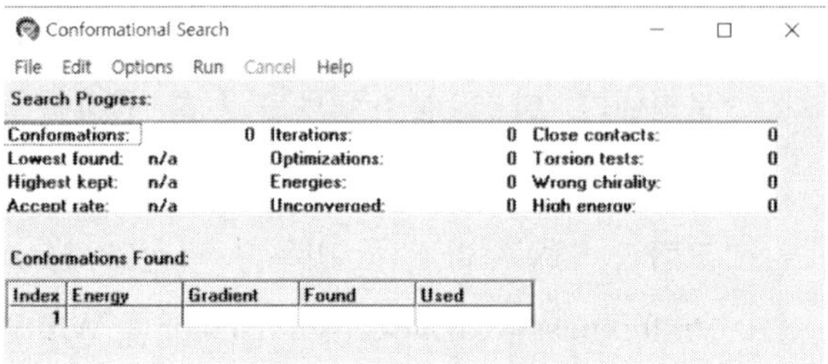


(3) 또 다시 활성화되는 창의 좌측 Named Torsion Angles 부분에, 위에서 설정한 Dia－1 비틀림－각을 선택하고 Add -> 를 클릭하여 우측에 Torsions To Vary에 추가됨을 확인한다. → OK를 클릭

(4) Conformational Search 창의 Menu bar의 Run → Start를 클릭하면 계산이 시작되면 conformer 찾기가 시작되고, 위 그림의 아래에 있는 “Conformations Found” 표에 찾아진 Conformer들의 여러 정보가 순서대로 나열된다. 또한 Found/Used 부분의 숫자가 차차 증가한다.

## 1-4 계산결과의 확인 및 정리

(1) 3개의 conformer가 찾아지면 Menu bar의 Cancel을 클릭하여 멈춘다. 이번 FH2C－CBrClH 분자의 경우, conformer가 3개 찾아진 이후에는 더 이상 찾아지지 않고, 각 conformer의 Found/Used 수만 계속 증가한다. 각 conformer의 Found/Used가 5~7 이상이면서 Conformer의 수(즉 Index의 번호)가 더 이상 증가하지 않으면, 새로운 Conformer가 더 찾아질 가능성이 희박하기 때문에)

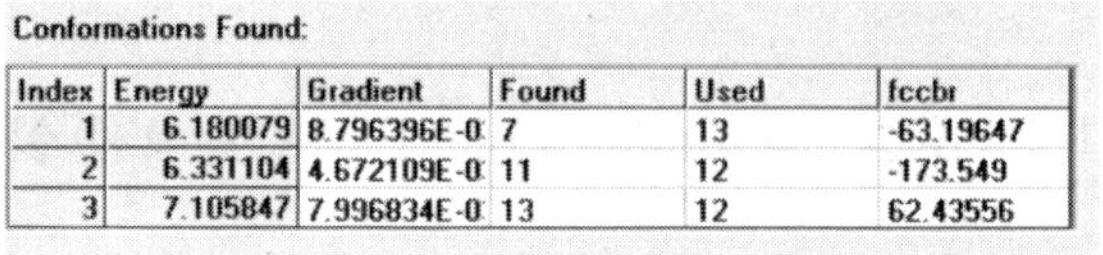

Conformations Found:

| Index | Energy | Gradient | Found | Used | fccbr |
|---|---|---|---|---|---|
| 1 | 6.180079 | 8.796396E-0 | 7 | 13 | -63.19647 |
| 2 | 6.331104 | 4.672109E-0 | 11 | 12 | -173.549 |
| 3 | 7.105847 | 7.996834E-0 | 13 | 12 | 62.43556 |

(2) “Conformations Found” 표에 Index에서 1번을 클릭하고, Menu bar의 Edit → Put Molecule을 클릭하면 1번 conformer의 구조(아래 네모 칸의 첫 번째)가 HyperChem의 작업공간에 표시된다. XY－회전도구(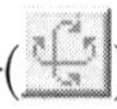)를 선택한 후 C—C 결합

이 겹치도록 하면서 구조를 관찰한다.

(3) HyperChem의 Menu Bar → Compute → Geometry Optimization을 선택하여 구조－최적화 진행 후, 그 결과를 Menu Bar → File → Save as ...를 사용하여 적합한 이름(예컨대, fccbr－con－1.hin)으로 저장한다.

(4) HyperChem의 Menu Bar → Edid → Copy Image를 사용하여(또는 그냥 간단하게 Function－Key F9를 이용하여) Clip board에 저장한 후, 보고서(또는 다른 문서파일)의 필요한 위치(예컨대 아래 네모 칸)에 붙여넣기를 한다. 또한 MM+로 최적화된 에너지 값도 표의 칸에 기입한다.

(5) 선택한 구조를 다른 계산화학 프로그램에서 사용할 수 있도록 저장하려면, 'HyperChem' 화면 Menu bar의 File → Save As…를 클릭한 후, 파일형식 부분을 "Cartesian (*.XYZ)", "MDL MOL (*.MOL)", "MOPAC Z－Matrix (*.ZMT)"들 중 하나로 선택하고, 적절한 이름(예컨대 fccbr－con－1.mol)으로 저장하면 된다. ***.mol 파일을 나중에 GaussView 프로그램으로 읽어서 Gaussian 프로그램의 input을 만드는 데 사용할 수 있다.

(6) 위와 동일하게 Conformational Search 창 아래의 Index 2번 및 3번을 각각 선택하여 Put Molecule을 클릭한 후, HyperChem 화면에서 XY－회전 도구를 사용하여 3차원 구조를 관찰하고, 그림을 저장한 후, 보고서(아래 네모 칸)에 붙여 넣는다. conformer－1은 *.XYZ, conformer－2는 *.MOL, conformer－3은 *.ZMT 등 서로 다른 형식으로 저장한 후, 각각을 HyperChem으로 다시 읽어 들여 보거나, 혹은 다른 계산화학 프로그램으로 읽어 보는 것을 시험해 본다. (**참고**: *.XYZ 파일로 저장된 것을 HyperChem으로 다시 읽어 들이면, 원자들 사이의 결합이 모두 없어지고, 원자들 위치만 나타난다. 고전역학 방법을 사용하는 경우에는 원자들 사이의 화학 결합을 다시 적합하게 연결해 주어야 한다.)

(7) 이성질체의 구조와 에너지를 아래 표와 같이 정리한다.

| 구조 | 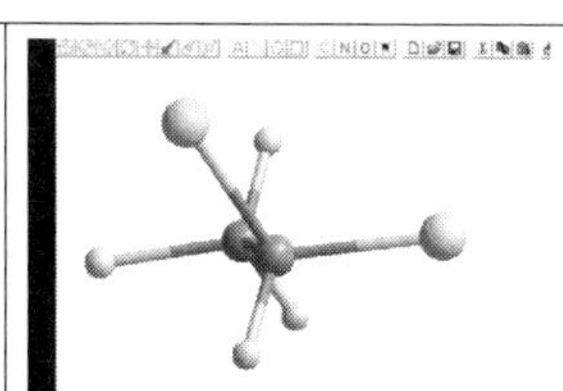 | 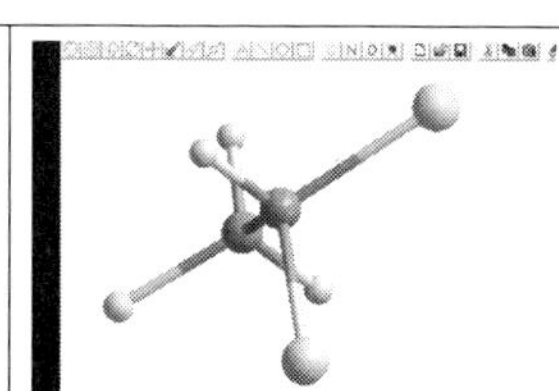 | 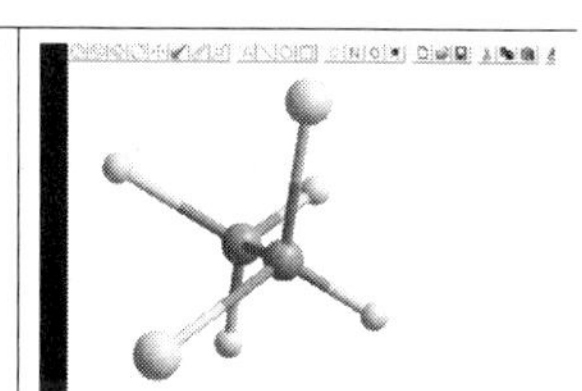 |
|---|---|---|---|
| MM+ Energy | 0.62 kcal/mol | 0.66 kcal/mol | 0.72 kcal/mol |

(8) 세 가지 conformers들 사이의 에너지 차이의 원인에 대하여 간단히 설명하라. (참고 : Br이 연결된 탄소에는 Cl 원자도 연결되어 있다.)

## [2] 6각형 고리분자의 Conformers 탐색

### 2-1 기본 골격 그리기: Cyclohexane($C_6H_{12}$) 분자를 그린다.

(1) Menu bar의 File → New

(2) Tool Icon에서 그리기 도구( )를 더블 클릭하여 주기율표를 불러온다.

(3) 탄소 원자를 선택한 후, 탄소 6개를 육각 고리 형태로 배치하고, 일단은 단일결합을 연결시켜 육각형으로 만든다.

(4) Menu bar의 Build → Add Hydrogens & Model Build를 선택하여 수소를 더해준다. Tool Icon에서 XY－회전도구( )를 선택한 후, 회전시켜 3차원 구조가 적절한지 확인한다.

(5) Menu bar의 Set up → Molecular Mechanics를 선택 → MM+ 방법을 선택

(6) Menu bar의 File → Save as ..., 적합한 이름으로 저장한다.

### 2-2 비틀림－각(torsion angle) 선택 및 이름 설정

(1) Tool Icon에서 Select 도구( )를 선택한다.

(2) Menu bar의 Select 메뉴에서 "Atoms"와 "Multiple Selections"가 체크(√)되도록 선택한다.

(3) 작업공간에 그린 분자에서 C－C－C—C 원자를 순서대로 클릭한다. 선택한 비틀림－각이 녹색으로 표시됨을 확인한다.

(4) Menu bar의 Select → Name Selection 클릭

(5) 활성화된 창에서 가장 아래의 "Other"를 선택하고(또는 Other가 이미 선택된 것을 확인한 후) 빈칸에 적절한 이름(예컨대 cccc)을 입력한 후 OK를 클릭한다.

### 2-3 Conformational Search 계산수행

(1) Menu bar의 Compute → Conformational Search 클릭

(2) 활성화되는 새로운 창의 Menu bar에서 Options → Choose Torsions 선택

(3) 활성화되는 창의 좌측 Named Torsion Angles에서 cccc 비틀림－각을 선택하고 **Add ->** 를 클릭 → 우측에 Torsions To Vary에 추가됨을 확인 → OK

(4) Menu bar의 Options → Define Rings 클릭한 후, HyperChem의 작업공간에서 탄소 6개를 모두 선택한다. 그리고 다시 Define Rings 창으로 와서 Add -> 를 클릭하면 고리의 정보가 추가됨을 확인 → OK 클릭

(5) Conformational Search 창, Menu bar의 Run → Start를 클릭하여 계산이 시작되면 conformer 찾기가 시작되고 찾아진 Conformer들이 "Conformations Found" 표에 순서대로 나열된다. 이 경우에는 첫 번째 conformer가 찾아지고, 그것의 Found/Used 부분 값이 꽤 큰 값(예컨대 20/25)이 될 때까지 두 번째 conformer가 나타나지 않으니, 충분한 시간을 기다려야 한다.

(6) 두 번째 conformer도 찾아지면, Conformational Search 창, Menu bar의 Cancel을 클릭하여, 탐색을 멈춘다.

### 2-4 계산결과의 확인 및 정리

(1) "Conformations Found" 표에 Index에서 1번을 클릭하고, Conformational Search 창, Menu bar의 Edit → Put Molecule 클릭하면 1번 Conformer의 구조가 HyperChem의 작업공간에 표시된다. XY－회전도구()를 선택한 후 구조를 관찰한다.

(2) HyperChem Menu bar의 Compute → Geometry Optimization으로 구조 최적화 후, 결과를 HyperChem Menu bar의 File → Save as ... 적절한 이름(c6hc－chair.hin)으로 저장하고, 분자 그림을 복사(F9)한 후, 보고서의 표(아래 네모 칸)에 붙여 넣는다. 또한 MM+로 최적화된 에너지 값도 기입한다.

(3) 위의 [1] "C－C 단일결합 Conformers 탐색"의 1－4의 (5)번 방식으로, 적절한 파일 형식(***.HIN 또는 ***.MOL)으로 저장한다.

(4) 위의 (1)번과 동일하게 Index 2번 선택하여 Put Molecule을 클릭한 후, 3차원 구조를 관찰한다.

(5) Conformer－2의 구조 최적화 진행한 후, 그 결과를 c6ch－boat.***(***는 HIN 또는 MOL 형식들)로 저장하고, 이성질체의 구조와 에너지를 아래의 표와 같이 정리한다. (참고 : ***.HIN은 IQmol 프로그램에서 읽을 수 있고, **<u>***.MOL은 GaussView, IQmol 등 거의 대부분 계산화학 프로그램에서 읽을 수 있다.</u>**)

| 구조 | 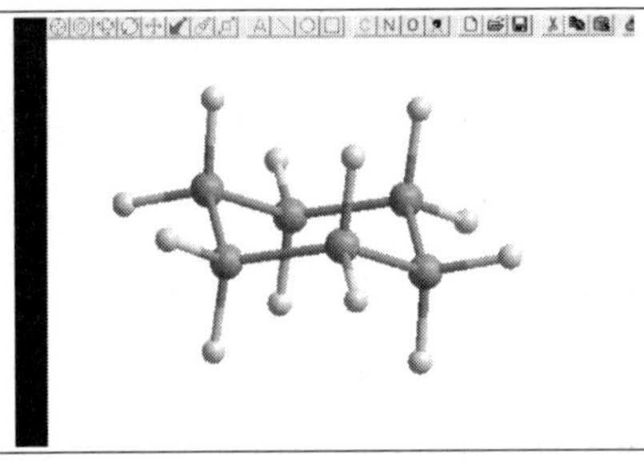 | 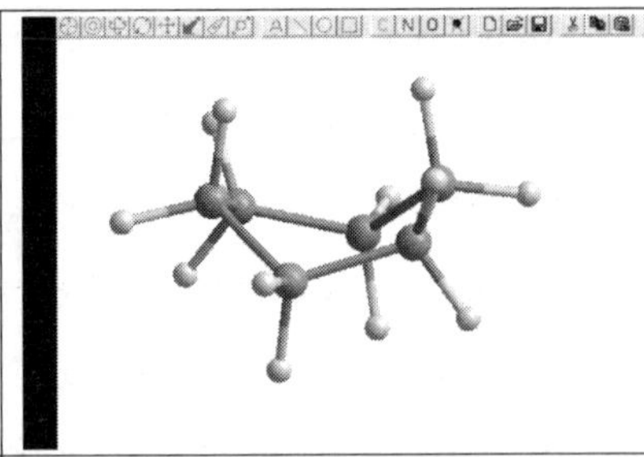 |
|---|---|---|
| MM+ 에너지 | Chair−Form 6.55 kcal/mol | Boat−Form 11.91 kcal/mol |

(6) 만약 계산에 사용하는 분자역학 방법을 MM+가 아니라 AMBER를 선택하면 어떤 결과가 나올지 예상해 보고, 실제로 AMBER 방법을 사용한 결과를 구해본다. 왜 그런 결과가 나오는지, 간단히 설명한다. (Hint: United Atom Type)

## [3] 융합된 고리(Fused Ring) 분자의 Conformer들 탐색

(1) 다음 분자의 기본 골격을 그린다. $R_1$~$R_4$ 치환기는 학번 끝자리 숫자로 정한다. (광학−활성 탄소에 연결된 치환체 및 수소의 배향에 대한 여러 가능성도 고려해야 하지만, 이번 실습에서는 일단 Add Hydrogens & Model Build를 사용하여 생성된 것만을 대상으로 진행한다.) 계산 방법은 MM+을 선택한다.

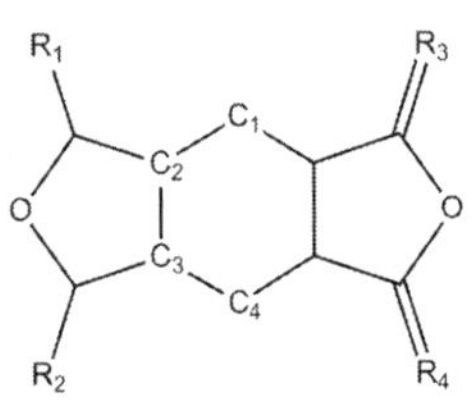


| 학번 끝 | 1, 6 | 2, 7 | 3, 8 | 4, 9 | 5, 0 |
|---|---|---|---|---|---|
| $R_1$ | Br | F | Cl | Cl | F |
| $R_2$ | Cl | Cl | Cl | F | Br |
| $R_3$ | O | S | O | S | O |
| $R_4$ | O | S | S | O | O |

(2) 비틀림−면각은 $C_1-C_2-C_3-C_4$를 선택하고 링−정의(Define rings)는 분자 전체의 고리를 선택한다.

(3) Conformational isomer들을 모두 찾아서 에너지가 안정한 순서대로(몇 개인지 알 수 없음), 그 결과를 아래의 표에 정리한다. (에너지는 소수점 아래 두 자리까지.)

| 구조 | | | |
|---|---|---|---|
| 에너지 | | | |

## 실습-2-05 동역학 모사의 기본

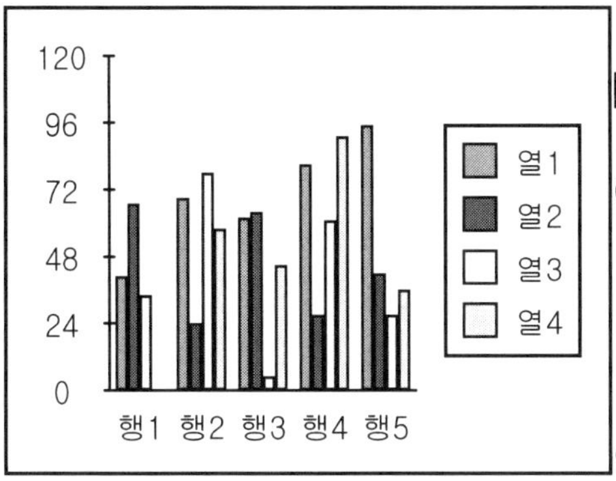


### [1] 기체 상태 동력학의 기본 방식

(1) HyperChem Main Menu에서 File → open → ·−02−홍길동−**<u>ala−gas−mm.hin 파일</u>**을 선택하여 실습−2−02에서 만든 Zwitterion의 기체상태 구조를 불러온다.

(2) Menu에서 Seup → Molecular Mechanics → MM+ → OK를 선택

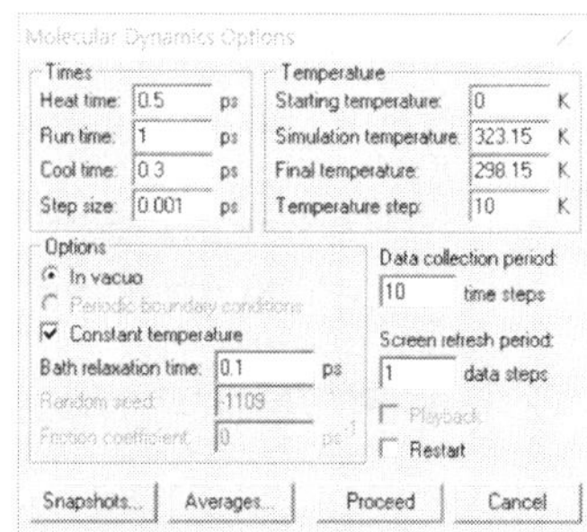


(3) Menu에서 Compute → Molecular Dynamics 선택. Molecular Dynamics Options를 지정하는 창에서, 현재의 (default) 값들을 이 책의 2.2.4절의 내용들을 참고하면서 확인한 후, Heat time = 0.5 ps, Starting Temp = 0 K, Run Time = 0.5 ps, Simulation Temp = 323.15 K, Cool Time = 0.3 ps, Final Temp = 298.15 K, Step size = 0.001 ps, Temp step = 10 K, Data collection period = 10 steps, Bath relaxation time = 0.05 ps, Screen refresh period = 10 steps을 지정한다. (이번 실습은 그냥 한번 해 보는 것이기 때문에 다른 값들을 지정해 보아도 된다.)

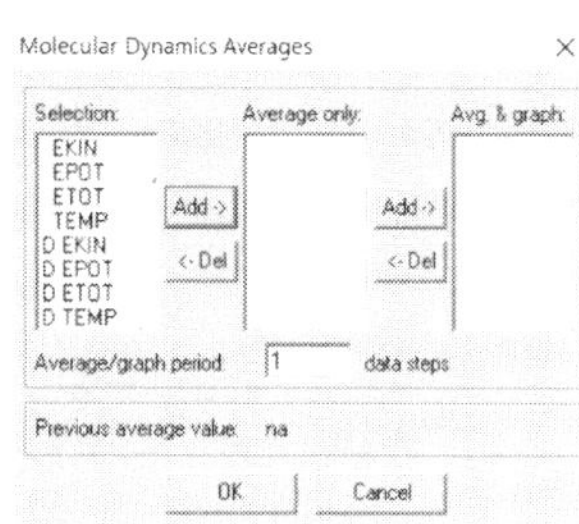


(4) Options 값들이 지정된 후, Average...를 클릭하여 나타나는 창에서, EKIN, EPOT, ETOT, TEMP들을 클릭하여 선택하고, [Add ->] 버튼을 이용하여, Average Only를 옮긴 후, 다시 Ave & graph까지 옮긴 후, OK를 클릭한다.

(5) Proceed를 클릭하면 Molecular Dynamics가 진행된다. 진행되면서 화면에 나타나는 Molecular Dynamics Average 창을 화면 적절한 곳으로 옮기고, 중간 중간에 [Rescale] 부분을 클릭하여 화면을 조절한다.

(6) HyperChem 주 화면 작업창에서 분자구조가 변하는 것을 관찰한다.

## [2] 아미노산 2-단위체의 기체 상태 동력학

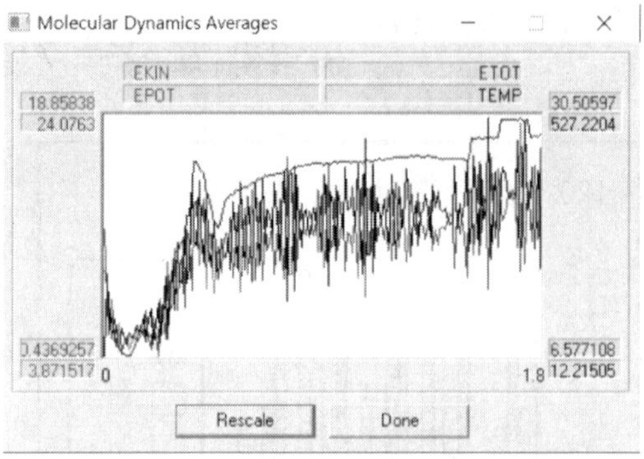


(1) HyperChem Main Menu에서 File → New

(2) Main Menu에서 Database → Amino Acids...를 클릭한 후 활성화된 창(그 창을 HyperChem 작업창 밖으로 옮긴 후)에서 ALA와 VAL을 순서대로 클릭하면, HyperChem 작업창에 Alanine과 Valine이 연결된 구조가 그려진다. (아미노산 목록의 창, 오른쪽 위의 X표시를 클릭하여 없앤다.)

(3) Main Menu에서 Database → Make Zwitterion을 클릭하면 Zwitterion으로 만들어진다. Main Menu에서 File → Save As ..., ala-val-zwitter.hin으로 저장한다.

(4) 위 [1]의 (3)-(6) 과정을 되풀이하면서, 이번에는 Average...를 클릭하여 나타나는 창에서, ETOT와 TEMP 두 가지만 선택하여 화면에 나타나도록 한다.

(5) Molecular Dynamics 과정을 진행하면서 여러 가지들을 관찰한다.

## [3] 용액 상태의 동력학 - 기초 연습

(1) File → open → ***-ala-amber.ini를 읽어 들인다.
(화면을 간단하게 하기 위해 Display → Label → None)
Compute → Geometry Optimization → OK를 클릭하여 계산한 후, 화면 하단의 Status line에 표시된(최적화된) 에너지 값을 기록한다.
최적화된 에너지 값 = (                    )

(2) Setup → Molecular Mechanics → Option에서 Dielectric을 Constant 선택 확인하고, OK를 클릭 → 다시 또 OK를 클릭

(3) 용질 분자(알라닌)만의 MD:
Select → Molecule만 선택(Multiple Selection은 선택 취소)
커서가 선택자 모양이 된 후, 알라닌을 클릭하여 선택
Compute → Molecular Dynamics → Proceed :
Status Line에 나타나는 진행상황을 관찰 후 1분 정도 진행 후,
(용매 분자들은 고정되어 있고, 용질 분자만 움직이는 것을 관찰한다!)

Menu bar에서 → Cancel을 클릭하여 중지.

(4) 용매 분자들만의 MD:

Select → Complement Selection을 선택(물 분자들 선택) Compute → Molecular Dynamics → Proceed : Status Line에 나타나는 진행상황을 관찰 후 1분 정도 진행 후(용질 분자들은 고정되어 있고, 용매 분자만 움직이는 것을 관찰) Menu bar에서 Cancel을 클릭하여 중지한다.

(5) 전체의 MD:

커서를 빈 공간에 놓고 마우스의 왼쪽 버튼을 클릭:

→ 모든 분자들이 선택됨 → 용매와 용질 분자의 색이 같아짐을 확인

커서를 빈 공간에 놓고 마우스의 오른쪽 버튼을 클릭:

→ 모든 분자들이 선택됨 → 용매와 용질 분자의 색이 다르게 나타남을 확인

Compute → Molecular Dynamics → Proceed:

Status Line에 나타나는 진행상황을 관찰하고 1분 정도 진행 후(용매 분자들과 용질 분자가 모두 함께 움직이는 것을 관찰한다.), Menu bar에서 → Cancel을 클릭하여 중지.

### [4] 가열과 냉각 과정을 포함하는 동력학(MD) 과정

(1) File → open → 홍길동_실습05_ala−liq(앞에서 연습한 것은 저장할 필요가 없음) (화면을 간단하게 하기 위해 Display → Label → None)

(2) Menu bar → Compute → Molecular Dynamics → 선택상자에서 다음 값들을 조정

***MD Simulation의 조건들

Heat Time = 0.3 ps　　Run Time = 0.7 ps　　(Total Time = 1.0 ps)

Step Size = 0.0005 ps,　　Simulation Temp = 400 K

Final Temp = 300 K,　　Temperature Step = 30 K

Data Collection Period = 5 Time steps

Screen Refresh Period = 2 data steps

Periodic Boundary Condition을 선택, Constant Temperature는 선택 취소

Restart 항목을 선택(체크 표시)하고, Proceed 버튼을 클릭하여 Simulation 실행

Status line에 나타나는 정보들의 변화를 관찰(시간, 에너지, 온도의 변화)

Simulation이 끝났을 때, 최종 온도가 Final Temp에 해당하는가?

최종 온도가 Final Temp와 많이 차이가 나면 (±10℃)

Menu bar → Compute → Molecular Dynamics → Proceed를 클릭하여

다시 Simulation을 해 본다.

(3) Menu bar → Compute → Molecular Dynamics 선택상자에서 왼쪽 하단의 Snap Shots을 클릭한 후 활성화되는 창에서 이름 부분에 ala-run을 입력하고 OK를 클릭한다. 다시 왼쪽 하단 Average 메뉴를 클릭한 후, 활성화된 창에서 왼쪽 상자 안의 EKIN, EPOT, ETOT, TEMP를 클릭한다. 중앙상자(Average Only)로 옮긴 후 다시 오른쪽 상자(Average and Graph)로 옮긴다. 그 후 OK 버튼 Proceed 버튼을 눌러 simulation을 진행한다.

계산 중간 결과들을 나타내는 그래픽 창이 활성화된다. (화면에 분자들의 움직임이 보이도록 그래픽 창을 적당한 위치로 이동시킨다.) 그래픽 창의 버튼들 중에서 Rescale을 중간 중간에 클릭해 본다.

(4) MD Simulation이 종료된 후, Menu bar → Compute → Geometry Optimization을 선택한 후, 최적화하여 계산된 결과 에너지 값을 적는다.

(                              )

계산된 에너지 값을 이번 실습의 제일 첫 부분에서 얻은 값과 비교해 본다.

처음에 얻은 에너지 값 = (                              )

(5) 다시 Menu bar → Compute → Molecular Dynamics를 (2) 또는 (3)번 방식으로 되풀이 한다. MD Simulation이 끝나면, 다시 Menu bar → Compute → Geometry Optimization을 선택한 후, 최적화하여 계산된 결과 값을 적는다.

다시 최적화된 에너지 값 = (                              )

계산된 에너지 값을 바로 위의 (4)번에서 구하였던 값과 비교해 본다.

(6) 시간이 충분하면 위의 (5)번 단계(즉 MD를 수행한 후 구조 최적화하는 것)를 3~5회 더 반복하면서 가장 낮은(안정한) 에너지의 구조를 찾아보아라.

## [5] 아미노산 2-단위체의 용액 속 동력학

(1) 위의 [2]에서 만든 Filala-val-zwitter.hin을 읽어 들인다.

(2) Setup → Periodic Box를 선택, 활성화된 상자메뉴에서, 왼쪽의 Smallest Box의 크기를 보면서, 오른쪽에서 Periodic Box Size 크기를 Smallest Box 크기의 5배 정도(예컨대 X=20, Y=18, Z=24)로 조정한다. X, Y, Z의 값을 조정하면, 그에 따라

Maximum Number of Water Molecules 값이 변화하는 것을 관찰하고, 물 분자의 수가 200~300 정도가 되면 ⇒ OK 클릭. (컴퓨터의 성능이 좋으면, Periodic Box Size를 더 키워도 된다.) 실습-2-03의 [1] 내용 참고.

(3) Display → Rendering → Vector & Line Options에서 Perspective와 Wedges를 선택한다. XY-회전 도구( )를 사용하여 적당한 모양으로 보이도록 조절한다. 용매 분자와 용질 분자의 색상이 다른 것을 확인한다.

(4) Setup → Molecular Mechanics → AMBER 선택된 상태에서 Options를 클릭한 후, Dielectric 부분에서 Constant를 선택(다른 값들도 살펴보고) → OK 클릭

(5) 커서 모양이 선택 도구 모양( )이 되도록 한 후, 커서를 빈 공간에 놓고 마우스의 왼쪽 버튼을 클릭하여 알라닌의 선택을 취소한다. 모든 분자의 색상(초록색)이 같아짐을 확인. (오른쪽 버튼과 왼쪽 버튼을 번갈아 눌러 보아라!)

(6) Compute → Geometry Optimization → OK를 클릭하여 **계산수행(컴퓨터 성능에 따라 4~5분 정도!** 계산 시간은 Periodic Box의 크기에 의존한다.)한다. **화면 아래의 Status Line에 나오는 값들이 변하는 것**, 즉 계산 도중 에너지가 낮아짐을 확인한다. 최종 에너지 값을 확인하고 기록한다.

(초기 조건으로부터 최적화한 용매화된 구조의 전체 에너지 값)

(7) 결과 저장: File → Save as → ala-val-amber로 저장

(8) 위의 [3], [4] 과정을 되풀이한다.

(9) AMBER 대신에 OPLS를 사용하여, 위 과정을 되풀이한다.

## [6] 실전 실습 과제: $CH_3-CH(CO_2^-)-CHR-NH_3^+$

학번 끝자리에 따라, zwitterion에서 치환체 R을 다음과 같이 선택한다.

| 1 또는 2 | 3 또는 4 | 5 또는 6 | 7 또는 8 | 9 또는 0 |
|---|---|---|---|---|
| $-CH_2CH_2-OH$ | $-O-CH_3$ | $-S-CH_3$ | $-CH_2-O-H$ | $-CH_2-S-H$ |

수용액 상태에서 MD 모사실험을 진행, 가장 안정한 Conformation을 구하여라. 즉 이 실습은 MD Simulation을 수행한 후, Geometry Optimization으로 가장 안정한 에너지를 가지는 Conformation을 찾는 문제다. 가장 안정한 Conformation을 구한 경우에 좋은 점수를 받게 된다.

⇒ 처음 Geometry Optimization결과는 '실험-2-05-홍길동-**op-1**' 파일에, 그 다음 Geometry Optimization 결과는 '실험-2-05-홍길동-**op-2**' 파일에, 그 다음

Geometry Optimization 결과는 '<u>실험-2-05-홍길동-**op-3**</u>' 파일에 각각 저장하고, 시간이 되는대로 이러한 과정을 2~4회 더 되풀이하여 이들 중 가장 에너지가 낮은 결과만을 실습 결과물로 선택하여 전자우편으로 제출하라.

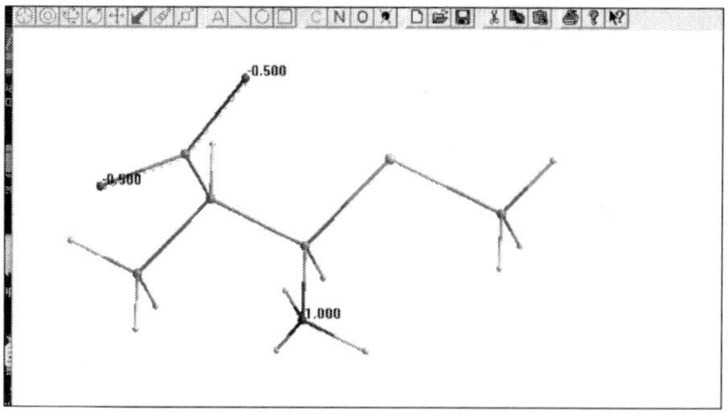

## 실습-2-06 기존 자료(Database)의 이용

### [1] 기본 유기분자구조의 이용

(1) HyperChem 주-화면, Menu Bar에서 File → Open을 클릭하여 나타난 화면에서, HyperChem이 설치된 곳의 Sample들 자료(예 C:\Hyper80\Samples)로 이동하면, Aromatic, Organic 등의 목록이 나온다.

(2) 계산하려는 분자의 기본 골격과 유사한 것을 선택하여 클릭하면 화면에 분자구조가 그려진다. 화면의 구조에서 일부 원자(들)를 제거하거나 다른 원자로 바꾸려면, HyperChem Main menu들 아래 줄에 있는 그리기 도구(⊡)를 이용한다.

(3) 예컨대, Organic\Glucose를 클릭하면, 아래 네모 칸 왼쪽 구조가 나타난다. 그리기 도구(⊡)를 선택한 후, 마우스 포인터가 육각 고리 오른쪽 끝에 연결된 −CH2−OH의 O에 위치한 상태에서 마우스 오른쪽 버튼을 눌러 −OH를 제거하고, −CH2의 각 H에 마우스 포인터가 있을 때 한 후, 마우스 오른쪽 버튼을 눌러 두 H를 각각 제거한다. 그다음 그리기 도구(⊡)를 빠르게 더블 클릭하여 나타난 주기율표에서 H를 선택한 후, H2−OH가 제거된 탄소 위에서 마우스 포인터 왼쪽 버튼을 클릭하여 탄소를 수소로 바꾼다. 또한, 주기율표에서 황(S)을 클릭하여 선택한 후, 육각 고리에 연결된 4곳의 −OH에서 산소(O) 위에 마우스 포인터가 있을 때, 마우스 포인터 왼쪽 버튼을 클릭하여 황(S)으로 치환한다. 마지막으로 Menu bar → Build → Add H & Model Build를 클릭하면 아래 네모 칸의 왼쪽처럼 바뀐다.

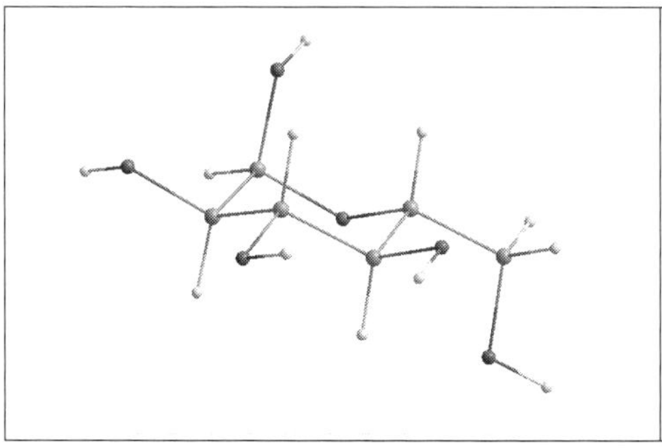

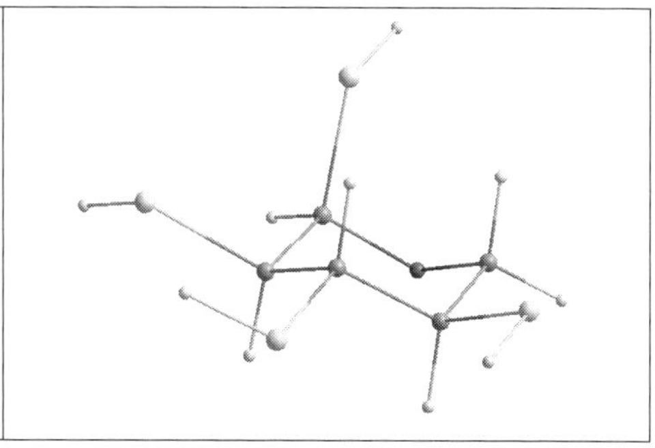

(4) 원하는 구조가 되었으면, Main menu → File → Save As ...를 이용하여 적절한 이름과 파일 형식으로 저장한다. (Gluscose−O−2−S.HIN)

## [2] 단백질 구조의 이용

(1) HyperChem 주-화면, Menu Bar에서 Database → Amino Acids를 클릭하면, 아미노산들 목록이 나타난다.

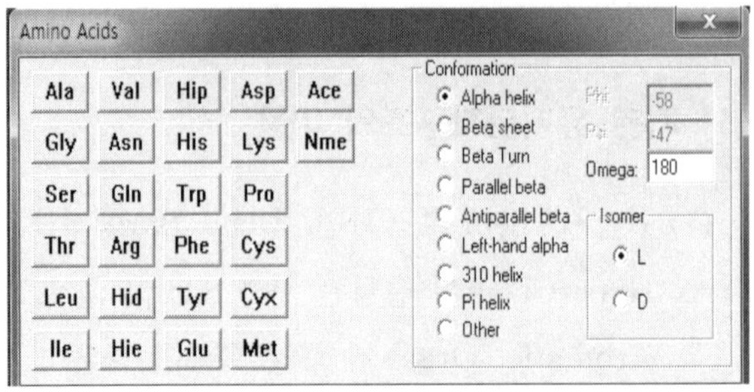


(2) 목록 옆의 Conformation 부분에서 Alpha helix, Beta sheet, Beta turn, Parallel beta들 중 하나를 선택하면, 그에 해당하는 Phi, Psi, Omega 각도 값들이 나타나며, Omega 값은 변경할 수 있는 방식으로 나타난다. Isomer 부분에서는 L 또는 D에서 하나를 선택할 수 있다.

(3) Alpha helix와 L-isomer가 선택된 상태에서, 아미노산 목록들 Ala를 클릭하면, HyperChem 작업창에 선택한 아미노산(Alanine) 단위가 그려진다.

(4) 계속하여 Val을 클릭하면, 앞에서 그려진 아미노산 단위에 펩티드 결합으로 연결된 Alanine-Valine 구조가 그려진다. 계속하여 Gly, Asn, Ser, Gln, Ala, Val, Gly, Asn, Ser, Gln의 순서로 클릭하면서 HyperChem 작업창에 그려지는 구조를 관찰한다. Alpha helix가 휘감아 도는 내부 원통이 나타나는 것을 관찰한다. (**참고**: 내부 원통이 보이지 않는 경우에는 Main menu → Display → Rendering 화면 아래의 Secondary Structure Rendering에서 Alpha Cylinder가 선택되도록 한다.

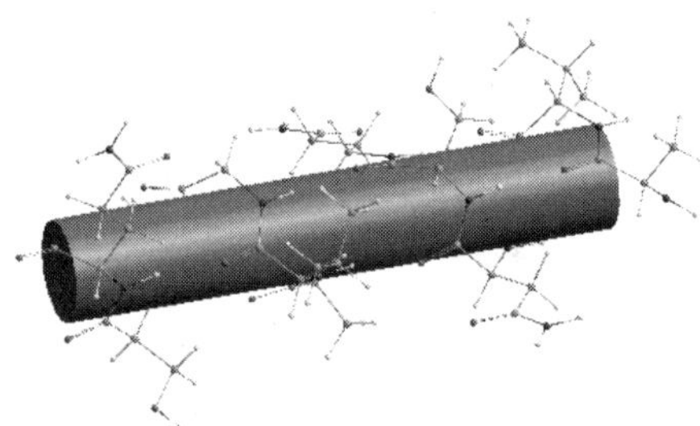

(5) 화면의 구조에서 일부 원자(들)를 제거하려면, HyperChem Main menu들 아래 줄에 있는 그리기 도구(⊡)를 클릭한 후, 제거하려는 원자에 마우스 포인터가 위치한 상태에서, 마우스 오른쪽 버튼을 클릭하면 그 원자(들)가 제거된다. 원하는 구조가 되었으면, Main menu → File → Save As ...를 이용하여 적절한 이름과 파일 형식으로 저장한다. (ala-val-gly-asn-ser-gln.pdb)

(6) Beta sheet, Beta turn 등 다른 경우에 대해서도 연습해 본다.

(7) Zwitterion을 만드는 것은 앞의 실습-2-05에서 [2]번의 (3)을 참고하라.

## [3] 핵산 구조의 이용

(1) HyperChem 주-화면, Menu Bar에서 Database → Nucleic Acids를 클릭하면, 핵산 목록이 나타난다. 핵산 목록 오른쪽에서 Conformation을 선택할 수 있다.

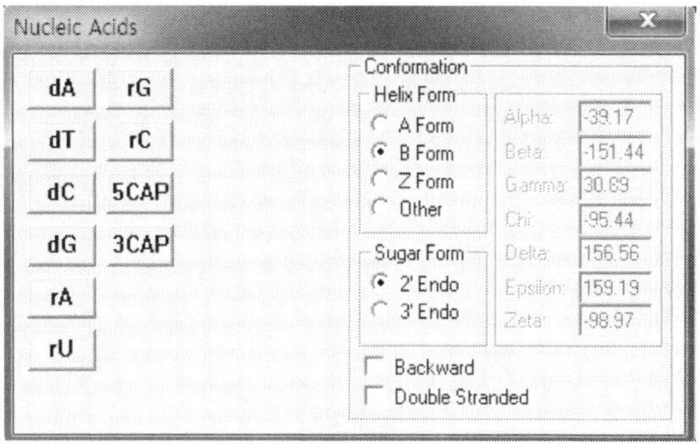


(2) 우선, Helix Form을 B Form으로 선택한 상태에서, dA, rG, dT, rC, dA, rG, dT, rC 순서대로 클릭하면서 HyperChem 작업창에 그려지는 구조를 관찰한다.

(3) 화면의 구조에서 일부 원자(들)를 제거하려면, HyperChem Main menu들 아래 줄에 있는 그리기-도구(⊡)를 클릭한 후, 제거하려는 원자에 마우스 포인터가 위치한 상태에서, 마우스 오른쪽 버튼을 클릭하면 그 원자(들)가 제거된다.

(4) 원하는 구조가 되었으면, Main menu → File → Save As ...를 이용하여 적절한 이름과 파일 형식으로 저장한다.

## [4] 작은 분자의 결정자료(CSD, CIF) 이용

(1) 웹-브라우저를 이용하여 'The Cambridge Crystallographic Data Centre (CCDC), https://www.ccdc.cam.ac.uk/'에 접속한 후, 나타난 다음과 같은 화면 아래의 Access Structures 부분을 클릭한다.

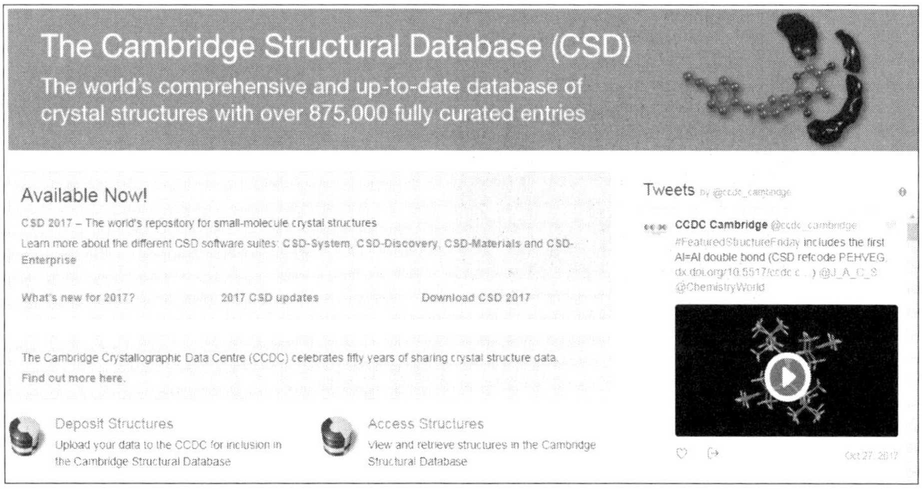

(2) 새로 나타난 아래와 같은 화면에서, 검색하려는 분자(물질)에 대한 정보를 입력한다. 우선은 Compound name에 sulfadiazine을 입력하고 enter key를 누른다.

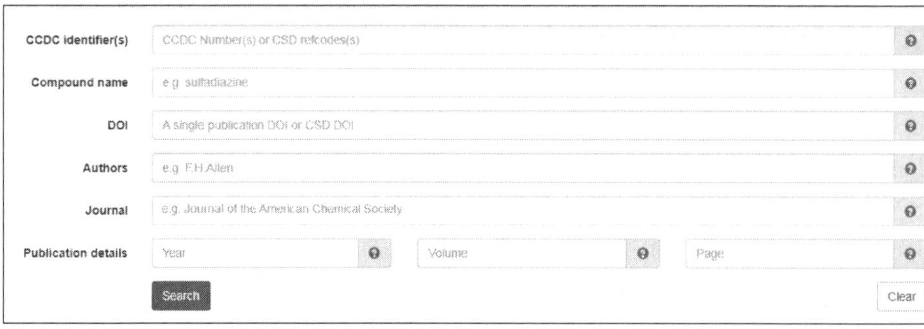


(3) 새로 나타난 아래와 같은 화면에서, 검색하려는 자료(예컨대 CAXPUM)만 선택된 상태에서 View Selected를 클릭한다.

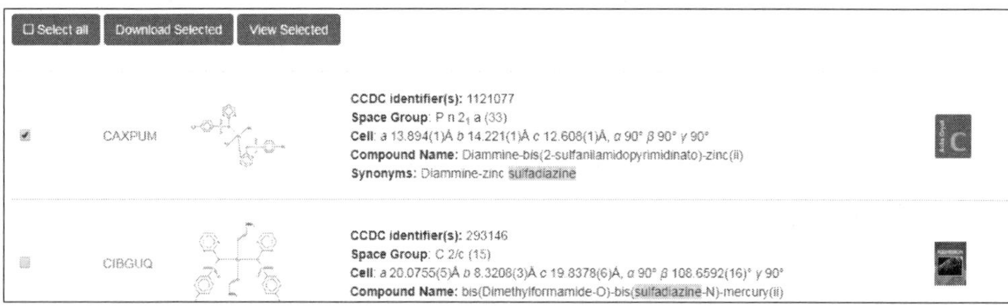


(4) 그러면 (조금 시간이 걸린 후) 새로 나타난 아래와 같은 화면 오른쪽에는 화학 구조식이 나타나고, 왼쪽 검은색 바탕 화면에는 JSmol 프로그램이 해당 자료의 3차원 구조를 회전시키면서 보여준다.

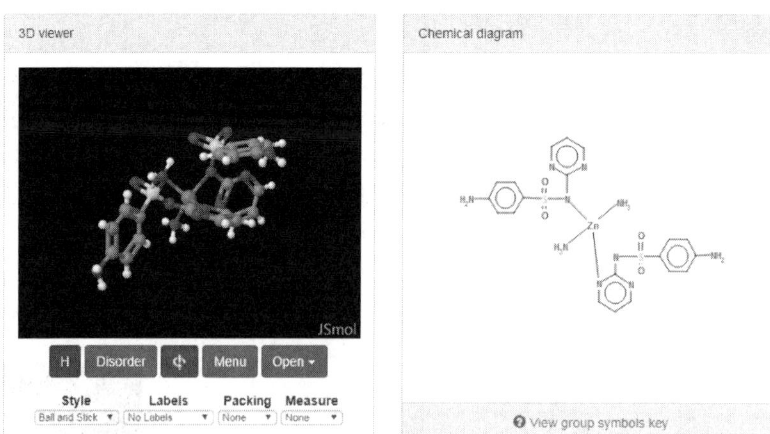


(5) JSmol 프로그램이 보여주는 3차원 구조 위에는 다음과 같이, 결정-자료(Crystal

data)의 구체 정보가 보인다.

CAXPUM : Diammine-bis(2-sulfanilamidopyrimidinato)-zinc(ii)
**Space Group:** P n $2_1$ a (33), **Cell:** *a* 13.894(1)Å *b* 14.221(1)Å *c* 12.608(1)Å, *α* 90° *β* 90° *γ* 90°

(6) JSmol 프로그램이 보여주는 3차원 구조 왼쪽의 Download ▾ 를 클릭하여 활성화된 화면에서 요구되는 정보(e−mail address)를 입력하면, ***.CIF 파일 형식으로 받을 수 있다.

## [5] 큰 단백질 분자의 결정자료(PDB) 이용

(1) 웹−브라우저를 이용하여, 가장 최근의 단백질 결정자료(PDB, Protain Database)가 모여 있는 곳(https://www.rscb.orb/pdb/home/home.do)에 접속한다.

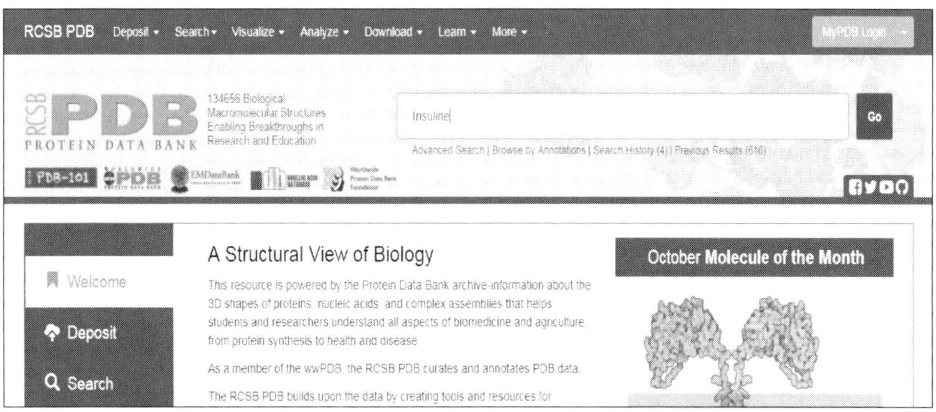


(2) 검색창에 위 화면과 같이 Insuline을 입력한 후, enter key를 누르거나, Go 부분을 클릭하면 아래와 같은 화면이 나타난다. 여기서 왼쪽의 Refinement 아래 항목들 중 Homo sapiens를 클릭한다.

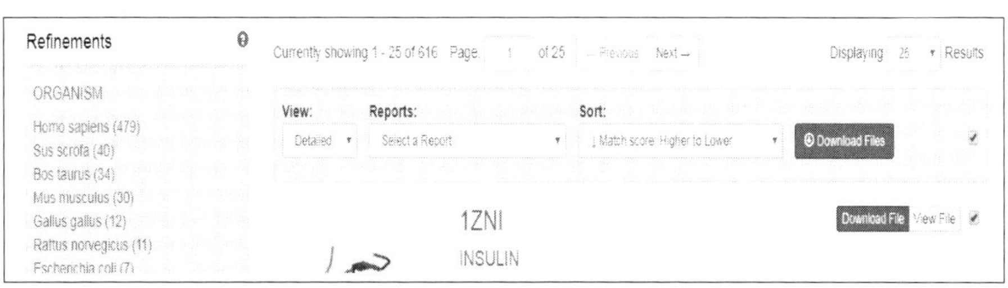


(3) 새로 나타나는 화면에서 오른쪽의 Download File을 클릭하면, crystal 자료가 압축 파일 형식(***.cif.gz)으로 받아진다.

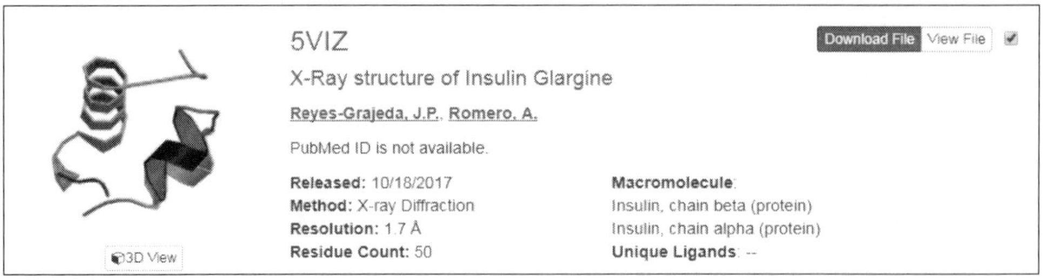


(4) 위 그림에서 3차원 구조 부분을 클릭하면, 화면이 아래와 같이 약간 변한다.

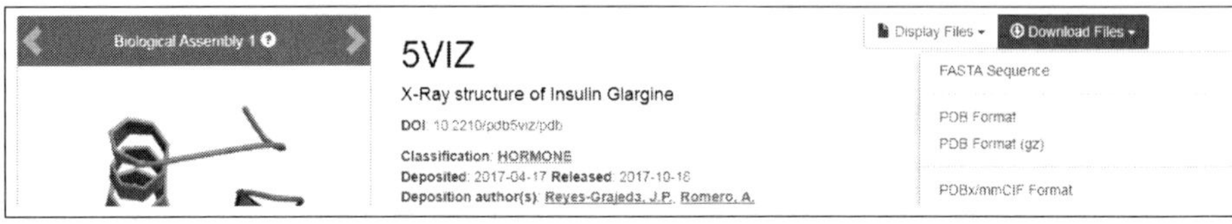


여기서 오른쪽의 Download Files를 누르면, 파일 형식을 PDB, PDB(gz), CIF, CIF(gz)들 중에서 선택할 수 있다. PDB 형식으로 내려 받아서 적절한 이름(insuline−5viz.pdb)으로 저장하면, HyperChem이나 Gaussian 등 거의 대부분 계산화학 프로그램에서 읽어서 사용할 수 있다.

(5) 위에서 저장한 파일(insuline−5viz.pdb)을 HyperChem으로 읽어서, 필요한 조작을 한 후, 적절한 새로운 이름과 파일 형식으로 저장한다.

(6) 위 그림 오른쪽의 Download Files 왼편의 Display Files를 클릭한 후, PDB(또는 CIF)를 선택하면, 새로운 화면에 PDB 파일의 세부 내용이 text 형식으로 나타난다. 이 화면에서 마우스 오른쪽 버튼을 눌러서 '다른 이름으로 저장'을 선택하면, ***.txt 형식으로 저장된다.

(7) PDB 파일, txt 형식의 중간 부분에서 다음 부분을 찾는다. 노트패드의 탐색 기능으로 SEQRES를 찾아도 된다. 이것은 Inluline의 1차 구조(아미노산의 순서)에 대한 정보다.

```
SEQRES   1 A   21   GLY ILE VAL GLU GLN CYS CYS THR SER ILE CYS SER LEU
SEQRES   2 A   21   TYR GLN LEU GLU ASN TYR CYS GLY
SEQRES   1 B   29   PHE VAL ASN GLN HIS LEU CYS GLY SER HIS LEU VAL GLU
SEQRES   2 B   29   ALA LEU TYR LEU VAL CYS GLY GLU ARG GLY PHE PHE TYR
SEQRES   3 B   29   THR PRO LYS
```

(8) PDB 파일, txt 형식의 다른 부분에 있는 내용들의 의미에 대해서도 알아본다.

# 3장 양자화학 방법의 출발 −HF와 Basis Set

화합물의 기본 단위인 분자(혹은 결정 단위세포)의 특성을 다루는 모든 계산화학 방법들의 핵심은 양자역학을 분자 단위에 적용하는 양자화학 방법이다. 이번 3장에서 설명하는 HF/SCF 방법 그 자체만으로는 실제 연구개발 현장에서 거의 사용되지 않지만, 4장과 5장에서 설명하는 방법들의 주요 내용을 적합하게 이해하고, 또한 이들을 적용한 계산 결과의 의미를 올바르게 이해하여 활용하기 위해서는 이번 3장의 내용이 매우 중요하다. 또한 뒤이은 4장과 5장의 설명에서는 3장에서 설명한 내용이 자주 등장하기 때문에, 좀 마음이 급할지라도 3장의 내용을 학습하기를 권한다.

3장은 크게 세 부분으로 구성되어 있다. 첫 부분인 3.1절은 하트리−포크(HF, Hartree−Fock) 이론과 이것을 구체적으로 실현시키는 자체−일치−장(SCF, Self−Consistent−Field) 방법을 설명한다. 1장에서 언급한 바와 같이 HF/SCF 방법이라고 함께 부르거나, HF 방법 또는 SCF 방법이라고 부르면서 사실은 HF/SCF 방법을 의미하는 경우가 대부분이다. 계산 방법 자체를 연구하는 입장이 아니라면, 굳이 세밀한 구분에 신경 쓸 필요는 없다. 그보다는 HF/SCF 계산이 제공하는 분자−궤도함수(MO, molecular orbital) 에너지(MO energy)들의 분포와 궤도함수(orbital function)들의 모양(대칭성, 3차원 실제 공간에서의 모양 등)을 정량 및 정성적으로 이해하는 것이 중요하다. 계산화학 프로그램을 사용하는 많은 이용자들이 HF/SCF 계산의 중요성을 가볍게 생각하는 경우가 많은데, HF/SCF 계산 단계가 잘못되면, (전자 상관성 효과를 추가하는 더 높은 수준의 결과를 구하기 위하여) 그 이후에 이어지는 Post−HF 방법들의 결과가 적절하지 않은 (계산 결과가 얻어지지 않거나, 그 방법으로 도달 가능한 수준까지 충분히 이르지 못하거나, 심지어는 잘못된) 경우가 매우 흔하다.

두 번째 부분인 3.2절은 반-경험 방법들을 간단히 다룬다. 여러 종류의 반-경험 방법들의 세부 내용을 이해하려면, 이 책에서 다룬 것들보다는 좀 더 복잡한 내용을 포함하여야 하겠지만, 계산 프로그램의 사용자가 알아야 할 필요가 있는 부분은 그다지 많지 않다. 더구나 계산화학 방법들을 적용하는 실제 연구 현장에서는 반-경험 방법들의 활용이나 중요성이 10여 년 전에 비하여 많이 줄어들었기 때문에 비교적 간단하게 정리하고 지나간다.

세 번째 3.3절은 바탕함수를 설명한다. 바탕함수(basis function)와 그것들의 모임인 바탕함수집합(basis function set)에 대한 기본 내용들을 설명한다. 많은 경우에서 이것을 줄여서 그냥 바탕집합(basis set)이라 부른다. 바탕함수가 필요한 이유, 발전한 역사, 그리고 바탕함수의 종류와 사용할 때의 주의점 등을 설명한다. 원자 번호가 큰 (원자 번호가 대략 40번보다 큰) 원소들을 포함하는 화합물을 계산하는 경우에 사용되는 유효중심 퍼텐셜(ECP, effective core potential)에 대해서도 기본 내용을 설명한다. 이 부분은 자세히 알 필요가 별로 없고 대충만 알고 있어도 (그냥 바탕집합의 이름 정도만 알아도) 간단한 수준의 계산을 하는 경우에는 충분하다고 생각할 수 있다. 그러나 큰 분자에 대하여 매우 높은 수준의 이론 방법을 적용하면서, 불필요하거나 무의미하게 계산 자원을 낭비하지 않고 효율적으로 계산하려면 바탕함수에 대한 적절한 이해가 중요하다. 또한 좀 예민한 물리-화학 특성에 대한 계산을 하기 위해서, 또는 계산 결과에 대한 남다른 이해를 끌어내고자 한다면, 바탕함수 및 바탕집합에 대한 이해가 의외로 중요하다.

3장의 내용을 적절히 이해하고 나면, 비록 5장에 나오는 여러 Post-HF 방법들을 4장부터 미리 사용하지만, 4장에서 실습하는 여러 결과(output file)의 내용을 들여다보고, 중요한 부분을 검색하는 것이 훨씬 쉬울 것이다. 5장의 설명에서도 이번 3장 내용이 자주 등장할 수 있는데, 그 경우에는 이번 3장에 등장한, 관련된 부분의 구체적인 수식 번호를 표기할 것이다.

| 시간 의존 슈뢰딩거 방정식 | | |
|---|---|---|
| 3.1.1 | 외부 영향이 시간에 의존하지 않음.<br>상대성 효과가 무시할 정도로 작음. | → 시간 독립 슈뢰딩거 방정식 |
| 3.1.2 | 원자 단위(atomic unit)의 도입 → 수식들을 간단명료하게 함 | |
| 3.1.3 | 보른 오펜하이머 근사(고정-원자핵 근사) → 전자 상태만 풀이함 | |
| 3.1.4 | 궤도함수 근사 = 다체-문제를 독립 전자 모형으로 근사 | |
| 3.1.5 | 자체 일치 장(SCF) 반복 수렴 과정 → 변분원리가 포함됨 | |
| 3.1.6 | LCAO-MO → 바탕함수의 도입 → 3.3절에서 추가 설명 | |
| 3.1.7 | 파울리 배타원리와 전자-스핀 짝지음 → RHF/UHF/ROHF | |

**그림 3.1** 양자역학을 적용하는 계산화학 프로그램의 기초에 도달하는 기본 단계들

## 3.1 HF/SCF 방법

3.1절 내용들의 체계와 순서를 그림 3.1에 간단히 정리하였다. 먼저, 3.1.1에서 3.1.3 사이에서는 양자역학의 출발점인 Schöredinger 방정식에서부터 시작하면서 **분자에 대한 Hamiltonian의 각 항들**을 설명한 후, 양자역학 계산에서 기본으로 사용하는 **원자 단위**(au, atomic unit)를 도입하고, **보른-오펜하이머 근사**(BOA, Born Oppenheimer Approximation)까지 도입하여, 계산화학에서 화합물(분자)을 양자역학 이론으로 다루기 위한 방정식을 정의한다.

3.1.4에서는 다-전자 파동함수를 단일-전자 궤도함수들의 곱으로 표현하는 **궤도함수 근사**(독립 전자 모형)에 해당하는 **하트리-곱**(Hartree product)을 도입한 후, **전자의 페르미-특성**(Fermion)을 올바르게 나타내는 **슬레이터-행렬식**(Slater determinant)을 사용하여 Schöredinger 방정식을 풀이하는 **하트리-포크**(HF, Hartree-Fock) 수식으로 유도한다. 3.1.5에서는 변분 원리(variation principle)를 적용하여 HF 수식을 반복-과정(iterative procedure)으로 풀이하는 **자체-일치-장**(SCF, Self Consistent Field) 과정을 설명한다. 그리고 3.1.6에서는 원자-궤도함수(AO)들을 사용하여 분자-궤도함수(MO)를 만드는 기본 틀인 **LACO-MO 방법**을 소개하면서, 바탕함수(basis function)의 필요성에 대한 이유를 잠시 언급한다.

마지막 3.1.7에서는 공간 궤도함수(spatial orbital)에 채워지는 **전자-스핀**(electron spin) 관계의 기본 규칙을 설명하면서, 반대 스핀끼리 정확하게 짝지어지도록 제한된-하트리-포크(**RHF**, Restricted Hartree-Fock) 방법, 제한 없는-하트리-포크(**UHF**, Unrestricted Hartree-Fock) 방법, 그리고 제한된-열린 껍질-하트리-포크(**ROHF**, Restricted Open-Shell Hartree-Fock) 방법의 개념들을 설명할 것이다.

### 3.1.1 기본 수식: Schöredinger 방정식

양자역학 또는 양자화학 교재에서 다루고 있는 바와 같이, 양자역학의 기본 출발은 시간-의존(TDSE, Time Dependent Schöredinger Equation)이지만, 이 책에서 다루는 (그리고 대부분의 양자화학 계산의 대상인) 경우와 같이 외부에서 작용하는 퍼텐셜이 시간에 의존하지 않고 일정하면, 그냥 다음과 같은 시간-독립 Schöredinger 방정식(TISE, Time Independent Schöredinger Equation)을 풀이하면 된다.

$$\hat{H}\Psi = E\Psi \tag{3.1}$$

위 식에서 헤밀토니안 $\hat{H}$는 대상 분자의 총 에너지에 대응하는 연산자(혹은 연산자들의 집합)이며 $\Psi$는 분자의 모든 정보를 포함하는 (분자 자체를 함수 형태로 나타내는) 파동함수다. $E$는 계의 에너지 값이다. 위 식처럼 연산자를 대상 함수에 적용하였을 때의 결과가 대상 함수의 원래 형태가 그대로 유지하면서 그 앞에 일정한 값을 곱한 것으로 나타나는 경우를 고유값 방정식(Eigenvalue Equation) 형태라고 한다. 즉, 외부 영향이 없으면 총 내부에너지가 일정한 값이라는 의미에 해당한다. 한편 실험으로 측정되는 어떤 물리-화학 특성(또는 그 측정 과정)에 해당하는 수학 연산자를 $\hat{O}$라고 하면, 그 특성의 실험 측정값 (o)을 양자화학 방법에서는 다음과 같이 계산한다. (설명을 간단하게 하기 위하여 여기서는 Gradient Method는 언급하지 않고, Expectation Method만 언급한다.)

$$\langle o \rangle = \int \Psi^* \hat{O} \Psi \, d\tau \tag{3.2}$$

따라서 모든 양자화학 방법의 전체 골격을 아주 간단하게 말로 설명하다면, 위의 (Time Independent) Schrödinger 방정식 (3.1)을 풀이하여 파동함수와 에너지를 구한 후, 여기서 제공되는 파동함수를 사용하여 분자의 모든 물리화학 특성 값들을 결정하는 식 (3.2)를 계산하는 것이다. 그러나 식 (3.1)을 정확하게 풀이하는 것은 원자핵 하나와 전자 하나만으로 이루어진 경우에만 가능하고, 그 이상이 되면 매우 어려워진다. 식 (3.2)를 풀이하는 것은, 연산자 $\hat{O}$의 구체적인 내용에 의존하지만, 대부분의 경우에 식 (3.1)의 풀이보다는 훨씬 더 간단하다. 대부분의 양자화학 계산 프로그램에서는 적합한 지시어(keyword)를 지정하면 그에 해당하는 물리량을 계산하여 주기 때문에, 이 책에서는 식 (3.2)의 풀이에 대한 부분은 거의 다루지 않을 것이다.

Schrödinger 방정식 (3.1)을 정의하는 해밀토니안(Hamiltonian)은 분자의 구성 내용(즉 원자핵의 종류와 수, 그리고 전자들의 수)에 따라 정의되는데, 다-원자 분자(Poly-atomic Molecule)에 대한 일반적인 형태를 표준 SI 단위로 나타내면 다음과 같다. (외부의 전기장이나 자기장의 영향이 없다고 가정한 경우이다.) [참고: 아래 식에는 상대성 효과가 포함되어 있지 않기 때문에, 비-상대론적 양자역학(Non-relativistic quantum theory)에 해당한다.]

$$\hat{H} = \sum_{i=1}^{n}\left(-\frac{\hbar}{2m_e}\right)\nabla_i^2 + \sum_{i=1}^{n}\sum_{j>i}^{n}\frac{e^2}{4\pi\epsilon_0 r_{ij}} - \sum_{I=1}^{N}\sum_{j=1}^{n}\frac{Z_I e^2}{4\pi\epsilon_0 R_{Ij}}$$

$$+ \sum_{I=1}^{N}\left(-\frac{\hbar}{2M_I}\right)\nabla_I^2 + \sum_{I=1}^{N}\sum_{J>I}^{N}\frac{Z_I Z_J e^2}{4\pi\epsilon_0 R_{IJ}} \qquad (3.3)$$

여기서 $\epsilon_0$는 진공에서의 유전상수, $e$는 전하의 기본단위, $\hbar$는 플랑크 상수를 $2\pi$로 나눈 값(즉 $\hbar = h/2\pi$)이다. 소문자 i와 j는 전자를 구별하는 표식(index), 대문자 I와 J는 원자핵을 구별하는 표식(index), $n$은 전자의 수, $m_e$는 전자의 질량, N은 원자핵의 수, $M_I$는 i－번째 원자핵의 질량, $Z_I$는 I－번째 원자핵의 원자 번호(즉 원자핵의 전하 크기), $r_{ij}$는 i－번째 전자와 j－번째 전자 사이의 거리, $R_{IJ}$는 I－번째 원자핵과 J－번째 원자핵 사이의 거리, $R_{Ij}$는 I－번째 원자핵과 j－번째 전자 사이의 거리다. $\nabla_i^2$는 i－번째 전자의 좌표에 대한 2차 미분－연산자$\left(\nabla^2 = \frac{d^2}{dx^2} + \frac{d^2}{dy^2} + \frac{d^2}{dz^2}\right)$, $\nabla_I^2$는 I－번째 원자핵의 좌표에 대한 2차 미분－연산자를 나타낸다. 식 (3.1)은 식 (3.3)의 Hamiltonian이 내부에너지에 해당한다는 것을 의미하며, 따라서 식 (3.3)에 해당하는 고전역학 수식은 다음과 같다.

$$E = \sum_{i=1}^{n}\frac{1}{2m_e}(m_e v_i)^2 + \sum_{i=1}^{n}\sum_{j>i}^{n}\frac{e^2}{4\pi\epsilon_0 r_{ij}} - \sum_{I=1}^{N}\sum_{j=1}^{n}\frac{Z_I e^2}{4\pi\epsilon_0 R_{Ij}}$$

$$+ \sum_{I=1}^{N}\frac{1}{2}(M_I v_I)^2 + \sum_{I=1}^{N}\sum_{J>I}^{N}\frac{Z_I Z_J e^2}{4\pi\epsilon_0 R_{IJ}} \qquad (3.4)$$

즉 식 (3.3)에서 첫 줄의 항들은 각각 순서대로 전자의 운동에너지, 전자 사이의 반발 에너지, 원자핵과 전자 사이의 당김 에너지에 해당하며, 두 번째 줄의 항들은 각각 원자핵의 운동에너지와 원자핵들 사이의 반발 에너지를 나타낸다. 즉 다－원자 분자의 총 에너지에 기여하는 모든 성분들에 해당하는 연산자들을 나타내는 것이다.

### 3.1.2 원자 단위(AU, atomic unit)의 사용

모든 양자화학 계산에서는 Schrödinger 방정식을 풀이하는 것이 가장 중요하고, 또 가장 어려운데, 식 (3.3)을 보다 더 간단하게 만들기 위하여, 표준 SI 단위 대신에 원자 단위(au, atomic unit) 체계를 사용한다. 그러면 이후에 등장하는 모든 수식들이 훨씬 더 간결해진다. 원자 단위 체계에서 질량의 기본단위는 전자의 질량(즉 $m_e$=1), 전하의 기본단위는 전자의 전하(즉 $e$=1), 길이의 기본단위는 보어의 원자반경(즉 $a_0$=1)이다. 그리고 플랑크 상수를 $2\pi$로 나눈 것을 단위 값(즉 $\hbar = h/2\pi = 1$)으로 정하면, 에너지의 값은 (나중에 설명하는) Hartree라는 기본단위로 표시되는데, 이것과 다른 에너지 단위 사이의 관계는 표 3.1과 같다. (**참고**: 시간의 경우 1 au = $2.4188843265\times10^{-17}$ s = 24.1888 as, as = attosecond)

양자화학 계산 분야에서는 모든 물리량을 그냥 au라는 단위 표기로 나타내는 경우가 많다. 즉 길이를 au 단위로 표기하면 그것이 보어-단위($a_0 = 52.9117\,pm = 0.529177 \times 10^{-10} m$)를 의미하고, 에너지를 au 단위로 나타내면 그것이 Hartree 단위에 해당한다는 것으로 이해하여야 한다. 계산화학을 배우는 학생들이 처음에는 혼동하지만, 사용하다보면 곧 익숙해진다.

원자단위를 사용하면 식 (3.3)이 다음과 같이 간단해지는데, 여기서는 ($e = 1$, $m_e = 1$, $\hbar = 1$이기 때문에) 전하의 기본단위 $e$, 전자의 질량 $m_e = 1$, 그리고 $\hbar$가 더 이상 보이지 않으며, 전하들 사이의 퍼텐셜 에너지에 해당하는 항들에서 $4\pi\epsilon_0$가 없다.

$$\hat{H} = \sum_{i=1}^{n}\left(-\frac{1}{2}\right)\nabla_i^2 + \sum_{i=1}^{n}\sum_{j>i}^{n}\frac{1}{r_{ij}} - \sum_{I=1}^{N}\sum_{j=1}^{n}\frac{Z_I}{R_{Ij}} + \sum_{I=1}^{N}\left(-\frac{1}{2M_I}\right)\nabla_I^2 + \sum_{I=1}^{N}\sum_{J>I}^{N}\frac{Z_I Z_J}{R_{IJ}} \quad (3.5)$$

**표 3.1** 양자화학 계산에서 등장하는 에너지 단위들 사이의 관계

| | hartree | eV | $cm^{-1}$ | kcal/mol | kJ/mol |
|---|---|---|---|---|---|
| hartree | 1 | 27.2107 | 219474.6 | 627.503 | 2625.5 |
| eV | 0.0367502 | 1 | 8065.73 | 23.0609 | 96.4869 |
| $cm^{-1}$ | $4.55633 \times 10^{-6}$ | $1.23981 \times 10^{-4}$ | 1 | 0.00285911 | 0.0119627 |
| kcal/mol | 0.00159362 | 0.0433634 | 349.757 | 1 | 4.18400 |
| kJ/mol | 0.00038088 | 0.0103641 | 83.593 | 0.239001 | 1 |

한편, 이제부터는 전자와 원자핵의 위치를 나타내는 소문자 $r$과 대문자 $R$의 값을 미터 단위가 아니라 원자단위($a_0 = 1$)에 해당하는 값을 사용해야 한다는 것을 주의해야 하며, 또한 원자핵의 질량도 원자단위의 값을 사용해야 한다. 즉 화학에서 흔히 사용되는 옹스트롬(Angstrom, Å) 단위로 된 값을 0.529177로 나누어 사용해야 하며, 원자핵의 실제 질량을 전자의 질량으로 나눈 값을 사용해야 한다. 계산화학 프로그램의 입력자료(input)를 작성할 때, 원자번호만 지정해주면 계산 프로그램이 그에 해당하는 원자핵 질량을 원자단위로 변환하여 사용하기 때문에 그에 대하여 사용자가 염려할 필요는 없다. 그러나 원자핵의 위치, 즉 원자핵의 좌표 값을 지정할 때는 어떤 단위에 해당하는 값인지 표시해주어야 한다. (뒤에 나오는 실습 문제를 참고하라.) 거의 모든 계산화학 프로그램들은 옹스트롬(Angstrom, Å) 단위로 된 값으로 입력 자료를 작성했다는 것을 나타내기만 하면, 그에 해

당하는 원자단위 값으로 변환하여 사용한다. 실제로 양자화학 계산프로그램 내부에서는 모든 물리량들을 일단 그에 해당하는 원자단위의 값으로 변환한 후, 실제 계산을 수행한다. 계산화학 프로그램의 결과물(output file)에 들어 있는 숫자들도 단위에 대한 특별한 표시가 없으며, 거의 대부분 원자단위(au)에 해당하는 값이다. 양자화학에 등장하는 원자단위는 일반화학에 나오는 원자질량단위(amu, atomic mass unit)와 완전히 다른 것이니, 서로 혼동하지 않아야 한다.(amu = 1822.8885 AU)

**예제 3-1**

수소 원자와 헬륨 원자로 구성된 중성상태 HeH에 해당하는 Hamiltonian을 원자단위를 사용하면서($\Sigma$ 기호를 사용하지 않고) 자세히 적어보라.

**풀이**

원자핵은 2개(즉 $N=2$), 전자는 3개(즉 $n=3$)이며, $Z_H=1$, $Z_{He}=2$이다. $M_H=1837.2893$, $M_{He}=7296.2935$. 따라서 식 (3.5)에 해당하는 것을 동일한 순서로 적으면 다음과 같다.

$$\begin{aligned}\hat{H}_{HeH} = &-\frac{1}{2}\nabla_{e_1}^2-\frac{1}{2}\nabla_{e_2}^2-\frac{1}{2}\nabla_{e_3}^2+\frac{1}{r_{12}}+\frac{1}{r_{13}}+\frac{1}{r_{23}}\\ &-\frac{1}{R_{H-e_1}}-\frac{1}{R_{H-e_2}}-\frac{1}{R_{H-e3}}-\frac{2}{R_{He-e_1}}-\frac{2}{R_{He-e_2}}-\frac{2}{R_{He-e3}}\\ &-\frac{1}{2M_H}\nabla_H^2-\frac{1}{2M_{He}}\nabla_{He}^2+\frac{2}{R_{H-He}}\end{aligned}$$

**[연습 문제 3-1]** H−C≡N 분자를 다루기 위한 해밀토니안 $\hat{H}_{HCN}$을 (예제 3−1)처럼 구체적으로 적어 보라. $M_C$와 $M_N$의 값은 얼마인가?

**참고** 이 경우 N = 3이고 $n=14$이며, $Z_H=1$, $Z_C=6$, $Z_N=7$이다. ■

### 3.1.3 Borh-Oppenheimer 근사

입자의 수가 3개 이상이 되면, 즉 원자의 경우 헬륨 원자(He), 분자의 경우에는 수소 분자 양이온($H_2^+$)부터 식 (3.1)을 정확하게 풀이하는 것이 원리적으로 불가능하다. 그래서 지금부터 설명하는 순차적인 근사를 도입하여야 한다. 다행스러운 점은, 비록 완전히 정확

(exact)한 풀이가 불가능하기는 하지만, 물리적 의미를 바탕으로 엄밀한 근사를 도입하여 수식을 유도하면, 원래의 식 (3.4)는 훨씬 더 복잡한 형태로 되지만, 컴퓨터의 빠른 계산 능력으로 그 복잡한 수식을 풀이하는 것이 가능하다. 그리고 그렇게 구한 근사 풀이의 결과는, 과학 연구에 충분한 오차범위 이내가 될 수 있다. 분자에 대한 양자화학 계산을 위하여 맨 처음 도입하여야 하는 것이 BO(Born−Oppenheimer) 근사다.

고전역학 방법에 대한 2장 설명의 앞부분에서 언급하였듯이, 원자핵의 질량은 전자의 질량보다 훨씬 더 (수천 배 이상 수만 배) 크다. 동일한 계(system)의 내부에서 운동하는 구성 입자들의 경우, 각 입자들의 평균 운동 속도는 각 입자 질량의 제곱근에 반비례하기 때문에, 원자핵들의 움직임은 전자들의 운동에 비하여 매우 느리다. 즉 전자가 운동하는 동안 원자핵들의 위치는 거의 변하지 않는다. 따라서 원자핵의 운동과 전자의 거동은 분리하여 다룰 수 있으며, 그에 따라 원자핵들의 위치가 고정되어 있다고 가정하고 전자들의 운동만을 다루도록 근사할 수 있다. 이것을 **보른−오펜하이머 근사**(**BOA,** Born−Oppenheimer Approximation), 또는 **고정 원자핵 모형**(Fixed/Clamped Nuclei Model)이라고 부른다. (이것을 분자에 대한 양자 동력학 분야에서는 단열 근사(adiabatic approximation)라고 부르는데, 이 책에서는 BOA를 초월하는 내용까지는 다루지 않는다.)

BO 근사를 적용하면 원자핵들의 위치가 고정되어있기 때문에 원자핵들의 운동에너지는 모두 영(zero)이고 원자핵들 사이의 반발 에너지는 식 (3.7)처럼 아주 간단하게 원자핵들 사이의 거리 $R$에 의하여 결정되는 하나의 숫자($U(R)$)가 된다.

$$\sum_{I=1}^{N}\left(-\frac{1}{2M_I}\right)\nabla_I^2 \simeq 0 \tag{3.6}$$

$$\sum_{I=1}^{N}\sum_{J>I}^{N}\frac{Z_I Z_J}{R_{IJ}} = U(R) \tag{3.7}$$

**[연습문제 3-2]** 전하가 중성인 HeH이 바닥 전자상태(ground electronic state)에서는 안정한 구조를 가지지 않지만 전자가 하나 적은 양이온(hydrohelium cation, helium−hydride)은 안정한 구조를 가지며, 원자핵 사이의 거리가 0.772 Å이다. 이 구조에서 원자핵 사이의 반발에너지 값을 원자단위로 계산한 후, 그것이 kcal/mol 단위로 얼마인지 환산하여라.

**참고** 원자핵 사이의 거리를 길이에 대한 원자단위인 보어단위로 바꾼 후, 식 (3.7)을 적용하면 $U(R)$ 값이 곧바로 에너지에 대한 원자단위의 값으로 계산된다. 표 3.1을 이용하여 이 값을 kcal/mol 단위로 바꾸면 된다. ■

따라서 전자의 상태에 대한 파동함수를 구하는데 필요한 전자−헤밀토니안(electronic

Hamiltonian) $\widehat{H}_e$은 다음 항들만 포함한다. (앞으로 나오는 모든 수식들은 특별한 언급이 없으면, 원자단위 au로 표기된 것들이다.)

$$\widehat{H}_e = \sum_{i=1}^{n_e}\left(-\frac{1}{2m_e}\right)\nabla_i^2 + \sum_{i=1}^{n_e}\sum_{j>i}^{n_e}\frac{1}{r_{ij}} - \sum_{I=1}^{N}\sum_{j=1}^{n_e}\frac{Z_I}{R_{Ij}} \tag{3.8}$$

이것으로 정의되는 아래의 Schrödinger 식을 전자에 대한 Schrödinger 식이라고도 부르며, 대부분의 양자화학 계산 프로그램들은 이 식을 풀이하여 에너지($E_e$)와 파동함수($\Psi_e$)를 구한다.

$$\widehat{H}_e \Psi_e = E_e \Psi_e \tag{3.9}$$

즉 원자핵의 위치들이 특정한 위치에 고정된(분자구조가 고정된) 상태에서 전자들에 의하여 정의되는 에너지와 파동함수가 각각 $E_e$와 $\Psi_e$로 표시되는 것이다. 여기서 $H_e$와 $\Psi_e$는 실제로는 원자핵들의 위치($R_I$)들에 의하여 영향을 받으면서 전자들의 위치 $r$에 의존하는 함수이기 때문에 $\widehat{H}_e(r;R)\Psi_e(r;R) = E_e(R)\Psi_e(r;R)$로 쓰는 것이 더 타당하지만, 그냥 간단하게 위 식과 같이 표시한다. 여기서 $E_e$는 전자들의 위치에는 의존하는 함수가 아니지만, 원자핵들의 위치에는 영향을 받기 때문에 그냥 $E_e(R)$로 표기함을 주목하라.

이제, 식 (3.7)로 계산되는 원자핵들 사이의 반발에너지 $U(R)$를 식 (3.9)를 풀이하여 구한 $E_e$에 더해주면, 특정한 분자구조에서 원자핵들과 전자들 모두에 의하여 정해지는 에너지들 중에서 원자핵들의 운동에너지만 제외한 모든 것들이 포함하는데, 이것은 그 분자구조에서 각 원자핵들이 느끼는 퍼텐셜 에너지 $V(R)$에 해당한다. 이제, 원자핵의 위치($R$)들을 순차적으로 변화시키면서(즉 분자의 기하구조를 변화시키면서) 각각의 기하구조에서 식 (3.9)를 풀이하여 $E_e(R)$을 얻고, 그 값에 식 (3.7)으로 계산되는 각 기하구조에서의 원자핵들 사이 반발에너지 $U(R)$를 더해주면, 분자의 기하구조에서 원자핵들이 느끼는 유효 퍼텐셜 에너지 함수 $V(R)$가 된다.

$$E_e(R) + U_R = E_e(R) + \sum_{I=1}^{N}\sum_{J>I}^{N}\frac{Z_I Z_J}{R_{IJ}} \equiv V(R) \tag{3.10}$$

2장의 분자역학 방법에서 등장하였던 퍼텐셜 에너지 함수들이 바로 여기서 말하는 $V(R)$에 해당한다. 그러나 퍼텐셜 에너지의 기준점이 분자역학 방법과 양자화학 방법에서 서로 전혀 다르기 때문에, 각각의 방법으로 구한 퍼텐셜 에너지의 절대-값 자체를 곧바로 서로 비교할 수 없다. 모든 경우의 에너지 값은 기준점에 비교하여 정해지는 것이기 때문에, 오직 동일한 기준을 적용한 에너지 값들 사이의 상대적인 차이만이 실제 의미를 가진다. 양자화학 계산에서도, **서로 다른 양자화학 계산 방법으로 구한 에너지 값을 직접 서로 비교하면 안 된다**. 이 점은 매우 중요한데, 물리화학에 익숙하지 않은 상태에서 계산화학 방법을 사용하는 경우에 자주 발생하는 매우 중요한 오류다. 계산화학을 처음 공부하는 학생들은 아직 이 부분의 의미가 명확하지 않을 수 있는데, 실습을 진행하면서 차차 이해될 것이다.

마지막으로, 원자핵의 운동에 해당하는 부분(주로 분자 내부 진동, vibration)을 다루기 위한 헤밀토니안 $\widehat{H_V}$는 다음과 같이 정해지는데, 이것은 원래의 Hamiltonian에서 아직까지 다루지 않은 원자핵의 운동에너지에 대한 식 (3.6)을 명시적으로 다루려는 것이며, 그 외 나머지 모든 항들을 사용하여 풀이한 결과가 $V(R)$로 치환된 것에 해당한다.

$$\widehat{H_V} = \sum_{I=1}^{N}\left(-\frac{1}{2M_I}\right)\nabla_I^2 + V(R) \tag{3.11}$$

이제 이 헤밀토니안을 사용한 Schrödinger 식의 풀이는 원자핵들의 운동(안정된 분자의 경우 진동 운동)에 대한 에너지와 파동함수를 제공하게 된다.

$$\widehat{H_V}\,\Psi_V = E_V\,\Psi_V \tag{3.12}$$

즉 $E_V$는 진동 에너지 준위(vibrational energy level)이며, $\Psi_V$는 분자－진동에 대한 파동함수(nuclear vibrational wave function)다. 그리고 진동 에너지 준위들 사이의 전이를 측정하는 실험이 바로 적외선 분광법(IR Spectroscopy)이다. 대부분의 양자화학 계산프로그램들이 적외선 분광학에 대한 정보를 제공하기 때문에, 식 (3.11)이 실제로 풀이되는 것으로 오해되는 경우가 많은데, 아직까지 거의 대부분의 양자화학 계산프로그램에서 식 (3.11)을 직접 풀이하지는 않는다. 그 대신 실제의 $V(R)$을 좀 더 간단한 식으로 근사한 후 함수적으로 다루는데, 이에 대한 내용은 나중에 4장에서 설명한다.

### 3.1.4 궤도함수 근사와 독립－전자 모형

위의 3.1.3절에서 설명한 BO 근사를 도입하면, 분자에 대한 Schrödinger 방정식, 식 (3.1)을 풀이하기 위해서는 먼저 전자에 대한 Schrödinger 방정식, 식 (3.9)를 풀이하여야 한다. 전자 운동에 대한 Hamiltonian, 식 (3.8)에서 원자핵과 전자 사이의 거리($R_{Ij} = |\overrightarrow{R_I} - \overrightarrow{r_j}|$)는 원자핵의 위치와 전자의 위치에 의존하지만, BO 근사에 따라 원자핵의 위치는 고정되어 있기 때문에, 실질적으로는 전자의 위치에만 의존한다. 또한 전자들 사이의 반발－항(electron－repulsion term)인 $r_{ij}$가 존재하기 때문에, 식 (3.9)의 Hamiltonian과 파동함수

는 모든 전자의 위치에 의존하는 함수이며, 따라서 다음과 같이 표기하여야 한다.

$$\widehat{H}_e(r_1, r_2, \dots r_n)\Psi_e(r_1, r_2, \dots r_n) = E_e\,\Psi_e(r_1, r_2, \dots r_n) \tag{3.13}$$

대부분의 양자화학 계산 프로그램은 식 (3.9)를 풀이하는 것에 해당하기 때문에, 앞으로 특별한 경우를 제외하고는, Hamiltonian과 파동함수의 아래 첨자로 붙는 e를 생략하여 표기한다. 그러나 이 식처럼 3개 이상의 입자가 독립적으로 거동하는 문제에 대한 수식을 그대로 풀이하는 것은 수학적으로 불가능하다. (이것을 물리학에서는 3－체 문제라고 부른다.) 그래서 첫 번째로 도입하여야 하는 근사는 각각의 전자 하나만의 거동만을 나타내는 분자－궤도함수(MO, molecular orbital)들을 사용하여 전체 파동함수를 표현하는 **궤도함수 근사**(orbital approximation) 방법이다. 궤도함수 근사 방법의 가장 기본이 되는 것은 다음과 같이 궤도함수들을 곱한 형식으로 전체 파동함수를 근사하는 **하트리－곱**(Hartree product) 방법이다.

$$\Psi_e(r_1, r_2, \dots r_n) = \prod_{i=1}^{n}\phi_i^{MO}(r_i) = \phi_1^{MO}(r_1)\times\phi_2^{MO}(r_2)\times\dots\times\phi_n^{MO}(r_n) \tag{3.14}$$

그런데 전자라는 것은 서로가 완전히 동일하며, 위치가 서로 교환되면 전체 파동함수의 부호가 반대가 되는 특성을 가지는 기본 입자(이러한 특성을 가지는 기본 입자들을 **페르미－입자**(Fermion)라 부른다.)에 속하는데, 식 (3.14)는 이러한 특성을 올바르게 표현할 수 없다. 궤도함수 근사를 사용하면서 전자의 Fermion 특성을 나타내는 가장 간단한 방법은 다음과 같은 행렬식(determinant) 형태로 표현하는 것이다. [**참고**: 논의를 간단하게 하기 위하여, 일단은 각 전자가 채워지는 궤도함수들이 모두 각각 다른 것으로 간주한다. 이것은 뒤의 3.1.7에 설명하는 UHF(unrestricted Hartree－Fock) 방법에 해당한다. UHF로 유도된 식에서 RHF에 해당하는 식으로의 유도과정은 (비록 이 책에서는 다루지 않지만), 그 반대 과정보다 훨씬 더 간단하다.]

$$\Psi_e = \frac{1}{\sqrt{n!}}\begin{pmatrix} \phi_1^{MO}(r_1)\,\phi_2^{MO}(r_1) & \dots\ \phi_i^{MO}(r_1) \dots & \phi_n^{MO}(r_1) \\ \phi_1^{MO}(r_2)\,\phi_2^{MO}(r_2) & \dots\ \phi_i^{MO}(r_2) \dots & \phi_n^{MO}(r_2) \\ \vdots \qquad \vdots & \ddots \qquad \vdots \ \dots & \vdots \\ \phi_1^{MO}(r_n)\,\phi_2^{MO}(r_n) & \dots\ \phi_i^{MO}(r_n) \dots & \phi_n^{MO}(r_n) \end{pmatrix} \tag{3.15}$$

전체 파동함수를 이렇게 행렬식 형태로 표한한 것을 **슬레이터－행렬식**(Slater determinant)이라고 부른다.

이제 식 (3.15)로 정의된 파동함수와 식 (3.8)로 정의된 Hamiltonian을 전자 운동에 대한 Schrödinger 방정식을 식 (3.9)에 대입하여 풀이하면, 전자의 수와 동일한 개수의, 다음과 같은 유사 고유-값 방정식들이 유도된다.

$$F_i(r_i)\ \phi_i^{MO}(r_i) = \epsilon_i\ \phi_i^{MO}(r_i) \tag{3.16}$$

$$F_i = h_i^{eff} = h_i + \sum_{j=1}^{n} g_{ij} = h_i + \sum_{j=1}^{n}(J_{ij} - K_{ij}) \tag{3.17}$$

$$h_i = -\frac{1}{2m_e}\nabla_i^2 + \sum_{I=1}^{N}\frac{Z_I}{R_{Ii}} \tag{3.18}$$

$$J_{ij} = \iint \phi_i^{MO*}(r_1)\phi_i^{MO}(r_1)\frac{1}{r_{12}}\phi_j^{MO*}(r_2)\phi_j^{MO}(r_2)d\tau_1 d\tau_2 \tag{3.19}$$

$$K_{ij} = \iint \phi_i^{MO*}(r_1)\phi_j^{MO}(r_1)\frac{1}{r_{12}}\phi_j^{MO*}(r_2)\phi_i^{MO}(r_2)d\tau_1 d\tau_2 \tag{3.20}$$

이것이 **하트리-포크**(Hartree-Fock) **이론**에 해당하며, 위 식들의 유도는 여러 쪽에 걸쳐서 설명하여야 하는 꽤 복잡한 과정을 거치기 때문에 여기서는 생략하지만, 몇 가지 주요 사항을 강조할 필요가 있다. 우선, 식 (3.16)은 표면적으로는 하나의 변수에만 의존한다. 따라서 전자의 개수에 해당하는 n개의 변수($r_1, r_2, \cdots, r_n$)에 의존하는 하나의 고유-값 방정식이던 식 (3.9)가 하나의 변수($r_i$)에만 의존하는 식 (3.16)과 같은, n개의 유사 고유-값 방정식(pseudo-eigenvalue equation)들로 분해되었다. 마치 각각의 전자가 독립하여 거동하는 것으로 다루어지는 것 같이 보인다. 그래서 이것을 **독립-전자 모형**(independent electron model)이라고 부르기도 한다. 그러나 식 (3.17)부터 식 (3.20)을 들여다보자. 식 (3.18)은 i-번째 전자의 운동 에너지와 다른 원자핵들에 의한 인력이기 때문에 i-번째 전자에 의해서만 결정되는 것이 분병하다. 그러나 식 (3.19)와 식 (3.20)을 보면, i-번째 전자에 대한 유사 고유-값 방정식을 정의하는 부분에 다른 전자들과의 상호작용에 해당하는 연산자($g_{ij} = J_{ij} - K_{ij}$)가 포함되어 있기 때문에, 다른 전자들에 대한 $\phi_j, i \neq j = 1, 2, \cdots$ 들을 이미 알고 있어야만 식 (3.19)와 식 (3.20)을 실제로 구할 수 있고, 그래야 식 (3.17)을 구성하는 것들이 모두 정해져서 식 (3.16)을 풀이할 수 있다. 즉 $\phi_i$에 대한 식 (3.16)은 다른 $\phi_j$에 대한 식 (3.16)과 동시에 모두 얽혀(짝지어, coupling되어) 있다는 의미를 내포한다.

전자들 사이의 상호작용 때문에 유도된 2-전자 연산자($g_{ij}$)는 식 (3.19)로 정의되는 **쿨롱-연산자**(Coulomb operator) $J_{ij}$와 식 (3.20)으로 정의되는 **교환-연산자**(Exchange operator) $K_{ij}$로 이루어진다. 쿨롱-연산자는 식 (3.19)로부터 알 수 있는 바와 같이 $r_1$ 위치의 부피요소 $\tau_1$에 있는 전하밀도($\phi_i^*(r_1)\phi_i(r_1)d\tau_1$)와 $r_2$ 위치의 부피요소 $\tau_2$에 있는 전하밀도($\phi_j^*(r_2)\phi_j(r_2)d\tau_2$) 사이의 거리에 반비례($1/r_{12}$)하는 쿨롱-반발력에 해당한다는 것이 쉽게 이해된다. 그런데, 교환-연산자는 식 (3.20)을 아무리 들여다보아도, 그 어떠한 고전적 의미로 해석할 수 없다. 만약 전체 파동함수를 식 (3.14)와 같은 하트리-곱으로 근사하면 교환-연산자 $K_{ij}$에 해당하는 항이 생기지 않는다. 식 (3.15)와 같은 슬레이터-곱으로 표현할 때만 교환-연산자가 나온다. 따라서 **전자가 페르미-입자라는 특성 때문에 교환-연산자 $K_{ij}$가 나타나는 것**이며, **교환 연산자를 그 어떠한 고전적 개념으로 비유하여 설명하는(또는 이해하는) 것이 불가능**하다.

이 책에서는 아직까지 전자-스핀에 대한 것을 도입하지는 않았지만, 식 (3.20)에서 적분요소 $d\tau$는 3차원 공간요소뿐만 아니라 스핀 공간에 대한 부분도 포함한다. 따라서 만약 i-번째 궤도함수와 j-번째 궤도함수의 스핀 함수가 서로 반대 방향인 경우에는 식 (3.20)에서 $\phi_i^*(r_1)\phi_j(r_1)d\tau_1$의 값도 영(zero)이고 $\phi_j^*(r_2)\phi_i(r_2)d\tau_2$도 영(zero)이다. 그러나 식 (3.19)는 같은 스핀-함수들끼리의 곱만 포함하기 때문에 영이 되지 않는다. 따라서 교환-적분은 같은 방향의 스핀 사이에서만 작용하지만, 쿨롱-적분은 같은 스핀 사이뿐만 아니라 다른 스핀 사이에도 작용한다는 차이를 이해하는 것이 매우 중요하다.

### 3.1.5 자체-일치-장(SCF) 방법

HF(Hartree-Fock) 이론은 전자의 페르미-특성을 만족시키는 가장 간단한 궤도함수 근사에 해당하는데, 이것을 실제로 풀이하는 과정이 필요하다. 이를 위하여 HF 이론을 자세히 (그러나 일단 정성적으로) 들여다보자. 얼핏 보기에 각 전자에 대한 **포크-수식**(Fock equation)인 식 (3.16)을 풀기만 하면 된다. 포크-식의 풀이 과정은 미분과 적분 계산이 얽혀 있는 복잡한 과정이기는 하지만, 식 (3.17)의 구성 요소들이 정해지기만 하면 컴퓨터 프로그램이 식 (3.16)을 풀이한다고 이해하면 된다. 즉 i-번째 전자에 대한 식 (3.16)을 풀이하면 i-번째 궤도함수($\phi_i^{MO}$)와 궤도함수 에너지($\epsilon_i$)를 얻게 된다. 그러나 i-번째 전자에 대한 식 (3.16)을 풀이하려면, 그 식을 정의하는 **포크-연산자**(Fock operator)인 식 (3.17)을 구성하는 것들을 먼저 구해야 한다. 그들 중 한-전자 연산자(one-electron operator)라고 부르는 $h_i$는 식 (3.18)로 명확하게 정의되는데, 두-전자 연산자(two-electron operator)들인 $J_{ij}$와 $K_{ij}$는 다른 전자(j-번째 전자)들의 궤도함수들을 모두 알아야 한다. 그런데, j-번째 전자의 궤도함수를 구하려면 j-번째 전자에 대한 포크-식을 풀어야 하고, 그것을 위해서는 j-번째 전자 관점에서 다른 전자에 해당하는 (아직 구하지 않은) i-번째 전자의 궤도함수를 알아야 한다. 즉 각 전자에 대한 포크-식을 정의하려면, 아직 풀지 않은 다른 모든 전자들에 대한 포크-식의 해를 미리 알아야 하는 모순, 또는 순환 관계로 얽혀 있다. 더구나, 특정 전자에 대한 포크－식이 다른 전자의 궤도함수에 의존하는 관계는 선형 관계가 아니라 비－선형(non－linear) 관계로 얽혀있다.

이러한 비－선형 문제는 다음과 같은 순서를 순환하는 반복 과정(iterative procedure)으로 풀이할 수밖에 없다.

1. 일단 모든 전자의 궤도함수($\phi_i^{MO,0}$)들을 적절하게 짐작하여 만든다. 이것을 초기－추정(initial guess)이라고 하는데, 분자－궤도함수를 구성하는 원자－궤도함수들, 분자의 점－대칭 특성(point group symmetry) 및 (여기서 모두 설명하기 어려운) 여러 가지 근거를 바탕으로 이루어진다.
2. 이렇게 정해진 궤도함수들을 사용하여 $h_i$, $J_{ij}$, $K_{ij}$를 모두 계산한다.
3. $J_{ij}$와 $K_{ij}$를 $h_i$에 더하여 포크－연산자 $F_i$를 구한다.
4. 포크－식 (3.16)을 풀이하여 첫 번째 개선된 궤도함수($\phi_i^{MO,1}$)들을 얻는다.
5. 새로운 궤도함수($\phi_i^{MO,1}$)들을 사용하여 $h_i$, $J_{ij}$, $K_{ij}$를 모두 다시 계산한다.
6. $J_{ij}$와 $K_{ij}$를 $h_i$에 더하여 포크－연산자 $F_i$를 다시 구한다.
7. 포크－식 (3.16)을 또 풀이하여 두 번째 개선된 궤도함수($\phi_i^{MO,2}$)들을 얻는다.
8. 위의 과정(5－7)을 계속 반복(iteration)한다.
9. 반복하면서 m번째 과정에서 얻은 것($\epsilon_i^m$, $\phi_i^{MO,m}$)과 그 다음 m+1－번째 과정에서 얻은 것($\epsilon_i^{m+1}$, $\phi_i^{MO,m+1}$) 사이의 차이가 미리 설정한 기준－값(SCF convergence threshold value)보다 적어지면, 순환－반복 과정이 수렴(converge)하였다고 판단하고 멈춘다.

반복 과정(iterative process)으로 각 전자에 대한 파동함수들이 더 이상 변하지 않은(converged) 상태에 도달하면, 전자들 사이의 상호작용을 최선의 평균 상태로 포함하는 결과에 해당된다. 이러한 방법을 **자체－일치－장(SCF,** Self－Consistent－Field) **방법**이라고 부른다.

여기에는 사실 두 가지 중요한 요소가 숨어 있다. 첫째는 이 과정이 **변분 원리**(variation principle)에 해당한다는 것인데, 이것을 설명하려면 변분 원리와 이것의 적용에 대한 여러 가지를 설명하여야 하는데, 여기서는 생략한다. 단지 이러한 SCF 과정을 거치면 슬레이터－행렬식으로 표현한 파동함수로 도달할 수 있는 가장 최선의 (가장 낮은 에너지의) 풀이를 얻는다고 이해하면 되겠다. 기초 실습에서 설명하는 바와 같이, 실제 양자화학 계산의 결과를 들여다보면 이러한 SCF 과정을 거치면서 HF 에너지 값이 점점 더 낮아지다가 어느 일정한 값에 수렴하는 것을 볼 수 있다. 두 번째는, 만약 초기-추정(initial guess)이 적절하지 않으면, SCF 과정이 수렴하지 않을 수 있다는 점이다. SCF 과정이 진행되면서 HF 에너지가 점점 더 높아지거나(diverge), 또는 높아지고 낮아지기를 일정한 주기로 반복(oscillate)한다. 어떤 경우에는, HF 에너지가 일정한 값으로 수렴하였다고 해도, 그것이 가장 최선의 결과가 아닐 수도 있다. 이것을 **HF 안정성 문제**(HF stability problem)라고 부른다.

그래서 궤도함수의 적합한 초기 추정방법에 대한 여러 가지 방법들이 개발되었다. 간단한 분자의 평형 구조 근처에서 계산하는 경우에는 계산화학 프로그램이 자동으로 추천하여 제공하는 방법(이러한 것들을 default option 또는 default value라고 부른다)을 사용하면 큰 문제가 없다. 그러나 평형 분자구조에서 벗어난 경우나 전이금속들이 다수 포함되어 스핀-다중도가 높은 경우, 그리고 공액-다중-결합들(conjugated multiple bonds)을 포함하는 복잡한 화합물의 경우에는 SCF 과정의 수렴이 그렇게 쉽지만은 않다. 그 경우에는 계산화학 프로그램이 제공하는 여러 가지 다른 초기 추정방법들과 SCF 과정을 조절하는 여러 방법들을 사용하여야 하며, 또한 수렴된 결과의 안정성(HF stability)을 검토하여야 하는데, 그것들은 학부생들을 대상으로 하는 이 책의 범위에서는 벗어난다. 계산화학 프로그램이 특별한 주의를 표시하지 않는 대부분의 경우에, 계산화학을 처음 시작하는 학생들이 염려할 문제는 아니다.

그보다는, 초기 추정 방법의 가장 기본이라고 할 수 있으며, 또한 다-원자 분자(polyatomic molecule)에 대한 HF/SCF 방법을 구체화하는 데 필수적인 다음 3.1.6절의 내용을 이해하는 것이 더 중요하다.

### 3.1.6 LCAO-MO(원자 오비탈을 선형-결합한 분자 오비탈)

분자 내에서 운동하는 각 전자의 거동을 나타내는 분자-궤도함수(MO, molecular orbital, $\phi_i^{MO}$)의 기본적인 형태를 구성하는 것 자체가 어려운 문제이고, 더구나 이에 대한 초기 추정은 더욱 막연하게 생각될 수 있다. 그러나 분자라는 것은 원자들이 화학 결합으로 연결된 것이기 때문에, 분자를 구성하는 원자들의 원자-궤도함수(AO, atomic orbital, $\phi_\mu^{AO}$)들을 다음과 같이 선형-결합(linear combination)하여 분자-궤도함수를 구성하는 것이 타당하다.

$$\phi_i^{MO} = \sum_\mu c_{i\mu}\, \phi_\mu^{AO} \tag{3.21}$$

여기서 선형－결합이라는 것은, 서로 다른 원자 오비탈들끼리 곱해지는 2차 항들은 없고 각 원자－궤도함수($\phi_\mu^{AO}$)에 계수($c_{i\mu}$)만을 곱한 후, 이러한 항들끼리 더해주는, 즉 1차 선형－항들로만 구성된다는 것을 의미한다. 이때의 계수($c_{i\mu}$)들을 **분자 궤도－계수**(MO coefficient)라고 부른다. 이처럼 원자 오비탈들의 선형－결합 형태로 분자 오비탈을 구성하는 방법을 '원자 오비탈을 선형－결합한 분자 오비탈(Linear Combination of Atomic Orbital － Molecular Orbital, **LCAO－MO**)' 방법이라고 부르며, 여러 원자들로 이루어진 다－원자 분자(polyatomic molecule)를 다루는 가장 유용한 기본 방법이다. 여기서 특정 분자－궤도함수를 만드는데 모든 원자－궤도함수들이 항상 모두 참여하는 것은 아니고, 분자의 점－대칭－군(point group symmetry) 특성에 따라 결정되는데, 이에 대한 자세한 설명은 여기서 생략하니, 물리화학 책 또는 화학 군론(Chemical Group Theory)에 대한 책을 참고하기 바란다.

그런데, 원자들이 서로 화학 결합을 하여 분자를 형성하기 위해서는, 원자－궤도함수의 모양이 원자일 때와 동일하게 유지될 수는 없으며, 따라서 식 (3.21)처럼 원자－궤도함수($\phi_\mu^{AO}$)를 그대로 사용하는 것이 최선은 아닐 수 있다. 따라서 원래의 원자－궤도함수와는 조금 다른 함수(바탕함수, basis function)들을 사용하는 것이 더 효율적인데, 이에 대해서는 다음 절인 3.2절에서 설명한다.

한편 계수들로 이루어진 기둥－벡터(column vector)와 원자 오비탈들로 구성된 줄－벡터(row vector)를 곱하는 방식으로 이러한 LCAO－MO 관계를 나타내면 다음과 같다.

$$\phi_i^{MO} = (\phi_1^{AO}, \phi_2^{AO}, \cdots, \phi_\mu^{AO}, \cdots)\begin{pmatrix} c_{1i} \\ c_{2i} \\ \vdots \\ c_{\mu i} \\ \vdots \end{pmatrix} \tag{3.22}$$

따라서 여러 개의 분자 오비탈들 전체를 다음과 같이 한꺼번에 표현할 수 있다.

$$(\phi_1^{MO}, \phi_2^{MO}, \cdots, \phi_i^{MO}, \cdots) = (\phi_1^{AO}, \phi_2^{AO}, \cdots, \phi_\mu^{AO}, \cdots)\begin{pmatrix} c_{11} & c_{12} & \cdots & c_{1i} & \ldots \\ c_{21} & c_{22} & \cdots & c_{2i} & \cdots \\ \vdots & \vdots & \ddots & \vdots & \\ c_{\mu 1} & c_{\mu 2} & \cdots & c_{\mu i} & \cdots \\ \vdots & \vdots & \ddots & \vdots & \cdots \end{pmatrix} \tag{3.23}$$

이러한 행렬 표현들을 사용하여 원래의 Schrödinger 식을 풀이하게 되면 (선형 변분원리가 적용되면서) 다음과 같은 선형－대수식이 유도된다.

$$FC = ESC \tag{3.24}$$

위의 식 (3.24)를 유도하는 과정은 여러 쪽에 걸쳐서 설명하여야 하는 복잡한 과정이기 때문에 여기서 생략하고, 주요 의미만을 설명한다. **E**는 분자-궤도함수 에너지(MO energy) 값들을 대각 원소(diagonal element)로 가지며, 대각선 위치가 아닌 곳은 모두 영(zero)인 행렬이다. **C**는 **분자-궤도함수-계수**들(MO coefficients)로 구성된 행렬(matrix)인데, 식 (3.22) 오른쪽의 기둥-벡터들을 옆으로 나란히 나열한 것에 해당한다. 한편 헤밀토니안 행렬(**F**)과 겹침-적분 행렬(**S**)의 각 원소들은 다음과 같이 정의된다.

$$F_{\mu\nu} = \int \phi_\mu^{AO} \hat{F}\ \phi_\nu^{AO}\ d\tau \tag{3.25}$$

$$S_{\mu\nu} = \int \phi_\mu^{AO}\ \phi_\nu^{AO}\ d\tau \tag{3.26}$$

여기서 식 (3.25) 안의 포크 연산자는 식 (3.17)에서 정의한 것에 해당한다. 그러나 식 (3.17)은 분자-궤도함수(MO)인 $\phi_i^{MO}$들에 의하여 직접 정의되는 것인 반면에, 식 (3.25)의 행렬 원소들은, 아래의 수식에서와 같이 원자-궤도함수(AO)인 $\phi_\mu^{AO}$들로 정의되는 적분들인 $h_{\mu\nu}$와 $\langle \mu\nu|\sigma\lambda \rangle$, 그리고 분자-궤도함수-계수($c_{i\mu}$)들을 곱한 밀도-행렬(density matrix, $P_{\lambda\sigma}$)들에 의하여 정의된다.

$$F_{\mu\nu} = h_{\mu\nu} + \sum_{\lambda\sigma} P_{\lambda\sigma} (\langle \mu\nu|\sigma\lambda \rangle - \langle \mu\lambda|\sigma\nu \rangle) \tag{3.27}$$

$$h_{\mu\nu} = \int \phi_\mu^{AO*}(r_i)\ \hat{h}_i \phi_\nu^{AO}(r_i)\ d\tau_i \tag{3.28}$$

$$(\mu\nu|\sigma\lambda) = \iint [\phi_\mu^{AO}(r_i)]^* \phi_\nu^{AO}(r_i)\ \frac{1}{r_{ij}}\ [\phi_\sigma^{AO}(r_j)]^*\ \phi_\lambda^{AO}(r_j)\ d\tau_i\, d\tau_j \tag{3.29}$$

$$P_{\lambda\sigma} = \sum_{i=1}^{n} c_{\lambda i \lambda} (c_{\sigma i})^* \tag{3.30}$$

식 (3.28)의 연산자 $\hat{h}_i$는 식 (3.18)에 정의된 것이다. 식 (3.28)을 **한-전자 원자 적분**(one-electronic atomic integral) 또는 **중심-헤밀토니안**(core Hamiltonian)이라고 부르고, 식 (3.29)를 '**두-전자 원자-궤도함수 적분**(two-electron AO integral, $(\mu\nu|\sigma\lambda)$)'이라고 부른다. 식 (3.30)은 **분자-궤도함수-계수**(MO coefficient)들로 정의되는 **밀도-행렬**($P_{\lambda\sigma}$, density matrix)이다. 식 (3.27)의 덧셈은 모든 원자-궤도함수(AO)들에 대하여 더해주는 것인 반면에, 식 (3.30)의 덧셈은 전자가 채워진 분자-궤도함수(MO)들에 대해서만 더해준다($\sum_{i=1}^{n}$)는 차이를 주목하라. 여기서 식 (3.28)과 식 (3.29)로 정의되는 값들은 분자-궤도함수-계수(MO coefficients)에 무관하게 계산된다는 것을 주목할 필요가 있다. 즉 계산에 참여하는 원자-궤도함수(또는 3.3절에서 설명하는 바탕함수)가 일단 한번 정해지면, 식 (3.28)과 식 (3.29)에 해당하는 것들은 한번만 계산해 두고, SCF 과정이 반

복되는 동안에도 다시 반복하여 계산할 필요가 없다.

이제 식 (3.24)를 풀이하기 위하여, 앞의 3.1.5절에서 설명한 SCF 과정이 그림 3.2와 같이 약간 변경되는데, 이를 단계별로 설명하면 다음과 같다.

1. 일단 모든 원자-궤도함수($\phi_\mu^{AO}$)들을 사용하여(또는 3.3절에서 설명하는 바탕함수들을 사용하여) 한-전자 원자 적분($h_{\mu\nu}$)과 두-전자 원자 적분($\mu\nu|\sigma\lambda$)들을 모두 계산한다. 이것들은 아래의 반복과정에서 변하지 않고 사용되기 때문에 한번만 계산하여 저장해두면 된다.
2. 전자가 채워지는 분자-궤도함수-계수들의 초기값($c_{\mu i}^0$)을 적절하게 짐작하여 만든다. 이것이 MO-계수에 대한 **초기-추정**(initial guess)이다.
3. 이렇게 정해진 MO-계수들을 사용하여 초기 밀도-행렬($P_{\lambda\sigma}^0$)을 구성하고, 두-전자 원자 적분들과 결합시켜 $J_{\mu\nu} - K_{\mu\nu} = \sum_{\lambda\sigma} P_{\lambda\sigma}(\langle\mu\nu|\sigma\lambda\rangle - \langle\mu\lambda|\sigma\nu\rangle)$ 행렬(matrix)을 만든다.
4. $J_{\mu\nu}$와 $K_{\mu\nu}$에 $h_{\mu\nu}$에 더하여 포크-연산자 $F_{\mu\nu}^0$에 해당하는 행렬을 구성한다.
5. 포크-연산자 $F_{\mu\nu}^0$에 해당하는 행렬을 대각화(diagonalize)시켜, 고유-값($\epsilon_i^1$)들과 고유 벡터들을 얻으면, 첫 번째 개선된 분자-궤도함수-계수들($c_{\mu i}^1$)들을 구한 것이다.
6. 전자가 채워지는 궤도함수에 대한 분자-궤도함수-계수들($c_{\mu i}^1$)들을 사용하여 새로운 밀도-행렬($P_{\lambda\sigma}^1$)을 다시 구성하고, 두-전자 원자 적분들과 결합시켜$J_{\mu\nu}$와 $K_{\mu\nu}$의 행렬(matrix)을 다시 만든다.
7. $J_{\mu\nu}$와 $K_{\mu\nu}$에 $h_{\mu\nu}$에 더하여 새로운 포크-연산자 $F_{\mu\nu}^1$ 행렬을 다시 구성한다.
8. 포크-연산자 $F_{\mu\nu}^1$의 행렬을 다시 대각화(diagonalize)시켜, 고유 벡터들을 다시 얻으면, 두 번째 개선된 분자-궤도함수-계수들($c_{\mu i}^2$)들을 얻는다.
9. 위의 과정(6~8)을 계속 반복(iterate)한다.
10. 반복하면서 m-번째 과정에서 얻은 것($\epsilon_i^m$, $P_{\lambda\sigma}^m$)과 그 다음 m+1-번째 과정에서 얻은 것($\epsilon_i^{m+1}$, $P_{\lambda\sigma}^{m+1}$) 사이의 차이가 미리 설정한 기준-값(SCF convergence threshold value)보다 적어지면, 순환-반복 과정이 **수렴**(converge)하였다고 판단하고 멈춘다.
11. 실제의 계산화학 프로그램들은 궤도함수 에너지($\epsilon_i$)들의 변화의 수렴에 대한 기준-값과 밀도-행렬($P_{\lambda\sigma}$) 원소들의 수렴에 대한 기준-값 두 가지를 모두 사용하는 것이 대부분이며, 필요에 따라서는 사용자가 이 기준-값들을 조절할 수 있도록 허용하고

있다.

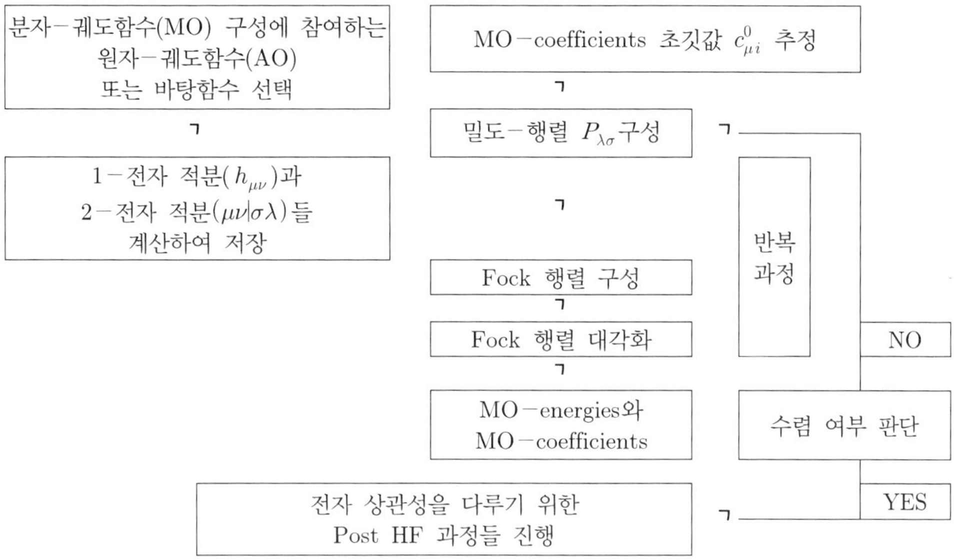


**그림 3.2** Hartree−Fock−Roothaan 방법의 SCF 순환 과정(iterative process).

이러한 SCF 과정에 따라, 선형−대수식인 식 (3.24)가 풀이되고, 분자궤도−계수들의 값이 결정됨을 의미한다. 즉 수렴된 최종 분자−궤도함수−계수($c_{\mu i}$)들과 원래의 원자−궤도함수($\phi_{\mu}^{AO}$)들을 식 (3.22)에 사용하여 분자−궤도함수($\phi_{i}^{MO}$)들을 구성하고, 이것들을 식 (3.15)에 사용하여 분자 전체의 파동함수($\Psi_e$)가 결정된다. 또한 분자 전체의 전자−에너지($E_e$)도 결정되기 때문에 Schrödinger 방정식의 해를 구하게 된 셈이다. 한편 전체 에너지($E_e$)는 다음 식으로 정해지는데, 이처럼 다소 복잡하게 되는 것에 대한 자세한 과정을 여기서는 생략한다.

$$E_e = \sum_{i}^{n}\epsilon_i - \frac{1}{2}\sum_{j=1}^{n}(J_{ij} - K_{ij}) \qquad \text{식 (3.31)}$$

양자화학 교재나 계산화학에 대한 고급수준 교재에는 식 (3.31)과 유사한, 그러나 약간씩 다른 여러 표현들이 나오기 때문에, 학생들이 처음에는 혼란스러울 수 있다. 여기서 자세히 설명할 수는 없지만, HF/SCF 방법으로 구해지는 총−전자−에너지가 분자−궤도−에너지(MO energy)들의 단순한 합이 아니라는 사실$\left(E_e \neq \sum_{i=1}^{n}\epsilon_i\right)$은 계산화학 프로그램의 사용자들도 알아둘 필요가 있다.

한편, 다음 3.2절에서 설명하는 여러 가지 반−경험 방법들 중 하나인 EHT(Extended Huckel Theory)는 바로 위의 선형대수식(HC=ESC)을 바탕으로 하는 방법이며, 식 (3.24)을 어떻게 근사하는지 따라 여러 가지 반−경함 방법들이 구분된다.

지금까지 설명한 3.1절의 주요 내용을 간단히 종합하면 다음과 같다.

1. 분자에 포함된 원자핵의 종류와 수, 각 원자핵의 위치, 그리고 분자에 포함된 전자들의 전체 수에 대한 정보만 주어지면 그 분자에 해당하는 Hamiltonian이 식 (3.5)로 정의되고, 이것을 이용하여 Schrödinger 방정식 (3.1)을 풀이하여 분자의 에너지와 파동함수를 구할 수 있으며, 이 파동함수로부터 분자의 다른 물리−화학 성질들을 모두 계산할 수 있다.
2. 이러한 과정을 다−원자 분자에 대하여 적용하기 위하여, 맨 먼저 보른−오펜하이머(BO) 근사를 도입하면, 원자핵들의 위치가 특정한 값(R)에 고정된 상태에서 전자들만의 운동에 대한 전자−Hamiltonian 식 (3.8) $H_e$ 를 사용한 식 (3.9)를 풀이하여 전자−에너지 $E_e$ 를 구한다.
3. 보른−오펜하이머(BO) 근사에 의하여, 전자−Hamiltonian 식 (3.8) $H_e$ 는 구체적으로 정의되면, 그에 대한 Schrödinger 방정식의 풀이를 구하기 위하여, 전자 전체의 파동함수를 구성하여야 하는데, 먼저 식 (3.14)와 같은 궤도함수 근사(이것이 Hartree Approximation이다)를 생각해 볼 수 있다. 그러나 전자의 페르미−특성을 표현하는 가장 간단하고 올바른 방법은 식 (3.15)와 같은 슬레이터−행렬식 형태다. 이 슬레이터−행렬식을 사용하면 하나의 방정식인 식 (3.9)가 식 (3.15)와 같은 n개의 (서로 짝지어진) 유사 고유−값 방정식들의 모임으로 변형된다. 이것이 하트리−포크(Hartree−Fock) 이론이다.
4. 변분 원리(variation principle)를 적용하면서 하트리−포크 방정식 (3.16)을 풀이하는 과정이 3.1.5절에서 설명한 자체−일치−장(SCF, Self−Consistent−Field) 방법이다. SCF 방법에서는 먼저 분자−궤도함수에 대한 적절한 초기 추정(initial guess)에서 출발하여, 전자들 사이의 상호작용을 나타내는 쿨롱−연산자(Coulomb operator)와 교환−연산자(exchange operator)를 구성하고, 그것을 사용하여 포크−연산자를 만들고, 그 포크 연산자에 대한 유사−고유−값 방정식을 풀이하여 새롭게 개선된 분자−궤도함수를 얻는다. 이 새로운 궤도함수를 사용하여 다시 쿨롱−연산자와 교환−연산자를 구성하고, 그것을 사용하여 포크−연산자를 만들고, 그 포크 연산

자에 대한 유사-고유-값 방정식을 또 다시 풀이하여 더 새롭게 개선된 분자-궤도함수를 얻는다. 이러한 과정을 반복하여 더 이상 변화가 없는 자체-일치(self consistent) 상태로 수렴시킨다.

5. 분자에 대한 HF/SCF 방법에서는 분자에 포함된 원자들의 원자-구도함수(AO, Atomic Orbital)들을 선형-결합(linear combination)하여 분자-궤도함수에 대한 기본 형태와 초기 추정을 만든다. 이것을 LCAO-MO 방법이라고 한다. 실제 양자화학 프로그램에서는 원래의 순수한 AO들을 사용하기보다는 그와 유사한 바탕함수들(basis functions)을 사용하는데, 이에 대해서는 3.3절에서 다룬다.
6. LCAO-MO(또는 바탕함수들의 선형-결합)을 사용하는 방법을 **하트리-포크-루탄(HFR,** Hartree-Fock-Roothaan) 방법이라고 부르기도 한다. HF/SCF 방법에서는 비-선형 과정이던 것이 HFR/SCF 과정에서는 선형 과정으로 치환된다. HFR/SCF 과정은 먼저 분자궤도-계수(MO coefficient)에 대한 적합한 초기 추정에서 출발하여, 식 (3.27)부터 식 (3.30) 사이에 설명된 포크-행렬을 구성한 후, 이것을 대각화하면 새로운 분자궤도-계수와 분자궤도-에너지들(MO energies)이 구해지는데, 이러한 과정을 반복하여 분자궤도-계수를 최적화시키는 선형대수 과정이다. 즉 HF 방법에서는 SCF 과정을 통하여 MO 자체를 직접 최적화시키기 때문에 비선형 요소를 포함하지만, HFR 방법에서는 SCF 과정을 통하여 선형-전개-계수인 MO-계수들만 최적화시키기 때문에 선형 과정에 해당한다.
7. 이러한 HF/SCF 과정으로 수렴된 결과를 얻으면, 대상 분자를 묘사하는 전체 파동함수와 전체 에너지 및 분자 안에서 운동하는 각 전자의 거동에 대한 분자-궤도함수(MO, molecular orbital), 그리고 이들 각 분자-궤도들의 에너지 값들(MO energies)이 구해지며, 이를 바탕으로 그 원자핵 배치에서의 물리-화학 특성에 대한 해석에 적용하거나, 또는 그 다음 단계의 추가 계산들을 시작할 수 있다.
8. 원자핵들의 위치를 변화시키면서, 각 원자핵 배치에서의 전자 에너지를 구하고, 그 값에 원자핵 사이의 반발 에너지 식 (3.7) U를 더하면, 주어진 원자핵들의 배치에서 원자핵들이 느끼는 유효 퍼텐셜 에너지 V(R)이 된다. 이것을 사용하여 분자 안에서 원자핵들의 상대적 운동에 해당하는 진동-Hamiltonian 식 (3.11)을 사용한 식 (3.12)를 풀이하면, 분자-내-진동-에너지 준위들($E_{vib}$)에 대한 정보가 구해지며, 그것이 진동 스펙트럼(IR spectrum)의 해석 및 예측에 적용된다. 대부분의 계산화학 프로그램에서는 식 (3.11)을 실제로 풀이하지 않고, 조화-함수-근사(Harmonic approximation)를

적용하여 처리하기 때문에, 식 (3.11)을 풀이하는 과정은 이 책에서 자세히 다루지 않는다.

### 3.1.7 전자-스핀 짝지음: RHF, UHF, ROHF

비록 3.1.4절에서 전자의 페르미-특성에서 암묵적으로 다루기는 했지만, 이 책에서는 지금까지 전자의 스핀에 대해서 명시적으로 다루지 않았다. 전자가 스핀이라는 고유한 특성을 가진다는 것은 1922년의 실험(Stern-Gerlach experiment)에서 밝혀졌지만, 폴-디락(Paul Dirac, 1902.08.08. ~ 1984. 10.20)이 상대성 이론과 양자역학 이론을 결합한 방정식(four component Dirac equation)을 1928년에 발표하면서, 스핀 특성이 상대성 이론으로 설명될 수 있었다. 따라서 전자의 특성을 올바르게 다루기 위해서는 상대론적 양자역학 이론을 적용하여야 하며, 원자번호가 큰 원소를 포함하는 경우나 스핀-궤도 짝지음을 정확하게 다루기 위해서는 상대론적 양자역학에서 출발하여 다루어야 한다. 그러나 그것은 이 책의 범위를 벗어난 것이며, 대부분 화학물질의 많은 물리화학 특성들은 상대론적 양자역학 이론을 직접 적용하지 않고, 근사적으로 다루어도 충분하다.

그러나 전자-스핀의 최소한 두 가지 특성은 정확하게 다루어야 하는데, 그 첫 번째는 페르미-특성이며, 그것을 다루기 위한 행렬식-표현에 대해서는 3.1.4절에서 이미 설명하였다. 두 번째 특성은 (물론 이것도 기본적으로는 페르미-특성에 의한 것이지만) 궤도함수에 전자가 채워질 때 (파울리 배타원리에 해당하는) 전자-스핀 사이의 짝지음 규칙이다. 그런데 식 (3.3) 또는 식 (3.5)에는 전자의 스핀 특성에 관련된 어떤 것도 포함되어 있지 않다. 따라서 전자-스핀의 짝지음에 대해서는 Hamiltonian 자체에 의해서가 아니라, 계산 프로그램의 사용자가 외부에서 추가로 규정하여야 한다. 동일한 궤도함수에 전자들이 채워지는 경우에는 파울리 배타원리를 엄격하게 따라야하며, 그것은 비교적 명확하고 단순(알파-스핀 전자와 배타-스핀 전자가 정확하게 반대로 짝을 지어야)하기 때문에, 사용자가 전자배치만 지정하면, 컴퓨터 프로그램이 알아서 자동으로 처리한다. 그러나 전자가 채워지는 궤도함수의 동일성 여부가 명확하지 않거나, 파울리 배타원리를 지키면서 두 가지 이상의 다른 전자 배치가 가능한 경우에는, 계산 프로그램의 사용자가 전자-스핀 사이의 짝지음(coupling)을 지정해 주어야 한다. 이러한 지정을 잘못하면, 목표하는 것과 다른 전자상태에 대한 계산 결과를 얻게 된다.

먼저, 리튬원자 두 개가 2.673Å 거리에 있는 분자($Li_2$)를 생각해 보자. 이것은 수소분자($H_2$) 다음으로 가장 가벼운, 그러면서도 안정하게 실제로 존재하는 이원자 분자다. 일반화학과 물리화학에서 설명한바와 같이, 두 Li 원자의 원자－궤도함수(AO)들끼리 결합성/반결합성으로 조합하여 만들어지는 분자－궤도함수(MO)들의 에너지 순서는 $\sigma_{1s} < \sigma_{1s}^* < \sigma_{2s} < \sigma_{2s}^* \ldots$이다. 여기에 중성인 분자($Li_2$)가 가지는 6개의 전자가 채워지면서, 파울리 배타원리를 지키는, 가장 낮은 에너지의 전자배치는 다음과 같다.

$$(\sigma_{1s})^2, (\sigma_{1s}^*)^2, (\sigma_{2s})^2, (\sigma_{2s}^*)^0 \cdots \tag{3.32}$$

이것은 두 개씩 전자가 채워진 각 MO에서, 한 전자는 알파－스핀상태(spin－up, ↑)이고 다른 전자는 베타－스핀상태(spin－down, ↓)라는 의미다. 식 (3.5)에는 스핀에 관련된 부분이 없기 때문에, Hamiltonian 관점에서는 알파스핀 전자와 베타스핀 전자는 완전히 동등하게 취급될 수 있다. 따라서 알파스핀 전자가 채워지는 궤도함수와 베타스핀 전자가 채워지는 궤도함수를 완전히 동일한 것으로 간주하고, 처음부터 그렇게 제한(restrict)하여 다룰 수 있다. 이러한 **제한된－하트리－포크(RHF**, Restricted Hartree－ Fock) 방법 개념을 그림 3.3(a)에 나타내었다. 즉, 스핀－특성을 올바르게 포함하는 슬레이터－행렬식 표현으로부터 유도되는 하트리－포크 수식의 유도 과정에서 불필요한(동일한 값을 중복하여 다루는) 부분을 애초에 제거하는 것이 가능하다. 그렇게 하면, (이 책에서 자세한 수식을 다루지는 않지만) HF/SCF 과정에서 풀어야 하는 짝진 유사 고유－값 방정식(coupled pseudo－eigenvalue equation)의 수가 절반으로 줄어든다. 다시 말해서, 식 (3.17)은 다음과 같이 모양이 좀 변하지만, 풀어야 하는 식 (3.33)의 개수는 식 (3.16)의 개수의 반으로 줄어든다. 그 외 많은 부분들이 더 간단해진다.

$$F_i = h_i^{eff} = h_i + \sum_{j=1}^{n/2} (2J_{ij} - K_{ij}) \tag{3.33}$$

그러나 바닥－상태의 전자배치에 대하여 전혀 알지 못하는 미지의 분자구조를 계산하는 경우에, 비록 전자의 수가 짝수라 하더라도, 처음부터 RHF 방법을 선택하면 잘못된 (혹은 목표하는 전자 상태와는 다른) 결과를 얻는 경우도 있다. 그래서 전자배치가 확실하지 않은 전혀 새로운 분자를 다루는 경우에는, 처음에는 일단 알파－스핀 전자가 채워지는 궤도함수와 베타－스핀 전자가 채워지는 궤도함수가 서로 동일하다는 제한 없이(unrestricted) 진행하는 것이 더 안전하다. 그림 3.3(b)에 나타낸 바와 같은 이러한 방법을 **제한 없는－하트리－포크(UHF,** Unrestricted Hartree－ Fock) 방법이라고 한다. 만약 위에서 살펴본 분자($Li_2$)를 UHF 방법으로 다루어 SCF 과정이 올바르게 수렴한 결과는 처음부터 RHF 방법으로 시작한 것과 (계산이 잘못되지 않는 한) 완전히 동일하게 수렴된다. 그러나 큰 분자의 이중－라디칼(diradical) 상태, 또는 전이 금속 원소를 포함하는 화합물을 다루는 경우에서는 에너지가 가장 높은 두 궤도함수가, 에너지는 서로 매우 비슷하지만, 궤도함수는 (실제 공간 분포가) 매우 다를 수 있다. 이 경우에는 UHF로 시작하여 올바르게 수렴된 결과가 RHF로 시작하여 올바르게 수렴한 결과와 다를 수 있으며, 이것은 (두 경우 모두 전체 전하가 같으면서 스핀–다중도 역시 같지만) 서로 다른 전자 상태에 해당한다. 더 자세한 설명은 여기서 생략한다.

그런데, 분자에 포함된 전자의 수가 홀수이고, 모든 전자들이 알파–베타 스핀으로 짝지어지는 것이 아닌 경우에는, 이것을 다루는 두 가지 방식이 있다. 먼저, 처음부터 **UHF** 방식으로 시작하여, SCF 과정이 올바르게 진행된 이후에도, 알파–스핀 전자의 궤도함수와 그에 대응하는 베타–스핀 전자의 궤도함수가 에너지도 약간씩 다르고 실제 공간분포도 서로 다르게 수렴되는 결과를 얻는 방식이다. 이것을 그림 3.3(c)에 나타내었다. 실제로 베릴륨(Be) 원자와 수소 원자가 1.347 Å 거리에 있는 중성 분자(BeH)를 UHF 방식으로 계산한 결과가 이와 유사하다. 위의 3.1.6절까지의 HF/SCF 수식들은 모두 UHF 경우에 해당하는 것들이다. 그러나 이러한 UHF 방식의 계산 결과는 **스핀–상태–오염**(spin contamination)이라는 문제를 내포하며, 올바른 결과가 아니어서, UHF 방법 자체의 계산 결과는 여러 문제점들을 가진다.

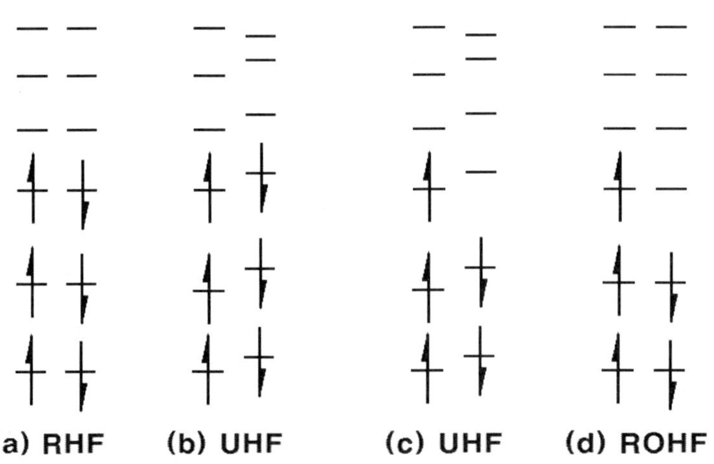


**그림 3.3** 전자–스핀 짝지음(spin pairing)의 여러 방식들

그래서 모든 알파–스핀 전자가 베타–스핀 전자와 짝을 이루지는 않더라도, 그림 3.3(d)에 나타낸 것처럼, 서로 상응하는 전자끼리는 스핀–짝(spin pairing)을 이루도록 제한하고, 나머지 홀–전자(unpaired electron)만 스핀–짝을 이루지 않도록 하는 방법을 생

각할 수 있는데, 이 방법을 **제한된-열린 껍질-하트리-포크(ROHF**, Restricted Open-Shell Hartree-Fock) 방법이라고 한다. 여기서 자세한 설명은 생략하지만, ROHF 방식을 적용하면 HF 수식과 SCF 과정이 좀 더 복잡해진다. ROHF 방식에 의한 결과는 UHF 방식에서 나타나는 스핀-오염(spin contamination) 문제점은 기본적으로 제거되지만, (동일한 바탕함수를 사용하는 경우에) ROHF로 도달할 수 있는 에너지는 UHF로 도달할 수 있는 에너지보다 더 높으며, 이것은 ROHF로 구한 파동함수의 품질이 더 나쁠 수 있음을 의미한다. UHF와 ROHF 방식의 장단점에 대한 자세한 설명은 여기서 생략한다. 5장에서 설명하는 (전자-상관성 효과를 포함하는) 더 정확한 Post-HF 방법들을 사용한 실제 계산 결과들에서는, 출발점이 UHF/ROHF 두 가지들 중 어느 것이든 큰 차이가 없는 경우가 대부분이다. 그러나 아주 예민한 물리화학 성질을 다루는 높은 수준의 계산을 목표로 하는 사용자라면 UHF/ROHF 사이의 차이를 알아둘 필요는 있다. 그런데, ROHF에서 출발하는 경우에는 HF/SCF 단계에서도 UHF 방식보다 더 복잡하지만, Post-HF 단계에서는 그 복잡성이 훨씬 더 커져서 그에 해당하는 컴퓨터 프로그램의 개발이 더 어렵다. 그래서 일부 계산화학 프로그램들은 ROHF에서 출발하는 방법을 아예 제공하지 않는 경우도 있다. 그러나 계산화학을 처음 학습하는 학생들은 스핀-오염에 대하여 그다지 걱정할 필요 없이, 그냥 UHF에서 출발하는 방식을 사용하여도 된다.

마지막으로 강조할 것은, 구체적인 전자 배치에 대한 정보가 확실하지 않은 경우에는 일단 가능한 여러 **스핀-다중도**(2S+1) 값을 지정하고, 모두 UHF 방식으로 시험 계산을 진행한 결과를 분석한 후, 그 다음 단계로 진행하는 것이 바람직하다는 점이다. 요사이 사용되는 계산화학 프로그램에서 HF 수준의 계산은 매우 쉽고 빠르게 진행된다. 따라서 (3.2절에서 설명하는 바탕함수들 중) 일단 적절한 크기(예컨대 6-31G(d) 정도)의 바탕함수집합(바탕집합)을 선택하여, 가능한 여러 스핀-다중도(spin multiplicity = 2S+1)에 해당하는 상태를 UHF 방법으로 계산을 수행한 후, 그 결과들을 비교하여 바닥 전자배치를 확인한 후 그 다음에 진행하는 Post-HF 계산들을 RHF 방식에서 출발하는 것이 안전하다. (**참고** : 전자의 수가 짝수일 때 가능한 스핀-다중도(M=2S+1)는 1, 3, 5, 7, ... 이고, 전자의 수가 홀수일 때 가능한 다중도(M=2S+1)는 2, 4, 6, 8, ... 이다.)

그림 3.4(a)는 분자($Li_2$)의 **단일-항**(Singlet, S=0, 2S+1=1) 스핀-상태를 UHF 방법으로 구한 결과(output file)의 일부분이고, 그림 3.4(b)는 분자($Li_2$)의 **삼중-항**(Triplet, S=1, 2S+1=3) 스핀-상태를 UHF 방법으로 구한 결과(output file)의 일부분이다. 두 결과를 비교하면, 단일-항의 에너지( -14.8713389)가 삼중-항의 에너지( -14.850098)보다 더 아래 값이다. 즉 단일-항이 바닥 전자상태다. 이들 결과에서 occ.는 전자가 채워진

(occupied) 궤도함수를 나타내며, virt.는 전자가 채워지지 않은(unoccupied) 가상(virtual) 궤도함수를 나타낸다. 단일-항에 대한 결과인 그림 3.4(a)의 궤도함수 에너지들(eigenvalues)를 보면 서로 상응하는 알파-스핀과 베타-스핀의 궤도함수 에너지가 동일

(a) $Li_2$, R=2.6730, Charge=0, 2S+1= 1, UHF

```
SCF Done:  E(UHF) =  -14.8713389481     A.U. after    9 cycles
<Sx>= 0.0000 <Sy>= 0.0000 <Sz>= 0.0000 <S**2>= 0.0000 S= 0.0000
 . . . . . . . . . . .
Alpha occ.  eigenvalues --  -2.45329   -2.45295   -0.18170
Alpha virt.  eigenvalues --   0.00650    0.02727    0.02727   0.03846   0.05598
 . . . . . . . . . . .
Beta  occ.  eigenvalues --  -2.45329   -2.45295   -0.18170
Beta  virt.  eigenvalues --   0.00650    0.02727    0.02727   0.03846   0.05598
 . . . . . . . . . . .
```

(b) $Li_2$, Charge=0, 2S+1= 3, UHF

```
SCF Done:  E(UHF) =  -14.8500980318     A.U. after   11 cycles
<Sx>= 0.0000 <Sy>= 0.0000 <Sz>= 1.0000 <S**2>= 2.0000 S= 1.0000
 . . . . . . . . . . .
Alpha  occ. eigenvalues --  -2.49095  -2.49060  -0.27250  -0.14871
Alpha  virt. eigenvalues --   0.00373   0.00373   0.00374   0.04594   0.04594
 . . . . . . . . . . .
Beta   occ. eigenvalues --  -2.47145  -2.47113
Beta   virt. eigenvalues --   0.00248   0.03005   0.03173   0.03173   0.05595
 . . . . . . . . . . .
```

(c) $O_2$, Charge=0, 2S+1= 1, UHF

```
SCF Done:  E(UHF) =  -149.594186909     A.U. after    9 cycles
<Sx>= 0.0000 <Sy>= 0.0000 <Sz>= 0.0000 <S**2>= 0.0000 S= 0.0000
 . . . . . . . . . . .
Alpha  occ. eigenvalues --  -20.73091 -20.72979  -1.69204  -1.08829  -0.78389
Alpha  occ. eigenvalues --  -0.75001  -0.67054   -0.45146
Alpha  virt. eigenvalues --   0.04611   0.42855    0.70464   0.70674   0.72667
 . . . . . . . . . . .
Beta  occ.  eigenvalues --  -20.73091 -20.72979  -1.69204  -1.08829  -0.78389
Beta  occ.  eigenvalues --  -0.75001  -0.67054   -0.45146
Beta  virt.  eigenvalues --   0.04611   0.42855    0.70464   0.70674   0.72667
 . . . . . . . . . . .
```

(d) $O_2$, Charge=0, 2S+1= 3, UHF

```
SCF Done:  E(UHF) =  -149.679505908     A.U. after   10 cycles
<Sx>= 0.0000 <Sy>= 0.0000 <Sz>= 1.0000 <S**2>= 2.0391 S= 1.0130
 . . . . . . . . . . .
Alpha  occ. eigenvalues --  -20.74458  -20.74379  -1.74865  -1.18891  -0.85508
Alpha  occ. eigenvalues --  -0.85508   -0.77578   -0.53676  -0.53676
Alpha virt. eigenvalues --   0.40720    0.67769    0.67769   0.72312   0.77118
 . . . . . . . . . . .
 Beta  occ. eigenvalues --  -20.69052  -20.68912  -1.62365  -0.97951  -0.71125
Beta  occ. eigenvalues --  -0.59482   -0.59482
Beta virt. eigenvalues --   0.12695    0.12695    0.45453   0.73276   0.74225
 . . . . . . . . . . .
```

**그림 3.4** (a) $Li_2$의 단일-항(Singlet) 스핀상태에 대한 UHF 계산 결과, (b) $Li_2$의 삼중-항(Triplet) 스핀상태에 대한 UHF 계산 결과, (c) $O_2$의 단일-항(Singlet) 스핀상태에 대한 UHF 계산 결과, (d) $O_2$의 삼중-항(Triplet) 스핀상태에 대한 UHF 계산 결과. 이들 결과를 얻기 위한 실제 계산은 실습-3-03을 참고하라.

하다는 것을 확인할 수 있다. 이 그림에는 포함시키지 않았지만, 분자($Li_2$)의 단일－항(Singlet)을 RHF 방법으로 계산한 결과는 여기 보인 UHF 방법의 결과와 동일하다는 것을 쉽게 확인할 수 있다. 그러나 RHF 방법의 결과에는 알파－스핀에 대한 정보만 나오고 베타－스핀에 대한 정보는 아예 나오지 않는다. 그러므로 분자($Li_2$)의 바닥 전자상태에 대해서는, HF 방법보다 신뢰성이 훨씬 더 높은 결과를 얻기 위해 (5장에서 설명하는) 전자－상관성 효과를 포함시키기는 모든 Post－HF 계산들을, 단일－항/RHF 방법으로 시작하는 것이 타당하다.

그런데 전자의 수가 짝수라고 해서 무조건 처음부터 단일－항/RHF 방법으로 시작하는 것은 위험할 수 있다. 이러한 절차의 중요성을 잘 보여주는, 아주 간단하면서도 매우 중요한 예가 바로 산소 분자($O_2$)다. 산소 분자인 경우에 대하여 단일－항/UHF와 삼중－항/UHF 방법을 사용한 계산 결과의 일부를 그림 3.4(c)와 (d)에 각각 보였다. 이들 결과를 비교해보면 단일－항 전자배치 상태의 에너지(－149.594187)가 삼중－항 전자배치상태의 에너지(－149.679506)보다 더 높다는 것을 알 수 있다. 즉 이 경우에는 삼중－항이 바닥 전자배치다. 따라서 바닥 전자상태인 산소 분자를 HF 방법보다 더 정확한 Post－HF 방법들로 다루려면 삼중－항/UHF 방법으로 시작하여야 한다. 또한 산소의 바닥 전자배치에는 짝－짓지 않은 전자가 두 개 있기 때문에, 중성 산소 분자는 상자성이라는 것을 이해 혹은 예측할 수 있다. 실제로 산소를 저온에서 액체 상태로 만들면 자석에 달라붙는다.

한편 그림 3.4(a), (b), (c)의 경우에는 스핀－양자수의 값(각 부분에서 두 번째 줄 맨 끝에 있는 S= 부분의 값)이 정확하게 0(Singlet) 또는 1(Triplet)에 해당한다. 이것은 스핀－오염이 없다는 것을 의미한다. 그러나 그림 3.4(d)에 나온 스핀－양자수의 값(S=1.0130)은 삼중－항에 해당하는 값 (1)에서 조금 벗어나있다. 이것이 바로 스핀－오염(spin contamination)을 나타낸다. 5절에 나오는 여러 Post－HF 방법을 적용하면, 이러한 스핀－오염을 대부분 교정할 수 있는데, 이에 대한 설명은 여기서 생략한다.

다시 강조하지만, HF/SCF 방법 자체만을 적용한 계산 결과는 여러 면에서 충분하지 않기 때문에, 요사이 계산화학 방법들을 적용하는 실제 연구 현장에서 HF/SCF 방법만 사용하는 경우는 매우 드물다. 그러나 거의 모든 양자화학 방법들의 출발은 HF/SCF 방법이기 때문에, 이에 대한 기본 이해는 매우 중요하다. 전자－상관성 효과를 포함하는 모든 Post－HF 계산 방법들의 기본 개념을 이해하고, 들뜬 전자상태에 대한 개념의 이해에도 중요하다. 또한 계산된 결과를 여러 방면에서 정성적으로 이해하기 위해서도 HF/SCF에 대한 기본 이해가 꼭 필요하다.

## 3.2 반-경험 양자화학 방법들(Seim-Empirical Methods)

**반-경험 양자화학 방법**을 영어로는 **Semi-Empirical Method**라고 부른다. 순 이론 양자화학 방법들 중 가장 간단한 HF/SCF 방법조차도 원자의 수가 100여개 이상이고 대칭성이 전혀 없는 분자는 여전히 계산하기가 쉽지 않다. 이러한 어려움을 극복하는 한 가지 방법으로, 원래의 순-이론 양자화학 계산 방법을 수행하는 과정에서 많은 계산 양을 요구하는 일정 부분들을 실제로 계산하지 않고, 분자에 들어 있는 원자들에 대한 실험값들(원자들의 이온화 에너지, 전자 친화도, 편극율 등)을 이용하여, 아주 간단한 근사계산 결과들만을 추가하여 대상 분자의 원하는 성질들을 구하는 방법이 반-경험 방법들이다. 인공 방사능 원소를 제외하면, 자연계에 존재하는 원자들의 수는 90여 종류이고, 실제 대부분의 화합물들을 구성하는 데 포함되는 원소는 약 50여 종류일 뿐이다. 그러나 이들 50여 종류의 원자들로 이루어질 수 있는 분자들의 수는 수천만 종류이기 때문에(미국화학회(ACS)가 최근에 추정한 바에 따르면 현재 약 5000만 종류의 화합물이 알려져 있으며 매년 수십만 종류가 새로 합성되거나 발견되고 있다.) 50여 종류의 원자들에 대하여 실험적으로 알려진 값들의 도움을 받아서 수천만 종류의 다양한 화합물의 특성을 이론적으로 알아내는 이러한 반-경험 방법이 의미를 가지게 되는 것이다.

3.1절에서 설명한 바와 같은 1950년대 후반부터 1960년대 초반에 HF/SCF 방법의 기본 체계가 확립되고, 1960년대 중반쯤에는 바탕함수를 사용하여 HF/SCF 방범을 선형대수 방식으로 풀이하는 HFR(Hartree-Fock-Roothaan) 방법이 완성되어 원자들에 대해서는 좋은 결과를 구할 수 있었지만, 실제적인 다-원자 분자들에 HFR을 직접 적용하는 것이 그 당시의 컴퓨터 성능으로는 쉽지 않았다. 그래서 HF 수식에 포함된 여러 항들을 분석한 후, 일부 항들은 실제로 직접 계산하고, 다른 일부 항들은 근사하거나 혹은 원자에 대한 실험 결과들을 바탕으로 추정하는 여러 종류의 반-경험 양자화학 방법들이 1960년대 후반부터 시작되었다. 1970년대 중반쯤부터는 반-경험 양자화학 방법들이 다-원자 분자들을 연구하는 주요 계산화학 화학 방법으로 사용되었으며, 1980년대까지도 여러 면에서 발전을 계속하여왔다. 2000년대에 들어온 이후에는 컴퓨터 성능이 매우 발전하였고, 또한 DFT 방법이 널리 보급되면서, 예전에는 반-경험 방법으로 다루던 크기의 분자들까지도 그냥 DFT(특히 5장의 뒷부분에 언급하는 pure DFT) 방법으로 다루기 때문에 요즈음에는 반-경험 양자화학 계산 방법의 중요성이 적어진 느낌이다. 그래서 이 책에서는 반-경험 방법에 대해서는 아주 간단하게만 다룬다. 그러나 지금도 꽤 많은(수천 개 이상) 원자들로 이

루어진 분자들을 계산하거나, 다른 여러 수준의 계산 방법들을 계층적으로 적용하는 다층 규모(Multi Scale) 방법의 일부분으로 반-경험 양자화학 방법들이 여전히 일부 적용되기도 한다. 따라서 반-경험 양자화학 방법들에 대한 아주 기본적인 사항들은 알아둘 필요가 있다.

한편, 1950년대 말 이전에, 컴퓨터의 도움을 전혀 받을 수 없던 시기에, 반-경험 방법보다도 더 심한 근사를 적용하고, 원자에 대한 실험 결과 값들을 사용한 단순한 대수식만으로 HF 수식을 풀이하던(그래서 경험적 양자화학 방법, **Empirical method**라고 부르기도 했던) **HMO**(Hückel Molecular Orbital) **방법과 PPP**(Pariser-Parr-Pople) **방법**도 개발되었지만, 이 두 방법은 평면의 공명-다중결합 화합물(planar conjugated molecules)의 파이($\pi$) 전자들만 다룬다는 한계가 있으며, EHT 방법이 개발된 이후로는 거의 사용되지 않고 있기 때문에 이 책에서는 아예 생략한다.

### 3.2.1 EHT 방법: Extended-Huckel-Theory

EHT 방법의 기본 개념을 이해하기 위하여, 3.1절의 주요 결과를 아주 간단하게 되새겨 보자. Schöredinger 식에서 출발하여 Born-Oppenheimer 근사를 적용하고, 궤도함수 근사와 독립-입자-모형의 개념을 적용한 Hartree-Fock 수식, 그리고 그것을 풀이하는 SCF 과정이 확립된 후, 바탕함수들의 선형-결합으로 궤도함수를 표현하여 HF/SCF 과정을 다음 수식(행렬들인 F, C, S로 표현된 식)을 풀이하는 선형대수 과정으로 발전시킨 것이 HFR 방법이다(식 3.24 참고).

$$F\,C = E\,S\,C \tag{3.34}$$

이 수식을 구성하는 Fock Matrix F의 각 원소들을 값은 원자-궤도함수(AO)들을 사용하는 적분-값들뿐만 아니라, 최종으로 구하려고 하는 분자-궤도함수-계수들(MO coefficients)인 C matrix 원소들의 값에도 의존하기 때문에, 3.1절에서 설명한 SCF 반복 과정으로 풀어야만 한다. 그런데 Roald Hoffmann 교수는 다음 설명에서와 같이 F matrix 원소들을 값이 C matrix 원소들에 전혀 의존하지 않도록 근사하여, 반복 과정 없이 위의 선형대수식 (3.34)를 한번만 풀이하면 되는 EHT 방법을 개발하였다. 즉 F matrix를 한번만 대각화(Diagonalization)시키면 되기 때문에 반복 과정이 필요하지 않다.

우선 F matrix의 대각선 위치 원소의 값은 해당 원소의 이온화 에너지(IP) 값에 마이너스 부호를 붙여 사용하는 것에서 출발하는데, 이는 (4장에서 설명할) Koopmans 정리를 근거로 한 것이다.

$$F_{\mu\mu} \simeq -I_{\mu} \tag{3.35}$$

대각선 위치가 어떤 원소이고, s-전자인지 아니면 p-전자인지에 따라, 또 해당 원자가 $sp-$, $sp^2-$, $sp^3-$ 중 어떤 혼성-원자-궤도함수(Hybride atomic orbital) 방식으로 화학 결합을 하는지에 따라, 실제의 IP 값들을 적절하게 가중평균하고, 또 추가 조정하여 정해진 값들이다. 주기율표의 모든 원소들에 해당하는 $F_{\mu\mu}$값들이 계산화학 프로그램에 내장되어 있으므로, 사용자 입장에서는 더 이상 신경 쓰지 않아도 된다. 예컨대 오래전에 사용되던 EHT 방법에서 사용한 $F_{\mu\mu}$값들의 일부는 다음과 같다.

| 원소 | H | Li | Be | B | C | N | ... |
|---|---|---|---|---|---|---|---|
| s-전자 | 13.6 | 5.4 | 10.0 | 15.2 | 21.4 | 26.0 | ... |
| p-전자 | | 3.5 | 6.0 | 8.5 | 11.4 | 13.4 | ... |

좀 더 개선된 결과를 구하기 위하여, 일단 첫 단계의 EHT 계산을 수행하여(즉, 식 3.34를 풀이하여) 구해진 분자-궤도함수-계수들(MO coefficients)인 C matrix 원소들을 구한 후, (4장에서 설명하는) 멀리컨 분포 해석(Mulliken population analysis) 방법으로 각 원소(A)에 할당되는 전자 수($\rho_A$)를 계산한 후, 그 원소의 원자핵 전하(즉 원소 번호 $Z_A$)에서 차감하여 유효 핵전하($Z_A' = Z_A - \rho_A$)를 구한 후, 그 값에 가중치($\omega$)를 곱하여 원래의 $F_{\mu\mu}$값을 다시 조정하기도 한다.

$$F_{\mu\mu} = -I_{\mu} + \omega Z_A' \tag{3.36}$$

이렇게 조정된 $F_{\mu\mu}$들을 사용하여 원래의 수식 (3.34)를 다시 풀이하면, 분자-궤도함수-계수들(MO coefficients) 값은 처음 풀이했을 때의 값들과 약간 다르게 되며, 따라서 $\rho_A$를 다시 계산하고, 그에 따라 $F_{\mu\mu}$값 또 다시 조정한 후 수식 (3.34)를 다시 풀이하는 과정을 반복하여, 더 이상 변하지 않는 자체-일치(Self-Consistent) 상태까지 수렴시킨다. 이러한 방법을 전하 반복(charge iteration) EHT 방법 또는 자체-일치 EHT 방법이라고 부른다.

한편, 대각선 위치가 아닌 원소들 $F_{\mu\nu}$은 다음 수식에서와 같이 대각선 위치 값들의 평균에 '두 위치에 중심을 둔 AO들 사이 겹침 적분(overlap integral, S) 값'을 가중치로 사용하고 여기에 또 적절한 인수 K를 곱하여 계산한다.

$$S_{\mu\nu} = \int \phi_{\mu}^{*} \phi_{\nu} \, d\tau \tag{3.37}$$

$$F_{\mu\nu} = -\frac{1}{2}K(I_\mu + I_\nu)S_{\mu\nu} \tag{3.38}$$

대부분의 경우에 고정된 값 1.75를 인수 K로 사용하는데, 이 값이 에테인(ethane)의 회전 장벽의 높이를 잘 재현하기 때문이다. 좀 더 개선된 결과를 구하기 위하여 다음과 같이 보다 더 복잡한 수식으로 상황에 따라 변화하는 K의 값을 계산하여 사용하기도 한다.

$$K_{\mu\nu} = K + \delta^2 + \delta^4(1-K),\ \ \delta = \frac{H_{\mu\mu} - H_{\nu\nu}}{H_{\mu\mu} + H_{\nu\nu}} \tag{3.39}$$

EHT 방법에서는 필요한 모든 겹침 적분(S)의 값을 실제로 계산하여야 하는데, (이것은 3.2.2절 이후에 등장하는 ZDO(zero differential overlap) 근사에서 일부 겹침 적분들을 영(zero)로 처리하는 것과 대비된다.) 이 겹침 적분들은 (3.3절에서 설명하는) STO(Slater type orbital, $\phi_\mu$) 바탕함수를 사용하여 계산하기 때문에 비교적 간단하며, STO의 지수들(exponent $\zeta$)은 Slater 규칙으로 정해진다. Slater 규칙은 중심 전자의 가리움-효과(screening effect)를 고려하여 원자가-전자가 느끼는 유효-핵전하를 계산하는 규칙이다.

$$STO:\quad \Psi_i = \sum_\nu C_{\nu i}\,\phi_\nu\,,\qquad \phi_\nu = N_{n,l,m}\,r^{n-1}\,e^{-\zeta r}\ Y_{l,m}(\theta,\varphi)$$

| 원소 | H | Li | Be | B | C | N | O | F | ... |
|---|---|---|---|---|---|---|---|---|---|
| $\zeta$ | 1.3 | 0.650 | 0.975 | 1.300 | 1.625 | 1.950 | 2.275 | 2.425 | ... |

이제 H와 S 행렬의 모든 원소 값들이 정해진 후, 식 (3.34)를 선형대수 방법으로 풀이하면 (즉 H 행렬을 대각화시키면), 화합물의 에너지 E를 얻게 되며, 또한 C값을 알게 되기 때문에 화합물의 전자상태를 나타내는 파동함수를 구한 것이다. 이것을 이용하여 화합물의 다른 물리적 성질들과 화학적 성질들도 계산한다.

EHT 방법은 화합물이 가장 안정한 에너지를 가지는 구조를 찾아내는 구조-최적화(Geometry Optimization)를 할 수 없다는 아주 큰 단점을 가진다. 그러나 여러 가지 반-경험 방법들 중 가장 간단하며 계산량이 가장 적기 때문에 원자의 수가 수천 개 이상이 되는 매우 큰 화합물에 대해서도 적용할 수 있다. 따라서 지금도 매우 큰 화합물을 연구하는 경우에 제한적이나마 활용되고 있다. 분자들에 적용하는 EHT 방법과 본질적으로 동일한 방식을 결정성 고체와 같은 주기적인 대상에 적용하는 것을 고체물리 또는 재료과학 분야에서는 TB(Tight Binding) Model이라고 부른다.

### 3.2.2 CNDO 방법: Complete Neglect of Differential Overlap

지금부터 설명하는 CNDO, MNDO, INDO, ZINDO, AM/PM3 방법들은 모두 HF/SCF 방법을 기본 바탕으로 하는 방법들이다. 즉 HF/SCF 방법에서는 $F_i$를 구성하는 것들 ($h$, $J$, $K$)을 모두 원칙대로 계산하는 반면, 반-경험 방법들에서는 $h$, $J$, $K$를 계산할 때 여러 가지 근사를 도입한다(식 3.17 참고).

$$F_i\phi_i = \left[h_i + \sum_j (J_j + K_j)\right]\phi_i = \epsilon_i\phi_i \tag{3.40}$$

이러한 근사들을 의미를 이해하기 위하여 먼저 $J$와 $K$를 계산하는데 필요한 '2-전자 원자-오비탈 적분'에 대한 다음 기본 수식을 다시 살펴볼 필요가 있다.

$$(\mu\nu|\lambda\sigma) = \int [\phi_\mu^A(r_i)]^* \phi_\nu^B(r_i) \frac{1}{r_{ij}} [\phi_\lambda^C(r_j)]^* \phi_\sigma^D(r_j)\, dr_i dr_j \tag{3.41}$$

여기서 위-첨자 A, B, C, D는 바탕함수의 위치, 즉 원자핵의 위치를 의미한다. (**참고** : 반-경험 양자화학 방법들에서는 각각의 원자-궤도함수(AO)에 하나의 STO 바탕함수만을 사용하기 때문에, 위 식의 AO $\phi$가 (3.3절에서 설명하는) 바탕함수 $\chi$에 해당하는 셈이다.) 만약 A와 B가 동일한 원자가 아니거나, C와 D가 동일한 원자가 아니면, 이러한 경우를 **차별-중첩**(Differential Overlap)이라고 부르는데, 이러한 차별-중첩을 무조건 영으로 근사하는 것을 **ZDO**(Zero-Differential-Overlap) 근사라고 부르며, 이것은 다음 식으로 표시된다.

$$(\mu\nu|\lambda\sigma) = \delta_{\mu\nu}\delta_{\lambda\sigma}\,\gamma^{AC} \tag{3.42}$$

여기서 $\delta_{\mu\nu}$와 $\delta_{\lambda\sigma}$는 두 원자 오비탈이 서로 다른 경우에는 영이 되고 같은 경우에는 1이 되는 것을 의미하며, $\gamma^{AC}$는 ZDO가 아닌 경우의 값을 의미한다.

CNDO 방법은 이러한 차별-중첩을 완전히 무시하여(Complete Neglect) 영(zero)으로 근사하는 방법이다. CNDO 방법은 1960년대 중반에 John A. Pople 등에 의하여 제시되었는데, 처음 발표되었던 CNDO/1 방법에서는 위 식의 $\gamma^{AC}$를 직접 계산하지 않고 미리 정해진 값(인수)들을 이용하여 구하였지만, 나중에 개선된 CNDO/2에서는 실제로 계산한다. 또한 CNDO/1에서는 $h_i$의 값을 원자의 이온화 에너지 값들만을 사용하여 근사한 반면, CNDO/2 방법에서는 전기 음성도와 $\gamma^{AA}$를 함께 고려한다.

뒤에 설명하는 INDO, MNDO 방법 등이 개발 이후에는 CNDO 방법이 거의 사용되지 않고 있다. CNDO 방법은 구조-최적화가 가능하지만, 2-전자 적분이 일종의 평균적인 값인 $\gamma^{AB}$를 사용하기 때문에 교환-적분(Exchange Integral) K를 영(zero)으로 취급하는 셈이며, 따라서 단일 스핀-항 상태(Singlet Spin State)와 삼중 스핀-항 상태(Triplet Spin State)의 에너지 차이를 구분하지 못한다는 점이 CNDO 방법의 가장 큰 단점이다.

### 3.2.3 INDO 방법: Intermediate Neglect of Differential Overlap

INDO 방법에서는 단일 스핀-항과 삼중 스핀-항을 구분하기 위하여 $(\mu\nu|\lambda\sigma)$ 형태의 교환-적분(K)들 중에서 원자-오비탈들이 모두 동일한 원자에 속하는 $(\mu\nu|\lambda\sigma)$ 형태의 것들은 다음 식들과 같이 미리 정해진 인수 값(Parameters)을 이용하여 계산하고 포함시키는 방법이며, 그런 의미에서 차별-중첩(Differential Overlap)을 중간 정도로 무시하는 방법이라는 의미로 **Intermediate Neglect of Differential Overlap** 방법이라고 부른다.

$$(ss|p_xp_x)=\frac{1}{3}G^1,\ (p_xp_x|p_yp_y)=\frac{3}{25}F^2, \cdots, etc. \tag{3.43}$$

여기서 $G^1$, $F^2$ 등의 값은 원자 스펙트럼의 결과를 분석하여 미리 정해둔 값들이며, 계산화학 프로그램들에 미리 저장되어 있다.

INDO 방법은 CNDO 방법보다 계산 시간이 그다지 더 많이 걸리지 않으면서도, 여러 경우에 대한 계산에서 INDO 방법의 결과가 훨씬 더 우수하다. 예를 들어 NH 라디칼의 경우 CNDO 방법은 단일 스핀-항과 삼중 스핀-항의 에너지 차이가 없는 것으로 계산하지만 INDO 방법은 에너지 차이를 올바르게 나타낸다. 그러나 INDO 방법은 CNDO 방법보다 더 많은 인수가 필요하기 때문에, 자주 사용되지 않은 원소를 포함하는 새로운 화합물을 계산하려고 할 때 CNDO 방법은 계산이 가능하지만 INDO 방법으로는 필요한 인수 값이 없어서 계산할 수 없는 경우가 발생하기도 한다.

한편 INDO 방법의 정확성을 향상하고 적용 범위를 보다 넓히기 위하여 M. J. S. Dewar가 1969년에 INDO 방법을 개선하여 MINDO/3(Modified INDO) 방법을 개발하였다. 이 방법에서는 보다 복잡한 방법으로 $\gamma^{AC}$를 계산한다. 또한 중심 전자들 사이의 반발에 의한 영향(Core-core repulsion)을 미리 정해둔 인수들을 이용하여 계산하여 포함시킨다. (**참고**: 반-경험 방법들에서는 원래 원자가-전자들만 명시적으로 다루며, 중심 전자들은 아예 다루어주지 않는다.) MINDO 방법은 탄화수소 계열의 화합물들에 대하여 좋은 결과를 제공한다. 그러나 탄소 외의 다른 원소들이 포함되는 경우 그 결과가 다소 좋지 않다.

### 3.2.4 MNDO 방법: Moderate Neglect of Differential Overlap

M. J. S. Dewar가 1977년 제안한 MNDO 방법에서는 1－전자 적분들 중에서 서로 다른 두 원자가 관여하는 공명－적분(Resonance Integral)을 다음과 같은 식으로 포함시킨다.

$$H_{\mu\nu}= S_{\mu\nu}\frac{1}{2}(\beta_{\mu}+\beta_{\nu}) \tag{3.44}$$

MNDO 방법의 가장 큰 특징은 2－전자 적분을 계산하는 단계에서, $\phi_{\mu}^{A}\phi_{\nu}^{B}=\phi_{\mu}\phi_{\nu}\delta_{AB}$ 라는 근사식을 사용한다는 점인데, 이것은 원자 오비탈 $\phi_{\mu}$와 $\phi_{\nu}$가 서로 다르다 할지라도 같은 원자에 속하면 영으로 처리하지 않고($\delta_{AA}=1$), 다른 원자에 속하면 영(zero)으로 취급한다($\delta_{AB}=0$)는 것이다. 이것을 **'차별 이－원자 적분의 무시**(Neglect of Differential Diatomic, **NDDO**)**' 근사**라고 부른다.

한편 2－전자 적분들 중에서 원자 하나에만 관여하는 것들은 그 원자의 원자 스펙트럼의 결과를 사용하여 미리 정해둔 값으로 처리한다. 원자 두 개가 관여하는 2－전자 적분들은 참여하는 원자－궤도함수들의 조합에 따라 22가지 종류로 구분한 후, 이들 적분 값을 실제로 계산하지 않고, 원자핵 주변의 전자－밀도 분포를 부분 점－전하(Point charge), 쌍극자(dipole), 사중극자(quadruple) 등으로 근사한 후, 미리 정해진 인수 값들과 정전기적 수식을 사용하여 이들 2－전자 적분 값을 근사한다.

또한 중심 전자들 사이의 반발에 의한 영향(Core－core repulsion)을 미리 정해둔 인수들과 다음 수식을 이용하여 계산하여 포함시킨다. 아래의 두 식들 중 $E_N(A,B)$은 일반적인 두 원자 A－B인 경우에 대한 식이며, $E_N(A,H)$는 수소 결합을 하는 N－H와 O－H에 대하여 적용하는 식이다.

$$E_N(A,B)= Z_A Z_B(s_A s_A|s_B s_B)[1+\exp(-\alpha_A R_{AB})+\exp(-\alpha_B R_{AB})] \tag{3.45}$$

$$E_N(A,H)= Z_A Z_H(s_A s_A|s_H s_H)[1+\exp(-\alpha_A R_{AH})/R_{AH}+\exp(-\alpha_H R_{AH})] \tag{3.46}$$

MNDO 방법은 탄소가 아닌 다른 원자들(Heteroatoms)이 포함되는 경우에도 좋은 결과를 제공한다. 비록 위의 식 두 번째에서 N－H와 O－H를 특별하게 고려하기는 하지만, 그렇게 해도 수소결합을 충분히 다루어주지 못하는 한계를 보인다.

### 3.2.5 AM1/PM3 방법: Austine Model-1

MNDO 방법의 단점을 보완하기 위하여 $E_N(A,B)$과 $E_N(A,H)$에 해당하는 부분을 다음과 같이 보정항을 추가하여 좀 더 정교하게 개선하는데, 이들 식에서 $a, b, c$들은 분자에 대한 계산 결과를 향상시키도록 조절 가능한 인수 값들이다.

$$E_N(A,B) = Z_A Z_B (s_A s_A | s_B s_B)[1 + \exp(-\alpha_A R_{AB}) + \exp(-\alpha_B R_{AB})] \tag{3.47}$$
$$+ \left(\frac{Z_A Z_B}{R_{AB}}\right) \sum_k a_{kA} \exp[-b_{kA}(R_{AB} - c_{kA})^2] + \sum_k a_{kB} [\exp(-b_{kB}(R_{AB} - c_{kB})^2]$$

$$E_N(A,H) = Z_A Z_H (s_A s_A | s_H s_H)[1 + \exp(-\alpha_A R_{AH})/R_{AH} + \exp(-\alpha_H R_{AH})] \tag{3.48}$$
$$+ \left(\frac{Z_A Z_H}{R_{AH}}\right) \sum_k a_{kA} \exp[-b_{kA}(R_{AH} - c_{kA})^2] + \sum_k a_{kH} [\exp(-b_{kH}(R_{AH} - c_{kH})^2]$$

위의 두 식들을 사용하면서 보다 많은 분자들에 대한 적용 결과들을 분석하여 여러 경우에 대한 $a, b, c$ 값들을 다시 결정하여 M. J. S. Dewar가 1985년 발표한 방법을 AM1 방법이라고 부른다. AM은 Dewar 교수가 재직하는 대학 소재지를 나타내는 Austin Model을 의미한다. 한편 보다 더 많은 실험 결과를 이용하여 인수 값들을 좀 더 개선하여 J. P. Stewart가 1990년에 발표한 것을 PM3 방법이라고 부르는데, PM3 방법과 AM1 방법은 사용하는 모든 수식이 동일하며, 단지 그 수식 내부에서 사용하는 인수 값들만이 조금 차이가 날 뿐이며 많은 경우에 AM1의 결과와 PM3의 결과가 그다지 다르지 않다. 경우에 따라서 두 방법 중 하나가 다른 하나보다 조금 더 좋은 결과를 제공하기 때문에, 두 방법 중 어느 것을 사용하는 것이 더 좋은지는 경우마다 다르다.

AM1/PM3 방법은 MNDO 방법과 계산에 필요한 자원(계산 시간과 저장 공간 등)이 거의 차이가 없다. 그러나 수소-결합이나 전이-상태로의 여기 에너지(Activation energy) 등에 대하여 AM1/PM3 방법이 MNDO 방법보다 더 향상된 결과를 제공한다.

### 3.2.6 ZINDO 방법: Zerner's Parameterized INDO

전이금속을 포함하는 화합물들의 자외선/가시광선(UV/VIS) 영역의 흡수 스펙트럼을 다룰 수 있도록 INDO 방법을 확장 개선하여 1986년 M. C. Zerner가 발표한 방법이 ZINDO(Zener's INDO) 방법이다. 기본 수식들은 INDO 방법과 동일하며, 내부에서 사용하는 인수들의 값만 다를 뿐이다.

ZINDO 방법에는 ZINDO/1과 ZINDO/S 두 가지 방법이 있는데, 서로 다른 원자의 오비탈들이 관여하는 1－전자 적분 $H_{\mu\nu}$를 계산할 때 $\sigma-\sigma$ 중첩과 $\pi-\pi$ 중첩에 대한 가중치를 고려하는 방법, 그리고 원자 하나가 관여하는 2－전자 적분 값을 구하는 방법에서 차이가 있다. ZINDO/1 방법에서는 $\sigma-\sigma$ 중첩과 $\pi-\pi$ 중첩에 동일하게 1.0을 곱하여 가중－평균하는데 비하여 ZINDO/S 방법에서는 전이금속이 포함된 경우와 일반 유기 화합물의 경우를 구분하여 다음과 같이 서로 다른 값을 $\sigma-\sigma$ 중첩과 $\pi-\pi$ 중첩에 곱하여 가중－평균한다.

| | 일반 유기 화합물 | 전이 금속이 포함된 화합물 |
|---|---|---|
| $\sigma-\sigma$ | 1.267 | 1.267 |
| $\pi-\pi$ | 0.585 | 0.640 |

한편 원자 하나가 관여하는 2－전자 적분 값을 ZINDO/1 방법에서는 Slater－형 원자오비탈로 직접 계산하여 사용하는 반면, ZINDO/S 방법에서는 원자에 대한 분광학 스펙트럼의 실험값으로부터 추정하여 미리 정해놓은 (Empirical) 값을 사용한다는 차이도 있다.

화합물에 ZINDO 방법을 적용할 때는 먼저 구조－최적화를 ZINDO/1 방법으로 수행하여 구조를 결정한 후, ZINDO/S 방법으로 UV/VIS 흡수 스펙트럼의 특성을 계산하는 것이 일반적인 순서다. 즉, ZINDO/1 방법은 분자구조 최적화를 위한 것이고, ZINDO/S 방법은 들뜬 전자상태들을 다루기 위한 것이다.

### 3.2.7 반－경험 방법들 비교 정리

위에서 설명한 방법들 중에서 EHT를 제외한 다섯 가지 방법들을 기본 수식의 관점에서 분류해보면, CNDO가 가장 간단한 근사 방법이고, INDO(MINDO/3 포함)와 ZINDO가 기본적으로 유사한 방법인 반면에, MNDO와 AM1/PM3 방법이 기본 수식에서 동일하다. EHT 방법은 본질적으로 분자구조 최적화가 어렵고, CNDO는 분자구조 최적화는 가능하지만, Singlet－Triplet을 구별하여 다루지 못하고, INDO(MINDO/3)는 주로 탄화수소 계열에만 제한되며 헤테로 원소가 포함되는 경우에 문제가 많았다. MODO가 되면서 헤테로 원소를 포함하는 경우도 다룰 수 있었지만, 수소 결합과 전이상태로 도달하는 활성화 에너지 장벽을 다루는데 부족함이 많았다. 이러한 문제점들을 개선한 최종적이며, 반－경험 방법들 중 가장 정교하게 발전한 것이 AM1/PM3 방법(혹은 그것의 일부 추가 개량된 방법)이다. 그러나 반－경험 방법의 본질적인 한계 때문에, 1990년대 이후에 근본적인 발전은 미미하며, 그럴 가능성도 희박하다. 지금의 상황에서는 일반적인 거대 화합물에 대하여 적용하는 반-경험 양자화학 방법은 AM1/PM3 방법이며, 전이금속이 들어간 경우와 전자-전이 여기 에너지를 계산하려는 반-경험 양자화학 방법은 ZINDO 방법이라고 말해도 큰 무리가 없다. 즉 CNDO, INDO(MINDO/3 포함), MNDO 방법들은 더 이상 사용되고 있지 않다. 최근에는 MNDO/AM1 방법들도 들뜬 전자상태를 다룰 수 있도록 확장되고 있다.

위에서 열거한 모든 **반-경험 방법들은 스핀-다중도가 4중**(Quartet) **상태까지만 다룰 수 있다**는 점을 주의할 필요가 있다.

계산화학 방법의 사용자 입장에서는 굳이 알 필요가 없는 사항이기는 하지만, 반-경험 양자화학 방법들에서는 '2-전자 원자 오비탈 적분들(Two-electron AO integrals)'을 전혀 계산하지 않고 단지 원자-오비탈들 사이의 겹침-적분들(Overlap Integrals)만 필요한 경우에 계산하기 때문에, 원자-오비탈의 반지름-방향 함수(Radial function)를 나타내는 바탕함수로 하나의 Slater-Type 궤도함수 (STO) $\phi_i(r) = A\, r^{n-1}\, e^{-\zeta r_i}$만을 사용한다. 그래서 **반-경험 방법들에서는 어떤 바탕함수를 사용할지 사용자가 지정할 필요가 없다**는 것을 상식으로 알아둘만 하다. (반면에 5장에서 설명하는 순-이론 양자화학 방법들에서는 Gaussian-Type 함수 $\phi_i(r) = A\,(xyz)\,e^{-\alpha r^2}$를 사용한다.) 또한 반-경험 방법들은 오직 원자가-전자들(valence electrons)만 고려하기 때문에, **반-경험 양자화학 방법의 결과에서 보여주는 분자-궤도함수**(MO)**들에는 중심-전자**(core electron)**에 해당하는 것들이 포함되어있지 않는다**는 것도 상식으로 알고 있어야 한다.

반-경험 양자화학 방법은 비록 많은 근사가 도입된 방법이기는 하지만, 전자의 존재와 거동을 명시적으로 다루는 방법이며, 그래서 전자 상태를 나타내는 파동함수를 제공한다. 따라서 전자-파동함수를 사용하여, 양자역학의 기본 방법에 따라 분자의 모든 특성들을 계산할 수 있다. 즉, (3.1.1절에서 설명한 바와 같이) 실험으로 측정되는 어떤 물리-화학 특성에 해당하는 연산자를 $\hat{O}$라고 하면, 그 실험값(o)을 $\langle o \rangle = \int \Psi^* \Psi \, d\tau$로 계산한다. 따라서 반-경험 양자화학 방법을 적용하면, 2장에서 설명한 분자역학 방법으로 계산할 수 있는 특성들을 모두 계산할 수 있을 뿐만 아니라 총-전하밀도 분포, **스핀 밀도**(Spin Density: **$\alpha$-전자의 밀도와 $\beta$-전자의 밀도 사이의 차이**), 분자 오비탈의 공간 분포, 분자-오비탈 에너지 준위들, 외부의 전하(Electrophile 또는 Nucleophile)가 접근할 때의 정전기적 퍼텐셜(Electrostatic Potential) 등을 추가로 계산할 수 있다.

이처럼 분자구조가 고정된 상태에서 계산하는 성질들을 정적 성질(Static Property)라고 불기도 하는데, 정적 성질로 쌍극자 모멘트(Dipole Moment), 편극률(Polarizability), 전하밀도(Charge Density), 그리고 정전기-퍼텐셜(Electrostatic Potential)을 언급할만하다. 쌍극자 모멘트(Dipole Moment)는 다음 식으로 정의되는 벡터양인데, 분자 내부에서 양전하와 음전하가 분리된 정도를 나타내는 척도이다.

$$\mu = \sum r_i q_i = \int \psi^* r_i \psi \, d\tau \qquad (3.49)$$

쌍극자 모멘트 값의 크기는 분자들 사이에 작용하는 힘의 크기, 용매에 의한 효과 등을 정성적으로 (그리고 필요하면 정량적으로) 다루는 데 필요한 성질이다. 식 (3.49)에서 중간 부분은 고전역학 방법에서 사용하는 것이고, 마지막 부분이 양자화학 방법에서만 사용하는 것이다. 편극률(Polarizability)은 분자의 전자 분포가 외부의 전기장이나 자기장에 의하여 영향을 받는 정도를 나타내는 척도이며 텐서(Tensor)로 표시된다. 이것은 본질적으로 전자의 존재 상태에 의하여 정해지기 때문에 전자를 명시적으로 다루지 않는 고전역학 방법에서는 전혀 다룰 수 없는 내용이다. 즉 쌍극자 모멘트, 편극률, 전하밀도, 정전기-퍼텐셜 등은 고전역학 방법으로는 전혀 다룰 수 없는 성질들이지만, 반-경험적 계산 방법은, 비록 심각한 근사들을 사용하고는 있지만, 그래도 양자역학의 이론을 바탕으로 하기 때문에, 이러한 특성들을 다룰 수 있다.

## 3.3 바탕함수(basis function)에 대하여

앞의 3.2절에서 설명한 반-경험 양자화학 계산 방법을 사용하는 경우에는 사용자가 바탕함수에 대하여 관심을 기울일 필요가 거의 없지만, 4장 이후에 설명하는 양자화학 계산 방법들을 효율적으로 사용하고, 또 그 계산 결과의 세부 사항을 적절히 해석하기 위해서는 바탕함수에 대한 적절한 이해가 필요하다. 일반적인 계산화학에서 주로 사용되는 바탕함수는 크게 두 종류로 나뉜다고 쉽게 말할 수도 있지만, 의외로 매우 다양한 방식들이 사용되고 있기 때문에, 이 책에서 모든 것을 충분히 다루기는 어렵다. 이 책에서는 그냥 원자핵의 위치에 중심을 둔(atom centered) 바탕함수를 중심으로, 기본 개념들과 지식들을 설명하기로 한다.

바탕함수에 관련하여 사용자들이 이해하여야 하는 중요한 것들 중 첫 번째는 **특정 계산에 사용된 바탕함수의 총 개수를 항상 확인하는 것**이다. 특히 d-와 f-궤도함수 형태의 바탕함수를 사용하는 경우에 (아래 3.3.1절 뒤 부분에 설명하는) Pure-spherical 함수와 Cartesian(xyz) 함수를 사용한 경우에 대한 구분을 잘 인식하여야 한다. 매우 사소하고 당연한 것처럼 보이지만, 이것은 계산화학을 처음 시작하는 사람들이 흔히 실수하는 사항들 중 하나다. 3장의 실습에서 기본적인 것들을 확인할 것이고, 4장부터의 실습에서 자주 강조하겠지만, 별도로 진행된 계산화학의 결과들을 조합하고 연결하여 사용할 때, 이 것(계산에 사용된 바탕함수의 총 개수)의 확인을 잘못하면, 엉뚱한 혹은 잘못된 해석을 할 수 있다. 두 번째 사항은 **각 바탕함수집합의 특징을 어느 정도는 잘 이해하는 것**이다. 즉 계산하려는 화합물의 특성 또는 계산하려는 물리화학 특성에 더 잘 부합하는 바탕함수집합을 선택하는 것이 바람직하다. 적합하지 않은 바탕함수 집합을 사용하였다고 해서 잘못된 결과를 얻는 것은 아니지만, 무의미한 계산에 계산 자원을 불필요하게 소비하는 것을 방지하기 위해서는 각 바탕함수 집합의 특성을 이해할 필요가 있다.

앞선 3.1절의 뒷부분에서 설명한 바와 같이, 분자에 포함된 원자들의 원자－궤도함수(AO, atomic orbital)들을 선형－결합하여(linear combination) 분자－궤도함수(MO, molecular orbital)들을 구성하는 LCAO－MO 방법이, 분자－궤도함수를 구성하는, 정성적으로 가장 무난한 출발점이다. 그러나 원자들이 화학 결합하여 분자를 형성하면서 원래의 원자－궤도함수들의 모양과 특성이 그대로 보전되지는 않는다는 것은 당연하기 때문에, 원자－궤도함수들 자체를 그대로 사용하는 것이 정량적으로 꼭 최선은 아니다. 그래서 원자－궤도함수(AO) 대신에, AO와는 조금 다르지만, 그 함수를 사용하는 과정에 관련된 여러 특성들이 잘 정리되어 있는 함수들을 사용하여 분자－궤도함수들을 구성하는 방법을 사용하는데, 여기서 사용하는 함수들을 **바탕함수**(basis function)들이라고 부른다. 바탕함수 대신에 **기본－함수(또는 기저－함수)**라고 부르는 경우도 많다. 바탕함수와 바탕함수 집합에 대하여 순차적으로 알아보자.

### 3.3.1 STO와 GTO

양자화학 교재들에서 잘 설명하고 있는 바와 같이, 수소 원자(또는 수소처럼 하나의 전자만 가지는 단－원자 이온)의 정확한 궤도함수의 각도 방향 함수($R_n(r)$, radial function)는 다음과 같은 지수－형－함수들(ETF, exponential type functions)을 결합하면 정확하게 표현된다. (**참고**: 각도 방향 함수는 근사 없이 사용하기 때문에 더 이상 언급하지 않는다.)

$$\phi_{nl}(r) = N r^{n-1} e^{-\zeta r} = N r^{n-1} \exp(-\zeta r) \tag{3.50}$$

여기서 n은 주－양자수처럼 1, 2, 3, ...의 정수 값에 해당하며, N은 정규화 상수(양자화학 교재를 참고하라)이고, 원자핵으로부터의 거리 **$r$은 원자－단위**(Bohr)로 나타내어야 한다. 수소 원자처럼 전자가 하나인 경우에는 식 (3.50)이 완전히 정확한 수식이다.

그러나 다－전자(multi－ electron) 원자의 경우에는 AO의 방사－방향 함수를 정확하게 닫힌－형태(closed form, 유한한 개수의 항으로 표현되는 형태)로 정의할 수 없다. 그러나 위와 같은 지수－함수들을 결합하여 근사하는 것이 그나마 가장 좋은 방법이다. 식 (3.50)과 같은 지수－형 함수를 양자화학에서는 **슬레이터－형 궤도함수**(**STO,** Slater type orbital)라고 부른다. 원자에 대한 양자화학 계산에서는 당연히 STO 형태의 기본 함수들을 바탕함수로 사용한다. 1960년대 후반부터 1970년대 초반 사이에 거의 모든 원자(중성 및 이온)들에 대한 매우 높은 수준의 양자화학 계산들이 STO 바탕함수들을 사용하여 진행되었다. 다－전자 원자들을 계산하면서 각 AO에 대하여 식 (3.50)과 같은 STO를 하나씩만 사용하는 경우에, 이 바탕함수들의 모임을 **단일－제타 바탕집합**(**SZ,** single zeta set)이라고 부른다. 이것을 **최소－바탕집합**(Minimal Basis Set)이라 부르기도 한다. 예컨대, 전자가 10개인 네온(Ne) 원자를 궤도함수 근사로 표현하기 위해서는 3개의 방사방향 함수들($R_{1s}(r)$, $R_{2s}(r)$, $R_{2p}(r)$)이 필요하며, 따라서 식 (3.34)의 지수인 제타(zeta, $\zeta$)의 값이 서로 다른 3개의 STO 함수들만을 사용한다. 여기서 제타의 값은 양자화학 또는 무기화학 교재에서 설명하는 유효 핵－전하(effective nuclear charge) 개념에 해당하며, 동일한 $\zeta$의 값을 $R_{2s}(r)$와 $R_{2p}(r)$에 대하여 사용하는 경우도 많다. 여기서 한 가지 이해하고 지나가야 할 것이 있다. <u>단일－제타 바탕함수</u> 자체는 각 원자 궤도(AO)에 해당하는 바탕함수를 하나씩만 사용한다는 의미지만, <u>단일－제타 바탕집합</u>을 사용하는 계산에서는 $R_{1s}(r)$와 $R_{2s}(r)$를 1s와 2s에 대한 바탕함수만을 각각 사용하여 나타내는 것이 아니라, 두 바탕함수를 다음과 같이 선형으로 결합하여 나타낸다. 그러나 이 경우 $R_{2p}(r)$는 $\varphi_{2p}(r)$ 하나만을 사용하여 나타낸다. 표 3.2의 위 부분에는 Ne 원자에 대한 단일제타 바탕함수 집합의 제타(zeta) 값, 전개 상수들 및 이들을 사용하여 계산한 HF/SCF 에너지 값이 나와 있다.

$$\begin{aligned} \phi_{1s}(r) &= c_{11}\chi_{1s}(r) + c_{12}\chi_{2s}(r) \\ \phi_{2s}(r) &= c_{21}\chi_{1s}(r) + c_{22}\chi_{2s}(r) \\ \phi_{2p}(r) &= \chi_{2p}(r) \end{aligned} \tag{3.51}$$

그런데, **단일－제타 바탕집합**(SZ)을 사용하면 다－전자의 AO들을 정확하게 표현하는데 한계가 있기 때문에, 각 AO 하나를 표현하는데 2개씩의 STO 바탕함수들을 사용하면 그 결과가 많이 개선된다. 이것을 **이중－제타 바탕집합**(DZ, double zeta set)이라고 부른다. 이 경우 Ne 원자－궤도함수들은 다음과 같이 표현된다. 각각의 AO에 해당하는 바탕함수를 2개씩 사용했지만, 결과적으로는 동일한 대칭성에 해당하는 모든 바탕함수들을 사용한다는 것을 이해하라.

$$\begin{aligned}\phi_{1s}(r) &= c_{11}\chi_{1s,1}(r) + c_{12}\chi_{1s,2}(r) + c_{13}\chi_{2s,1}(r) + c_{14}\chi_{2s,3}(r) \\ \phi_{2s}(r) &= c_{21}\chi_{1s,1}(r) + c_{22}\chi_{1s,2}(r) + c_{23}\chi_{2s,1}(r) + c_{24}\chi_{2s,3}(r) \\ \phi_{2p}(r) &= c_{31}\chi_{2p,1}(r) + c_{32}\chi_{2p,2}(r)\end{aligned} \tag{3.52}$$

표 3.2의 아랫부분에는 Ne 원자에 대한 이중－제타 바탕함수 집합의 제타(zeta) 값, 전개 상수들 및 이들을 사용하여 계산한 HF/SCF 에너지 값이 나와 있다. 궤도함수 에너지(AO energy)와 HF 에너지 값이 SZ를 사용한 것보다 더 낮아졌음을 주목하라. 마찬가지로, 각 AO 하나를 표현하는데 3개씩의 STO 바탕함수들을 사용하면 그 결과는 더욱 더 개선된다. 이것을 **삼중－제타 바탕집합**(TZ, triple zeta set)이라고 부를 수 있다. 그런 방식으로 **사중－제타 바탕집합**(QZ, quadruple zeta set), **오중－제타 바탕집합**(5Z, quintuple zeta set) 등으로 정의된다. 중심전자(Ne의 경우 1s 전자)에 대해서는 SZ 또는 DZ를 적용하고 외곽 전자(valence electron, 원자가－전자)에 대해서는 DZ 또는 QZ를 적용하는 방식으로 적절하게 혼합하여 사용한다. 참고문헌 3－6에는 표 3.2에 해당하는 더 많은 자료들이 있다. 이와 같이 AO를 바탕함수($\chi_r$)들의 선형－결합으로 전개하는 것을 다음과 같은 일반식으로 나타낸다.

$$\phi_i = \sum_{r=1}^{m} c_{ri}\chi_r \tag{3.53}$$

**표 3.2** Ne 원자에 대한 단일－제타 바탕집합(SZ)와 이중－제타 바탕집합(DZ)의 지수($\zeta$) 값, 전개상수($c_{ij}$), 궤도함수 에너지(AO energy), 그리고 이들을 사용하여 구한 HF 에너지 값. 모든 값들은 원자 단위(atomic unit)로 표기되었다.

| Single Zeta Set | 1s－AO | 2s－AO | E(HF) = | －127.81218 |
|---|---|---|---|---|
| Orbital energy | －32.66213 | －1.73250 | | 2p |
| $\zeta_{1s}$=9.64200 | 0.99735 | －0.25499 | Orbital energy | －0.56172 |
| $\zeta_{2s}$=2.87923 | 0.01091 | 1.02937 | $\zeta_{2p}$=2.87923 | 1.00000 |
| Double Zeta Set | 1s－AO | 2s－AO | E(HF) = | －128.53511 |
| Orbital energy | －32.75986 | －1.92187 | | |
| $\zeta_{1s,1}$=11.42160 | 0.38645 | 0.01729 | | 2p |
| $\zeta_{1s,2}$= 8.53182 | 0.62142 | －0.31229 | Orbital energy | －0.84143 |
| $\zeta_{2s,1}$= 3.55883 | －0.00158 | 0.65864 | $\zeta_{2p,1}$=4.68773 | 0.36818 |
| $\zeta_{2s,2}$= 2.19285 | 0.00210 | 0.43410 | $\zeta_{2p,2}$=2.05684 | 0.71746 |

이－원자(diatomic) 분자에서는 STO를 바탕함수로 사용하는 것에 문제가 없다. 그러나 삼－원자(triatomic) 분자부터는 매우 어려운 문제가 발생하는데, 그것은 바로 HF/SCF

과정을 다루기 위해서는 다음 수식과 같은 다중-중심 2-전자-적분(multi- center two -electron integral)의 수가 매우 많아지는데, 이들을 구하는 것은 컴퓨터를 사용해도 매우 어렵다는 것이다.

$$(rs|tu) = \iint \frac{\chi_r^*(1)\chi_s(1)\chi_t^*(2)\chi_u(2)}{r_{12}} d\tau_1 d\tau_2 \tag{3.54}$$

이 어려움을 해결하기 위하여 STO 대신에 다음과 같은 직각-좌표(x,y,z)계 가우스-형 함수(Cartesian-Gaussian function)를 바탕함수로 사용하는 방법을 1950년대 후반에 보이스(Boys)가 처음 제시하였다. 이것은 **가우스-형 궤도함수**(GTO, Gaussian Type Orbital)이라 부른다.

$$g_{p,lmn}^{PGF} = N x_A^i y_A^j z_A^k e^{-\alpha_p r_A^2} \tag{3.55}$$

여기서 $\alpha_p$는 상수이고, $r_A = \sqrt{x_A^2 + y_A^2 + z_A^2}$는 원자핵 A로부터의 거리이며, $i, j, k$은 0, 1, 2, ... 정수다. 정규화 상수 N은 다음 식으로 정해진다.

$$N = \left(\frac{2\alpha}{\pi}\right)^{3/4} \left[\frac{(8\alpha)^{i+j+k}\, i!\, j!\, k!}{(2i)!\,(2j)!\,(2k)!}\right]^{1/2} \tag{3.56}$$

$i+j+k=0$면 $s$-type 함수이고, $i+j+k=1$이면 $p$-type 함수인데, $i=1, j=k=0$면 $p_x$-type 함수고, $j=1, i=k=0$면 $p_y$-type 함수인 셈이다. $i+j+k=2$이면 $d$-type 함수인데, 이 경우에는 $xy$, $yz$, $xz$, $x^2$, $y^2$, $z^2$라는 여섯 가지 성분이 생긴다. 이들을 조합하여 실제(pure spherical) $3d$-type 함수들 다섯 가지와 하나의 $3s$-type 함수를 만들 수 있다. $l+m+n=3$이면 열 가지 가능한 성분이 생기는데, 역시 이들을 조합하여 일곱 가지의 실제(pure spherical) $4f$-type 함수들과 3개의 $p$-type 함수들을 만들 수 있다. 그래서 GTO를 바탕함수로 사용하는 함수 집합(basis set)에 d-AO 및 f-AO 형식이 포함되는 바탕함수 집합(예컨대 6-31+G(2df) 또는 aug-cc-pvTZ)을 사용하는 경우에는 **Pure-spherical 또는 Cartesian**(xyz) 형식 중 어느 것인가에 따라서, 실제 사용하는 바탕함수의 수와 성격에 차이가 생긴다.

그런데 사실, STO 함수들이 GTO보다는 (특히 원자핵에 가까운 지점에서) 훨씬 더 실제 궤도함수에 가깝다. 함수집합(**SZ**)에서 만약 하나의 GTO만을 사용하면 단일-제타 GTO의 지수($\alpha$) 값을 아무리 변화시켜도, 그림 3.5가 보여주는 바와 같이 올바른 궤도함수에 접근하는데 한계가 있다.

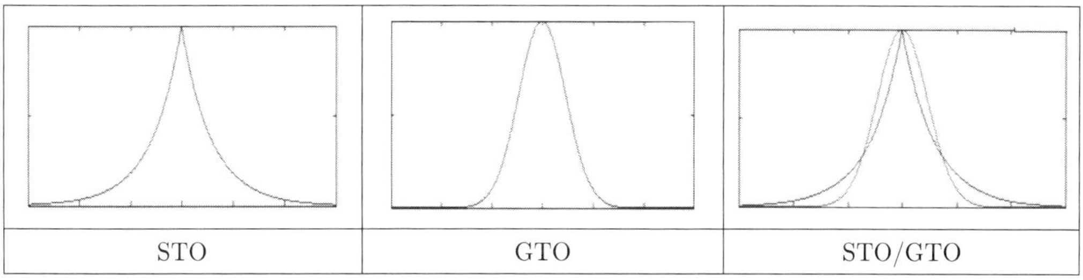


**그림 3.5** STO와 GTO에 대한 비교

따라서 GTO를 사용하여 비슷한 수준으로 실제 궤도함수를 표현하려면, STO를 사용하는 경우보다, 훨씬 더 많은 바탕함수의 개수가 필요하다. 그래서 식 (3.37)을 그대로 사용하지 않고, 다음과 같이 GTO들 몇 개를 미리 결합하여 STO와 비슷하게 만든 후, 이렇게 결합된 것을 바탕함수로 사용한다.

$$\chi_\mu = g_\mu^{CGF} = \sum_{p=1}^{L_p} d_{p\mu}\, g_p^{PGF} \tag{3.57}$$

그래서 식 (3.57)을 **축약된−가우스 함수**(CGF, Contracted Gaussian Function)라고 부르고, 식 (3.55)는 **원형−가우스 함수**(PGF, Primitive Gaussian Function)라고 부른다. GTO 3개를 사용하여 하나의 STO를 표현하는 것을 **STO−3G**라하고, 6개의 GTO를 사용하면 **STO−6G**라고 한다. 이런 것들을 일반적으로 **STO−nG**라고 표기한다.

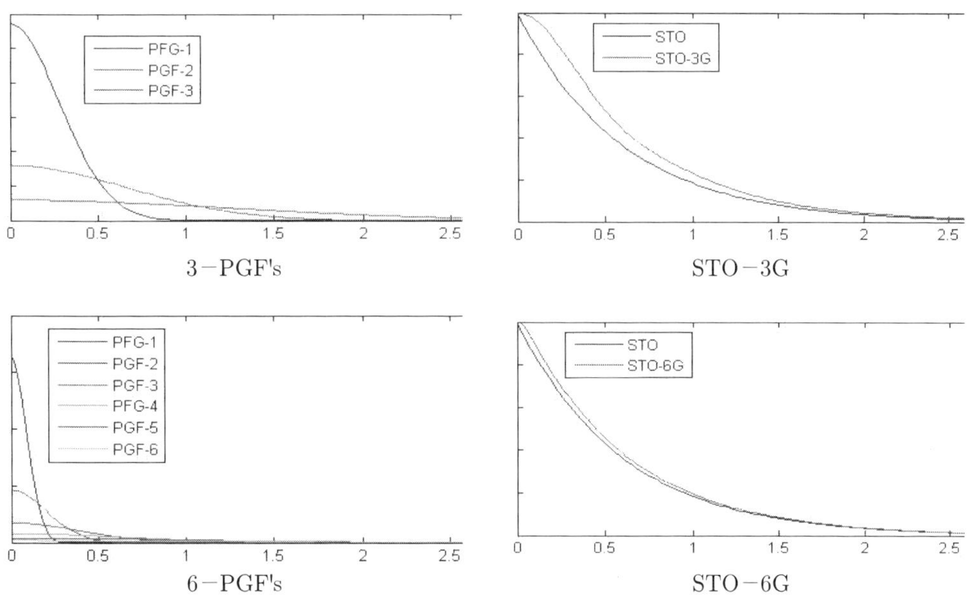


**그림 3.6** 원형 가우스 함수들, 축약된 가우스 함수, 그리고 그에 해당하는 STO 사이의 비교

그림 3.6은 실제 He 원자의 1s−AO를 STO−3G와 STO−6G로 나타내는 경우에, 사용된 원형−가우스 함수(PGF)들 n개 각각을 왼쪽에 보여준 후, 그들을 선형으로 결합한 축약된 가우스 함수(CGF, STO−nG)를 하나의 STO 함수(He 원자의 1s−AO를 가장 잘 나타낸 하나의 STO 함수)와 비교하여 보여준다. 표 3.3은 STO−3G와 STO−6G에 해당하는 수치들을 보여준다. 여기서 주목할 것은, 사용하는 PGF의 수가 3개에서 6개로 증가하면 HF 에너지 값이 더 낮아진, 즉 더 좋은 결과를 얻게 된다는 것이다. 그런데, 그냥 하나의 원래 STO 함수를 사용한 경우에 STO−6G를 사용한 경우보다 더 낮은 (즉 더 좋은) 에너지를 준다. 그러나 앞서 설명한바와 같이, STO 자체를 사용하면, 분자에 대한 계산에서 요구되는 다−중심 2−전자 적분(multi−center two−electron integral)을 구하는 것이 매우 어려워지기 때문에, 분자에 대한 계산에서는 GTO를 바탕함수로 사용한다. GTO를 사용하면 다−중심 2−전자 적분이 바탕함수 중심 사이의 거리와 바탕함수의 지수($\alpha$) 값들로부터 비교적 간단한 대수식으로 쉽게 구해진다.

**표 3.3** STO−3G와 STO−6G 그리고 하나의 실제 STO를 사용한 결과의 비교

| $\alpha_p$ | $d_{p\mu}$ | E(RHF) |
|---|---|---|
| STO−3G | | |
| 0.6362421394D+01 | 0.1543289673D+00 | |
| 0.1158922999D+01 | 0.5353281423D+00 | −2.807784 |
| 0.3136497915D+00 | 0.4446345422D+00 | |
| STO−6G | | |
| 0.6598456824D+02 | 0.9163596281D−02 | |
| 0.1209819836D+02 | 0.4936149294D−01 | |
| 0.3384639924D+01 | 0.1685383049D+00 | −2.846292 |
| 0.1162715163D+01 | 0.3705627997D+00 | |
| 0.4515163224D+00 | 0.4164915298D+00 | |
| 0.1859593559D+00 | 0.1303340841D+00 | |
| $\zeta$=1.68750인 하나의 STO를 사용한 계산 결과 | | −2.847656 |

### 3.3.2 Pople 계열 바탕집합과 n−lm+G(df,p)

원자에 대한 계산에서는, 최소기저 바탕집합의 개념을 유지하면서도, 하나의 STO 함수를 표현하는데 사용하는 원형 가우스 함수의 수를 계속 증가시켜 계산 결과를 계속하여 향상시킬 수 있다. 그러나 분자에서는 화학 결합을 하면서 원자핵 주변의 구−대칭(spherical symmetry)이 더 이상 유지되지 않으며, 화학 결합의 변화에 따른 전자밀도 분포의 변화가

생겨야 한다. 중심 전자는 화학 결합에 참여하는 정도가 적기 때문에, 여전히 STO－nG 방식으로 다루는 것이 타당하겠지만, 원자가－전자(valence electron)는 화학 결합에 참여하면서 크게 변한다. 그런데 STO－nG처럼 축약된 가우스 함수의 전개 상수($d_{p\mu}$)들은 한 번 정해진 이후에는 변화 없이 사용하기 때문에 화학 결합에 참여하는 상황을 적절하게 표현할 수 없다. 물론 전개상수들이 변할 수 있도록 허용하면 되지만, 그러면 원형－가우스 함수(PGF) 각각이 독립적인 바탕함수처럼 거동하기 때문에 바탕함수의 수가 n배로 증가한다. 가능한 적은 바탕함수를 사용하면서도 효율적으로 다루기 위해서는 각각의 원자－궤도함수에 대하여 다음 수식과 같이 2개의 바탕함수(이 경우 축약된 가우스 함수, CGF)를 사용하는 방법(마치 AO를 두 개로 나눈(split) 것처럼 다루는 방법)이 **나누어진－원자가 바탕함수**(split valence basis function)이 방법이다.

$$\chi = c_\mu g_\mu^{CGF} + c_\nu g_\nu^{CGF} = c_\mu \sum_{p=1}^{L_p} d_{p\mu}\, g_p^{PGF} + c_\nu \sum_{q=1}^{L_q} d_{q\nu}\, g_q^{PGF} \tag{3.58}$$

위 식에서 각 원형함수(PFG, $g_q^{PGF}$)의 지수($\alpha_p$) 값들과 축약계수($d_{p\mu}$)는 원자에 대한 결과를 바탕으로, 또는 분자에 적용한 최종 계산 결과가 최적이 되도록 조정하여, 한번 정해진 후 변화 없이 사용하고, 단지 전개상수($c_\mu$, $c_\nu$)들만 조정하여 화학 결합에 의한 변화를 다룬다. 여기서의 전개상수($c_\mu$, $c_\nu$)들을 **분자궤도 전개상수**(MO coefficient)라고 부른다.

원형－가우스－함수(PGF, primitive gaussian function)들을 식 (3.58) 방식으로 묶어서 축약－가우스－함수(CGF, contracted gaussian function)들을 만드는 과정에 참여한 PGF의 수와 CGF의 수를 간략하게 나타내는 방식으로 [is jp kd ...]/(ns lp md ...) 표기법을 사용한다. 여기서 앞부분 꺾쇠－괄호 안에는 CGF의 수를, 뒷부분 둥근－괄호 안에는 PGF의 수를 나타낸다. 예컨대 [3s2p]/(8s5p)라는 표기는 각도방향 함수가 s－AO에 해당하는 바탕함수에는 PGF들 8개를 선형－결합하여 3개의 CGF을 만들고, 각도방향 함수가 p－AO에 해당하는 바탕함수에는 PGF들 5개를 선형－결합하여 2개의 CGF를 만들었다는 것을 나타낸다. 뒤에 나오는 기초 실습들의 결과를 자세히 들여다보면, 에너지의 절대－값에는 PGF의 수가 더 큰 영향을 미치지만, 분자구조 변화에 관련된 상대적인 에너지의 변화 크기에는 CGF의 수가 더 중요한 영향을 미친다. 대부분의 화학 변화를 연구하는 과정에서 에너지의 절대－값 자체보다는 변화량이 더 중요하기 때문에, 계산화학을 처음 배우는 학생들은 PGF의 개수는 그다지 신경 쓰지 않아도 되고, CGF의 수를 더 주의할 필요가 있다. 그래서 [3s2p]/(8s5p)라는 표기에서 뒷부분은 생략하고 그냥 [3s2p]로 표기하는 경우가 많다.

이러한 방식을 '**n−lmG**' 바탕집합이라고 부른다. 여기서 대시−기호 앞의 숫자 n은 중심전자의 AO를 STO−nG 형식의 최소집합으로 표현한다는 것을 나타내며, 뒤의 두 숫자 l과 m은 원자가−전자의 AO를 두 개로 나누고, 처음 것은 l개의 원형−가우스 함수(PGF)들의 선형−결합, 두 번째 것은 m개의 원형−가우스 함수들의 선형−결합으로 표현하는 것을 나타낸다. 예컨대, 염소 원자에 대한 6−31G라는 바탕집합에서는 1s, 2s, 2p 원자−궤도함수들에 대해서는 STO−6G를 사용(즉 1s, 2s, 2p 각각에 대한 식 3.57의 $L_p=6$이고)하고, 3s와 3p에 대해서는 STO−3G와 STO−1G를 사용(즉 3s와 3p 각각에 대한 식 3.58에서 $L_p=3$, $L_q=1$)한다는 의미다. 따라서 3−21G, 4−31G, 6−31G 바탕집합들 모두의 중심전자는 최소집합(MZ), 원자가−전자는 이중−제타(DZ)로 다루는 것에 해당하며, 각 바탕집합에서 사용하는 PGF의 개수는 서로 다르지만, PGF들을 선형결합한 축약−가우스−함수(CGF)의 수는 동일하다. 뒤에 나오는 실습에서 이러한 것들을 확인해 볼 수 있다. 한편, 6−311G라는 바탕집합에서는 중심 전자의 AO들은 STO−6G로 다루지만, 원자가−AO들은 STO−3G 하나와 STO−1G 2개, 즉 총 3개의 바탕함수로 다룬다. 따라서 중심−전자에 대해서는 최소집합(MZ)이지만 원자가−AO에 대해서는 삼중−제타(TZ) 방식으로 다루는 것이다.

한편 화학 결합이 생성되면서 전자밀도 분포의 중심이 더 이상 원자핵의 위치와 일치하지 않는다. 원자핵의 위치에서 벗어난 지점에 바탕함수의 중심을 두는 방식을 생각해볼 수 있지만, 어느 방향으로 어느 정도 벗어난 지점을 선택해야 하는지는 분자에 따라서, 또 같은 분자에서도 결합 길이와 결합 각도에 따라 변한다. 그래서 원자가 원래의 바닥 전자배치에서 채워지는 AO의 각 운동량 양자수($l$)들 중 가장 큰 것보다 하나(혹은 둘 이상) 더 큰 AO에 해당하는 바탕함수를 추가해 주는 방식을 사용한다. 예컨대 수소 원자의 바닥 전자배치에는 2p−AO가 필요 없지만, p−type 바탕함수를 함께 사용하면 O−H 결합을 만들면서 수소 주변의 전자밀도 분포의 중심이 산소 방향으로 치우치는 것을 더 잘 다룰 수 있다. 화학 결합에 참여하는 탄소나 산소에 대해서는 d−type(심지어 f−, g−type까지) 함수들을 바탕집합에 포함시킬 수 있다. 이처럼 추가하는 바탕함수들을 **분극−함수**(polarization function)라고 부르며, n−lmG**(d,p)** 방식으로 괄호 안에 분극−함수들을 나타낸다. 괄호 안에서 콤마 뒤의 것(들)은 수소 원소에 대한 분극함수며, 괄호 앞의 것은 수소를 제외한 다른 모든 원소들(계산화학에서는 수소를 제외한 다른 모든 원소들을 heavy−element라고 부른다.)에 대한 것을 나타낸다. 예컨대 메탄올($CH_3OH$)을 n−lmG(3d2f,2pd) 바탕집합으로 계산하는 경우에, 각각의 수소(H) 원자들에는 2개의 p−type CGF와 1개의 d−type CGF를 추가하여 사용하고, 탄소(C)와 산소(O) 원자 각각에는 3개의 d−type CGF와 2

개의 f-type CGF를 추가하여 사용한다. n-lmG(2df)처럼 괄호 안에 콤마가 없으면 수소에는 분극함수를 추가하지 않는다는 의미다. 사실 분극함수는 5장에서 설명하는 전자-상관성 효과를 더 잘 포함시키려는 노력에서도 매우 중요한 기여를 한다.

만약 원래의 중성 원자/분자에 전자가 추가되어 음이온이 되면, 원자핵에 의한 인력은 그대로이지만, 전자-전자 사이의 반발력이 추가된 전자에 의하여 증가하면서, 전자밀도 분포가 원자핵에서 더 멀리 퍼진(diffuse)다. 또한 바닥 전자상태에서 들뜬 전자상태가 되면서 들뜬 전자가 채워지는 궤도함수는 많은 경우에 원자핵으로부터 더 멀리까지 퍼진(diffuse) 궤도함수다. 특히 Rydberg 상태로 들뜬 전자상태인 경우에는 그 퍼진 정도가 매우 크다. 또 비-공유 전자쌍(lone electron pair)을 가지는 분자의 경우에도 전자밀도의 분포가 원자핵으로부터 더 멀리 퍼지는 경향이다. 수소 결합이나 반데르발스 결합의 경우에도 원자핵으로부터 아주 먼 지점까지의 전자밀도 분포를 잘 다루어야 한다. 이러한 경우들(음이온, 들뜬 전자상태, 비-공유 전자쌍, 수소-결합 등)을 더 잘 다루기 위해서는 바탕함수에도 **퍼진-함수**(diffuse function)를 추가할 필요가 있다. 바탕함수에 대한 식 3.38로부터 퍼진-함수의 지수($\alpha_p$) 값은 매우 작은 값이라는 것을 알 수 있다. 퍼진-함수를 포함하는 바탕집합은 6-31+G(d) 또는 6-31++G(d)와 같이 **G 앞의 +기호**로 나타낸다. ++는 분자 내의 (수소 원자를 포함한) 모든 원자들에 대해서 퍼진-함수들을 추가한다는 의미이고, +를 하나만 사용하면 수소 원자를 제외한 다른 원자들에 대해서만 퍼진-함수들을 추가한다는 의미다.

### 3.3.3 Dunning 계열 바탕집합과 aug-cc-PVnZ

그런데 Pople 계열의 바탕집합에서 원자의 바닥 전자배치에 해당하는 n-mlG 부분 바탕함수들의 지수($\alpha_p$) 값들과 축약 계수($d_{p\mu}$)들은 해당 원자에 대한 정보(이론 계산의 결과들 또는 실험 관측 결과들)를 바탕으로 미리 정하는 것이 가능하고 타당하다. 하지만 화학결합을 만들면서 변화하는 부분을 더 잘 다루기 위하여 추가해주는 분극함수와 퍼진 함수들의 지수($\alpha_p$) 값들을 미리 결정하는 적절한 방법이 모호하다. 물론 그 값들 자체를 순-이론 방법으로 최적화하는 것이 가능하기는 하지만, 그것은 비-선형 최적화에 해당하기 때문에 매우 많은 시간을 요구하며, 또한 각각의 대상 분자에 대하여 그러한 과정을 거치는 것은 효율적이지 않다. 그래서 Pople 계열 바탕집합의 지수($\alpha_p$) 값들은 어느 정도의 반-경험적 과정과 요소를 포함하여 결정된 부분이 있다. Pople 계열의 바탕집합(Basis set)은 비교적 작은 크기의 바탕집합으로 좋은 계산 결과를 제공한다는 장점을 가진다. 그러나

Pople 계열 바탕집합을 사용하여 아주 정확한 계산 결과를 추구하는 경우에 두 가지 문제가 생긴다. 첫째는 바탕집합의 크기를 증가시키기 위하여 추가하려는 바탕함수를 체계적으로 규정하는 것이 모호해진다. 즉 어떤 형식(s−, p−, d− 등)의 바탕함수를 몇 개 추가하여야 하고, 또 이들 새로운 바탕함수의 지수 값을 어떻게 정하는 것이, 바탕집합의 품질(quality)을 체계적으로 향상시키는 것인지 모호하다. 두 번째는 기존의 Pople 계열 바탕집합에서 출발하여 바탕집합의 크기를 증가시키면서 계산 결과의 개선을 살펴보면, 개선의 방향성과 정도에서 일관성을 규정하기가 어려워서, 바탕집합을 무한히 크게 하였을 때를 어떤 값으로 수렴할 것인지를 가늠하기가 어렵다.

이러한 어려움을 해경하기 위하여 Dunning으로 대표되는 공동 연구자들이 **cc−pVnZ** 계열의 바탕집합을 발전시켰다. 여기서 polarized−valence n−tuple zeta를 의미하는 pVnZ는 원자가−전자(valence)에 해당하는 부분이 분극(polarized)될 수 있도록 (n−개의 STO에 해당하는 품질의) 다중−제타 개념으로 나타낸다는 의미다. correlation−consistent를 나타내는 cc는 바탕집합의 크기를 증가시키면서 전자−상관성(correlation)의 개선 효과가 각 부−껍질(electron sub−shell)별로 일치(consistent)하도록 증가시킨다는 의미다. 예컨대 cc−pvDz에서 cc−pVTz로 커지면서 f−형식의 바탕함수가 새로 추가되는데, 이때 이 새로운 f−형식의 바탕함수로 인하여 전자−상관성 효과가 개선되는 정도와 일치하여 기존의 s−, p−, d−형식 바탕함수들에 의한 전자−상관성 효과도 개선시키도록 한다는 의미다. 그래서 표 3.4의 위 부분에서 볼 수 있는 바와 같이 Li−Ne 원소의 경우 cc−pvDz에서 cc−pVTz로 커지면서 f−형식 바탕함수가 하나 도입되면서 동시에 s−, p−, d−형식 바탕함수들도 하나씩 더 증가된다. 일관성을 유지하기 위하여 **Dunning 계열 바탕집합에서는 Pure−spherical**(5d, 7f) **바탕함수들만 사용한다**. 그 결과 바탕함수(CGF, contracted gaussian function)의 총 수는 14개(3개의 s−type, 3×3=9개의 p−type 함수, 5개의 d−type 함수)에서 30개로 2배 이상 급격히 커진다. H−Ar과 Ca−Kr 사이의 원소들에 대해서는 cc−pvDz부터 cc−pv5z까지 개발되어 있고, H−He와 B−Ne, Al−Ar 사이의 원소들에 대해서는 cc−pv6z도 개발되어 있다. 바탕집합의 크기에서는 cc−pvDZ가 6−31G(d,p)와 비슷하지만, 계산 결과는 일반적으로 6−31G(d,p)가 더 우수하기 때문에 cc−pvDz를 사용하는 것은 큰 의미가 없다. 그래서 계속하여 바탕집합의 크기를 체계적으로 증가시키는 것이 cc−pvTz부터 비로서 의미 있다.

Pople 계열의 바탕집합에서와 마찬가지로 음이온이나 수소결합 경우 등을 다루기 위하여 퍼진−함수(diffuse function)들을 보강(augment)할 필요가 있는데, 퍼진−함수들을 추가한 바탕집합을 aug−cc−pvnz 방식으로 표기한다. 표 3.4의 아랫부분에 보인 바와 같이 퍼진-함수들을 추가하는 경우에도, Dunning 계열 바탕집합에서 추구하는 일관성을 유지하기 위하여, 모든 부-껍질에 동시에 퍼진-함수들을 추가한다. Rydberg 들뜬 전자상태나 반데르발스 상호작용과 같이 퍼진-함수를 더 추가할 필요가 있는 경우에는 퍼진-함수를 이중으로 보강(double augment)할 수 있고, 이렇게 만든 바탕집합을 d-aug-cc-pvnz로 표기한다. 특히 d-aug-cc-pvnz를 사용해야 n이 2(D)에서 3, 4, ...로 증가하면서 계산된 분극도(polarizability)가 일정한 값으로 수렴하는 것이 안정하다고 알려져 있다.

**표 3.4** Dunning 계열 바탕집합에서 각 부-껍질을 분리한(split) 개수[ns,np,nd]와 축약-가우스-함수(CGF)들의 총 수(No. CGF)

| | cc-pvDz | cc-pvTz | cc-pvQz | cc-pv5z |
|---|---|---|---|---|
| H, He | [2s1p] | [3s2p1d] | [4s3p2d1f] | [5s4p3d2f1g] |
| No. CGF | 5 | 14 | 30 | 55 |
| Li - Ne | [3s2p1d] | [4s3p2d1f] | [5s4p3d2f1g] | [6s5p4d3f2g1h] |
| No. CGF | 14 | 30 | 55 | 91 |
| | aug-cc-pvDz | aug-cc-pvDz | aug-cc-pvDz | aug-cc-pvDz |
| H, He | [3s2p] | [4s3p2d] | [5s4p3d2f] | [6s5p4d3f2g] |
| No. CGF | 9 | 23 | 46 | 80 |
| Li - Ne | [4s3p2d] | [5s4p3d2f] | [6s5p4d3f2g] | [7s6p5d4f3g2h] |
| No. CGF | 23 | 46 | 80 | 127 |

그러나 가우스 함수는 원자핵에 아주 가까운 부분을 잘 표현하는데 한계가 있다. 그래서 중심전자가 전자-상관성에 기여하는 부분을 더 잘 다루어주기 위하여 바탕함수를 추가한 바탕집합을 cc-pCVnz라고 표기한다. 한편 Dunning 계열의 바탕집합에 포함된 함수들 중 각운동량이 가장 큰 AO에 해당하는 바탕함수들을 제거하는 방식도 사용되고 있는데, 이것을 jul-cc-pvnz라고 표기한다. 여기서 jul은 August(8월)의 앞인 July(7월)에 해당하는 셈이다. 그런 방식으로 jun-cc-pvnz와 같은 것들을 만들 수 있는데, 여기서 자세한 설명은 생략한다. Dunning 계열의 바탕집합은 크기가 급격하게 증가하기 때문에, 계산화학을 처음 시작하는 학생들은, 계산 자원을 무의미하게 낭비하지 않기 위하여, 일단은 cc-pvTz보다 더 큰 것은 사용하지 않는 것이 바람직하다. 특히 대상 화합물에 포함된 (수소를 제외한) 원자들의 수가 6~7개 이상이 되면, 일단은 Pople 계열의 바탕집합을 사용하여 계산을 진행한 후, 요구되는 계산 자원(계산 시간, 메모리의 크기, 저자 공간의 크기 등)에 대한 적절한 분석을 거친 후 Dunning 계열의 바탕집합에서 aug-cc-pvTz 이상을 사용하는 것이 바람직하다.

한편 축약-가우스-함수(CGF)를 만드는 수식이 식 (3.58)지만, 이 수식을 실제로 적용하는 과정에서 두 가지 서로 다른 방식이 있다. **분절된-축약**(segmented contraction) 방법이라고 부르는 방식에서는 특정 PGF들끼리만 묶여서 CGF를 만들고, 다른 그룹의 PGF끼리는 섞이지 않는다. 즉 식 (3.58)에서 $g_p^{PGF}$에 해당하는 PGF들은 $g_\mu^{CGF}$에 해당하는 CGF를 만드는 부분에만 참여하고, $g_q^{PGF}$에 해당하는 PGF들은 $g_\nu^{CGF}$에 해당하는 CGF를 만드는 부분에만 참여하도록 제한할 수 있다. 반면에 **일반-축약**(general contraction) 방법에서는 이러한 제한 없이 모든 PGF가 모든 CGF에 참여하도록 허용된다. 더 자세히 설명은 생략하지만 잘 생각해보면, 다-중심 2-전자 적분들을 계산하는 과정에서 분절된-축약(segmented contraction) 방법으로 만든 바탕집합이 일반-축약 방식의 바탕집합보다 계산량이 더 적어진다. 일반-축약 방식 바탕함수의 자유도와 품질은 훨씬 더 좋지만, 더 많은 계산량을 요구한다. Pople 계열의 바탕집합은 분절된-축약 방식에 해당한 반면에, Dunning 계열의 바탕집합은 일반-축약 방식에 해당한다. 계산화학을 처음 시작하는 단계에서는 이러한 차이나 내용을 굳이 알아야 할 필요가 없기는 하지만, 조금 고급 단계의 계산화학 연구를 하다보면, 특정 물리-화학 성질(예컨대 비-단열 짝지음-항, nonadiabatic coupling term)을 계산하는 부분에서, 어떤 계산화학 프로그램들은 Pople 계열과 Dunning 계열 두 가지 중 한 가지에 대한 바탕집합만 가능한 경우가 있다. 그래서 이러한 차이를 알고 있을 필요가 있다.

요즘 널리 보급된 대부분의 계산화학 프로그램들은 계산화학 사용자가 직접 바탕집합의 세부 구성을 조절할 수 있는 다양한 기능들을 제공하고 있다. 이들 기능들에 대하여 각 프로그램에서 제공하고 설명의 내용들이 의미하는 것들을 이해하는데 이번 3.3절의 내용이 도움이 될 것이다. 그러나 계산화학을 처음 공부하는 학생들은 각 바탕집합을 지칭하는 명칭들이 포함하는 의미에 대한 기본 이해만으로도 충분하며, 다른 개발자들이 이미 충분한 연구와 시험을 통하여 개발해둔 바탕집합들 중 자신의 목적에 합당한 것을 선택할 줄 아는 정도의 지식이면 충분하다. 각 계산화학 프로그램들 안에 이미 충분한 바탕집합들이 제공되고 있지만, 혹시 더 추가적인 바탕집합을 이용하기 원한다면 이번 3장의 참고문헌 3-7의 누리집(https://bse.pnl.gov/bse/portal EMSL Basis Set Exchange web-site)을 방문하여 더 다양한 정보를 이용할 수 있다.

### 3.3.4 유효중심 퍼텐셜(ECP)

주기율표에서 4주기부터의 원소(주의: 화학 일반에서는 수소와 헬륨을 1주기로 명명하지만, 계산화학에서는 Li-Ne을 1주기라고 간주한다. 그래서 계산화학 관련 문헌에서 3주기

(third row)부터의 원소들이라고 표기하는 것이 화학 일반의 명명법에 의하면 4주기에 해당하는 K부터 시작하는 원소)들은 화학 결합에 거의 참여하지 않는 많은 중심 전자들(core electrons)을 포함한다. 위에서 설명한 바탕집합들을 사용하면, 중심−전자들을 묘사하는데 필요한 많은 바탕함수들을 사용해야만 하며, 그 결과 화학 결합에 참여하는 원자가−전자(valence electron)들에 해당하는 바탕함수들을 충분히 사용하기 어려워진다. 큰 바탕함수 때문에 계산량은 급속히 증가하지만, 그 계산량 중에는 화학적인 의미가 적은 부분이 많은 셈이다.

더구나 **원자번호가 40번 이상이 되면** 1s−와 2s−AO에 해당하는 전자들의 평균 운동 속도가 빛 속도의 10~20%에 근접하게 되면서 (이 책에서는 거의 다루지 않는) 상대성 효과(relativistic effect)가 더 이상 무시할 수 없는 정도가 된다. 주−양자수와 각운동량 양자수가 작은 AO들은 상대성 효과 때문에 크기가 작아지는 **직접−상대성−효과**(direct relativistic effect)를 나타내며, 그 때문에 핵전하를 차단하는 가리움−효과(Shielding effect, screening effect)가 커져서, 주−양자수와 각운동량 양자수가 큰 원자가−껍질 AO들은 오히려 크기가 커지는 **간접−상대성−효과**(indirect relativistic effect)를 나타낸다. 직접−상대성−효과와 간접−상대성−효과 두 가지를 합하여 상대성의 스칼라 효과(scalar effect)라고 부르는데, 이것이 무기화학에서 사용하는 'f−전자 효과'라는 개념의 근본 원인이기도 하다. **고유 상대성효과**(intrinsic relativistic effect)인 스핀−궤도(SO, Spin−Orbit) 짝지음에 대한 내용을 이 책에서는 거의 다루지 않겠지만, 스핀−궤도 짝지음 연산자를 사용하는 섭동론 방법을 적용하면, 비−상대론적인 양자화학 계산 방법의 체계 안에서 스핀−궤도 짝지음 효과를 상당히 적절하게 보정해줄 수 있다. 그러나 직접−상대성−효과와 간접−상대성−효과는 비−상대론적인 양자화학 계산 방법의 틀 안에서는 적절하게 다루기 어렵다.

이상의 두 가지 문제점, 즉 화학 결합의 특성 연구에 크게 중요하지 않은 중심−전자들에 의하여 필요 이상으로 바탕집합의 크기가 커지는 문제와 원자번호 40번 이후 원소들을 포함하는 화합물의 연구에서 고려하여야 하는 직접− 및 간접−상대성−효과를 동시에 해결하는 실용적인 방법이 바로 **유효중심 퍼텐셜**(**ECP**, Effective Core Potential) 방법이다. 이것을 유사−퍼텐셜(Pseudo−potential) 방법으로 부르기도 한다.

ECP 방법에서는 먼저 중심−전자들에 의한 효과를 유효중심 퍼텐셜(ECP)로 대체하는데, 다음과 같이 가우스 함수로 나타낸다.

$$U_{ECP}(r) = \sum_{i}^{L_C} a_i r^{n_i} \exp\left(-\alpha_i r^2\right) \tag{3.59}$$

여기서 $a_i$, $n_i$, $\alpha_i$는 각-운동량 양자수($s-, p-, d-, \cdots$)에 의존하여 변하는 값이며, 선형-결합의 길이($L_C$)로는, 보통 2에서 10 사이의 값을 사용한다. 어떤 기준과 어떤 방식으로 ECP의 세부 내용을 정할 것인지에 대한 많은 연구가 진행되었고, 그 결과들(즉 $a_i$, $n_i$, $\alpha_i$)이 계산화학 프로그램의 내부에 포함되어 있기 때문에 사용자는 ECP의 세부 사항에 대하여 자세히 알 필요는 없다.

중심-전자를 제외한 나머지 전자들이 채워지는 궤도함수는 3.3.1부터 3.3.3 사이에 설명한 것과 동일한 방식의 바탕함수를 사용하여 다룬다. 물론 여기서는 중심-전자 궤도함수들을 ECP로 치환한 것 때문에, 외곽전자에 해당하는 궤도함수에서 원자핵에 가까운 안쪽의 마디 구조(nodal structure)가, ECP를 사용하지 않은 경우와는 달라지는 점이 있고, 그것을 적절히 다루어주어야 하는 부분이 있지만, 여기서는 자세한 설명을 생략한다. 계산화학 프로그램의 사용자는 어떤 바탕집합을 사용할 것인지를 적합하게 선택하기만 하면 된다.

계산화학 프로그램의 사용자는 두 가지를 선택하면 된다. 먼저 어느 전자까지를 중심-전자로 취급할 것이지를 선택한 후, 그에 해당하는 여러 ECP들 중에서 (중심-전자의 정의가 동일한 경우에도, 다른 연구진들이 독립적으로 개발한 별도의 ECP들이 여러 가지 있기 때문에) 하나를 선택하여야 한다. ECP를 나타내는 이름(keyword)은 프로그램마다 조금씩 다르지만, 비교적 일반적으로 자주 사용되는 것들 중 일부가 표 3.5에 나와 있다.

**표 3.5 자주 사용되는 ECP에 대한 간단한 설명**

| 이름(keyword) | 적용 가능 원소 | 연구 개발 그룹 | 바탕집합 |
|---|---|---|---|
| LanL2DZ | H, Li-La, Hf-Bi | Los-Alamos | D95V |
| CEP-31G | H-Rn | Stevrns/Basch/Krauss | 31G |
| SDD | Fr과 Ra를 제외한 모든 원소들 | Stuuugart/Dreseden | D95 |
| def2-TZVPP | H-La, Hf-Rn | Stuuugart/Dreseden | TZVPP |

이들 외에도 LanL2MB, CEP-4G, CEP-121G, SDDAll, QZVPP 등 여러 가지가 더 있으며, **실제 이름과 사용법은 계산화학 프로그램마다 약간씩 다르기도 하다**. 이 표의 마지막 칸에 나와 있는 바탕집합은, 원래의 ECP를 개발하면서 사용한 바탕집합을 나타내며, ECP 이름에 해당하는 keyword를 바탕집합의 이름으로 사용하면 그에 해당하는 바탕집합으로 (중심-전자를 제외한) 나머지 전자들에 대한 바탕함수를 다룬다. 그러나 ECP를 사용하는 계산에서는 ECP와 그에 해당하는 바탕함수를 꼭 일치하여 사용할 필요는 없다.

대부분의 계산화학 프로그램에는 계산화학을 처음 시작하는 학생들에게 충분한 정도의 유효중심 퍼텐셜(ECP)들이 포함되어 있다. 또한 필요하다면 ECP의 세부 사항을 사용자가 직접 조절할 수 있는 기능들도 제공하고 있다. 이에 대한 각 프로그램의 사용법 설명 부분을 이해하는데 필요한 기본 지식이 이번 3.3.4절에서 제공되었기를 바란다. 이번 3장의 참고문헌 3-7도 ECP에 대한 추가 정보들을 구할 수 있으며, 참고문헌 3-8(https://sites.google.com/site/orcainputlibrary/effective-core-potentials)을 방문해 보면 ECP에 대한 추가적인 최근 정보들을 구할 수 있다.

### 3.3.5 바탕함수의 선택에 대한 추가 사항들

이번 3.3절에서 지금까지는 가장 널리 사용되는 바탕함수들에 대한 기본 사항들을 살펴보았다. 여기서 언급하지 않은 매우 다양한 바탕함수들이 있으며, 바탕함수를 선택하는데 고려하여야 할 것들이 다양하다.

가장 중요한 것은, 특정 화합물의 계산에서 어떤 바탕집합을 사용하였는지를 명확하게 인식하여야 하며, **계산에 적용된 바탕함수의 총 개수를 항상 확인**하여야 한다. 특히, 동일한 이름의 바탕집합을 사용한 경우에도, 그 바탕집합이 d-와 f-type 바탕함수를 포함하는 경우에는 그것을 pure-spherical 방식으로 다루는지 아니면 Cartesian(x,y,z) 방식으로 다루는지가 계산화학 프로그램에 따라서 변할 수 있다는 것을 알아야 한다. 바탕함수 총 수와 계산 시간 사이의 관계는 계산 방법(즉, HF, CISD, MBPT(2), DFT 함수의 종류 등)에 따라 변하기 때문에 이번 3장에서는 강조하지 않았지만, 바탕함수 전체의 수와 계산 시간의 비례 정도에 대한 감각을 익히고 이해하는 능력을 차차 키워나가는 것이 실질적인 양자화학 계산을 효율적으로 수행하는 데 매우 중요하다.

바탕집합의 크기를 키워나가면 더 좋은 계산 결과가 나오는 것은 일반적이다. 그러나 이 책의 실습들은 기본적인 계산 방법들에 대한 설명과 실습에 제한되어 있기 때문에 이 책을 통한 학습에서는 충분히 경험하지 못하겠지만, 앞으로 계산화학 방법들을 실제로 적용하다 보면 바탕집합의 크기를 조금만 증가시켜도 그에 따른 계산량(계산 시간과 메모리 공간 및 저장 공간)이 급격하게 증가한다는 것을 실감할 것이다. 따라서 십여 개 이상의 원자를 포함하는 화합물을 연구하려는 경우에는 이번 3.3절의 내용을 다시 복습하고, 또 이번 3.3절에서 미처 설명하지 않은 추가 사항들을 이해할 필요가 있다. 무작정 바탕집합의 크기를 키우기만 하면, 수많은 계산량을 무의미하게 낭비하게 된다.

계산화학을 처음 시작하는 학생들은 일단 6-31+G(d,p) 또는 aug-cc-pvTZ 이하의 바탕집합들을 사용하여 어느 정도까지 경험을 쌓은 이후에, 더 큰 바탕집합의 사용을 시도하기를 권한다.

## 3.4 HF/SCF 방법과 바탕집합에 대한 기본 실습들

반-경험 양자화학 방법에 대한 내용은 3.2절의 설명으로 충분하고, 특별히 별도로 실습할 필요가 없어서 제외시켰으며, HF/SCF 방법과 바탕집합(Basis set)의 기본 개념들을 이해하는 데 필요한 기본 내용을 다루는 실습들만 아래와 같이 포함하였다.

실습-3-01: 개인용 PC의 WINDOWS 환경에서 Gaussian 프로그램과 GaussView 프로그램을 각각 사용하는 기초 실습이다. G09W(Windows용 Gaussian 프로그램)와 GVW5(Windows용 Gaussian 프로그램)를 사용한 설명이기 때문에 프로그램의 구체 상태(version)에 따라 다소 다를 수 있다.

실습-3-02: G09W 프로그램과 GVW5 프로그램을 동시에 서로 연동시켜 사용하는 방법에 대한 기초 실습이다. 이 실습에서 가장 주의할 점은, 개인용 PC의 WINDOWS 환경에서는 <u>GVW5 프로그램이 G09W를 알아서 작동시키는 것을 제외하고, 사용자가 직접 G09W를 따로 작동시키면 오류가 발생한다.</u> 실습 프로그램이 중간 중간에 화면에 만들어 보여주는 설명-창(pop-up message window)의 내용을 잘 읽고 반응하면 된다.

실습-3-03: 3.1절에서 설명한 HF/SCF 방법에 대한 기초 실습이다. 개인용 PC의 WINDOWS 환경이 아니라 그냥 곧바로 Unix/Linux 환경에도 진행해도 되지만, 실습-3-01과 실습-3-02에서 학습한 내용을 사용하면 더 쉽게 진행된다.

실습-3-04: 바탕집합(Basis set)에 대한 기본 실습인데, 서로 다른 바탕집합을 사용한 계산 결과에서 꼭 확인하고 지나갈 필요가 있는 내용들을 다루고 있다. 어려운 내용은 아니지만, 계산화학을 처음 학습하는 학생들은 꼭 이 부분을 실습할 필요가 있다.

실습-3-05: 주기율표(periodic table)의 4주기부터의 원소가 포함되는 분자를 다루는 경우에 필요한 유효중심-퍼텐셜(ECP)을 사용하는 데 관련된 기본 실습이다. 처음 학습하는 학생은 일단 한번 실습하고 지나갈 필요가 있다.

실습-3-06: 이 책에서 지금까지 설명한 네 가지 프로그램들(ChemDraw, HyperChem, GaussView, Gaussian)을 연결하여 사용하는 것을 설명하는 내용이다. 화학식 $C_4H_8$에 해당하는 여섯 가지 이성질체들의 상대적 안정성을 계산하는 것을 대상으로 실습한다. 각 프로그램에서 파일을 저장할 때의 확장자(파일 형식)를 주의하면서 실습하여야 한다.

# 실습-3-01 Gaussian/GaussView 기본 사용법

## [1] Gaussian 프로그램의 기본 사용법

### 1-1 기본 작동법: G09 icon을 클릭하여 프로그램을 시작: G09W icon → 

실행화면 (주 메뉴) 윈도우 각 부분의 명칭들을 확인하고 기능을 간단하게 익힌다.

Menu bar: File, Peocess, Utilities, View, Help Menu bar의 각 항목들의 하위 메뉴(Sub Menu)들을 하나씩 확인해 본다.

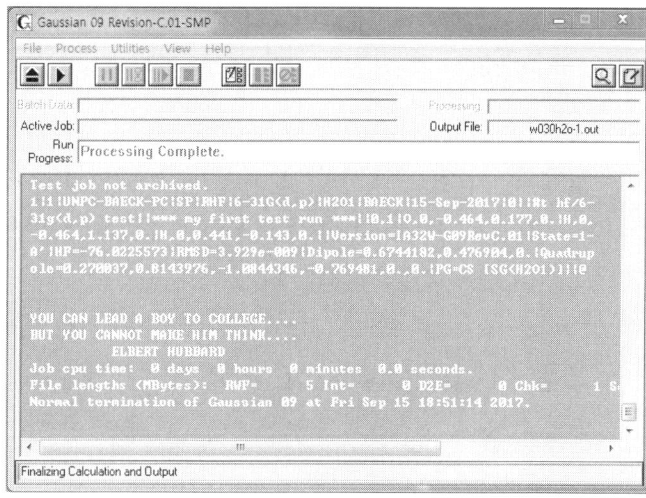


Run progress display →

Gaussian output area →

Status line →

### 1-2 기본 입력 방법들

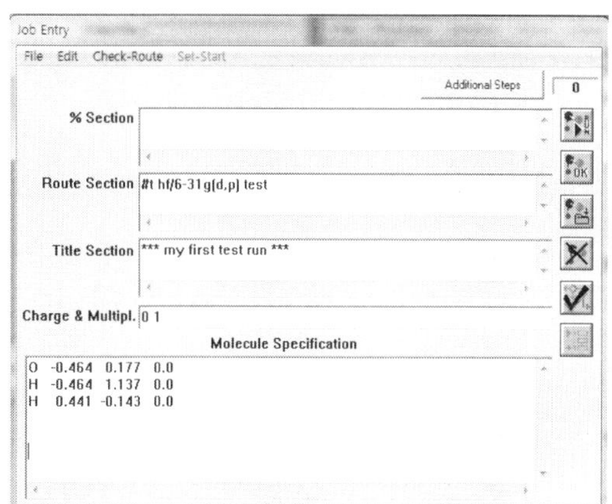


(1) 위의 G09 작업창의 주 메뉴들 중, File → New를 선택하면 옆 그림 같은 Job−Entry 윈도우가 활성화된다.

(2) 영역 5곳에 적합한 것을 기입하여 Gaussian 계산의 input을 작성한다.

① % Section: 여러 가지 작업을 연결할 때 사용한다. **(이번 실습에서는 빈칸)**

② Route Section: 계산 방법과 계산하는 내용을 지정한다.

\# 기호로 시작하고 여러 keyword를 입력하며, 빈칸으로 Keyword들을 구분한다.

이번 실습에서 입력할 내용 ⇒ **#T hf/6−31g**(d,p) **Test**

#T: 간단하게,  #: 보통으로,  #P: 아주 자세한 output

(조교 설명: Test의 의미, Archive와 output file의 끝 부분과 관련성)

③ Title Section: 간단한 제목, 자유 형식, Archive 내용에 포함(구별하려고)

이번 실습에서 입력할 내용 ⇒ ******* my first test run *******

Charge & Multiplicity: 전하와 스핀 다중도 (다중도=2S+1)

이번 실습에서 입력할 내용 ⇒ **0 1**

④ Molecular Structure: xyz 또는 Z−matrix format 형식으로 분자구조 지정

⑤ 원자기호 x,y,z 좌표(또는 Z−matrix labels): 빈칸 또는 콤마로 구분

이번 실습에서 입력할 내용 ⇒

| | | | |
|---|---|---|---|
| **O** | **−0.464** | **0.177** | **0.0** |
| **H** | **−0.464** | **1.137** | **0.0** |
| **H** | **0.441** | **−0.143** | **0.0** |

(**매우 중요한 주의사항:** Molecule Specification 창에서 원자들 좌표의 입력이 모두 끝난 후, 최소한 1개 이상의 빈 줄이 더 있어야 한다.

(3) Job−Entry 윈도우에서 Check−Route: Route 부분의 입력을 확인하는 기능.

Check−Route 부분을 클릭하여 본다. ⇒ Dos 창이 활성화된다.

⇒ error message가 없으면, 이상 없음을 확인하고 Dos 창을 닫는다.

(4) Job−Entry 윈도우에서 Edit: Input 내용 입력에 활용할 수 있다.

⇒ Sub menu들이 어떤 것들이 있는지만 확인해 본다.

(5) Job−Entry 윈도우에서 File : Load, Save, Abandon, Exit

⇒ File → Save를 클릭한 후, 파일형식이 ***.gjf 인지 확인하고, 파일 이름을 지정한다. 이번 실습에서는 w−03−h2o−s0로 저장한다.

(6) 주 메뉴로 돌아가는 세 가지 방법: 각 방법의 차이를 이해한다.

① OK: 주 메뉴로 돌아가기만 함. (File → Exit도 동일한 작용)

이 경우에는 주 메뉴 화면에서 File → Modify를 선택하면 Exit로 빠져 나가기 이전의 원래 것을 다시 불러온다.

② Run: 주 메뉴로 돌아간 후 자동으로 계산 시작

③ X: 입력한 input을 모두 버리고 주 메뉴로 ...

이번 실습에서는 1−2의 (5)에서 Save했기 때문에, OK를 클릭하여 빠져 나간다.

## 1-3 Gaussian 프로그램으로 기본 계산 실행 방법

(1) Job Cobtrol icon에서 Run(▶)을 선택 또는 Process → Begin Process 또는 Run

(▶)을 선택하여 활성화되는 화면에서 계산 결과(Output)을 저장하는 파일 이름을 지정한다. 파일 형식이 ***.out 또는 ***.log인 것을 확인하고, 이번 실습의 경우에는 파일이름을 w03−**h2o**−**s0**로 한다. 계산이 시작된다.

다른 control icon들의 사용법들의 의미도 이해하도록 한다.

(2) 계산이 진행되면서 Run Progress area와 status line의 변화를 주목한다.
Run Progress ares에 'Processing Completed'가 나오고 또한 Status line에 'Finalizing Calculation and Output'이 나오면 계산이 완료된다.

(3) 계산 결과를 열어보는 도구( )를 클릭하면 계산 결과(output) 내용들이 메모장으로 열린다. 메모장에서 찾기 기능을 사용하여, outpur 중간 부분에서 SCF Done: E(RHF) = −xxx.xxxxxx 부분을 찾아서 그 값을 **소수점 아래 6째 자리까지** 기록하라.

SCF Done : E[ of H2O by HF/6−31G(d,p)] = ____________________

(추가 설명은 첨부 자료 참고, 또는 조교의 추가 설명)

### 1-4 지금까지 과정에서, 만약 어떤 오류(error)가 발생하면 다음 사항들을 확인하라.

(1) directory/file 이름들은 모두 영어로만 되어 있어야 한다.
(2) 원자들의 위치인 x,y,z 좌표 값들에는 반드시 소수점이 포함되어야 한다.
(3) 원소 기호들이 올바른지 확인하고, route−section 부분의 오타를 확인.
(4) 원소들 위치를 입력한 마지막 줄에 빈 줄이 두 개 이상 더 있어야 한다.

### 1-5 개별 실전 연습: 주 메뉴의 File → Open 1−2의 (5)에서 만든 것을 가져온다.

(1) 앞의 1−2의 (2) 중간의 Charge & Multiplicity 0과 1을 0과 3로 바꾼 후 **w03_h2o−t1**로 바꾸어 새로운 input으로 저장하고, 계산을 실행(output 이름도 **w03_h2o−t1)**한다. 계산이 시작된 후 계산이 끝나면, 메모장으로 output 열고, 결과를 찾아 (3−3)처럼 기록한 후 1-3의 (3) 에너지와 차이를 계산하라.

$\Delta E$ = E(5−1, w03−h2o−t1 에너지) − E(3−3, w03−h2o−s0 에너지)

(2) 앞의 1−2의 (2) 중간의 Charge & Multiplicity 0과 1을 1과 2로 바꾼 후, **w03_h2o−p**로 저장한다. 계산을 실행한 후 결과를 기록한다.

(3) 앞의 1−2의 (2) 중간의 Charge & Multiplicity 0과 1을 −1과 2로 바꾼 후, **w03_h2o−n**로 저장한다. 계산을 실행한 후 결과를 기록한다.

### 1-6 보고서 제출: 실습 결과를 다음 표로 정리하고 보고서-3-01-홍길동.hwp 파일로 제출하라.

| 파일 이름 | h2o-s0 | h2o-t1 | h2o-p1 | h2o-n1 |
|---|---|---|---|---|
| Charge Mult. | 0 1 | 0 3 | 1 2 | -1 2 |
| Energy | | | | |
| $\Delta E$ | 0.0000 | | | |

각 계산의 의미와 위 표에서 계산한 $\Delta E$ 값들의 의미에 대하여 생각해 보라.

→ 나중에 RHF/UHF, IP, EA등에 대한 3.1.7절의 내용을 참고하라.

## [2] GaussView 프로그램의 기본 사용법

### 1. 기본 작동법

#### 1-1 프로그램의 시작

(1) 바탕화면에서 그림과 같은 Gaussview 아이콘(↑)을 눌러 프로그램을 실행시킨다. (GaussView 프로그램을 안내하는 작은 창이 사라질 때까지 잠시 기다린다.)

(2) 새로 나타난 2개의 윈도우 창들 중, 바탕이 짙은 청색인 것(G1:M1:V1-New)은 그 윈도우 창 오른쪽 위의 x를 눌러서 지우고 다음 모양의 윈도우 창만 남긴다.

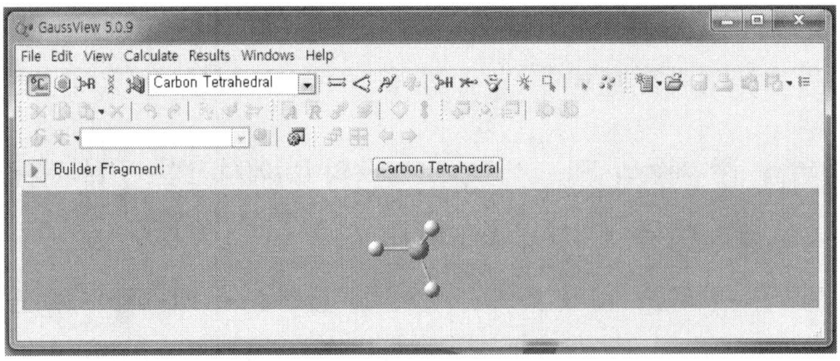


(3) 위 윈도우 창 오른쪽 위 귀퉁이 적색바탕 X 표시 옆의 □ 부분을 눌러서 PC의 전체 화면으로 확대했다가, 그 □ 부분을 다시 눌러서 원래 크기로 되돌려 본다.

(4) 위 윈도우 창의 상하좌우 네 모서리 선에 마우스 포인터를 위치시킨 후, 마우스 왼쪽 버튼을 누르면서 움직여서, 화면 크기를 적절하게 조절해 본다.

(5) 여기 보이는 윈도우 창을 GaussView의 주 화면(main window)이라고 부른다.

### 1-2 다음과 같은 Menu bar의 menu들과 중요한 sub-menu들을 확인한다.

위에 보인 주 화면의 위 부분에 나열된 주 항목(main-menu)들을 하나씩 눌러보면서 다음과 같은 부-항목들(sub-menu)을 직접 확인하고, 이들의 위치를 기억해 둔다.

(1) File : New, Open, Save, Print, Save image, Preferences, ..., Exit.

(2) Edit : Undo, Redo, Cut, Copy, Paste, Delete, Image Capture, …

(3) View : Center, Builder, Hydrogens, Dummies, Labels, Symbols, …

(4) Calculate : Gaussian set-up, ..., Current Jobs.

(5) Results: Summary, Charges, Surfaces, Vibrations, NMR, View File, …

(6) Windows: Molecular group, Restore all, ...

(7) Help: Gaussview help, About Gaussview

(각 항목의 하위 메뉴들에 대한 실습 조교의 보충 설명을 듣고 기억해 둔다.)

### 1-3 마우스의 기본 사용법

마우스 포인터 화살표가 GaussView의 주 화면의 아랫부분(초록색 공에 연결된 하얀 공 3개가 보이는 화면) 안에 있는 상태에서, 다음 조작들을 실행해 본다.

(1) 왼쪽 마우스를 누른 상태에서 좌우상하로 이동 ⇒ x, y-축 중심으로 분자 회전.

(2) 오른쪽 마우스를 누른 상태에서 좌우로 이동 ⇒ z-축 중심으로 분자 회전.

(3) 오른쪽 마우스를 누른 상태에서 상하로 이동 ⇒ z-축 방향의 이동(확대/축소)

### 1-4 G09의 input/output 파일 열기

GaussView의 주 화면의 주 항목들을 사용하여 다음 조작들을 실행한다.

(1) File → Open을 선택하면 다음과 유사한 화면이 나타난다.

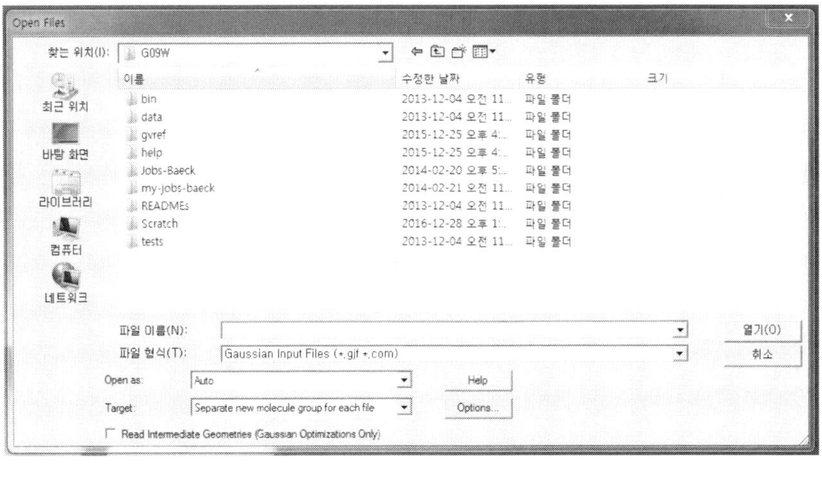

위와 다른 화면이 나오는 경우에도, 찾는 위치의 G09W 오른쪽 부분의 를 누르거나, 를 누르거나, 혹은 아예 위 화면의 왼쪽 4번째 그림인 컴퓨터 아이콘을 누르는 것 등을 포함하여, C:G09W 위치(G09W 프로그램을 처음 설치할 때 지정한 위치에 따라, D:G09W 위치)로 찾아가면 위와 비슷한 화면으로 된다. 여기서 을 클릭한 후, 새로운 directory를 하나 만들고, directory 이름은 일단 my–jobs로 붙여 둔다. (**주의**: Gaussian 프로그램을 사용하는 실습에서 directory 이름들은 가능한 모두 영어 글자와 숫자만을 포함하도록 (중간에 –를 넣는 것은 가능함!) 만들어야 나중에 오작동이 적게 발생한다.) 나중에 3–2절의 실습에서 이 directory를 사용한다.

(2) 파일형식 항목 오른쪽 끝 을 눌러서 나오는 항목들 중 하나를 선택할 수 있다.
input 파일: ".gif", ".com" (이번 실습에서는 *.gif, *.com 형식을 선택한다.)
output 파일 : ".log", ".out" check point 파일 : ".chk"

(3) 또는 tests 부분을 클릭하는 방식으로, PC 안에서 directory와 파일 경로 등을 조정하여, C:G09w/tests/gjf/test003.gjf 파일을 선택하여 클릭한다.
⇒ 새로운 작업 window에 에틸렌($H_2C{=}CH_2$) 분자구조가 나타난다.
새로운 윈도우 창의 위 부분(옅은 하늘색 바탕)에 C:G09w/tests/gjf/test003.gjf 이 표기되는 것을 확인하라.

(4) 새로운 창의 안쪽에 마우스의 화살표가 있는 상태에서, (위 1–3에서 연습한 바와 같이) 왼쪽 마우스와 오른쪽 마우스를 drag하여 분자구조를 여러 방향으로 돌려서 살펴본다.

```
#P TEST 3-21G SCFDM

Gaussian Test Job 03
STEEPEST DESCENT SCF 3-21G//3-21G ETHYLENE

0,1
C
C,1,CC
H,1,CH,2,HCC
H,1,CH,2,HCC,3,180.,0
H,2,CH,1,HCC,3,180.,0
H,2,CH,1,HCC,4,180.,0

CC=1.31477
CH=1.07363
HCC=121.8867
```

(5) GaussView의 주 화면의, 주 메뉴의 Result → View File을 클릭하면, 새로 나타나는 워드패드 화면에, 현재 보고 있는 구조에 대한 내용이 나온다. 이번 경우에는 파일 형식이 *.gjf이기 때문에 input-file의 내용을 아래와 같이 text로 보여준다. (실습 조교는 여기 보이는 Input File의 항목들과 내용에 대해 간단히 설명!)

(6) 새로 나온 워드패드 화면 오른쪽 귀퉁이의 X를 눌러서, 이 화면을 일단 없앤다.

### 1-5 분자의 display 형태 조절

GaussView의 주 화면의 주 항목들을 사용하여 다음 조작들을 실행한다.

(1) file → open : test003.gif 파일을 연다. (위 1-4에서 이미 열었으면 안 해도 됨.)

(2) View → Center (check) : 분자를 window 중앙으로 이동시킨다.

(3) View → Hydrogens : 수소 원자가 화면에 나타나거나 혹은 없어진다.

(4) View → Labels : check 표시를 하면 원자 ball 위에 숫자가 나타나거나 없어진다.

(5) View → Symbols : check 표시를 하면 원자 ball 위에 원소기호 표시 여부가 변한다.

(6) View → Cartesian Axes : check 표시를 하면, x,y,z-좌표축이 표시 여부가 변한다.

(7) View → Display Format: 새로운 작은 window 창(Display Format이라는 이름이 붙은 것)이 활성화된다. 활성화된 창의 아랫부분에 있는 6 항목들(Show Hydrogen, Show Dummies, Show Labels, Show Bonds)을 check, 혹은 check 표시를 없애면서 분자 그림을 보여주는 화면에 변화되는 사항들을 확인한다.

(8) 이 Display Format 창의 위에 있는 네 항목들(General, Molecule, Text, Surface) 중에서 Molecule을 클릭하여 나타난 화면에서, High Layer 부분 오른쪽 검은 삼각형(▾)을 눌러서 나오는 다섯 가지 종류들(Ball & Stick, Ball & Bond Type, Tube, Wire Frame, None) 각각을 클릭하였을 때, 화면의 분자 그림이 어떻게 변하는지 확인하고 기억하라.

(9) 이 Display Format 창 아랫부분의 OK를 클릭하여 빠져나간다.

## 2. 분자구조 확인, 변경 및 그림 저장

### 2-1 결합 길이, 결합각, 이면각) 확인 및 분자구조 수정

GaussView의 주 화면의 주 항목들을 사용하여 다음 조작들을 실행한다.

(1) file → open : test003.gif 파일을 연다. (위 1-4에서 이미 열었으면 안 해도 됨.)

(2) View → Builder를 클릭하면 옆 그림과 같은 새로운 작은 창(Builder라는 이름이 붙어 있음)이 나타난다.

(3) <u>결합 길이 조절</u>: Builder 창에서, "Modify bond" icon 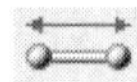을 클릭하여 선택한다. 분자가 그려진 화면에서, 결합하고 있는 탄소 원자 두 개를 순서대로 클릭한다. 화면 변화를 확인하면서, 새로 나타난 작은 화면의 여러 내용을 확인한다. (결합 길이 확인, (예) 1.31477Å)

(4) 결합 길이를 수정 : 새로 나온 작은 창 중간에 위치한 "단추"를 좌우로 이동시키면서, , 분자 그림의 변화와, 표기된 숫자 값들의 변화를 확인한다.

(5) Bond Type에 대한 다음 그림에서 단일결합, 이중결합, 삼중결합, 등을 클릭해 보면서 분자 그림이 어떻게 변하는지 확인한다.

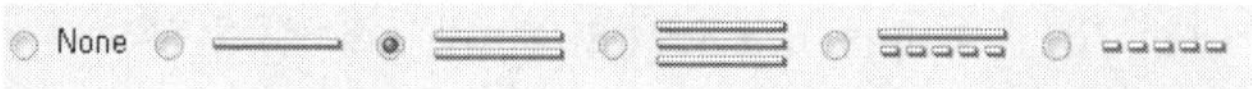


(6) 변경된 것을 취소하려면 cancel, 또는 변경된 것을 유지하려면 OK를 클릭하여 빠져 나간다.

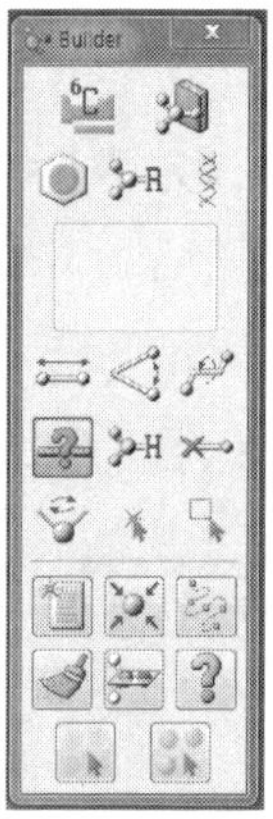


(7) 다른 결합((예) C−H)에 대하여 (3)−(6)을 되풀이 해 본다. 결합으로 연결되지 않은 두 원자에 대해서도 유사한 조절을 할 수 있다.

## 2-2 결합각 확인 및 변경

(8) <u>각도 조절</u>: Builder 창에서 "Modify angle" icon 을 클릭한다. 분자가 그려진 화면에서, 확인하려는 각도를 이루는 세 원자(예를 들어, C=C−H)를 순서대로 클릭한다. 분자가 그려진 화면의 변화와, 새로 나타난 작은 화면에 나오는 각도 값((예) 121.8867)을 확인한다.

(9) Displacement라고 된 3항목이 각각 Atom 1: <u>Rotate</u> Group, Atom 2: Fixed, Atom 3: Rotate group으로 되어 있는 것을 확인하고, 가운데 조절 단추를 이동시키면서 화면이 변하는 모습과, 각도 값이 변하는 것을 확인한다.

(10) Displacement라고 된 3항목 부분을 Atom 1: <u>Translate</u> Group, Atom 2: Fixed, Atom 3: Rotate group로 변경하고, 가운데 조절 단추를 이동시키면서 화면이 변하는 모습과, 각도 값이 변하는 것이 (9)와 어떻게 다른지 이해하라.

(11) Displacement라고 된 3항목 부분을 여러 가지 다른 항목들의 조합으로 변경하면서, 가운데 조절 단추를 이동시키면서 화면이 변하는 것의 차이점들을 잘 이해하여야 한다. (이 부분이 나중에 복잡한 분자구조를 다루는 데 매우 중요하기 때문에 다양한 조합을 충분히 연습하여야 한다. 필요하면, 완전히 다른 구조의 분자들에 대해서도 이 부분을 아주 잘 이해해야 한다.

(12) 변경된 것을 취소하려면 cancel, 또는 변경된 것을 유지하려면 OK를 클릭하여 빠져 나간다.

(13) 다른 결합-각도(예 H-C-H)에 대하여 (9)-(12)를 되풀이 해 본다. 결합으로 전혀 연결되지 않은 세 원자에 대해서도 유사한 조절을 할 수 있다.

## 2-3 비틀림-각(이면-각) 확인 및 변경

(14) <u>비틀림 각도 조절</u>: Builder 창에서 "Dihedral angle modify" icon 을 클릭한다. 분자가 그려진 화면에서, 확인하려는 비틀림(Dihedral)-각도를 이루는 네 원자(예를 들어, H-C=C-H)를 순서대로 클릭한다. 분자가 그려진 화면의 변화와, 새로 나타난 작은 화면에 나오는 각도 값(예 0.000 또는 180.000)을 확인한다.

(15) Displacement라고 된 2항목이 각각 Atom 1: Rotate groups, Atom 4: Rotate groups로 되어 있는 것을 확인하고 (**주의**: group와 groups를 구별하여 확인하시오!), 가운데 조절 단추를 이동시키면서 화면이 변하는 모습과, 각도 값이 변하는 것을 확인한다.

(16) Displacement라고 된 2항목 부분을 Atom 1: Fixed, Atom 4: Rotate atom로 바꾼 후, 가운데 조절 단추를 이동시키면서 화면이 변하는 모습과, 각도 값이 변하는 것이 (9)와 어떻게 다른지 이해하라.

(17) Displacement라고 된 2항목 부분을 여러 가지 다른 항목들(Rotate groups, Rotate group, Rotate atom, Fixed)의 조합으로 변경하면서, 가운데 조절 단추를 이동시키면서 화면이 변하는 것의 차이점들을 잘 이해하여야 한다. (이 부분은 나중에 복잡한 분자구조를 다루는데 매우 중요하기 때문에 다양한 조합을 충분히 연습하여야 한다.

(18) 변경된 것을 취소하려면 cancel, 또는 변경된 것을 유지하려면 OK를 클릭하여 빠져 나간다.

(19) 다른 비틀림-각도(예 H-C-H-C)에 대하여 (15)-(18)을 되풀이 해 본다. 결합의 연결 상태와 무관하게 임의 관계인 네 원자에 대해서도 유사한 조절을 할 수 있다.

(20) <u>다른 분자에 대한 연습</u>: 현재 분자가 그려진 윈도우 화면의 오른쪽 위 X 표시를 클릭하여 화면을 끝낸다. (Builder 창에서도 오른쪽 위 X를 클릭하여 닫는다.)

(21) GaussView의 주 화면의 주 항목에서 file → open : test004.gif 파일을 연다. 이것은 Cs 대칭을 유지하도록 만들어진 H2C=CH3 구조이다. 이 분자를 이용하여, 위에서 설명한 단계들 (3)-(19)를 되풀이하여 연습한다.

## 2-4 분자 그림의 저장

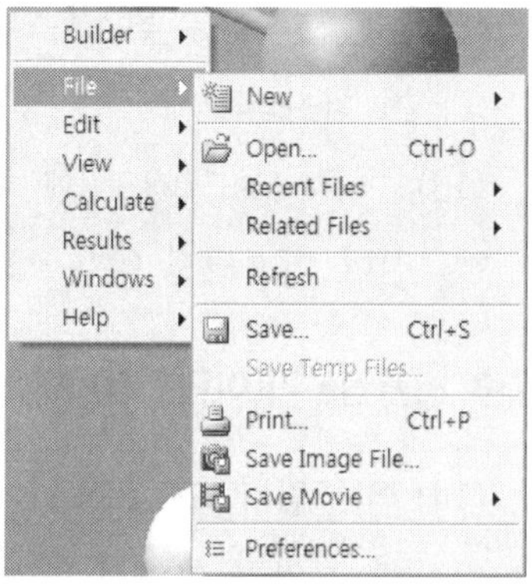


(22) 저장하려는 그림이 그려진 창(작은 window) 안에 마우스 포인터가 있는 상태에서, 마우스 오른쪽 버튼을 클릭하면 나타나는 작은 창에서 File → save image를 클릭한다.

(23) 활성화된 창에서 directory를 선택하고, 파일형식을 (*.tif 대신 *.jpg 형식으로) 선택하고, 파일 이름을 지정하고, Enlarge Width and Height 부분은 2/3 대신에 1로 고치고, White Background 부분은 체크표시가 되도록 선택한 후, save를 클릭하면 저장된다.

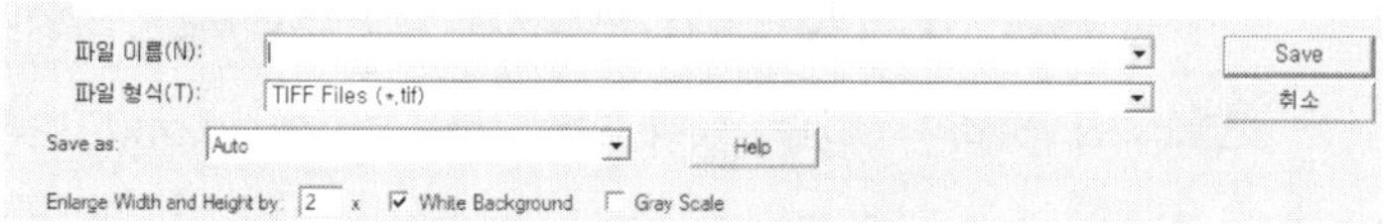


(24) 주의 : direct/file−name에서 한글이 포함되면 오류(error)가 발생한다.

(25) 저장된 그림은 그림판에서 열거나, 다른 문서 파일에 사용할 수 있다.

## 3. 결과 보고서

(1) C:G09w/tests/gjf/test***.gjf 파일들을 여러 가지 열어보고, 그중에서 원자가 5개 이상인 분자를 선택한다.

(2) 위의 2−3에 설명한 방법으로, 분자구조를 적절히 변경한다.

(3) 위 1−5의 (8) 설명에 따라, 가장 마음에 드는 그림으로 만든다.

(4) 위 2−4 설명에 따라, 그림을 저장한 후, 보고서−03−01−홍길동.hwp 파일 안에 넣는다.

(5) 최소 한 개 이상의 G09w/tests/gjf/test***.gjf을 더 선택하여, 다른 분자에 대하여 구조를 변경하고 그림을 만들어 보고서−3−1−홍길동.hwp 파일 안에 추가한다.

(6) 보고서는 전자우편으로 제출한다.

# 실습-3-02 GaussView/Gaussian의 연결 사용법

주의 : GVW5/G09W 연동-실습에서는, GVW가 G09W를 작동시키는 것을 제외하고, 사용자가 직접 G09W를 작동시키면, 오류가 발생한다. 실습 도중 화면에 나타나는 알림-창(pop-up message window)의 문장을 읽고, 적절히 반응해 주어여 한다.

## [1] GaussView로 새로운 분자구조 만들기

### 1-1 결합 길이, 결합각, 이면각) 확인 및 분자구조 수정

(1) GaussView에서 작은 주 화면과 비어있는 큰 화면이 동시에 있는 상태에서, (만약 비어있는 큰 화면이 없으면, GaussView 주 화면의 주 항목들 중 File을 클릭하여 Pop-up된 내용들 중 New → Create Molecule Group을 선택하여 새로운 큰 화면을 만든다.) 주 화면의 주 항목들 중 첫 번째인 File 글자 아래에 있는 탄소원자 기호 부분( )을 클릭하면 주기율표가 나타난다. 현재는 탄소 원소기호(C) 부분이 짙은 색으로 활성화되어 있고, 주기율표 아랫부분에 6 종류의 탄소원자 형식이 보인다.

(2) 마우스 커서를 산소 원소 기호(O)에 클릭하면, 주기율표 아랫부분에 3 종류의 산소 원자 형식이 나타난다. 다른 원소 기호들도 클릭하면서, 각 원소의 경우에 나오는 여러 형식들을 일단 확인한다.

(3) 마우스 커서를 질소 원소 기호(N)에 클릭한 후, 주기율표 아래의 다섯 가지 형식들 중 −N=에 해당하는 부분을 클릭한다. 주기율표는 사라지면서, 주 화면의 작은 창에 표시된 것이 바뀌는 것을 확인하라.

(4) 비어있는 큰 화면의 중앙 부분에 마우스 포인터가 위치할 때, 마우스 왼쪽 버튼을 한 번 클릭한다. H−N= 구조에서 수소 원자는 작고 하얀 공, 질소 원자는 좀 더 큰 청색 공으로 나타난다. 분자가 그려진 화면의 어딘가에 마우스 커서가 있는 상태에서 마우스의 왼쪽 버튼을 또 클릭해 보면서 어떤 변화가 되는지 확인하라.

(5) 혹시 지금까지의 과정에서, 원하지 않는 구조가 화면에 그려져 있으면, GaussView의 작은 주 화면에서 을 클릭하여 선택한 후, 분자 그림이 그려진 화면에서, 지우려는 부분을 클릭하여 없앤다. 클릭할 때 커서의 위치에 따라, 원자 하나가 없어지거나, 여러 개의 원자들이 한꺼번에 없어지기도 한다.

(6) 분자 그림 화면에 H−N= 구조만 보이는 상태에서, 다시 주 화면의 주 항목들 중 첫

번째인 File 글자 아래에 있는 탄소원자 기호 부분()을 클릭하여 주기율표를 불러내고, 주기율표에서 실리콘 원소 기호(Si)를 클릭하여 주기율표 아래에 나타난 일곱 가지 형식들 중 이중결합 하나와 단일결합 2개가 Si 원자에 연결된 형식을 클릭한다.

(7) 이 상태에서, 큰 화면에 있는 H−N= 구조에서 비어있는 이중결합 끝 부분을 클릭하여 H−N=$SiH_2$ 구조를 만든다. 여기서 Si 원자는 청회색으로 나타난다.

(8) 다시 주기율표가 나타나도록 한 후, 탄소 원자 형식들 중 사면체 구조에 해당하는 형식을 클릭한 후, 분자 그림이 있는 화면에서 H−N=$SiH_2$ 구조의 H 부분을 클릭하여 $H_3C$−N=$SiH_2$ 구조로 만든다.

(9) GaussView 작은 주 화면의 주 항목들 중 View를 클릭한 후, 활성화 된 작은 창에서 Symbol 부분을 클릭하여, 화면의 분자 그림에 원소 기호들이 보이도록 한다.

(10) GaussView의 주 화면 윗부분에 나열된 작은 아이콘들 중에서 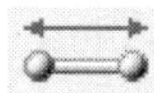을 클릭하여 선택한 후, 분자 그림 화면에서 질소와 실리콘을 순서대로 클릭하고, 활성화된 작은 창의 위에 나오는 부분에 이중결합 부분이 선택된 부분에서 단일결합 부분에 해당하는 곳을 클릭한다. 또 1.64560이라고 표기된 부분의 숫자를 1.8500으로 바꾼 후, 그 아랫부분의 OK를 누른다. 화면의 분자 그림에서 이중결합 부분이 단일결합으로 바뀌고 결합 길이가 조금 길어지는 것을 확인하라.

(11) GaussView의 주 화면 윗부분에 나열된 작은 아이콘들 중에서 을 클릭하여 선택한 후, 분자 그림 화면에서 수소, 질소, 실리콘을 순서대로 클릭하고, 활성화된 작은 창의 180.00 부분을 107.00으로 바꾼 후, OK를 클릭한다. 분자 그림이 변하는 것을 확인하라.

(12) 다시 주기율표가 나오도록 한 후, 질소 원자에서 단일결합이 3개 연결된 형식을 클릭한 후, 분자 그림이 있는 화면에서 (정확하게) 질소 원자 부분을 클릭하면서 변하는 것을 확인한다.

(13) 다시 주기율표가 나오도록 한 후, 실리콘 원자에서 단일결합이 4개 연결된 형식을 클릭한 후, 분자 그림이 있는 화면에서 (정확하게) 실리콘 원자 부분을 클릭하면서 변하는 것을 확인한다.

(14) GaussView의 주 화면 윗부분에 나열된 작은 아이콘들 중에서 을 클릭하여 선택한 후, 분자 그림 화면 안에 마우스 커서가 있는 상태에서 마우스 왼쪽 (또는 오른쪽) 버튼을 누른 상태로 움직이면서 분자들을 적절히 회전시키면서, 분자 각 부분의 3차원 구조가 일반화학에서 배운 내용에 따라 적절한지 검토한다.

(15) 현재의 그림에서는 아마도 N원자 주변의 구조가 이상할 것이다. 지난번 실습에서 2−3의 내용들을 참고하여, 화면에 그려진 분자 각 부분의 3차원 구조가 일반화학에서 배운 내용에 따라 적절하도록 고친다.

(16) 위의 (14)번 방식으로, 분자의 3차원 구조 특성이 가장 잘 보이도록 적절히 회전시킨 후, GaussView의 주 화면에서 View를 클릭한 후, pop−up된 창의 두 번째 부분인 center를 클릭하여 분자 그림이 화면 중앙에 오도록 한다.

## 1-2 분자구조의 기본정보와 그림 저장

(1) 구조에 대한 기본 정보를 일단 저장하기 위하여, GaussView의 주 화면에서 File 부분을 클릭한 후, pop−up된 창의 중간 부분에서 디스켓 그림 아이콘과 함께 있는 Save 부분을 클릭한 후, 새로 활성화되어 나타난 화면에서 directory 위치를 변경하는 방식들을 사용하여, C:G09W directory 안에 my−jobs라는 directory로 들어간다. (실습−3−01의 2−4를 참조하라.)

(2) 파일 형식 부분은 여러 가지 것들 중 원하는 것을 선택할 수 있는데, 일단은 Gaussian Input Files인 *.gjf *.com 양식을 선택한다. 파일형식 아래에 보이는 여러 선택 사항들 중에서 Write Cartesians 부분의 체크 표시가 없으면 그 부분을 클릭하여 체크 표시가 되도록 한다. (**참고**: 대부분의 경우, 이 부분의 체크 표시 여부가 실제 계산 결과에는 영향을 주지 않는다. 여기가 체크되지 않으면 분자구조가 Z−matrix 방식으로 저장되는데, 이에 관련해서는 나중에 설명한다.)

(3) 파일 이름 부분에 molecule−1이라고 입력하고, 파일이름 오른쪽 부분의 Save를 클릭하여 저장한다.

(4) 화면에 보이는 분자구조를 그림으로 저장하기 위하여, GaussView의 주 화면에서 File 부분을 클릭한 후, pop−up된 창의 아랫부분에서 카메라 그림 아이콘과 함께 있는 Save Image ... 부분을 클릭한 후, 새로 나타난 화면에서 directory 위치를 변경하는 방식들을 사용하여, C:G09W directory 안에 my−jobs라는 directory로 들어간다. (실습−3−01의 2−4를 참조하라.)

(5) 파일 형식 부분은 여러 가지 것들 중 원하는 것을 선택할 수 있는데, 일단은 *.jpg 양식을 선택한다. 파일형식 아래에 보이는 여러 선택 사항들 중에서 White Background 부분을 체크하여 선택한다.

(6) 파일 이름 부분에 molecule−1이라고 입력하고, 파일이름 오른쪽 부분의 Save를 클릭하여 저장한다.

(7) 일반 윈도우즈 환경에서 파일 위치를 찾아가는 방식을 사용하여 C:09W\my−jobs directory 위치로 간 후, 방금 저장한 molecule−1.jpg 파일을 클릭하여 확인한다.

(8) 분자 그림 화면 창의 오른쪽 위, 빨간색 (또는 흰색) 바탕의 X 부분을 클릭하여 그 창을 닫는다. GaussView의 주 화면의 오른쪽 위, X 부분을 클릭하여, GaussView 작업을 일단 모두 종료한다.

## [2] GaussView로 새로운 G09 input 만들기

### 2-1 Gaussian 계산 input 작성

(1) GaussView를 다시 실행시킨다. GaussView 주 화면은 남겨두고, (분자가 그려지는) 비어있는 큰 화면의 오른쪽 위, 빨간색 바탕의 X 부분을 클릭하여 그 창을 닫는다.

(2) GaussView 주 화면의 주 항목들에서 File → Open을 순서대로 클릭하여 활성화된 창에서, directory 변경 방법을 사용하여, C:09W\my−jobs directory 위치로 간 후, 파일형식 부분 오른쪽의 작은 ▾을 눌러서 나오는 형식들 중, *.gif *.com를 선택한다. (위에서 설명한 실습들을 했다면, 이미 이 상태에 도달해 있을 것이다.) 위에서 만들어둔 molecule−1.gjf를 클릭한다.

(3) 위의 1−2에서 만들었던 분자구조가 보이는 화면이 있는 상태에서, GaussView 주 화면의 주 항목들 중에서, Calculate → Gaussian Calculation Setup을 순서대로 클릭하면 다음과 같은 창이 활성화된다.

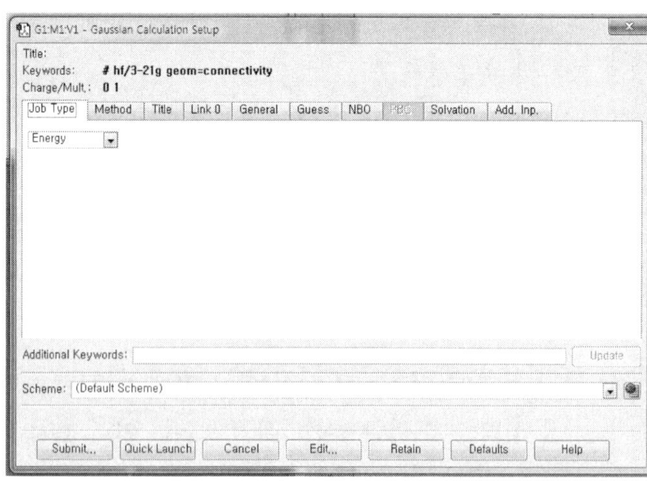


이 화면에서 Title 부분이 비어있고, keywords: 부분은 # hf/3−21g geom=connectivity, Charge/Mult: 0 1 로 되어 있으며 아래의 Additional Keywords 부분은 비어있음을 확인하라. 또한, Gaussian Calculation Setup 창의 주요 항목들로 Job Type, Method, Title, Link 0, General, Guess, NBO, PBC, Solvation, Add.

Ino.등이 있음을 기억하라.

(4) (GaussView 주 화면이 아니라) Gaussian Calculation Setup 창의 주 항목들 중에서, Job Type 부분이 흰색으로 활성화된 상태에서, Energy라고 표시된 창 오른쪽의 작은 ▾를 눌러서 나오는 항목들 중 Opt+Freq를 선택한다. 여러 가지 새로운 선택 사항들이 화면에 나타나는데, 그들 중 Calculate Force Constant 부분만 Once로 변경시키고 나머지들은 일단 그냥 그대로 둔다. Gaussian Calculation Setup 창의 두 번째 줄 Keywords: 부분에서 opt freq가 추가된 것을 확인하라.

(5) Gaussian Calculation Setup 창의 주 항목들 중에서, Method 부분을 클릭하여 흰색으로 활성화시키고, 새로 나타난 선택 사항들 중, Method 옆의 Ground State는 그대로 두고, Hartree–Fock 글자 옆 ▾를 눌러서 나오는 항목들 중 DFT... 부분을 선택한다. 그러면 그 오른쪽에 나타난 B3LYP 오른쪽의 ▾를 눌러서 나오는 항목들 중 B3PW91을 선택한다.

(6) Method에 대한 위 (5)번의 화면에서 Basis Set: 3–21G로 표기된 부분 옆 ▾를 눌러서 나오는 항목들 중 6–31G를 선택한다. 6–31G라고 쓰인 곳 옆의 빈칸 3개에서 각 부분의 ▾를 눌러서 나오는 것들 중에서 첫 칸과 세 번째 칸은 그냥 빈칸으로 두고, 두 번째 칸에는 d를 선택한다. Gaussian Calculation Setup 창의 두 번째 줄 Keywords: 부분에서 hf/3–21g 부분이 b3pw91/6–31g(d)로 변화된 것을 확인하라. Charge와 Spin 부분은 일단 현재 상태(0와 Singlet)를 유지한다.

(7) Gaussian Calculation Setup 창의 주 항목들 중에서, Title 부분을 클릭하여 흰색으로 활성화시켜 나오는 화면에서 Title Card Required 부분을 *** My first Gaussian–Job input ***라고 바꾼다. 이 부분은 뭐라고 써도 아무런 영향이 없으니, 자기 마음대로 기입해도 된다. 그러나 나중에 오랜 시간이 흐른 후 작기가 만든 input 파일의 내용을 쉽게 알 수 있도록 만드는 것이 좋다. 또한 나중에 검색 프로그램을 활용할 때 이 부분이 중요해진다.

(8) Gaussian Calculation Setup 창의 주 항목들 중에서, General 부분을 클릭하여 흰색으로 활성화시켜 나오는 화면의 여러 항목들 중, Write Connectivity 부분 앞의 check 표시를 없앤다. Gaussian Calculation Setup 창의 두 번째 줄 Keywords: 부분에 보이던 geom=connectivity가 사라지는 것을 확인하라. (**주의** : geom = connectivity는 반–경험(semi–empirical) 계산 방법들에서만 중요하고, 모든 순–이론 방법들에서는 Connectivity가 선택되면 오류(error)가 발생하면서 계산이 시작되지 않는다.)

(9) Gaussian Calculation Setup 창 중간 아래에 보이는 Additional Keywords: 부분

에 test라고 입력한다. Gaussian Calculation Setup 창의 두 번째 줄 Keywords: 부분이 “# opt=calfc freq b3pw91/6−31g(d) test”로 변화된 것을 확인하라. Gaussian 계산을 위한 input의 기본 사항들의 교정을 일단 마무리하였다.

(10) Gaussian Calculation Setup 창 맨 아래에, Submit..., Quick Launch, Cancel, Edit..., Retain, Defaults, Help 항목들이 있음을 기억하라. 이것들 중 Edit...를 클릭한다. 파일을 저장하라는 문구(“You must save a Gaussian input file before ....”)가 나오면 Save를 클릭한다. 활성화된 창의 파일 이름 부분을 molecule−1−new.gjf로 바꾸고, 그 작업창 맨 아래 왼쪽에 Cartesian Coordinate 부분에 check 표시가 되도록 선택한 후, 그 줄 오른쪽의 Save를 클릭한다. 워드패드 화면에 지금까지 만든 내용이 나타난다. 다음과 같은 내용일 것이다. 원소 기호 이후의 x,y,z−좌표값은 아래의 보기와 좀 다를 수 있겠지만, (또한 %로 시작하는 맨 첫 번째 줄에서 directory 경로는 다를 수 있지만) 나머지는 아래의 내용과 꼭 같아야 한다.

```
%chk=C:₩G09W₩my−jobs₩molecule−1−new.chk
# opt=calfc freq b3pw91/6−31g(d) test

*** My first Gaussian−job input ***

0 1
C                    −3.49527692    1.03846152     0.00000000
H                    −3.85194327    0.50404176    −0.85561945
```

내용을 추가하거나, 바꾸려면 이곳에서 얼마든지 다시 바꿀 수 있다. 두 번째 줄의 “# opt=calfc freq b3pw91/6−31g(d) test”를 “#t opt freq b3lyp/6−31+g(d) test”로 변경하고 (필요하면 저장하고) 워드패드를 빠져 나간다. 여기서 # 기호 뒤에 t를 추가하고, b3pw91 부분을 b3lyp로 바꾸는 것은, 지금까지 위 (1)−(9)의 과정에서 하였던 모든 것을, <u>**이 시점에서 최종으로 바꿀 수 있다는 것**</u>을 보여주기 위함이다. (**주의**: 원소들의 좌표 값들이 모두 기입된 이후에도 최소한 한 줄 이상의 빈 줄이 반드시 있어야 하며, (중급 이상이 되기 전까지는) 이 부분에 다른 것이 없어야 한다.)

### 2-2 GaussView에서 Gaussian 계산의 실행

(1) **주의**: PC WINDOWS 환경의 GaussView에서 Gaussian 프로그램을 실행시키려면, 사용자가 Gaussian 프로그램을 별도로 실행시키면 않아야 한다. PC WINDOWS에

서는 Gaussian 프로그램을 동시에 2개 실행시킬 수 없다. 혹시 Gaussian 프로그램을 별도로 실행시키고 있으면 그것을 중지시켜야 한다.

(2) 위 2-1의 (10)번에서 워드패드 화면 오른쪽 위 모서리의 X를 클릭하여 빠져 나간다. 파일을 저장하라는 화면이 나오면 Yes를 눌러 저장한다. (필요하면 directory와 파일 이름을 바꾼다. **주의**: directory와 file 이름에 한글이 포함되면 오류가 발생할 수 있다.) 그러면 Run Gaussian에 대한 작은 창이 활성화(Pop-up)된다. 여기서 OK를 클릭하면(같은 PC에 G09W가 적절하게 설치되어 있으면), 옆 그림과 같은 Gaussian 계산 프로그램의 작업 창이 뜨면서 계산이 진행된다. 이 창의 각 부분들(Active Job: Output File: Run Progress:)에 보이는 내용들을 잘 확인하고, 맨 아랫부분(위 그림에서 Iteratively Solving the ...라고 보이는 부분, 여기를 status line이라고 한다)의 내용이 변하는 과정들을 계속 관찰하라. 이 부분에 Finalizing Calculation and Output이라고 나오면, "Gaussian Job has been completed"를 보여주는 작은 창이 새로 나타난다. 여기서 예(Y)를 클릭하면 위에 보인 창이 사라지면서, 옆과 같은 또 하나의 창이 나타난다.

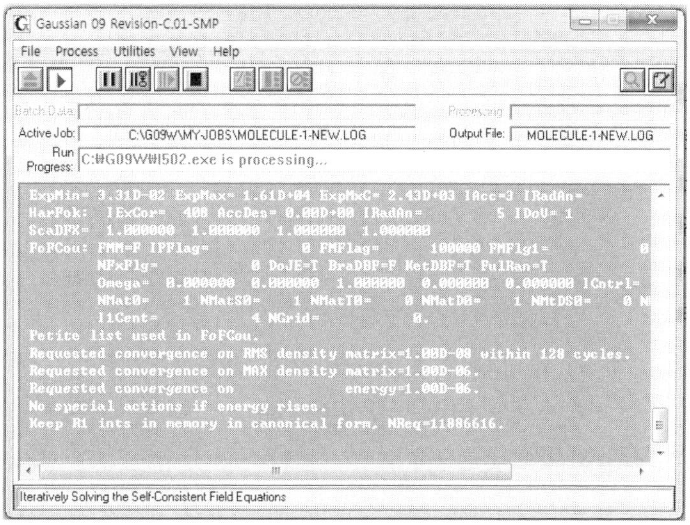


(3) 옆 그림에서 molecule-1-new.chk 대신 molecule-1-new.log를 클릭하여 선택하고, <u>Read Intermediate Geometry 앞의 네모 칸을 클릭하여 체크 표시가 되도록 선택한 후</u>, OK를 클릭한다.

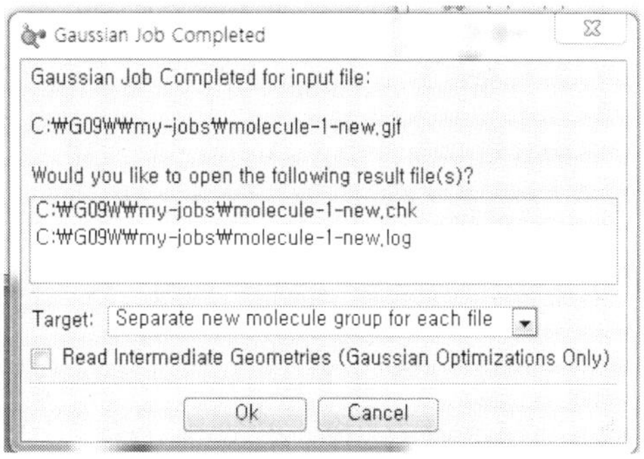


(4) 이제 분자 그림이 보이는 새로운 창이 나타나며, 그 Window 맨 위의 이름은 ... molecule-1-new.log로 바뀌어 있음을 확인하라. 또한 새로운 창의 왼쪽 위, 녹색 원 옆에는 1 of 10(이 부분은 10

대신 다른 숫자일 수 있음)이라는 표시가 나타난다. 여기서 1과 10 사이에 있으면서 위아래를 향하는 작은 삼각형 부분을 클릭하면서 화면의 분자구조 그림이 변하는 것을 확인하라.

(5) 분자 그림이 보이는 창 안의 어딘가에 마우스 포인터를 위치시키고, 마우스의 왼쪽 버튼을 누르고 움직여서(drag) 분자 그림을 변화시켜보라. 마우스의 오른쪽 버튼을 누르고 움직여서(drag) 분자 그림을 변화시켜 보면서 그 기능들을 기억하라.

(6) 이것은 위의 (3)번에서 Read Intermediate Geometry 앞의 네모 칸을 체크하였기 때문에 분자의 에너지가 가장 낮아지도록 분자구조−최적화가 진행된 12−단계 각각의 분자구조가 나타나며, 만약 왼쪽 윗부분이 "1 of 10"이라면, 화면에 보이는 것은 1−단계(즉 처음) 구조라는 의미이다. 만약 위의 (3)번에서 Read Intermediate Geometry 앞의 네모 칸을 체크하지 않았으면, (1 of 12)가 표시된 이 부분은 나타나지 않으면, 화면에 보이는 것은 그냥 최적화가 완료된 최종 구조를 보여주는 것이다.

(7) 이제 GaussView 주 화면의 주 항목들 중, Result를 클릭하고 나오는 항목들 중에서 Optimization 부분을 클릭하면, 분자구조−최적화 각 단계에서 분자의 에너지가 낮아지는 것을 보여주는 작은 그래프 그림이 활성화된다. 이 작은 그래프 안에 마우스 포인터를 위치시키고, 마우스의 오른쪽 버튼을 클릭하여 나오는 항목들 중 Export를 클릭한다. 이때 활성화되는 창에서 적절하게 directory를 선택한 후(아마도 이미 G09W\my−jobs로 되어 있을 것이다.) 파일 형식 부분의 오른쪽 끝 ▾을 눌러서 *.jpg 형식을 선택한다. 파일 이름에는 molecule−1−new−opt−steps를 입력한 후 저장(S) 부분을 클릭하여 저장해 둔다.

(8) 마우스 포인트를 그래프 창 안 여기저기 위치시키면서 마우스의 왼쪽 버튼을 눌러 보면서 화면의 변화를 관찰한다. 마우스 포인트를 그래프 창 안 어딘가에 위치한 상태에서 마우스의 오른쪽 버튼을 눌러서 나오는 여러 기능들을 다양하게 탐색해 본다. 마지막으로 그래프 창의 오른쪽 위 X를 클릭하여 그래프를 없앤다.

(9) 이제 다시 GaussView 주 화면의 주 항목들 중, Result를 클릭하고 나오는 항목들 중에서 Summary 부분을 클릭하면 활성화되는 작은 창에는 이번 계산(구조−최적화)의 최종 주요 결과들이 표로 정리되어 보여준다. 이 작은 창 아래에 보이는 Save Data 부분을 클릭하여 적절한 directory에 적합한 파일 형식과 이름으로 저장해 둔다. (**주의**: 이때 만약 분자가 그려진 작업창 왼쪽 윗부분이 "5 of 10"이라면, Result → Summary를 클릭하여 나오는 정보는 구조 최적화 과정 중 5번째 지점에서의 결과에 해당한다. 즉 구조−최적화가 완료된 최종 결과가 아니다. 그러므로 "10

of 10"처럼, 최종 지점의 구조를 화면에 보면서 Result → Summary를 클릭하여 나오는 정보를 저장해야 한다.

(10) 다시 GaussView 주 화면의 주 항목들 중, Result를 클릭하고 나오는 항목들 중에서 맨 아래의 View File을 클릭하면 molecule-1-new.log 파일의 전체 내용이 워드패드 프로그램으로 열린다. 워드패드의 찾기 기능을 사용하여, log 파일 안에 있는 특정 문자열을 검색하는 기능을 사용하여 "SCF Done"이라는 부분을 계속 반복하여 찾아보라. 이때 검색된 내용들 중, 예를 들어 "SCF Done: E(RB3LYP) = -386.565909 A.U. after 12 cycles"라는 내용은 구조-최적화 과정의 어느 구조에서 SCF 반복을 7번째 수행하여 수렴한 에너지가 -386.565909 A.U.라는 의미이다. "SCF Done"이라는 부분을 계속 검색하여 가장 나중에 나오는 값들 중 가장 나중의 값, 즉 가장 낮은 값이 최적화가 완료된 분자구조에서의 에너지 값이다.

(11) 이제 분자 그림이 그려진 화면의 오른쪽 위 귀퉁이의 X를 클릭하여 없앤다.

### [3] Gaussian 계산 결과를 GaussView로 들여다보기

다른 곳(예를 들어 학교 전산소 또는 슈퍼컴 센터)의 컴퓨터에서 계산을 수행한 경우에는 그 결과 파일(***.log, ***.fchk)을 FTP 또는 SSH 프로그램을 사용하여 GaussView 프로그램이 설치된 컴퓨터로 옮겨와야 한다.

(1) 다시 GaussView 주 화면의 주 항목들 중, File을 클릭한 후 Open을 선택하여 나오는 화면에서 (필요하면 G09W\my-jobs directory로 이동한 후) 파일 형식 부분에서 이번에는 *.gjf *.com 아니라 *.chk를 선택하라. 아마도 molecule-1-new 항목이 나타날 것이다. (만약 나타나지 않으면 위 2-1의 (10)번에 보여준 네모 칸 안의 첫줄이 "%chk=C:\G09W\my-jobs\molecule-1-new.chk"과 다르기 때문이다.)

(2) 만약 위 (1)번에서 파일 형식을 *.out *.log를 선택한다면, 여기서부터는 위 [2]의 (3)번부터와 완전히 동일하다. *.chk에는 *.log에 포한된 내용들과 비슷한 것들도 포함되어 있지만, *.log에는 없는 (주로 그래픽과 관련된) 내용들도 포함한다. 참고로 *.out는 *.log와 거의 완전히 비슷하며, 마찬가지로 *.com는 *.gjf와 거의 완전히 비슷하다. 단지 PC 환경에서 사용하는 경우와 Unix/Linux 환경에서 이 두 종류를 구별하여 사용하는 경우가 많기는 하지만, 처음 배우는 단계에서는 그럴 필요는 없다.

(3) 그러나 위 (1)번에서 파일형식을 *.chk를 선택하면 위 [2]의 (3)번부터와 매우 비슷하지만 조금씩 다른 부분들이 있다. 먼저 이번에는 (1)번을 실행하였을 때 활성화된

창의 맨 아랫부분 Read Intermediate Geometries 앞의 네모 칸을 빈칸으로 두고, molecule−1−new를 클릭한 후 열기(O)를 클릭한다. (**주의**: ***.chk 파일을 읽을 때는 Read Intermediate Geometries 앞의 네모 칸을 빈칸으로 두어야 한다.)

(4) 새로 보이는 분자 그림 창의 이름이 이제 ...\molecule−1−new.chk임을 확인하라.

(5) GaussView 주 화면의 주 항목들 중, Result를 클릭하고 나오는 항목들 중에서 Summary 부분을 클릭하면 활성화되는 작은 창에는 위 [2]의 (9)번과 동일하다.

(6) GaussView 주 화면의 주 항목들 중, Result를 클릭하고 나오는 항목들 중에서 Charge Distribution 부분을 클릭하면 활성화되는 창의 여러 내용들을 확인하고, 그 창 안의 여러 기능들(Type, Show Number 등)의 의미를 스스로 파악해 보라. 참고로 *.log 또는 *.out 형식의 파일을 열었을 때는 이 부분(Charge Distribution 부분)이 흐리게 보이면서 사용할 수 없다.

(7) GaussView 주 화면의 주 항목들 중, Result를 클릭하고 나오는 항목들 중에서 Vibration 부분을 클릭하면 활성화되는 창(Display Vibration window)에 어떤 내용들이 있는지 일단 확인하라. Freq와 Infrared 항목 아래에 나오는 숫자들은 각 진동−양식(vibration−mode)의 진동 수(Frequency)와 IR spectrum에서의 세기(peak intensity)에 해당한다. 숫자들 옆의 위아래 스크롤−바를 움직여서 다른 숫자들도 보이도록 해 보라.

(8) 참고로 위 (2)번에서 *.out *.log 파일을 열면서 Read Intermediate Geometries 앞의 네모 칸을 빈칸으로 두고 open하면, 그 경우에도 GaussView 주 화면의 주 항목들 중, Result를 클릭하였을 때 Vibration 부분이 짙은 색으로 나오면서 사용할 수 있다. 또한 *.out *.log 파일을 열면서 Read Intermediate Geometries 앞의 네모 칸을 체크하고 열었을 때도 "n1 of nf" 부분에서 n1 부분이 nf와 같은 값이 되면, 그 경우에도 GaussView 주 화면의 주 항목들 중, Result를 클릭하였을 때 Vibration 부분이 짙은 색으로 나오면서 사용할 수 있다.

(9) 여러 frequency 값들 중 하나(예를 들어 681.49)를 클릭한 후, 숫자들 아래에 보이는 Start Animation 부분을 클릭한 후 분자 그림 화면이 어떻게 되는지 관찰하라.

(10) 그 상태에서 다른 frequency 값들 중 하나(예를 들어 2999.74)를 클릭하면서 나타나는 변화를 관찰하라. 숫자들 아래의 Animation Frequency와 Displacement Amplitude 부분의 좌우 스크롤−바를 움직이면서 변화를 관찰하라.

(11) Display Vibration window 창의 다른 부분들(Show Displacement Vector, Show Dipole Derivative 등)도 클릭해 보면서 각각의 기능들을 이해하라.

(12) Display Vibration window 창 맨 아래에 보이는 Spectrum 부분을 클릭하면 IR Spectrum에 해당하는 그림이 나타난다. 그 화면에서 빨간 위아래 작은 삼각형 부분이 현재 화면에서 진동하고 있는 진동-양식에 해당한다. 마우스 포인터를 IR Spectrum의 다른 봉우리(peak)를 클릭해 보라. 다른 봉우리를 클릭할 때마다 IR Spectrum 창 맨 아래에 나오는 Frequency 부분의 숫자들이 바뀌는 것을 주의하여 관찰하고, 그 의미를 이해하라.

(13) IR Spectrum 화면에 마우스 포인터가 위치한 상태에서 마우스의 오른쪽 버튼을 클릭할 때 나오는 여러 기능들의 의미와 용도를 스스로 이해해 보라. 특히 Export 기능을 사용하여 IR Spectrum 그림을 그림 파일로 저장해 보라. 충분히 연습한 후, IR Spectrum 화면 오른쪽 위 X를 클릭하여 스펙트럼 화면을 없앤다.

(14) Display Vibration window 창 중간에 보이는 Stop Animation 부분(이 부분이 위 8)번에서는 Start Animation이었음)을 클릭하여 분자 진동을 멈춘다. 호기심이 충분하다면 다시 나타난 Start Animation 버튼 오른쪽의 Save Movie의 기능은 스스로 학습해 보라. (이 부분이 꼭 필요하지는 않다.)

(15) Vibration frequency 값이 985인 것을 선택한 상태에서, Show Displacement Vector 앞의 네모 칸을 클릭하여 선택해 보라. 화면에서 원자들이 움직이는 것에 해당하는 화살표가 그려지는 것을 확인하라. 다른 진동수들도 차례로 선택해 보면서, Displacement Vector 화살표들이 어떻게 변하는지 관찰하라. 필요하면 화살표가 그려진 그림을 File → Save Image 기능을 사용하여 그림 파일로 저장하는 것을 연습해 보라. 이때 GaussView 주 메뉴의 View → Displace Format → Molecule에서 Scale Radii by 옆의 숫자가 75%인 것을 40% 정도로 조절할 필요가 있다.

(16) Display Vibration window 창 오른쪽 위의 X를 클릭하여 빠져 나간다.

(17) (분자 그림이 그려진 창은 여전히 유지된 상태에서) GaussView 주 화면의 주 항목들 중, Result를 클릭하고 나오는 항목들 중에서 Charge Distribution을 클릭한다. 이때 활성화된 창(Display Charge Distribution)에서, Show Numbers 부분 앞의 네모 칸을 클릭하면, 각 원자의 부분-전하(atomic partial charge) 값이 숫자로 표기된다. 'Display Charge Distribution' 창의 맨 위에 있는 Type 항목을 Mulliken에서 APT로 변경해 본다. 각 원자의 부분-전하 값이 변화된 것을 확인하라. 원자의 부분-전하는 어떻게 정의(및 계산)하느냐에 따라서 다른 값을 가질 수 있는데, 이에 대해서는 나중에 이론적인 설명이 필요하다. 'Display Charge Distribution' 창의 오른쪽 위의 X 부분을 눌러서 빠져 나간다.

(18) GaussView 주 화면의 주 항목들 중, Result를 클릭하고 나오는 항목들 중에서 View File 부분을 클릭하면 워드패드 화면에 여러 정보들이 나온다. 위 3-3의 18)번에서 보여준 것과는 조금 다른 내용들이 보인다. 여기 나오는 내용들에 대하여는 나중에 학습하기로 한다.

(19) GaussView 주 화면 오른쪽 위의 X를 클릭하거나, 주 항목의 File을 누른 후 나오는 맨 아래의 Exit를 클릭하여 GaussView 작업을 모두 종료한다.

## [4] 고급 실습 GaussView와 G09W를 연동-사용하는 복합 실습

*** $H_3C-CHF-NH_2$의 여러 가지 입체 이성질체들 비교 ***

Isomer-1의 구조-최적화(1-4), Isomer-2 찾기와 구조-최적화(4-7), 8)-10)은 광학-이성질체를 찾는 과정이다. 어떤 내용들이 주요 계산 결과인지 잘 생각해보고, 나름대로 그림, 표, 설명들을 포함하여 보고서로 정리한다.

(1) G09W\mj-jobs directory 안에 exp-1이라는 이름의 sub-directory를 만든다.

(2) GaussView를 이용하여 **$H_3C-CHF-NH_2$**의 초기 분자구조를 만든 후, 계산 방법 **b3lyp/6-31g**(d), **Charge=0, Mult=1**로 하고, (나머지는 사항들은 스스로 판단) h3c-chf-nh2-**iso1**.gjf 이름을 가지는 파일로 저장한다.

(3) Gaussian 프로그램으로 이 분자의 구조를 최적화하고, 진동 스펙트럼을 구하는 input 파일을 만든 후, 계산을 수행하여 그 결과를 h3c-chf-nh2-**iso1**.log 이름으로 저장한다.

(4) GaussView 프로그램으로 h3c-chf-nh2-**iso1**.log 파일을 열어서, 계산의 주요 결과들을 그림과 표로 정리한 보고서를 만든다.

(5) GaussView 프로그램으로 h3c-chf-nh2-**iso1**.log 파일을 연 후, 최적화된 구조를 이용하여 이 분자구조 안에 있는 H-C-C-N 비틀림-각을 변화시켜 가능한 새로운 입체 이성질체들을 만든 후, 이것을 h3c-chf-nh2-**iso2**.gjf 이름으로 저장한다. 위 2)번에 적용한 것과 **<u>동일한 계산 방법</u>**으로 구조-최적화하고 진동 스펙트럼을 구한다.

(6) h3c-chf-nh2-**iso1**과 h3c-chf-nh2-**iso2**에 대한 주요 결과를 표로 만들어 비교하고 간단히 설명하는 보고서를 만든다.

(7) GaussView 프로그램으로 h3c-chf-nh2-**iso1**.log 파일을 연 후, 구조-최적화가

완성된 최종 구조 그림을 이용하여, 이 분자구조 안에 있는 −CHF− 부분에서 H와 F의 위치를 서로 바꾸어, h3c−chf−nh2−**iso1**의 광학−이성질체(chirial isomer) 구조를 만든 다. 이것을 h3c−chf−nh2−**iso1**−**chi**로 명명한 후, 구조−최적화하고 진동 스펙트럼을 구한다.

(8) GaussView 프로그램으로 h3c−chf−nh2−**iso2**.log 파일을 연 후, 구조−최적화가 완성된 최종 구조 그림을 이용하여, 이 분자의 광학−이성질체(chirial isomer) 구조를 만든 다. 이것을 h3c−chf−nh2−**iso2**−**chi**로 명명한 후, 위에서 사용한 방법과 동일하게 구조−최적화하고 진동 스펙트럼을 구한다.

(9) h3c−chf−nh2−**iso1**, h3c−chf−nh2−**iso2**, h3c−chf−nh2−**iso1**−**chi**, h3c−chf−nh2−**iso2**−**chi**들에 대한 주요 결과를 비교하는 보고서를 만든다.

# 실습-3-03 RHF/UHF에 대한 기초 실습

## [1] RHF/UHF 차이와 의미 확인

### 1-1 2개의 Li 원자 사이의 거리가 2.673 Å인 상태에 대한 HF 계산

(1) 단일－항(Singlet) 스핀상태를 UHF/cc－pVTZ 방법으로 계산하라. Gaussian 계산 프로그램의 입력 자료(input)를 아래와 같이 만들고, w04－li2－01－uhf.gjf로 저장한 후, 계산을 실행한다.

```
#T uhf/cc-pvtz test

*** Li2 ***

0 1
Li    0.0000    0.0000    0.0000
Li    0.0000    0.0000    2.6730
```

참고사항 1: 단어 사이의 빈칸 숫자는 하나 이상이면 충분하며, 대문자/소문자 구분 없음. 그러나 원소 기호 표기는 원래의 규칙(한 글자인 경우는 대문자, 두 글자인 경우에는 대문자 다음에 소문자로 표기하는 규칙)을 따르기를 권함.

참고사항 2: 위 네모 칸 안의 내용에서 첫 줄은 반드시 #로 시작하여야 하며, 둘째 줄과 넷째 줄의 빈 줄은 꼭 필요함.

참고사항 3: 원자핵 좌표 값은 반드시 소수점을 포함하여야 함.

참고사항 4: **input에서 가장 마지막 내용(위 경우에는 2.6730) 다음에는 반드시 하나 이상의 빈 줄이 포함되어야 하며, 빈 줄 이외에 다른 것이 있으면 안 됨.**

(2) 계산이 끝나면 결과 파일(w04－li2－01－uhf.out)을 열고, '찾기 도구'를 사용하여 아래 칸에 해당하는 부분들을 찾아 내용을 확인하고, 아래 네모 칸의 내용과 같은 부분을 보고서 파일(보고서－04－홍길동.hwp)에 (적절한 제목과 함께) 포함시킨다.

```
SCF Done:  E(UHF) =  -14.8713389481     A.U. after     9 cycles
<Sx>= 0.0000 <Sy>= 0.0000 <Sz>= 0.0000 <S**2>= 0.0000 S= 0.0000
        . . . . . . . . . . .
Alpha occ.  eigenvalues --  -2.45329  -2.45295  -0.18170
Alpha virt.  eigenvalues --    0.00650   0.02727   0.02727  0.03846  0.05598
        . . . . . . . . . . .
Beta  occ.  eigenvalues --  -2.45329  -2.45295  -0.18170
Beta  virt.  eigenvalues --    0.00650   0.02727   0.02727  0.03846  0.05598
        . . . . . . . . . . .
```

여기서 . . . . . . . . . . 부분은 여러 줄들이 있다는 의미인데, 보고서에 포함시킬 필요는 없다는 것을 나타낸다.

(3) 단일-항(Singlet) 스핀상태를 RHF/cc-pVTZ 방법으로 계산하라. (1)번의 입력자료(input)를 연 후 uhf를 rhf로 바꾼다. 새로운 이름(w04-li2-01-rhf.gjf)으로 저장한 후, (사실 이 경우에는 그냥 hf로 지정해도 되지만, 일단은 rhf로 지정한다) 계산을 실행한다.

```
#t rhf/cc-pvtz test

*** Li2 ***

0 1
Li    0.0000    0.0000    0.0000
Li    0.0000    0.0000    2.6730
```

(4) 계산이 끝나면, 결과 파일(w04-li2-01-rhf.out)을 연 후, '찾기 도구'를 사용하여 위의 (2)번에서 찾은 것에 해당하는 부분을 찾아보라. (2)번에서 찾은 것과 공통점은 무엇이고 차이점은 무엇인지, 보고서에 간단히 글로 설명하라.

(5) 입력 자료(input)의 맨 앞에 있는 #T와 #P의 차이를 확인해 보자. 위의 (3)에서 만든 파일(w04-li2-01-rhf.gjf)을 열어 첫 줄의 맨 앞에 있는 #t 부분을 #p로 바꾸고 새 이름으로 저장한 후(w04-li2-01-rhf-p.gjf), 계산을 실행한다. 이번 계산의 결과(w04-li2-01-rhf-p.out) 파일과 (4)번의 결과(w04-li2-01-rhf.out) 파일을 동시에 열어 그 둘의 내용을 서로 비교해 보라. 공통점과 차이점을 파악하여, 보고서에 간단히 설명하라.

(6) 삼중-항(Singlet) 스핀상태를 UHF/cc-pVTZ 방법으로 계산하라. (1)번의 입력자료(input)를 연 후, '전하 다중도' 부분을 '0  1'에서 '0  3'으로 변경한다. 그 후 새로운 이름(w04-li2-03-uhf.gjf)으로 저장하고, 계산을 실행한다.

```
%chk = C:₩G09W₩....₩w04-li2-03-uhf.chk
#t uhf/cc-pvtz test

*** Li2 ***

0 3
Li     0.0000     0.0000      0.0000
Li     0.0000     0.0000      2.6730
```

(7) 계산이 끝나면 결과 파일(w04-li2-03-uhf.out)을 연 후, '찾기 도구'를 사용하여 위의 (2)번에서 찾은 것에 해당하는 부분을 찾아보라. (2)번의 네모 칸에 해당하는 내용을 보고서에 포함시켜라. (2)번의 내용과 차이점을 생각해 보라.

### 1-2 원자 사이의 거리가 1.167 Å인 산소 분자($O_2$)에 대한 HF 계산

(1) 단일-항(Singlet) 스핀상태를 UHF/cc-pVTZ 방법으로 계산하라. 입력 자료(input)를 아래와 같이 만든 후, 새로운 파일 이름(w04-o2-01-uhf.gjf)으로 저장하고 계산을 실행한다.

```
%chk = C:₩G09W₩....₩w04-o2-01-uhf.chk
# uhf/cc-pvtz test

*** O2 ***

0 1
O            0.0000     0.0000     0.0000
O            0.0000     0.0000     1.1670
```

(2) 계산이 끝나면 결과 파일(w04-o2-01-uhf.out)을 연 후, '찾기 도구'를 사용하여 아래 칸에 해당하는 부분들을 찾아 그 내용을 확인하고, 아래 네모 칸의 내용과 같은 부분을 보고서 파일에 (적절한 제목과 함께) 포함시킨다.

```
SCF Done:  E(UHF) =  -149.594186909      A.U. after     9 cycles
<Sx>= 0.0000 <Sy>= 0.0000 <Sz>= 0.0000 <S**2>= 0.0000 S= 0.0000
          ............
Alpha  occ. eigenvalues --  -20.73091 -20.72979  -1.69204  -1.08829  -0.78389
Alpha  occ. eigenvalues --   -0.75001  -0.67054  -0.45146
Alpha  virt. eigenvalues --    0.04611   0.42855   0.70464   0.70674   0.72667
          ............
Beta  occ.  eigenvalues --  -20.73091 -20.72979  -1.69204  -1.08829  -0.78389
Beta  occ.  eigenvalues --   -0.75001  -0.67054  -0.45146
Beta  virt.  eigenvalues --    0.04611   0.42855   0.70464   0.70674   0.72667
          ............
```

(3) 삼중－항(Singlet) 스핀상태를 UHF/cc－pVTZ 방법으로 계산하라. 위의 (1)에서 만든 파일(w04－o2－01－uhf.gjf)을 열어 '전하 다중도' 부분을 '0 1'에서 '0 3'으로 변경한 후, 새 이름(w04－o2－03－uhf.gjf)으로 저장하고 계산을 실행한다. 이번 실습에서는 ***.chk 파일을 저장해 두었다가, 뒤에 나오는 추가 실습에서 사용한다. 새로 추가한 %chk 부분의 실제 directory path는 경우에 따라 다를 수 있다.

```
%chk = C:₩G09W₩....₩w04-o2-03-uhf.chk
# uhf/cc-pvtz test

*** O2 ***

0 3
O           0.0000     0.0000     0.0000
O           0.0000     0.0000     1.1670
```

(4) 계산이 끝나면 결과 파일(w04－o2－03－uhf.out)을 연 후, 위의 (2)번에서 찾은 것에 해당하는 내용을 찾아 보고서 파일에 포함시킨다.

## [2] 바탕－함수－집합(Basis Set)의 차이에 따른 효과 확인

### 2-1 원자 사이의 거리가 2.673 Å인 분자($Li_2$)에 대한 HF 계산

앞의 1－1에서 구한 결과는 아래 표의 중간 부분에 해당한다. 아래 표에서 나머지 빈칸들을 모두 채우는 데 필요한 계산들을 수행하여 표를 완성하라.

| $Li_2$, $R_e$=2.673 Å | | ccpv**D**z | ccpv**T**z | ccpv**Q**z | ccpv**5**z |
|---|---|---|---|---|---|
| Singlet, RHF | | | −14.8713 au | | |
| Triplet, UHF | | | −14.8501 au | | |
| S−T 에너지 차이 | au. | | 0.0212 | | |
| | kcal/mol | | 13.3 | | |
| | kJ/mol | | 55.7 | | |

참고사항 1: <u>**ccpv6z를 사용하는 계산에서 오류가 발생하면,**</u> input의 맨 첫줄 앞에 %mem=512 MB (또는 %mem=1 GB)를 추가하여야 한다.

참고사항 2: Gaussian 계산 결과에 나와 있는 에너지 값은 Hartree 단위인데, Hartree가 그냥 au로 표기되기도 한다. 화학에서 자주 사용되는 다른 에너지와의 관계는 **1 au**

= **627.503 kcal/mol = 2625.5 kJ/mol**이다.

참고사항 3: Singlet은 spin−multiplicity = 2S + 1 = 1에 해당하며, Triplet은 spin−multiplicity = 2S + 1 = 3에 해당한다.

참고사항 4: S−T 에너지 차이(singlet−triplet energy gap)의 부호는 Singlet의 에너지가 더 낮다고 가정하고 정하는 것이 일반적이다. (항상 그렇지는 않다.)

참고사항 5: 보통의 물리화학 연구인 경우, 에너지 값을 Hartree 단위에서는 소수점 이하 4번째 자리까지 기록하고, 다른 단위로 환산하는 경우에는 유효숫자 규칙을 지킨다. 보통의 유기화학 관련 연구인 경우에는 에너지 값을 Hartree 단위에서 소수점 이하 3번째 자리까지만 다루어도 충분하다. 반면에 아주 정밀한 물리화학 분야(예를 들어 분광학 관련) 연구인 경우에는 에너지 값을 Hartree 단위에서 소수점 이하 5번째 혹은 6번째까지 다루어야 한다.

### 2-2 원자 사이의 거리가 1.167 Å인 산소 분자($O_2$)에 대한 HF 계산

앞의 1−2에서 구한 결과들 중 하나가 아래 표에서 포함되어 있다. 나머지 빈칸들을 모두 채워 표를 완성하라. (시간이 부족하면 ccpv6z 부분은 하지 않아도 된다.)

| $O_2$, $R_e$=1.167 Å | | ccpv**D**z | ccpv**T**z | ccpv**Q**z | ccpv**5**z |
|---|---|---|---|---|---|
| Singlet, RHF | | | −149.5942 au | | |
| Triplet, UHF | | | | | |
| S−T | au. | | | | |
| 에너지 | kcal/mol | | | | |
| 차이 | kJ/mol | | | | |

### 2-3 보고서 제출

week−04 실습의 전체 결과는 하나의 파일(보고서−4주−홍길동.hwp)로 만들어 제출하라.

## [3] 양이온 및 음이온에 대한 실습 (꼭 할 필요는 없음.)

### 3-1 두 Li 원자 사이의 거리가 2.673 Å인 양이온 및 음이온 대한 HF 계산

(1) 양이온인 $Li_2^+$ 인 경우에 바닥상태의 전자배치를 모른다고 가정하자. 먼저 어떤 단계의 계산을 수행할 것인지를 아래 칸에 간단하게 서술하라.

(2) 위에서 서술한 각 단계의 계산을 위해서는 아래 입력자료(input)에서 Charge(x)와 Multiplicity(y) 부분의 두 숫자를 어떻게 바꾸어야 하는지 설명하라.

```
#T uhf/cc-pvtz test

*** Li2 ***

x y
Li    0.0000    0.0000    0.0000
Li    0.0000    0.0000    2.6730
```

(3) 실제 계산을 수행한 후 가장 중요한 수치들을 보여주고, 그들의 의미와 최종 결론을 아래 칸에 설명하라. 특히 스핀-오염(spin-contamination)에 관련된 부분을 주의하여 설명하라.

(4) 음이온인 $Li_2^-$ 인 경우에 바닥상태의 전자배치를 모른다고 가정하고, 위 (1)-(3)에 해당하는 내용들을 반복하여 진행하라. (유사한 형식으로 보고서를 작성하라.)

### 3-2 두 O 원자 사이의 거리가 1.167 Å인 양이온 및 음이온 대한 HF 계산

(1) 양이온인 $O_2^+$와 음이온인 $O_2^-$ 인 경우에 대해서도 위 3-1에 해당하는 단계들을 진행하고, 그 결과들을 설명하라. $Li_2^+$ 및 $Li_2^-$ 경우와 어떤 면이 정성적으로 큰 차이를 보이는지 잘 설명하라.

(2) 3-1과 3-2의 실습을 통하여 이해하게 된, 혹은 더 의아하게 생각하게 된 중요한 것들이 있으면 그에 대하여 스스로 추가 학습을 통하여 알게 된 것 또는 자신의 생각을 설명해 보라.

## [4] GaussView를 사용하는 추가 실습 (꼭 할 필요는 없음.)

(추가 실습은 실습-3-01과 실습-3-02에서 학습한 내용을 사용하여야 한다.)

## 4-1 리튬 분자($Li_2$)의 바닥 전자상태(Ground electronic state).

### (1) 단일-항(Singlet)에 대한 HF 결과에서 MO Energy와 전자배치

① 단일-항과 삼중-항에 대한 에너지 계산-값으로부터, 단일-항이 바닥 전자상태임을 알 수 있다.

② 위에서 만든 결과 파일(w04-li2-01-rhf.out)을 GaussView 프로그램으로 연다.

③ 분자 그림이 보이는 상태에서 GaussView의 주 메뉴 → Tools → MOs를 선택한 후,

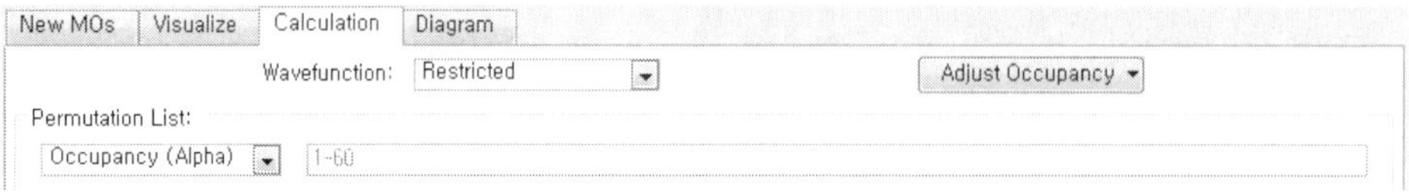


나타나는 화면 아래쪽(위 그림 같은)에서 (현재는 Calculation 부분이 하얀색으로 선택된 상태에서) Diagram을 클릭한다.

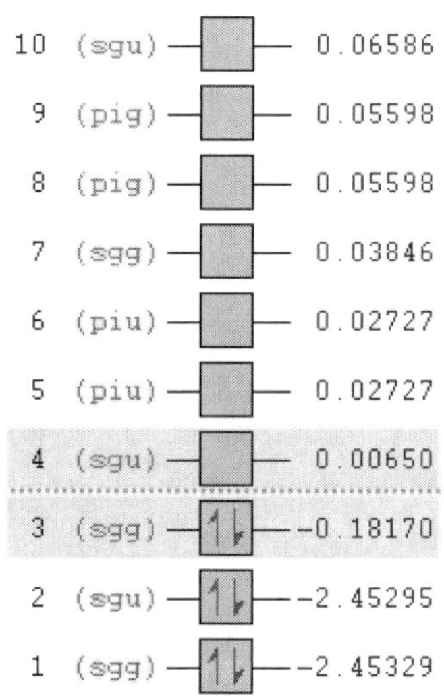


④ 변화된 화면 오른쪽 밑에서 Export Picture를 클릭한 후 파일형식을 ***.jog로 선택하고, 그림을 저장할 directory를 확인한다. 파일 이름을 w04-li2-01-rhf-mo-energy로 지정하여 저장한다.

⑤ 그림판 프로그램으로 w04-li2-01-rhf-mo-energy.jpg를 열고, 편집 기능을 사용하여, (MO들의 총 수는 60개지만) 옆 그림처럼 필요한 부분만 오려서, 결과 보고서에 끼워 넣는다.

⑥ 이 그림은 $Li_2$ 분자에 있는 (총 6개) 전자배치를 보여준다. 알파-전자와 베타-전자의 궤도함수 에너지가 같음을 나타내며, 궤도함수 옆에 있는 MO-energy는 eV 단위의 값이다. 예컨대, HOMO의 에너지는 -0.1817 eV이고, LUMO의 에너지는 +0.0065 eV다.

### (2) 단일-항(Singlet)에 대한 HF 결과에서 MO의 모양 그림

① 위 4-1의 ②번에서 Diagram을 선택했던 부분의 왼쪽 끝에 있는(지금은 Visualize 글자가 흐리게 보임) New MOs 부분을 클릭한다. 변화된 창에서 Method 부분은 Load Existing Chk or FChk File이 보이고, Checkpoint File 부분에는 C:\G09W...\w04-li2-01-rhf.chk가 나타난다. (그렇지 않으면 뭔가 도중에 뭔가 잘못된 것으로, 주로 chkpoint file의 경로나 이름을 잘못 지정한 것이다.) Checkpoint file

이름 오른쪽의 Load를 클릭한다. 그러면 Visualize 부분이 진한 글자로 바뀐다.

② Visualize 부분을 클릭한 후 나타나는 화면에서 Add Type 부분을(아마도 현재는 Highlighted로 되어 있음) Other로 바꾸고, 그 옆 Add List 네모 칸에 1a−10a를 써 넣는다. 그리고 Current List:라고 된 빈칸의 오른쪽 Update를 클릭한다. 어느 정도 시간(2~3분)이 흐르면 화면에 뭔가 나타나면서 변한다. 더 이상 변화가 없으면 4번 알파−전자 궤도함수 에너지 값(0.0065) 옆의 작은 네모 칸을 클릭한다.

③ 궤도함수 에너지 값 왼쪽 화면에 나타난 분자를 (마우스 왼쪽/오른쪽 버튼을 누르고 움직이는 조작하여) 적절한 방향과 크기로 보이게 한다.

④ 궤도함수 모양이 나타난 화면에 마우스 포인터가 있는 상태에서 오른쪽 버튼을 눌러서 나타난 메뉴들 중, view를 클릭하고, 나타나는 것들 중 Display Format를 클릭한다.

⑤ 새로 나타난 창의 메뉴들(General Molecule Text Surface) 중에서 Genera을 선택하고, Show Symbol을 클릭한다. 그 다음 Surface를 클릭하고, Format이 (아마도 현재) Solid로 된 부분을 Transparent로 선택한다.

⑥ Transparent 정도를 조절하는 버튼을 움직여, 반−투명(see through) 정도를 조절한다. OK 버튼을 눌러 빠져 나간다.

⑦ 궤도함수 모양이 나타난 화면에 마우스 포인터가 있는 상태에서 오른쪽 버튼을 눌러 나타난 두 가지 중 File을 클릭하고, Save Image File을 선택한다. 나타난 창에서 파일형식은 jpg로 선택하고, directory 경로를 확인한다. 파일 이름은 w04−li2−01−rhf−mo4로 지정한 후 저장한다.

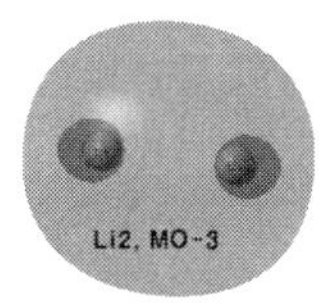


⑧ 동일한 방식으로 다른 (예를 들어 mo3, mo5−mo10) 궤도함수들의 모양을 저장한다.

⑨ 그림판 프로그램으로 w04−li2−01−rhf−mo4.jpg 파일을 연 후 적절한 문장(예를 들어 $Li_2$, MO−4) 을 기입하고, 사각형 선택으로 복사하여 아래 그림처럼 보고서에 끼워 넣는다.

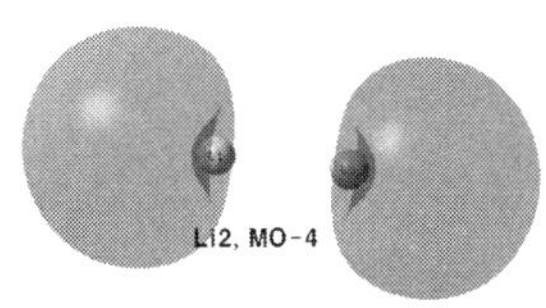

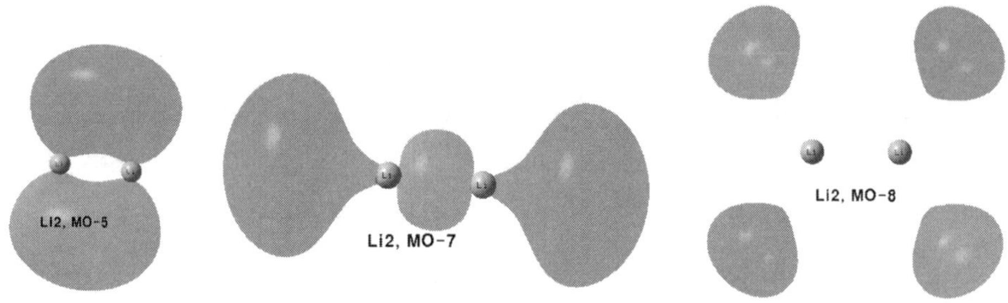


⑩ 이들 궤도함수 모양에서 반대 색상은 궤도함수에서 반대부호(+/−)에 해당한다. 궤도함수의 모양 및 에너지 값을 바탕으로 각 MO가 결합성/반결합성, 시그마−결합/파이−결합의 어떤 것에 해당하는지 설명하라. (일반화학 또는 물리화학 교재의 해당 내용을 참고하라.)

### 4-2 산소 분자($O_2$)의 바닥 전자상태(Ground electronic state).

#### (1) 삼중−항(Triplet)에 대한 HF 결과에서 MO Energy와 전자배치

① HF/cc−pvTz 방법으로 계산된 결과를 보면 산소 분자($O_2$)의 경우에는 삼중−항(Triplet) 상태가 바닥 전자상태임을 알 수 있다.

② 위에서 만든 결과 파일(w04−o2−03−uhf.out)을 GaussView 프로그램으로 연다.

③ 분자 그림이 보이는 상태에서 GaussView의 주 메뉴 → Edit → MOs를 선택한 후,

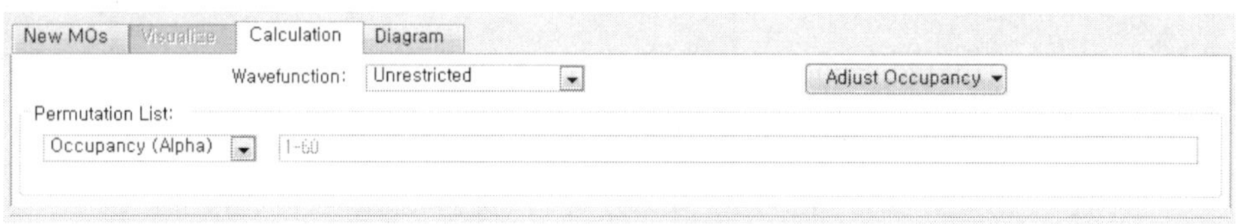


나타나는 화면 아래쪽(위 그림 같은)에서 (현재는 Calculation 부분이 하얀색으로 선택된 상태에서) Diagram을 클릭한다.

④ 변화된 화면 오른쪽 밑에서 Export Picture를 클릭한 후, 파일형식을 ***.jog로 선택한다. 그림을 저장할 directory를 확인한 후, 파일 이름을 w04−o2−03−uhf−mo−energy로 지정하여 저장한다.

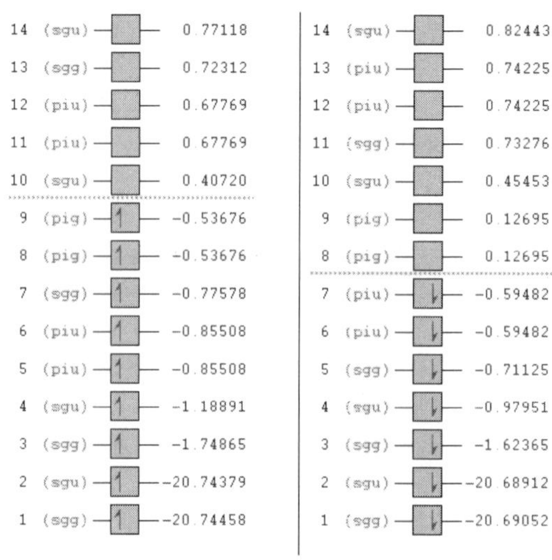

⑤ 그림판 프로그램으로 w04−o2−03−uhf−mo−energy.jpg를 연다. 편집 기능을 사용하여 (MO들의 총 수는 60개지만) 앞의 그림처럼 필요한 부분만 오려 결과 보고서에 끼워 넣는다.

⑥ 여기서는 알파−전자와 베타−전자의 MO가 서로 다르다는 것을 알 수 있다. MO가 나타내는 기호의 괄호 안 표기에서 sgg는 sigma_g, sgu는 sigma_u, pig는 phi_g, piu는 phi_u를 나타낸다. MO−energy는 역시 eV 단위 값들이다.

(2) 삼중−항(Triplet)에서 MO의 모양 그림

① 위 4−2의 (1)번에서 Diagram을 선택했던 부분의 왼쪽 끝에 있는 (지금은 Visualize 글자가 흐리게 보임) New MOs 부분을 클릭한 후, 변화된 창에서 Method 부분은 Load Existing Chk or FChk Fil이 보이고, Checkpoint File 부분에는 C:\G09W...\w04−o2−03−uhf.chk가 나타난다. (그렇지 않으면 뭔가 도중에 뭔가 잘못된 것으로, 주로 chkpoint file의 경로나 이름을 잘못 지정된 것이다.) Checkpoint file 이름 오른쪽의 Load를 클릭한다. 그러면 Visualize 부분이 진한 글자로 바뀐다.

② Visualize 부분을 클릭한 후 나타나는 화면에서 Add Type 부분을(아마도 현재는 HOMO로 되어 있음) Occupied로 바꾼다. 그리고 Current List:라고 된 빈칸의 오른쪽 Update를 클릭한다. 한참 시간이 흐르면 화면에 뭔가 나타나면서 변한다. 더 이상 변화가 없으면 9번 알파−전자 궤도함수 에너지 값(−0.53676) 옆의 작은 네모 칸을 클릭한다.

③ 궤도함수 에너지 값 왼쪽 화면에 나타난 분자를 (마우스 버튼을 조작하여) 적절한 방향과 크기로 보이게 한다.

④ 궤도함수 모양이 나타난 화면에 마우스 포인터가 있는 상태에서 오른쪽 버튼을 눌러서 나타난 메뉴들 중, view를 클릭하여 나타나는 것들 중에서 Display Format를 클릭한다.

⑤ 새로 나타난 창의 메뉴들(General Molecule Text Surface) 중에서 Surface를 클릭하고, Format이 (아마도 현재) Solid로 된 부분을 Transparent로 선택한다.

⑥ Transparent 정도를 조절하는 버튼을 움직여, 반−투명(see through) 정도를 조절한다. OK 버튼을 눌러 빠져 나간다.

⑦ 궤도함수 모양이 나타난 화면에 마우스 포인터가 있는 상태에서 오른쪽 버튼을 눌러 나타난 두 가지 중 File을 클릭한다. 나타난 창에서 파일형식은 jpg로 선택하고, directory 경로를 확인한다. 파일 이름은 w04−o2−03−uhf−9−alpha로 지정한

후 저장한다.

⑧ 동일한 방식으로 다른 (예를 들어 8-alpha, 7-beta) 궤도함수들의 모양을 저장한다.

⑨ 그림판 프로그램으로 w04-o2-03-uhf-9-alpha.jpg 파일을 연 후, 적절한 문장 (예를 들어 O2, UHF, 8-Alpha)을 기입한 후, 사각형 선택으로 복사하여 아래 그림처럼 보고서에 끼워 넣는다.

O2, UHF, 8-Alpha

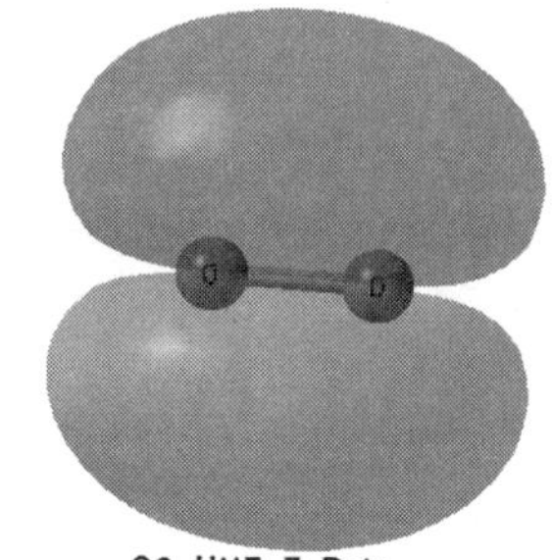


O2, UHF, 7-Beta

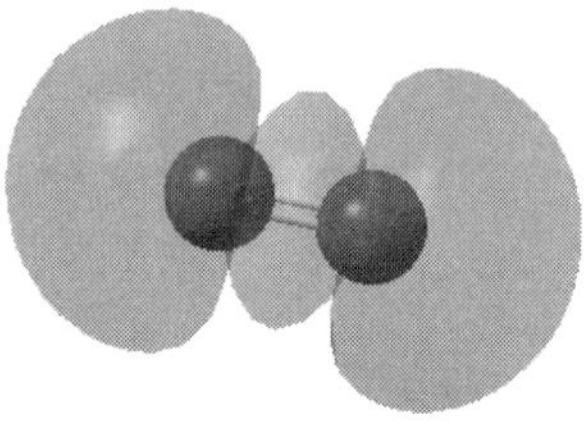

O2, UHF, 9-Alpha

⑩ 궤도함수 모양과 MO-energy를 바탕으로 각 MO들의 특징을 기술해 본다. UHF 방법의 계산 결과는 RHF 방법의 계산 결과에 비하여, 해석이 보다 더 복잡하다. HF 방법에서 얻은 MO의 energy와 모양은 어디까지나 보조적인 정보이기 때문에, (다른 더 좋은 방법이 있기 때문에) 그 해석을 너무 심각하게 생각할 필요가 없다.

## 실습-3-04 바탕집합(Basis Set) 확인 실습

이번 실습에서 가장 중요한 사항은 계산에 사용한 바탕함수들(basis functions)의 총 수를 계산 결과에서 확인하고, 그것과 에너지와의 관계를 이해하는 것이다. 이를 위해 다음 사항들을 확인하면서 실습을 진행해야 한다.

(1) 바탕함수집합에 포함된 바탕함수들의 총 수

(2) 전자가 채워진 MO의 총 수

(3) d−, f−형식의 바탕함수의 경우 Pure−spherical과 Cartesian(xyz) 함수의 차이

(4) 바탕함수 변화와 계산된 에너지 값의 변화

### [1] 최소−바탕집합(Minimal Basis Sets)

(1) 다음과 같은 input을 사용하여 계산을 진행하라. (파일 이름은 적절하게 지정한다.)

```
#T hf/sto-3g test

*** Water, Test for Basis Sets ***

0 1
O
H  1   0.965
H  1   0.965   2   105.8
```

(2) 계산 결과(output file)를 열어 노트패드의 찾기 기능을 사용하여 다음과 같은 부분을 찾아 바탕함수의 총 수(basis functions 앞의 숫자들 중 맨 처음 숫자)와 전자의 총 수를 기록하라.

No of basis functions = 7, No of primitive gaussians = 21

No of electrons = 5+5 = 10

```
7 basis functions, 21 primitive gaussians, 7 cartesian basis functions
5 alpha electrons          5 beta electrons
```

(3) 노트패드의 찾기 기능을 사용하여, 계산 결과에서 다음과 같은 부분을 찾아 HF/SCF 에너지 값을 기록하라. E = −74.963404 Hartree

```
SCF Done:  E(RHF) =  -74.963404     A.U. after    7 cycles
```

(참고: 계산화학 프로그램의 output에 나오는 Energy 값들은 단위 표시가 없는 경우(특별한 언급이 별도로 있는 경우를 제외하면)에는 Hartree 단위로 주어진 것이다. 그리고 에너지 값에서 소수점 아래 6자리 이후는 (아주 특별한 경우를 제외하고는) 별 의미가 없다. 분광학 실험 결과를 직접 다루는 경우를 제외한 대부분 경우에는 소수점 아래 4번째 자리까지만 연구 결과 정리에 사용하여도 된다.

(4) 노트패드의 찾기 기능을 사용하여, 계산 결과에서 다음과 같은 부분을 찾아 전자가 채워진(occupied) MO의 수와 전자가 채워지지 않은 가상(virtual) MO의 수를 기록하라. Occ. MO의 수 = 5  Virt. MO의 수 = 2

```
Orbital symmetries:
Occupied  (A1) (A1) (B2) (A1) (B1)
Virtual   (A1) (B2)
```

(5) 위 (1)번의 input에서 sto−3g만 sto−4g로 바꿔서 계산을 다시 수행한 후, 결과 파일에서 동일한 정보를 찾아서 기록하라. 다음 표−5−1과 같은지 확인하라. (에너지 값은 소수점 아래 6자리 이후에는 약간 다를 수 있다.)

(6) sto−5g와 sto−6g에 대해서도 반복하여 표−5−1을 완성하라.

| 표−5−1 | 바탕함수 총 개수 | 원형 가우스 함수의 수 | 전자의 총 개수 | E(HF) | occ. MO 개수 | virt. MO 개수 |
|---|---|---|---|---|---|---|
| sto−3g | 7 | 21 | 10 | −74.963404 | 5 | 2 |
| sto−4g | 7 | 28 | 10 | −75.497010 | 5 | 2 |
| sto−5g | | | | | | |
| sto−6g | | | | | | |

(7) STO−3G에서 STO−6G로 변하면서 원형 가우스 함수의 수는 증가하는데, 바탕함수의 수는 동일하게 유지되는 이유를 설명하라. 그리고 바탕함수의 수는 동일하게 유지되는데, 에너지는 어떻게 달라지는지, 또 그 이유는 무엇인지 간단히 설명하라. (참고: 변분원리와 어떤 관계인가?)

## [2] Pople 계열과 Dunning 계열 바탕함수 집합들의 비교

(1) 위 [1]-(1)번의 input에서 sto-3g만 6-31g, 6-31g(d), 6-31g(d,p), 6-31++g(2df,2pd), cc-pvDz, cc-pvTz, aug-cc-pvDz, aug-cc-pvTz로 바꾸어 계산을 다시 수행하라. 바탕함수 이름에 d가 포함되어 있는 경우에는 Route section의 keyword 부분에 5D 또는 6D를 추가하고, f가 포함된 경우에는 7F 또는 10F를 추가하여 계산한다. 예를 들어 6-31g(d)와 6-31++g(2df,2pd)에 대해서는 다음 네 가지 중 하나를 사용한다.

| #T hf/6-31g(d) 5d test |
|---|
| #T hf/6-31g(d) 6d test |
| #T hf/6-31++g(2df,2pd) 5d 7f test |
| #T hf/6-31++g(2df,2pd) 6d 10f test |

(2) Route section의 keyword 부분에 5D/6D를 쓰지 않고 계산하면, 어떤 것에 해당하는 결과가 나오는지 확인해 보라. 7F/10F의 경우에도 사용하지 않으면 7F와 10F 중 어떤 것에 해당하는 결과인지 확인해 보라.

(3) 5D/7F는 Pure-spherical functions에 해당하고, 6D/10F는 Cartesian (x,y,z) functions에 해당한다. 따라서 계산화학 프로그램들 중에는 5D/7F 대신에 Pure, 6D/10F 대신에 Cartesian(또는 xyz)라는 keyword를 사용하기도 한다.

(4) d-, f-함수에 대한 이러한 선택 사항을 사용자가 지정하지 않으면, 적합한 것을 사용하도록 미리 프로그램에 설정된(defalut value) 것을 사용한다. Default value는 계산화학 프로그램마다 다르며, 같은 계산화학 프로그램 안에서도 바탕함수집합에 따라 다르다. 따라서 이것을 확인하는 것은 매우 중요하다. 그래서 <u>모든 계산화학 결과에서는 바탕함수의 총 수를 꼭 확인하는 것이 매우 중요</u>하다.

(5) 결과 파일에서 해당하는 정보를 찾아서 표-5-2의 빈칸을 완성하라.

| 표-5-2 | 바탕함수 개수 | 전자 수 | E(HF) | occ. MO 수 | virt. MO 수 |
|---|---|---|---|---|---|
| 6-31g | | | | | |
| 6-31g(d) 5d | | | | | |
| 6-31g(d) 6d | | | | | |
| **6-31g(d,p) 5d** | | | | | |
| 6-31g(d,p) 6d | | | | | |
| 6-31++g(2df,pd) 5d 7f | | | | | |
| 6-31++g(2df,pd) 6d 10f | | | | | |
| cc-pvTz 5d 7f | | | | | |
| cc-pvTz 6d 10f | | | | | |
| aug-cc-pvTz 5d 7f | | | | | |
| aug-cc-pvTz 6d 7f | | | | | |

## 실습-3-05 유효-중심-퍼텐셜(ECP) 사용 실습

이번 실습에서 가장 중요한 사항은 계산에 사용한 바탕함수들(basis functions)의 총 수를 계산 결과에서 확인하고, 그것과 에너지와의 관계를 이해하는 것이다. 이를 위하여, 다음 사항들을 확인하면서 실습을 진행해야 한다.

(1) 바탕함수집합에 포함된 바탕함수들의 총 수

(2) 전자가 채워진 MO의 총 수

(3) d−, f−형식의 바탕함수의 경우 Pure−spherical과 Cartesian(xyz) 함수의 차이

(4) 바탕함수 변화와 계산된 에너지 값의 변화

### [1] ECP 원래의 바탕함수를 사용한 기본 계산

(1) 다음과 같은 input을 사용하여 계산을 진행하라. Route section에 GFPrint라는 새로운 keyword가 추가되었음을 주목하라. 또한 Plaltinum hexafluoride의 바닥 전자상태는 삼중−항(Triplet) 스핀상태임을 주목하라. 여기서 계산 방법을 UB3LYP로 지정하는 것이 원칙이기는 하지만, 이 경우에는 B3LYP 앞에 U를 쓰지 않아도 프로그램이 알아서 처리한다. (파일 이름은 적절하게 지정한다.)

```
#T B3LYP/LANL2DZ GFPrint test

*** Platinum hexafluoride, PtF6  ***

0 3
Pt
F  1  Rax
F  1  Req  2  90.0
F  1  Req  2  90.0  3  90.0
F  1  Req  2  90.0  4  90.0
F  1  Req  2  90.0  5  90.0
F  1  Rax  6  90.0  5  90.0

Rax  1.918
Req  1.732
```

(2) 계산 결과(output file)를 열어 노트패드의 찾기 기능을 사용하여 다음과 같은 부분

을 찾아라. 그 후 아래에 나오는 정보들을 관찰하라.

```
Pseudopotential Parameters
```

Pt(원자번호=78)에서 원자가-전자를 18개로 다루고 있다는 것을 확인하라.

(3) 노트패드의 찾기 기능을 사용하여 다음 네모 칸 안과 같은 부분을 찾아 바탕함수의 총 수(basis functions 앞의 숫자들 중 맨 처음 숫자)와 전자의 총 수를 기록하라. 전자의 총수 72가 어떻게 나온 값인지 설명하라.

No of basis functions = 76,  No of electrons = 37+35 = 72

```
76 basis functions,   193 primitive gaussians,    .......
37 alpha electrons        35 beta electrons
```

(4) 노트패드의 찾기 기능을 사용하여, 계산 결과에서 다음과 같은 부분을 찾아HF/SCF 에너지 값을 기록하라.  E = −717.957394 Hartree

```
SCF Done:  E(UB3LYP) =  -717.957393986      A.U. after  ....
           Convg  =     0.5382D-08          -V/T =  2.1313

<Sx>= 0.0000 <Sy>= 0.0000 <Sz>= 1.0000
<S**2>= 2.0034 S= 1.0011    <L.S>= 0.000000000000E+00
 Annihilation of the first spin contaminant:
 S**2 before annihilation     2.0034,   after     2.0000
```

(5) 위 (1)번의 input에서 LANL2DZ만 CEP−31로 바꿔서 계산을 다시 수행한 후, 결과 파일에서 동일한 정보를 찾아서 기록하라. 다음 표−6−1과 같은지 확인하라.

(6) SDD와 def2TZVPP에 대해서도 반복하여, 표−6−1을 완성하라.

| 표−6−1 | 바탕함수 개수 | Pt의 전자 수 | F의 전자 수 | 전자의 총 수 | E(HF) |
|---|---|---|---|---|---|
| LANL2DZ | 76 | 18 | 9 | 72 | −717.957394 |
| CEP−31 | 82 | 18 | 7 | 60 | −264.538996 |
| SDD | | | | | |
| def2TZVPP | | | | | |

(7) 위 표의 결과들이 의미하는 바에 대하여 설명해 보라. 바탕함수의 수와 총 전자 수, 그리고 에너지 값의 변화들이 어떤 관계인지 설명해 보라. 이 경우에 더 낮은 에너지 값이 더 좋은 결과를 의미한다고 볼 수 있는가?

### [2] 외곽 전자 해당 부분에 임의의 바탕함수를 사용하는 기본 계산

(1) 위의 [1]−(1)에서 사용한 input을 아래와 같이 변경하여 계산을 진행하라. Route section의 변화뿐만 아니라 Molecule specification 부분 아래의 변화를 주의하라.

```
#T B3LYP/GenECP GFPrint test

*** Platinum hexafluoride, PtF6   ***


0 3
Pt
F  1  Rax
F  1  Req  2  90.0
F  1  Req  2  90.0  3  90.0
F  1  Req  2  90.0  4  90.0
F  1  Req  2  90.0  5  90.0
F  1  Rax  6  90.0  5  90.0

Rax  1.918
Req  1.732

F 0
6-31+G(d)
****
Pt 0
QZVP
****

F 0
LANL2DZ
Pt 0
LANL2DZ
```

(2) 계산 결과(output file)를 열어서, 노트패드의 찾기 기능을 사용하여 여러 정보들을 관찰하고, 위의 [1]−(1)에서 구한 결과와 어떤 부분이 변하였는지 설명하라.

(3) 위의 input에서 6−31+G(d)를 cc−pvTZ로, LANL2DZ를 CEP−31로 바꾼 후 계산을 수행하고, 그 결과를 분석하라.

(4) 위 (3)번의 input에서 마지막 2줄(Pt 0, CEP−31)을 아예 제거하고, 계산을 수행한 후, 그 결과를 분석하라.

## 실습-3-06 ChemDraw - HyperChem - Gaussian 연결

### - 구조 이성질체들의 상대적 안정성 -

(1) ChemDraw 프로그램으로 화학식이 $C_4H_8$에 해당하는 가능한 모든 구조 이성질체들(6개)에 해당하는 구조를 그린다. 각각의 구조를 ***.**chm** 형식으로 저장한다.

| 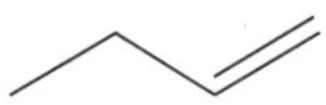 |  | 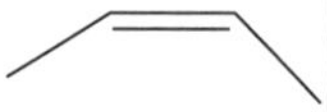 |  | 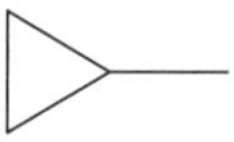 | 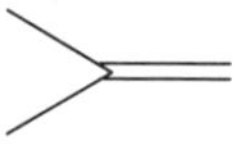 |
|---|---|---|---|---|---|
| c4h8−1.chm | c4h8−2.chm | c4h8−3.chm | c4h8−4.chm | c4h8−5.chm | c4h8−6.chm |

(2) HyperChem 프로그램으로 (1)번에서 만든 파일(예를 들어 c4h8−1.chm)을 읽어 들인다. 파일을 읽어(File Open) 들일 때, 파일 형식을 ***.chm으로 지정하여야 한다.

(3) HyperChem 프로그램의 주 메뉴에서 Build → Add H & Model Build를 클릭하여, 적절한 초기 구조로 만든 후, (주의: c4h8−3의 경우에는 Add H & Model Build를 클릭하면 c4h8−2와 같은 모양으로 되어 버리기 때문에 Add H만 선택하여야 한다.) 주 메뉴에서 Save As ... → 파일 형식을 ***.hin(예를 들어 c4h8−1.hin)으로 바꾸어 저장한다.

(4) HyperChem에서 MM+ 방법으로 구조 최적화를 수행한다. 최적화된 에너지 값을 기록해 둔다. MM+ Energy = 2.82 kcal/mol (소수점 둘째 자리까지)

(5) HyperChem에서 최적화된 구조를 ***.mol 형식으로(예를 들어 c4h8−1.mol)저장한다.

(6) GaussView 프로그램으로 ***.mol(예를 들어 c4h8−1.mol)을 읽어 들인 후, 다음 방법으로 구조−최적화와 진동특성 계산을 진행한다.

```
#T Opt=CalcFC Freq B3LYP/6-31+G(d) Test

*** C4H8, Isomer-1

0 1
Molecular Specification section
```

(7) 최적화된 구조의 에너지 값을 (AU=Hartree 단위로) 아래 표에 기입한다. (소수점 다섯째 자리까지)

(8) 모든 이성질체들(isomers)에 대한 다음 표-1를 완성한다.

(9) B3LYP/6-31+G(d) 방법으로 구한 E0 에너지(Sum of Ee + ZPE) 값이 가장 낮은 이성질체 에너지를 영(zero)로 설정하고, 다른 이성질체들의 상대적인 에너지를 kcal/mol 단위로 하여 재배열하는 표-2를 완성한다. 이 표에서 MM+ energy는 가장 낮은 것을 영(zero)로 설정하고, 다른 이성질체들의 상대적인 에너지를 다시 kcal/mol 구한다.

(10) 완성된 표-1와 표-2를 하나의 문서(실습종합-기말시험-홍길동.hwp)로 제출한다.

**표-1 계산된 에너지 값들**

| Isomer # | MM+ energy (kcal/mol) | Energy by B3LYP/6-31+G(d) (Hartree) | |
|---|---|---|---|
| | | Ee | E0 (Sum of Ee + ZPE) |
| 1 | 2.82 | -156.11043 | -155.99441 |
| 2 | | | |
| 3 | | | |
| 4 | | | |
| 5 | | | |
| 6 | | | |

**표-2 가장 안정한 isomer를 기준으로 한 상대적 에너지 값들**

| Isomer # | MM+ energy (kcal/mol) | Relative Energy by B3LYP/6-31+G(d) |
|---|---|---|
| | | △E0 (kcal/mol) |
| 1 | | 0.0 |
| 2 | | |
| 3 | | |
| 4 | | |
| 5 | | |
| 6 | | |

(주의: B3LYP/6-31+G(d) 방법에서 가장 안정한 것과 MM+ 방법으로 가장 안정한 것이 항상 일치한다고 보장할 수는 없다.

# 4장 양자화학 계산 방법들의 다양한 적용

계산화학 방법을 실제 연구에 적용하기 위해서는 우선 다음 세 가지 요소들을 적절히 이해하여 한다. 첫째는 매우 다양한 계산화학 방법들 중 **어떤 방법**을 적용할 것인지 선택하는 것이고, 두 번째는 연구대상 화합물(물질)의 **어떤 특성**을 어떤 절차로 계산하는지에 대한 것이며, 마지막 세 번째는 각각의 계산화학 방법을 적용하는 것이 실제로 얼마나 많은 **계산량**을 요구하며 각 계산 방법의 결과를 어느 **정도까지 신뢰할 수 있는지에 대한 이해**다. 물론 이 세 가지는 서로 연관되어 있기 때문에, 따로 구분하여 독립적으로 다루기에 어렵지만, 계산화학을 처음 학습하는 학생들은 이러한 세 가지 요소를 주의하면서 학습할 필요가 있다.

첫 번째 요소에 관련해서는 거의 모든 양자화학 계산 방법들의 가장 기본이 되는 하트리-포크 자체-일치-장(**HF/SCF**) 방법과 바탕집합(Basis set)에 대한 기본 내용을 3장에서 설명하였지만, HF/SCF의 한계를 극복하는 매우 높은 이론 수준의(Post-HF) 여러 방법들에 대한 내용은 일단 5장으로 미루었다. 지난 10년간 계산화학을 학생들에게 가르친 경험을 바탕으로 생각해보면, 계산화학을 처음 학습하는 대부분의 학생들에게는 여러 종류의 계산 방법들에 대한 설명이 너무 어렵고 혼란스럽게 느껴질 수 있기 때문에 그런 내용들을 뒤로 미루었다. 또 한편으로는, 5장의 뒤(5.5절)에서 설명하는 밀도-범함수-이론(DFT, Density Functional Theory) 방법들 중 하나인 B3LYP 방법 하나만을 마치 양자화학 계산 방법을 대표하도록 (내부 구조는 안보이고, 사용에 필요한 버튼과 손잡이들만 밖으로 보이도록 잘 조립된) 깜깜이-도구(Black-Box Tool)인 것처럼 사용하면서, 계산화학을 적용하는 다양한 방법과 범위를 먼저 학습하도록 안내하는 것이 계산화학을 처음 시작하는 학생들에게는 더 적합하다고 판단하기 때문이다. 다양한 계산화학 방법들 사이의 계층 혹은 우선순위 관계에 대해서는 5장 앞부분의 표 5.1을 한번 들여다보는 것만으로도 지금 시점에서는 충분할 것이다. 이번 4장의 학습을 끝낸 후 필요하다고 생각되면, 그때 5장의 내용을 학습하는 것이 훨씬 더 적절한 순서라고 추천한다.

세 번째 요소는 사실 한 학기 정도의 단기간 학습으로는 도달하기 어려운 내용이다. 이 책에 포함된 간단한 이론 설명만으로는 각 계산 방법들이 요구하는 계산량과 각 계산결과의 신뢰성에 대하여 충분하기 이해하기 어렵다. 또 한편으로, 이 책에 포함된 실습 내용들은 대부분은 짧은(대략 1~2시간 사이) 실습시간에 마무리될 수 있는 작은 분자들만을 대상으로 하면서, 가장 쉽게 적용할 수 있는 (그래도 제법 적당한 신뢰 수준의 결과를 제공하는) 한 가지 방법(B3LYP)만을 주로 적용하고 있기 때문에, 많은 실습 경험을 바탕으로 하는 감각적인 이해에 도달하기도 어렵다.

그래서 이번 4장에서는 위의 세 가지 요소들 중 두 번째 요소인 '**<u>연구대상 화합물(물질)의 어떤 특성을 어떤 절차로 계산하는지에 대한 것</u>**'을 중심으로 다룬다. 이 두 번째 부분이 얼핏 보기에는 쉽고 당연한 듯 생각되겠지만, 계산화학을 처음 학습하는 학생들을 실제로 관찰해보면, 이 부분이 의외로 어려운듯하다. 계산화학 프로그램들이 아직은 인공지능 수준으로 발달해 있지 않기 때문에, 사용자가 원하는 최종 목적만을 지정한다고 해서 그에 적합한 결과를 제공해 주지 않는다. 원하는 결과를 얻기 위해서는 어떤 단계를 거쳐야 하는지를 연구자 자신이 적절하게 프로그램에 알려주어야 하며, 각각의 단계에 어떤 방법을 적용하는 것이 타당한지에 대해서도 어느 정도의 이해와 경험이 필요하다. 예컨대 승용차를 타고 다리가 없는 강을 건너려 하거나, 모터보트로 고속도로를 달리려하거나, 비행기를 타고 동네 편의점을 가려는 것은 적합하지 않다. 또 건물의 지붕을 먼저 만들어 놓은 후, 그 밑으로 기둥과 벽을 끼워 올리고, 그 다음에 지반 공사를 하려는 것이 적합하지 않다. 그렇다고 해서 지붕의 무게나 모양을 생각하지 않고 일단 지반공사를 시작한 후 기둥과 벽을 세우면 나중에 처음부터 다시 시작하여야 할 수도 있다. 계산화학을 처음 학습하는 학생들은 실제로 이러한 잘못된 적용 또는 잘못된 단계를 거치는 경우가 많다. 이 책을 학습한다고 하여서 그러한 전체적인 것을 한 번에 모두 터득하기는 어렵지만, 최소한의 요소와 순서에 대한 것을 습득할 수 있을 것이라 생각한다.

또 한편으로, 계산화학을 적용하기 위해서는 물리화학, 유기화학, 기기분석 등에서 학습한 내용들을 복합적으로 조합하는 능력이 필요한데, 학부 3~4학년 학생들에게는 이 부분이 다소 어려운 것으로 보인다. 대학원생들을 대상으로 교육해보니 이 부분에서의 어려움은 확실히 더 적었다. 그러나 대학원생들의 경우에는 이미 자신이 선택한 전공 분야의 학습과 연구 부담이 많기 때문에 계산화학 학습에 투여할 시간이 부족하거나, 혹은 계산화학 방법을 적용할 대상이 너무 뚜렷하기 때문에 당장 필요한 계산 방법만을 학습하려다보니, 계산화학의 매우 기본이 되는 부분을 소홀히 하고 지나쳐가서, 나중에 오히려 불필요한 수고를 많이 하거나, 잘못된 적용을 하는 경향이 있다.

그래서 계산화학 방법들을 어떤 절차로, 어떤 방식으로 적용하는 것이 적합한지에 대한 이해를 제공하는 것이 이번 4장의 주요 목표이며, 이를 위하여 다음 순서로 배치하였다.

먼저 이번 4장에 포함된 모든 실습들을 수행하는 데 공통으로 필요한 두 가지를 4.1절과 4.2절에서 다루는데, 우선 **4.1절**에서는 분자의 초기 구조를 지정하는 Z−Matrix 방법을 설명한다. Gaussian과 GaussView를 조합하여 실습할 수 있는 환경이 마련되었다면, 그리고 이 책에 포함된 실습만 수행하는 경우라면, **4.1절은 건너뛰어도 된다**. **4.2절**에서는 Gaussian input의 기본 골격과 형식을 설명하는데, 뒤에 나오는 실습들의 설명에서는 이 부분을 알고 있다고 간주하고 설명하기 때문에, 학습하고 지나가기를 권한다.

**4.3절**에서는 거의 모든 계산화학에서 맨 처음 수행하여야 하는 평형 분자구조 최적화의 기본 기법들에 관련된 내용이며, **4.4절**에서는 최적화된 구조에서의 분자진동 특성에 대해 계산하여 IR/Raman 분광학에 적용하는 내용을 다룬다. **4.5절**에서는 평형 분자구조 및 진동 특성에 미치는 용매 효과(Solvent effect)에 대한 내용이다.

**4.6절**에서는 4.3절과 4.4절의 내용을 바탕으로 구조−이성질체(Structural isomers) 및 형태−이성질체(Conformational isomer, Conformer)를 다루며, **4.7절**에서는 여러 가지 분자들에 대한 평형구조 최적화 결과들을 조합하여 활용하는 반응열(반응 에너지, Reaction energy) 계산을 다룬다. 반응 에너지와 관계가 있지만 조금 다른 개념인, 이온화−퍼텐셜 에너지(IP, Ionization Potential), 전자−친화도(EA, Electron Affinity), 수소이온 친화도(PA, Proton Affinity)는 **4.8절**에서 한꺼번에 종합하여 다룬다. **4.9절**에서는 NMR 분광학에 관련된 계산을 다루고, **4.10절**에서는 들뜬 전자상태들을 계산하여 UV/Vis 분광학에 적용하는 것을 다룬다.

마지막 **4.11절**은 화학 반응경로(Reaction Path)에서의 전이 상태(TS, Transition State) 구조를 탐색하고 확인하는 내용이다. 많은 실험 연구자들은 4.11절의 방법을 가능한 빨리 습득하기를 원하지만, 지금까지 교육하였던 학생들의 반응을 보면 TS 탐색에 대한 실습을 가장 어려워했다. 사용하는 계산 방법들을 최소한 어느 수준까지 잘 이해하면서 활용할 수 있는 능력이 필요하며, 동시에 연구하려는 반응에 대한 화학적인 이해가 매우 중요한 (경우에 따라서는 더 중요한) 역할을 한다. TS 구조 탐색에 대해서는 단순한 이론적 이해와 기본 실습만으로는 부족하고, 미지 반응기작에서의 TS 구조를 실제로 탐색해보는 꽤 많은 경험의 축적이 필요한 것으로 생각된다. 거의 동일한 계산 방법을 활용하는 경우에도, 경험이 축적된 연구자가 1~2개월에 찾아내는 TS 구조를 처음 학습하는 대학원생은 1년 이상 지나도 찾지 못할 수 있다. 반면에, 다른 연구자가 찾은 TS에 대한 (핵심 부분의 구조에 대한 그림과 같은) 아주 기본적인 정보만 있으면, 아주 쉽게 TS 구조가 찾아지는 경우도 흔하다. TS 구조를 탐색하는 방법을 자신의 연구 대상에 실제로 적용하여 의미 있는 결과를 얻기 위해서는 애초의 생각보다 더 많은 시간과 노력이 요구될 수 있다는 점을 미리 염두에 둘 필요가 있다. 그러나 처음 2~3번만 성공해보면 그 다음부터는 쉬워질 수도 있다.

항상 정해진 절차와 방법을 적용하여야 하는 것은 아니지만, 기본적인 단계와 방식을 이해하는 것이 중요하다. 그래서 가능하면 이 책의 순서에 따라 최소한 각 절 실습의 앞부분(기본 실습)은 습득하고 지나가기를 권한다. 각 절의 실습에서 뒷부분은 좀 어렵거나 시간이 많이 걸릴 수 있기 때문에 적절하게 건너뛰고 지나가도 된다.

## 4.1 Z - Matrix

계산하려는 분자(화합물)의 초기 구조(3차원 공간에서 원자핵들의 상대적인 배치)를 나타내는 Z−Matrix 방법은 Gaussian 프로그램뿐만 아니라, 거의 모든 계산화학 프로그램에서 기본으로 사용하는 방법들 중 하나다. 계산 프로그램의 input을 만드는 보조 도구들(GaussView, Q−Mol 등)을 사용하면, Z−matrix에 대하여 알지 않아도 계산화학 프로그램의 input을 만들 수 있다. 그러나 Z−matrix에 대한 기본 사항들을 적절한 수준으로 익혀두면 복잡한 상황을 의외로 쉽게 해결할 수 있기 때문에, Z−Matrix에 대한 기본 내용들을 알아둘 필요가 있다. Z−Matrix 만드는 방법(Constructing Z−Matrix)에 관한 설명으로는 참고문헌 4−2를 참고하라.

### 4.1.1 Z−Matrix의 기본 구성

여기 4.1.1에서는 우선 Z−Matrix를 구성하는 각 줄의 기본 양식을 설명한 후, 아래 4.1.2에서 Z−matrix를 만드는 방법(요령)을 설명하고, 4.1.3부터 4.1.6까지는 Z−matrix에 관련된 몇 가지 예시들과 활용법들을 설명한다.

Z−matrix의 각 줄은 분자를 구성하는 (이전 줄들에 의하여 이미 정의된) 다른 원자들과의 거리와 각도에 해당하는 내부−좌표(internal coordinate) 값들을 사용하여 새로 추가되는 원자의 상대적인 위치를 나타낸다. 여기서 **내부−좌표 지정에 사용되는 원자들 사이**

**가 화학 결합으로 연결되어 있을 필요는 없다**. 각 줄(line)의 기본 양식은 다음과 같다. 아래 양식에서 원자 A−C는 이미 앞에 나왔던 줄들(previous lines)에 의하여 이미 지정된 원자들이고, 원자 X는 이번 줄에 의하여 새로 추가되는 원자다. 아래의 설명을 처음 읽으면 어렵게 느낄 수 있는데, 4.1.3−4.1.4번에 제시된 실제 예들을 함께 보면서 아래의 설명을 읽으면, 더 쉽게 이해할 수 있다.

| 원자 X, 원자 A, 거리, 원자 B, 결합−각도, 원자 C, 비틀림 각도, [, 형식−코드] |
|---|

거리: X−A 사이의 거리

결합−각도: X−A−B가 만드는 각도

비틀림 각도: X−A−B가 만드는 평면과 A−B−C가 만드는 평면 사이의 각도

[, 형식코드]: 이 부분은 없어도 된다.

X에는 원소 기호만 사용하거나 원소 기호에 숫자를 덧붙여 사용한다. 다른 방식도 가능하지만, 아주 익숙해지기 전에는 원소 기호만 사용하거나 원소 기호에 숫자를 덧붙여 사용하는 방식만 사용하는 것이 가장 안전하다.

결합−각도의 허용 범위는 0° < 각도 < 180°다. 즉 각도가 0.0°이거나 180.0°면 오류가 발생한다. 그러나 최근 계산화학 프로그램들 중 일부는 180.0으로 지정한 것을 올바르게 해석하는 경우도 있다.

다른 원자 A, B, C는 이번 줄 앞의 다른 줄(들)에 의하여 미리 지정되어 있어야 한다. 다른 원자 A, B, C를 나타내는 방법은 크게 세 가지 방법을 사용한다,

1. 분자 내에 그 원자가 하나만 포함된 경우에는 그 원자의 원소 기호만 표기해도 된다.
2. 분자 내에 그 원자가 2개 이상 포함된 경우에는 (앞에 나온 줄에서) 그 원자를 나타내는데 사용한 '원소 기호에 숫자를 덧붙인 표기'를 사용하여야 한다.
3. 그 원자를 지정한 줄 번호로 나타내도 된다. 여기서 말하는 줄 번호는 Z−matrix를 정하는 줄들 중 맨 처음 줄을 1번으로 여긴다. 4.1.3의 7을 보라.

[, 형식코드] 부분은 ONIOM model을 사용하는 계산 등과 같이 특별한 경우에만 사용하기 때문에 없어도 된다. 또는 그냥 ', 0'을 지정해도 된다. 잘 모르면 사용하지 않는 것이 좋다.

거리 값의 단위는 원자−단위(Bohr 단위, AU) 또는 옹스트롬(Å, Ang.) 단위며, 각도의 단위는 도(°, degree, Deg.) 또는 라디안(Radian, Rad.)이다. 거리와 각도의 단위를 input

의 다른 부분에서 지정할 수 있다. Gaussian 프로그램의 경우에는 Route section에 Units=Ang, 또는 Units=AU, 또는 Units=Deg, Units=Rad, 또는 Units=(Au, Rad) 방식으로 지정하여 변경할 수 있다. Gaussian 프로그램의 경우에는 특별히 지정하지 않으면 Units=(Ang, Deg)에 해당한다.

### 4.1.2 Z-Matrix를 만드는 기본 순서

1. 출발원자(A1)를 3차원 공간의 원점에 놓는다고 가정한다. (줄 번호 = 1)

   A1

2. 첫 번째 원자에 연결된 두 번째 원자(A2)를 선택하고, 이 두 번째 원자는 Z-축을 따라서 원점에서 R1 거리에 놓는다고 생각한다. 여기서 R1은 실제 값(예를 들어 1.20)으로 지정하거나, 혹은 변수(예를 들어 R1)로 지정한 후, 변수의 값은 Z-matrix 지정이 모두 끝난 다음에 따로 지정한다. 3.1.4의 예를 보라. (줄 번호 = 2)

   A2 A1 R1

3. 처음 두 원자 중 어느 하나와 연결될 세 번째 원자(A3)를 선택하고, 이것을 xz-평면에 놓는다고 가정한다. 그리고 앞에 지정한 원소들 중 2개를 이용하여 각도를 지정한다. 따라서 다음과 같은 두 가지가 가능하다. (줄 번호 = 3)

   A3 A2 R2 A1 ANG1

   또는

   A3 A1 R2 A2 ANG1

   주의: **결합-각도는 180이 되면 안 된다. 180을 지정해야하는 직선분자의 경우에는 나중에 설명하는 Dummy Atom을 사용하여야 한다.** 4.1.3의 4를 보라.

4. 네 번째 이후의 원자(A4)를 선택하고, 앞에 지정된 원자들 중 3개를 골라서 Dihedral Angle을 정의한다.

   A4 A1 RR3 A2 ANG2 A3 DIH1

   비틀림 각도는 -180.0부터 +180.0 사이의 어떤 값이든 가질 수 있다. X-A-B-C의 연결에서 X-A-B가 만드는 평면과 A-B-C가 만드는 평면의 각도를, A에서 B를 바라보는 방향에서 시계방향으로 돌아가는 것을 +방향으로 한다.

5. 다섯 번째 원자(A5)부터는 네 번째 원자의 경우와 동일한 방식으로 지정한다. 다섯 번째부터는 이미 지정한 원자가 4개 이상이기 때문에 이들 중 3개를 선택하여 연결하는 방법은 (동일한 3 원자를 선택해도 연결 순서는 다르게 할 수 있기 때문에) 매우

다양해진다. 따라서 **동일한 분자구조에 대해서도 매우 다양한 Z−Matrix를 만드는 것이 가능**하다.

6. Z−Matrix를 끝내려면 **맨 마지막에 빈 줄**(blank−line)**을 반드시 하나 더 추가하여야 한다**.
7. Z−Matrix에서 원자 사이의 거리, 각도 등을 변수로 지정한 경우에는 이들 변수를 지정하는 줄들을 (Z−Matrix가 종료되었음을 표시하는 위의 빈 줄 다음에) 추가해 주어야 한다. 이에 대한 설명은 (경우에 따라 다르기 때문에) 아래 4.1.4의 실제 예들에서 설명한다.

### 4.1.3 간단한 Z−Matrix 예들

Z−Matrix를 이해하는 가장 좋은 방법은 먼저 이미 만들어진 Z−matrix를 보면서, 위 4.1.2번에서 설명한 순서에 따라 그것에 해당하는 분자구조 그림을 그려보는 것이다. 아래에는 우선 간단한 분자들부터 점차 복잡한 경우들에 대한 Z−matrix들을 보여줄 것이다. 원자가 3개 이상이 되면 동일한 분자구조에 대하여 여러 가지 다른 Z−matrix가 가능하다는 것을 이해할 필요가 있다.

1. 원자 하나인 경우는 그냥 원소 기호 하나만 나타내면 된다.

```
Ne
```

2. 이−원자 분자(Diatomic molecule)인 염화수소(HCl) 분자인 경우, 다음과 같은 두 가지가 가능하겠지만, 사실 동일한 분자구조에 해당한다.

| H | Cl |
|---|---|
| Cl H 1.290 | H Cl 1.290 |

3. 굽은 구조의 3−원자 분자인 물($H_2O$)에 대한 다음 두 가지는 완전히 다른 Z−matrix이지만, 분자구조 자체는 완전히 동일하다. 왼쪽 칸의 형식이 당연한 것이다. 그러나 오른쪽 칸의 Z−matrix도 틀린 것은 아니며, 단일지점(single point) 계산에서는 별다른 문제가 없다. 그러나 오른쪽 Z−Matrix를 사용하면서 opt=Z−matrix 방법으로 구조 최적화를 진행하는 것은 좋지 않다.

| O1 | O1 |
|---|---|
| H1 O1 0.960 | H1 O1 0.960 |
| H2 O1 0.960 H1 109.50 | H2 H1 1.568 O1 32.25 |

4. 직선 구조의 3－원자 분자인 HCN 분자를 최근의 일부 계산화학 프로그램에서는 다음처럼 간단하게 처리해도 되는 경우가 있다.

| H | N |
|---|---|
| C H 1.070 | C N 1.147 |
| N C 1.147 H 180.0 | H C 1.070 N 180.0 |

그러나 아직도 많은 계산화학 프로그램에서는 Z－matrix에 각도 값으로 180.0을 지정할 수 없기 때문에, 아래 네모 칸과 같이 Dummy－Atom을 사용하여야 한다. Dummy－Atom은 실제 원자가 아니라, 그냥 Z－matrix를 만드는 도구로만 사용한다. (**참고** : 직접 Z－Matrix를 만들지 않고, 그래픽 프로그램(GaussView 또는 IQmol)을 사용하여 화면에서 분자구조를 그리는 경우에는 그냥 직선으로 그리거나 각도를 180.0으로 지정하여도 된다.)

| H | C |
|---|---|
| C H 1.070 | X C 1.000 |
| X C 1.000 H 90.0 | H C 1.070 X 90.0 |
| N C 1.147 X 90.0 H 180.0 | N C 1.147 X 90.0 H 180.0 |

5. 일반적인 4－원자 분자인 $H_2O_2$ 분자의 경우는 여러 가지 Z－matrix가 가능하지만, 가장 일반적인 것은 다음과 같은 두 가지 방식이다.

| O1 | O1 |
|---|---|
| H1 O1 0.90 | O2 O1 1.40 |
| O2 O1 1.40 H1 105.0 | H1 O1 0.90 O2 105.0 |
| H2 O2 0.90 O1 105.0 H1 120.0 | H2 O2 0.90 O1 105.0 H1 120.0 |

6. 대칭성($C_{3V}$)을 유지하는 5－원자 분자인 메테인($CH_4$) 분자의 경우는 여러 가지 Z－matrix가 가능하지만, 가장 일반적 두 가지는 다음과 같다. 비틀림－각도는 -부호를 붙여서 사용할 수 있다.

| C | H1 |
|---|---|
| H1 C 0.92 | C H1 0.92 |
| H2 C 0.92 H1 105.7 | H2 C 0.92 H1 105.7 |
| H3 C 0.92 H1 105.7 H2 120.0 | H3 C 0.92 H1 105.7 H2 120.0 |
| H4 C 0.92 H1 105.7 H3 120.0 | H4 C 0.92 H1 105.7 H2 －120.0 |

7. Trans－1,2－Dichloro－Ethane 분자의 대칭성을 고려한 Z－matrix는 다음과 같다. 여기서는 이미 앞줄에서 지정된 원자를 나타내는 방법으로, 원소 기호와 숫자 대신에 줄 번호를 사용한다. Z－matrix를 구성하는 첫줄부터 1번으로 시작한다. 따라서 아래에서 첫 번째 C 원자의 줄 번호는 1번이고, 두 번째 C 원자의 줄 번호는 2번이고, 첫 번째 CL원자의 줄 번호는 3번 등이다.

| C | C |
|---|---|
| C 1 1.54 | C 1 1.54 |
| CL 1 1.76 2 109.5 | CL 1 1.76 2 109.5 |
| CL 2 1.76 1 109.5 3 180.0 | CL 2 1.76 1 109.5 3 180.0 |
| X 1 1.00 2 123.24 3 180.0 | H 2 1.07 1 109.4 4 120.0 |
| H 1 1.07 5 54.77 3 90.0 | H 2 1.07 1 109.4 4 −120.0 |
| H 1 1.07 5 54.77 3 −90.0 | H 1 1.07 2 109.4 3 120.0 |
| X 2 1.00 1 123.24 4 180.0 | H 1 1.07 2 109.4 3 −120.0 |
| H 2 1.07 8 54.77 4 90.0 | |
| H 2 1.07 8 54.77 4 −90.0 | |

### 4.1.4 변수와 상수를 사용하는 방법

1. 원자 사이의 거리 또는 각도 값에 일단 변수를 사용한 후, 변수 값을 나중에 지정하는 방법. 다음에 나오는 물 분자에 대한 두 Z－matrix들 중에서, 왼쪽 Z－matrix는 $C_{2V}$ 대칭성을 유지하는 경우이고, 오른쪽의 것은 유지하지 않는 경우다. 변수의 초기 값을 지정하면서 변수 이름과 초기 값 사이에는 = 기호를 사용해도 되고, 콤마(,)를 사용해도 되며, 아무것도 사용하지 않고 그냥 빈칸으로 두어도 된다.

| O1 | O1 |
|---|---|
| H1 O1 R1 | H1 O1 R1 |
| H2 O1 R1 O1 A1 | H2 O1 R2 O1 A1 |
| | |
| R1 0.960 | R1 = 0.960 |
| A1 109.5 | R2 0.970 |
| | A1, 109.5 |

2. 원자 사이의 거리 또는 각도 값들 중 일부는 그냥 숫자, 일부는 변수, 또 변수들 중 일부는 고정된 값(상수)으로 혼합하여 지정하는 방법. 위의 4.1.3의 7에서 Trans－1,2－Dichloro－Ethane 분자의 대칭성을 고려한 두 가지 z－matrix를 다음과 같이 만들 수 있다.

| C | C |
|---|---|
| C 1 RCC | C 1 RCC |
| CL 1 RCL 2 ACL | CL 1 RCL 2 ACL |
| CL 2 RCL 1 ACL 3 D18 | CL 2 RCL 1 ACL 3 180.0 |
| X 1 1.00 2 ACX 3 D18 | H 2 RCH 1 ACH 4 D12 |
| H 1 RCH 5 HCX 3 D09 | H 2 RCH 1 ACH 4 −D12 |
| H 1 RCH 5 HCX 3 −D09 | H 1 RCH 2 ACH 3 D12 |
| X 2 1.00 1 ACX 4 D18 | H 1 RCH 2 ACH 3 −D12 |
| H 2 RCH 8 HCX 4 D09 | |
| H 2 RCH 8 HCX 4 −D09 | RCC = 1.54 |
| | RCL = 1.76 |
| RCC = 1.54 | ACL = 109.5 |
| RCL = 1.76 | ACH = 109.4 |
| RCH = 1.07 | RCH = 1.07 |
| ACL = 109.5 | |
| ACX = 123,24 | D12 = 120.0 |
| HCX = 54.77 | |
| | |
| D18 = 180.0 | |
| D09 = 90.0 | |

위의 왼쪽 z−matrix에서는 Dummy−Atom X와 C 원자 사이의 거리를 1.00이라는 숫자로 지정하고, RCC, RCL, RCH, ACL, ACX, HCX는 구조 최적화 과정에서 변화시키는 변수(variabe)로 지정하였지만, D18과 D09는 구조 최적화 과정에서 변화시킬 필요가 없기 때문에 그냥 초기 값으로 고정하는 상수(constant)로 취급하도록 지정하였다. 위의 오른쪽 Z−matrix에서는 양쪽 탄소에 연결된 두 염소(CL) 원자들이 항상 서로 마주보는 trans−구조를 유지하는 180.0 값을 지정하였고, RCC, RCL, RCH, ACL, ACH는 변수(variable)로 지정하고, D12는 120.0인 상수(constant)로 지정하였다. 그러나 사실 이 경우에 D12는 변수로 취급하여야 올바른 최적−구조가 구해진다.

분자를 구성하는 원자들을 지정하는 줄이 모두 끝난 후, 변수들을 지정하는 줄들의 시작 사이에는 하나의 빈 줄만 사용하여야 한다. 즉 위의 예에서 Z−matrix를 구성하는 마지막 줄과 변수 값을 지정하는 최초의 줄(RCC = 1.54) 사이에는 하나의 빈 줄만 있어야 한다. 변수들의 값을 지정하는 부분에서 변수들의 순서는 상관없다. 변수들의 값을 지정하는 줄들의 마지막과 상수들의 값을 지정하는 첫 번째 줄 사이에도 하나의 빈 줄만 있어야 한다.

### 4.1.5 혼합 방법(Mixed Z－matrix)

Cartesian(x,y,z－) 좌표와 Z－matrix를 혼합하여 사용하는 mixed Z－matrix 방법도 사용 가능하다. 이 방법은 x－ray 결정과 같은 실험을 통하여, 또는 이전의 다른 계산 연구를 통하여, 이미 알려진 구조에서 일부 원자 또는 작용기를 다른 원자 또는 작용기로 바꾸는 경우에 적용할 수 있다. 아래의 예는 $H_2CO$의 결과를 이용하여 수소 원자 하나를 메틸기로 바꾸어 HCO－$CH_3$의 Z－matrix를 만드는 방법이다.

먼저 $H_2CO$의 좌표가 다음과 같다고 하자.

```
O  0.000000   0.000000   0.676228
C  0.000000   0.000000  -0.533978
H  0.000000   0.919480  -1.102978
H  0.000000  -0.919480  -1.102978
```

이 구조에서 마지막 수소 하나를 메틸로 치환한 것(HCO－$CH_3$)을 계산하기 위한 출발 구조는 다음과 같은 mixed z－matrix를 사용할 수 있다.

```
O  0.000000  0.000000   0.676228
C  0.000000  0.000000  -0.533978
H  0.000000  0.919480  -1.102978
C  2 1.34  1  120.5  3  180.0
H  4 1.02  2  109.5  1  180.0
H  4 1.02  2  109.3  1   60.0
H  4 1.02  2  109.3  1  -60.0
```

또는 변수를 사용하여 다음과 같이 지정할 수 있다.

```
O  0.000000   0.000000    0.676228
C  0.000000   0.000000   -0.533978
H  0.000000   0.919480   -1.102978
C  2  R1  1  A1  3  D18
H  4  R2  2  A2  1  D18
H  4  R2  2  A3  1  D06
H  4  R2  2  A3  1 -D06

R1, 1.34
R2  1.02
A1, 120.5
A2=109.5

D18=180.0
D06=60.0
```

## 실습-4-01 Z-Matrix 구성과 활용

(1) 이미 만들어진 Z-Matrix를 이해하는 것들이 이해되었으면, 이를 바탕으로 다음 다섯 가지 분자의 Z-Matrix를 만들고, 이를 사용하여 HF/6-31G(d) 방법으로 구조 최적화 계산을 수행한다. Gaussian 프로그램 경우 Route section에 '<u>#T rhf/6-31G(d) opt test</u>'을 사용하고, Charge & Multiplicity 부분에는 '0 1'을 지정하면 된다.

| $CO_2$ 분자, H-C≡C-H 분자, Methanol 분자, Ethylene 분자, 벤젠 분자 |
|---|

(2) Z-matrix를 만들면서 필요한 초기 결합 길이로는 다음 표의 값들을 사용하면 적당하다. 결합 각도와 비틀림 각도는 일반화학 및 유기화학에서 학습한 것을 적용하면 된다. 분자의 초기 구조를 지정하는 변수들의 값들이 너무 이상하지만 않으면 된다.

| | |
|---|---|
| 단일결합 길이 | C-H, N-H, O-H: 1.05~1.09 Å |
| | C-C, C-N, C-O: 1.4~1.5 Å |
| | C-F(1.6 Å) C-Cl(1.78 Å), C-Br(1.93 Å), C-I(2.14 Å) |
| 이중결합 길이 | C=C, C=N, C=O: 1.2~1.3 Å |
| 삼중결합 길이 | C≡C, C≡N: 1.1~1.2 Å |
| 각도 | 결합각(Bond angle)과 비틀림 각(Dihedral angle)은 VSEPR 방법을 바탕으로 추정한 값을 사용하면 대부분 경우 적절하다. |

(3) 앞에서 강조한 바와 같이 동일한 구조에 대해서 여러 가지 타당한 Z-matrix가 가능하기 때문에 **<u>표준 답안이 없다</u>**. 단지 자신이 만든 Z-matrix가 올바른지 아닌지를 계산 프로그램에서 사용해 보아야 한다. (필요하면, 이 시점에서 뒤에 나오는 실습-4-02를 함께 학습한다.) 타당한 Z-matrix를 만들었다면 대부분의 경우에 계산 자체가 순조롭게 진행되며, Z-matrix에서 무언가 잘못된 경우에는 계산이 시작되지 않거나, 계산 도중에 오류(error message)가 발생한다.

(4) 하나의 분자에 대해서 여러 가지 Z-matrix가 가능하기 때문에, 가능하면 모든 가능한 z-matrix를 만들어보고, 원래 분자의 대칭성을 가장 잘 나타내는 것이 어떤 것인지에 대해서도 생각해볼 필요가 있다. 각 분자에 대한 Z-matrix, 최적화된 구조에서의 주요 결합 길이, 결합 각도, 비틀림 각도, 그리고 최적화된 구조의 에너지를 표로 정리한 결과물(보고서)을 전자우편으로 제출한다.

## 4.2 Gaussian Input의 기본 양식

### 4.2.1 입력 자료(input)의 기본 사항

1) Gaussian 프로그램으로 계산을 수행하기 위한 입력 자료(input file) 이름의 확장자는 gjf(gjf는 gaussian job file을 뜻한다.) 또는 com이고, 계산 결과(output file) 이름의 확장자는 out 또는 log다. 즉 input file의 이름은 ***.gjf 또는 ***.com이고, 결과 파일 이름은 ***.out 또는 ***.log다.
2) 예전에는 PC의 Windows 환경에서는 ***.gjf → ***.out이고, UNIX/LINUX 환경에서는 ***.com → ***.log를 사용하여 서로 구별하였는데, 지금은 양쪽에서 모두 섞어서 사용하는 것이 가능하다.
3) 입력 자료(inout file)의 내용은 다음과 같이 6부분으로 구분된다.
아래 왼쪽은 GaussView 화면이고, 오른쪽은 그에 해당하는 test 형식의 파일이다.

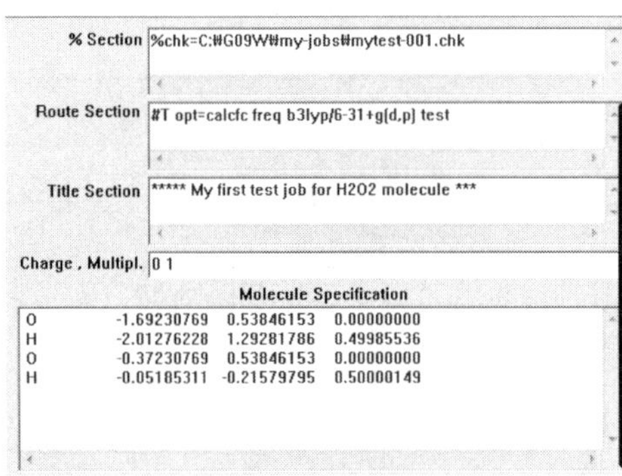


```
%chk=C:₩G09W₩my-jobs₩mytest-001.chk
#T opt=calcfc freq b3lyp/6-31+g(d,p) test

***** My first test job for H2O2 molecule ***

0 1
O        -1.69230769   0.53846153   0.00000000
H        -2.01276228   1.29281786   0.49985536
O        -0.37230769   0.53846153   0.00000000
H        -0.05185311  -0.21579795   0.50000149
```

이들을 설명하기 위하여 도식적으로 정리하면 아래와 같다.

```
Link-0 commands (%section)
Route section(# line): (terminated by a blank line)
----(blank line)-----
Title section: (terminated by a blank line)
----(blank line)-----
Charge spin-multiplicity: only two numbers
Molecule specification section: (terminated by a blank line)
----(blank line)-----
Optional additional sections: (Depend on case by case)
----(blank line)-----
```

### 4.2.2 Link 0 Commands(%section)에 대한 설명

1) '%section' 또는 %-line이라고 부르기도 한다.
2) 반드시 있어야 되는 것은 아닌(optional) 부분이기 때문에 없어도 된다.
3) 계산 자원(계산 시간, 저장 공간의 크기, 특정 파일의 이름이나 위치 등)을 지정하는 데 사용된다.
4) 항상 첫 칸을 %로 시작하여야 하며, 각각의 지시 사항은 각각의 %-line을 사용하여야 하며, 필요한 지시 사항의 개수에 해당하는 %-line들을 사용하여야 한다.
5) %-line은 최대 500글자까지의 길이를 가질 수 있다.
6) %-line들 사이에 빈 줄(blank line)이 없어야 하며, 첫 칸에 #로 시작하는 Route section이 시작하면, %-lines들이 더 이상 없음을 의미한다. 즉 모든 %-line들은 Route section 앞에만 나와야 한다.
7) 다음은 가장 흔하게 사용되는 세 가지 지시 사항을 지정하는 것을 보여준다. 세 가지 지시 사항들이기 때문에 %-line이 3줄 필요하다. 대문자/소문자 구분이 없다.

```
%mem=516MB   (또는 %mem=2GB, ...)
%chk={directory-path}₩file-name.chk
%NoSave  (또는 %Save)
```

8) %mem은 memory 크기를 지정하는데, 숫자 다음에 (빈칸 없이) KB, MB, GB, KW, MW, GW 등의 단위를 함께 표기한다. 기본(default) 값은 256MB다.
9) %chk는 check-point file의 저장 위치(directory)와 파일 이름을 지정한다.
10) %NoSave는 계산 중간 과정 파일들을 저장하지 않는다. 그러나 %NoSave 및 %Save의 기능과 혼합-사용법은 경우에 따라 좀 더 복잡하다.

### 4.2.3 Route Section(# line)에 대한 기본 설명

1) Link 0 Commands와 Route section 사이에는 빈 줄이 없어야 한다.
2) 반드시 있어야 하는 부분이고, 또 가장 중요하며, 가장 많은 것을 이해하여야 하는 부분이다.
3) 첫 칸은 반드시 #으로 시작하여야 한다. 또는 첫 두 칸을 #N, #T, 또는 #P로 시작할 수 있다. #N는 보통(normal) 정도의 내용들이 output file에 포함된다. #N이 기본-값(default value)이기 때문에 그냥 #만 있는 것과 동일하다. #T는 꼭 필요

한 정도로 간결한(terse) 내용들만 output file에 포함시키며, #P는 매우 자세한 (perusal) 내용들까지 output file에 포함시킨다.

4) 계산 방법 및 계산하여야 할 내용들을 지정하는데 필요한 단어(명령어)들을 # 다음에 자유로운 순서로 필요한대로 모두 배열시킨다. 줄이 길어지면 다음 줄에 계속하여 배열시키면 되며, 두 번째 줄부터는 첫 칸에 #가 (있어도 되지만) 없어도 되며, 또한 첫 칸부터 시작하지 않아도 된다.

5) 빈 줄이 나타나기 전까지는 계속 route section에 해당한다. 즉, 빈 줄에 의하여 route section이 끝난다(terminated by a blank line).

6) Route section에는 계산을 진행하는 구체 방법들에 대한 모든 것들을 keyword들을 사용하여 지정한다. Keyword의 종류와 사용 규칙에 대한 이해가 Gaussian 계산 program의 사용법을 익히는 데 가장 중요하지만, 일단 가장 기본적이고 흔한 한 가지 예를 다음에 나타내었다.

```
# opt=calcfc freq b3lyp/6-31+G(d,p) test
```

7) 위에 보인 예의 keyword들에 대해서는 차차 설명하겠지만, 시험적인 계산(실습)을 하는 단계에서는 test라는 keyword를 항상 추가하여, 보관할 필요가 없는 정보들이 컴퓨터의 일정한 저장 공간(archive)에 쌓이는 것을 방지할 필요가 있다. 계산 결과의 중요 내용을 나중에 검색할 필요가 있는 실제 연구 목적의 계산을 하는 경우에는 test를 없애는 것이 좋다.

### 4.2.4 Title section

1) Title section에 들어가는 내용과 형식에는 아무런 제한이 없으며, Title section의 그 어떤 내용도 계산의 진행과정이나 결과에 영향을 미치지 않는다. 그러나 빈 줄로 남겨두면 오류가 발생할 수 있다.

2) Title section의 내용은 계산의 주요 내용을 자기 자신 또는 다른 사람이 쉽게 이해할 수 있도록 작성하면 된다.

3) 계산의 주요 결과가 보관되는 저장소(archive)에 Title section의 내용이 그대로 나타나기 때문에, 간결하게 잘 작성하면 나중에 검색하는 데 유용하다.

4) Title section은 여러 줄에 나누어 작성해도 되지만, Title section을 구성하는 줄들 사이에 빈 줄이 없어야 한다. 즉 빈 줄이 나타나면 Title section이 끝난 것(terminated

by a blank line)에 해당한다.

## 4.2.5 Charge & Spin-multiplication

1) Route section에 'Geom=AllCheck'이라는 것이 있는 특별한 경우를 제외하고는 이 부분이 꼭 있어야 한다.
2) 여기에는 2개의 숫자만 나타나야 하는데, 이는 매우 중요하며 쉬운 내용이기는 하지만 초보자들이 의외로 실수하는 부분이다.
3) 첫 숫자는 계산하려는 분자(화합물) 전체의 전하 값이다. 즉 +1 양이온이면 1, −2 음이온이면 -2다. 중성인 경우는 0이다.
4) 아래의 Molecule specification section에서 화합물에 포함된 원자핵들의 종류와 수가 지정되기 때문에, 화합물 전체의 전하 값으로부터 화합물에 포함된 전자가 몇 개인지 컴퓨터 프로그램이 계산한다.
5) 두 번째 숫자는 스핀-다중도(spin-multiplicity)인데, 2S+1로 계산되는 값이다. 여기서 S는 화합물의 총-스핀 양자수다. 짝-짓지 않은 전자들(unpaired electrons)의 수가 n이면, 거의 대부분 경우에 S=n/2에 해당한다.
6) 이곳에서 지정되는 두 숫자들 사이의 관계가 적합하지 않으면 오류(error)가 발생하면서 계산이 시작되지 않는다. 예컨대, 화합물 안의 총 전자수가 짝수인데 spin multiplicity 값으로 2가 지정되면 오류가 발생한다.
7) 여기서 지정된 spin multiplicity 값과 Route section에서 지정하는 RHF 혹은 UHF의 조합이 틀리면, 역시 오류가 발생한다. 예컨대, spin multiplicity 값은 1이 아닌 경우에 RHF를 지정하면 오류가 생긴다. (ROHF는 가능하다.) 또한 spin multiplicity 값은 1인 경우에는 RHF와 UHF가 모두 가능하지만, 그 의미가 서로 같을 수도 있고, 완전히 다를 수도 있다. RHF와 UHF에 대해서는 이 책의 3.1.7절을 참고하라.
8) Charge & Spin-multiplicity 값을 지정한 다음 줄에는 (**빈 줄 없이**) 곧바로 Molecule specification section이 시작되어야 한다.

## 4.2.6 Molecule Specification section

1) Route section에 'Geom=Check'이라는 것이 있는 경우를 제외하고는, 이 부분이 꼭 있어야 한다.
2) 'molecule specification section'의 구체적인 형식은 매우 다양한데, 우선 가장 흔한

3종류만 아래 네모 칸들에 보였다. 첫 칸은 원자핵 위치를 x−, y−, z−좌표 값으로 나타낸 것이고, 다음 두 칸은 Z−matrix 방법으로 나타낸 것인데, **Z−matrix 방법은 4.1절**에서 자세히 설명하였다. GaussView 프로그램을 사용하면, Z−matrix 방법을 사용하지 않아도 된다. 아래 세 가지는 모두 동일한 분자구조를 나타낸다.

| | | |
|---|---|---|
| O −1.692 0.538 0.000<br>H −2.012 1.292 0.500<br>O −0.372 0.538 0.000<br>H −0.051 −0.215 0.500 | O<br>H 1 0.96<br>O 1 1.32 2 109.5<br>H 3 0.96 1 109.5 2 112.9 | O<br>H 1 R1<br>O 1 R2 2 A1<br>H 3 R1 1 A1 2 D1<br><br>R1 = 0.960<br>R2 = 1.320<br>A1 = 109.50<br><br>D1 = 112.90 |

여기서는 우선 가장 간단한 첫 칸(Cartesian xyz−좌표 사용법)만을 설명한다.

3) ‘molecule specification section’ 각 줄의 (첫 칸에 시작하지 않아도 되지만) 처음은 원소 기호, 그 다음 세 숫자는 x−, y−, z−좌표 값을 나타낸다. Gaussian 프로그램에서는 좌표 값의 단위를 지정하지 않으면 옹스트롱(Å) 단위다.
4) 원소 기호와 좌표−값들 사이는 빈칸으로 구별하여도 되고, 콤마로 구분하여도 된다.
5) **좌표−값에는 반드시 소수점이 포함되어야 한다**. 이것은 매우 중요하다. 좌표−값에 소수점이 없으면 오류가 발생하면서 계산이 시작되지 않는다.
6) ‘molecule specification section’의 끝은 반드시 빈 줄을 포함하여야 한다.

### 4.2.7 Optional additional section

1) ‘optional section’은 꼭 필요한 것은 아니며, 어떤 용도로 사용하는지에 따라 이 부분의 양식이 각각 다르다. 이 부분의 사용법은 간단하지 않아서, 꼭 필요한 경우를 제외하고는 이 책에서는 다루지 않는다.
2) 그러나 **한 가지 주의할 사항**은 GaussView를 사용하여 input을 만들면, Route section에 geometry= connection이 들어가면서, 원자들 사이의 연결에 해당하는 정보가 이 부분(Optional additional section)에 나오는데, 이것은 순−이론 양자화학 계산 방법들에서는 없어야 하며, 이것이 남아 있으면 오류가 발생하기 때문에 지워버려야 한다.
3) 이 부분에 불필요하거나 잘못된 내용이 있으면 계산의 처음부터, 또는 도중에 오류가

발생하기 때문에, 이 부분에 대한 확실한 이해가 없으면 완전히 비워두는 것이 안전하다.

4) 계산화학을 처음 시작하는 학생들은 4.2.7 부분을 아예 사용하지 않는 것이 안전하다.

## 실습-4-02 Gaussian Input과 Output 기본 실습

(1) 다음 네모 칸과 같은 Gaussian Input file을 만들어 파일 이름 c2h4−test.gjf(또는 c2h4−test.com)으로 저장한 후, 계산을 수행한다. %chk 부분에서 경로 이름 (C:₩G09W₩my - jobs₩)은 <u>각 컴퓨터의 작업 환경에 따라 다르게 지정된다</u>. 뒤에 나오는 실습들에서 이 부분은 '%chk={path−name}***.chk' 방식으로 나타낼 것이다. Checkpoint file의 이름(*** 부분)이 반드시 input file의 이름과 동일할 필요는 없지만, 계산화학을 처음 시작하는 단계에서는 (최소한 이 책으로 학습하는 동안에는) input file의 이름과 checkpoint 파일의 이름을 일치시키는 것이 좋다. 또한 WINDOWS 환경에서는 경로 이름이 현재 input file이 있는 경로와 일치하는 것이 좋다. Unix/Linux 환경에서는 경로 부분을 아예 생략하고 '%chk=***.chk' 방식으로 지정하면 충분하다.

```
%chk=C:₩G09W₩my-jobs₩c2h4-test.chk
#t opt freq hf/6-31g(d) test

*** Test Gaussian Input ***

0 1
C
C    1     CC
H    1     HC    2     HCC
H    1     HC    2     HCC    3     D18
H    2     HC    1     HCC    4     D18
H    2     HC    1     HCC    3     D18

HC        1.0700
CC        1.3550
HCC     120.2300
D18     180.0000
```

(2) 계산의 결과 파일 c2h4−test.log(또는 c2h4−test.out)을 text−mode로 열어(GaussView 프로그램을 사용한 경우에는 c2h4−test.log 파일을 연 후 GaussView Main−menu bar에서 Results를 선택하고, 활성화된 선택 항목들 중 가장 아래의 View File을 클릭하면 NotePad 프로그램으로 text−mode로 열어) 메모장(혹은 NotePad, 또는 UNIX/Linux의 vi) 프로그램의 검색 기능으로 %chk를 검색하면, 아래 네모 칸에 해당하는 부분을 찾을 수 있다. 아래 네모 칸 내용 중 처음 부분은 사용한 Gaussian

프로그램의 세부 사항(version, release date, etc.)과 이번 계산이 수행된 일자를 나타낸다. 아래의 예는 WINDOWS 환경에서의 결과이고, UNIX/Linux 환경의 경우에는 조금 다를 수 있다. 아래 네모 칸 내용에서 위 (1)에서 지정한 입력 내용들을 확인한다.

```
******************************************************************
Gaussian 09:  IA32W-G09RevC.01 23-Sep-2011  20-Nov-2017
******************************************************************
%chk=C:₩G09W₩my-jobs-baeck₩Geom-Opt₩c2h4-test.chk
----------------------------
#t opt freq hf/6-31g(d) test
----------------------------
----------------------------
*** Test Gaussian Input ***
----------------------------
Charge =  0 Multiplicity = 1
Symbolic Z-Matrix:
C
C                    1    CC
H                    1    HC       2    HCC
H                    1    HC       2    HCC       3    D18       0
H                    2    HC       1    HCC       4    D18       0
H                    2    HC       1    HCC       3    D18       0
     Variables:
HC                    1.07
CC                    1.355
HCC                 120.23
D18                 180.
```

(3) 메모장(혹은 NotePad, 또는 UNIX/Linux의 vi) 프로그램의 검색 기능으로 'Standard Orientation'을 검색하면 아래 네모 칸에 해당하는 부분을 찾을 수 있다.

분자의 점-대칭-군(Symmetry Point Group)이 $D_{2h}$로 올바르게 설정된 것을 확인하고, 회전 분광학(Microwave Spectroscopy)에 관련된 회전상수(Rotational constants) 값들이 GHz 단위로 주어진 것을 확인한다. (그러나 이 값은 초기 분자구조에 해당하는 값이며, 최적화된 구조에 해당하는 값은 다음에 다시 나온다.) 또한 이 계산에 요구되는 여러 자원들의 양(계산 시간, 메모리 크기, 저장 공간의 크기 등)을 좌우하는 바탕함수의 총 수가 38개라는 것도 확인할 필요가 있다. 3장의 실습-3-04를 참고하라.

```
Framework group   D2H[C2"(C.C),SG(H4)]
Deg. of freedom      3
Standard orientation:
-----------------------------------------------
-----------------------------------
Center     Atomic     Atomic        Coordinates (Angstroms)
Number    Number     Type          X              Y              Z
-----------------------------------------------
-----------------------------------
1          6           0          0.000000     0.000000     0.677500
2          6           0          0.000000     0.000000    -0.677500
  (3, 4, 5 줄을 생략함...)
6          1           0          0.000000    -0.924492    -1.216215
-----------------------------------------------
-----------------------------------
Rotational constants (GHZ):    146.6782293     29.7646491     24.7435661
38 basis functions,    72 primitive gaussians,    38 cartesian basis
functions
8 alpha electrons          8 beta electrons
nuclear repulsion energy         33.3093041776 Hartrees.
NAtoms=    6 NActive=    6 NUniq=    2 SFac= 4.00D+00 NAtFMM=    60
```

(4) 검색 기능으로 'Optimized Parameters'을 검색하여 최적화된 구조에 대한 정보를 찾고, 그 아래 'Standard orientation'에서 각 원자들의 좌표 값과 최적화된 분자구조에 해당하는 회전상수(Rotational constants) 값들을 다시 확인한다.

(5) 이번 계산은 Opt와 Freq를 동시에 지정하였기 때문에, 구조-최적화 후 진동-특성 계산을 진행하는 두 단계로 진행된다. 따라서 검색 기능으로 Link1을 찾으면, 아래 네모 칸 내용이 나타나며, 두 번째 단계인 진동-특성 계산이 시작된다.

```
Link1:  Proceeding to internal job step number  2.
-----------------------------------------------
-----------------------------------
#T Geom=AllCheck Guess=TCheck SCRF=Check Test GenChk
RHF/6-31G(d) Freq
-----------------------------------------------
-----------------------------------
```

(6) 검색 기능으로 'Low frequencies'를 찾으면 아래 네모 칸 내용이 나온다.

```
Low frequencies ---    -0.0017    -0.0014    -0.0014     8.5047    24.8146    57.1742
Low frequencies ---   898.5192  1095.4212  1099.8753
```

구조-최적화가 완벽하게 수렴하여 최적화된 구조에서 모든 내부-좌표들 Q에 대한 퍼텐셜 에너지(V)의 1차 미분(dV/dQ)들이 모두 영(zero)이 되면, Low frequencies

들 중 처음 6개(직선형 분자인 경우에는 5개)의 값은 영(zero)에 근접하여야 한다. 위 결과(−0.0017, ..., 57.1742)는 1차 미분이 충분히 영(zero)에 접근하지 않은 조건에서 구조 최적화가 마무리되었음을 의미한다.

(7) 위 (1)번에서 만든 input으로 되돌아가서 Route section의 opt를 opt=tight(또는 opt=VeryTight)로 변경하고 계산을 되풀이 한 후, 계산 결과 파일에서 'Low frequencies'를 찾으면 아래 네모 칸 내용으로 바뀌었음을 확인한다.

```
Low frequencies ---   -0.0308   -0.0051   0.0004   0.8814   0.9353   0.9745
Low frequencies ---  896.9729 1095.0303 1099.3579
```

(8) 위 (6)번과 (7)번의 결과를 보면 처음 6개를 제외한 나머지 진동 파수들 중 처음 것만 898.52에서 896.97로 1~2 $cm^{-1}$ 변하였을 뿐, 그 다음 나머지들(1095, 1099, ...)은 그다지 변하지 않았음을 알 수 있다. B3LYP 수준의 방법으로 구한 진동 파수에서 수 $cm^{-1}$ 정도의 차이는 별 의미가 없다. 그러나 만약 처음 6개의 Low frequencies 값들이 ±30 $cm^{-1}$ 이내를 벗어난 경우에는 opt=tight를 사용하여 구조−최적화를 다시 수행하는 것이 더 바람직하다.

(9) Low frequencies에 대한 내용들 아래에는 다음 네모 칸과 같이 3N−6(직선 분자의 경우 3N−5)개의 각 진동 양식들에 대한 내용이 보인다. 이번에 계산한 에틸렌($C_2H_4$)의 원자들 수(N)는 6이며, 직선 분자가 아니기 때문에 3×6 − 6 = 12개의 표준 진동 양식(normal vibration mode)들이 존재하여 그들 중 처음 3개에 대한 것이 아래 네모 칸 내용이다.

```
                        1                      2                      3
                       B2U                    B3U                    B2G
Frequencies --      898.5192              1095.4212              1099.8753
Red. masses --        1.0425                1.1607                 1.5196
Frc consts  --        0.4959                0.8206                 1.0831
IR Inten    --        0.2062              101.2856                 0.0000
Raman Activ --        0.0000                0.0000                 0.0000
Depolar (P) --        0.0000                0.0000                 0.0000
Depolar (U) --        0.0000                0.0000                 0.0000
 Atom  AN      X      Y      Z        X      Y      Z        X      Y      Z
   1    6    0.00  -0.04   0.00     0.08   0.00   0.00     0.15   0.00   0.00
   2    6    0.00  -0.04   0.00     0.08   0.00   0.00    -0.15   0.00   0.00
   3    1    0.00   0.24  -0.44    -0.50   0.00   0.00    -0.49   0.00   0.00
   4    1    0.00   0.24   0.44    -0.50   0.00   0.00    -0.49   0.00   0.00
   5    1    0.00   0.24   0.44    -0.50   0.00   0.00     0.49   0.00   0.00
   6    1    0.00   0.24  -0.44    -0.50   0.00   0.00     0.49   0.00   0.00
```

각 진동 양식의 진동 파수, IR Intensity, Raman Activity 등의 정보가 나오며, 마

지막 6줄은 Normal moded displacement vector를 나타내는데, GaussView와 같은 그래픽 보조 프로그램으로 분자−진동을 보여(Animation)줄 때 사용된다. 이에 대한 것은 뒤에 나오는 실습−4−04에서 다룬다.

(10) 분자 진동에 대한 정보가 끝난 뒤에는 다음과 같은 정보가 보이는데, 이 부분의 내용에 대해서는 뒤에 나오는 실습−4−04에서 더 자세히 다룬다.

```
Temperature   298.150 Kelvin.  Pressure   1.00000 Atm.
Zero-point correction=                      0.054762 (Hartree/Particle)
Thermal correction to Energy=               0.057737
Thermal correction to Enthalpy=             0.058682
Thermal correction to Gibbs Free Energy=    0.033933
Sum of electronic and zero-point Energies=          -77.976956
Sum of electronic and thermal Energies=             -77.973980
Sum of electronic and thermal Enthalpies=           -77.973036
Sum of electronic and thermal Free Energies=        -77.997785
```

(11) output file 가장 끝의 조금(한 페이지 정도) 위에서 아래 네모 칸에 해당하는 부분을 찾아본다. 위 (1)번에서 만든 input의 Route section에 **test라는 지시어**(keyword)가 지정되어 있기 때문에, 이번 계산의 주요 결과들을 요약한 내용들이 컴퓨터 안의 일정한 **저장 장소**(Archive)**에 저장되지 않는다는 것**을 나타낸다. 이 책에 포함된 실습이 아니라 실제 연구에 필요한 계산을 수행하는 경우에는, test라는 지시어를 제거하여 계산의 주요 결과가 Archive에 저장되도록 할 필요가 있다.

```
Test job not archived.
1|1|UNPC-UserID-PC|Freq|RHF|6-31G(d)|C2H4|UserID|20-Nov-2017|0||#T Geom=
AllCheck Guess=TCheck SCRF=Check Test GenChk RHF/6-31G(d) Freq||*** Te
st Gaussian Input ***||0,1|C,0.,0.,0.0189709347|C,0.,0.,1.3360290653|H
,0.9148890155,0.,-0.5477604338|H,-0.9148890155,0 ... (이하 생략됨!)
```

## 4.3 분자구조 최적화

### 4.3.1 배경 지식

안정한 분자의 구조, 즉 **평형 구조**(equilibrium structure)를 찾는 것을 **구조-최적화**(geometry optimization)라고 한다. 실험에서 관측되는 결과(실험값)들 거의 대부분은 평형 구조에 대한 것(물리화학 성질들)이기 때문에, (동역학 연구나 반응 속도론 연구 등과 같은 경우를 제외한) 거의 모든 계산화학에서는 적합한 평형구조를 찾은 후 이에 대한 추가 계산을 진행하여야 한다. 잘못된 구조를 사용하여 특정 물리-화학 성질을 계산하면, 거의 대부분의 경우에 잘못된 결과 또는 무의미한 결과를 얻게 된다. 따라서 연구 대상 화합물의 평형 구조를 찾는 것은 다른 그 어떤 계산보다도 가장 먼저 수행되어야 하는 단계다. 또한 앞으로 본격적인 계산화학 연구를 진행하다보면 차차 알게 되겠지만, 계산시간의 거의 대부분이 실제로는 평형 구조를 찾는데 소비되며, 올바른 평형 구조를 찾는 것이 그 무엇보다 중요하다. 그리고 분자구조가 점점 더 커지면 적합한 평형 구조를 효과적으로 찾는 것이 생각보다 간단하지 않다는 것을 알게 될 것이며, 그에 따라 여러 가지 다양한 고급 계산화학기법들을 사용할 필요를 알게 될 것이다. 우선 평형구조를 찾는데 필요한 기본 사항들과 기본 이론들을 일단 살펴본다.

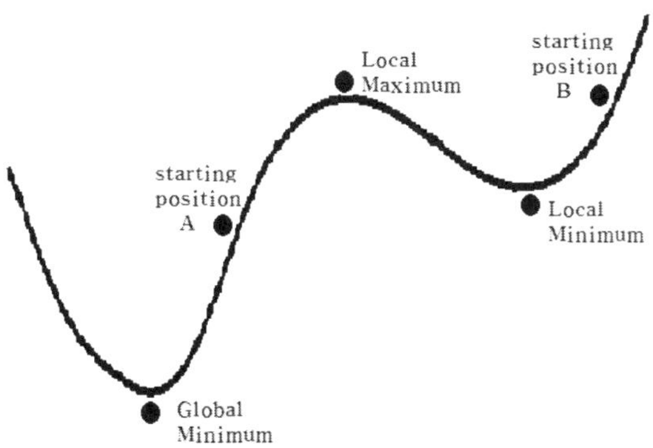


**그림 4.1** 퍼텐셜 에너지 곡면(PES, Potential Energy Surface)의 1차원 단면에서 광역 최소(Global minimum) 지점과 지역 최소(Local minimum) 및 지역 최대(Local maximum) 지점들

분자에 포함된 원자의 수가 N인 경우에, 분자 내 원자핵들 사이의 3차원 공간 배치에 따른 상대적인 에너지 변화는 3N−6(직선 분자인 경우에는 3N−5)의 자유도(degree of freedom, DOF)를 가지는 함수이며, 이것을 표현하려면 그 보다 한 차원 더 높은 공간이 필요하다. 따라서 3N−5(직선 분자인 경우 3N−4)차원 공간에서 **퍼텐셜 에너지 곡면**(**PES**, Potential Energy Surface)으로 나타내어야 한다. 이해와 설명을 간단하게 하기 위하여, 3N−5(3N−4)차원 공간 퍼텐셜 에너지 곡면을 특정한 경로를 따라서 자른 곡선을 그림 4.1에 나타내었다. PES에서 3N−6(5) 자유도의 모든 가능한 범위를 고려하였을 때 에너지가 가장 낮은 지점을 **광역 최소**(Global minimum) 구조라고 하며, 반면에 지역적으로 최소 에너지에 해당하는 지점을 **지역 최소**(Local minimum) 구조라고 한다. 지역 최소 지점들은 그림 4.1에 나타낸 바와 같이 **지역 최대**(Local maximum) 지점을 지나서 다른 지역 최소 지점 또는 광역 최소 지점과 연결된다. 분자 내부의 열−에너지(Thermal energy) 크기가 지역 최소 지점과 최대 지점 사이의 에너지가 차이보다 더 적으면, 지역 최소 지점에 해당하는 구조도 실험에서 실제로 관측될 수 있다. 즉 광역 최소 에너지뿐만 아니라 지역 최소에너지 구조도 평형 구조라고 할 수 있다.

최소 에너지 구조와 최대 에너지 구조는 우선 다음 조건을 만족한다. 그래서 원자핵들의 상대적인 위치를 변화시키면서 아래 조건을 만족하는 지점을 찾아가는 과정이 분자구조 최적화 과정이다.

$$\frac{\partial V}{\partial R_i} = 0 \qquad i = 1, 2, \ldots, 3N-6(5) \tag{4.1}$$

일단 위 조건에 해당하는 지점에 도달하면, (분자구조 최적화는 이 책의 2장 후반부에서 다룬 동력학 연구와는 다르게 원자핵의 운동 에너지를 항상 영(zero)으로 처리하기 때문에) 구조를 더 이상 변화시킬 수 있는 기준(힘)이 없어지기 때문에, 분자구조 최적화 과정이 멈춘다. 정수(integer number)가 아닌 실수(real number)를 다루는 컴퓨터 수치 계산에서는 절대적인 영(zero)에 도달할 수 없기 때문에, 실제로는 식 (4.1)의 미분 값이 일정한 문턱 값(threshold value) 이하가 되면 영(zero)로 간주하는데, 이 일정한 값은 프로그램에 미리 설정된 값을 사용하는 것이 일반적이다. 그러나 필요한 경우에는 이 기준 값(분자구조 최적화에 대한 문턱 값, convergence threshold in geometry optimization process)을 프로그램의 input에서 지시어(keyword)를 사용하여 조절할 필요가 있다. 예컨대, Gaussian 프로그램에서는 opt=Tight 또는 opt=VeryTight라는 Keyword를 사용한다.

일차 미분이 영(zero)인 지점이 지역 최대에 해당하는지 지역 최소에 해당하는지는 다음과 같은 이차 도함수들의 행렬을 구해야 판단할 수 있는데, 이것을 **헤이시안 행렬**(Hessian matrix)이라 부른다.

$$
\begin{bmatrix}
\frac{\partial^2 V}{\partial R_1^2} & \frac{\partial^2 V}{\partial R_1 \partial R_2} & \cdots & \\
\frac{\partial^2 V}{\partial R_2 \partial R_1} & \frac{\partial^2 V}{\partial R_2^2} & & \\
 & & \cdots & \cdots \\
 & \cdots & \cdots & \frac{\partial^2 V}{\partial R_{3N-6(5)}^2}
\end{bmatrix} \tag{4.2}
$$

그러나 퍼텐셜 에너지는 3N−6(5)개의 좌표에 동시에 의존하기 때문에, 이와 같은 헤이시안 행렬 자체만으로는 최저 혹은 최소를 판단할 수 없다. 따라서 원래의 헤이시안 행렬을 다음과 같이 대각화(diagonalize)시키는 새로운 좌표 $\xi_i$을 구하는데, 이것을 기준 좌표(normal coordinate)라고 부른다.

$$
\begin{bmatrix}
\frac{\partial^2 V}{\partial \xi_1^2} & 0 & & 0 \\
0 & \frac{\partial^2 V}{\partial \xi_2^2} & & 0 \\
 & & \cdots & \\
0 & 0 & & \frac{\partial^2 V}{\partial \xi_{3N-6(5)}^2}
\end{bmatrix} \tag{4.3}
$$

기준 좌표를 구하는 과정의 설명은 간단하지 않기 때문에 여기서는 생략하는데, 이에 대한 대표적인 참고문헌은 4−1이다. **기준 좌표**(normal coordinate)들 $\xi_i$은 원래의 내부좌표인 $R_i$들의 선형−결합으로 표시되는데, 흔히 **기준 진동양식의 이동 벡터**(normal mode displacement vector)라고 부르는 것이 이러한 선형−결합의 전개상수에 해당한다. 식 (4.1)을 만족하면서 동시에 모든 기준 좌표에 대한 이차 도함수가 양수 값이면, 이 구조는 (광역 혹은 지역) 최소 에너지 지점에 해당한다.

$$
\frac{\partial^2 V}{\partial \xi_i^2} > 0 \qquad i = 1, 2, ..., 3N-6(5) \tag{4.4}
$$

한편 하나의 기준 좌표($\xi_p$)에 대한 이차 도함수는 음수 값이지만, $\left(\partial^2 V/\partial \xi_p^2\right) < 0$, 나머지 다른 모든 기준 좌표들에 대한 이차 도함수가 양수 값이면, 이 지점은 지역 최대(local maximum)에 해당한다.

$$
\frac{\partial^2 V}{\partial \xi_i^2} > 0 \qquad i = 1, 2, \cdots, p-1, p+1, \cdots, 3N-6(5) \tag{4.5}
$$

이 경우 이차 도함수 값이 음수에 해당하는 기준 좌표($\xi_p$)는 반응 경로와 반응 기작(reaction mechanism)을 다루는 4.4절에서 언급하는 **반응 좌표**(reaction coordinate)에 해당한다. 각 기준 좌표 $\xi_i$에 대한 이차 도함수는 그 기준 좌표 방향의 운동을 모사하는 스프링의 힘-상수(force constant) $k_i$에 해당하며, 그 기준 좌표에 해당하는 조화-진동수(harmonic vibration frequency) $\nu_i$와 다음 식으로 연결된다. 여기서 환산질량(reduced mass) $\mu$는 각 원자들의 질량 $m_i$으로 정의된다.

$$\nu_i = \frac{1}{2\pi}\sqrt{\frac{k}{\mu}}, \qquad k = \frac{\partial^2 V}{\partial \xi_i^2}, \qquad \frac{1}{\mu} = \sum_{i=1}^{N}\frac{1}{m_i} \tag{4.6}$$

이 방식으로 분자 진동수를 구하는 것은 비-조화성(anharmonicity)을 무시하는 조화-근사(Harmonic approximation)에 해당하는데, 이에 관련된 추가 사항은 분자 진동 특성을 다루는 4.4절에서 다시 언급한다. 식 (4.4)에 해당하는 **최소 에너지**(global/local minimum) **구조에서 계산된 분자 진동수는 모두 양**(plus)**의 값**이지만, 지역 최대(local maximum) 구조에서 계산된 분자 진동수 값들 중에는 음수 값이 하나 포함되게 된다. 이에 대한 것은 4.4절에서 반응 경로에서의 전이 상태(TS) 구조에 대한 탐색 부분에서 추가로 설명한다.

### 4.3.2 2차 미분의 이용과 효과적인 구조 최적화

계산화학 프로그램을 적용하여 **평형 구조**(equilibrium structure)를 올바르고 효율적으로 찾기 위해서는 두 가지가 중요하다. 첫째는 **적합한 초기 구조**를 사용하는 것이다. 만약 분자구조 최적화를 시작하는 구조(즉 계산화학 프로그램의 input에서 제공하는 분자의 초기 구조)가 그림 4.1의 A 지점이면 광역 최소에 해당하는 구조를 얻게 되지만, 그림 4.1의 B에 해당하는 구조에서 시작하면 지역적 최소 에너지 구조를 얻게 된다. 원자의 수가 많은 분자의 경우, 광역 최소에너지 구조를 찾는 것은 간단하지 않으며, 찾아진 구조가 광역 최소에너지 구조인지 지역 최소에너지 구조인지를 분자구조 최적화 방법만으로는 판단할 수 없다. 그에 대한 판단 자체를 계산화학 방법으로 해결하는 접근법이 가능하기는 하지만, 항상 그 결과를 보장하지는 않으며, 그에 대한 것은 이 책의 범위를 벗어난다. 따라서 최적화된 구조를 그래픽 화면으로 검토하면서 타당성 여부를 계산화학 프로그램 사용자가 판단하여야 한다. 다음에 나오는 실습 예제에서 알게 되겠지만, 이 문제가 생각처럼 간단하지 않으며, 광역 최소 에너지 구조를 찾는 과정에서는 계산화학 프로그램 사용자가 연구 대상 분자의 화학 특성에 대하여 얼마나 많이 이해하고 있는지가 매우 중요한 요소가 된다. 예상되는 지역 최소 에너지 구조가 많은 경우에는 이 책 2장의 고전역학 방법(특히 실습-2-04)으로 일차적인 계산을 진행한 후, 그 결과를 참고하면서 양자화학 계산을 진행하는 것이 타당하다.

적합한 초기 구조에서 출발한 경우에는 **최소 에너지 구조에 도달하는 과정을 얼마나 효율적으로 진행**하는지가 두 번째로 중요한 사항이다. 실제 큰 분자를 다루는 경우에는 이 과정이 계산 시간의 거의 대부분을 차지하는 경우가 많다. 구조-최적화 과정에는 여러 가지 방식(알고리즘, algorithm)들이 있는데, 참고문헌 4-2가 이에 대한 자세한 설명으로는 적합하다. 구조-최적화를 진행하는 거의 대부분 방식들에서는 현재의 구조(원자핵들의 상대적 배치)에서 구해지는 각 내부 좌표에 대한 에너지의 일차 도함수(derivative)와 이차 도함수를 사용하는 것이 공통 요소다. 일차 도함수는 퍼텐셜 에너지 곡면에서의 기울기에 해당하기 때문에, 에너지를 낮추기 위해서 원자핵의 상대적 위치를 변화시킬 방향을 결정하는데 사용되는 반면에, 그 방향으로 어느 정도 변화시킬 것인지에 대한 판단을 위해서는 이차 도함수 값이 필요하다. 또한 이러한 일차 도함수와 이차 도함수를 어떤 내부 좌표를 사용하여 다루는지도 실제 효율에서 매우 중요한 요소다. 최소 에너지 구조가 찾아진 다음에는 적합한 내부 좌표를 정의하는 것이 비교적 간단하지만, 최소 에너지 구조에 도달하기 이전에는 그러한 정의가 간단하지 않다. 여기서 자세한 설명은 생략하지만, 이러한 어려움 때문에 1990년대 후반까지는 사용자가 지정한 내부 좌표(특히 Z-matrix로 지정하는 내부 좌표)를 사용하는 구조-최적화만 가능했고, 직각-좌표계(Cartesian x,y,z-coordinate)로 초기 구조를 지정하면 구조-최적화를 할 수 없었다. 1990년대 후반에 과잉-내부 좌표(redundant internal coordinate) 개념을 활용한 방법이 개발 되었고, 초기 분자구조를 어떤 내부 좌표를 사용하여 지정해도 큰 문제없이 분자구조 최적화를 수행할 수 있는 것은 2000년대에 들어온 이후부터는 가능해졌다.

퍼텐셜 에너지 곡면에서의 일차 도함수(기울기)를 수치 미분이 아니라 해석 함수로 구하는 방법(Analytic first order energy gradient)이 Hartree-Fock 방법에 대해서는 1970년대 후반에 개발되었고, 전자-상관성 효과를 포함하는 Post-HF 방법들에 대해서는 1980년대 중반부터 후반 사이에 해석적 방법들이 개발되었다. 지금 사용되고 있는 계산화학 프로그램에 포함된 거의 모든 계산화학 방법들은 1차 에너지 기울기를 함수 방법으로 구한다. 함수 방법을 사용하면, 어느 특정 구조 한 지점에서 에너지를 계산하는 시간의 대략 2배 정도면 3N-6(5)의 모든 방향으로의 1차 기울기를 구할 수 있기 때문에, 분자구조 최적화의 매 단계마다 1차 기울기를 구하는 것에 큰 어려움이 없으며, 실제로 그렇게 진행한다. 그러나 2차 기울기를 구하는 것은 매우 힘든 과정이다. 이차 도함수를 해석적으로 다룰 수는 있지만, 그 경우에도 계산량이 최소한 3N−6(5)에 비례하여 증가하기 때문에, 분자구조 최적화의 매 단계마다 2차 기울기를 구하는 방식(예를 들어 Gaussian 프로그램에서 opt=CalcAll을 지정하면 이 방식에 해당한다.)은 매우 많은 계산 시간을 요구한다. 그런데 사실 대부분의 경우에는 분자구조 최적화의 매 단계마다 2차 미분을 정확하게 구할 필요는 없다. 많은 경우에는 식 (4.2)에 나타낸 헤이시안 행렬의 대각선 위치 원소에 대한 적절한 초기 값을 사용한 후, 분자구조 최적화가 진행되는 과정에서 분자구조가 변하면서 1차 기울기가 변하는 것을 이용하여 헤이시안 행렬의 원소 값들을 조금씩 개선해 나가는 방식을 사용한다. 이 경우에, 처음 사용한 헤이시안 행렬의 각 원소에 대한 적절한 초기 값의 품질이 좋으면 구조 최적화가 효율적으로 진행되고, 그 품질이 나쁘면 구조 최적화 과정의 효율이 좋지 않다. 따라서 **헤이시안 행렬 원소에 대한 초기 값을 어떻게 사용하는지가 분자구조 최적화의 효율성을 결정**한다.

헤이시안 행렬 원소에 대한 초기 값은 주로 다음과 같은 네 가지 방법을 사용한다. 뒤에 나오는 실습에서는 동일한 분자를 네 가지 방법으로 다루는 내용이 포함되어 있다.

1) 헤이시안 행렬의 대각선 위치 원소들은 프로그램이 설정한(내부 좌표가 결합 길이인지, 결합 각도인지, 비틀림 각도인지에 따라 다르도록 설정한) 기본 값을 사용하고, 나머지 모든 원소들(off−diagonal elements)의 값은 영(zero)으로 취급한 헤이시안 행렬을 만든 후 이것을 점차 개선해 나간다. 헤이시안 행렬을 선택하는 방법을 input에서 특별히 지정하지 않으면 대부분의 프로그램에서 이 방법을 사용한다.
2) 계산이 시작되는 현재 구조에서 헤이시안 행렬 원소들을 모두 일단 계산하여 구한 다음에 구조−최적화를 시작한다. 헤이시안 행렬 원소들을 모두 구하는 계산은 진동수(frequency) 계산에 해당하기 때문에, 이 방법을 사용하면, 계산의 초기에는 구조−최적화가 전혀 진행되지 않는다. 일정 시간이 지난 후에야 비로써 구조−최적화가 진행된다. 예컨대 Gaussian 프로그램에서 'opt=CalcFC' keyword를 사용하는 것이 이 방법에 해당한다.
3) 현재 구조뿐만 아니라 분자구조 최적화의 모든 단계들에서 매번 헤이시안 행렬 원소들을 모두 다시 계산하여 사용한다. 따라서 네 가지 방법들 중 가장 많은 계산량이 요구되지만, 4.5절에서 나오는 바와 같이 반응 경로에서의 전이 상태(TS, transition state) 구조를 확인하기 위하여 반응 경로(intrinsic reaction coordinate)를 검증 및 조사하는 과정에서와 같이 이 방법을 사용할 필요가 있는 경우도 있다. 예컨대 Gaussian 프로그램에서 'opt=CalcAll' keyword를 사용하는 것이 이 방법이다.

4) 이전 계산(주로 현재의 계산 방법보다 계산 시간이 훨씬 더 적게 걸리는 계산 방법을 사용한 계산)에서 이미 구해놓은 헤이시안 행렬 원소들을 읽어 들여서 사용한다. 예컨대 Gaussian 프로그램에서 'opt=ReadFC' keyword를 사용하는 것이 이 방법에 해당한다. 이 방법을 사용하려면, 이전 결과에 대한 ***.chk 파일이 있어야 한다.

## 실습-4-03 분자구조 최적화 네 가지 방법

(1) 초기 헤이시안에 대하여 지정하지 않는 방법.

다음과 같은 Gaussian input을 사용(그냥 OPT만 사용)하면 이 방법에 해당한다. 아래의 xtz−좌표 값들은 아미노산들 중 하나인 Alanine의 구조를 GaussView 프로그램으로 만들었을 때의 초기 구조에 해당한다. 따라서 분자구조를 만드는 다른 그래픽 프로그램(예를 들어 IQmol 프로그램)을 사용하여 적절한 초기 구조를 만들어 사용해도 이번 실습의 목적에는 타당하다.

```
%mem=16mw
%chk={directory−path}\ala−default.chk
#t opt b3lyp/6−31+g(d,p) test

*** Alanine monomer, test for geometry optimization ***

0 1
 N    −1.19225798    1.43439748   −2.13934800
 H    −0.18225798    1.43439748   −2.13934800
 H    −1.51686598    0.79093148   −2.84693700
 C    −1.64242798    0.87730548   −0.87974600
 H    −2.24378498    1.61576048   −0.34950600
 C    −2.48916298   −0.37122052   −1.10301100
 C    −0.46296298    0.48821548    0.00000000
 H    −1.89769998   −1.12342152   −1.62499200
 H    −2.81320398   −0.76793252   −0.14086900
 H    −3.36265198   −0.11596352   −1.70297800
 O     0.71342202    0.66896448   −0.40868000
 O    −0.69159350   −0.08275222    1.29097791
 H    −0.12495591    0.34652126    1.93614929
```

(2) 초기 헤이시안을 한번만 구한 후, 점차 개선하는 방법

다음과 같은 Gaussian input(OPT=CalcFC)을 사용하면 이 방법에 해당한다. 네 번째 줄 다음부터의 내용은 위 (1)과 동일하기 때문에 생략한다. CalcFC는 'Calculate Force Constant'를 뜻한다.

```
%mem=16mw
%chk={directory-path}\ala-calcfc.chk
#t opt=CalcFC b3lyp/6-31+g(d,p) test
```

(3) 구조 최적화 모든 단계에서 항상 헤이시안을 구는 방법

다음과 같은 Gaussian input(OPT=CalcAll)을 사용하면 이 방법에 해당한다. 네 번째 줄 이하는 위 (1)과 동일하기 때문에 생략한다.

```
%mem=16mw
%chk={directory-path}\ala-calcall.chk
#t opt=CalcAll b3lyp/6-31+g(d,p) test
```

(4) 다른 계산의 결과를 사용하는 방법

계산 시간이 목표 수준의 방법(B3LYP/6-31+G(d,p))보다 훨씬 더 적게 걸리는 방법(HF/6-31G)으로 구조 최적화와 진동수 계산을 수행하고, 그 결과에서 제공되는 헤이시안을 읽은 후, 점차 개선하는 방법이다. Gaussian 프로그램에서는 이러한 다-단계(multi-step) 계산을 다음과 같이 간단하게 진행할 수 있다. 대부분의 다른 계산화학 프로그램들도 다-단계 계산을 이와 유사하게 진행할 수 있는 방법을 제공한다. 아래 input에서 초기 xyz-좌표 값들은 위 (1)번과 동일하기 때문에 첫 줄과 마지막 줄만 보여주고, 나머지는 생략하였다. 아래 input으로 계산을 진행한다. 이번 실습들은 목표 수준의 방법(B3LYP/6-31+G(d,p))으로 구조 최적화만 하는 것이기 때문에, 두 번째 단계에서 Freq 지시어를 사용하지 않았다. 그러나 첫 단계에서 Opt와 Freq 지시어를 동시에 사용해야 낮은 수준의 방법으로 최저 에너지 구조를 찾은 후, 그 구조에서 진동수를 계산하면서 헤이시안 행렬 원소들을 모두 구하여, Check-Point file(ala-two-steps.chk)에 저장시킨다. 두 번째 단계에서 지정된 opt=ReadFC 지시어에 의하여 그 헤이시안을 읽어 들인다. 한편 두 번째 단계에서 지정된 Geom=AllCheck 지시어에 의하여 첫 단계에서 최적화된 구조의 좌표 값들과 'Charge & Multiplicity' 값을 읽어 들이기 때문에, 위에 보인 바와 같이 두 번째 단계의 input에서는 Route section 이후를 모두 빈 줄로 남겨두어야 한다. (빈 줄이 하나 이상이면 된다.)

```
%mem=16mw
%chk={directory-path}\ala-two-steps.chk
#t opt=CalcFC freq hf/6-31g test

*** Alanine monomer, test for geometry optimization ***

0 1
 N        -1.19225798     1.43439748     -2.13934800
    ...   ...   ...   ...   ...    ...   ...    ...   ...   ...
 H        -0.12495591     0.34652126      1.93614929

----Link1
%chk={directory-path}\ala-two-steps.chk
#t opt=ReadFC B3LYP/6-31+G(d,p) Geom=AllCheck test
```

(5) 여러 방법들의 결과 비교

위의 각 방법에서 분자구조 최적화가 진행되면서 각 단계마다 계산된 에너지 값들을 아래에 보였다. (아래의 구체적인 수치가 실제로는 조금 다를 수 있다.)

1) Opt 지시어만 사용한 결과

```
ala-default.log: SCF Done:  E(RB3LYP) =  -323.751756515   A.U. after  13 cycles
ala-default.log: SCF Done:  E(RB3LYP) =  -323.766983298   A.U. after  14 cycles
ala-default.log: SCF Done:  E(RB3LYP) =  -323.772500305   A.U. after  12 cycles
ala-default.log: SCF Done:  E(RB3LYP) =  -323.770052355   A.U. after  12 cycles
ala-default.log: SCF Done:  E(RB3LYP) =  -323.773174617   A.U. after  12 cycles
ala-default.log: SCF Done:  E(RB3LYP) =  -323.773484913   A.U. after  11 cycles
ala-default.log: SCF Done:  E(RB3LYP) =  -323.773630532   A.U. after  10 cycles
ala-default.log: SCF Done:  E(RB3LYP) =  -323.773785806   A.U. after  11 cycles
ala-default.log: SCF Done:  E(RB3LYP) =  -323.762600355   A.U. after  14 cycles
ala-default.log: SCF Done:  E(RB3LYP) =  -323.774444553   A.U. after  13 cycles
ala-default.log: SCF Done:  E(RB3LYP) =  -323.774544491   A.U. after  13 cycles
ala-default.log: SCF Done:  E(RB3LYP) =  -323.775322730   A.U. after  11 cycles
ala-default.log: SCF Done:  E(RB3LYP) =  -323.775858499   A.U. after  11 cycles
ala-default.log: SCF Done:  E(RB3LYP) =  -323.776207136   A.U. after  11 cycles
ala-default.log: SCF Done:  E(RB3LYP) =  -323.776257369   A.U. after  10 cycles
ala-default.log: SCF Done:  E(RB3LYP) =  -323.776267076   A.U. after  10 cycles
ala-default.log: SCF Done:  E(RB3LYP) =  -323.776269751   A.U. after   9 cycles
ala-default.log: SCF Done:  E(RB3LYP) =  -323.776272380   A.U. after  10 cycles
ala-default.log: SCF Done:  E(RB3LYP) =  -323.776273757   A.U. after   9 cycles
ala-default.log: SCF Done:  E(RB3LYP) =  -323.776273838   A.U. after   8 cycles
```

2) Opt=CalcFC 지시어를 사용한 결과

```
ala-calcfc.log: SCF Done: E(RB3LYP) = -323.751756515 A.U. after 13 cycles
ala-calcfc.log: SCF Done: E(RB3LYP) = -323.771995771 A.U. after 13 cycles
ala-calcfc.log: SCF Done: E(RB3LYP) = -323.769334637 A.U. after 13 cycles
ala-calcfc.log: SCF Done: E(RB3LYP) = -323.774083868 A.U. after 13 cycles
ala-calcfc.log: SCF Done: E(RB3LYP) = -323.775089511 A.U. after 14 cycles
ala-calcfc.log: SCF Done: E(RB3LYP) = -323.731872128 A.U. after 13 cycles
ala-calcfc.log: SCF Done: E(RB3LYP) = -323.775092446 A.U. after 13 cycles
ala-calcfc.log: SCF Done: E(RB3LYP) = -323.775632328 A.U. after 11 cycles
ala-calcfc.log: SCF Done: E(RB3LYP) = -323.775854767 A.U. after 11 cycles
ala-calcfc.log: SCF Done: E(RB3LYP) = -323.776104868 A.U. after 12 cycles
ala-calcfc.log: SCF Done: E(RB3LYP) = -323.776207780 A.U. after 11 cycles
ala-calcfc.log: SCF Done: E(RB3LYP) = -323.776261136 A.U. after 11 cycles
ala-calcfc.log: SCF Done: E(RB3LYP) = -323.776268757 A.U. after 10 cycles
ala-calcfc.log: SCF Done: E(RB3LYP) = -323.776273030 A.U. after 9 cycles
ala-calcfc.log: SCF Done: E(RB3LYP) = -323.776273815 A.U. after 9 cycles
ala-calcfc.log: SCF Done: E(RB3LYP) = -323.776273843 A.U. after 7 cycles
```

3) Opt=CalcAll 지시어를 사용한 결과

```
ala-calcall.log: SCF Done: E(RB3LYP) = -323.751756515 A.U. after 13 cycles
ala-calcall.log: SCF Done: E(RB3LYP) = -323.771996811 A.U. after 13 cycles
ala-calcall.log: SCF Done: E(RB3LYP) = -323.775398572 A.U. after 14 cycles
ala-calcall.log: SCF Done: E(RB3LYP) = -323.775995069 A.U. after 11 cycles
ala-calcall.log: SCF Done: E(RB3LYP) = -323.776242722 A.U. after 12 cycles
ala-calcall.log: SCF Done: E(RB3LYP) = -323.776272722 A.U. after 9 cycles
ala-calcall.log: SCF Done: E(RB3LYP) = -323.776273701 A.U. after 10 cycles
ala-calcall.log: SCF Done: E(RB3LYP) = -323.776273845 A.U. after 8 cycles
```

4) 2-단계(two-steps) 방법을 사용한 결과

```
ala-two-steps.log: SCF Done: E(RHF) = -321.687728972 A.U. after 16 cycles
ala-two-steps.log: SCF Done: E(RHF) = -321.712705293 A.U. after 15 cycles
ala-two-steps.log: SCF Done: E(RHF) = -321.712447670 A.U. after 15 cycles
ala-two-steps.log: SCF Done: E(RHF) = -321.717989716 A.U. after 15 cycles
ala-two-steps.log: SCF Done: E(RHF) = -321.713699776 A.U. after 16 cycles
ala-two-steps.log: SCF Done: E(RHF) = -321.718753234 A.U. after 14 cycles
ala-two-steps.log: SCF Done: E(RHF) = -321.719077716 A.U. after 13 cycles
ala-two-steps.log: SCF Done: E(RHF) = -321.719246107 A.U. after 13 cycles
ala-two-steps.log: SCF Done: E(RHF) = -321.719279195 A.U. after 12 cycles
ala-two-steps.log: SCF Done: E(RHF) = -321.719282900 A.U. after 10 cycles
ala-two-steps.log: SCF Done: E(RHF) = -321.719283473 A.U. after 10 cycles
ala-two-steps.log: SCF Done: E(RHF) = -321.719283516 A.U. after 8 cycles
ala-two-steps.log: SCF Done: E(RHF) = -321.719283516 A.U. after 1 cycles
```

```
ala-two-steps.log: SCF Done:  E(RB3LYP) =  -323.772004929  A.U. after  13 cycles
ala-two-steps.log: SCF Done:  E(RB3LYP) =  -323.776041778  A.U. after  11 cycles
ala-two-steps.log: SCF Done:  E(RB3LYP) =  -323.776241684  A.U. after  10 cycles
ala-two-steps.log: SCF Done:  E(RB3LYP) =  -323.776268068  A.U. after  11 cycles
ala-two-steps.log: SCF Done:  E(RB3LYP) =  -323.776273399  A.U. after  10 cycles
ala-two-steps.log: SCF Done:  E(RB3LYP) =  -323.776273832  A.U. after   9 cycles
```

각 방법에 소요된 단계들 및 계산 시간을 비교하면 다음 표와 같다.

<table>
<tr><th colspan="2">방식</th><th colspan="2">진행 과정</th><th>총 계산 시간</th></tr>
<tr><td colspan="2">[1] Opt</td><td colspan="2">구조최적화 20 steps</td><td>16 min 06.3 sec</td></tr>
<tr><td colspan="2">[2] Opt=CalcFC</td><td colspan="2">진동계산 1회 + 구조최적화 15 steps</td><td>16 min 24.5 sec</td></tr>
<tr><td colspan="2">[3] Opt=CalcAll</td><td colspan="2">진동계산 8회 + 구조최적화 8 steps</td><td>36 min 48.9 sec</td></tr>
<tr><td rowspan="2">[4] Two steps</td><td colspan="3">HF: 진동계산 2회 + 구조최적화 11 steps</td><td>0 min 24.2 sec</td></tr>
<tr><td colspan="2">Opt=ReadFC</td><td>구조 최적화 6 steps</td><td>4 min 35.7 sec</td></tr>
</table>

## 4.4 분자 진동 특성과 IR/Raman 분광학

### 4.4.1 배경 지식 - 조화근사와 동위원소 효과

분자구조 최적화와 진동 특성 계산은 반드시 동일한 방법을 사용해야 한다. 여기서 동일한 방법이라는 것은 단지 이론 방법들(HF, MBPT(2), B3LYP, 등) 중에서 동일한 것을 사용하여야 한다는 것뿐만 아니라, 바탕집합들(6−31G(d), aug−cc−pVTZ 등) 중에서도 동일한 것을 사용하여야 하며, 바탕집합에 d−, f−type 바탕함수가 포함된 경우에는 Pure−Spherical (5D, 7F)인지 아니면 Cartesian(xyz, 6D, 10F)인지도 완전히 일치하여야 한다는 것이다. (이 부분은 3장의 3절을 참고하라.) 또한 5장에서 설명하는 전자−상관성을 다루는 Post−HF 방법의 경우에는 중심 전자를 포함시키는지 아니면 제외시키는지(Full core vs. Frozen core, FC vs. Full)에 대한 것도 완전히 동일해야 한다.

따라서 분자 진동에 관련된 분광학(IR/Raman spectroscopy) 특성을 계산하는 경우에는 계산의 입력자료(input file)에 구조−최적화에 대한 지시어(keyword)와 진동 특성 계산에 대한 지시어를 동시에 지정하면 간단히 해결되며, 또 대부분 그렇게 수행된다. 그러나 분자가 매우 커지면 처음부터 분자구조 최적화와 진동 특성 계산을 한 번에 연결하여 수행하는 것이 의외로 많은 문제들에 부딪히게 될 수 있으며, 또한 그것이 좋은 접근 방법이 아닐 수도 있다. 그리고 구조−최적화는 큰 어려움 없이 완료된 경우에도 진동 특성 계산은 실제로 수행하기 어려운 경우도 발생한다. 그러한 경우에는 일단 구조−최적화를 먼저 진행하여 그 결과를 분석하고 활용한 후, 진동 특성 계산을 진행하는 경우가 많은데, 이러한 과정에서 구조−최적화와 다른 방법을 사용하여 진동 특성을 계산하는 실수가 자주 발생한다.

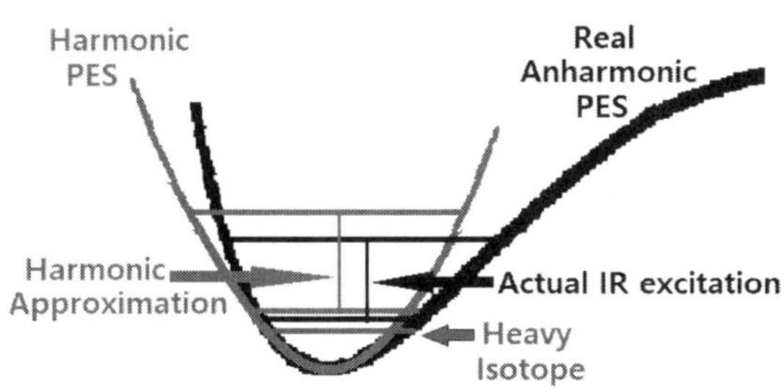


$$E_0 = \frac{1}{2}\sum_{i=1}^{3N-6(5)} h\nu_i$$

그림 4.2 진동 특성 계산에서의 조화근사, 동위원소 효과, 영점 에너지

실제 분자의 퍼텐셜 에너지는 그림 4.2에 보인 바와 같이 비−조화성(Anharmonicity)을 포함한다. 그러나 이러한 비−조화성이 진동 특성에 미치는 영향을 고려하기 위해서는 최

적 분자구조에서 3차 미분 값도 구하여야 하는데, 그것은 매우 많은 추가 계산을 요구한다. 대부분의 양자화학 계산에서는 2차 미분까지만 계산한 후, 조화-함수로 근사하여 다룬다. 따라서 실제 IR 분광학에서 관측하는 것은 그림 4.2에서 'Actual IR excitation'으로 표시된 것에 해당하지만, 대부분의 양자화학 계산에서는 'Harmonic Approximation'으로 표시한 것에 해당하는 것을 제공한다. 비-조화성을 고려하기 위하여 비율-인자(scaling factor)를 사용하기도 하는데, 이에 대한 자세한 내용은 여기서 생략한다.

한편 퍼텐셜 에너지 곡면(V) 자체가 원자핵의 질량에 의존하는 2차 비-단열 효과(2-nd order nonadiabatic quantum effect)는 대부분 $1cm^{-1}$의 수십 분의 일 정도에 불과할 정도로 미미하기 때문에 무시할 수 있다. 즉 원자핵 좌표(Q)에 대한 퍼텐셜 에너지(V)의 2차 미분에 해당하는 힘-상수($k = d^2V/dQ^2$) 값은 변하지 않는다. 그러나 진동 주파수는 환산질량($\mu$)에 의존($\nu = \sqrt{(k/\mu)}/2\pi$)하며, 질량수가 무거운 동위원소로 치환되면 그림 4.2에 'Heavy Isotope'으로 표시된 것처럼 진동 에너지 준위가 변한다. 그에 따라 그림 4.2의 오른쪽에 보인 수식으로 계산되는 영점-에너지도 동위원소 치환에 의하여 약간 변하게 된다. 뒤에 나오는 실습을 통하여 동위원소 치환 효과를 확인할 수 있다.

만약 서로 다른 진동양식들의 진동 파수가 동일하면 이들 진동양식들은 축퇴(degenerate) 되었다고 부르며, 축퇴된 진동 양식들의 수를 축퇴도(degeneracy)라고 부른다. 축퇴 현상은 원래 대칭성에 의한 것이기 때문에, 축퇴된 진동양식들은 동일한 기약표현(Irrep., Irreducible Representation)에 속한다.

### 4.4.2 IR/Raman 분광학 관련 계산

적외선(IR, Infra-red) 분광학은 두 진동 에너지 준위들 사이의 직접적인 전이(Transition)이지만, Raman 산란에서 진동-준위에 대한 정보를 얻는 신호는 다른 제 3의 에너지 준위를 거치는 과정이기 때문에 원리적으로는 매우 다른 방법이다. 이에 대한 자세한 설명은 물리화학 또는 분광학 교재를 참고하라. 이에 대한 자세한 설명은 여기서 생략하고, 계산화학 방법을 적용하는 계산과 계산 결과를 해석하는데 관련된 몇 가지 사항들만을 간단히 정리하면 다음과 같다. 뒤에 나오는 실습을 진행하면서 아래 내용에 관련된 사항들을 주목하라.

1) 진동 특성을 계산하면 자동으로 IR 분광학에 관련된 정보를 제공하지만, Raman 분광학에 대한 정보를 구하려면 별도의 지시어(keyword)를 지정하여야 한다. 실습-4-04의 [3]을 참고하라.
2) 조화 진동자 근사에서는 $\Delta v = \pm 1$ 에 해당하는 전이만 가능하다. $v = 0 \rightarrow v = 1$ 전

이가 일어나면서 빛(전자기파)을 흡수하는 것이 **기본－진동－띠**(Fundamental band)라고 부른다. 대부분의 진동 분광학은 기본－진동－띠를 관측한다.

3) 비－조화성을 포함시키면 $\Delta v = \pm 2, \pm 3, \ldots$ 도 가능하다. $v = 0 \rightarrow v = 2$ 전이가 일어나면서 빛(전자기파)을 흡수하는 것이 **배－진동－띠**(Overtone band)라고 부른다. 배－진동－띠는 기본－진동－띠가 관측되는 파수의 대략 2배보다 조금 적은 파수에서 관측되지만, 흡수 세기(즉 봉우리 높이)가 작기 때문에 식별이 어렵다. 온도가 높아지면 $v = 1$ 준위에 존재하는 분자의 수가 많아져 $v = 1 \rightarrow v = 2$ 전이가 일어나면서 빛을 흡수하는데, 이것을 **열－진동－띠**(Hot band)라고 부른다. Hot band는 기본－진동－띠의 파수보다 조금 더 작은 파수에는 관측되는데, 신호가 아주 약하여 식별이 어렵다. 그러나 시료의 온도가 올라가면 Hot band의 세기가 증가하기 때문에, 이것으로부터 Hot band인지 여부를 판단할 수 있다. 위의 (4.4.1)에서 설명한 바와 같이 대부분의 양자화학 계산 결과는 비－조화성을 포함하지 않기 때문에, 계산 결과가 제공하는 조화－진동－파수만을 사용하여 배－진동－띠와 열－진동－띠를 해석하는 것은 조심하여야 한다.

4) IR(Infrared, 적외선) 분광학: 진동에 의하여 분자의 전기－쌍극자－모멘트(electronic dipole moment)가 변하는 진동 양식만이 IR 스펙트럼에서 관측된다. 그래서 $H_2$, $N_2$, $O_2$ 등과 같은 동종－핵－이원자－분자(Homo－nuclear diatomic molecule)들의 진동은 IR에서 관측되지 않는다. 진동에 의한 분자의 전기－쌍극자－모멘트 변화가 크면, 그 진동 양식에 해당하는 IR 흡수 봉우리 높이가 (대체로) 높다. 흡수 봉우리 높이는 전이 확률에 의존하는데, 전이 확률에 대한 계산식은 진동－세기(oscillator strength)와 **프랑크－콘돈 인자**(Frank－Condon factor) 등과 같은 좀 더 여러 가지 요소를 포함한다. IR에서는 흡수 봉우리의 높이를 세기(Intensity)라고 표현한다.

5) Raman 분광학: 진동에 의하여 분자의 편극도(polarizability)가 변하는 진동 양식만이 Raman 스펙트럼에서 관측된다. 그래서 $H_2$, $N_2$, $O_2$ 등과 같은 동종－핵－이원자－분자들(Homo－nuclear diatomic molecules)의 진동이 Raman에서는 관측된다. 진동에 의한 편극률(polarizability) 변화가 크면, 이 진동 양식에 해당하는 Raman 신호가 (대체로) 더 크다. Raman 분광학에서는 신호의 세기를 활성도(Activity)라고 부른다.

6) **상호－제외－원리**(Mutual exclusive principle): 분자가 반전 대칭 요소(inversion center, 점대칭 요소)를 가지는 경우에는 IR에서 관측되는 것(IR active vibration mode)은 Raman에서 관측되지 않고(Raman inactive), 반대로 Raman에서 관측되

는 것(Raman active vibration mode)은 IR에서 관측되지 않는다(IR inactive). 그런데 IR과 Raman 두 분광학 방법 모두에서 관측되지 않는 진동 양식도 가능하다. 뒤에 나오는 실습 분자들 중 에틸렌($C_2H_4$)과 벤젠($C_6H_6$)에 대한 실습에서 이를 확인하라. 반전 대칭 요소(inversion center, 점대칭 요소)를 가지지 않는 분자의 경우에는 IR에서 관측된 진동양식이 Raman에서 관측될 수도 있고, 관측되지 않을 수도 있다.

뒤에 나오는 여러 실습을 진행하면서 위 내용에 관련된 사항들을 주목하여야 한다.

## 실습-4-04 진동 특성 계산과 IR /Raman 스펙트럼

### [1] 분자구조 최적화와 진동 특성 기본 계산

(1) GaussView를 사용하여 H－O－Cl 분자구조를 만들고, B3LYP/6－31G(d) 방법으로 구조－최적화와 진동 특성을 계산하는 왼쪽 혹은 오른쪽의 input을 만든 후 계산을 실행한다.

| #T Opt Freq B3LYP/6－31G(d) test<br><br>** H－O－CL, B3LYP/6－31G(d) ***<br><br>0 1<br>O<br>H 1 0.960<br>Cl 1 1.650 2 109.50 | #T Opt Freq B3LYP/6－31G(d) test<br><br>** H－O－CL, B3LYP/6－31G(d) ***<br><br>0 1<br>O 0.000 0.0000 0.0000<br>H 0.000 0.0000 0.9600<br>Cl 1.5554 0.0000 －0.5508 |
|---|---|

(2) Gaussian 계산이 끝나면, 결과 파일(***.log)을 GaussView로 연다. ***.log를 선택하는 창(작은 화면) 왼쪽 아래의 Read Intermediate 앞의 작은 네모 칸을 클릭하여 체크표시가 되도록 한 후, OK를 눌러서 결과 그림을 열어본다.

(3) 새로 열린 결과 그림 화면의 왼쪽 위 모서리에 '1 of 5'라고 쓰인 부분에서 1 다음의 작은 위아래 삼각 화살표를 클릭하면서 그래프 아래의 에너지 값의 변화와 분자구조 그림 화면의 변화를 관찰한다.

(4) GaussView 주 메뉴의 Result → Optimization을 클릭하면, 최적화 과정에서 에너지가 낮아지는 것을 보여주는 그래프(Optimization Plot window)가 나타난다. 구조 최적화가 진행되면서 에너지가 차차 낮아져 수렴하는 것을 확인한다. 그래프 선을 따라 이동하면서 마우스 왼쪽 버튼을 눌러 보면서 변화를 관찰한다. Optimization Plot window 화면 오른쪽 위의 X를 눌러서 그래프 화면을 사라지게 한다.

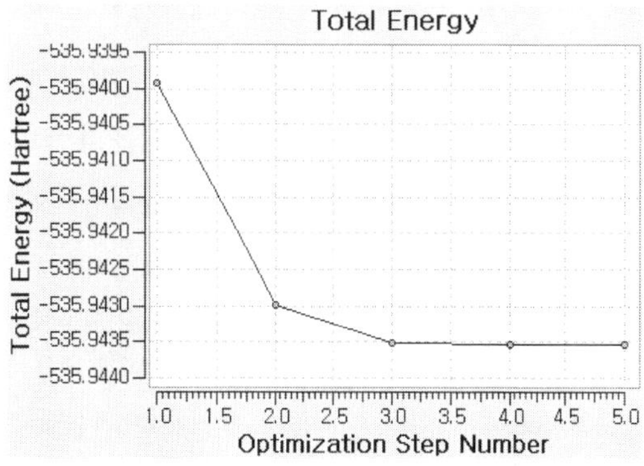

(5) 분자구조 그림 화면 왼쪽 위 모서리가 '5 of 5'(또는 '7 of 7')가 되도록 한 후, GaussView 주 메뉴의 Result → Vibration을 클릭한다. 새로 나타나는 화면에서 진동수(Freq) 값들이 3개(722.6, 1296.6, 3701.1)가 나타난 것을 확인한 후, 1296.6을 클릭하여 선택한다. 숫자들 아래의 Start Animation을 클릭하고, 분자 그림 화면의 변화(Bending Motion)를 관찰하라.

(6) 진동수 값들에서 다른 값을 클릭하고, 달라지는 것을 관찰한다. Animation Frequency와 Displacement Amplitute 부분의 가운데 버튼 위치를 옮기면서 분자 진동 모습의 변화를 관찰한다. Show Displacement Vector를 선택하여 분자 그림 화면의 변화를 관찰한다. 새로 생긴 화살표와 원자 이동 관계를 파악한다.

(7) Stop Animation 버튼을 눌러서 분자 진동을 멈춘다.

(8) GaussView 주 메뉴에서 View → Display Format → General 화면에서 Show Symbol을 선택하고, View → Display Format → Molecule 화면에서 High Layer를 Wireframe으로 선택하여 Displacement Vector가 잘 보이게 한다.

(9) 원소 기호와 Displacement Vector가 보이는 화면에서 마우스 오른쪽 버튼을 눌러서, File → Save Image File을 클릭한 후, 적합한 directory에 적절한 이름과 그림 형식(예를 들어 hocl−freq−723−disp−vect.jpg)으로 저장한다.

(10) 진동수 값들이 보이는 화면에서 Start Animation을 눌러서 분자를 진동시키고, Show Displacement vector도 선택한 상태에서 진동수 값들이 보이는 화면 가장 아래에 있는 Spectrum 부분을 클릭하면 IR 스펙트럼 그림이 나타난다. 스펙드럼의 각 봉우리를 클릭하면서 스펙트럼 화면 아래에 나온 숫자들(진동수 값)의 변화와 분자 진동 화면의 변화를 관찰한다. 여러 숫자들의 의미와 분자 진동 화면의 변화, 스펙트럼 그림 사이의 관계를 이해하라.

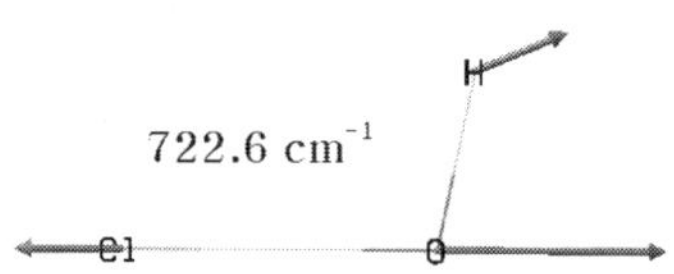


(11) GaussView 주 메뉴에서 Result → View File을 선택하여 계산 결과를 노트패드로 열어보면서, 다음 **표−1−1**에 해당하는 값들을 채워 넣는다.

| **표−1−1** | Freq. (IR Inten) | 723 (1.5), 1297 (46.4), 3701 (51.8) |
|---|---|---|
| H - O - Cl<br>$E_e$(RB3LYP)<br>- 535.94353 | Temp.<br>298.15K | Zero - Point correction (ZPVE) = 0.01303<br>Sum of electronic and zero - point Energies= - 535.93050<br>Sum of electronic and thermal Energies= - 535.92755 |

여기서 Sum of electronic and zero−point Energies, $E_0 = E_e + ZPVE$

Sum of elect. and therm. Energy = $E_e$ + $E_{Vib}$ + $E_{Tran}$ + $E_{Rot}$임을 확인하라.

## [2] 동위원소 치환효과(Isotope effect)를 위한 계산

(1) 수소가 중수소(Deuterium)로 치환된 중수(Heavy water)에 대한 것을 계산하기 위하여 앞의 [1]−(1)번에서 만든 input을 아래와 같이 변경한 후, 계산을 수행한다. 아래 내용에서 298.15는 실내 온도에(25℃) 해당하는 절대온도이며, 1.00은 1 기압(atm)을 의미한다. 염소 원자에 대해서는 평균 원자 질량 값(35.453)을 지정하였다.

```
#T Opt  Freq=ReadIso  B3LYP/6-31G(d) test

** H-O-CL, B3LYP/6-31G(d)  ***

0 1
O
H    1     0.960
Cl    1     1.650     2     109.50

298.15   1.00
16
2
35.453
```

(2) GaussView 주 메뉴에서 Result → View File을 선택하여 계산 결과를 노트패드로 열어보면서, 다음 **표−1−2**에 해당하는 값들을 채워 넣는다.

| 표−1−2 | Freq. (IR Inten) | 717 (0.8), 947 (23.8), 2696 (28.1) |
|---|---|---|
| $^2$H−O−Cl<br>$E_e$(RB3LYP)<br>−535.94353 | Temp.<br>298.15K | Zero−Point correction (ZPVE) = 0.00993<br>Sum of electronic and zero−point Energies= −535.93360<br>Sum of electronic and thermal Energies= −535.93061 |

(3) 염소 원소가 질량수 47인 동위원인 경우에 대한 것을 계산하기 위하여 앞의 (1)번에서 만든 input을 아래와 같이 변경한 후, 계산을 수행한다. 이번 경우에 수소는 그냥 질량수 1을 지정하였다.

```
#T Opt  Freq=ReadIso  B3LYP/6-31G(d) test

** H-O-CL, B3LYP/6-31G(d)  ***

0 1
O
H    1     0.960
Cl   1     1.650     2     109.50

298.15  1.00
16
1
37
```

(4) GaussView 주 메뉴에서 Result → View File을 선택하여 계산 결과를 노트패드로 열어보면서, 다음 **표-1-3**에 해당하는 값들을 채워 넣는다.

| 표-1-3 | Freq. (IR Inten) | 716 (1.5), 1296 (46.5), 3701 (51.8) |
|---|---|---|
| $H-O-^{37}Cl$<br>$E_e$(RB3LYP)<br>-535.94353 | Temp.<br>298.15K | Zero-Point correction (ZPVE) = 0.01302<br>Sum of electronic and zero-point Energies= -535.93051<br>Sum of electronic and thermal Energies= -535.92756 |

(5) 위 방법들을 사용하여 $^{1}H-^{16}O-^{35}Cl$, $^{1}H-^{18}O-^{35}Cl$, $^{2}H-^{18}O-^{37}Cl$ 등에 대해서도 계산하여 결과를 정리한다.

(6) 동위원소 치환이 진동 특성에 미치는 영향들에 대하여 다음 네모 칸에 설명하라.

## [3] Raman 스펙트럼과 비교, 온도 변화의 영향, 부분전하의 모호함 확인

(1) 앞 [1]-(1)번에서 만든 input file을 다시 열어서 Route Section 부분만을 다음과 같이 변화시킨 후 다시 계산을 수행한다. (Opt=CalcFC 대신 그냥 opt를 사용해도 된다.)

```
#T Opt=CalcFC  Freq=Raman B3LYP/6-31G(d)  Temp=10 Pop=NBO test
```

(2) 결과 파일을 GaussView로 열어서 (이번 경우에는 Read Intermediate를 선택하지 않아도 된다.) 진동 스펙트럼 화면을 열어본다. IR 스펙트럼 화면 아래 Raman 스펙

트럼 화면도 관찰한다. IR 스펙트럼과 Raman 스펙트럼의 공통점과 차이점을 파악한다.

(3) IR 스펙트럼이 그려진 화면 안에 마우스 포인터가 있는 상태에서 마우스 버튼 오른쪽을 클릭한 후, Export를 선택하면 나오는 화면에서 적절한 directory로 이동한다. 적합한 파일 이름과 형식(예컨대 hocl−IR−spect.jpg)을 지정하여 스펙트럼 그림을 저장한다.

(4) 동일한 방법으로 Raman 스펙트럼이 그림도 저장한다. (hocl−Raman−spect.jpg) 두 그림 파일을 열어서, 아래 그림과 같이 보고서에 포함시킨다.

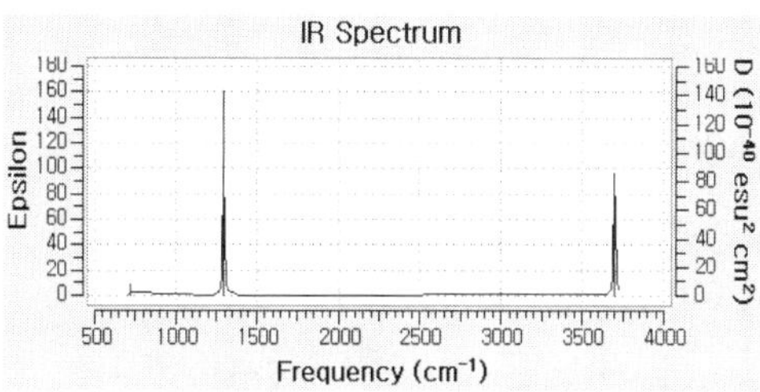


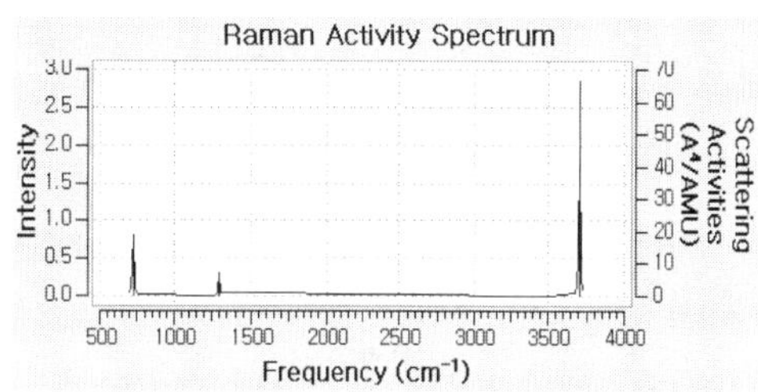


IR 스펙트럼과 Raman 스펙트럼의 공통점과 차이점을 잘 관찰하고, 그 의미를 이해하라. (**참고**: 선택 규칙(Selection Rule)에 대한 이해가 필요하다.)

(5) GaussView 주 메뉴에서 Result → View File을 선택하여 계산 결과를 노트패드로 열어보면서, 다음 표(**표−2−1**)에 해당하는 값들을 채워 넣는다.

| 표−2−1 | Freq.(Raman Activ) | 722.6 (18.3), 1296.6 (4.5), 3701.1 (66.4) |
|---|---|---|
| $E_e$(RB3LYP)<br>−535.94353 | Temp.<br>**10.00** K | Zero−Point correction (ZPVE) = 0.01303<br>Sum of electronic and zero−point Energies= −535.93050<br>Sum of electronic and thermal Energies= −535.93040 |

(6) 온도의 영향이 무엇인지 아래 네모 칸(**표−2−2**)에 간단히 설명하라.

| 표−2−2 |
|---|
| |

(7) 분자 그림 화면이 있는 상태에서, GaussView 주 메뉴들에서 Result → Charge Distribution을 클릭하면 새로운 창이 나타난다. 이 화면에서 Show Numbers 앞의 네모 칸을 선택하면서, 분자 그림 화면의 변화를 관찰한다.

(12) Show Number가 선택된 상태에서, 그 위의 Type 부분을 Mulliken에서 APT 또

는 NBO로 변경하여 선택하면서, 분자 그림 화면의 변화를 관찰하라.

(13) **부분 원자 전하**(Atomic Partial Charge)에 대한 결과들로부터 알게 된 것을 다음 네모 칸(**표−2−3**)에 설명하라.

| 표−2−3 |
|---|
| |

## [4] 동위원소 치환 효과

(1) 수소가 중수소(Deuterium)로 치환된 중수(Heavy water)에 대한 것을 계산하기 위하여 앞의 [1]−(1)번에서 만든 input을 아래와 같이 변경한 후, 계산을 수행한다.

<table>
<tr>
<td>

```
#T Opt  Freq=(ReadIso, Raman)
B3LYP/6-31G(d) test

** H-O-CL, B3LYP/6-31G(d)  ***

0 1
O
H    1     0.960
Cl    1     1.650     2     109.50

298.15  1.00
16
2
35
```

</td>
<td>

```
#T Opt  Freq=(ReadIso, Raman)
B3LYP/6-31G(d) test

** H-O-CL, B3LYP/6-31G(d)  ***

0 1
O    0.000    0.0000    0.0000
H    0.000    0.0000    0.9600
Cl  1.5554  0.0000   -0.5508

298.15  1.00
16
2
35
```

</td>
</tr>
</table>

Route section에 Freq=ReadIso가 포함되면 초기 분자구조가 지정되고, 하나의 빈 줄을 넣은 다음에 첫 줄은 Temperature(K 단위)와 Pressure(atm. 단위)를 지정한다. 그 다음 줄부터는 분자구조 지정 부분에 등장하는 원소 순서에 맞추어 동위원소의 질량수를 정수로 지정하거나, 동위원소의 질량을 실수(소수점 포함 값)로 지정한다. 질량수를 정수로 지정하면, 그에 해당하는 정확한 질량을 프로그램이 찾아서 사용한다.

(2) IR 스펙트럼, Raman 스펙트럼을 관찰한 후, 다음 표(**표−3−1**)를 만든다.

| <u>표-3-1</u> | Freq. (IR Inten)<br>(Raman Activ) | |
|---|---|---|
| $E_e$(RB3LYP)<br>-535.94353 | Temp.<br>298.15K | Zero-Point correction (ZPVE) =<br>Sum of electronic and zero-point Energies=<br>Sum of electronic and thermal Energies= |

(3) 위의 계산은 $^{2}H-^{16}O-^{35}Cl$에 해당한다. 동일한 방법을 적용하여 $^{1}H-^{16}O-^{35}Cl$, $^{1}H-^{16}O-^{37}Cl$, $^{2}H-^{16}O-^{37}Cl$의 경우에 대하여 표-1-5에 해당하는 것을 만든다.

(4) 동위원소를 지정하지 않은 (위 [1]-(1)에 해당하는) 계산은 어떤 동위원소를 사용한 결과인지에 대하여 다음 네모 칸(**<u>표-3-2</u>**)에 간단히 정리하라.

| <u>표-3-2</u> |
|---|
| |

(5) 동위원소 치환의 주요 효과 네 가지만 다음 네모 칸(**<u>표-3-3</u>**)에 간단히 정리하라.

| <u>표-3-3</u> |
|---|
| |

## [5] 다른 분자의 경우: 에틸렌과 벤젠

(1) **에틸렌**($C_2H_4$) 분자의 적외선 스펙트럼과 진동-라만 스펙트럼을 B3LYP/6-31G(d) 방법으로 계산한 후, 그 결과를 **표-4-1**로 만든다. (진동수는 처음 3개들만 포함)

| <u>표-4-1</u> | Freq. (IR Inten)<br>처음 3개만... | |
|---|---|---|
| $E_e$(RB3LYP) | Temp.<br>298.15K | Zero-Point correction (ZPVE) =<br>Sum of electronic and zero-point Energies=<br>Sum of electronic and thermal Energies= |

(2) 에틸렌 분자의 IR 스펙트럼과 Raman 스펙트럼 그림을 ***.jpg 파일로 저장한다.

(3) 에틸렌 분자의 경우, 몇 개의 진동 양식이 예상되는가? 실제 계산된 IR/Raman 스펙트럼 각각에서 관측되는 봉우리의 수는 몇 개인가? 예상된 진동양식의 숫자와 관측된 IR/Raman 스펙트럼 봉우리(peak) 수 사이의 관계를 네모 칸(**표-4-2**)에 설명하라. Mutual Exclusive Rule이 이 경우 어떻게 적용되는가?

표-4-2

(4) 에틸렌 분자에서 수소를 중수소로 치환한 경우를 최소한 두 가지 이상 선택하여, 동위원소 치환에 따라 변화하는 IR/Raman 스펙트럼을 계산하고, 그 결과인 스펙트럼 그림을 보고서에 포함시킨다.
(5) **벤젠**($C_6H_6$) 분자의 적외선 스펙트럼과 진동-라만 스펙트럼을 B3LYP/6-31G(d) 방법으로 계산한 후, IR/Raman 스펙트럼 그림을 저장한다.
(6) 벤젠 분자의 경우 예상되는 진동 양식의 수, IR/Raman 스펙트럼에서 관측되는 봉우리의 수 사이의 관계를 네모 칸(**표-4-3**)에 설명하라.

표-4-3

## [6] 개인별 실습:

**H2C=CX-CHY-COH** 분자에 대하여 input 파일을 만든 후, B3LYP/6-31G(d) 방법으로 **구조-최적화 계산과 vibration frequency 계산**을 실행한다. 수업 내용을 실습한 후, **IR/Raman spectrum 그림을 전자우편으로 제출하라.**

| 학번 끝 | 1, 6 | 2, 7 | 3, 8 | 4, 9 | 5, 0 |
|---|---|---|---|---|---|
| X | F | Cl | F | Cl | Cl |
| Y | F | Cl | Cl | F | H |

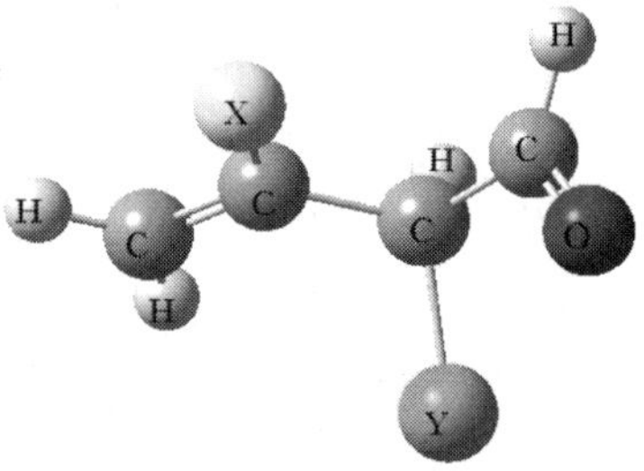


보고서에 포함시킬 내용

(1) 표-1-3, 표-1-4, 표-1-6, 표-1-7,
(2) 표-2-1, 표-2-2, 표-2-3, 에틸렌의 IR 스펙트럼과 Raman 스펙트럼 그림
(3) 개인별 실습 결과에서 IR 스펙트럼과 Raman 스펙트럼 그림
(4) 개인별로 실습한 분자에서 IR/Raman을 서로 비교한 결과가 에틸렌의 IR/Raman을 서로 비교한 결과와 어떻게 차이가 나는지를 간단히 설명하는 네모 칸.

## 4.5 용매 효과에 대하여

### 4.5.1 배경 지식

용매 효과는 환경 효과(environmental effect)의 일종에 해당하는데, 많은 실험 결과들이 용매 안에서의 용액상태에 해당하기 때문에, 이 책에서는 우선 **용매 효과**(solvent effect)만을 다룬다. 용매 효과를 포함시키는 방법은 ① 용질(solute) 분자와 함께 용매(solvent) 분자들을 실제로 포함시킨 복합체(Complex)를 직접 계산하는 명시적 방법(Explicit Method), ② 용매가 용질 분자의 구조 및 에너지에 미치는 영향을 간접적으로 포함시키는 암시적 방법(Implicit Method), ③ 용질에 가장 가깝게 작용하는, 첫 번째 용매화-껍질(first solvation shell)의 용매 분자들은 계산에 직접 포함시키고, 용질 분자에서 좀 멀리 떨어진 용매 분자들의 영향은 간접적으로 포함시키는 (앞의 ①번과 ②번을 조합한) 혼합 방법(Mixed Method)으로 구분할 수 있다.

충분히 많은 수의 용매 분자를 계산에 모두 참여시키는 것은 이 책의 2장 뒷부분에서 간단하게 소개한 고전역학 방법을 적용하거나, 고전역학 방법과 양자역학 방법을 복합시킨 QM/MM(Quantum Mechanical/Molecular Mechanics) 방법에서나 가능할 뿐인데, 이 책에는 QM/MM 방법을 포함하지 않았다. 용질 분자와 직접 상호작용하는 용매 분자들 몇 개만을 포함하는 복합체를 계산하는 것은 기체상태(혹은 진공 내) 용질 분자를 다루는 것과 계산 방법과 자체가 본질적으로 동일하기에 별도로 설명하지 않는다. 그러나 용질과 용매 사이의 상호작용이 보통의 화학 결합에 비하여 매우 약하기 때문에 계산 방법의 선택에 주의가 필요하며, 계산 결과에 나타나는 용매 효과는 계산 방법의 수준에 크게 의존할 수 있다. 또한 이러한 복합체에 대하여 분자구조 최적화를 실제로 진행해 보면 에너지 값은 거의 변하지 않으면서도 원자들 사이의 거리나 방향은 많이 변하면서, 구조-최적화 과정이 수렴되지 않는 경우가 많아 최적화된 구조라고 명확하게 규정하기 어려운 경우가 많다. 또한 온도 영향이나 동력학 영향도 중요하게 고려하여야 하기 때문에, 계산화학을 처음 시작하는 학생들이 실습하기에는 적절하지 않아 이 책에서는 자세히 다루지 않는다. 이 책에서는 두 번째 방법(Implicit Method)만을 다룬다. 그러나 수소 이온의 영향이 클 수 있는 화학 현상이 수소 이온-제공-용매(**protic solvent**)에서 진행되는 대상을 다루는 경우에 암묵적 방법(Implicit Method)을 적용한 결과가 잘못된 해석으로 유도할 수 있다는 점을 기억할 필요가 있다. 수소 이온을 제공할 수 없는 용매(**aprotic solvent**)의 경우에는 암묵적 방법(Implicit Method)이 상당히 유용한 결과를 제공할 수 있다.

용매의 효과를 간접적으로 포함시키는 암묵적 방법(Implicit Method)들 중, 계산화학 프로그램 사용자가 가장 편리하게 이용할 수 있도록 지금까지 비교적 잘 개발된 방법들에서는 무수히 많은 용매 분자들을 포함하는 벌크-상(bulk phase) 용매를 일정한 유전상수를 가지는 연속체 매질(continuum medium)로 간주한다. 이 방법에서는 용질 분자의 전기-쌍극자 모멘트(Electric dipole moment)에 의하여 용매-매질의 분극화(polarization)가 일어나는 것으로 다루기 때문에 분극되는-연속체-매질(**PCM**, polarizable continuum medium) 방법이라고 부르기도 한다. 용질 분자와 용매-매질 사이의 경계면을 설정한 후, 용질과 용매-매질(Solvent medium) 사이의 정전기적 상호작용을 일종의 반응-장(Reaction Field) 개념으로 다루고, 그 영향을 변분법적으로 포함시키면서 최적의 자체-일치-반응-장에 도달하도록 한다. 그래서 용매 효과를 포함시키는 방법을 나타내는 지시어(keyword)는 주로 **SCRF**(**S**elf **C**onsistent **R**eaction **F**ield)로 나타낸다. (**참고**: 전자의 파동함수를 구하는 SCF(Self Consistent Field) 방법과 혼동하기 쉬우니, 잘 구별하여야 한다.)

### 4.5.2 실습 내용 준비

SCRF/PCM 방법의 자세한 내용은 이 책의 범위를 넘어서는 것이기 때문에 여기서는 생략하지만, 이 책에 포함된 실습에서 다루는(혹은 다룰 수 있는), 다음과 같은 네 가지 방법들만을 간단히 설명한다. 이들 방법은 주로 용질 분자와 용매-매질 사이의 경계를 설정하는 방법과 용질-용매 사이의 상호작용을 포함시키는 이론 수준으로 구분된다. 여기서는 Gaussian 프로그램에서 SCRF 방법으로 용매 효과를 다루면서, 그 세부 방법을 지정하는 지시어(keyword)를 기준으로 설명한다.

1) **SCRF=Dipole**

이 방법은 Onsager Model이라고 부르기도 하는데, 용질과 용매 사이의 경계를 하나의 구(Sphere) 표면으로 다루는 가장 간단한 방법이다. 즉 하나의 공(spherical cavity) 안에 용질 분자가 있는 것으로 간주한다. 이 방법을 사용하려면 구의 반지름(radius of the spherical cavity)과 용매의 **유전상수**(Dielectric constant, Epsilon, $\epsilon$) 값만을 지정하면 된다. 먼저 용질 분자만을 계산하는 별도의 Gaussian 프로그램 input의 Route section에 다음과 같이 'Volume'이라는 keyword를 지정하여 계산을 수행하면 된다.

```
#T B3LYP/6-31G(d) Volume Test
```

계산의 결과(output file)에서 'Recommended a0 for SCRF calculation' 부분을 찾은 후, 그곳에서 제시하는 반지름 값(a0)을 확인한다. 여기서 제시하는 a0 값은 구조가 최적화되면서 (구조가 변하면서) 조금씩 다른 값으로 변할 수 있으며, 최적화된 구조인 경우에도 계산 방법(바탕집합 포함)에 따라 조금씩 다른 값이 될 수 있다는 것을 주의할 필요가 있다. 그리고 용매 효과를 포함시키는 또 다른 계산의 input의 Route Section에 용질 분자를 둘러싸는 구의 반지름을 다음과 같이 지정한다. 여기서 'Eps=78.3550' 대신에 'Solvent=water' 또는 'Solvent=H2O'라고 지정해도 된다.

```
#T B3LYP/6-31G(d) SCRF=(Dipole, a0=3.27, Eps=78.3550) test
```

이 방법은 계산이 쉽고 아주 빠르게 계산되지만 분자구조 최적화에 적합하지 않고, 계산 결과의 신뢰성이 그다지 높지 않기 때문에 추천할만한 방법이 아니다. 다음에 나오는 방법들이 충분히 개발되지 않았던 예전에 주로 사용되었지만, 현재는 아주 큰 분자를 대상으로 하는 경우를 제외하고는 거의 사용되지 않는다.

### 2) SCRF=PCM(또는 SCRF=IEFPCM)

이 방법은 Tomasi's Polarizable Continuum Method라고 부르기도 하는데, 각 원자의 크기(주로 van der Waals radius)에 해당하는 구(sphere)를 용질 분자를 구성하는 각 원자들 각각에 지정하고, 이 공들이 겹쳐지면서 만들어지는 내부 공간과 외부를 구별하는 면을, 용질과 용매-매질의 경계로 다룬다. 이 방법을 사용하려면 매질의 유전상수뿐만 아니라, 각 원자의 구(sphere)를 나타내는 데 사용하는 격자-점들(grid points)의 수를 별도로 지정하여야 한다. 그러나 일반적으로 사용하는 (특별한 ionic solvent를 제외한) 대부분의 용매들에 대해서는 그에 합당한 정보들이 계산화학 프로그램의 내부에 미리 포함되어 있기 때문에, 다음에 나오는 실습에서와 같이 그냥 용매의 이름(또는 화학식)만 지정하면 된다. 이 방법은 기체 상태의 분자에 비하여 계산 시간이 너무 많이 증가하지 않으면서도, 제법 좋은 결과를 제공한다. 분자구조 최적화뿐만 아니라 진동 특성 계산에도 무난히 적용할 수 있기 때문에, 계산화학을 처음 학습하는 학생들에게 가장 추천할만한 방법이다. 이 책에 포함된 실습들은 주로 이 방법만을 사용하지만 다음에 나오는 방법들도 시도해볼 필요는 있다.

### 3) SCRF=IPCM

이 방법은 Isodensity PCM 방법을 의미하는데, 먼저 용질 분자의 전자밀도를 실제로 계산한 후, 용매 분자의 전자밀도가 일정 값 이하로 일정하게 유지되는 (Iso−density) 부분들을 연결하여 용질 분자와 용매−매질 사이의 경계면을 결정하는 방식이다. 이 방법을 사용하려면, 매질의 유전상수 값만 지정하면 되지만, 위의 2)번 방법보다 계산 시간이 더 많이 요구된다. 이 방법을 적용한 결과가 2)번의 IEFPCM 방법을 사용한 결과보다 더 우수할 것으로 기대되기는 하지만, 반드시 그러한지 여부는 쉽게 답하기 어렵다.

### 4) SCRF=SCIPCM

이 방법은 Self−Consistent IPCM 방법을 의미한다. 기본적으로는 3)번의 IPCM과 동일하지만, 경계면을 계속하여 조정하는 반복 과정을 포함한다는 점이 다르다. 즉 IPCM 방법에서는 기체 상태 분자에 대한 계산 결과로부터 용질 분자의 전하밀도 분포를 계산한 후 그 결과로부터 경계면(Iso−density surface)을 한 번만 결정하고, 그 후 용매 효과를 포함시키는 단계에서는 그 경계면을 계속 그대로 사용한다. 그러나 SCIPCM 방법에서는 용매 효과를 고려하여 용질 분자의 전자 파동함수를 다시 계산한 후, 그 전자 파동함수를 사용하여 용질 분자의 전자밀도를 다시 계산하고, 그것으로부터 경계면을 다시 조정한 후, 용매 효과를 다시 조정하는 과정을 계속하여 되풀이한다. 그러한 반복 과정에서 경계면이 더 이상 변하지 않을 때까지 수렴시킨다. 이 방법을 사용하는 경우에도 매질의 유전상수만 지정하면 된다. 그러나 용매 효과를 포함하면서 경계면을 조정하는 과정을 계속 반복하기 때문에 계산 시간이 그냥 IPCM 방법에 비하여 훨씬 더 많이 요구될 뿐만 아니라, 수렴되지 않는 경우도 흔하다.

이 책의 실습 내용에 포함시키지는 않았지만, SCRF=Dipole과 SCRF=IPCM 방법을 학생 각자가 스스로 알아서 연습해 보기를 권한다. 다음에 나오는 용매 효과에 대한 실습 계산들을 진행하면서, 각각의 계산 결과에 나타나는 다음 세 가지 용매 효과를 중심으로 살펴보기를 권한다.

1) 최적화된 분자구조(결합 길이와 결합 각도들)와 에너지에 미치는 영향
2) 진동 특성(즉 진동 주파수와 IR Intensity 및 Raman activity)에 미치는 영향
3) 영점 진동 에너지(ZPVE, zero−point vibration energy)를 포함시킨 에너지(Sum of electronic and zero point energy) 값에 미치는 영향

또한 여러 가지 용질 분자와 여러 종류의 용매의 조합을 변화시킨 모든 결과들을 종합하

여 분석하면서, 용매 효과에 대한 다음 세 가지 영향을 이해할 필요가 있다.

1) 용질 분자의 전기-쌍극자-모멘트 크기와 용매 효과 크기의 관계
2) 용매의 유전상수 값 크기와 용매 효과 크기의 관계
3) 용질 분자 표준-진동 양식(vibrational normal mode)의 특성과 용매 효과의 관계

이 책에서는 용매 효과에 의한 진동-특성의 변화만을 주로 다루고 있지만, 용매 효과에 의하여 들뜬 전자상태들의 에너지가 변하고, 그에 의하여 UV/Vis 분광 스펙트럼의 봉우리 위치(peak-maximum position)가 변하는 것도 실습해볼만한 주요 대상이다. 비록 구체적인 실습 자료를 제공하고 있지 않지만, 이번 4.5절에 포함된 '용매 효과에 대한 실습'과 4.10절에 포함된 'UV/Vis 분광학에 대한 실습'을 학생 스스로 조합하면, 기본적인 이해를 얻을 수 있을 것이다. 그러나 용매 효과를 포함시키는 것과 들뜬 전자상태를 다루는 것 두 가지 모두가 양자화학 계산에서 아직까지도 가장 어려운 대상들 중 하나이기 때문에, 처음부터 좋은 결과를 얻을 것으로 너무 크게 기대할 필요는 없다.

## 실습-4-05 SCRF 방법을 사용한 용매 효과 실습

### [1] 기초 실습

(1) **Gas−Phase**에서 분자구조 최적화(Opt)/진동(Freq)특성 계산

Input 파일 이름은 nh3−gas.gjf, Route section은 다음 줄과 같이 만든다.

'#T b3lyp/6−31g(d) opt freq test'

→ 계산 결과에서 Ee(Total Energy), Dipole Moment ($\mu$), E0(Sum of electronic and zero−point energy), 주요 IR peak 위치(진동 파수)를 확인하여 정리한다.

| Ee | −56.547947 a.u. | 파수($cm^{-1}$) | 1132 | 1727 | 3436 | 3526 |
|---|---|---|---|---|---|---|
| $\mu$ | 1.91 Debye | Degeneracy | 1 | 2 | 1 | 2 |
| E0 | −56.513421 a.u. | IR Intensity | 156.2 | 30.7 | 0.8 | 0.9 |

주의: 두 진동 파수의 축퇴도(Degeneracy)는 진동 파수의 근접성과 함께 두 진동 파수가 동일한 대칭−기약표현(Irreducible representation)에 해당하는지를 동시에 고려하여야 한다. 축퇴된 경우의 IR Intensity는 축퇴된 2개의 값을 합하여 한다.

(2) 유전상수(ε, Epsilon)가 **매우 큰** 용매(Water)의 경우

파일 이름은 nh3−h2o.gjf, Route section은

'#T b3lyp/6−31g(d) opt freq scrf=(iefpcm, solvent=water)'

계산 결과에서 대/소문자 구별하여, Solvent를 검색하여 Eps=**78.3553** 확인.

| Ee | −56.554039 a.u. | 파수($cm^{-1}$) | 1192 | 1712 | 3433 | 3553 |
|---|---|---|---|---|---|---|
| $\mu$ | 2.16 Debye | Degeneracy | 1 | 2 | 1 | 2 |
| E0 | −56.519514 a.u. | IR Intensity | 201.6 | 48.4 | 0.1 | 0.1 |

(3) 유전상수(ε, Epsilon)가 **비교적 작은** 용매(CCl4) 경우

이름 대신 화학식(CCl4)을 사용하여 지정할 수 있다. 이번 실습에서는 파일 이름은 nh3−ccl4.gjf로 지정하고, Route section은 다음과 같이 한다.

'#T b3lyp/6−31g(d) opt freq scrf=(iefpcm, solvent=CCl4) test'

계산 결과에서 대/소문자 구별하여, Solvent를 검색하여 Eps=**2.2280** 확인.

| Ee | −56.550612 a.u. | 파수(cm$^{-1}$) | 1160 | 1721 | 3434 | 3561 |
|---|---|---|---|---|---|---|
| $\mu$ | 2.02 Debye | Degeneracy | 1 | 2 | 1 | 2 |
| E0 | −56.516080 a.u. | IR Intensity | 175.1 | 37.6 | 0.4 | 0.2 |

(4) **유전상수**(ε, Epsilon)**가 중간 정도인 용매**(Acetone) 경우

용매가 아세톤인 경우에 대하여 해당하는 계산을 수행하고, 그 결과를 사용하여 위 (2)−(3)번과 같이 확인한 후, 아래의 표−1을 완성한다.

(5) 다른 용질 분자에 대한 계산들

용질 분자를 **암모니아**($NH_3$)**에서 메테인**($CH_4$) **분자로 바꾼 후**, 위 (1)~(4) 과정을 모두 반복하고, 그 결과들을 사용하여 아래 표−1을 완성한다. 메테인 분자는 영구−쌍극자−모멘트(permanent dipole moment) 값이 영(zero)이라는 사실을 주목하고, 어떤 결과가 나올 것인지 미리 예측해볼 필요가 있다. 그러고 실제 계산 결과가 어떤지 잘 살펴볼 필요가 있다.

| 표−1 | Solvent | $E_e$ | μ | Frequencies (Degeneracy) | $E_0$ |
|---|---|---|---|---|---|
| $NH_3$ | Gas | −56.5479 | 1.91 | 1133, 1727(2), 3435, 3566(2) | −56.5134 |
| | $CCl_4$, Eps=2.2280 | −56.5506 | 2.02 | 1160, 1721(2), 3434, 3561(2) | |
| | Acetone, Eps=20.493 | | | | |
| | $H_2O$, Eps=78.3553 | −56.5540 | 2.16 | 1189, 1712(2), 3434, 3554(2) | −56.5195 |
| $CH_4$ | Gas | | | | |
| | $CCl_4$, Eps= | | | | |
| | Acetone, Eps= | | | | |
| | $H_2O$, Eps= | | | | |

## [2] 용매 효과에 대한 개별 실전 실습

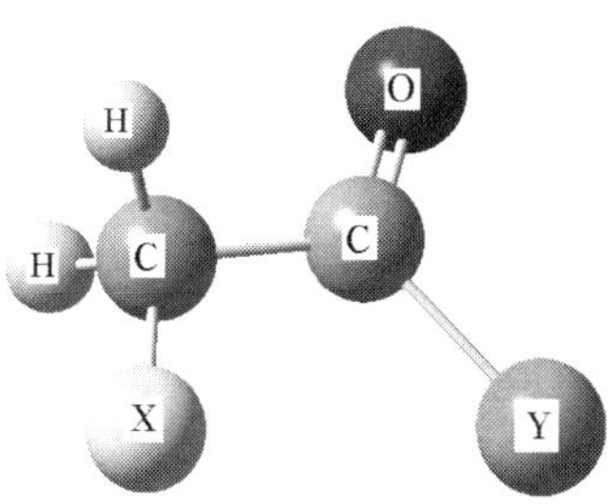


B3LYP/6−31+G(d) 방법을 사용하여 CH2X−COY 분자에서의 용매 효과를 계산한 후, 그 결과를 사용하여 표−1의 나머지를 칸들을 모두 완성한다.

| 학번 끝 | 1, 3 | 2, 6 | 3, 9 | 4, 0 | 5, 7 |
|---|---|---|---|---|---|
| X, Y | F, H | F, Cl | Cl, Cl | F, Cl | F, Cl |
| Solvent−1 | $CCl_4$ | THF | DMSO | $CCl_4$ | Water |
| Solvent−2 | Acetone | Methanol | NitroMethane | Acetone | THF |
| Solvent−3 | 아래 참고 자료에서 Solvent−1과 Solvent−2의 Dielectric constant (Epsilon) 값을 확인한 후, 각자의 계산 실습으로부터 용매 효과를 살펴보려는 목적에 적합한 solvent−3을 선택하여 계산한다. | | | | |

**참고** 용매들의 유전상수(Dielectric constant, Epsilon) 값: Water(78.3553), Acetone (20.4980), THF(TetraHydroFuran, 7.4257), Methanol(32.613), Ethanol(24.852), Benzene(2.2706), DMSO(DiMethylSulfonOxide, 46.826), $CCl_4$(CarbonTetra Chloride, 2.2280), NitroMethane(36.562), Argon(1.430), Krypton(1.706), AcetoNitril (35.688), FormicAcid(51.1). 여기서의 Epsilon 값은 Epsilon(air)=1.0을 기준으로 한 값이다.

다른 용매(***)들에 대해서는 인터넷에서 'dielectric constant'로 검색한다.

| 실전 실습 | | | | | |
|---|---|---|---|---|---|
| 지정된 분자 | Gas | | | | |
| | Sol−1, Eps= | | | | |
| | Sol−2, Eps= | | | | |
| | Sol−3, Eps= | | | | |

Sol−1, Sol−2, Sol− 부분은 각각의 구체적인 이름을 기입한다.

**실습 결과에 대한 간단한 토론:**

1) 분자의 Dipole Moment 크기와 Solvent Effect 크기는 어떤 관계인가?

2) Solvent의 유전상수 값 크기와 Solvent Effect 크기는 어떤 관계인가?

3) 표준 진동 양식(vibrational normal mode)의 특성과 Solvent Effect 크기는 어떤 관계인가?

## 4.6 이성질체들(Isomer)의 구조 최적화

### 4.6.1 배경 지식

동일한 화학식에 해당하는 여러 종류의 **이성질체들**(isomers)에 대한 간단한 설명과 분류는 이 책의 2장(그림 2.5)에서 간단히 설명하였으며, 이에 대하여 일차적으로 고전역학 방법을 적용하여 구조 이성질체들(structural isomers)과 형태 이성질체들(conformational isomers)을 다루는 내용은 각각 실습-2-02와 실습-2-04에 포함되어 있다. 4.3절과 4.4절의 내용을 학습하였다면, 각각의 구조 이성질체를 다루는 계산을 어떻게 수행할 것인지 비교적 명확하기 때문에 여기서 더 이상 설명하지 않는다.

**입체 이성질체들**(stereo isomers)과 **형태 이성질체들**(conformational isomers)을 다루는 계산의 경우에도, 유기화학의 해당 부분에서 다루는 내용 이상으로 별도의 이론적인 설명이 필요하지는 않다. 하지만 몇 가지 간단한 분자들에 대한 추가 실습을 수행해 보아야 실제로 큰 분자들을 계산하는 단계에서 주의하여야 할 점들을 비교적 명확하게 인식할 수 있다. 이번 4.6절에서는 먼저 광학-활성(Chiral activity) 탄소가 포함되어 있으면서 여러 가지 세밀하게 다른 형태 이성질체들(conformer) 각각을 모두 별도로 계산하여 검증하는 내용을 다룬 후, 화학식이 동일한 구조 이성질체에 대한 간단한 계산을 다룬다. 형태 이성질체를 다루는 실습에서는 첫 번째 구해진 형태 이성질체 구조를 이용하여 그 다음 구조 이성질체의 초기 구조를 만드는 방법을 보여주기 위하여, GaussView를 사용하는 단계를 좀 (필요 이상으로) 자세하게 설명하였다. 구조 이성질체에 대한 실습에서는 초기 분자구조를 만드는 과정을 생략하였다.

다음에 나오는 실습-4-06은 다음 그림과 같은 $H_3C-CHF-NH_2$의 입체 이성질체들과 화학식이 $C_2H_4O$인 세 가지 구조 이성질체들에 대한 연습이다.

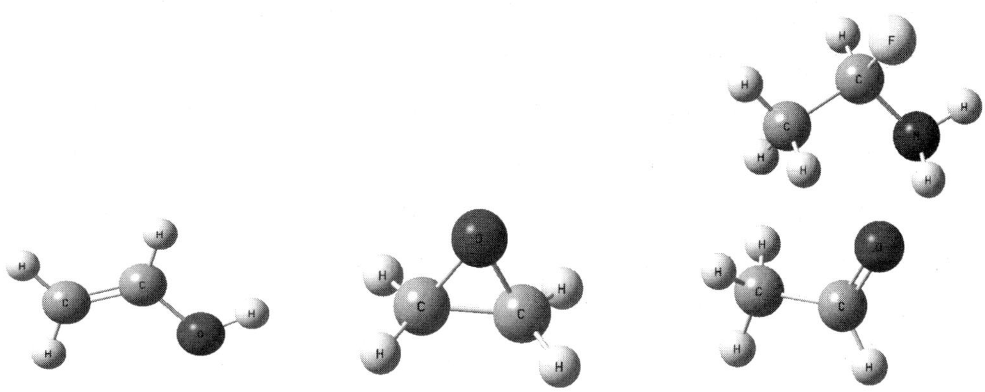

## 실습-4-06 입체 이성질체와 구조 이성질체

### [1] $H_3C-CHF-NH_2$의 입체 이성질체들

(1) GaussView를 이용하여 **$H_3C-CHF-NH_2$** 분자구조를 그리고, 그 구조를 h3c−chf−nh2−**iso1**.gjf 이름을 가지는 파일로 저장한다. 계산 방법 **b3lyp/6−31g**(d), **Charge=0, Mult=1**이고, 나머지는 스스로 판단해 본다.

(2) Gaussian09W 프로그램으로 이 분자의 구조를 최적화하고, 진동 스펙트럼을 구하는 input 파일을 만든 후 계산을 수행하여, 그 결과를 h3c−chf−nh2−**iso1**.log 이름으로 저장한다.

(3) GaussView 프로그램으로 h3c−chf−nh2−**iso1**.log 파일을 열어서, 계산의 주요 결과들을 그림과 표로 정리한 보고서를 만든다. 어떤 내용들이 주요 계산 결과인지 잘 생각해보고, 나름대로 그림, 표, 설명들을 포함하여 보고서로 정리한다.

(4) GaussView 프로그램으로 h3c−chf−nh2−**iso1**.log 파일을 연 후, 구조−최적화가 완성된 최종 구조 그림을 이용하여, 이 분자구조 안에 있는 H−C−C−N 비틀림 각을 변화시킨다. 일반화학과 유기화학에서 학습한 내용을 바탕으로 존재 가능한 새로운 입체 이성질체들을 만든 후, 이것을 h3c−chf−nh2−**iso2**.gjf 이름으로 저장한다. 이 부분에 대해서는 이 책 3장에 포함된 실습−2−01의 후반부 내용을 참고한다.

⇒ 에너지가 약 0.008 a.u. (=21.2 kJ/mol) 다른 두 가지의 서로 다른 구조가 있다!

(5) h3c−chf−nh2−**iso1**.log 파일을 연 후, 구조−최적화가 완성된 최종 구조 그림을 이용하여 이 분자구조 안에 있는−CHF− 부분에서 H와 F의 위치를 서로 변경하여 광학 이성질체를 만든다. 그 후 이것을 h3c−chf−nh2−**iso1−chi**라고 명명한 후, 구조−최적화와 진동 특성 계산을 실행하라.

(6) 3c−chf−nh2−**iso2**.log 파일을 연 후, (6)번 방법으로 이것의 광학 이성질체 구조를 만들어 h3c−chf−nh2−**iso2−chi**로 명명한다. 적용한 것과 동일한 계산 방법으로 h3c−chf−nh2−**iso2−chi**를 구조−최적화하고 진동 스펙트럼을 구한다.

(7) h3c−chf−nh2−**iso1**과 h3c−chf−nh2−**iso2**에 대한 주요 결과를 표로 만들어 비교하고, 간단히 설명하는 보고서를 만든다.

(8) GaussView 프로그램으로 h3c−chf−nh2−**iso1**.log 파일을 연 후, 구조−최적화가

완성된 최종 구조 그림을 이용하여, 이 분자구조 안에 있는 −CH3 부분에서 H 하나를 염소(Cl)로 바꾼다. 그 후 h2clc−chf−nh2−**iso1**로 명명한 후, 위에서 사용한 방법과 동일하게 구조−최적화하고 진동 스펙트럼을 구한다.

⇒ 에너지가 0.008 이상 다른 최소 6개 이상의 서로 다른 구조를 모두 찾아보라.

(9) (8)번에서 찾은 각각의 구조들에 상응하는 광학 이성질체들을 모두 찾고, (각각에 대한 input−output 파일들의 이름을 어떻게 하는 것이 좋은지에 대하여 생각해 보라.) 이들 모두에 대한 주요 결과를 비교하는 보고서를 만든다.

## [2] $H_3C-CHF-NH_2$의 입체 이성질체들

(1) **$H_3C-CH_2-NH-SiH_3$** 분자를 위 [2]번의 내용에 해당하는 과정으로 진행하기 위한 절차 혹은 순서를 계획한 후, 계획을 바탕으로 계산을 진행하고 그 결과를 정리한다.

(2) 위 [2]에서 다룬 **$H_3C-CHF-NH_2$** 분자 또는 이번 [3]에서 다룬 **$H_3C-CH_2-NH-SiH_3$** 분자에 대한 계산 결과들을 통하여 확인한 사실 또는 새롭게 이해한 사실들에 대하여 아래 네모 칸에 간단히 설명한다.

## [3] 구조 이성질체: $C_2H_4O$의 세 가지 isomer들

(1) $C_2H_4O$의 세 가지 isomer 분자들을 B3LYP/6−31+G(d) 방법으로 구조−최적화하고, 분자진동수를 계산한 결과를 아래 표에 정리한 후, 상대적 안정성을 판단한다.

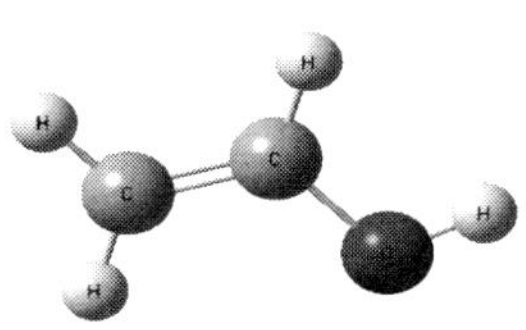
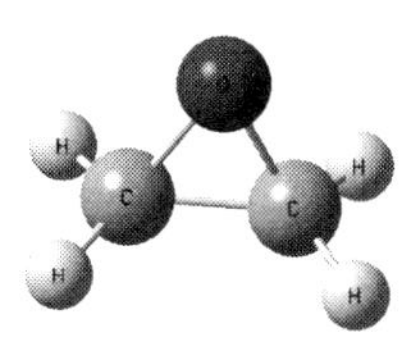
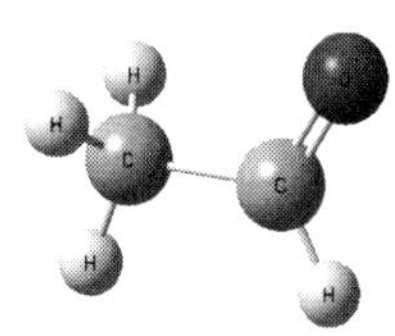

(2) 구조−최적화가 올바르게 되었다면, 진동 파수들 중 가장 작은 값($\omega$)이 반드시 양(+부호)의 값이어야 한다. 이를 나타내기 위하여 다음 표에 포함시킨다.

(3) 상대 에너지(Relative Energy) $E_0$는 세 이성질체들 중 가장 안정한 것의 에너지를 기준($\Delta E_0$=0.0)으로 계산한다. (참고: Hartree(A.U.) = 627.50 kcal/mol = 2625.5 kJ/mol)

| | $E_e$ (Hartree) | $E_0$ (Hartree) | $\Delta E_0$ | | | $\omega_1$ ($cm^{-1}$) |
|---|---|---|---|---|---|---|
| | | | Hartree | kcal/mol | kJ/mol | |
| Isomer−1 | | | | | | |
| Isomer−2 | | | | | | |
| Isomer−3 | | | | | | |

(4) 바탕집합의 영향을 보기 위하여 위와 동일한 계산을 B3LYP/6−311++G(3df,3pd) 방법으로 반복한 후, 그 결과를 위 (3)의 결과와 비교한다.

(5) 이 책 5장의 끝에 나오는 복합 방법들 중 하나(예를 들어 G3MP2 방법)를 사용하여 위 계산을 반복한 후, 그 결과를 평가한다.

(6) 인터넷이나 문헌을 조사하여 위 세 가지 이성질체들의 상대 에너지에 대한 실험값을 찾은 후, 계산화학의 결과와 비교한다.

## 4.7 반응 에너지(Reaction Energy) 계산

### 4.7.1 배경 지식

반응 에너지($\triangle E_{Rxn}$)는 생성물(들)의 총 에너지에서 반응물(들)의 총 에너지를 뺀 값으로 계산되는데, 반응 계수를 고려하면 아래와 같이 계산된다.

$$a\,A + b\,B \rightarrow c\,C + d\,D$$

$$\triangle E_{Rxn} = \{d\times E(D) + c\times E(C)\} - \{a\times E(A) + b\times E(B)\}$$

그런데 여기서 에너지 E의 정의에 대하여 주의하여야 한다. 먼저 위 계산에 참여하는 모든 분자들의 에너지 기준을 통일시켜야 한다. 이를 위하여 반응에 참여하는 분자들(A, B, C, D)은 모두 동일한 계산 모형(Computational Model)으로 다루어야 하는데, 이는 이론-모형/바탕-함수 두 부분을 모두 일치시켜야 한다는 의미다. 계산화학을 처음 시작하는 학생들의 흔한 실수들 중 하나는 예를 들어 A 및 B는 B3LYP/6-31+G(d) 방법(그리고 5D pure spherical d-type basis functions)으로 계산하고, C 및 D는 HF/6-31G(d) 방법(그리고 6D Cartesian d-type basis functions)으로 계산한 후, 그 결과들을 조합하여 반응 에너지($\triangle E_{Rxn}$)를 계산하는 것이다.

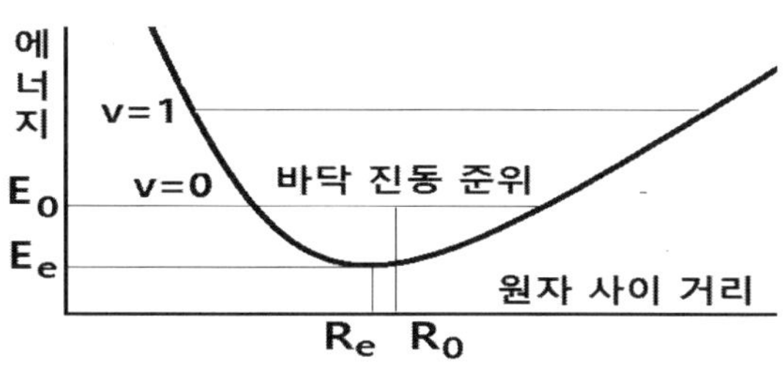


$$ZPE = \frac{1}{2} h \sum_{i=1}^{3N-6(5)} w_i$$

**그림 4.3** $E_e$와 $E_0$, 그리고 ZVPE(ZPE)

그 다음으로 주의하여야 하는 것은 **영점-진동-에너지**(ZVPE, Zero point vibration energy) 혹은 줄여서 영점-에너지(ZPE, Zero point energy)로 부르는 것이다. 실제 분자는 항상 최소한 영점-진동의 에너지를 포함하고 있기 때문에 계산화학 방법의 결과에서도 ZPE를 포함한 값을 사용하여야 한다. N개의 원자를 포함하는 분자의 경우에 3N-6(5)개의 내부 진동 양식이 존재하기 때문에, 모든 진동양식의 영점-진동-에너지를 합하여, 위 그림 오른쪽의 수식으로 계산된다. 물론 이 식에는 퍼텐셜 에너지 곡면 및 진동 에너지 준위에 미치는 비-조화성 효과(Anharmonicity effect)는 포함되지 않았지만, 그에 대한 사항은 이 책의 범위를 벗어난다. 그리고 ZPE를 구하기 위한 진동-특성 계산은 구조-최적화와 동일한 방법을 사용하는 것(그래서 opt와 freq keyword를 하나의 계산 input에 동시에 사용하는 것)이 원칙이다. 그러나 매우 큰 분자인 경우에는 진동-특성을 계산하는 것이 매우 많은 계산량을 요구하여, 실제로 불가능하거나 매우 어려울 수 있다. 이러한 경우에는 ZPE를 포함하지 않은 Ee 에너지 값들만을 사용하여 반응 에너지를 계산할 수도 있지만 바람직하지는 않다. 다행이 영점 에너지가 계산 방법의 수준에 의존하는 바가 비교적 적기 때문에 큰 분자를 일단 낮은 수준(예를 들어 HF/6-31G(d))의 방법으로 구조-최적화와 진동 특성 계산을 수행하여 ZPE 값을 구해놓은 후, 구조-최적화만을 더 높은 수준(예컨대 CCSD(T)/aug-cc-pVTZ) 방법으로 진행한 후, 그 방법에서 구한 결과에 앞에서 구한 ZPE 값을 보정하는 방법(즉 $E_0$ = $E_e$(높은 수준 방법) + ZPE(낮은 수준 방법))을 사용하는 것이 ZPE를 전혀 고려하지 않는 것보다 더 바람직하다. 이 책에 포함된 실습에서는 그러한 복잡한 과정은 사용하지 않고, 그냥 구조-최적화/진동 특성-계산을 동일한 계산-모형으로 다루는 것만 다룬다.

계산화학으로 구한 값과 실험 결과를 비교할 때, 실험 결과가 어떤 조건에서 구한 값이며, 그에 해당하는 계산 결과가 무엇인지에 대한 판단이다. 양자화학 계산은 기본적으로 일단 절대온도 0 K에서 진공(vacuum) 상태인 분자만을 계산하며, 그 조건에 해당하는 실제 에너지가 $E_0$(Sum of electronic and zero-point energy) 값이다. 그러나 실제 실험은 대부분 1기압(1.0 Atm), 25℃(298.15 K) 조건에 해당하며, 이들을 고려하려면 분자 전체의 회전(Rotation)-에너지와 병진(Translation)-에너지, 그리고 들뜬 진동-준위에 분포하는 비율에 대한 볼츠만-분포 영향 등 열역학 요인들을 포함시켜야 한다. 다행스럽게도 진동-특성을 계산한 결과에는 아래 네모 칸에 보인 바와 같이 여러 열역학 함수에 해당하는 값들을 제시하고 있다.

```
Temperature    298.150 Kelvin.   Pressure    1.00000 Atm.
Zero-point correction =                  0.051101 (Hartree/Particle)
Thermal correction to Energy =                  0.054144
Thermal correction to Enthalpy =                0.055088
Thermal correction to Gibbs Free Energy =       0.029567
Sum of electronic and zero-point Energies =            -78.542168
Sum of electronic and thermal Energies =               -78.539125
Sum of electronic and thermal Enthalpies =             -78.538180
Sum of electronic and thermal Free Energies =          -78.563702
```

만약 실험 결과가 기체 상태가 아닌 조건에서 구해진 경우에는 환경 효과(Environment), 특히 용매 효과(Solvent Effect)를 고려해 주어야 하는데, 이에 대해서는 4.5절에서 간단히 다루었다.

## 실습-4-07 영점 에너지와 반응 에너지 계산

### [1] 기본 계산: 분자구조 최적화, 진동특성 계산, 영점-에너지

(1) **GaussView를 실행시킨다.** → Element Fragment를 클릭하여 주기율표를 불러낸 후 산소 원자를 클릭한다. 나타나는 Fragment들 중에서 결합손이 2개인 것을 클릭하여 선택한다.

(2) 작업창의 적당한 공간에 마우스를 클릭하면 물 분자 하나가 그려진다.

(3) GaussView의 주 화면에서 File → Save를 클릭하여 나타나는 창에서 적합한 Directory(~G03w/tests)로 이동한 후, 파일 이름으로 test-h2o를 지정하고, save를 클릭하여 저장한다.

(4) GaussView의 주 화면에서 File → Exit를 클릭, **GaussView를 빠져 나간다**.

(5) **G03w를 실행시킨다.** File → Open을 클릭하여 창이 나타나면, 앞에서 (3)에서 지정한 Directory와 파일 이름을 선택한다.

(6) Route section의 내용(# hf/3-21g geom=connectivity)을 다음과 같이 바꾼다.
# hf/6-31g opt freq

(7) Title section의 내용(Title Card Required)은 다음처럼 적당하게 고친다.
*** H2O, Optimization and Vibration Frequency ***

(8) 현재의 창에서 File → Save Job을 클릭하면 나오는 Overwrite it? 질문에 Yes를 선택하여 덮어 쓴다.

(9) 현재 창의 오른쪽 그림 메뉴들 중에서 Run을 클릭하고, 나타난 창의 파일 이름을 확인한 후 저장을 클릭한다. ⇒ 잠시 후 계산이 진행된다. 계산이 진행되는 동안 Run Progress 부분, 주 화면, Status Line의 내용들이 각각 어떻게 변하는지 관찰한다. (계산은 약 1~2분 진행된다.)

(10) 현재 창 중간 부분 Run Progress 부분에 'Processing Completed'가 나오고, 맨 아래의 Status Line에 Finalizing Calculation and Output을 확인한다.

(11) 계산이 완료되면 주 화면의 우측 상단의 돋보기 그림을 클릭하여 나타나는 메모장 파일에서 편집 → 찾기를 클릭하고, 나타나는 창에 'Optimization completed'를 입력한 후 '다음 찾기'를 클릭한다.

(12) Optimization completed 문장 5~6줄 아래에 나오는 Parameter 값들을 다음 페

이지 표의 R(O−H), <(H−O−H) 란에 적는다. **(0.9496, 111.5)**

(결합 길이는 소수점 이하 4자리, 결합 각도는 소수점 이하 1자리면 충분하다.)

(13) 찾을 내용을 지정하는 창에 이번에는 SCF Done을 쓰고, '다음 찾기'를 클릭한다. SCF Done E(RHF)의 값(−75.98..)들 중 가장 아래의 값을 표의 $E_e$난에 기입한다.

(14) 찾을 내용을 지정하는 창에 이번에는 'Normal coord'를 입력하고 '다음 찾기'를 클릭한다. Normal coordinates 문장 2~3줄 아래의 Frequencies 값들과 IR Intent의 값들을 다음 표의 $\omega_1$(Int), $\omega_2$(Int.), $\omega_3$(Int.)에 적는다. frequency값을 적고, Int 값을 ( ) 안에 적는다.

(15) 찾을 내용을 지정하는 창에 'Sum of elect'를 입력하고, '다음 찾기'를 클릭한다. 찾아진 값, 즉 Sum of electronic and zero−point Energies=를 아래 표의 $E_0$ 란에 적는다.

(16) 이것으로 hf/6−31g 방법으로 $H_2O$ 분자의 분자구조−최적화와 분자−진동 계산을 수행하고, 그 결과의 중요 내용을 정리하였다.

(17) 여기서 $E_e$는 퍼텐셜 에너지 곡면의 가장 아래 부분 에너지이고, $E_0$는 zero−point energy를 더해준 에너지다. $E_0 = E_e + \frac{\hbar}{2} \sum_{i}^{3N-6(5)} \omega_i$

| Method | $E_e$ | R(O−H) | <(H−O−H) | $\omega_1$(Int) | $\omega_2$(Int.) | $\omega_3$(Int.) | $E_0$ |
|---|---|---|---|---|---|---|---|
| hf/6−31G | | | | | | | |
| b3lyp/6−31g* | | | | | | | |

(18) **b3lyp/6−31g*** 방법으로 위 표 아래 줄의 빈칸을 채워라.

## [2] 반응 에너지 계산: $2H_2 + O_2 \rightarrow 2H_2O$

(1) 앞 과정을 이용하여 $H_2$ 분자와 $H_2O$ 분자는 'Opt Freq hf/6−31g(d)' 방법으로 계산하고, $O_2$ 분자는 'Opt Freq uhf/6−31G(d)' 방법으로 계산한다.

(주의: **$O_2$ 분자의 실제 바닥 전자상태는 3중항, Charge=0 Mult=3에 해당한다.**)

→ 최적화된 에너지 값은 각각 $E_e(H_2)$, $E_e(O_2)$, $E_e(H_2O)$이다.

(2) 반응 에너지 = (생성물들의 에너지 합) − (반응물들의 에너지 합)

$$= 2 \times E_e(H_2O) - (2 \times E_e(H_2) + E_e(O_2)) =$$

(3) 위 계산 결과는 hartree 단위 값이다. **1 hartree=627.51 kcal/mol=2625.5 kJ/mol** 반응 에너지를 kcal/mol 단위와 kJ/mol 단위로 변환하여 쓰라.

$\Delta E_e(Rxn) =$ _________________ kcal/mol = _________________ kJ/mol

### [3] 영점-에너지를 고려한 반응 에너지 계산: $2\ H_2 + O_2 \rightarrow 2\ H_2O$

Frequency 계산 결과를 사용하여 영점 에너지를 포함한 에너지 $E_0$들을 계산하고 이것들을 사용하여 반응 엔탈피 계산한다.(**주의**: Geometry Optimization을 수행한 결과를 이용하여 Frequency를 계산하여야 한다.)

(1) 반응 에너지 = (생성물들의 에너지 합) − (반응물들의 에너지 합)

$= 2 \times E_0(H_2O) - [\ 2 \times E_0(H_2) + E_0(O_2)\ ] =$

$\Delta E_0(Rxn) =$ _________________ kcal/mol = _________________ kJ/mol

(2) zero-point energy를 고려하지 않은 경우와 얼마나 차이가 있는가?

### [4] 실전 연습

메탄올 연소반응 $CH_3OH\,(g) + \frac{3}{2}O_2(g) \rightarrow CO_2(g) + 2H_2O\,(g)$

(1) b3lyp/6-31g(d) 방법으로 연소반응 에너지를 계산하여 다음 표를 완성하라.

| | $CH_3OH$ | $O_2$ | $CO_2$ | $H_2O$ | 반응 에너지 | |
|---|---|---|---|---|---|---|
| | | | | | Hartree | kcal/mol |
| 에너지($E_e$) | | | | | | |
| 에너지($E_0$) | | | | | | |

(2) 위와 동일한 방법으로 바탕집합을 좀 더 확장한 b3lyp/6-31+g(d,p) 방법과 b3lyp/6-311++g(2df,2pd)로 메탄올의 연소반응 에너지를 계산한다.

(3) 계산 방법을 변경하여 B3LYP 대신에 TPSSTPSS와 WB97XD로 대체하여 메탄올의 연소반응 에너지를 계산한다.

(4) 다른 방법(5장의 설명을 참고하여)들도 적용하여 메탄올의 연소반응 에너지를 계산한다.

(5) 위 (1)-(4)의 결과들을 비교하는 표를 완성한다.

## 4.8 이온화 에너지, 전자 친화도, 수소 이온 친화도

### 4.8.1 이온화 에너지(IP, Ionization Potential Energy)

#### 1) IP(이온화 에너지)의 정의

중성 원자/분자에서 전자를 떼어내서 +1 양이온을 만드는 데 필요한 에너지가 1차 이온화 에너지다. 이온화 에너지는 + 부호로만 정의된다. 여기서는 최외곽 전자를 제거하는 1차 이온화 에너지에 대해서만 다룬다. 가장 바깥쪽의 전자부터 순차적으로 제거되는 2차, 3차 이온화 에너지에 대한 계산의 기본 과정은 1차 이온화 에너지를 계산하는 것과 동일하다. 그러나 가장 바깥쪽 전자보다 더 안쪽의 전자가 먼저 제거되거나 1s－ 혹은 2s－와 같은 중심 전자(core electron)가 이온화되는 경우에 대한 계산은 단순하지 않은데, 이 책에서는 다루지 않는다.

#### 2) VIP와 AIP 구분

분자의 경우에는 이온화와 함께 진행되는 원자핵 사이의 거리 변화를 고려하여, VIE와 AIE로 구분하여 생각하고 계산하여야 한다.

(1) VIP(수직－이온화－에너지, Vertical Ionization Potential): 전자가 제거되기 이전 상태(즉 중성상태)의 평형 분자구조(즉 원자핵들 사이의 거리와 각도)를 그대로 유지한 조건에서 +1 양이온이 되면서 에너지가 높아지는 이온화 에너지

(2) AIP(단열－이온화－에너지, Adiabatic Ionization Potential): 양이온이 된 후, 원자핵들 사이의 거리와 각도가 변하면서 양이온이 좀 더 안정(relaxation)화 된 이후까지 고려한 에너지 변화로 정의하는 이온화 에너지

#### 3) 계산 순서

(1) 중성 분자의 구조를 최적화한다. 즉 에너지가 가장 낮은 원자핵 사이의 배치를 구한다. 최적화된 에너지 값을 확인한다. → E(Neutral at Neutral Geometry)

(2) 최적화된 중성분자의 구조를 고정시킨 상태에서, 양이온의 에너지를 단일－지점(SP, Single Point) 계산으로 구한다. → E(Cation at Neutral Geometry)

(3) 계산 주의사항: 양이온이 되면서 전하와 스핀－다중도(2S+1값)가 변한다.

(4) VIP 값을 계산한다.

VIP = E(Cation at Neutral Geometry) − E(Neutral at Neutral Geometry)

(5) 양이온 분자구조를 최적화(Geometry Relaxation)하여 최저 에너지를 구한다.

→ E(Cation at Cation Geometry)

(6) AIP 값을 계산한다.

AIP = E(Cation at Cation Geometry) − E(Neutral at Neutral Geometry)

(7) 주의사항: 위의 (1)−(5)번 계산은 모두 동일한 계산모형(theoretical)과 동일한 바탕 함수를 사용하여 얻은 값들 사이에서만 계산하여야 한다. 예컨대, 중성분자의 분자 구조 최적화는 b3lyp/6−31+G(d)로 수행하고, 양이온에 대한 계산은 bw91/cc−pVTZ 방법으로 진행한 후, 그들의 에너지 값들을 사용하여 EA를 계산하면 잘못된 결과가 나온다. Method/Basis−set 두 가지가 중성분자와 양이온의 양쪽에서 완전히 동일해야 한다.

(8) VIP/AIP 값은 양(plus)수 값이어야 하며, 만약 AIP 값이 VIP 값보다 크다면, 계산 과정이 뭔가 잘못되었다. 그림 4.4를 참조하라.

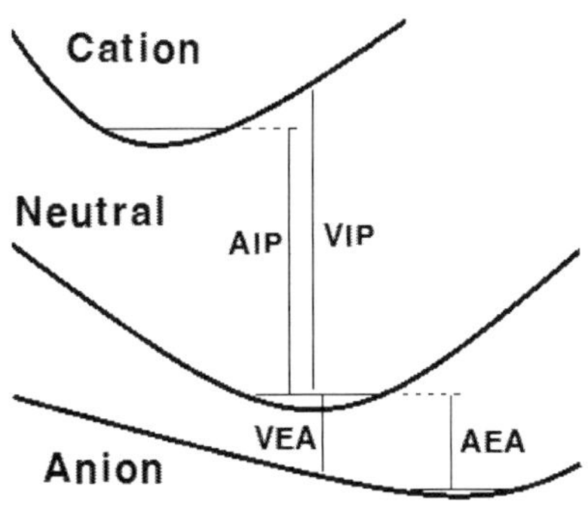


**그림 4.4** 전자 친화도(EA)와 이온화 에너지(IP)에서 수직(vertical) 및 단열(adiabatic)의 의미와 분자구조(원자핵 간 거리) 사이의 관계

## 4.8.2 전자 친화도(EA, Electron Affinity)

### 1) EA(전자 친화도)의 정의

중성 원자/분자에 전자가 결합하여 음이온이 되면서 에너지가 더 낮아지는 경우에 EA 값의 부호를 +로 다루는 것이 일반적이다. 만약 EA 값이 음수(−부호)면 음이온이 중성 상태보다 더 불안정하다는 의미이며, 이 경우에는 음이온이 매우 빠른 시간 안에 전자를 잃어버리고 중성 상태로 되돌아간다. 물론 제법 긴 시간 동안 존재하는 준−안정(meta−

stable) 음이온이 가능하기도 하지만 이 책에서는 다루지 않는다. 또한 −1가 음이온에 전자 하나가 더 추가되어 −2가 음이온이 되는 경우도 있지만, 이에 대한 것도 이 책에서는 다루지 않는다.

### 2) VEA와 AEA의 구분

분자의 경우에는 VEA와 AEA로 구분하여 생각하고, 계산할 수 있다.

(1) VEA(수직−전자−친화도, Vertical Electron Affinity): 전자가 결합되기 이전 상태(즉 중성상태)의 평형 분자구조(즉 원자핵들 사이의 거리와 각도)를 그대로 유지한 조건에서 음이온이 되면서 에너지가 낮아지는 것으로 정의되는 전자−친화도

(2) AEA(단열−전자−친화도, Adiabatic Electron Affinity): 음이온이 된 후 원자핵들 사이의 거리가 변하면서 음이온이 좀 더 안정(relaxation)화 된 이후까지 고려한 에너지 변화로 정의하는 전자−친화도

(3) 음이온이 되면 여분의 전자 때문에 전자들 사이의 반발 에너지가 증가하여, 전자 파동함수의 공간 크기가 커진다. 따라서 이를 적절하게 다루어주기 위해서는 바탕집합에 퍼진−바탕−함수(diffuse basis function)가 추가되어야 한다. 주의할 점은 음이온에 대한 계산에서만 퍼진−바탕−함수를 추가하면 안 되고, 중성 분자에 대한 계산에도 동일하게 퍼진−바탕−함수를 추가하여야 한다. 즉 중성과 음이온에 동일한 바탕집합을 사용하여야 한다. (계산 방법도 동일한 이론 모형을 사용하여야 한다.)

(4) 전자 친화도의 경우에 VEA는 양수 값이지만, AEA는 더 큰 양수 값일 수 있다.

### 3) 계산 순서

(1) 중성 분자의 구조를 최적화한다. 즉 에너지가 가장 낮은 원자핵 사이의 배치를 구한다. 최적화된 에너지 값을 확인한다. → E(Neutral at Neutral Geometry)

(2) 최적화된 중성 분자의 구조를 고정시킨 상태에서, 음이온의 에너지를 단일−지점(SP, Single Point) 계산으로 구한다. → E(Anion at Neutral Geometry)

(3) 계산 주의사항: 음이온이 되면서 전하와 스핀−다중도(2S+1값)가 동시에 변한다.

(4) VEA 값을 계산한다.

VEA = E(Neutral at Neutral Geometry) − E(Anion at Neutral Geometry)

(5) 음이온의 분자구조를 최적화(Geometry Relaxation)하여 최저 에너지를 구한다.

→ E(Anion at Anion Geometry)

(6) AEA 값을 계산한다.

AEA = E(Neutral at Neutral Geometry) − E(Anion at Anion Geometry)

(7) 주의사항: 위의 (1)−(5)번 계산은 모두 동일한 계산모형(theoretical)과 동일한 바탕함수를 사용하여 얻은 값들 사이에서만 계산하여야 한다. 예컨대, 중성분자의 분자구조 최적화는 b3lyp/6−31+G(d)로 수행하고, 음이온에 대한 계산은 bw91/cc−pvTz 방법으로 진행한 후, 그들의 에너지 값들을 사용하여 EA를 계산하면 안 된다.

(8) 만약 AEA 값이 VEA 값보다 작다면, 계산 과정이 뭔가 잘못되었다. 단, VEA는 음수(−)값이고, AEA는 양수(+)값이 될 수는 있다.

### 4.8.3 수소 이온 친화도(PA, Proton Affinity)

#### 1) PA(수소 이온 친화도)의 정의

(1) 중성 원자/분자에 수소이온(양성자, $H^+$)이 결합하여 양이온이 되면서 에너지가 더 낮아지는 경우에 PA 값의 부호를 +로 다루는 것이 일반적이다. 만약 PA 값이 음수(−부호)면, 양성자가 결합하지 않는다는 의미다.

(2) 양성자 친화도의 경우에도 원칙적으로는 VPA라는 개념은 성립될 수 없고, APA에 대한 것만 의미가 있다. 그러나 크고 복잡한 중성 분자의 경우에는 추가되는 수소이온이 원래 중성 분자의 여러 곳에 결합할 수도 있기 때문에 의외로 복잡한 경우가 생길 수 있다. 여기서는 원래 중성 분자의 한 곳에만 수소 원자가 붙을 수 있는 경우만 가정하여 다룬다.

#### 2) 계산 순서

(1) 중성 분자의 구조를 최적화한다. 즉 에너지가 가장 낮은 원자핵 사이의 배치를 구한다. 최적화된 에너지 값을 확인한다. → E(Neutral at Neutral Geometry)

(2) 최적화된 중성 분자에서 양성자가 첨가될 수 있는 원자 주변의 적절한 위치(주로 비−공유 전자쌍을 가지는 원자핵에서 약 0.90Å 거리)에 $H^+$를 붙인 것을 출발 구조로 가정하여, ($H^+$가 추가된) 양이온의 구조를 최적화시켜 에너지를 구한다. → E(Cation at Cation Geometry)

(3) 계산 주의사항: $H^+$가 추가되면서 전하 값은 +1로 변하지만, 전자의 수는 변하지 않기 때문에 스핀−다중도(2S+1) 값은 변하지 않는다.

(4) PA 값을 계산한다.

PA = E(Neutral at Neutral Geometry) − E(Cation at Cation Geometry)

### 4.8.4 실험 연구와 관련하여 생각해 볼 사항들

VIP/AIP, VEA/AEA, PA에 대한 계산 결과를 실험 결과와 적합하게 비교하기 위해서 고려해야 하는 많은 사항들을 여기서 모두 다루기는 어렵다. 단지 계산 결과를 활용하는데 최소한으로 필요한 다음 사항들을 언급할 뿐이다.

(1) 전자 친화도 및 이온화 에너지를 측정하는 실험 방법에 대하여 알아보고, 그림 4.5를 보면서 실험에서 관측되는 시그널(혹은 흡수/방출 신호)에서 Band−head 및 peak−maximum이 VIP/AIP 또는 VEA/AEA와 어떤 관계인지 생각해 본다.

(2) 위 설명에서는 진동 에너지 준위에 대한 고려를 포함시키지 않았는데, 진동 에너지 준위를 고려하려면 EA/IP를 계산하는 과정에서 어떤 점들을 추가로 계산 또는 포함시켜야 하는지 생각해 본다.

(3) Franck Condon principle, Band Envelope, Vibrational Progression, Reflection Principle 등이 어떤 의미인지 조사해 본다.

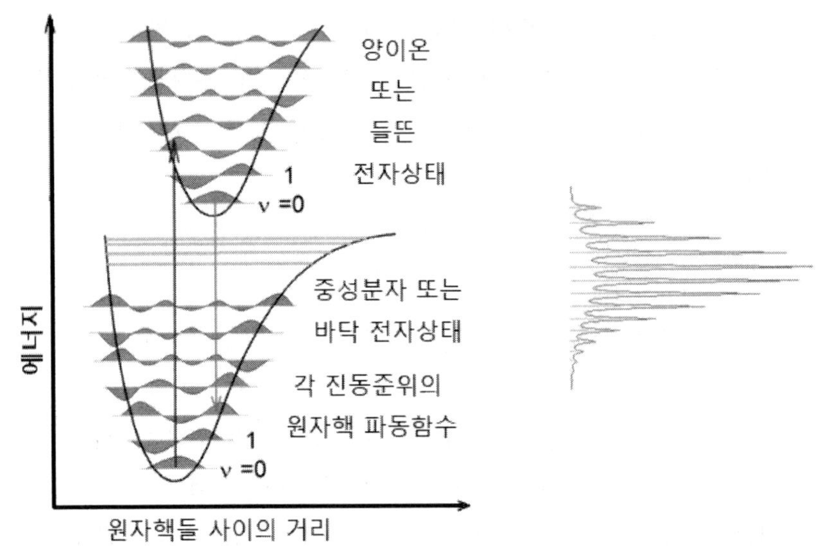


그림 4.5 중성/양이온 또는 바닥−전자상태/들뜬−전자상태 사이의 관계

## 실습-4-08 EA, IP, PA 계산 실습

전자 친화도(Electron Affinity, EA), EA = E(중성분자) − E(음이온)

이온화−에너지(Ionization Potential, IP), IP = E(양이온) − E(중성분자)

양성자−친화도(Proton Affinity, PA), PA = E(중성분자) − E(중성분자 · $H^+$)

Vertical vs. Adiabatic의 차이 이해 → VEA vs. AEA, VIP vs. AIP,

(1) 전자 친화도 (Electron Affinity, EA): 예 $Cl_2 + e^- \rightarrow Cl_2^- + EA$

(A) **Vertical EA** : 중성 분자의 구조와 음이온의 구조가 동일한 조건에서의 EA

1) $Cl_2$를 (#T opt b3lyp/6−31g(d) ) (**Charge=0, mult=1**)로 계산

에너지 값 기록: E($Cl_2$) =________ hartree (A.U.)

2) $Cl_2^-$를 (#T b3lyp/6−31g(d) ) (**Charge=−1, mult=2**)로 계산

(주의: 1)번 계산에서 구해진 (Optimized된) 분자구조(즉 원자핵들의 위치)를 그대로 사용하면서 단지 Charge와 Multiplicity 값들만 바꾼 후, **opt라는 keyword를 사용하지 않고** 계산한다.)

에너지 값 기록 : E($Cl_2^-$ at $Cl_2$ geometry) =________ hartree

3) Vertical EA (VEA) = E($Cl_2$ opt. geom.) − E($Cl_2^-$ at $Cl_2$ geometry)

Vertical EA =________ hartree =________ eV

(1.0 hartree = 27.21 eV)

(B) **Adiabatic EA** : 음이온의 구조가 다시 최적화된 조건에서의 EA

1) $Cl_2^-$를 (#T opt b3lyp/6−31g(d) ) (**Charge=−1, mult=2**)로 계산

(참고: (1)의 2)번과 동일한 계산이지만, **opt라는 Keyword를 추가**)

에너지 값을 기록 : $E'(Cl_2^-)$ =________ hartree

2) Adiabatic EA (AEA) = $E$($Cl_2$ opt. geom.) − $E'$($Cl_2^-$ opt. geom.)

Adiabatic EA =________ hartree =________ eV

(2) 이온화−에너지(Ionization Potential, IP): 예 $Cl_2 + IP \rightarrow Cl_2^+ + e^-$

(A) Vertical IP: 양이온의 구조가 중성 이온의 구조와 동일한 조건에서의 IP

1) $Cl_2^+$를 (#T b3lyp/6−31g(d) ) (**Charge=1, mult=2**)로 계산

**주의**: [1]의 (1)번 1) 계산에서 구해진 분자구조를 그대로 사용한다.

2) Vertical IP (VIP) = E($Cl_2^+$ at $Cl_2$ geometry) − E($Cl_2$ opt. geom.)

Vertical IP =________________ hartree = ________________ eV

(B) Adiabatic IP: 양이온의 구조가 다시 최적화된 조건에서의 IP

1) $Cl_2^+$를 (#T b3lyp/6−31g(d) opt) (**Charge=1, mult=2**)로 계산

2) Adiabatic IP (AIP) = E($Cl_2^+$ opt. geom.) − E($Cl_2$ opt. geom.)

Adiabatic IP =________________ hartree = ________________ eV

**(3) 수소 이온 친화도(Proton Affinity, PA):** 예 $NH_3 + H^+ \rightarrow NH_4^+$

1) $NH_3$를 (#T b3lyp/6−31g(d,p) opt) (**Charge=0, mult=1**)로 계산

에너지 값을 기록 : $E(NH_3)$ = ________________ hartree

2) $NH_4^+$를 (#T b3lyp/6−31g(d,p) opt) (**Charge=1, mult=1**)로 계산

에너지 값을 기록 : E($PH_4^+$) =________________ hartree

3) PA= E($NH_3$) − E($NH_4^+$) = ________________ hartree = ________________ kcal/mol

(4) 실전 문제

1) 공통 계산: 다음 표를 완성하라. (값을 eV로 구하라.)

(**참고**: 바탕집합을 aug−cc−pVTZ로 사용하는 계산에서 오류가 발생하면 Gaussian input의 맨 앞에 %mem=32MW를 추가한다. aug−cc−pVTZ를 사용하면 계산 시간이 급격하게 증가하기 때문에 시간이 없으면 생략해도 된다.

| Property | VEA | AEA | VIP | AIP | PA |
|---|---|---|---|---|---|
| Hartree | | | | | |
| (kcal/mol) | | | | | |

| 계산 방법 | VEA | AEA | VIP | AIP |
|---|---|---|---|---|
| $Cl_2$, b3lyp/6−31g(d) | | | | |
| $Cl_2$, b3lyp/aug−cc−pvTz | | | | |
| $N_2$, b3lyp/6−31g(d) | | | | |
| $N_2$, b3lyp/aug−cc−pvTz | | | | |

| | b3lyp/6-31g(d,p) | b3lyp/aug-cc-pvTz |
|---|---|---|
| PA of $NH_3$ | | |
| PA of $PH_3$ | | |

2) 개별 계산: $H_3C-NXY$ 분자의 X와 Y는 학번의 끝자리로 결정된다.

b3lyp/6-31g(d,p)로 다섯 가지 성질을 계산하여 다음 표를 완성하라.

| Property | VEA | AEA | VIP | AIP | PA |
|---|---|---|---|---|---|
| Hartree 단위로 | | | | | |
| eV 단위로 | | | | | |

| 학번 끝 | 1, 7 | 2, 8 | 3, 9 | 4, 0 | 5, 6 |
|---|---|---|---|---|---|
| X | F | F | Cl | H | H |
| Y | F | Cl | Cl | Cl | F |

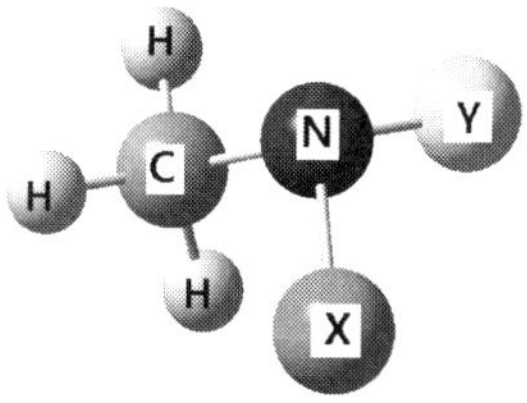

## 4.9 핵자기 공명(NMR) 분광학

### 4.9.1 배경 지식

NMR(Nuclear Magnetic Resonance, 핵자기 공명) 분광학의 배경 이론 자체를 여기서 설명하려는 것은 아니며, 단지 NMR 성질들에 대하여 계산화학 방법들을 적용하는 데 필요한 기본 배경 지식만을 간단히 제시한다. 아래 내용에 대한 보다 구체적인 이론은 NMR 관련 문헌을 참고하여야 한다.

(1) 원자핵은 각각 고유한 총-각운동량-양자수 I를 가지며, 고유한 핵 마그네톤 $g_N$을 가진다. 핵-스핀-양자수 I와 핵-자기 모멘트(nuclear magnetic momentum) $g_N$의 값은 원자핵의 종류에 따라 다르며, 그들 중 일부는 다음 표와 같다.

| 원자핵 | $^{1}H$ | $^{6}Li$ | $^{11}B$ | $^{13}C$ | $^{19}F$ | $^{31}P$ | $^{29}Si$ | $^{209}Bi$ |
|---|---|---|---|---|---|---|---|---|
| I | $\frac{1}{2}$ | 1 | $\frac{3}{2}$ | $\frac{1}{2}$ | $\frac{1}{2}$ | $\frac{1}{2}$ | $\frac{1}{2}$ | $\frac{9}{2}$ |
| $g_N$ | 5.586 | 0.8220 | 1.7923 | 1.405 | 5.2567 | 2.2634 | −0.5553 | 0.8975 |

(2) 외부에서 (z-축 방향으로) 작용하는 자기장(Magnetic Field)의 세기가 B일 때, 원자핵의 에너지 준위는 $\Delta E_{mag} = g_N \mu_N B M_I$로 분리되는데, $M_I = I, (I-1), ..., -(I-1), -I$를 가진다. 즉, 자기장이 없을 때는 축퇴되어 있던 에너지 준위들이 (2I+1)개로 분리한다. 한편 I=0인 경우(예 $^{12}C$)에는 → No nmr property)(여기서 Nuclear Magneton $\mu_N = 5.051 \times 10^{-27} J/T$의 일정한 값을 가진다.)

(3) 분리된 에너지 준위들 사이에서는 $\Delta M = \pm 1$에 해당하는 전이만 일어난다. 이러한 전이에 해당하는 전자기파는 라디오파에 해당한다.

(4) 분자 안의 각 원자핵이 느끼는 실제 유효 자기장($B_{tot}$)은 주위 환경에 따라 다음 식과 같이 약간씩 다르다. 여기서 $\sigma$를 **가리움-상수**(shielding constant)라 부르는데, 분자 안 각 원자의 환경 조건에 의존한다.

$$B_{tot} = B - \sigma B = B(1-\sigma)$$

(5) 표준물질과 연구대상 원자핵의 가리움-상수 사이의 차이를 **화학 이동**(chemical shift, $\delta$)이라 부르며, 다음 식으로 계산된다.

$$\delta(ppm) = (\sigma_{\text{표준물질}} - \sigma_{\text{연구 대상 원자핵}}) \times 10^6 \qquad \text{(Isotropic 값을 사용)}$$

### 4.9.2 계산화학 프로그램에서의 NMR 특성 계산

(1) 양자화학 계산에서는 먼저 전자의 밀도 분포를 이론적으로 구한 후, 이를 바탕으로 가리움-상수(Magnetic shielding tensor)를 계산한다. 모든 DFT 방법들에서는 전자밀도가 기본적으로 당연히 구해지며, 파동함수 방법들 중에서는 HF/SCF 방법뿐만 아니라, 5장에서 설명하는 거의 모든 Post-HF 방법들을 적용하여 전자의 밀도 분포를 구하는 것이 가능하지만, Gaussian 프로그램에서는 MP2 방법만 적용할 수 있다. 즉 Gaussian 프로그램을 사용하면 모든 DFT 방법들, HF/SCF 방법, 그리고 MP2 방법을 적용하여 NMR 성질들을 계산할 수 있다.

(2) NMR 성질들을 계산하는 주요 방법으로는 CGST(Continuous Set of Gauge Transformations) 방법과 GIAO(Gauge-Independent Atomic Orbital) 방법, 그리고 GIAO를 조금 변형한 IGIAM 방법이 있다. 그러나 CGST는 비교적 큰 바탕 집합을 사용해야 좋은 결과를 제공하기 때문에 이 책의 실습에서는 GIAO 방법만을 사용한다.

(3) NMR 성질들은 분자구조에 매우 예민하게 의존하기 때문에, 충분히 우수한 방법으로 분자구조 최적화를 완료한 다음에 NMR 성질을 계산하여야 한다. 일반적인 유기분자들의 경우에는 B3LYP/6-31+G(d) 방법으로 구조 최적화하는 것이 일단은 무난한 선택이다.

(4) 계산 결과(output file)에서 다음과 같은 부분이 NMR 성질에 대한 주요 결과다.

```
Calculating GIAO nuclear magnetic shielding tensors.
SCF GIAO Magnetic shielding tensor (ppm):
1  C     Isotropic =    155.2383    Anisotropy =     60.6339
       ..........      .......          ........        .........
   Eigenvalues:    131.2455    138.8085    195.6609

2  H     Isotropic =     29.4133    Anisotropy =      7.8951
       ..........      .......          ........        .........
   Eigenvalues:     25.8773     27.6859     34.6767
```

(5) Chemical Shift를 계산할 때는 표준물질과 대상물질의 가리움-상수 값을 반드시

동일한 방법(이론/기저집합)으로 계산하여야 한다. 그러나 동일한 분자에 대하여 NMR 계산과 구조 최적화 방법이 서로 달라도 된다.

(6) 스핀-스핀 짝지음(spin-spin coupling) 상수 $J_{ij}$도 양자역학 방법으로 계산 가능하지만, 이 책의 실습에는 포함시키지 않았다.

## 실습-4-09 NMR 성질 계산

### [1] 대상 분자의 Absolute Shielding 값 계산

(1) Propen의 구조 최적화: GaussView(또는 IQmol과 같은 다른 보조 프로그램)를 사용하여 Propen( $CH_3 - CH = CH_2$ )의 구조와 기본입력 사항들을 만든 후, Route section를 [#T HF/6−31G(d) **opt** test]로 만들고, 파일 이름은 propen−hf−631gd−opt.gjf로 저장한다.

(2) Input file(propen−hf−631gd−opt.gjf) 내용의 첫 줄에는 [%chk='(dir path)'**propen−hf−631gd−opt.chk**]가 되어야 한다. PC의 WINDOWS 환경에서 계산하는 경우에는 현재의 input이 저장되는 곳과 동일한 경로여야 하며, Linux/Unix 환경인 경우에는 '(dir path)'를 지정하지 않아도 된다.

(3) Gaussian 프로그램으로 계산을 수행한 후, 최적화된 에너지 값을 기록해둔다.

Energy SCF Done: E(RHF) = - 117.068177 A.U.

(4) 위 계산 결과(propen−hf−631gd−opt.log) 그림을 이용하여 파일 이름이 propen−b3lyp−6311pg2dp−nmr.gjf인 새로운 input file을 다음과 같이 만든다. 처음 3줄은 아래와 완전히 같아야 한다. 특히 **propen - hf - 631gd - opt.chk** 파일의 이름과 경로는 위 (1)−(2)번에서 지정한 것과 일치하여야 한다. (1)−(2)번에서 만든 input 파일의 이름과 이번에 만드는 input 파일의 이름이 다르다는 것을 주의한다. 'D:\~~~\myjobs\' 부분은 각자의 경우에 따라 다르다.

```
%chk=D:₩~~~₩myjobs₩propen - hf - 631gd - opt.chk
%nosave
#t nmr=giao b3lyp/6-311+g(2d,p) geom=AllCheck test

*** Propen, NMR by b3lyp/6-311+G(2d,p) at opt by hf/6-31g(d) ***
```

(5) 위에서 만든 input(propen−b3lyp−6311pg2dp−nmr.gjf)으로 Gaussian 계산을 실행한 후, 결과 파일(propen−b3lyp−6311pg2dp−nmr.log)을 열어서 에너지 값을 기록해둔다.

Energy SCF Done: E(RB3LYP) = - 117.945179 A.U.

(6) 결과 파일 안에서 'Magnetic Shielding tensor' 부분을 찾아 아래 표에 적는다. 3개의 C의 Isotropic = aaa.aaa 값들, 4개의 H의 Isotropic = bbb.bbb 값들

| Atom (Magnetic Shielding Tensor) | C1 | C5 | C7 |
|---|---|---|---|
| aaa.aaaa | 168.8977 | 44.1053 | 62.7188 |

| Atom | H2 | H3 | H4 | H6 | H8 | H9 |
|---|---|---|---|---|---|---|
| bbb.bbb | 30.6926 | 30.2992 | 30.2992 | 25.7972 | 26.7897 | 26.7848 |

여기서 원자들의 Label(C1, C2, C3, H4~H9)의 번호(숫자)는 다를 수 있다.

## [2] 표준분자(TMS) 대상 분자의 Absolute Shielding 값 계산

(1) TMS 분자에 대한 입력 자료를 GVW로 만들거나, 혹은 exercise5.03b 파일을 열어서 route section을 [ #T b3lyp/6-311+g(2d,p) NMR=GIAO test ]로 계산 실행한다. (시간이 없으면 계산하지 않고 다음의 값들을 그냥 이용해도 된다.)

(주의: 대상 분자와 표준분자(TMS)는 반드시 동일한 계산 방법을 적용해야 한다.)

(2) 계산 결과에서 'Magnetic Shielding tensor' 부분을 찾는다.

Si Isotropic = AAA.AAA : Si에 대한 값 ( **327.3890** )

C Isotropic = AAA.AAA : C에 대한 값 ( **182.4656** )

H Isotropic = BBB.BBB : H에 대한 값 ( **31.8221** )

(참고: 표준분자(TMS, TriMethylSilane)의 경우, C, H 원자들은 동일한 Isotropic Shielding Constant 값을 가진다.)

## [3] 대상 분자의 Chemical Shift 값 계산

(1) Propen 분자의 C와 H들 각각에 대하여 Chemical shift 값들을 계산한다.

$\delta = \sigma$(Reference, TMS) AAA.AAA − (Target Molecule) aaa.aaa:

| Atom | C1 | C5 | C7 |
|---|---|---|---|
| $\sigma$(Ref. TMS) | **182.4656** | **182.4656** | **182.4656** |
| $\sigma$(Propen) | 168.8977 | 44.1053 | 62.7188 |
| $\delta$(C) | 13.5679 | 119.747 | 138.36 |

| Atom | H2 | H3 | H4 | H6 | H8 | H9 |
|---|---|---|---|---|---|---|
| $\sigma$(TMS) | **31.8221** | **31.8221** | **31.8221** | **31.8221** | **31.8221** | **31.8221** |
| $\sigma$(Prop) | 30.6926 | 30.2992 | 30.2992 | 25.7972 | 26.7897 | 26.7848 |
| $\delta$(H) | 1.1895 | 1.5829 | 6.0924 | 5.0924 | 5.0973 | 5.0373 |

## [4] GaussView를 사용한 NMR 스펙트럼 결과 확인

(1) GaussView 프로그램으로 propen−b3lyp−6311pg2dp−nmr.log 파일이 열려진 상태에서 주 메뉴의 Result를 클릭한 후, 나타나는 하위 항목들 중 nmr 부분을 클릭한다.

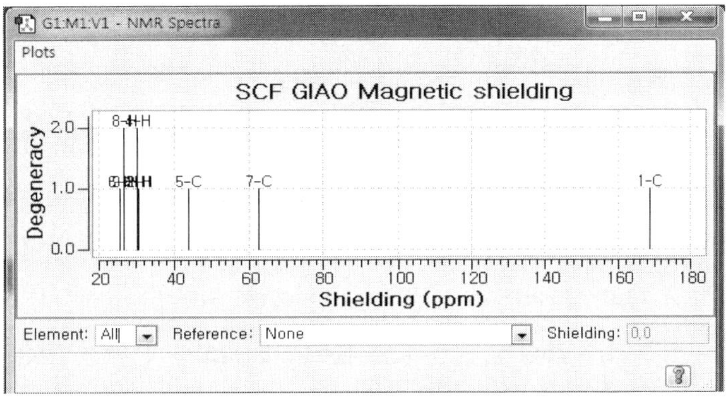


(2) 새로 나타나는 스펙트럼 그래프의 x−축(Degeneracy)과 y−축(Shielding)의 단위들을 확인한다.

(3) 스펙트럼 창 왼쪽 하단의 Element 창, All 부분 오른쪽의 검은 역삼각형 클릭 → H를 선택하고, Reference창 None 부분 오른쪽의 검은 역삼각형 클릭 → TMS B3LYP/6−311+G(2d,p)를 선택하고 변화를 관찰한다. x−축 Label이 Shift(ppm)로 변한다. (Reference의 Shielding 값은 31.8221로 변화!)

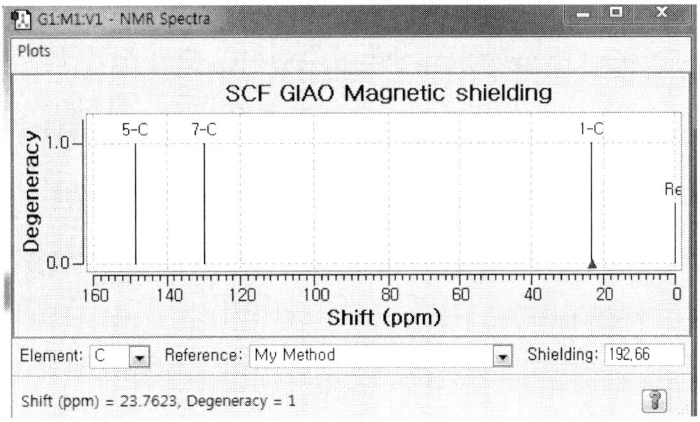


(4) 마우스 포인터로 각 peak를 클릭하면서, NMR spectra 창 아래의 숫자 값들의 변화를 관찰하고, 앞의 표에서 계산한 Chemical Shift($\delta$) 값과 비교한다.

(5) 마우스 포인터로 다른 peak을 클릭하면서 분자 그림 화면의 변화도 관찰한다.

(6) 유사한 방법으로 다른 원소들(C)과 다른 Reference를 선택한다. 각 NMR peak들을 클릭하면서 Chemical Shift 값을 확인한다.

(7) Gaussview 프로그램이 제공하지 않는 표준물질 또는 NMR 계산 방법을 사용한 경우에는 Reference 부분(하얀 부분)에 방법 이름을 적고 enter를 누른 후, 활성화된 Shielding의 하얀 부분에 그 방법에 의한 TMS 값을 적어 넣어 사용한다.

### [5] NMR 계산과 관련하여 기억하여야 할 세 가지 중요한 사항

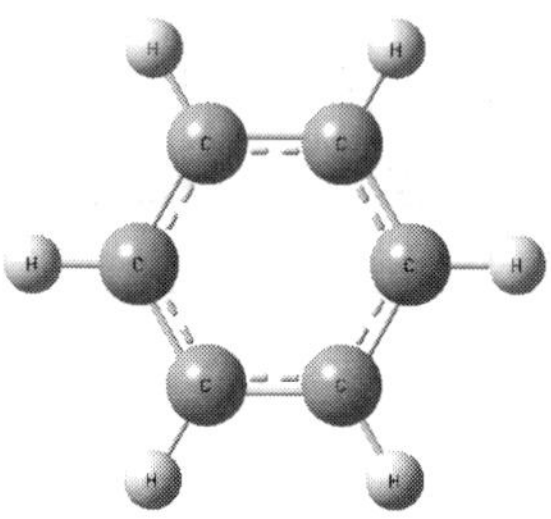

(1) NMR property를 계산할 때는 Geometry Optimization 하는 method/basis와 nmr을 계산할 때의 method/basis가 <u>**반드시 동일할 필요는 없다**</u>.

(2) 연구대상 분자의 nmr property를 계산할 때 사용한 method/basis와 표준분자 (예 TMS)의 nmr property를 계산한 method/basis는 **반드시 동일**하여야 한다.

(3) C와 H가 아닌 다른 원소들(예를 들어 Si 또는 P)의 NMR 특성을 계산하는 경우(이번 4.9절의 배경 이론 부분 참고)에는 TMS가 아니라, 해당 실험연구에서 사용하는 표준물질에 대하여, 위 [2]와 같은 계산을 수행한 결과를 사용하여야 한다.

### [6] 실전연습: Methanol과 Benzene의 NMR

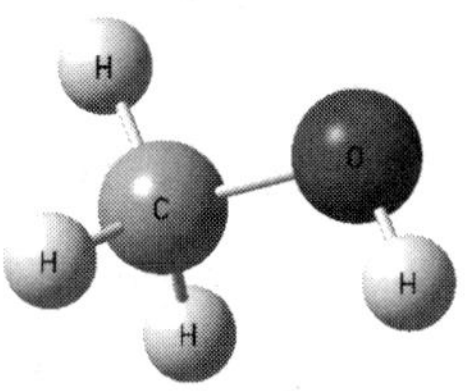

<u>**구조-최적화는 b3lyp/6-31G(d) 방법**</u>으로, 그 구조에서 <u>**nmr property는 method/basis-2 방법**</u>으로 계산하여 다음 표와 NMR 스펙트럼 그림을 완성한다. (TMS에 대해서는 참고문헌(아래 표)의 값을 사용한다.)

| 표-8-1 | Benzene에서 | | Methanol에서 | | Methyl-부분의 | | |
|---|---|---|---|---|---|---|---|
| | C | H | C | (-OH의) H | H4 | H5 | H6 |
| Shielding tensor | | | | | | | |
| Chemical Shift | | | | | | | |

| 학번 끝 | 1, 8 | 2, 9 | 3, 0 | 4, 6 | 5, 7 |
|---|---|---|---|---|---|
| method | HF | HF | HF | HF | B3LYP |
| basis | 6−31+G(d,p) | 6−311+G(2d,p) | 6−311G(d,p) | 6−311+G(2df,p) | 6−311++G(2d,p) |
| TMS, C | 201.3475 | 192.5973 | 194.3688 | 192.6664 | 182.4560 |
| TMS, H | 31.9630 | 32.0730 | 32.1582 | 32.0876 | 31.8194 |

각자 표−8−1과 NMR 스펙트럼 그림을 보고서−8주−홍길동.hwp 파일로 만들어 제출하라.

## 4.10 들뜬 전자상태들과 UV/Vis 분광학

### 4.10.1 배경 지식

분자 내 전자들이 가장 안정한 전자배치(electronic configuration)에서 파생되는 여러 전자상태(electronic states)들 중 에너지가 가장 낮은 것이 바닥 전자상태(Ground electronic state)다. 이 책에서 지금까지 다룬 모든 계산들은 바닥 전자상태에 대한 것이었다. 분자가 빛 에너지를 흡수하면 들뜬 전자상태가 되는데, 이러한 전자 들뜸 과정에서 흡수되는 빛의 파장은 주로 근 자외선(Near UV) 영역에서 가시선(Visible) 영역에 해당한다. 따라서 UV/Vis 분광학에 대한 해석 또는 정보를 구하기 위해서는 들뜬 전자상태의 에너지를 계산하여야 한다.

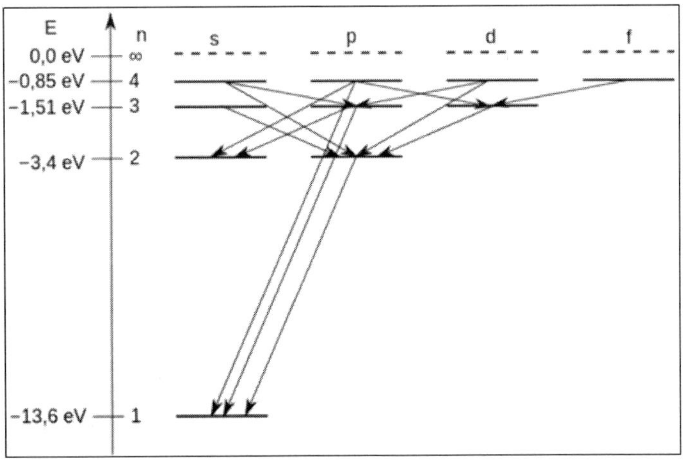

**그림 4.6** 수소 원자의 Grotrian Diagram
(출처: https://en.wikipedia.org/wiki/Grotrian_diagram)

우선 가장 간단한 수소 원소가 가질 수 있는 전자 상태를 나타낸 옆 그림을 보자. 양자화된 에너지 상태들 사이의 에너지 차이와 함께, 이들 상태 사이에서 실제로 일어날 수 있는 전자 전이들을 보여주는 이러한 그림을 **그로트리안 도표**(Grotrian Diagram)라고 부른다. 거의 모든 원자들에 대해서는 Grotrian Diagram 들이 이미 잘 알려져 있어서 굳이 별도로 계산할 필요가 없다.

그러나 분자인 경우에는 각각의 전자상태에서도 원자핵들 사이의 변화에 의존하는 퍼텐셜 에너지 곡면(PES, Potential Energy Surface)을 나타내어야 하며, 각 PES에 의하여 정해지는 진동 에너지 준위도 표현하여야 하고, 더 세부적으로는 각 진동 준위에 속하는 회전 에너지 준위까지 고려하여야 하기 때문에, 이원자 분자를 제외하고는 원자의 경우처럼 간단한 도표로 나타내기 어렵다. 그래서 다원자 분자의 경우에는 그림 4.7처럼 바닥 전자상태와 몇 개의 저-준위 들뜬 전자상태들(A few low-lying electronic states)의 상대적인 에너지 준위와 이들 사이의 변환을 간략하게 나타내며, 이러한 표현을 **야블론스키 도**

표(Jablonski Diagram)라고 부른다. 따라서 분자에서 양자화된 들뜬 전자상태들(Excited electronic states)의 특성을 계산하고, 그에 해당하는 Jablonski Diagram을 만든 후, UV/Vis 스펙트럼을 해석하는 과정이 필요하다. 실제 실험에서 연구되는 거의 대부분 UV/Vis 스펙트럼은 바닥 전자상태가 평형 분자구조에서 빛을 흡수하는 것에 해당하기 때문에, 많은 양자화학 계산프로그램들이 그에 해당하는 계산 결과를 제공한다. 스핀-짝지음 효과를 무시할 수 없는 경우에는, 단일-항 스핀 상태들(Singlet spin states)과 삼중-항 상태들(Singlet spin states) 사이의 전이가 일어날 수 있다. 따라서 비록 이 책에서 실습하는 간단한 분자들의 경우에는 Singlet-Triplet 전이가 일어나지 않아 삼중-항에 해당하는 들뜬 전자상태들을 계산할 필요가 없지만, 나중을 위하여 삼중-항 전자상태들도 계산하고 있다.

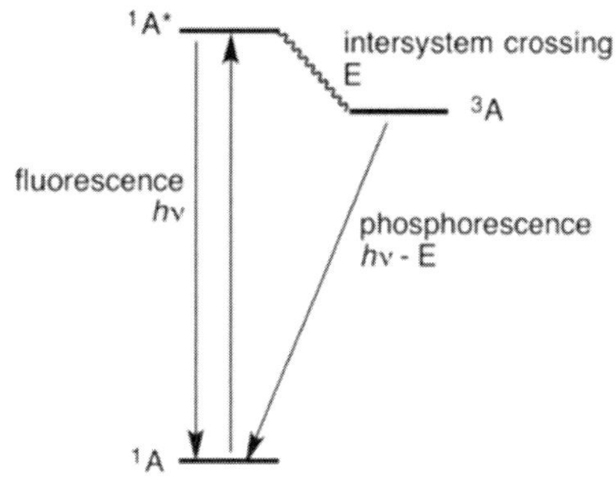


**그림 4.7** Jablonski Diagram의 한 예
(출처: https://en.wikipedia.org/wiki/Jablonski_diagram)

들뜬 전자상태들을 계산하는 여러 방법들이 개발되어 있는데, 그중 대표적인 것들을 나타내는 표기법들을 아래 네모 칸에 열거하였다.

| CIS, RPA, TDA, CIS(D), CISD, CISDT, …, MCSCF, CASSCF, …, CC2, EOM-CCSD, CC3, EOM-CCSDT, …, CASPT2, MRPT, …, MRCI, MRCC, Full-CI, TD-DFT |
|---|

그런데 들뜬 전자상태를 다루는 것은 여러 가지 양자화학 계산들 중에서 가장 어려운 부분에 해당하며, 이 책 5장의 내용을 설명한 이후에도 들뜬 전자상태를 다루는 계산 방법에 대하여 간단하면서도 적절하게 설명하려면 최소한 대학원 수준의 내용이 필요하다. 여기서는 자세한 이론 설명이나 구체적인 수식을 사용하지 않고, 일단 계산화학을 적용한 결과를 분석하는 방식으로 간단하게 설명한다. 위 네모 칸 안의 방법들 중 CIS(Configuration Interaction with Single excitations) 방법과 TD-DFT(Time Dependent Density Functional Theory) 방법이 그나마 가장 사용하기 쉽고, 계산 결과의 해석이 쉽기 때문에 그 두 가지 방법만을 적용한다.

들뜬 전자상태들에 대한 계산 결과에서는 주로 세 가지 내용이 가장 중요하다. 첫 번째로는 들뜸 에너지(Electron excitation energy, Te) 값인데, 이는 eV와 nm 단위로 동시에 표현된다. 두 번째는 전이 세기(Oscillator Strength, $f_{osc.}$), 세 번째는 해당 전자상태의 파동함수를 구성하는 데 주로 기여하는 전자 들뜸에 해당하는 MO들의 번호다. 이러한 결과들의 예를 실습을 통하여 살펴보자. **들뜬 전자상태에 대한 계산을 적절하게 설명하는 것은 사실 이 책의 범위를 벗어난 것**이다. 따라서 이 책에서는 아주 기본 내용만 다룬다.

## 실습-4-10 UV/Vis 분광학 특성의 기초 계산

<table><tr><td>Keyword = CI, TD; Nstate=n (Number of excited States);<br>50−50 or Singlet and Triplet</td></tr></table>

### [1] 기본 실습

(1) Ethylene 분자($H_2C=CH_2$)를 B3LYP/6−31G(d) 방법으로 구조 최적화한다. ⇒ c2h4−opt.***에 저장한다.

(2) 최적화된 결과 파일(c2h4−opt.log)을 이용하여 새로운 계산의 input을 만든다. 이 새로운 input file의 route section을 #T RCIS(Nstate=2,50−50)/**6−31G**(d) test로 고친 후, file → save as → c2h4−ee−1.gjf로 저장한다.

(3) 계산을 실행시킨 후, 계산 결과 파일(c2h4−ee−1.log)을 사용하여, 실습−3−03의 뒷부분에 추가로 설명한 방법으로 다음과 같은 그림들을 만든다.

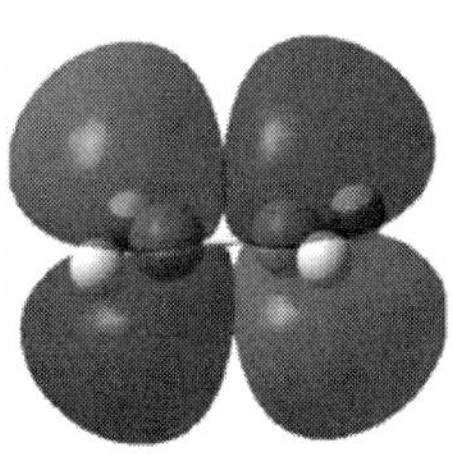

9(bg) MO

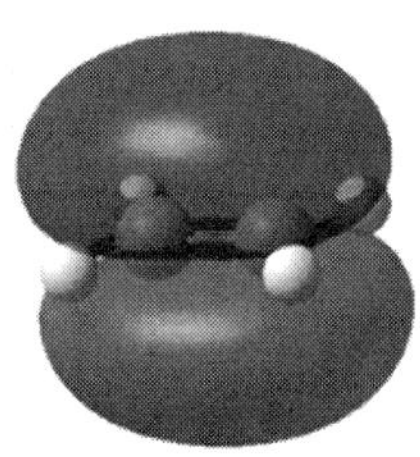

8(au) MO

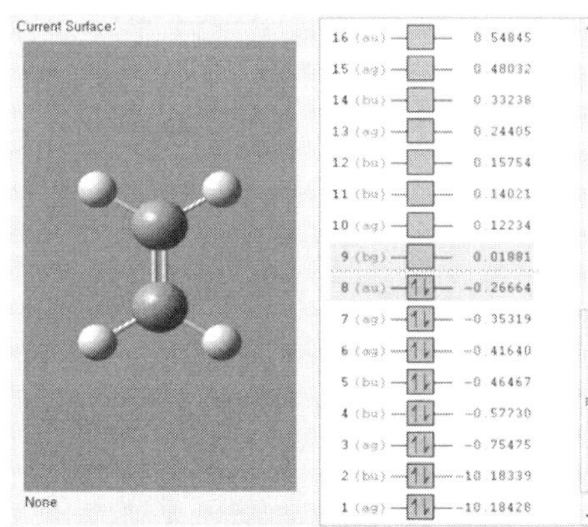


(4) 계산 결과 파일(c2h4−ee−1.log)에서 다음 부분을 찾는다.

```
Excitation energies and oscillator strengths:
    Excited State 1 : Triplet-BU 3.6078 eV   343.65 nm   f=0.0000
       8  →  9    0.6978..

    Excited State 2 :

    Excited State 3 :

    Excited State 4 :
```

(5) 위 결과에서 Excited State 1에 대한 내용은 다음과 같이 해석할 수 있다.

```
                              Excitation energies and oscillator strengths:
Excited State 1 : Triplet-BU 3.6078 eV   343.65 nm        f=0.0000
8  →  9    0.6978..
```

1) 첫 번째 들뜬 전자상태는 대칭성이 Bu인 삼중-항 스핀 상태이며, 이것은 $^3B_u$로 표기된다.
2) 단일-항 스핀 상태인 바닥 전자상태($^1A_g$)로부터 이 전자상태로의 들뜸 에너지는 3.61 eV고, 이것에 해당하는 파장은 344 nm이다. (**참고**: 바닥 전자상태가 단일-항 스핀 상태라는 사실은 이 부분의 정보만으로는 알 수 없다.)
3) $^1A_g \rightarrow ^3B_u$ 전자-전이의 세기(oscillator strength)는 영(zero)인데, 이는 바닥 전자상태와 들뜬 전자상태의 스핀 다중도가 다르기 때문이다.
4) $^3B_u$ 전자상태를 구성하는 데 가장 크게 기여하는 전자-전이는 -8번째 MO에서 9번째 MO로의 전자 들뜸이다.
5) MO에 전자가 채워진 상태로부터, 8-MO는 HOMO이고, 9-MO는 LUMO임을 알 수 있다.
6) MO의 모양으로부터, 8-MO는 결합성 $\pi$-MO이고, 9-MO는 반결합성 $\pi^*$-MO이다.
7) 들뜬 전자상태가 스핀 상태가 삼중-항이기 때문에, HOMO인 결합성 $\pi$-MO에서 LUMO인 반결합성 $\pi^*$-MO로 전자가 들뜨면서, 전자 스핀이 반대로 바뀌어, Triplet 상태가 된 것이다!

(6) Excite State 2, Excite State 3, Excite State 4에 해당하는 내용들도 아래 표에 정리한다. 여기서 학생들 실습 결과의 실제 수치들은 조금씩 다를 수 있으며, Triplet, Singlet 들의 순서는 들뜸 에너지(Te) 값 순서에 따라 정리한다.

| 들뜬 전자상태 | T1 | S1 | T2 | S2 |
|---|---|---|---|---|
| Sym | bu | | | |
| Te (eV) | 3.61 | | | |
| $\lambda_{max}$ (nm) | 344 | | | |
| oscillator strength (f) | 0.0 | | | |
| e → e | 8 → 9 | | | |

## [2] 적용 실습:

에틸렌 분자의 여기 에너지들을 다음 두 가지 방법으로 계산한 후,

[#T RCIS(Nstate=3,50−50)/6−31+G(d) test],

[#T TD(Nstate=3,50−50) B3LYP/6−311+G(d) test]

그 결과들을 다음 표로 완성하고, 두 계산 결과들을 서로 비교한다. (실제 계산한 값들은 아래의 표와 다소 다를 수 있다!)

(1) RCIS(Nstate=3,50−50)/6−31+G(d)

| 들뜬 전자 상태 | T1 | T2 | S1 | S2 | T3 | T4 |
|---|---|---|---|---|---|---|
| Sym | b1u | b3u | | | | |
| Te (eV) | 3.78 | 7.43 | | | | |
| $\lambda_{max}$ (nm) | 328 | 167 | | | | |
| oscillator strength | 0.0 | 0.0 | | | | |
| e → e | 8 → 11<br>8 → 17 | 8 → 10<br>8 → 15 | | | | |

(2) TD(Nstate=3,50−50) b3lyp/6−311+G(d)

| 들뜬 전자 상태 | T1 | T2 | S1 | T3 | S2 | S3 |
|---|---|---|---|---|---|---|
| Sym | b1u | | b3u | | | |
| Te (eV) | 4.26 | | 7.20 | | | |
| $\lambda_{max}$ (nm) | 291 | | 172 | | | |
| oscillator strength | 0.0 | | 0.12 | | | |
| e → e | 8 → 9<br>8 → 10 | | 8 → 10 | | | |

## [3] Spectrum 확인:

(1) GaussView에서 앞의 계산 결과 파일을 열어본 상태에서, GaussView 주메뉴의 Result → UV/Vis를 클릭 ⇒ 나타난 스펙트럼에서 각 피크(Peak)에 마우스 포인터를 클릭하면서 스펙트럼 아래에 나타나는 정보를 앞에서 완성한 표와 비교해 본다.

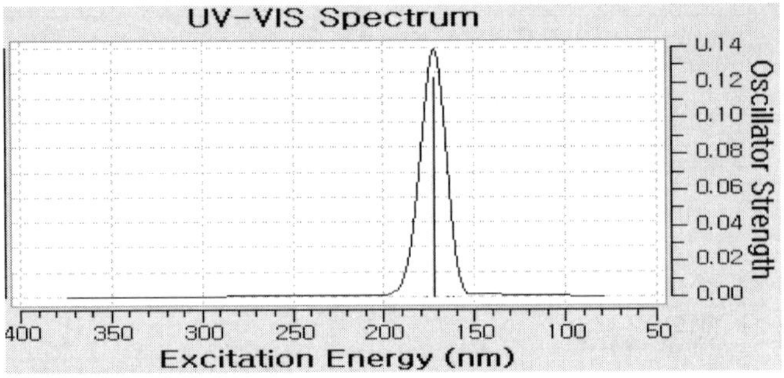


(2) 스펙트럼 그림의 저장: 마우스 포인터가 스펙트럼 안에 있는 상태에서 오른쪽 버튼 클릭 ⇒ export 항목 클릭 ⇒ 적절한 directory, 파일 이름, 파일 형식(**.jpg)을 지정하여 저장한다. ⇒ 그림판 또는 다른 프로그램으로 그림 파일을 이용한다.

## [4] 실전 실습: 옆 그림의 Acrolein 유도체에 대하여

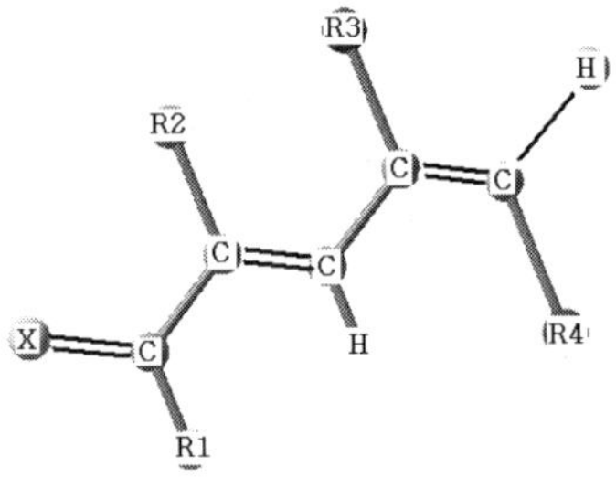


(1) 분자구조를 **b3lyp/6−31+G**(d)**로 최적화**한다.

(2) 최적화된 분자구조에서의 UV/Vis 스펙트럼을 **TD**(Nstate=5,50−50) **b3lyp/6−311+G**(d) 방법으로 구한 후, ① 최적화된 분자구조 그림, ② 스펙트럼 그림, ③ 스펙트럼 특성을 정리한 아래의 표를 하나의 한글 파일로 만들어 제출하라. 실습할 대상 분자는 **각자의 학번 끝에 따라** 옆 표와 같다.

| 학번 끝 | 1, 3 | 2, 6 | 4, 9 | 5, 7 | 8, 0 |
|---|---|---|---|---|---|
| X | O | O | O | S | S |
| R1 | H | H | F | H | F |
| R2 | F | F | H | F | Cl |
| R3 | Cl | F | F | Cl | F |
| R4 | Br | Br | Cl | Br | Cl |

(3) Triplet, Singlet들의 순서는 분자에 따라 다르다. 각 경우에 들뜸 에너지 순서에 따라 정리한다.

| 전자 상태 | T1 | S1 | T2 | S2 | T3 | … |
|---|---|---|---|---|---|---|
| Sym | | | | | | |
| Te (eV) | | | | | | |
| $\lambda_{max}$ (nm) | | | | | | |
| oscillator strength | | | | | | |
| e −> e | | | | | | |

(4) 이 책의 4.5절에서 설명하고 실습한 용매 효과 방법을 이번 실전 연습 분자에 적용하여, UV/Vis 스펙트럼에 미치는 용매 효과를 계산해 본다.

(5) 인터넷 검색 또는 참고문헌 조사를 통하여, Solvatochromism, Hypsochromic shift(Blue shift), Bathochromic shift(Red shift)가 무엇인지 알아보고, 이번 실습 결과와 연관시켜 설명한다.

## 4.11 전이-상태(TS) 구조와 반응 기작(Mechanism)

### 4.11.1 배경 지식

화학 반응에 대한 대부분의 실험 연구에서 직접 관측할 수 있는 대상은 반응물(Reactant), 생성물(Product), 그리고 (어느 정도까지는 안정하기 때문에 간혹 검출되는) 반응 중간체(Intermediate)들이다. 반응물들 내부의 원자들 배치가 어떻게 변하여 생성물로 전환되는지에 대한 구체적인 과정을 설명하는 것이 **반응 기작**(Reaction Mechanism)인데, 가장 적은 에너지의 변화로 변화가 진행되는 과정을 나타내는 경로를 **고유반응좌표**(IRC, Intrinsic Reaction Coordinate)라고 부른다. 반응물과 생성물을 연결하는 에너지가 가장 낮은 IRC 경로에서, 에너지가 가장 높은 지점에 해당하는 구조를 **전이-상태**(TS, Transition State) 구조라고 부른다. TS 사이의 에너지 차이가 **활성화 에너지**($\triangle E_a^*$, Activation Energy)며, 반응물과 생성물 사이의 에너지 차이가 반응 에너지($\triangle E_{Rxn}$, Reaction Energy)다.

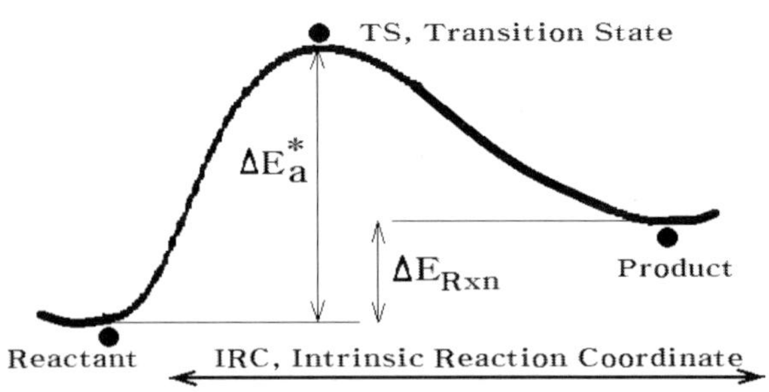


반응물과 생성물은 안정한 평형구조이며, 3N−6(5)의 모든 내부 진동좌표에 대하여 양(plus)의 진동파수를 가진다. 그러나 TS의 진동파수들 중 하나는 (오직 하나만!) 음(− 부호)수 값이며, 이것을 **가상-진동**(imaginary frequency)이라고 부른다. 만약 TS 구조를 탐색한 결과에서 (그래서 TS 구조를 탐색하는 계산에서는 Frequency를 구하는 지시어(keyword)를 함께 지정한다.) 모든 진동수가 양(plus 부호인)수이거나, 혹은 음(− 부호)수 값이 둘 이상이면, 올바른 TS를 찾은 것이 아니다. 또한 TS 구조의 에너지는 반응물/생성물 두 경우의 에너지보다 더 높아야 하는 것이 당연하다.

탐색된 TS 구조가 하나만의 음(− 부호)수 진동수를 가지며, 반응물/생성물보다 더 높은 에너지를 가지면, 일단은 적합한 TS 구조일 가능성이 있다. 그 경우에는 음(− 부호)수 진동수에 해당하는 분자 진동을 (진동을 모사하는 컴퓨터 그래픽 보조 프로그램을 사용하여) 살펴보아야 한다. 이 진동에 의한 변화가 반응물과 생성물을 합당하게 연결하는 변화인지 아닌지를 정성적으로 판단하여야 한다.

그러나 가장 확실하게 검증하려면, 실제로 IRC 경로를 따라서 앞/뒤로 변화시켜서 반응물/생성물이 되는 것을 확인하여야 한다. 그러한 검증을 위하여, 먼저 아래 그림에서와 같이 IRC 경로를 따라서 앞/뒤로 몇 지점(이것이 뒤에 나오는 실습에서 IRC의 선택사항들 중 하나인 maxpoints 값에 해당하는데 기본 값은 maxpoints=6에 해당한다)을 진행한 후, 그곳에서 출발하여 구조-최적화를 진행한다. 이러한 구조 최적화 결과가 반응물/생성물이면 현재 구하여진 TS 구조가 올바른 TS라는 것이 검증된 것이며, 동시에 반응물에서 생성물로 변하는 과정이 (아래의 왼쪽 그림처럼) 하나의 전이 상태만을 거치는 단일-단계 반응 기작(Single step reaction mechanism)에 해당한다는 것을 의미한다. (**주의**: 실제 계산화학 프로그램의 결과에서는 Forward/Reverse의 방향이 반대로 취급되는 경우가 있기 때문에, Forward 방향으로 진행한 결과가 생성물일 수도 있고 반응물일 수도 있다. 그러나 이 경우 Reverse 방향의 결과는 Forward 방향 결과의 반대가 되어야 한다.)

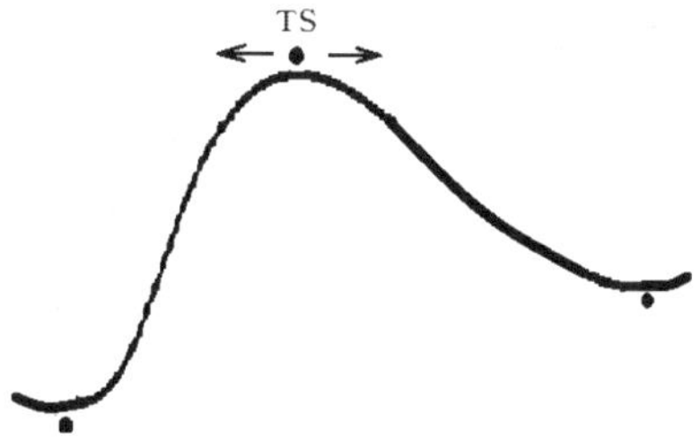


One-step reaction

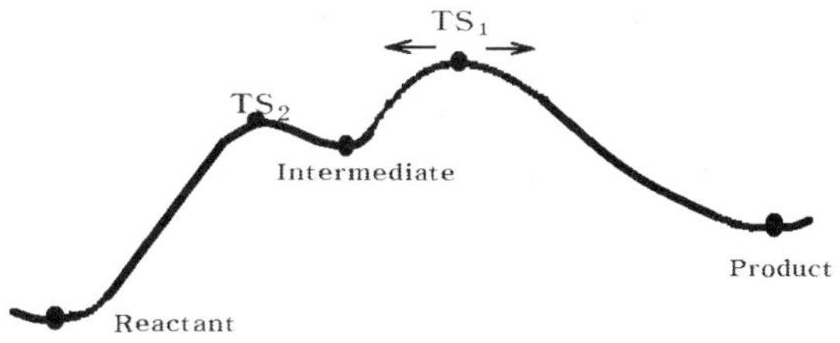


Two-step reaction

그런데 만약, 처음에 찾은 TS 구조에서 Forward/Reverse의 한쪽으로 진행한 결과가 반응물/생성물이 아니며, 그것의 에너지는 TS 에너지와 반응물/생성물 에너지 사이에 해당할 수 있다. 이는 미처 생각하지 않았던 **반응-중간체**(Reaction Intermediate)를 거쳐 간다는 의미이다. 반응 중간체는 진동파수가 모두 양(plus 부호인)수들이어야 한다. 그러면 반응물/생성물과 그 중간체를 연결하는 또 다른 전이-상태 구조를 찾아야 한다. 위 그림의 오른쪽은 처음 찾은 TS$_1$ 구조와 반응물 사이에 중간체(Intermediate)가 가능하며, 그 중간체와 원래의 반응물 사이에 또 다른 두 번째 TS$_2$ 구조를 거친다는 것을 보여준다. 그리고 이것은, 원래 단일-단계 반응(one-step reaction)으로 생각되었던 반응이 실제로는 두-단계 반응(two-step reaction)임을 의미한다. 위의 오른쪽 그림으로부터 알 수 있는 바와 같이 중간체 구조가 양쪽으로 변화하는 경로에서의 활성화 에너지는 비교적 작으며,

따라서 이 중간체 구조를 실험으로 확인하려면 낮은 온도 조건에서 실험하여야 한다는 것을 제시한다.

실제로 이와 같은 계산화학의 연구로부터 새로운 중간체의 가능성이 제시된 후, 실험 조건의 온도를 낮추어서 이 중간 구조를 확인하고, 이 중간 구조를 활용하여 새로운 반응 경로를 찾는 경우가 가능하다.

### 4.11.2 TS 구조 탐색의 실제 방법들

TS 구조를 탐색하는 계산 방법은 기본적으로 구조 최적화의 한 종류에 해당하지만, 광역 최소 에너지(Global energy minimum) 구조 또는 지역 최소 에너지(Local energy minimum) 구조를 찾는 것에 비하여 훨씬 더 어렵다. 여기서 그 방법의 이론적인 내용을 설명하지는 않고, 단지 다음에 나오는 실습에서 사용하는 몇 가지 방법들만을 간단히 설명한다.

1) 반응물, 생성물, 그리고 짐작되는 TS(guessed−TS) 구조를 제시한 후, 그것들을 이용하여 올바른 TS 구조를 탐색하는 방법이 대부분의 경우에 가장 성공적인 방법이다. 여기서는 짐작되는 TS(guessed−TS) 구조를 얼마나 잘 추정하는지가 계산의 성공 여부를 결정하는 가장 중요한 요소다. 적절한 TS 구조를 추정하기 위해서는 대상 화학반응의 성격을 얼마나 잘 이해하고 있는지, 이전의 실험 결과 또는 유사한 경우에 대한 다른 이론 연구의 결과가 중요하다. Gaussian 프로그램에서는 **Opt=QST3**가 이 방법에 해당한다.
2) 적절한 TS 구조를 추정하기 어렵거나, 혹은 여러 가지로 추정한 TS를 사용한 계산들로부터 적합한 TS를 찾지 못한 경우에는 그냥 반응물과 생성물의 구조만 제공한 후, 올바른 TS 구조를 탐색하는 방법을 사용한다. Gaussian 프로그램에서는 **Opt=QST2**가 이 방법에 해당한다. 가끔은 1)번의 방법으로 찾지 못한 TS를 2)번 방법으로 찾는 경우도 있다. 또한 1)번 방법으로 TS를 찾은 후, 2)번 방법을 또 시도하여, 새로운 TS 구조를 찾는 경우도 있다.
3) 계산화학 방법들 중 좀 낮은 수준의 방법을 사용하여 위 1)번 혹은 2)번 과정으로 TS 구조를 찾은 경우에는(혹은 반응의 중심인 active site에서 먼 곳의 곁−사슬(side chain)을 간단하게 처리한 모형 분자에 대하여 TS 구조를 찾아 둔 경우에는) TS 구조 하나만 제시하고, 이로부터 올바른 TS 구조를 찾는 방법을 적용할 수 있다. Gaussian 프로그램에서는 **Opt=TS**가 이 방법에 해당하며, 뒤에 나오는 실습에서 이 방법을 사용하는 아주 간단한 예를 포함시켰다.

위 세 가지 방법 외에도, 특정 결합 길이 또는 각도를 선정하여 일정 범위에서 변화시키면서 (선정한 그 결합 길이 또는 각도를 제외한) 다른 모든 결합 길이와 각도들에 대하여 에너지 최적화를 진행하는 주사 방법(scanning method) 및 제한된 구조-최적화(Constrained geometry optimization) 방법이 있지만, 여기서는 생략한다.

# 실습-4-11 전이-상태(TS) 구조와 활성화 에너지

주요 Keyword: opt=qst2 opt=qst3 opt=ts
opt=qst2는 Reactants와 Products 두 가지의 구조를 입력으로 제공
opt=qst3는 Reactants, Products, 짐작되는 TS, 총 세 가지의 구조를 입력으로 제공
opt=ts는 짐작되는 TS의 구조 하나와 그것의 진동 특성을 입력으로 제공

주의: Reactants, Products, TS의 구조 지정에서 원자들의 순서가 일정해야 한다!
그래서 반응에 참여하는 모든 구성들이 하나의 분자처럼 취급되어야 한다.
즉 둘 이상의 서로 다른 분자가 반응하는 경우, 반응하는 반응물 2개가 서로 적절한 거리와 방향으로 배치된, 하나의 거대 분자처럼 다루어야 한다.

## [1] 기본 실습: Isomerization of CNH → HCN

(1) 파일 이름은 hcn-qst3.gjf인 다음 input을 사용하여 계산을 실행한다.

```
%chk={dir-path }hcn-qst3.chk
#t b3lyp/6-31+G(d) opt=(qst3,calcfc) freq test

*** Reactant of CNH ⇒ HCN isomerization

0 1
N
C 1 1.20
H 2 2.20 1 20.0

*** Product of CNH ⇒ HCN isomerization

0 1
N
C 1 1.20
H 2 1.1 1 170.0

*** Guessed TS structure

0 1
N
C 1 1.3
H 2 1.4 1 60.0
```

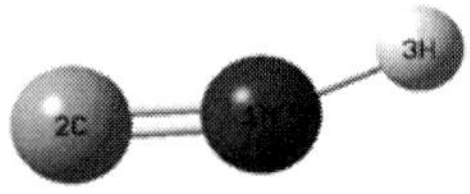


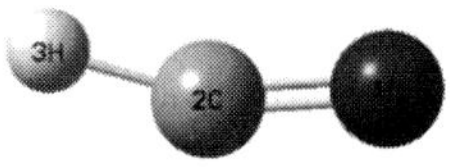


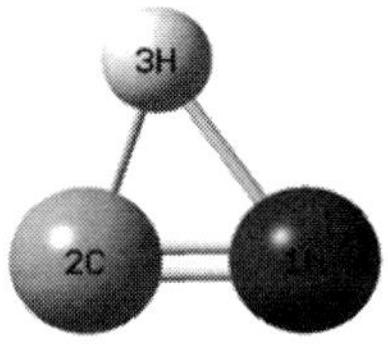

(2) 전이-상태(TS) 구조의 타당성에 대한 기본 확인

① 계산 결과에서 최적화된 에너지 값을 확인한다. 활성화 에너지(Activation Energy)를 계산할 때는 최적화된 에너지(Ee)뿐만 아니라, 영점-진동-에너지를 포함한 에너지(E0) 값도 중요하니, 두 가지를 모두 기록해 두어야 한다. 진동 파수들 중에서 오직 하나만 음수 값(imaginary frequency)임을 확인한다.

```
Ee: E(RB3LYP) =  -93.350574     A.U.
E0: Sum of electronic and zero-point Energies=    -93.340004
Frequencies:  -1136 cm^-1, 2066 cm^-1, 2574 cm^-1
```

② TS의 입체 구조를 화면에서 회전시켜 보면서 타당성을 정성적으로 판단한다.

③ GaussView를 사용하여 imaginary frequency의 진동을 시늉(모사, simulation)해 보면서 타당한지 검토한다. 이번 경우에는 수소 원자가 질소 원자와 탄소 원자 양 방향으로 왕복하는 것이 타당할 것이다!

(3) 전이-상태(TS) 구조에 대한 보다 확실한 검증을 위한 단계들

① 계산을 실행한 장소(directory) 안에서 hcn-qst3.chk 파일을 hcn-qst3-**for**.chk와 hcn-qst3-**rev**.chk로 복사한다. (좀 더 간단한 방법이 있지만, 중간에 오류가 발생할 가능성을 고려하면 아래 방식으로 진행하는 것이 더 안전하다.) 만약 다음 (2)번 단계 진행 중 <u>**오류가 발생**</u>하여, (2)번 단계를 다시 되풀이하는 경우에는 (오류가 발생하면서 hcn-qst3-**for**.chk와 hcn-qst3-**rev**.chk 파일 내용이 오염되었을 수 있으니) hcn-qst3.chk 파일을 또 한 번 더 hcn-qst3-**for**.chk와 hcn-qst3-**rev**.chk로 복사한 후 진행하여야 한다.

② 같은 장소(directory) 안에 파일 이름이 hcn-qst3-for.gjf와 hcn-qst3-rev.gjf인 다음과 같은 2개의 input을 만든다. 이번 예의 경우에는 반응물/생성물이 직선형 분자이기 때문에, 두 번째 Route section에 opt=(Cartesian,Calcfc)이지만, 직선 분자가 아닌 보통의 경우에는 opt=rcfc면 충분하다.

```
%chk= {dir-path}hcn-qst3-for.chk
#t B3LYP/6-31+G(d) irc=(rcfc,forward,maxpoints=6) geom=allcheck test

*** From TS ⇒ Forward IRC

--Link1--
%chk= {dir-path}hcn-qst3-for.chk
#t B3LYP/6-31+G(d) opt=(Cartesian,Calcfc) geom=allcheck freq test
```

```
*** From TS ⇒ Forward IRC ⇒ Opt.
```

```
%chk= {dir-path}hcn-qst3-rev.chk
#t B3LYP/6-31+G(d) irc=(rcfc,reverse,maxpoints=6) geom=allcheck test

*** From TS ⇒ Forward IRC

--Link1--
%chk= {dir-path}hcn-qst3-rev.chk
#t B3LYP/6-31+G(d) opt=(Cartesian,Calcfc) geom=allcheck freq test

*** From TS ⇒ Forward IRC ⇒ Opt.
```

③ 위 2개의 input으로 계산을 수행한 후, 각 결과들을 GaussView로 확인한다. GaussView로 ***.log 파일을 읽으면서, Read Intermediate 부분을 선택한 후, 구조-최적화가 진행되면서 에너지가 변하는 다음과 같은 그림을 확인해 본다.

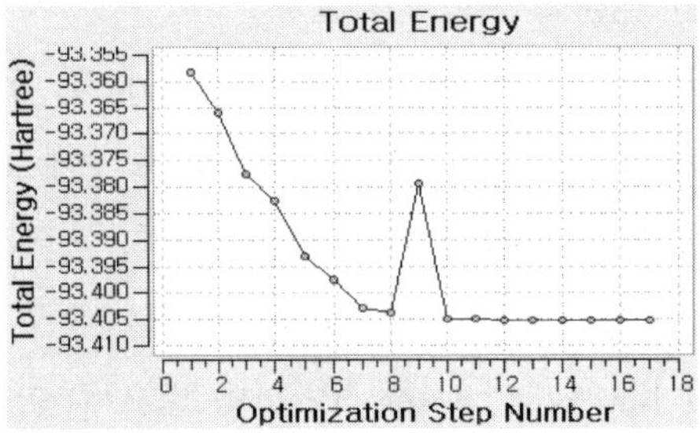


TS ⇒ Forward ⇒ opt

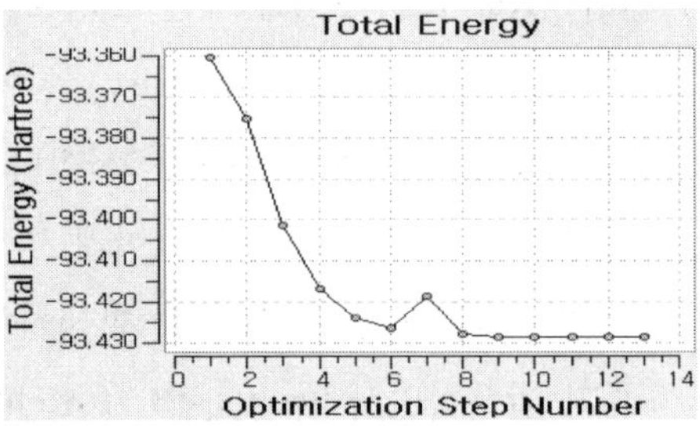


TS ⇒ Reverse ⇒ opt

④ 위 2개의 계산 결과들을 최종 GaussView로 확인한다. 두 계산 결과 중 하나는 Reactants 구조가 되고, 다른 하나는 Products 구조가 되면 위에서 구한 TS 구조가 올바르다는 것이 증명된 것이다. (주의 : Forward와 Reverse의 기준이 명확하지 않으니, 최종 결과의 구조를 꼭 확인하여야 한다.)

⑤ 위 두 결과의 에너지와 진동 주파수를 다음과 같이 정리한다.

| TS ⇒ Forward ⇒ opt ⇒ H-CN 구조 |
|---|
| Ee: E(RB3LYP) = -93.405188 A.U.<br>E0: Sum of electronic and zero-point Energies= -93.390608<br>Frequencies: 479 $cm^{-1}$, 2104 $cm^{-1}$, 3817 $cm^{-1}$ |

| TS ⇒ Reverse ⇒ opt ⇒ CN−H 구조 |
|---|
| Ee: E(RB3LYP) = −93.428617 A.U.<br>E0: Sum of electronic and zero−point Energies= −93.413990<br>Frequencies: 748 $cm^{-1}$, 2203 $cm^{-1}$, 3469 $cm^{-1}$ |

(4) 고유 반응 경로(IRC, Intrinsic Reaction Coordinate) 해석

① 활성화 에너지(Activation Energy)와 반응 에너지(Reaction Energy)를 계산한다. TS의 에너지는 위의 (2)번에 나와 있다. 활성화 에너지와 반응 에너지를 계산할 때는 ZVPE를 포함시킨 E0(Sum of Electronic and zero−point energy) 값을 사용하는 것이 더 좋다. kcla/mol 단위가 화학에서 많이 사용되고 있지만, kJ/mol 단위를 사용하는 것이 IUPAC에서 정한 기본 원칙이다.

| CN−H → TS → H−CN 방향의 정반응에 반응에 대하여 |
|---|
| 반응 에너지 = E0 (H−CN) − E0 (CN−H) = [(−93.390608) − (−93.413990)] A.U.<br>= 0.023382 A.U. = 14.7 kcal/mol = 61.4 kJ/mol<br>활성화 에너지 = E0 (TS) − E0 (CN−H) = [(−93.340004) − (−93.413990)] A.U.<br>= 0.073986 A.U. = 46.4 kcal/mol = 194.3 kJ/mol |

| 반대 방향 H−CN → TS → CN−H (역반응)에 대하여 |
|---|
| 반응 에너지 = E0 (CN−H) − E0 (H−CN) = [(−93.413990) − (−93.390608)] A.U.<br>= −0.023382 A.U. = −14.7 kcal/mol = −61.4 kJ/mol<br>활성화 에너지 = E0 (TS) − E0 (H−CN) = [(−93.340004) − (−93.390608)] A.U.<br>= 0.050604 A.U. = 31.8 kcal/mol = 132.9 kJ/mol |

② 모든 계산의 주요 결과들을 다음과 같은 IRC 도표로 나타낸다.

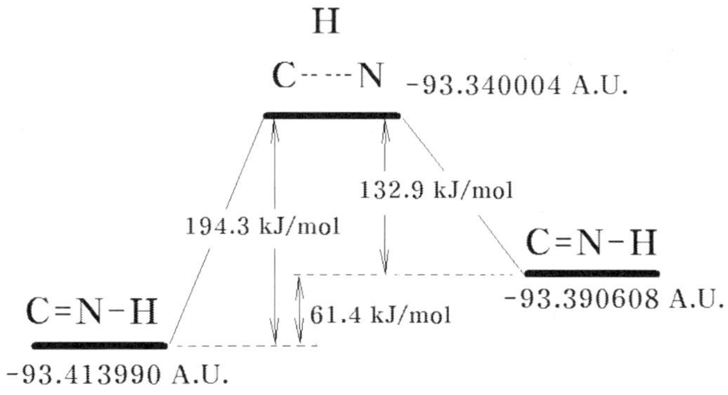

## [2] 바탕집합의 영향: 6-31++G(d,p) for CNH → HCN

(1) 일반적인 화학 구조인 경우에는 6-31G 바탕함수로도 정성적으로 타당한 결과를 구할 수 있지만, TS 구조는 일반적인 평형구조에 비하여 원자핵 사이의 거리가 멀고, 결합각도 보통의 경우와 다르기 때문에, 퍼진-바탕함수(Diffuse basis function)뿐만 아니라 분극-바탕함수(Polarization basis function)를 포함하는 최소 크기의 바탕집합인 6-31+G(d)를 사용하여야 한다.

(2) CNH → HCN 이성화 과정에서는 수소가 직접 참여하기 때문에 수소 원자의 바탕집합에도 퍼진-바탕함수(Diffuse basis function)와 분극-바탕함수(Polarization basis function)를 추가할 필요가 있다.

(3) 따라서 바탕집합을 6-31++G(d,p)로 확장하여 위 [1]번과 동일한 과정을 반복한 후, 그 주요 결과를 위 [1]에서와 같이 표와 그림으로 정리한다.

(4) 시간이 충분하거나 관심이 많다면, 더 큰 바탕집합(6-311++G(2df,2pd), Aug-cc-pVTZ, etc.)으로 확장하여, 동일한 계산을 수행한다.

## [3] DFT 함수의 영향: B3LYP → M052X, wB97X

(1) DFT 방법들 중 가장 널리 사용되는 B3LYP의 중요한 한계들 중 하나가 바로 활성화 에너지 장벽의 높이에 대한 결과의 신뢰성이 충분하지 않다는 점이다.

(2) B3LYP를 M052X 또는 wB97X로 교체하여 위 [1]과 [2]의 과정에서 반복하고, 그 결과를 표와 그림으로 정리한다.

## [4] TS에 대하여 알고 있는 정보를 사용하는 방법

(1) 파일 이름은 hcn-ts.gjf인 다음 input을 사용하여 계산을 실행한다.

```
%chk={dir-path }hcn-ts.chk
#t b3lyp/6-31+G(d) opt=(ts,calcfc) freq test

*** Guessed TS structure

0 1
N
C 1 1.3
H 2 1.4 1 60.0
```

***.gjf와 ***.chk에서 파일 이름(***)이 동일하게 변경되었음을 주의한다.

또한 opt의 options들 내용도 변경되었음을 주의한다.

여기서 사용하는 분자구조는 [1]의 (1) input의 세 번째 구조에 해당함을 주목한다.

(2) 계산 결과(hcn−ts.log) 파일을 열어, 주요 계산 결과가 [1]의 (2)−①에 보인 결과와 동일(거의 비슷함)함을 확인한다.

(3) 이번 경우, 간단한 분자이기 때문에 비교적 잘 진행되었지만, 좀 복잡한 경우에 이 방법(즉 guessed−TS 구조만 제공하는 방법)이 잘 진행되지 않으면, 위 네모 칸 안의 입력 내용에서 opt=(**ts,calcfc**) 부분을 opt=(**ts,CalcAll**)로 바꾸어 시도해 볼 수도 있다. 그러나 이 방법(CalcAll)을 사용하면 계산 시간이 급격하게 증가한다.

## (5) TS에 대한 정보를 전혀 사용하지 않는 방법

(1) 파일 이름은 hcn−qst2.gjf인 다음 input을 사용하여 계산을 실행한다.

```
%chk={dir-path }hcn-qst2.chk
#t b3lyp/6-31+G(d) opt=(qst2,calcfc) freq test

*** Reactant of CNH --> HCN isomerization

0 1
N
C 1 1.30
H 1 2.30 2 20.0

*** Product of CNH --> HCN isomerization

0 1
N
C 1 1.3
H 2 2.3 1 20.0
```

***.gjf와 ***.chk에서 파일 이름(***)이 동일하게 변경되었음을 주의한다.

qst3가 qst2로 변경되면서, guessed−TS 구조에 대한 부분이 없어졌음을 주목한다.

(2) 아마도 이번 계산은 오류를 발생하면서 중간에 멈출 것이다. 그러나 이번과 다른 반응의 경우에는 이와 같이 qst2를 사용하는 방법도 사용이 가능하다.

(3) 복잡한 분자에 대한 실제 연구에 qst3와 qst2 방법을 적용해보면, qst3 방법으로는 찾아지지 않는 TS가 오히려 qst2 방법으로 더 쉽게 잘 찾아지는 경우도 있다.

(4) 세 가지 방법들(opt=ts, opt=qst2, opt=qst3) 이외에도 특정 결합 길이 또는 결합 각도를 일정한 범위에서 변화시키면서 (선정한 결합 길이 또는 결합각을 제외한 나머지 모든 거리와 각도를 최적화시키면서) 에너지 변화를 살펴보는 scanning 방법을 적용하여 TS를 탐색하기도 하지만, 이는 간단한 실습으로 다루기에는 복잡하다.

## [6] 개별 실습: $S_{N2}$ 반응의 TS 탐색:

친핵성 치환반응인 $X^- + (CH_3)_3C-Y \rightarrow X-C(CH_3)_3 + Y^-$의 전이−상태(TS) 구조, 정−반응과 역−반응에 대한 반응−에너지와 활성화 에너지 높이를 B3LYP/6−31+G(D) 방법으로 구한다. 다음 참고사항들을 고려하면서 계산을 진행한다. X와 Y는 학번의 끝자리에 따라 다음 표와 같다.

(주의: 이 경우에 Charge=−1, Multiplicity=1에 해당한다!)

| 학번 끝 | 1, 9 | 2, 8 | 3, 7 | 4, 0 | 5, 6 |
|---|---|---|---|---|---|
| X | F | F | F | Cl | Cl |
| Y | Cl | Br | I | Br | I |

참고사항 1: A + B → C + D로 변하는 반응에서는 반응물도 서로 다른 두 분자가 포함되고 생성물에도 서로 다른 두 분자가 포함된다. 이러한 경우에는 반응물인 A와 B 분자가 서로 적절한 거리와 방향으로 배치된 전체를 하나의 반응물처럼 간주되는 '반응물의 초기 구조'를 Molecule specification 부분에 지정하여야 하고, 마찬가지로, 번 경우처럼 생성물인 C와 D 분자가 서로 적절한 거리와 방향으로 배치된 전체를 하나의 반응물처럼 간주되는 '생성물의 초기 구조'를 Molecule specification 부분에 지정하여야 한다.

참고사항 2: 초기 구조를 지정하는 부분(molecule specification section)에서 각 원자들의 순서는 반응물, 생성물, 그리고 짐작한(guessed) TS의 세 가지 모든 부분에서 항상 동일해야 한다. 그러나 원자들이 등장하는 줄의 순서만 일치하면 되고, 원자의 초기 위치를 지정하는 방식(Z−matrix 또는 x,y,z−좌표) 세 부분에서 서로 다르게 변해도 된다.

참고사항 3: 반응물, 생성물, Guessed−TS 구조에서 원자들의 순서(Label)를 일정하게 유지시키기 위하여 추천할 만한 한 가지 방법은 다음과 같다.

(1) 먼저 GaussView(또는 IQmol과 같은 그래픽 도구) 프로그램을 사용하여, 아래 네모 칸들의 중앙 부분 그림과 같은 Guessed−TS 구조를 만들어 원자들의 좌표를 guess−ts.gjf 파일에 저장한다.

(2) Guessed−TS 구조에서 결합 길이와 결합 각도를 적절하게 조정하여 (위 경우에 C−Y 길이는 대략 1.5 Å 정도로 감소, X−C 거리는 대략 3.0 Å 정도로 증가, <Y−C−R 각도는 대략 107.5° 정도로 증가시켜서) 왼쪽 그림의 반응물

(Reactant) 구조를 만들어 원자들의 좌표를 reactant.gjf에 저장한다.

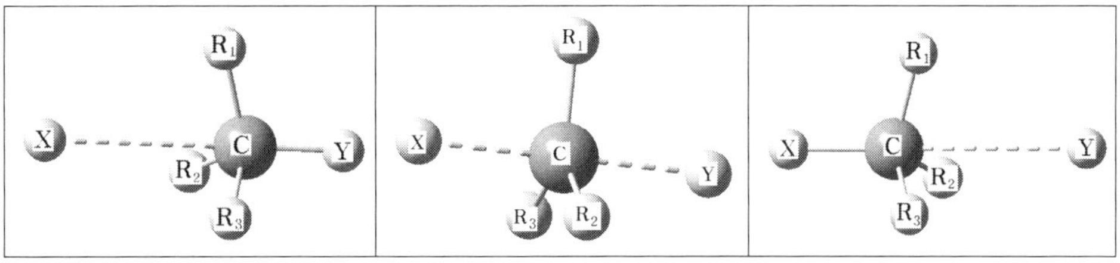


(3) 다시 guess-ts.gjf 파일을 열어서, Guessed-TS 구조에서 결합 길이와 결합 각도를 (이번에는 반대 방향으로) 적절하게 조정하여 오른쪽 그림의 생성물(Product) 구조를 만들고, 원자들의 좌표를 product.gjf 파일에 저장한다.

(4) 위에서 만든 3개의 input files들에 포함된 원자들의 위치 정보를 사용하여 [1]의 (1)에 보인 'CNH → HCN isomerization에 대한 하나의 input file'처럼 만든다.

**참고사항 4:** 이번 경우처럼, 반응물 및 생성물이 별개의 두 분자들로 구성된 경우에, TS 구로를 올바르게 찾은 후, TS 구조에서 출발하여, [1]-(3)-②에서 설명한 방법에 따라, 고유-반응-경로(IRC)의 앞(forward) 또는 뒤(reverse) 방향으로 구조 최적화를 진행시키면, 완전히 수렴한 구조를 제공하지 않고, 오류를 발생하면서 멈추는 경우가 많다. 이 경우에 [1]-(3)-③에 보인 것과 같은 (구조 최적화가 진행되면서 에너지가 변하는 것을 보여주는) 그래프를 살펴보았을 때 에너지가 충분히 안정화되었다고 판단되면, 그 마지막 구조를 살펴보고 적절한 결과인지 여부를 판단하여야 한다.

실습 결과들을 다음 순서에 따라 한 페이지의 한글 파일(**실습-4-11-홍길동.hwp**)로 작성하여 전자우편으로 제출하라.

(1) TS의 구조, Reactants의 구조, Products의 구조(즉 위의 '[1] 기본실습' (1)번 계산 결과가 TS 구조이고, (2)의 ⑤ 계산 결과가 Reactants 및 Products의 구조에 해당한다.)

(2) TS 구조에서의 Imaginary frequency의 값

(3) Activation Energy와 Reaction Energy를 A.U.(Hartree) 단위, kcal/mol 단위, kJ/mol 단위로 계산하여 적으라.

(4) 계산 결과를 바탕으로 고유 반응 경로(IRC, Intrinsic Reaction Coordinate)를 따라 에너지 변화를 보여주는 간단한 그림 또는 도표(Diagram)를 만든다.

# 5장 전자 상관성 효과를 포함하는 계산 방법

**순-이론 양자화학 방법**(Ab Initio Method) 또는 **제 일 원리 방법**(First Principle Method)이라고 부르는 계산 방법은, 연구하려는 대상 화합물에 대한 어떠한 실험 결과도 전혀 사용하지 않고, 오직 기본 물리법칙들과 기본 물리상수들, 그리고 화합물을 구성하는 기본 입자들에 대한 기본 정보들만을 바탕으로 대상화합물 또는 물질의 모든 물리-화학 성질들을 계산으로 구하는 방법을 뜻한다. 여기서 말하는 기본 물리법칙은 주로 전자기학과 양자역학을 의미하며, 기본 물리상수들은 전하의 단위, 프랑크 상수, 볼츠만 상수, 빛의 속도 등이다. 화합물을 구성하는 기본 입자들의 기본 정보는 연구하려는 대상 화합물에 포함된 원자핵의 종류와 수, 그리고 화합물의 전체 전하 등에 해당하는데, 이것은 곧 그 화합물에는 어떤 원자핵들이 몇 개 포함되어 있으며, 전체 전자의 수가 몇 개인지를 뜻한다. 연구 대상에 대한 그러한 기본 사실과 기본 물리법칙 및 물리 상수들만을 사용하여 그 화합물들의 분자구조, 전자구조, 에너지 구조, 분광학 특성, 화학 반응성, 열역학 특성, 기계적 특성, 전기적 특성 등 모든 물리적 성질들과 화학적 성질들을 실험의 도움을 전혀 받지 않고 알아내고 예측할 수 있는 방법이 순-이론 방법이다.

순-이론 양자화학 방법(Ab Initio Method) 또는 제 일 원리 방법(First Principle Method)이라고 부를 수 있는 계산방법들의 출발은 3장에서 설명한 HF/SCF 방법이다. 그러나 HF/SCF 방법에는 포함되지 않는 **전자-상관성 효과**(electron correlation effect)를 포함시켜야만 진정한 의미에서 순-이론 계산 방법이라 할 수 있다. 왜냐하면, 전자-상관성 효과를 적합하게 포함하여야만, 계산 결과의 정확성 혹은 신뢰성이, 실제 연구에 적용하기에 충분하여, 비로써 순-이론 또는 제 일 원리라는 명칭의 의미에 부합할 수 있기 때문이다. 따라서 이번 5장에서는 전자-상관성 효과를 포함하는 여러 가지 순-이론 양자화학 방법들에 대한 기본 내용들을 살펴볼 것이다. 관련된 이론 내용을 엄밀하고 자세하게 설명하는 것은 이 책의 범위를 벗어나는 것이며, 여기서는 단지, 계산화학을 처음 시작하는 학생들이 마주하게 되는, 그리고 또 실제로 사용하게 되는, 여러 종류 순-이론 방법들 사이의 관련성과 장단점을 대체적으로나마 파악할 수 있도록 도우려는 수준이다.

여러 가지 순-이론 양자화학 계산 방법들과 바탕집합들 사이의 대체적인 계층 관계 혹은 우열 관계를 표 5.1에 나타내었다. 어떤 것을 기준으로 하는지, 예컨대 에너지를 기준으로 하는지 혹은 특정 물리-화학 성질을 기준으로 하는지에 따라서, 계층관계와 우열관계는 다르게 평가되기 때문에, 표 5.1을 너무 심각하게 받아들일 필요는 없다. 단지 이번 5장에서 등장하는 여러 방법들 사이의 대체적인 관계성만 파악하면 된다. 사실 계산화학 프로그램을 사용하는 입장에서는, 계산 방법을 나타내는 용어들 혹은 계산화학 프로그램에서 사용되는 표제어(keyword)들이, 표 5.1에 열거된 여러 방법들 중 어느 항목에 해당하는지만 적절히 인식하여도 충분할 수 있다. 이 표에 등장하는 여러 방법들 이름의 유래와 의미만 대충 파악하여도 답답하거나 떨떠름한 마음의 부담이나 거부감이 좀 더 적어지기를 기대한다. 각 방법의 배경 이론에 대한 어느 정도의 이해가 갖추어진다면, 각 방법을 적용하는 자신만의 전략을 수립하거나, 여러 방법들을 혼합하여 적용하는 체계를 훨씬 더 잘 수립할 수 있을 것으로 기대한다. 또한 어떤 부분에 대한 이해가 더 필요한지에 대하여 스스로 판단하여, 본격적인 계산화학 방법들에 대한 앞으로의 학습 계획을 세울 수 있을 것으로 기대한다.

**표 5.1** 여러 가지 순-이론 계산 방법(Theoretical Method) 및 바탕집합(Basis set)들 사이의 대체적인 계층 혹은 우열 관계는 기준에 따라 다를 수 있다.

<table>
<tr><td colspan="2" rowspan="3">Basis Set</td><td rowspan="2">WFT</td><td rowspan="2">HF</td><td rowspan="2">MP2<br>CISD<br>MCSCF</td><td>CCD<br>MP4(DQ)</td><td>CCSD<br>MP4</td><td>CCSD(T)</td><td>MRCC</td><td rowspan="2">Full CI</td></tr>
<tr><td colspan="2">CASPT2</td><td colspan="2">MRCI, MRPT</td></tr>
<tr><td>DFT</td><td>L(S)DA</td><td>GGA</td><td>Hybride</td><td>meta-GGA<br>Dispersion-</td><td colspan="2">??? ...</td><td></td></tr>
<tr><td colspan="3">STO-3G</td><td></td><td></td><td></td><td></td><td></td><td></td><td></td></tr>
<tr><td colspan="3">3-21G</td><td></td><td></td><td></td><td></td><td></td><td></td><td></td></tr>
<tr><td>6-31G</td><td colspan="2" rowspan="2">cc-pvDz</td><td></td><td></td><td></td><td></td><td></td><td></td><td></td></tr>
<tr><td>6-31G(d,p)</td><td></td><td></td><td></td><td></td><td></td><td></td><td></td></tr>
<tr><td>6-31<br>++G(d,p)</td><td colspan="2">aug-cc-pvDz</td><td></td><td></td><td></td><td></td><td></td><td></td><td></td></tr>
<tr><td>aug-</td><td colspan="2">cc-pvTz</td><td></td><td></td><td></td><td></td><td></td><td></td><td></td></tr>
<tr><td>aug-</td><td colspan="2">cc-pvQz</td><td></td><td></td><td></td><td></td><td></td><td></td><td></td></tr>
<tr><td>aug-</td><td colspan="2">cc-pv5z</td><td></td><td></td><td></td><td></td><td></td><td></td><td></td></tr>
<tr><td colspan="3">...</td><td></td><td></td><td></td><td></td><td></td><td></td><td></td></tr>
<tr><td colspan="3">Numerical grid basis</td><td></td><td></td><td></td><td></td><td></td><td></td><td>Exact</td></tr>
</table>

표 5.1에서 세로축은 아래로 내려가면서 바탕집합의 크기가 커지는 방향이며, 가로축은 오른쪽으로 가면서 전자-상관성 효과를 포함하는 수준을 높여가는 계산 방법의 방향이다. 아래 방향이 **일-전자 바탕집합**(one-electron basis set)의 크기 증가에 해당하기 때문에, 오른쪽 방향은 **다-전자 바탕집합**(multi-electron basis set)의 크기 증가에 해당한다고 볼 수 있다. 표의 가장 오른쪽 가장 아래는 정확한(exact) 결과에 해당하며, 표의 특정 칸에 해당하는 방법의 우수함 혹은 신뢰성은 정확한 결과에 얼마나 근접하는지를 기준으로 평가할 수 있겠다. 따라서 낮은 수준의 계산 방법을 사용하면서 바탕집합의 크기만 증가시키거나, 반대로 작은 바탕집합을 사용하면서 계산 방법의 수준만 높이는 것은 두 가지 모두 적절하지 않다. 그보다는 표에서 대각선을 따라 오른쪽 아래 방향으로 이동하여, **계산 방법과 바탕집합 사이의 균형**을 유지하면서, 순차적으로 계산의 수준을 높여나가는 것이 바람직하다.

우선 5.1절에서는 전자-상관성에 대한 일반 사항들을 정리한 후, 파동함수를 사용하여 전자-상관성을 다루는 파동함수이론(WFT, Wave-Function Theory) 방법(CI, MBPT, CCT)들에 대한 내용을 5.2절부터 5.4절까지 다루고, 밀도-범함수-이론(DFT, Density Functional Theory) 방법들을 5.5절에서 다룬 후, 마지막 5.6절에서는 Gn/Wn과 같은 복합 방법(combination method)들을 간단히 설명한다.

## 5.1 전자 상관성 효과(Electron correlation effect)

HF/SCF 방법은 각각의 전자가 자신을 제외한 다른 모든 전자들이 만들어 놓은 평균적인 전기장 안에서 운동하는 최적 상태에 대한 해를 제공하는데, 언뜻 보기에는 이것이 최종적인 해인 듯 생각될 수 있다. 그러나 이것은 사실 전자들 사이의 상호 작용을 평균적으로만 다루는 평균-장 근사에 바탕을 둔 독립-전자 모형이다. 따라서 극히 짧은($10^{-18}$초 정도의) 순간 동안 전자들 사이에 작용하는 상관작용(correlation effect)이 포함되지 않는다. 이러한 상관작용을 더 엄밀하게 포함시키면 에너지가 더 낮아지게 되는데, 이렇게 해서 안정화되는 에너지를 **전자-상관성-에너지**(Electron Correlation Energy, $E_{corr}$)라고 부른다. 수식으로는 다음과 같이 정확한 비-상대론적(NR, nonrelativistic) 에너지($E_{NR}$)와 HF 방법으로 구한 에너지($E_{HF}$) 사이의 차이로 정의된다.

$$E_{corr} = E_{NR} - E_{HF} \tag{5.1}$$

HF－에너지가 정확한 에너지보다 더 높기 때문에 전자－상관성 에너지의 부호는 음(－부호)이다. 여기서의 $E_{HF}$는 바닥 전자상태의 스핀상태와 대칭성을 올바르게 나타내는 배치상태 함수(configuration state function)의 에너지를 나타낸다. (**참고**: 5.5절에서 설명하는 DFT 방법에서는 전자－상관성을 정의하는 수식이 여기에서와 미묘하게 다르다.) 닫힌－껍질 전자 배치(closed shell electron configuration)인 경우에는 하나의 슬레이터 행렬식(Slater determinant)이 올바른 배치상태 함수지만, 열린껍질(open shell) 전자배치인 경우에는 올바른 배치상태 함수가 2개 이상의 슬레이터 행렬식으로 구성된다. 에너지가 매우 비슷한 2개 이상의 바닥 전자상태 배치가 가능한 경우에는 특정 전자배치만을 고려하여 구한 HF/SCF 결과가 너무 부적합하기 때문에 2개 이상의 전자배치를 기저－상태(reference state)로 다룬 후, 그것을 바탕으로 전자－상관성을 보충하는 방식도 있다. 이런 경우에는 둘 이상의 기저－상태만으로도, 하나의 기저－상태에 대한 HF/RSCF 보다 더 에너지가 낮아지는 **정적－전자－상관성 효과**(static electron correlation effect)와 그 이후에 추가되는 **동적－전자－상관성 효과**(static electron correlation effect)로 구분하여 부르기도 한다.

전자－상관성 에너지의 크기 자체는 분자 전체의 총－에너지에 비교하여 매우 작기 때문에 이것을 무시하여도 어느 정도는 충분한 이론결과를 얻을 수 있는 경우도 많다. 그러나 화학에서 중요한 관심 대상인 화학결합의 크기 또는 화학반응의 에너지 역시 분자 전체의 총－에너지에 비하여 극히 일부분에 해당하며, 이것의 크기와 전자－상관성 에너지의 크기를 비교하면, 전자－상관성 에너지를 더 이상 무시할 수 없는 정도가 된다.

더구나, 양자화학 계산에서는 에너지(또는 에너지의 변화량) 만을 고려하는 것이 아니라, 파동함수로부터 계산할 수 있는 다른 특성들을 계산하는 것도 중요한 부분인데, 이들 특성－값에 대한 계산 결과의 신뢰성은 파동함수의 정확성에 크게 의존하게 된다. 그런데, 파동함수 자체의 정확성을 판단하거나 개선시키는 가장 명백한 방법이 바로 파동함수의 에너지(즉 총－에너지)를 개선시키는 방법이다. 따라서 결합－에너지와 반응－에너지뿐만 아니라, 다른 특성 값들의 계산 결과들에 대하여 보다 정확한 이론 결과를 얻기 위해서는 전자－상관성 에너지를 포함시켜야 하며, 이것이 전자－상관성을 중요하게 다루어야 하는 이유다. 실제로 전자－상관성을 포함시키지 않은 계산 결과들은 실험 연구 결과들에 대하여 정성적인 이해를 제공하는 부분에서는 많은 도움을 줄 수 있지만, 정량적인 해석과 예측을 제공하기에는 만족스럽지 않다.

그러나 다른 한편으로, HF 방법의 결과는 본질적으로 독립－전자 모형이기 때문에, 계산 결과에 대한 정성적인 분석이 쉬운 반면에, 전자−상관성 효과를 포함시킨 계산 결과에서 전자−상관성 효과의 부분을 정성적으로 분해하여 이해하는 것이 HF 결과에 비하여 훨씬 어려운 경우가 많다. HF 결과를 바탕으로 하는 정성적인 결과에 보정하는 방식으로 정성적인 이해를 제공하거나, 상관성 효과의 기여 부분에 대한 정성적인 해석을 위한 추가적인 복잡한 계산이 요구되기도 한다. 그래서 전자 상관성을 포함하는 양자화학 계산에 대한 적절한 이해를 위해서는, 3장의 1절에서 다룬 HF 방법에 대한 이해와 HF 계산의 결과에 대한 정성적인 이해가 중요하다. 5.2절부터 5.4절의 내용은 HF/SCF에 대한 3.1절의 설명에서 등장했던 여러 기호들과 수식들에 대한 기본 이해를 전제로 설명한다. 그러나 5.5절의 DFT 방법들은 처음부터 좀 다르게 출발한다.

HF 방법으로 구한 파동함수는 전자들 사이의 상호 작용을 평균적인 방법으로만 다루기 때문에 이 상호작용의 순간적인 미세 변동에 의하여 에너지가 더 낮아지는 것을 충분히 포함시킬 수 없다. 변분 원리(Variation Principle)에 의하면 파동함수가 내포하는 자유도가 증가하면 할수록 그 파동함수가 묘사하는 계의 에너지가 점점 더 낮아지게 되며, 따라서 파동함수의 내부 자유도를 계속 증가시키면 결국에는 계가 가질 수 있는 가장 낮은 상태, 즉 바닥 전자상태의 올바른 값에 도달하게 된다. 이러한 원리에 따라 HF 방법으로 구해진 파동함수에 더 많은 자유로움을 추가하여 올바른 해에 보다 더 가까이 접근하는 것이 전자 상관성 효과를 포함시키는 모든 방법들의 기본 핵심 내용이다.

HF/SCF 방법은 식 (5.2) 형식으로 나타낼 수 있는 가장 좋은 파동함수를 제공하는 것이기 때문에, 식 (5.3)처럼 여기에 새로운 항(배치, configuration)들을 추가하여 더 많은 내부 자유도를 가지도록 해준다는 것이 5.2절에서 다루는 배치 간−상호작용(CI) 방법의 핵심이며, 5.3절의 다체−섭동−이론(MBPT) 방법과 5.4절의 짝진−뭉치−이론(CCT, Coupled−cluster theory) 방법들도 CI 방법의 개념과 용어로 설명하는 것이 이해하기에 더 쉽다. 닫힌 전자껍질의 경우처럼 스핀−다중도가 단일−항(Singlet spin multiplicity, 2S+1=1)이 아닌 경우에는 $\Phi^{HF}$가 식 (5.2)처럼 하나의 슬레이터 행렬식으로 나타낼 수 없고, 둘 이상 행렬식들을 선형 결합해주어야 한다. 그러나 여기서는 그냥 간단하게, 하나의 행렬식으로 $\Phi^{HF}$가 구성되는 것으로 간주하고 설명한다.

$$\Phi^{HF} = \frac{1}{\sqrt{n!}}\begin{pmatrix} \phi_1^{MO}(r_1)\,\phi_2^{MO}(r_1) & \ldots\ \phi_i^{MO}(r_1) \ldots\ \phi_N^{MO}(r_1) \\ \phi_1^{MO}(r_2)\,\phi_2^{MO}(r_2) & \ldots\ \phi_i^{MO}(r_2) \ldots\ \phi_N^{MO}(r_2) \\ \vdots \quad\quad \vdots & \ddots \quad \vdots \ \ldots \ \vdots \\ \phi_1^{MO}(r_N)\,\phi_2^{MO}(r_N) & \ldots\ \phi_i^{MO}(r_N) \ldots\ \phi_N^{MO}(r_N) \end{pmatrix} \tag{5.2}$$

$$= |\phi_1(r_1)\phi_2(r_2)\cdots\phi_i(r_i)\cdots\phi_N(r_n)|$$

$$\Psi = \Phi^{HF} + \Phi' + \Phi'' + \Phi''' + \cdots \tag{5.3}$$

식 (5.2)에 더해주는 추가 항들($\Phi'$, $\Phi''$, $\cdots$ )은 식 (5.2)와 동일한 경계조건(boundary condition)을 만족한다는 조건만 충족한다면, 원칙적으로는 어떠한 함수여도 된다. 그러나 그렇게 추가되는 항들과 식 (5.2) 사이의 상호작용에 대한 계산들이 필요하기 때문에 무작정 아무 형태의 항들이나 추가하는 것은 현명한 방법이 아니다. 가능한 적은 수의 항들을 식 (5.2)에 추가하여 더 좋은 결과를 얻는 것이 문제 해결의 핵심이라고 할 수 있는데, 이러한 추가 항들을 어떤 방식으로 선택하는지에 의하여 5.2절부터 5.4절까지 설명하는 서로 다른 방법들의 차이가 구분된다고 볼 수도 있다.

## 5.2 배치 - 간 상호작용(CI, Configuration - Interaction) 방법

먼저 5.2.1절에서 CI 방법의 기본 골격에 해당하는 단일-기저(single reference) CI 방법의 골격을 설명한 후, 5.2.2절에서는 MCSCF, CASSCF, MRCI 등을 간단히 설명하고, 마지막 5.2.3절에서는 CI 방법들을 활용하는 데 관련된 전반적인 사항들을 간단히 정리한다.

### 5.2.1 단일-기저(Single Reference) CI 방법

식 (5.2)에 추가로 더해주는 항들($\Phi'$, $\Phi''$, $\cdots$ )을 만드는 (아래에 설명하는) 가장 간단한 수학적 기준을 사용하는 방법이 바로 **배치-간 상호작용**(Configuration Interaction) 방법이다. 새로운 항들을 추가하여 기존의 항, 즉 HF/SCF 방법의 해(solution)에 해당하는 기준 배치상태 함수(Reference configuration state function) $\Phi^{HF}$와 섞어 준다는 의미에서 배치-간 혼합(configuration mixing) 방법이라고 부르기도 하지만, 이 혼합의 물리적 의미를 드러내기 위하여 배치-간 상호작용(CI, Configuration-Interaction)이라는 용어를 사용한다.

CI 방법을 이해하기 위해서는 각각의 분자 궤도함수($\phi_i$)를 식 (5.4)처럼 전개하는데 사용한 바탕함수($\chi_\mu$)들의 수(M)가 바닥 전자배치를 나타내는 데 필요한 궤도함수($\phi_i$)들의 수(N)보다 많으며(N<M), 하트리-포크-로탄(HFR, Hartree Fock Roothaan) 식 (5.5)와 (5.6)을 풀이하여 얻게 되는 궤도함수(오비탈)들의 수는 원래 사용한 바탕함수의 수와 같다는 점을 이해하여야 한다.

$$\phi_i = \sum_{\mu} c_{i\mu}\, \chi_{\mu} \tag{5.4}$$

$$FC = ESC \tag{5.5}$$

$$F_i\, \phi_i = \left[h_i + \sum_{j=1}^{n} (J_{ij} - K_{ij})\right]\phi_i = \epsilon_i \phi_i \tag{5.6}$$

HFR 식 (5.5)를 SCF 과정으로 풀이하여 구한 궤도함수(오비탈, $\phi_i, i = 1, 2, \cdots, N$)들 중 에너지가 가장 낮은 N개의 $\phi_i (i = 1, 2, \cdots, N)$들에만 전자가 채워지게 되고 (이것들을 **채워진-궤도함수**(Occupied Orbital)라 부른다), 이것들로 식 (5.2)에 해당하는 근사-파동함수 $\Phi^{HF}$를 만든 것이다. (**참고**: 이 책에서는 HF 방법을 출발점으로 하는 전자-상관성 방법들만을 다룰 것이기 때문에, 앞으로 경우에 따라 $\Phi^{HF}$를 $\Phi^0$, $\Phi_0$ 또는 $\Phi^{Ref}$로 표기할 것이다.) 이때 나머지 (M−N)개의 오비탈들($\phi_a, a = N+1, N+2, \cdots, M$)은 전자가 채워져 있지 않는 상태로 남아있게 되는데, 이를 **안-채워진-궤도함수**(Unoccupied Orbital) 또는 **가상-궤도함수**(Virtual Orbital)라 부른다.

이들 가상-오비탈들을 적절히 사용하여 식 (5.3)에서 추가되는 항들($\Phi'$, $\Phi''$, $\cdots$ )을 식 (5.2)와 유사한 형태로 만들 수 있으며, 그런 방식을 적용하면 추가되는 항들과 식(5.2) 사이의 상호작용에 대한 계산이 매우 간단해진다. 추가적인 이들 근사-파동함수들 중 가장 간단한 것들은 다음과 같이 원래 전자가 채워져 있던 N개의 오비탈들 중 하나인 i번째 $\phi_i$를 전자가 채워져 있지 않던 (M−N)개의 오비탈들 중 하나인 a번째 $\phi_a$로 치환하여 Slater-행렬식을 만든 것이다.

$$\Phi_i^a = \frac{1}{\sqrt{n!}} \begin{pmatrix} \phi_1^{MO}(r_1)\, \phi_2^{MO}(r_1) & \ldots\, \phi_a^{MO}(r_1) \ldots\, \phi_N^{MO}(r_1) \\ \phi_1^{MO}(r_2)\, \phi_2^{MO}(r_2) & \ldots\, \phi_a^{MO}(r_2) \ldots\, \phi_N^{MO}(r_2) \\ \vdots \qquad \vdots & \ddots \quad \vdots \;\ldots\; \vdots \\ \phi_1^{MO}(r_N)\, \phi_2^{MO}(r_N) & \ldots\, \phi_a^{MO}(r_N) \ldots\, \phi_N^{MO}(r_N) \end{pmatrix} \tag{5.7}$$

$$= |\phi_1(r_1)\phi_2(r_2) \cdots \phi_a(r_i) \cdots \phi_N(r_N)|$$

이렇게 만든 행렬식은 원래 전자가 채워져 있던 i번째 궤도함수에서 비어있던 a번째 궤도함수로 하나의 전자가 들떠서 만들어지는 것에 해당하기 때문에, i → a **단일-들뜸 행렬식**(Single excited determinant)이라 부르고, $\Phi_i^a$로 표기한다. 이러한 $\Phi_i^a$들은 여러 개 (N×(M−N)) 만들 수 있으며, 이들 중에는 하나의 행렬식으로는 원래 전자배치의 스핀-양자수(S)에 해당하는 파동함수를 나타낼 수 없어서 2개 이상의 동등한 행렬식들을 미리 선형-결합하여야 하는 경우도 생긴다. 이런 경우에 둘 이상의 행렬식들을 선형-결합한 것을 **배치상태함수**(**CSF**, configuration state function)라고 부른다. 이들 단일-들뜸 행렬식들을 모두 합하여 간단하게 $\Phi^S$로 표시한다.

식 (5.3)에서 추가되는 항들($\Phi'$, $\Phi''$, $\cdots$ ) 중에서 그 다음으로 가능한 종류는, 다음과 같이 원래 전자가 채워져 있던 N개의 오비탈들 중 2개인 i번째와 j번째인 $\phi_i, \phi_j; i, j = 1, 2, \cdots, N, i \neq j$ 를 전자가 비어있던 (M-N)개의 오비탈들 중 2개인 a번째와 b번째인 $\phi_a, \phi_b; a, b = N+1, N+2, \cdots, M, a \neq b$로 치환하여 Slater-행렬식을 만든 것들이다.

$$\Phi_{ij}^{ab} = |\phi_1(r_1)\phi_2(r_2)\cdots\phi_a(r_i)\cdots\phi_b(r_j)\cdots\phi_N(r_N)| \tag{5.8}$$

이러한 것들은 원래 전자가 채워져 있지 않던 궤도함수에서 2개의 전자가 비어있던 궤도함수로 들떠서 만들어지는 것에 해당하기 때문에, **이중-들뜸 행렬식**(Double excited determinant)이라고 부르며, 간단하게 $\Phi_{ij}^{ab}$로 표기한다. 매우 많은 수의 $\Phi_{ij}^{ab}$들이 만들어질 수 있으며, 이 경우에도 역시 둘 이상의 행렬식($\Phi_{ij}^{ab}$)들을 미리 선형-결합하여 원래 전자배치의 스핀-양자수(S)에 합당한 배치상태함수(CSF)들을 만들어야 하는 경우도 많은데, 이러한 것들을 모두 통틀어 $\Phi^D$로 나타낸다. 또한 동일한 방식으로 **삼중-들뜸 행렬식들**(Triple Excited Determinants, $\Phi_{ijk}^{abc} = \Phi^T$), **사중-들뜸 행렬식들**(Quadruple Excited Determinants, $\Phi_{ijkl}^{abcd} = \Phi^Q$), ... 등으로, 원래의 전자 수 N에 해당하는 **N중-들뜸 행렬식들**(N-tuple Excited Determinants, $\Phi^N$)까지 만들 수 있다.

HF/SCF 방법으로 바닥 전자배치에 해당하는 행렬식 $\Phi^0$를 구한 후, 위에서 설명한 방법으로 단일-들뜸 행렬식($\Phi^S$), 이중-들뜸 행렬식($\Phi^D$), 삼중-들뜸 행렬식($\Phi^T$) 등을 구성하면, 다음과 같이 $\Phi^0$에 $\Phi^S$, $\Phi^D$, $\Phi^T$ 등을 더하여 파동함수의 내부 자유도가 증가된 파동함수($\Psi_{CI}$)를 만들 수 있다. 아래 수식에서의 계수들($C_i^a$, $C_{ij}^{ab}$)을 **배치-간-작용-계수**(CI coefficient)라고 부른다.

$$\Psi_{CI} = C_0\Phi^{HF} + \sum_{i=1}^{N}\sum_{\substack{a=\\N+1}}^{M} C_i^a\Phi_i^a + \sum_{\substack{i\neq j\\=1}}^{N}\sum_{\substack{a\neq b\\=N+1}}^{M} C_{ij}^{ab}\Phi_{ij}^{ab} + \cdots = \sum_I C_I\Phi_I \tag{5.9}$$

만약 단일-들뜸 항($\Phi^S$)들만 더해주면 이 경우 파동함수는 $\Psi_{CIS}$라고 표시하고 이 방법을 **CIS**(CI-S 또는 S-CI) **방법**이라 부르며, 단일-들뜸 항($\Phi^S$)들과 이중-들뜸 항($\Phi^D$)들까지 더해주면 이 경우 파동함수는 $\Psi_{CISD}$라고 표시하고 이 방법을 **CISD**(CI-SD 또는 SD-CI) **방법**이라 부른다. 더 높은 들뜸 항들을 포함시킬수록 더 정확한 결과를 얻을 수 있으며, 최대로 가능한 **N중-들뜸 행렬식들**(N-tuple Excited Determinants, $\Phi^N$)까지 모두 포함한 방법을 **충만-배치 간-상호-작용**(FCI, Full Configuration Interaction)

방법이라고 부른다. 그러나 FCI 방법인 경우에는 포함되는 모든 배치상태함수(CSF, configuration state function)들의 수는 (스핀 양자수 S=0인 경우조차도) 아래와 같이 매우 커진다.

$$\frac{M!\,(M+1)!}{(N/2)!\,(N/2+1)!\,(M-N/2)!\,(M-N/2+1)!} \tag{5.10}$$

각각의 배치상태함수(CSF)에 둘 이상의 행렬식을 포함하는 경우도 많기 때문에, FCI에 필요한 (CSF 가 아니라) 행렬식들 자체의 총 개수는 식 (5.10)로 계산되는 것보다도 더 많아진다.

> **[연습문제]** 단일-들뜸 항($\Phi^S$), 이중-들뜸 항($\Phi^D$), 삼중-들뜸 항($\Phi^T$), 사중-들뜸 항($\Phi^Q$)들까지 포함하는 경우에 대하여 파동함수를 식 (5.9)와 같이 써보고, 이 경우 파동함수를 표시하는 기호와 이 방법을 나타내는 표기법을 써 보라.

> **[연습문제]** 메탄올($CH_3OH$) 분자를 6-31+G(d) 방법으로 계산하는 경우에 FCI 방법을 적용한다면, 필요한 CSF의 수는 몇 개가 되는지 계산하라. (**참고**: 메탄올의 바닥 전자상태는 S=0에 해당하며, 전자들의 수 N=18이고, pure-spherical d-type 바탕함수를 가정하면, M=48이다.)

이렇게 자유도가 증가된 파동함수($\Psi_{CI}$)를 사용하여 Schrödinger 식을 풀이하여야 한다.

$$H\Psi_{CI} = E_{CI}\Psi_{CI} \tag{5.11}$$

즉 Hamiltonian에 대해서는 근사를 도입하지 않지만, 전체 파동함수에 대해서는 CI 근사를 도입한 후, Schrödinger 방정식을 풀이하는 것에 해당한다. 식 (5.11)을 풀이하는 것은, 식 (5.9)의 각 CSF($\Phi_I$)들로 정의되는 CI-행렬 원소(CI matrix element, $H_{IJ} = \langle \Phi_I | \hat{H} | \Phi_J \rangle$)들로 이루어진 거대한 크기의 CI 행렬을 대각(diagonalize)화하는 것에 해당한다. 그러면 CI-행렬의 고유 값들(eigenvalues) 중 가장 낮은 것이 바닥상태 전자배치의 에너지($E_{CI}$)에 해당하며, 그 고유-값에 대한 고유-벡터(eigenvector)를 구성하는 계수들이 식 (5.9)에 들어 있는 배치-간 작용-계수들(CI coefficients)이다. 그러면 이 CI 방법의 전자-상관성 에너지는 $E_{CI}$와 HF-방법의 에너지 사이의 차이로 정의된다.

$$\Delta E_{corr,CI} = E_{CI} - E_{HF} \tag{5.12}$$

식 (5.10)에 포함된 한 가지 의미는, 계산에 사용하는 바탕집합에 의하여 M 값이 제한된다는 것이다. 즉 FCI 방법을 적용한다 하여도 바탕집합의 크기에 의하여 파동함수의 자유도를 증가시키는 한계가 제한된다. 주어진 바탕집합으로 도달 가능한 최선의 FCI 한계를

**바탕집합의 전자-상관성 에너지**(basis set correlation energy)라고 부른다. 따라서 바탕집합이 충분히 크지 않으면 FCI의 결과가 완전한 결과에 도달하지 못한다. 예컨대 물($H_2O$) 분자를 이중-제타(DZP) 바탕집합을 사용하면서 FCI로 계산한 에너지는 -76.257 하트리(Hartree)인데, 이 값은 가장 정확한 비-상대론적 에너지인 -76.438 Hartree에 많이 미치지 못한 값이다. 작은 바탕집합을 사용하면서 FCI 방법을 사용하는 것은, 계산 방법 자체를 연구-개발하는 경우 등과 같은 특별한 경우를 제외하면, 별다른 의미 없이 계산 시간을 낭비하는 것에 불과하다.

FCI 방법을 적용하는 것이 현실적으로 매우 어렵고, 또 꼭 그럴 필요가 없는 경우가 대부분이다. 여러 가지 현실적인 이유들 때문에 배치-간 상호작용 방법들 중에서는 CISD 방법이 가장 널리 사용되고 있다. CISD 방법의 한계를 개선하려는 여러 가지 방법들이 1980년대와 1990년대 초반에 이루어 졌지만, 10여 개 이상의 원자를 포함하는 분자의 경우에는 여전히 다른 방법들에 비하여 계산 시간이 매우 많이 요구된다. 또한 분자 크기의 증가에 따른 계산량의 증가가 매우 급격하여, 계산화학을 전공하는 연구자들을 제외한 일반 연구자들은 CISD 방법 이상을 (사실은 CISD 방법조차도) 거의 사용하지 않는다. 사중-들뜸-배치들($\Phi^Q$)이 전자-상관성 효과에 기여하는 정도($\Delta E_Q$)를 다음 수식으로 추정하는 방법(**Davidson correction method**)이 그나마 요사이도 가끔 사용되고 있다.

$$\Delta E_Q \simeq (1 - C_0^2)(E_{CISD} - E_{HF}) \tag{5.13}$$

여기서 $E_{CISD}$와 $C_0$는 식 (5.9)에서 단일-들뜸과 이중-들뜸까지만 포함하도록 제한한 CISD 방법으로 구한 에너지와 그 때의 CISD 파동함수에 포함되는 $\Phi^{HF}$의 계수다. $C_0$는 일반적으로 1.00에 근접한 값이기 때문에 $\Delta E_Q$의 크기 자체는 비교적 작다. 그러나 전자-상관성 에너지 자체가 작은 크기이기 때문에 $\Delta E_Q$에 의한 보정이 때로는 중요할 수도 있다.

단일-기저(Single reference) CI 방법은 변분법에 해당하기 때문에, 그 결과가 항상 위로부터 참값을 향하여 낮아지면서 수렴한다는 특징을 가지기 때문에, 특정 화합물의 특정 구조에 대해서만 집중하여 연구하려는 경우에는 나름의 장점이 된다. 그러나 많은 계산 시간이 요구되고, 바탕집합의 크기 증가에 따라 계산량이 크게 증가하며, 바탕집합의 크기 확장에 따른 계산 결과의 수렴이 매우 느리다. 그러면서도 계산 결과의 품질이 그다지 만족스럽지 않다. 더구나 **크기일치**(size consistency, size extensivity) 성질을 만족하지 않는다는 것은 다양한 상황과 범위를 일관성 있게 다루려는 관점에서 매우 큰 단점이다. 크기일치 성질은 '계산 결과에 포함되는 오차의 크기가 계산 대상의 크기에 비례하는 성질'을 의미한다.

### 5.2.2 MCSCF, CASSCF, MRCI 방법들

만약 바닥 전자배치와 매우 비슷한 에너지를 가지는 다른 전자배치가 가능한 경우에는, 하나의 **전자배치함수**(**CSF**, Configuration State Function)가 분자 대칭성이나 스핀-양자수(S)에 대하여 올바른 조건을 만족한다 하여도, CI 방법에서 출발 근거로 사용하는 HF/SCF의 결과가 더 이상 충분히 좋은 출발 근거가 되기 어려울 수 있다. 이러한 경우에는 CI 방법의 수준을 높여가도(즉 CID, CISD, CISD(T), CISDT, ...으로 확장하면서 동시에 바탕집합의 크기를 키워가도) 계산 결과의 수렴이 매우 느리다. 원자핵들 사이의 거리가 평형 결합 길이보다 많이(대략 1.5~2배 정도 이상으로) 길어진 상황에서는 단일-기저 CI 방법들의 결과가 정성적으로조차 적합하지 않는 경우가 많다.

이러한 경우에는 둘 이상의 전자배치 상태를 올바르게 나타내는 CSF들을 동시에 최적으로 묘사할 수 있도록 HF/SCF 방법을 확장하는 것이, CI 방법의 수준을 높이는 것보다 차라리 더 바람직하다. 이것을 **다중-배치-자체-일치-장**(MCSCF, Multi-Configuration SCF) 방법이라고 부른다. 예컨대 L-개의 전자상태들(CSFs)을 포함하는 MCSCF 방법에서는 파동함수($\Psi_{MCSCF}$)를 다음과 같이 정의한다.

$$\Psi_{MCSCF} = C_1\Phi_1 + C_2\Phi_2 + \cdots C_L\Phi_L \tag{5.14}$$

여기서 $\Phi_I$들은 하나 혹은 둘 이상의 슬레이터 행렬식으로 정의되는 CSF를 의미하는데, 그들 각각이 식 (5.2)의 $\Phi_0$이나 식 (5.8)의 $\Phi_i^a$ 또는 $\Phi_{ij}^{ab}$들 중 하나에 해당한다. 따라서 식 (5.14)는 식 (5.9)의 $\Psi_{CI}$에 포함된 항들 중에서 몇 개만을 선별하여 포함시킨 것으로 생각할 수 있다.

단일-기저(Single Reference) CI 방법에서 사용하는 분자-궤도함수(MO)들은, 일단 한번 HF/SCF 과정이 수렴된 이후에는, 더 이상 변하지 않고, 단지 식 (5.9)의 CI-전개-계수들(CI coefficients)인 $C_i^a$와 $C_{ij}^{ab}$들만 최적화시키는 방법이다. 그런데 MCSCF 방법에서는 식 (5.14)의 $C_I$들만을 최적화시키는 것이 아니라, 식 (5.14)에 포함된 $\Phi_I$들을 구성하는 분자-궤도함수(MO)를 바탕함수로 전개시키는 식 (5.4)의 분자-궤도-전개계수들(MO coefficients)인 $c_{i\mu}$들도 동시에 최적화시킨다. 즉, 단일-기저 CI 방법에서는 HF/SCF 과정을 반복-순환 과정(iterative process)로 풀이하여 $c_{i\mu}$들을 구한 후, CI 행렬 원소들을 만든 후, CI 행렬을 한번만 대각화하여 CI-계수들과 에너지를 얻는다. 그러나 MCSCF

방법은 HF/SCF 풀이 과정과 CI－행렬식의 풀이 과정을 맞물려 함께 풀이하는 복잡한 순환 과정이다. 그러나 HF/SCF 방법과 CI 방법 두 가지 모두 본질적으로는 선형 변분 과정이기 때문에, 여기서 CPHF(Coupled Perturbed Hartree Fock) 개념과 수식을 설명하지는 않겠지만, 두 가지를 동시에 풀이하는 것이 가능하다. 그러나 HF/SCF 과정도 초기 추정이 적절하지 않으면 HF/SCF의 반복 과정이 수렴하지 않는 것처럼, MCSCF 과정을 올바르게 수렴시키는 것은 훨씬 더 어렵다.

화학 결합의 해리 과정을 적합하게 다루기 위한 목적으로 1970년대 중반부터 MCSCF 방법이 본격적으로 개발되기 시작하였지만 MCSCF 과정을 수렴시키는 과정의 어려움 때문에 일반적인 계산 방법으로 활용되지는 않았다. CPHF 방법이 1980년대 초반부터 본격 발전한 후, 이를 바탕으로 MCSCF 방법을 풀이하는 효율적인 과정들이 1980년대 후반에 개발되면서, 1990년대부터 MCSCF 방법(그리고 CASSCF 방법)들이 널리 활용되기 시작하였다.

MCSCF 방법을 실제로 적용하려면, 식 (5.14)에 포함시키는 CSF($\Phi_I$)들을 선별 혹은 정의하여야 하는데, 어떤 방식으로 $\Phi_I$들을 구성하는지에 따라 여러 다양한 MCSCF 방법들이 가능하다. 가장 널리 사용되는 방식이 바로 **완전－활성－공간 차체－일치－장**(**CASSCF**, Complete Active Space Self Consistent Field, 혹은 줄여서 CAS) 방법이다. 이 방법에서는 HF/SCF 과정을 풀이하는 과정에서 항상 전자가 2개씩 채워지는 (doubly occupied) **비활성 궤도함수들**(inactive orbitals)과 전자가 하나 혹은 둘 채워지거나 아예 채워지지 않을 수도 있는 **활성 궤도함수들**(active orbitals)로 구분한다. 비활성 궤도함수에 채워지는 전자들은 **비활성 전자**(inactive electron)며, 나머지 전자들이 **활성 전자**(active electron)다. 활성 전자들이 활성 궤도함수들에 채워지는 많은 경우들이 가능한데, 이들 경우들을 완전히 포함시키는 함수집합(함수공간)을 완전－활성－공간(complete active space)이라고 부르며, 이것으로 식 (5.14)를 정의하는 것이 바로 CASSCF(CAS) 방법이다.

예컨대 탄소 분자($C_2$)의 경우 바닥 전자상태는 (비어있는 궤도함수들도 함께 보여주는) 다음과 같은 하나의 전자배치로 나타낼 수 있다.

$$(1\sigma_{g,1s})^2(1\sigma_{u,1s})^2(2\sigma_{g,2s})^2(2\sigma_{u,2s})^2\ (1\pi_{u,2pxy})^4(3\sigma_{g,2pz})^0(1\pi_{g,2pxy})^0(3\sigma_{u,2pz})^0 \quad (5.15)$$

여기서 활성 궤도함수와 비활성 궤도함수로 구분하는 것은, 계산의 목적이 전자 들뜸 에너지(electron excitation energy)를 계산하려는 것인지 혹은 퍼텐셜 에너지 곡면을 따라가면서 계산하려는 것인지 등에 따라 다를 수 있는데, 가장 기본이 되는 기준은 각 궤도함수－에너지(MO energy)와 궤도함수의 대칭성 및 공간분포 특성이다. 이들 두 기준을 활용하는 구체적인 내용에 대한 설명은 간단하지 않기 때문에 여기서는 생략한다. 단지 가장 간단한 **Full−Valence MCSCF**는 중심−전자가 채워지는 처음 2개의 궤도함수($1\sigma_g, 1\sigma_u$)만 비활성 궤도함수로 선택하고, 원자가−궤도함수들(valence AOs)로 구성되는 나머지 궤도함수들($2\sigma_{g,2s} - 3\sigma_{u,2pz}$) 모두를 활성 궤도함수로 지정하는 것에 해당한다. 이 경우 활성 전자들은 8개이고 활성 궤도함수들은 ($\pi_{2pxy} = \pi_{2px} + \pi_{2py}$로 생각하여 2개의 궤도함수로 간주하여) 총 8개이기 때문에, 이것을 CASSCF(8,8) 또는 간단히 CAS(8,8)로 나타낸다. CAS(8,8) 계산에서는 8개의 전자를 8개의 MO에 분산 배치시키는(8개 MO 각각에 전자를 하나만 채우거나, 2개까지 채우거나 아예 비워두는) 모든 가능한 배치상태함수(CSF)의 수, 즉 식 (5.14)에 포함되는 항들의 수는 (구체적인 수는 각 궤도함수들의 대칭성을 고려하여 결정되지만) 1500여개에 이른다. 탄소 분자의 경우에는 Full−Valence MCSCF가 그다지 큰 계산이 아니지만, 탄소, 질소, 산소 등의 원소의 수가 5~6개 이상만 포함되어도 Full−Valence MCSCF의 실제 계산은 매우 어려워진다. 계산화학 프로그램의 종류에 따라서, CASSCF에 참여시키는 활성 전자들 및 활성 궤도함수들의 최대 수에 제한이 있는 경우가 많으며, 활성 공간이 커질수록 CASSCF 과정의 수렴이 어려워진다. 따라서 수소 원자를 제외한 원자의 수가 5~6개 이상이 되면 Full−Valence MCSCF 계산은 거의 불가능해지며, 따라서 활성 전자의 수와 활성 궤도함수의 수를 적절하게 줄여야 한다. 단순히 활성 전자의 수와 활성 궤도함수의 수만을 지정하지 않고, 특정 궤도함수들 각각에 채워질 수 있는 전자 배치를 좀 더 구체적으로 세밀하게 제한하는 방법을 **RASSCF**(Restricted Active Space SCF)로 부르기도 하며, 이에 해당하는 여러 세밀한 방법들이 있는데, 이에 대한 설명은 여기서 생략한다.

Full−Valence CAS 방법이 가장 이해하기 쉽고 사용하기 쉬운 MCSCF 해당하기는 하지만, 퍼진 바탕함수들(diffuse basis functions)들에 해당하는 것들을 포함하는 큰 바탕집합을 사용하는 경우에는 Full−Valence CAS 방법조차도 꼭 최선이 아니고, Full−Valence 공간 바깥의 분자−궤도함수(MO) 한두 개를 더 추가할 필요가 있는 경우도 있다. CASSCF 방법을 잘 활용하는 부분은 간단히 설명하기 어렵기 때문에 여기서는 이정도의 설명으로 마무리한다. 계산화학에 대한 어느 정도 이상의 경험을 쌓은 다음에 MCSCF/CASSCF 방법에 접근하는 것이 좋다.

**다중−기저 배치−간 상호−작용(MRCI,** Multi−Reference Configuration Interaction) 방법은 MCSCF 방법으로 다중−기저를 수렴시킨 후, 이들 배치상태함수들(CSFs)로부터 만들어지는 가능한 단일−들뜸, 이중−들뜸에 해당하는 CSF들을 새로이 더 만들어, 아래와 같이 상태함수의 전개에 추가하는 것이다.

$$\Psi_{MRCISD} = C_0 \Psi_{MCSCF} + \sum_{I=1} C_I^A \Psi_I^A + \sum_{I \neq J} \sum_{A \neq B} C_{IJ}^{AB} \Psi_{IJ}^{AB} \tag{5.16}$$

여기서 $\Psi_{MRCISD}$ 안에 포함된 배치상태함수들(CSFs)은 더 이상 변화시키지 않고, 단지 식 (5.16)의 전개계수들($C_I^A$, $C_{IJ}^{AB}$)만 단일－기저 CI 방법에서와 마찬가지 방식으로 최적화시킨다. MRCI 방법에서도 삼중－들뜸, 사중－들뜸 등에 해당하는 것들을 포함시킬 수도 있겠지만, MRCI 방법에서는 이들에 의한 효과가 매우 적으며, $\Psi_{MRCISD}$ 안에 포함된 특정 배치상태함수(CSFs)에서 출발한 삼중－들뜸, 사중－들뜸 등이 $\Psi_{MRCISD}$ 안에 포함된 다른 배치상태함수(CSFs)에서 출발한 단일－들뜸 또는 이중－들뜸에 해당하는 경우가 대부분이기 때문에 MRCI 방법은 실제로 MRCISD 방법이 주로 사용된다.

### 5.2.3 CI 방법들의 사용에 대한 일반 사항들

CI 방법의 가장 큰 장점은 바닥 전자상태에 대한 풀이를 얻음과 동시에 들뜬 전자상태들에 대한 정보(들뜬 전자상태의 에너지뿐만 아니라 파동함수)도 함께 구해진다는 점이다. 그리고 변분방법에 해당하기 때문에, 각 전자상태들 각각의 참값에 대한 상한－값에 대한 확신을 줄 수 있다는 점이다. 그래서 CIS 방법은 전자－상관성 효과를 전혀 포함시키지 못하지만, 들뜬 전자상태들의 분포에 대한 정성적인 기본 정보를 제공할 수 있기 때문에, 들뜬 전자상태가 관여되는 연구 대상에 대하여 시험적인 계산으로 많이 활용되며, 들뜬 전자상태를 다루는 다른 고급 방법들의 초기 추정(initial guess)치를 제공하는 역할로 사용되기도 한다. 또한 CIS 방법의 결과를 활용하여 전자－상관성 효과의 일부를 섭동－방법으로 추가하는 CIS(D) 방법이, 아주 큰 화합물을 다루는 연구에서 활용되기도 한다. 그러나 CI 방법의 가장 큰 단점은 크기－일치 성질(size extensivity and/or size consistency)을 만족하지 않는다는 점이다. 그래서 어느 한 분자의 특정 분자구조에서만의 특성을 연구하려는 경우에는 좋은 결과를 제공할 수도 있지만, 서로 구성이 다른 대상에 대한 계산 결과들을 비교하거나, 여러 가지 다른 대상들에 대한 계산 결과들을 조합하여 사용할 때 주의가 필요하다.

1980년대 중반까지는 단일－기저 CISD 방법이 전자－상관성을 다루는 가장 안정적인 계산 방법으로 활용되었다. 그러나 계산에 투여되는 자원의 양에 비하여 계산 결과의 품질이 비례하여 우수하지는 않은 편이었다. CISDTQ 방법은 우수한 결과를 제공하는 편이지만, 너무 과도한 계산 자원을 요구하기 때문에 다－원자 분자에 대해서는 거의 활용되지 않는다. 그래서 1980년대 후반과 1990년대 초반에는 삼중－들뜸과 사중－들뜸을 일부 포함시키면서 크기－일치 성질을 어느 정도 만족시키는 CISD(Q), CISD(TQ), Q－CISD

방법들이 개발되었지만, 비용대비 효과의 관점에서, 여전히 일반 연구자들이 선호하는 방법은 아니다.

반면 MCSCF/CASSCF 방법은 1980년대 후반에 상당히 효율적인 수준으로 발전하였고, 다른 방법들이 제공하지 못하는 나름의 장점 때문에 1990년대 중반부터 지금까지도 여러 계산화학 방법들 중에서도 여전히 나름의 역할을 차지하고 있다. MCSCF/CASSCF 방법의 가장 큰 장점은 비교적 적은 계산 자원을 사용하면서도, 퍼텐셜 에너지 곡면(PES, Potential Energy Surface) 전체 공간에서, 결합의 해리 상황까지를 포함하는 넓은 영역까지, 특정 전자상태(특히 바닥 전자상태)뿐만 아니라 인접한 여러 전자상태들에 대한 상대적인 특성들을 매우 균일한 품질로 제공한다는 것이다. 그래서 인접한 여러 전자상태가 관여되는 광-화학 분야의 연구 등과 같은 대상에 대하여, 최소한 정성적으로는 타당한 결과를 제공한다는 것이 MCSCF/CASSCF 방법의 최대 장점이다. 그러나 *MCSCF/CSCSCF 방법의 최대 단점은 전자-상관성 효과, 특히 동적 전자 상관성 효과(dynamic electron correlation effect)를 별로 포함하지 않는다는 점*이다. 그 결과, 계산 결과의 정량적인 면에서의 품질(정확성)이 충분하지 않다는 점이다. 그리고 MCSCF/CASSCF 방법을 효과적으로 활용하기 위해서는 기본적인 이론의 이해뿐만 아니라, 실제 다양한 상황에 MCSCF 방법을 적용하는 계산 경험이 필요하다. 그래서 계산화학에 대한 기본 이상의 이해와 경험을 터득한 이후에 MCSCF/CASSCF 방법에 접근하는 것이 좋다. 연구 대상 분자가 조금만 복잡해져도 MCSCF 계산이 잘 수렴하지 않거나 다소 엉뚱한 결과를 제공하기도 하며, 계산화학 프로그램 사용자가 이를 잘 이해하지 않으면, 부적절한 해석을 할 수도 있다.

MRCI 방법은 MCSCF 결과를 구한 후, 선형대수에 해당하는 과정만 추가되기 때문에 일단 MCSCF가 성공적으로 완료되면 MRCI 결과 자체는 안정적으로 구해지며, MCSCF 결과가 정성적으로 타당한 경우에는 이를 바탕으로 한 MRCI 방법의 결과는 정량적으로 매우 우수하다. MRCI 자체는 Full-CI에 가장 접근하는 계산 방법이기 때문에 큰 바탕집합과 함께 MRCI 방법을 사용하면 가장 우수한 결과를 얻을 것으로 기대하기 쉽다. 그러나 MRCI의 출발인 CASSCF의 활성-공간(active space)이 작은 경우에는, 비록 정성적으로는 틀리지 않다 하여도, 투여한 노력에 비교하여 충분히 적합한 결과를 기대하기 어려울 수도 있다. 경우에 따라서는 충분히 큰 활성-공간(active space)으로 CASSCF 결과를 얻은 후, 동적 전자-상관성 효과를 2차-섭동이론으로 추가하는 (다음 5.3절 마지막 부분에 언급하는) CAS-PT2 방법을 적용하는 것이 더 좋은 경우도 많다. MRCI 방법은 매우 큰 계산-자원(계산 시간과 저장 공간 등)을 요구하기 때문에, 계산화학에 대한 충분한 경험과 이해가 부족한 상태에서는 사용하지 않는 것이 좋다.

## 5.3 다체 - 섭동 이론(Many - Body - Perturbation Theory) 방법

먼저 5.3.1절에서 섭동 이론의 기본 골격을 RSPT 방식을 기준으로 설명한 후, 대부분의 양자화학 계산 프로그램에서 적용하고 있는 MPPT 방법을 5.3.2절에서 설명한다. 마지막으로 5.3.3절에서는 섭동이론 방법들을 활용하는데 관련된 전반적인 사항들을 간단히 정리한다.

### 5.3.1 다체－섭동 이론(MBPT, Many－Body Perturbation Theory)의 기본

HF/SCF 방법은 원래의 헤밀토니안 H를 사용한 Schoredinger 식을 정확히 풀지 못하고, 독립－전자 개념을 적용하여 근사적으로 풀이한 것이다. 그래서 배치－간 상호작용(CI) 방법에서는 HF/SCF 방법으로 구한 근사 파동함수인 $\Phi^{HF}$에 식 (5.9)와 같이 추가적인 자유도를 더하여 정확한 파동함수인 $\Psi$에 보다 근접하는 결과를 구하는 방법이다. 즉 Hamiltonian이 아니라 파동함수에 수학적인 기준을 바탕으로, 근사를 먼저 도입하는 접근 방법이다.

반면에 다체－섭동 이론에서는 원래의 Hamiltonian $\hat{H}$에 포함된 여러 구성 성분들의 물리적 의미를 분석한 후, 정확하게 해를 구할 수 있는 부분인 영차 Hamiltonian $\widehat{H_0}$와 나머지 섭동－항(Perturbation Term) $\hat{H}'$로 분리하고, 섭동의 세기를 의미하는 인수 $\lambda$를 도입하여 다음과 같이 정의한다.

$$\hat{H} = \widehat{H_0} + \lambda \hat{H}' \tag{5.17}$$

그러면 $\widehat{H_0}$를 사용하는 Schrodinger 식은 정확히 풀리기 때문에 (정확히 풀리는 부분들만 $\widehat{H_0}$에 포함시키기 때문에) 그 해들을 다음 식과 같이 정리할 수 있다.

$$\widehat{H_0}\Phi_i = E_i\Phi_i, \quad i = 0, 1, 2, \cdots \tag{5.18}$$

여기서 $\Phi_i$와 $E_i$는 Hamiltonian의 영차 항(zero－order term, 즉 섭동－항이 전혀 없는 가상) 상황에 해당하는 풀이에 해당하며, (양자역학 이론의 기본 전제(postulate)들 중 하나에 따라) 완전－집합(complete set)을 이룬다. 그 다음 단계로, 정확한 파동함수 $\Psi$와 그에 해당하는 정확한 에너지 $E$를 다음과 같이 섭동의 세기를 나타내는 $\lambda$의 차수에 의존하는 Taylor식의 형태로 전개한다.

$$E = E_0 + \lambda E_1 + \lambda^2 E_2 + \cdots + \lambda^n E_n + \cdots \tag{5.19}$$

$$\Psi = \Psi_0 + \lambda\Psi_1 + \lambda^2\Psi_2 + \cdots + \lambda^n\Psi_n + \cdots \tag{5.20}$$

그러면, 식 (5.19)와 식 (5.20)을 Schrödinger 식($\hat{H}\Psi = (\hat{H}_0 + \lambda\hat{H}')\Psi = E\Psi$)에 대입한 후, (자세한 설명은 생략하지만, 각 차수의 파동 함수들이 중간-정규화된(intermediate normalized) 것으로 간주하고) 임의 $\lambda$ 값의 모든 차수에 대하여 성립하도록 정리하면(즉 Schrödinger 식에서 = 부호 양쪽에 나타나는 항들 중에서 $\lambda$에 대한 차수가 같은 항들끼리 골라내어 정리하면) 다음과 같이 $\lambda$의 각 차수에 대한 수식들을 얻게 된다.

$$\begin{aligned}
\lambda^0:&\ \hat{H}_0\Psi_0 &&= E_0\Psi_0 \\
\lambda^1:&\ \hat{H}_0\Psi_1 + \hat{H}'\Psi_0 &&= E_0\Psi_1 + E_1\Psi_0 \\
\lambda^2:&\ \hat{H}_0\Psi_2 + \hat{H}'\Psi_1 &&= E_0\Psi_2 + E_1\Psi_1 + E_2\Psi_0 \\
&\ \cdots && \cdots \\
\lambda^n:&\ \hat{H}_0\Psi_n + \hat{H}'\Psi_{n-1} &&= \sum_{i=0}^{n} E_i\Psi_{n-i}
\end{aligned} \tag{5.21}$$

위의 식에서 첫 번째는 0차 섭동식, 두 번째는 1차 섭동식, 세 번째는 2차식이라고 부른다. 0-차 섭동식은 식 (5.18)에 의하여 이미 풀이된 상태(즉 $\Psi_0 = \Phi_0$)이기 때문에 나머지 식들을 순차적으로 풀이해 나간다.

1차 섭동식, 즉 식 (5.21)의 두 번째 줄을 보면 두 가지를 풀이하여야 하는데, 하나는 에너지에 대한 1차 보정 $E_1$이고 다른 하나는 파동함수에 대한 1차 보정 $\Psi_1$이다. 마찬가지로 (n-1)차 섭동식까지 풀이하였다고 가정하면 n차식은 에너지에 대한 n차 보정 $E_n$과 파동함수에 대한 n차 보정 $\Psi_n$라는 두 가지를 구하는 문제에 해당한다. 양자역학 이론 연구에서 흔히 사용되는, '**넘겨주기 규칙**(turnover rule)', $\langle \Phi_0|\hat{H}_0|\Psi_i\rangle = \langle \Psi_i|\hat{H}_0|\Phi_0\rangle^*$을 적용하는 유도과정은 여기서 생략하는데 (2차 섭동식의 풀이까지는 물리화학 또는 양자화학 교재에 나와 있다.) 기본적으로 중요한 사항들 중 하나는 $n$차 섭동식으로 파동함수($\Psi_n$)를 구하면, 에너지에 대한 2n+1차 보정까지는 다음 식으로 구할 수 있다는, 섭동 이론에서의 2n+1 규칙이라고 부르는 것이다.

$$E_{2n+1} = \langle \Phi_n|\hat{H}'|\Phi_n\rangle - \sum_{k,l=1}^{n} E_{2n+1-k-l}\langle \Phi_k|\Phi_l\rangle \tag{5.22}$$

Hamiltonian을 구성하는 항들 중에서 풀이되는 것 까지만 포함시킨 것이 0차 섭동식이기 때문에, 0차 섭동식은 이미 풀이되었지만, 1차부터의 섭동식을 어떻게 풀이할 것인지는 어려운 문제이다. 여기서 0차 섭동식의 풀이로 주어지는 파동함수(식 (5.18)의 $\Phi_i$)들이 완전 집합을 이룬다는 사실을 활용하면, 어떤 미지의 파동함수($\Psi_i$)도 다음 식으로 전개할 수 있다. (그것이 바로 완전-집합의 의미다!)

$$\Psi_i = \sum_i c_i \Phi_i \tag{5.23}$$

이러한 전개를 바탕으로 풀이하는 다체-섭동 방법을 레일리-슈뢰딩거 섭동 이론(**RSPT**, Rayleigh-Schrödinger Perturbation Theory) 방법이라고 부른다. 여기서 자세한 유도 과정은 생략하지만, 다체-섭동 이론에서 가장 흔하게 사용되는 에너지에 대한 1차 및 2차 보정, 그리고 파동함수에 대한 1차 보정을 표현하면 각각 다음과 같다.

$$E_1 = \langle \Phi_0 | \hat{H}' | \Phi_0 \rangle \tag{5.24}$$

$$\Psi_1 = \sum_{i \neq 0} \frac{\langle \Phi_i | \hat{H}' | \Phi_0 \rangle}{E_0 - E_i} \Phi_i \tag{5.25}$$

$$E_2 = \sum_{i \neq 0} \frac{\langle \Phi_0 | \hat{H}' | \Phi_i \rangle \langle \Phi_i | \hat{H}' | \Phi_0 \rangle}{E_0 - E_i} \tag{5.26}$$

참고로, 파동함수에 대한 1차 보정까지 구하면, 위에 언급한 2n+1 규칙에 따라, 에너지에 대한 3차 보정까지 구할 수 있다. 그러나 아래에 설명하는 MPPT 방법에서는 에너지에 대한 3차 보정이 미미하기 때문에 (오히려 4차 보정이 더 중요하다!) 대부분의 경우에는 에너지에 대한 3차 보정을 구하지 않는다. 그리고 식 (5.26)은 식 (5.25)를 이미 활용한 결과다.

다체-섭동 이론(MBPT) 방법의 기본 골격은, 원래의 문제를 정확하게 풀이할 수 있는 부분($\hat{H}_0$)과 나머지 섭동-항($\hat{H}'$)으로 분리한 후, 섭동-항의 영향을 1차, 2차, 3차 섭동식, 등의 단계에 따라 순차적으로 포함하여, 그 결과들을 영차 섭동식을 풀이하여 얻은 에너지($E_0$)와 파동함수($\Phi_0$)에 1차, 2차, 3차 보정항으로 순차로 더해서, 참값에 접근하는 방법이다. 그리고 1차-, 2차- 3차-, ... n-차 섭동식을 풀이하기 위하여, 영-차 섭동식을 풀이하여 얻은 파동함수($\Phi_i$)들이 완전 집합을 이룬다는 양자역학의 기본 전제를 적용하는, **레일리-슈뢰딩거 섭동 이론**(**RSPT**, Rayleigh-Schrödinger Perturbation Theory) 방법이 양자화학 계산에서 실질적으로 적용되고 있는 MBPT 방법들의 기본 바탕이다. 즉, 다체-섭동 이론 방법에서는 섭동-항($\hat{H}'$)을 이용하여 에너지에 대한 보정(전자-상관성 효과의 도입)과 파동함수의 개선을 진행하여 나간다. 이 점이 파동함수를 먼저 확장-개선해 나가면서, 그에 따라 에너지에 대한 개선이 이루어지는 CI 방법과의 기본 차이다.

그러나 RSPT 방법에서는 화합물을 다루는 계산에서 적용하는 $\hat{H}_0$와 0차 섭동식의 실제 풀이에 대해서는 아직 설명하지 않았다. 섭동 방법이 실제로 적용되기 위해서는 $\hat{H}_0$에 대한 0차 섭동식의 실제 풀이를 구할 수 있어야 된다는 것은 당연한 조건이지만, 동시에 0차 파동함수들($\Phi_i$)을 사용하여 $\hat{H}'$이 포함된 1차, 2차 3차, ... n차 섭동식들을 풀이하는 것이 효율적이어야만 한다. 또한 가능하면 섭동한 $\hat{H}'$의 크기가 작아야만 수렴이 안정되고 빠르게 이루어진다.

### 5.3.2 묄러-플레세 섭동 이론(MPPT, Møller-Plesset Perturbation Theory)

영차(Zero-th order) Hamiltonian $\widehat{H_0}$를 규정하는 방식에 따라 여러 가지 다른 다체-섭동 이론(MBPT) 방법들이 있는데, HF/SCF 방법에서 정의하고 풀이하였던 식 (5.6) Fock 연산자들의 합을 $\widehat{H_0}$로 선택하고, 원래의 Hamiltonian과의 차이를 $\hat{H}'$로 정의하는 **Moller-Plesset Perturbation-Theory**(MPPT) 방법이 가장 널리 사용되고 있는 다체-섭동 이론 방법이다.

$$\widehat{H_0} = \sum_{i=1}^{n} f_i = \sum_{i=1}^{n}\left(h_i + \sum_{j=1}^{n}(J_{ij} - K_{ij})\right) = \sum_{i=1}^{n} h_i + 2\langle V_{ee}\rangle \tag{5.27}$$

$$\hat{H}' = \sum_{i=1}^{n}\sum_{j>i}^{n}\frac{1}{r_{ij}} - \sum_{i=1}^{n}\sum_{j=1}^{n}(J_{ij} - K_{ij}) = V_{ee} - 2\langle V_{ee}\rangle \tag{5.28}$$

여기서 $V_{ee} = \sum_{i=1}^{n}\sum_{j>i}^{n}\frac{1}{r_{ij}}$는 연산자 그 자체를 나타내며, $\langle V_{ee}\rangle = \frac{1}{2}\sum_{i=1}^{n}\sum_{j=1}^{n}(J_{ij} - K_{ij})$는 HF 과정으로 구한 슬레이터 행렬식을 구성하는 궤도함수들로 구해진 값(수치)에 해당한다는 차이(그리고 $i=j$에 대해서 $1/r_{ij}$는 정의할 수 없지만, $J_{ij} = K_{ij}$라는 것)를 이해하는 것이 중요하다. $\widehat{H_0}$를 식 (5.27)로 정의하면, 그에 해당하는 $E_0$는 HF/SCF 방법에서 구한 궤도함수 에너지(MO-energy, $\epsilon_i$)들의 합이 되며, 에너지에 대한 1차 보정은 다음과 같아진다.

$$E_1 = \langle \Phi_0|\hat{H}'|\Phi_0\rangle = \langle V_{ee}\rangle - 2\langle V_{ee}\rangle = -\langle V_{ee}\rangle \tag{5.29}$$

$$E \simeq E_0 + E_1 = \sum_{i=1}^{n} h_i + 2\langle V_{ee}\rangle - \langle V_{ee}\rangle = \sum_{i=1}^{n} h_i + \langle V_{ee}\rangle = E_{HF} \tag{5.30}$$

즉 HF 에너지는 MPPT 이론에서의 에너지에 대한 1차 보정까지를 이미 포함한 값에 해당한다. 따라서 MPPT 방법에서는 2차 섭동 에너지부터 실질적인 의미를 가진다.

이제 MPPT 방법에서 에너지에 대한 2차 보정을 살펴보아야 하는데, $E_2$에 대한 식 (5.26)에는 $\langle \Phi_0|\hat{H}'|\Phi_i\rangle$를 포함한다. 여기서 $\Phi_i$는 (CI 방법의 용어를 적용하면) 원칙적으로 기저-전자배치인($\Phi_0$)로부터 가능한 모든 들뜸 배치(singly-, doubly-, triply-', ..., excited configurations) 행렬식(또는 그것들을 적절하게 선형 결합한 배치상태함수(CSF)) 들을 포함하여야 한다. 그런데 섭동-연산자 $\hat{H}'$는 2-전자 연산자까지만 포함하기 때문

에, ($\langle \Phi_0 | \hat{H}' | \Phi_i \rangle$를 구성하는 항들을 구하는 슬레이터 규칙에 의하여) $\Phi_i$가 삼중 이상의 들뜸에 해당하는 행렬식들인 경우에는 $\langle \Phi_0 | \hat{H}' | \Phi_i \rangle = 0$이 된다. 한편, $\Phi_i$가 단일-들뜸 행렬식에 해당하는 경우에도 (자세한 설명은 여기서 생략하지만, $\langle \Phi_0 | \hat{H} | \Phi_i^a \rangle = 0$라는 Brillouin theorem과 궤도함수들 사이의 직교성에 의하여 $\langle \Phi_0 | \Phi_i^a \rangle = 0$이기 때문에) $\langle \Phi_0 | \hat{H}' | \Phi_i^a \rangle = 0$가 된다. 결과적으로 MPPT 방법에서는 에너지에 대한 2차 보정에는 다음과 같은 부분만 남는다.

$$E(MP2) = \sum_{i<j}^{n_{occ}} \sum_{\substack{a<b= \\ n_{occ}+1}}^{n_{basis}} \frac{[(ia|jb)-(ib|ja)]^2}{\epsilon_i + \epsilon_j - \epsilon_a - \epsilon_b} \tag{5.31}$$

여기서 $n_{basis} = n_{occ} + n_{virt}$는 계산에 사용된 바탕함수들의 총 수이고, $n_{occ}$와 $n_{virt}$는 각각 전자가 채워진 궤도함수들과 비어있는 가상 궤도함수들의 수이다.

따라서 HF/SCF 과정이 수렴되어, 궤도함수 에너지($\epsilon$)들과 궤도함수-전개계수(MO coefficient)들이 정해진 후, 모든 Post-HF 방법들에서 공통으로 사용되는 분자-궤도함수로 정의된 2-전자 적분 값(two-electron integrals in MO index)인 $(ia|jb)$들이 구해지면, E(MP2)는 식 (5.31)로 거의 자동으로 계산된다. 바탕함수로 정의된 2-전자 적분 값(two-electron integrals in AO index)인 $(\mu\nu|\lambda\sigma)$와 $(ia|jb)$들 양쪽 모두가 기본적으로는 바탕함수의 수(즉 MO의 수) $n_{basis}$의 4-제곱에 비례하지만, $(\mu\nu|\lambda\sigma)$로 구해진 값들에 궤도함수 계수들을 곱하고 결합하여 $(ia|jb)$로 변환하는 과정은 $n_{basis}$의 5-제곱에 비례한다. 그러나 E(MP2)만을 구하는 경우에는 모든 2-전자 적분 값들이 필요하지는 않기 때문에, 훨씬 더 쉽게 구해진다. MPPT 방법은 그 자체가 병렬 분산처리(parallel distributed process)로 다루기 쉽다. 따라서 순차 과정(serial process)이었던 예전의 컴퓨터 처리 방식이 지금은 거의 대부분 병렬처리 과정으로 변환되면서, 요사이 사용되는 계산화학 프로그램에서는 MP2 과정이 HF/SCF 과정과 거의 비슷한 계산량으로 처리되고 있다. MP2 방법은 전자-상관성 에너지의 80~90%를 회복시켜주기 때문에 현재 사용되고 있는 계산화학 프로그램에 포함된 거의 모든 Post-HF 방법에서 가장 기본적인 단계라고 할 수 있다. 이 책에서 더 이상 설명하지는 않지만, 매우 큰 분자를 CI 및 다른 Post-HF 방법들에 적절한 근사(local approximation)를 도입하거나, HF/SCF 방법으로 구한 풀이의 안정성(stability of HF solution)을 조사 및 교정하는 경우들에서, MP2 방법은 매우 기본적인 역할을 수행한다.

MP2 이상의 보정에 대하여 여기서 설명하지는 않고, 몇 가지 사항만을 언급한다. 우선,

에너지에 대한 3차 보정은 복잡하고 힘든 노력에 비하면 그 기여도가 중요하지 않아서 3차까지 포함한 MP3 방법은 거의 사용되지 않는다. 에너지에 대한 4차 보정까지 포함하려면, (2n+1 규칙을 생각해보면 알겠지만) 파동함수에 대한 2차 보정까지 구하여 사용하여야 하는데, 그 수식은 매우 복잡하다. (축약된 기호들을 사용해도 최소 1~2페이지 이상의 수식들을 보여주어야 한다). 그냥 개념적으로 설명하면, 파동함수에 대한 2차 보정($\Psi_i$)을 식 (5.23)으로 나타내면 $\Phi_i$는 (CI 방법의 용어를 적용하면) 기저-전자배치($\Phi_0$)로부터 가능한 단일-들뜸부터 사중-들뜸에 해당하는 배치(singly-, doubly-, triply-', quadrutuple excited configurations: 이것들을 아래에서는 S, D, T, Q로 표기한다.)의 행렬식(또는 그것들을 적절하게 선형-결합한 배치상태함수(CSF))들을 모두 포함하여야 한다. (5중-들뜸 이상의 기여는 zero가 된다.) 따라서 에너지에 대한 4차 보정을, 파동함수에 대한 2차 보정($\Psi_i$)까지를 포함하여, 나타내면 S, D, T, Q에 해당하는 들뜸으로부터의 기여가 모두 포함되어야 한다. 따라서 그냥 MP4 방법이라고 하면 이들 네 가지의 기여를 모두 포함시킨 **MP4**(SDTQ)에 해당한다. MP4 방법은 S와 T의 기여도를 과도하게 평가하는 경향이 있어서, 많은 경우에는 D와 Q의 기여만을 포함하는 MP4(DQ)를 사용한다. 혹은 S까지 포함시킨 MP4(SDQ)를 구하여 사용기도 한다. 이렇게 다루는(혹은 다룰 수 있는) 이유는 위에 언급한 바와 같이, MPPT 방법은 병렬 분산처리(parallel distributed process)가 쉽기 때문에, S부터 Q까지의 기여부분을 독립적으로 구할 수 있기 때문이다. 한편 여기서 사용한 표기법을 굳이 적용한다면, MP2 방법은 MP2(D)에 해당하는 (실제로 MP2(D)로 표기하는 경우는 없지만) 셈이다. 여기서 이러한 표기들을 다소 장황하게 설명한 이유는, 혹시 전자-상관성을 다루는 방법에 대한 최근의 문헌들을 읽으면서 마주치는 유사한 표기(그리고 CI 및 coupled-cluster 이론의 확장-변형 방법)들에 대한 대충의 이해를 돕기 위함이다.

### 5.3.3 섭동 이론 방법들의 사용에 관한 일반 사항들

사실 계산화학을 처음 시작하는 학생들의 경우에 섭동 이론 방법을 사용할 필요가 있는 것은 크게 두 가지 경우라고 생각한다. 첫째는 5.5절에서 설명하는 밀도-범함수-이론(DFT) 방법들로 계산 연구를 진행하면서, 혹시 지금까지 다른 연구자들이 DFT 방법으로 거의 다루지 않은 화합물들을 계산하는 경우에는, 한번쯤은 MP2 방법을 적용해볼 필요가 있다. DFT 방법들로 구해진 결과들의 경향성과 MP2 방법으로 구한 결과들의 경향성이 대체로 유사하다면 DFT 방법들을 계속 적용해 나가는 것도 무난하지만, 만약 눈에 띄는 정도의 차별성이 (정량적인 면이 아니라 정성적인 경향에서) 나타난다면, DFT 방법들만의 결과를 너무 신뢰하는 것이 위험할 수 있다.

두 번째로 주의하여야 할 것은, 섭동법은 변분법과는 다르게 그림 5.1에 보인 바와 같이, 보정-차수(correction order)가 높아진다고 해서 반드시 참값을 향하여 수렴하는 것이 아니기 때문에, MP2 혹은 MP4 방법의 결과가 우수하다고해서 만족하거나 안심하는 것은 위험하다는 것을 항상 염두에 두어야 한다. 아주 심각한 경우에는 MP2까지의 결과는 예상되는 (혹은 기대하는) 결과에 많이 접근하지만, MP3, MP4로 확장하면서 오히려 다른 방향으로 발산하는 경우도 있다.

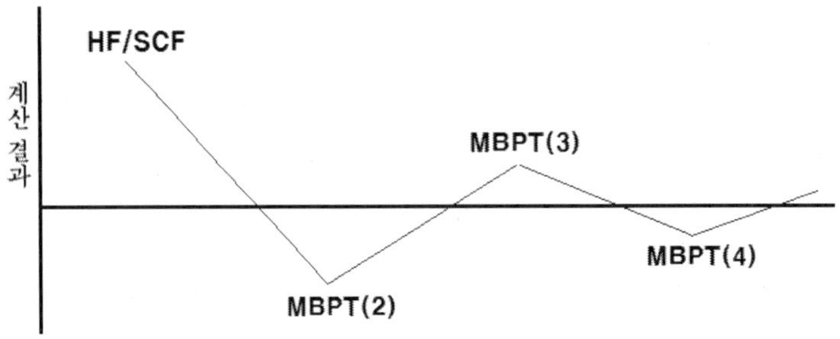


**그림 5.1** 바람직한 수렴 거동을 보이는 섭동 방법들의 결과들

마지막으로 MPPT 방법에 대한 약간의 추가 사항들을 정리한다. MP4 이상 더 높은 차수의 보정을 포함하는 MP5, MP6, ... 등은 원자 혹은 2~3원자 분자 등 특별한 경우를 제외하고는 거의 사용되지 않는다. 심지어 MP5, MP6, ... 등의 결과들조차도 MPPT 방법 체계에서 구하는 것이 아니라, 뒤에 나오는 CCT(Couple-Cluster Theory) 방법의 체계를 활용하여 구한다. 사실 MP4(DQ)까지 적용한 결과가 만족스럽지 않다는 것은 MPPT 방법의 출발에 해당하는 HF/SCF 방법의 풀이 자체가 적절하지 않다는 것을 의미한다. 그래서 그런 경우에는 다중-기저(multi-reference) 섭동법을 적용하여 2차-섭동까지만 포함시키는 (**MR-MP2**) 방식이, 무작정 MP4, MP5, ... 등으로 접근하는 것 보다 훨씬 더 바람직하다. 그런 의미에서 요사이는 앞서 언급한 CASSCF 방법 이후에 MP2 보정을 추가하는 **CAS-PT2**(CASPT2, CASSCF with 2-nd order perturbation correction) 방법이 널리 사용되는 방법이지만, 이 책에서 그에 대한 설명까지 포함하기는 어렵다. 그리고 MR-MP2나 CASPT2 방법은 입력자료(input)의 작성과 계산 결과(output)의 해석에 더 복잡하기 때문에, 계산화학 방법들에 대한 어느 정도의 경험뿐만 아니라 기본 이론에 대한 이해도 필요하다.

## 5.4 짝진-뭉치 이론(Coupled-Cluster Theory) 방법

전자-상관성 효과를 포함하는 또 다른 매우 효과적인 방법이 짝진-뭉치(Coupled-Cluster, CC) 이론 방법이다. 앞의 5.3절에서 설명한 MBPT 방법에서는 영차 파동함수($\Psi_0 = \Phi_0$, 이것을 기저 파동함수(Reference Function)라고도 부른다.)에 더해지는 1차, 2차, 3차 보정 항($\Psi_1$, $\Psi_2$, $\Psi_3$, ...)들을 자세히 살펴보면 5.2절에서 언급한 단일-들뜸($\Psi^S$), 이중-들뜸($\Psi^D$), 삼중-들뜸($\Psi^T$), 사중-들뜸($\Psi^Q$) 등 모든 형태 들뜸을 각각 2차, 3차, 4차 섭동으로 보정해 준다. (이 부분의 설명을 오해하지 말아야 하는데, 예를 들어 3차 섭동이 삼중-들뜸만을 포함한다는 의미가 아니고, 3차 섭동에는 단일-들뜸 일부, 이중-들뜸 일부, 삼중-들뜸 일부, ..., 등이 포함된다는 의미인데, 자세한 설명은 복잡한 수식을 동원해야하기 때문에 여기서 생략한다.)

한편 짝진-뭉치 이론 방법에서는 각 들뜸 형태를 무한 차수까지 포함시키며, 그러기 위하여 파동함수를 다음과 같이 지수함수의 형태로 쓴다. 이것을 Exponential Ansatz라고 부르기도 한다. (**참고**: Ansatz는 풀이에 대한 initial setup을 의미한다.)

$$\Psi_{CC} = e^T \Phi_0 \tag{5.32}$$

여기서 지수함수를 전개해 보면 다음 형태가 되기 때문에 무한 차수까지 포함시키는 의미를 가지게 된다. (**주의**: Coupled-cluster theory에 등장하는 T를 운동 연산자(kinetic operator)와 혼동하지 않아야 한다.)

$$e^T = 1 + T + \frac{1}{2!}T^2 + \frac{1}{3!}T^3 + \cdots = \sum_{k=0}^{\infty} \frac{1}{k!} T^k \tag{5.33}$$

이때 사용하는 **뭉치 연산자**(cluster operator) T는 단일-들뜸, 이중-들뜸 등 모든 형태의 들뜸 항들을 포함할 수 있다. (포함된 전자의 수가 N개이면, N중 들뜸까지 포함할 수 있다.)

$$T = T_1 + T_2 + T_3 + \cdots \tag{5.34}$$

여기서 각 뭉치 연산자의 작용을 구체적으로 나타내면 다음과 같다.

$$T_1 \Phi_0 = \sum_{i=1}^{n_{occ}} \sum_{a=n_{occ+1}}^{n_{basis}} t_i^a \Phi_i^a \tag{5.35}$$

$$T_2 \Phi_0 = \sum_{i<j=1}^{n_{occ}} \sum_{a<b=n_{occ+1}}^{n_{basis}} t_{ij}^{ab} \Phi_{ij}^{ab}$$

$$\cdots$$

만약 뭉치 연산자 T가 ($T_1$부터 $T_N$까지) 모든 가능한 들뜸 항들을 포함시키면 계산에 필요한 컴퓨터 자원이 너무 많이 요구되기 때문에 현실적으로는 단일−들뜸 또는 이중−들뜸 항까지만 포함시킨다. 즉 $T = T_1 + T_2$로 제한한다. 만약 $T = T_1$으로 제한하면 짝진−뭉치 단일−항(Coupled−Cluster Singles, **CCS**) 방법이라고 부르며, $T = T_2$로 제한하면 짝진−뭉치 이중−항(Coupled−Cluster Doubles, **CCD**) 방법이라고 부르며, $T = T_1 + T_2$로 제한하면 짝진−뭉치 단일−항 및 이중−항(Coupled−Cluster Singles and Doubles, **CCSD**) 방법이라고 부른다.

주의할 사항은 비록 $T = T_1 + T_2$로 제한하는 경우에도 이러한 T를 지수함수($e^T$)에 대입한 후, 이 지수함수를 전개해 보면 다음과 같이 단일−들뜸과 이중−들뜸이 여러 번 겹쳐져서 (무한히 겹쳐지는 것까지) 나타난다.

$$\begin{aligned}\Psi_{CCSD} &= e^{(T_1+T_2)}\Phi_0 \\ &= [1+(T_1+T_2)+\frac{1}{2}(T_1+T_2)^2+\frac{1}{6}(T_1+T_2)^3+\cdots]\Phi_0 \\ &= [1+T_1+T_2+\frac{1}{2}(T_1)^2+\frac{1}{2}(T_2)^2+T_1T_2+\frac{1}{6}(T_1)^3+\cdots]\Phi_0\end{aligned} \tag{5.36}$$

비교하기 위하여 CISD 방법의 파동함수를 위의 방식으로 표시하면 다음과 같다.

$$\Psi_{CISD} = [1+T_1+T_2]\Phi_0 \tag{5.37}$$

따라서 CCSD의 식 (5.36)과 배치−간−상호작용에서 단일−들뜸과 이중−들뜸까지 포함시키는 CISD 방법의 파동함수와는 구성이 전혀 다르다. 즉 CCSD 방법의 파동함수가 CISD 방법의 파동함수보다 훨씬 더 많은 자유도를 가지는 더 좋은 파동함수임을 알 수 있다. 또한 MBPT와 비교해 보면, CCSD 방법에는 단일−들뜸이 1차 항, 2차 항, 3차 항, 4차 항, ...으로 무한−차수 항까지 포함되어 있으며, 마찬가지로 이중−들뜸도 무한−차수 항까지 포함되어 있다.

위에서 설명한 짝진−뭉치 방법의 파동함수를 Schrödinger 식($H\Psi_{CC} = E_{CC}\Psi_{CC}$)에 대입하여 풀이하면 에너지($E_{CC}$)와 파동함수를 구하게 되는데, 이 과정은 매우 복잡하며, 또한 짝진−뭉치 이론 방법을 CI 방법 및 MBPT 방법과 비교하는 것은 대학원 수준의 고급 양자화학 과목에서 다루어야 할 복잡한 주제이기 때문에 여기서 자세한 설명은 생략한다. 단지 계산화학 프로그램을 사용하는 사람도 상식적으로 알아둘만한 기본적인 몇 가지 사항들만 개념적으로 설명한다. 우선 식 (5.35)에 등장하는 $\Phi_i^a$와 $\Phi_{ij}^{ab}$는 배치−간−상호작용 (CI) 이론 방법에서 등장하였던 표기와 동일한 의미를 가지는 것으로, 기저−상태함수 (reference state function) $\Phi_0$로부터 단일− 및 이중−들뜸으로 만들어지는 행렬식에 해당한다. 그리고 $t_i^a$ 와 $t_{ij}^{ab}$ 는 각각 $\Phi_i^a$ 와 $\Phi_{ij}^{ab}$ 가 참여하는 정도를 나타내는(일종의 CI 계수에 해당하는), **t−amplitude**라고 부르는 계수들이다. 예컨대 CISD 방법에서는, 가능한 모든 $\Phi_i^a$ 와 $\Phi_{ij}^{ab}$ 로 정의되는 CI 행렬을 한 번만 대각화시켜 CI−계수들을 구하는, 선형대수 방식으로 문제를 풀이한다. 그러나 CCSD 방법에서는 $t_i^a$ 들과 $t_{ij}^{ab}$ 들을 구하는 방정식들을 별도로 풀이하여야 한다.

$$
\begin{aligned}
t_i^a &= f_1[t_j^b, t_{ij}^{ab}, (ia|jb), \epsilon_i, \epsilon_j, \epsilon_a, \epsilon_b] \\
t_{ij}^{ab} &= f_2[t_i^a, t_{kl}^{cd}, (ia|jb), \epsilon_i, \epsilon_j, \epsilon_a, \epsilon_b]
\end{aligned}
\tag{5.38}
$$

식 (5.38)의 구체적인 함수 형태는 CCS, CCD, CCSD 등 어떤 방식인가에 따라 다르지만, 중요한 점은 특정 $t_i^a$ 또는 $t_{ij}^{ab}$ 를 구하려면 다른 $t_j^b$ 와 $t_{kl}^{cd}$ 들을 미리 알아야 하며, 이들이 서로 얽혀(coupling) 있다는 사실이다. 식 (5.38)을 **뭉치−식**(cluster equation)이라 부르며, 이들이 서로 얽혀있기 때문에 **짝진−뭉치 이론**(coupled cluster theory)이라고 부른다. 이처럼 복잡하게 얽혀있는 비−선형 방정식들은 결국 적합한 초기 추정에서 출발하여 반복과정(iterative procedure)으로 풀이하는 방법만이 가능하다.

짝진−뭉치 이론(CCT) 자체는 이미 1960년대 후반부터 등장했으며, 또한 이 방법이 이론적인 여러 면에서 가장 우수한 것으로 추정되었지만(그리고 CEPA(coupled electron pair) 방법 등과 같이 CCT를 근사하는 여러 방식들이 1970년대를 통하여 발전되었지만), CCT 이론의 수식을 (CEPA 종류의 방법에서와 같은 근사를 도입하지 않고) 실제로 구하는 방법의 개발은 쉽게 이루어지지 않았다. 1970년대 끝 무렵부터 1980년대와 1990년대 초반까지 이어지는 오랜 기간 동안, Rodney J. Bartlett 교수가 이끄는 연구진들의 부단한 노력에 의하여, 1990년대 들어서면서 비로써 현실적이고 안정된 계산 방법의 하나로 확립되었다. 즉 복잡하게 얽힌 비−선형 짝진 수식들에 대한 최적의 초기 추정치 방법과, 명확하게 정의하기 어려운 비−선형 얽힘 문제의 최적화에 도달하는 효과적인 반복−과정을 확립하였다. 짝진−뭉치 이론 방법들 중에서는 1978∼1980 사이에 CCD 방법이 최초로 실현되고, 1980년대 초에 CCSD 방법이 완성되었다. CCSD 방법의 결과는 CISD 결과보다 훨씬 우수하며, MBPT4(SDQ)보다도 더 우수한 것으로 드러났다. 1980년대 중반부터는 CCSD 이후에 추가 보정을 도입하려는 여러 근사 방법들(CCSD−T1, −T2, CCSD+T(CCSD), CCSD(T), CCSD(TQ), etc.)이 계속 개발되었다. 또한 1990년대에 들어서면서부터는 CCT 바탕으로 들뜬 전자상태를 다루는 **EOM−CC** 방법들이 개발되기 시작하면서, (비록 CCT 및 EOM−CCT 방법들의 계산량이 매우 크기는 하지만) EOM−CC 방법에 의한 결과의 우수성들이 널리 인정받기 시작하였다. 일반적으로 CCSD 방법과 그에 근거하여 들뜬 전자상태를 다루는 EOM−CCSD 방법이 가장 많이 사용되지만, 90년대 중반 이후부터는 CCSD 방법의 결과에 삼중−들뜸 항의 영향을 섭동 방법으로 보정해 주는 CCSD(T) **방법**이 분자들을 다루는 정확한 양자화학 계산 방법의 표준으로 인정되고 있는 상황이다. 1990년대 후반부터는 CCSD 및 CCSDT 방법에서 중요한 기여도 부분만을 우선 선별하여 고려하면서, 더 효율적으로 근사하는 CC2 및 CC3 방법, 다중−기저(multi−reference) 효과를 고려하려는 연구 등을 포함하여 CCT 이론 체계 안에서도 여러 가지 개선된 확장 방법들이 개발되고 있다.

짝진−뭉치 이론(CCT, Coupled−Cluster−Theory) 방법의 가장 큰 장점은 크기−일치 조건을 잘 지키면서, 동적−전자−상관성 효과를 단일−기저 방법으로는, 가장 완벽하게 다룬다는 점이다. 즉 계산 결과의 신뢰성이 매우 높다. 특히 CCT 체계에서 들뜬 전자상태들을 다루는 EOM−CC 방법은 모든 전자상태들을 (원리적으로는 완전히) 동등하게 별도로 풀이하는 것에 해당하기 때문에, 들뜬 전자상태에 대한 에너지와 파동함수의 결과가 매우 우수하다는 점이다. 그래서 낮은 전자상태뿐만 아니라 매우 높은 에너지로 들뜬 전자상태들(심지어 Rydberg 특성을 많이 가지는 들뜬 전자상태들)에 대해서도 그렇게 크지 않은 바탕집합을 사용한 결과조차도 매우 우수하다. 또한 일단 수렴된 결과가 구해지면, 들뜬 전자상태의 파동함수 특성에 대한 정성적이고 정량적인 분석이 다른 방법들(DFT 방법들을 포함한 모든 방법들)에 비하여 더 명확하다.

짝진−뭉치 이론(CCT) 방법의 가장 큰 단점은 계산에 요구되는 자원의 양이 매우 크다는 점이다. 그리고 CI 방법이나 MBPT 방법과는 다르게 본질적으로 비−선형 방법이기 때문에, 비록 최근 들어 CCT 방법에서도 병렬 분산 처리 기법을 적용할 수 있도록 정교하게 근사된 방법들이 연구되고 있지만, 아직도 다−원자 분자에 대하여 일반 계산화학 연구자들이 쉽게 활용하기에는 너무 많은 계산량을 요구한다. 계산화학에 대한 충분한 이해와 경험이 축적된 이후에 CCT 방법들의 활용을 고려하는 것이 좋다.

## 5.5 밀도 범함수 이론(DFT) 방법

### 5.5.1 DFT 방법의 개요

**밀도 범함수 이론**(DFT, Density Functional Theory) 방법은 앞의 5.2절에서 5.4절 사이에 설명한, 파동함수를 사용하는 순−이론 방법들(CI, MCSCF/CASSCF, MBPT, CC)

과는 본질적으로 다른 방법이다. 그래서 1999년도 노벨 화학상 수상자 중 한명인 W. Kohn은 DFT 방법과 대비되는 용어로 WFT(Wave Function Theory) 방법이라는 용어를 5.2절부터 5.4절 사이의 방법들에 대하여 제안하기도 했다.

DFT 방법의 기본 개념은 양자역학이 확립된 직후인 1927~28년경에 L. H. Thomas, E. Fermi, P. A. Dirac 등에 의하여 시작되었다고 볼 수도 있고, 1951년에 Slater가 제시한 X−alpha 방법도 DFT 방법에 속한다고 볼 수도 있다. 그러나 현재 사용되고 있는 DFT 방법들은 1964~65년부터 본격적으로 개발되기 시작한 것으로 보는 것이 적절하다. 1980년대 중반까지는 원자와 분자에 대한 DFT 방법의 결과가 앞에서 열거한 순−이론 양자화학 방법(HF/SCF, CI, MBPT, CC)들의 결과에 비하여 별다른 장점이 없었기 때문에 DFT 방법들이 그다지 주목받지 못하였다. 단지, 순−이론 양자화학 방법으로는 다루기 어려운 대상들(결정성 고체나 고분자와 같은 Extended systems)을 다루는 분야에서만 DFT가 주로 활용되었다. 그러나 1980년대 후반에 Perdue, Wang 등의 연구에 의하여 원자와 분자에도 좋은 결과를 제공하는 범함수(functional)들이 발견되기 시작하였으며, 1990년대 초에는 기존의 HF/SCF 방법과 DFT 방법을 결합시킨 Hybrid−DFT 방법들이 개발되면서, 화합물을 이론적으로 연구하는 양자/계산화학 방법으로 DFT 방법들이 매우 광범위하게 사용되기 시작하였다. 특히 가장 널리 사용되는 계산화학 프로그램이라고 할 수도 있는 Gaussian 프로그램에 DFT 방법들이 1993년부터 포함된 이후, 1990년대 중반 이후부터는 계산화학 분야에서의 DFT 방법들의 사용이 폭발적으로 증가하였다.

특히 계산 시간의 관점에서 DFT 방법은 HF/SCF 방법과 MBPT(2) 방법의 중간 정도에 해당하며, 더구나 계산의 대상 분자의 크기가 커져도 계산 시간이 증가하는 정도가 MBPT(2) 방법보다 훨씬 더 작기 때문에, MBPT(2) 방법보다 더 큰 분자들을 쉽게 다룰 수 있다. 그리하여 1990년대 중반 이후부터는 DFT 방법이 계산화학의 여러 분야에서 매우 널리 사용되는 방법이 되고 있으며, 2000년대에 들어서면서부터는 DFT 방법으로 얻은 결과들이 (최소한 바닥전자 상태인 일반적인 화합물에 대해서는) 5.2절부터 5.4절 사이의 순−이론 방법으로 구한 결과들과 충분히 비교될 정도로 우수하다고 인정되기 시작했다. 그러나 평형 구조에서 크게 벗어난 전이 상태(TS, Transition State) 구조의 에너지 값 및 그에 따른 활성화 에너지 장벽(activation enery barrier)의 크기, 반데르발스 결합이나 수소 결합, 높은 들뜬 전자상태 에너지 등에 대해서는 DFT 방법으로만 다룬 결과에 대한 불확실함과 우려가 아직 완전히 해결된 것은 아니다. DFT 방법들의 한계라고 자주 지적되던 이들 문제에 대한 체계적인 해결책이 아직 명확하지 않다는 한계가 남아있기는 하지만, 이들 문제점들을 실질적으로 다루는 방안들에 대한 많은 진전이 이루어지고 있다. 그래서

2010년대에 들어선 이후부터는 거의 대부분의 계산화학 연구자들이 DFT 방법을 순-이론 양자화학 방법의 한 방식으로 받아들이고 있다. 화합물에 포함된 (수소를 제외한) 원자의 수가 10여개 이상이 되면 5.2절에서 5.4절 사이에 설명한 WFT 방법들로 다루는 것이 현실적으로는 매우 어려운 반면에 DFT 방법을 사용하면 수십 개 이상의 원자를 포함하는 화합물(뒤에 언급하는 Hybride DFT가 아니라 Pure DFT 방법인 경우에는 수백 개 이상의 원자를 포함하는 화합물)을 다루는 것도 가능하다. 그렇기 때문에 (계산 방법 자체에 대한 연구가 아니라 계산 방법을 적용하는) 실용적인 관점에서는 거의 대부분의 계산화학 연구를 DFT 방법으로 수행되고 있다고 보는 것도 큰 무리는 아니다.

그래서 앞의 4장에 포함된 실습 문제들 중 대부분이 DFT 방법들을 적용하고 있다. DFT 방법들(즉 Fuctional forms)의 종류는 너무도 많으며, 현재도 계속하여 발전하고 있기 때문에, 그들 각각의 장점과 단점(적용 한계)을 여기서 모두 설명할 수는 없다. 그러나 이들 여러 DFT 방법들에 공통인 사항들과 배경을 가능한 발전 순서에 따라 5.5.2절에서 간단히 정리한다.

### 5.5.2 DFT 방법의 기본 이론

밀도 범함수 이론(DFT) 방법의 기본에는 P. Hoenberg와 W. Kohn이 1964년에 제시한 두 가지 정리가 있다. **Hohenberg-Kohn 제1 정리**는 '**바닥 전자상태의 에너지(와 파동함수 및 다른 모든 성질들)는 전자밀도($\rho$) 분포에 의존하면서도 항상 동일한 형태인 함수**(a universal functional)**에 의하여 완전하게 결정된다**'는 것이고, **Hohenberg-Kohn 제2 정리**는 '**그 함수가 알려진다면, 그 함수를 적용하여 전자밀도 분포와 에너지를 변분 방법으로 구할 수 있다**'는 것이다. Hoenberg와 Kohn은 축퇴되지 않은(nondegenerate) 바닥상태에 대해서 이 정리들을 증명하였는데, 축퇴된 바닥상태에 대해서도 동일한 일대일 대응관계가 존재한다는 것이 그 뒤 Levy에 의하여 증명되었다. 즉 어떤 물질-계(화합물)에서 전자의 밀도와 계(화합물)의 에너지 사이에는 일대일 대응관계가 성립하며, 변분원리를 함께 적용하여 전자 밀도 분포와 에너지를 구할 수 있다는 의미다. 그런데 바닥 전자상태의 전자밀도와 에너지 사이에 일대일 대응관계가 존재한다는 것은 증명되었지만, 그 대응관계를 표현하는 구체적인 함수 자체를 알아낼 방법은 (변분원리를 적용할 수 있다는 사실 외에는) 알 수 없다는 것이 가장 중요한 문제다. 따라서 DFT 방법에서 문제의 핵심은 이러한 함수를 알아내는, 혹은 만들어 내는 것이라고 할 수 있다.

한편, 전자밀도 자체가 여러 가지 변수(특히 공간상의 좌표)들에 의존하는 함수이기 때문에 전자밀도와 에너지 사이의 관계를 나타내는 함수는 다른 함수에 의존하는 함수, 즉 함수들의 함수인 셈이며, 이런 의미에서 **범함수**(Functional, 함수의 함수)라는 용어를 사용한다. 예컨대, 일반적인 함수는 각각의 변수 값($x, y, z$)에 각각의 함수 값($\rho$)이 일대일 대응하는 관계이며, 이것은 둥근 괄호를 사용하여 $\rho = f(x,y,z)$와 같이 표기한다. 그러나 범함수인 경우에는 변수 값 전체에 의존하는 함수들($f, g, \ldots$)에 의존하는 또 다른 함수 관계에 의하여 하나의 값($c$)이 결정되는 관계이며, 이처럼 함수에 의존하는 함수인 범함수 관계는 꺾쇠괄호를 사용하여 $c = F[f(x,y,z), g(x,y,z), \ldots]$와 같이 나타낸다. 아래의 설명에 등장하는 수식들에서 둥근 괄호와 꺾쇠괄호의 차이를 주의할 필요가 있다.

DFT를 구체화시키는(즉 특정한 범함수(functional)에 대하여 변분원리를 적용하면서 최적의 전자 밀도 분포와 에너지를 구하는) 여러 방식이 가능하겠지만, W. Kohn과 L. J. Sham이 1965년에 발표한 콘－샴(Kohn－Sham) 방식이 가장 효과적으로 널리 사용되고 있는데, 이것을 **KS－DFT 방법**이라고 부른다. 5.2절~5.4절에서 설명한 모든 WFT 방법의 출발점에 해당하는, HF/SCF 방법에서 도입된 궤도함수(오비탈, orbital) 개념을 사용하여 전자의 운동 에너지 부분을 구한다는 것이 KS－DFT 방법의 가장 큰 특징이다. 궤도함수 개념을 전혀 도입하지 않고 순전히 전자밀도 분포만 사용하는 방법들을 **궤도함수－없는**(orbital－free) **OF－DFT 방법**이라고 부른다. OF－DFT 방식은 계의 크기(즉, 계에 포함된 입자의 수)와 무관하게, 3차원 공간에서 정의되는 하나의 수식만을 풀이하면 되기 때문에, 3차원 공간의 크기에만 의존하여 계산시간이 선형으로 비례한다. 따라서 아주 큰 비－결정질(non－crystalline) 물질에 적용하기에 아주 유리하다. 그래서 이 방식에 대한 많은 연구가 진행되고는 있지만, 궤도함수－없는 DFT 방법에서 전자의 운동 에너지를 구하는 부분에 대한 범함수가 아직은 충분히 좋지 않기 때문에, 이 방식에 의한 결과가 아직은 KS－DFT 방법보다 그 정확성이 더 나쁘다. 반면, KS－DFT 방법에서는 궤도함수를 도입하기 때문에, 입자의 수가 N개인 대상을 다루기 위해서는 3차원 공간에서 정의되면서 서로 짝지어진(coupled) N개의 수식들을 반복 과정(iterative procedure)으로 풀어야 한다. 따라서 계산을 위한 요구량은 최소한 N값의 세제곱에 비례하여 증가한다. 이 책은 계산화학을 시작하는 학생들을 주요 독자로 생각하기 때문에, 일반적이 화합물들을 다루는 연구에서 주로 사용하는 Kohn－Sham 방식을 기반으로 하는 DFT 방법(KS－DFT)들만을 다룬다.

KS－DFT 방법에서는 HF/SCF 방식을 적용하기 위하여 순간적인 상호작용이 없는(noniteracting system) 가상의 기준－계(s)를 설정하고, 각 궤도함수를 결정해 주는 하트리－포크(HF, Hartree－Fock) 식과 유사한 다음과 같은 **콘－샴**(Kohn－Sham) **식**을 사용한다.

$$\widehat{h_i^{KS}}\phi_i^{KS} = \left(-\frac{1}{2}\nabla_i^2 - \sum_I \frac{Z_I}{r_{Ii}} + \int \frac{\rho(r_j)}{r_{ij}} dr_j + v_{xc}(r_i)\right)\phi_i^{KS} = \epsilon_i^{KS}\phi_i^{KS} \tag{5.40}$$

(아래에 설명할 $v_{xc}$을 사용하여) KS 식을 SCF 과정으로 풀이하고, 전자가 채워진 (에너지가 가장 낮은) 궤도함수($\psi_i^{KS} = \theta_i^{KS}\sigma_i$, 여기서 $\sigma_i$는 스핀-함수인 $\alpha$ 또는 $\beta$)들의 슬레이터 행렬식으로 가상 기준-계(s)의 바닥상태 파동함수가 정해진다.

$$\Phi_{s,0} = \left|\phi_1^{KS}\phi_2^{KS} \cdots \phi_n^{KS}\right| \tag{5.41}$$

여기서 바닥상태의 총 에너지에 대한 범함수(Functional, $E_0[\rho]$)는 운동 에너지에 대한 범함수 부분 $T[\rho]$, 원자핵(N)과 전자(e) 사이의 인력에 대한 범함수 부분 $V_{Ne}[\rho]$, 그리고 전자와 전자 사이의 반발력에 대한 범함수 부분 $V_{ee}[\rho]$로 분리될 수 있다.

$$E_0[\rho] = V_{Ne}[\rho] + T[\rho] + V_{ee}[\rho] \tag{5.42}$$

그런데 KS 방법에서 직접 구할 수 있는 에너지 성분들은 다음과 같다.

$$V_{Ne}[\rho] = -\sum_I Z_I \int \frac{\rho(r_i)}{r_{Ii}} dr_i \tag{5.43}$$

$$T^{KS}[\rho] = -\frac{1}{2}\sum_I \langle \theta_i^{KS} | \nabla^2 | \theta_i^{KS} \rangle \tag{5.44}$$

$$V_{ee}^{KS}[\rho] = +\frac{1}{2}\iint \frac{\rho(r_i)\rho(r_j)}{r_{ij}} dr_i dr_j \tag{5.45}$$

여기서 전자-전자 사이의 상호작용을 어떤 방식으로 작용한다 하여도 범함수 $V_{Ne}[\rho]$는 변하지 않지만 $T^{KS}[\rho]$와 $V_{ee}^{KS}[\rho]$는 변할 수도 있기 때문에, 식 (5.44)와 (5.45)는 최적의 올바른(혹은 정확한) 범함수라고 할 수 없다. 더구나 $V_{ee}^{KS}[\rho]$에는 쿨롱-적분(Coulomb integral)에 해당하는 부분만 포함되어 있을 뿐 (전자의 페르미-특성을 나타내기 위하여 도입된 슬레이터 행렬식으로부터 야기되는) 교환-적분(exchange integral)에 의한 전자-전자 상호작용이 완전히 빠져있다. 또한 SCF 방법은 본질적으로 전자-전자 사이의 상호작용을 평균적인 자체-일치-장(averaged self- consistent-field) 수준에서만 포함하며, 순간적인 동적 상관성(dynamic electron correlation) 효과를 포함하지 않는다. 따라서 이 모든 것들, 즉 $T^{KS}[\rho]$와 $V_{ee}^{KS}[\rho]$가 포함시키지 않는 부분과 전자-상관성 효과 부분을 모두 포함시키는 범함수를 추가시켜야 하며, 이 부분을 **교환-상관성**(exchange-correlation) 범함수, $E_{xc}[\rho]$로 표기한다. 여기서 교환(exchange) 부분은 HF 방법과 동일한 정의에 해당하지만, 상관성(correlation) 부분에는 HF 이론에서의 상관성 부분뿐만 아니라, $T^{KS}[\rho]$에 포함되지 않은 운동 에너지에 대한 범함수도 포함된다. 이에 대한 여러 가지 논의(예를 들어 $T^{KS}[\rho]$와 실제 $T[\rho]$ 사이의 차이가 미미하다는 주장 등)가 있는데, 계산화학 방법을 사용하는 관점에서는 크게 염려할 필요가 없다. 그래서 KS－DFT에서는 바닥상태 에너지에 대한 최종 범함수가 다음과 같다.

$$E_0[\rho] = V_{Ne}[\rho] + T^{KS}[\rho] + V_{ee}^{KS}[\rho] + E_{xc}[\rho] \tag{5.56}$$

여기서 $V_{Ne}$, $T^{KS}$, $V_{ee}^{KS}[\rho]$의 함수 형태는 이미 정해졌지만, $E_{xc}$는 아직 정해지지 않다는 사실을 주목하라. 한편 KS/SCF 과정의 풀이에 필요한 식 (5.40)의 $v_{xc}[\rho]$와 식 (5.56)의 $E_{xc}[\rho]$는 다음 관계로 연결되는데, 이 관계를 유도하는 과정은 여기서 생략한다.

$$v_{xc}[r] = \frac{\delta E_{xc}[\rho(r)]}{\delta \rho(r)} \tag{5.57}$$

$E_{xc}[\rho]$와 $v_{xc}[\rho]$의 구체적인 함수 형태에 대한 설명은 5.5.3절로 미루고, 현재 주로 사용되고 있는 KS－DFT 방법의 SCF 과정을 간단히 설명해 보자. 먼저 주어진 원자핵들의 위치를 바탕으로 분자에 포함된 원자들의 전자밀도 분포를 서로 겹쳐서 분자에서의 전자밀도 분포에 대한 초기 설정(initial guess)을 정한 다음, 이것을 다음 수식과 같이 바탕함수(basis functions)들을 선형 전개한 것으로 짜－맞춤(fitting)하여 초기 KS－궤도함수($\theta_i^{KS}$)들을 만든다.

$$\theta_i^{KS} = \sum_{\mu=1}^{M} c_{\mu i} \chi_\mu \tag{5.58}$$

이들로부터 전자밀도 분포($\rho = \sum_{i=1}^{n} |\theta_i^{KS}|^2$)를 결정한다. 이렇게 정해진 $\rho$에 선택한 범함수 $v_{xc}[\rho]$를 식 (5.40)에 사용하여 KS 식을 풀이하면, 새로운 KS－궤도함수들이 구해진다. KS－궤도함수를 바탕함수들의 선형결합으로 전개하였기 때문에, (5.40)을 풀이하는 것은 HF방법에서 MO－계수를 구하는 선형대수 문제 풀이 과정과 동일한 다음 형태가 된다.

$$\sum_{\nu=1}^{M} c_{\nu i}\left(h_{\mu\nu}^{KS} - \epsilon_i^{KS} S_{\mu\nu}\right) = 0, \ \ \mu = 1,2,\ldots,M \tag{5.59}$$

KS 방법을 HF 방법과 비교하면, 식 (5.40)의 $h_i^{KS}$의 행렬 원소를 구하는 과정에서 범함수 $v_{xc}[\rho]$도 함께 사용한다는 것이 HF 방법과 다를 뿐이다. 새로운 KS－궤도함수들을 사용하여 새로운 $\rho$를 구하고, 이 새로운 $\rho$를 식 (5.40)에 사용하여 KS 식을 풀이하여, 새로운 KS-궤도함수들을 얻는다. 위 과정을 계속 반복하여 수렴시킨다. 즉 KS-DFT 방법은 HF 방법과 거의 유사한 SCF 과정을 거친다. 단지, HF 식과 KS 식에서 행렬 원소를 구하는 방법만 다를 뿐이다. 따라서 HF 방법 및 그로부터 출발하는 Post-HF 방법들은 DFT에서 도입하는 함수를 찾아가는 또 다른 방법이라는 (WFT 방법의 관점에서는 좀 엉뚱한) 관점에서 볼 수도 있다.

KS-DFT 방법의 장점은 오직 전자밀도만 고려하면 된다는 것이다. 비록 운동 에너지 부분을 적절한 정확도로 묘사하기 위하여 궤도함수가 다시 도입되어야 하기는 하지만, 그럼에도 불구하고 궤도함수만 있으면, 즉 KS 식 (5.40)만 풀이하면 전자밀도가 정의되므로 HF 방법과 비슷한 정도의 계산량으로 더 좋은 결과를 제공할 수 있는 가능성을 가진다. 다만 DFT 방법의 가장 큰 문제는 $E_{XC}$(또는 $v_{xc}$)가 알려져 있지 않아서 Exchange-correlation 항에 대한 적절한(혹은 완벽한) 범함수를 어떻게 유도해 내는가 하는 점이다. 이제 DFT 방법들에서 사용되고 있는 여러 가지 범함수(functional)들을 개발 순서에 맞추어, 또 각 방법의 배경 개념을 기준으로, 가능한 간단하게 정리해 본다.

지금까지 발전되어 온 여러 가지 DFT 방법들을 이 책에 포함된 실습에서 다루어 보는 것들을 중심으로 (그것들이 또한 현재 가장 널리 적용되고 있는 방법들이기 때문에) 간략하게 정리해 본다. 그냥 DFT 방법을 사용하여 결과를 얻는 것으로 충분히 만족하는 경우에는 5.5.3절부터 5.5.6절 부분을 꼭 읽을 필요는 없다. 또한 이 부분에 대한 이 책에서의 설명이 충분히 자세하지는 않다. 그러나 DFT 방법에서 사용하는 여러 기호들(또는 기호들의 조합)의 의미에 대한 기본 개념들은 제공할 수 있을 것이다.

현재 사용되고 있는 DFT 방법의 발달 단계는 크게 1970년대 후반까지의 Slater-$X\alpha$ 단계, 1980년대 초반부터의 L(S)DA 단계, 1980년대 후반부터의 GGA-DFT 단계, 1990년대 초반부터의 Hybrid-DFT 단계, 1990년대 후반부터의 meta-GGA 단계, 그리고 2000년대 들어온 이후 long-range dispersion-corrected DFT, double-hybrid DFT 등으로 이어져 왔다. 2010년도 이후부터 최근에는 간단하게 분류하기 어려울 정도로 여러 가지 복잡한 보정 항들이 추가되는 단계에 이르고 있다.

### 5.5.3 Slater의 X-alpha 방법과 L(S)DA 방법

#### 1) 교환-범함수(Exchange functional)

Hohenberg와 Kohn은 균일한 연속체로 분포하는 양전하 사이를 역시 균일하게 분포하면서 운동하는 전자들(uniform electron gas)로 이루어진 가상의 모형(이를 **Jellium**

**model**이라고 부른다.)을 설정한 후, 이처럼 전자밀도($\rho$)가 매우 천천히 변하는 경우에는 교환−상관성(exchange−correlation)에 의하여 총 에너지에 기여하는 부분을 정해주는 범함수($E_{xc}^{LDA}[\rho]$)와 각 전자에 대한 교환−상관성 에너지를 규정하는 범함수($\varepsilon_{xc}(\rho)$)사이에 다음 관계가 성립한다는 것을 보였다.

$$E_{xc}^{LDA}[\rho] = \int \rho(r)\,\varepsilon_{xc}(\rho)\,dr \tag{5.60}$$

$$v_{xc}^{LDA} = \frac{\delta E_{xc}^{LDA}}{\delta\rho} = \varepsilon_{xc}(\rho(r)) + \rho(r)\frac{\partial \varepsilon_{xc}(\rho)}{\partial\rho} \tag{5.61}$$

그리고 $\varepsilon_{xc}(\rho)$를 교환 부분과 상관성 부분으로 구분할 수 있으며,

$$\varepsilon_{xc}(\rho) = \varepsilon_x(\rho) + \varepsilon_c(\rho) \tag{5.62}$$

균일−전자−모형에서는 $\varepsilon_x(\rho)$가 다음과 같음을 보였다.

$$\varepsilon_x(\rho) = -\frac{3}{4}\left(\frac{3}{\pi}\right)^{1/3}[\rho(r)]^{1/3} \tag{5.63}$$

그러고 나머지 부분인 $\varepsilon_c(\rho)$는 (매우 작다고 가정하고) 일단 무시하면, 다음이 된다.

$$E_x^{LDA} = -\frac{3}{4}\left(\frac{3}{\pi}\right)^{1/3}\int [\rho(r)]^{4/3}\,dr \tag{5.64}$$

한편, DFT 방법이 본격적인 이론 근거를 갖추기 이전인 1950년대 초에, 그 당시에는 컴퓨터의 도움을 받을 수 없어서 교환−적분을 실제 계산하는 것이 거의 불가능하여, HF 수식에 등장하는 교환적분이 전체 HF 에너지에 기여하는 부분을 다음 수식으로 근사하는 방법을 Slater가 제안하였는데, 이 방법을 Slater의 X−alpha 방법이라고 불렀다. X−alpha 라고 부른 이유는 계산 결과와 실험 결과를 일치시키기 위하여 '2/3에서 1 사이의 값으로 조정하는 일종의 경험적 상수' 하나를 사용하면서, 이것을 첫 번째 미지수(X−alpha)라고 부른 것으로 추정된다.

$$E_x^{X\alpha} = -\frac{9}{8}\left(\frac{3}{\pi}\right)^{1/3}\alpha\int [\rho(r)]^{4/3}\,dr \tag{5.65}$$

애초의 $X_\alpha$ 방법은 $\alpha = 1$ 값을 사용하였지만 3/4 값을 사용하는 것이 원자와 분자의 경우에는 더 좋은 결과를 제공하는 것으로 나타났다. 그런데 여기서 만약 $\alpha = 2/3$이면, $E_x^{X\alpha} \rightarrow E_x^{LDA}$가 된다는 것을 알 수 있다. 이런 이유 때문에 Hohenberg와 Kohn이 제안한 방법이 (아직 구하지 못했던 $v_c$에 대한 구체적인 수식이 발견된 1980년 이전까지는) 그냥 Slater X−alpha 방법으로 불렸고, (다음 페이지에 설명한 바와 같은 $v_c$에 해당하는 적합

한 함수가 발견된) 1980년 이후부터는 교환 부분에 대한 Slater의 X−alpha 범함수와 상관성 부분에 대한 VWN 범함수를 함께 사용하는 방법을 SVWN DFT 방법이라고 부른다. 그런데 이 방법은 특정 지점의 전자 밀도 값 자체에만 의존하기 때문에 LDA(Local Density Approximation, 지역적−밀도−근사) 방법이라고 부른다.

열린 전자껍질 배치의 경우와 같이 $\alpha$−스핀 전자와 $\beta$−스핀 전자의 밀도가 서로 다를 수 있는 경우에는 다음 식처럼 각 스핀 전자밀도에 대한 부분을 따로 다루어 주는 Local Spin Density Approximation (LSDA) 방법을 사용하는데,

$$E_X^{LSDA}[\rho] = \int \epsilon_x^{LSDA} d^3r = -2^{1/3} C_x \int (\rho_\alpha^{4/3}(r) + \rho_\beta^{4/3}(r)) d^3 \tag{5.66}$$

$$\epsilon_x^{LSDA}[\rho] = -2^{1/3} C_x (\rho_\alpha^{1/3} + \rho_\beta^{1/3}) \tag{5.67}$$

전체 전자밀도 $\rho$와 스핀 분극도 (spin−polarization) $\zeta$를 사용하여 다음 식으로 표시할 수도 있다.

$$\epsilon_x^{LSDA}[\rho] = -\frac{1}{2} \mathrm{C_x} \rho^{1/3} [(1+\zeta)^{4/3} + (1-\zeta)^{4/3}] \tag{5.68}$$

따라서 닫힌 전자껍질(closed−shell) 구조인 경우에는 LDA와 LSDA가 동등하며, 그래서 LDA와 LSDA가 자주 혼용되고 있지만 위의 식에서 볼 수 있는 바와 같이 엄밀하게 따지자면 동일한 것은 아니며, LDA와 LSDA 사이의 관계는 HF 방법에서의 RHF와 UHF 사이의 관계와 유사하다. UHF 방법의 결과에 스핀−오염(spin contamination) 문제가 내재하는 것과 마찬가지로, LSDA 방법의 결과도 스핀−오염 문제가 포함되기는 하지만, UHF 결과에 비하면 스핀−오염의 정도가 훨씬 더 적은 것으로 알려져 있다.

### 2) 상관성 범함수(Correlation functional)

1970년대에 들어선 이후, 전자−상관성에 해당하는 범함수($v_c$와 $E_c$)를 찾으려는 다양하고 꾸준한 노력이 계속되었다. 마침내 1980년에, 여러 가지 다른 전자밀도를 가지는 균일 분포−전자−기체(uniform electron gas)에 대하여 Monte Carlo 방법으로 전자−상관성 효과를 계산하고, 그 결과를 DFT 방법에서 사용하기에 적절한 해석적인 함수(Analytic interpolation formula) 형태로 표현하는 방식으로, Vosko, Wilk, Nusair가 구성해낸 다음 수식이 상당히 정확한 것으로 인정되었다.

$$\begin{aligned} \epsilon_c^{VWN}(\mathrm{r_s},\zeta) = \epsilon_c(r_S,0) + \epsilon_a(r_S)\left[\frac{f(\zeta)}{f''(0)}\right][1-\zeta^4] \\ + [\epsilon_c(r_S,1) - \epsilon_c(r_S,0)] f(\zeta)\zeta^4 \end{aligned} \tag{5.69}$$

$$f(\zeta) = \frac{(1+\zeta)^{4/3} + (1-\zeta)^{4/3} - 2}{2(2^{1/3}-1)} \tag{5.70}$$

여기서 $\zeta$는 전자밀도 $\rho$의 스핀−분극도를 나타내며, $\epsilon_c(r_S,\zeta)$와 $\epsilon_a(r)$ 범함수는 다음 수식의 형태를 가진다.

$$\epsilon_{c/a}(x) = A\left\{\ln\frac{x^2}{X(x)} + \frac{2b}{Q}\tan^{-1}\left(\frac{Q}{2x+b}\right)\right. \tag{5.71}$$

$$\left. - \frac{bx_0}{X(x_0)}\left[\ln\frac{(x-x_0)^2}{X(x)} + \frac{2(b+2x_0)}{Q}\tan^{-1}\left(\frac{Q}{2x+b}\right)\right]\right\}$$

$$x = \sqrt{r_S},\ X(x) = x^2 + bx + c,\ Q = \sqrt{4c-b^2} \tag{5.72}$$

이때 매개변수들 $A, x_0, b, c$ 값은 $\epsilon_c(r_S,0)$와 $\epsilon_c(r_S,1)$ 각각에 대하여 결정되는 상수들이다. 즉 이 식은 스핀 분극이 전혀 없는 경우($\zeta=0$, $spin$ unpolarized)에서 스핀이 완전 분극된 경우($\zeta=1$, $spin$ polarized) 까지 사용된다.

한편, Perdew와 Wang은 다음 절에서 설명하는 PW91 Exchange 범함수와 함께 사용하기 위해서 위의 수식을 다음과 같이 변화시킨 것을 제시하기도 했다.

$$\epsilon_{c/a}^{PW91}(x) = -2a\rho(1+\alpha x^2)\ln\left(1 + \frac{1}{2a(\beta_1^x + \beta_2^{x^2} + \beta_3^{x^3} + \beta_4^{x^4})}\right) \tag{5.73}$$

여기서 $a, \alpha, \beta_1, \beta_2, \beta_3, \beta_4$는 조절 가능한 상수이다.

### 3) L(S)DA 방법의 일반적인 경향

일반적으로, L(S)DA 방법은 Exchange 에너지를 10% 정도 과소평가 하는데, 이 때문에 전체 전자−상관성 에너지보다도 더 큰 오차를 유발한다. 더구나 전자상관성 효과는 실제값의 거의 2배 정도로 과대평가되며, 그 결과 화학결합의 세기가 실제보다 더 크게 계산되는 경향이 있다. L(S)DA 방법의 바탕이 되는 기본적인 가정들이 매우 단순(특히 전자 밀도의 변화가 매우 작다고 가정)함에도 불구하고, L(S)DA 방법은 기존의 HF 방법에서 얻을 수 있는 것과 유사한 정도의 정확성을 보인다고 1980년대 중반까지 주장되었다. 그러나 현재에는 L(S)DA 방법 그 자체로 사용되는 경우는 매우 드물기 때문에, 계산화학 방법들을 사용하는 관점에서는 그냥 역사적인 과정으로 알고 지나가면 충분하다고 생각한다. 위에서 보여준 (5.69)부터 (5.73)까지의 수식들(그리고 아래에서도 보여주게 되는 범함수들의 수식들)의 세부 내용을 자세히 이해할 필요는 없다. 단지, 학생들이 여러 가지 DFT 방법들을 사용하면서 이들 여러 DFT 함수들의 실제 형태에 대하여 질문하는 경우가 있어서,

이 책에서 서로 비교하여 보여주는 것뿐이다.

### 5.5.4 변화율 교정 방법(GGA)들과 Meta-GGA 방법들

1980년대 중반부터는, L(S)DA의 한계를 극복하기 위하여 Exchange-correlation 범함수를 전자밀도뿐만 아니라 밀도의 변화율(원자/분자-계에서는 위 변화에 따른 전자밀도의 변화가 무시할 수 없는 중요한 사항이고, 그것이 화학 결합의 원인 및 특성에 밀접하게 관련되기 때문에)에도 의존하도록 개선하였는데, 이러한 방법들을 **변화율-교정-근사**(Generalized Gradient Approximation, **GGA**, 또는 Gradient corrected approximation, **GC**)라고 부른다. 이를 개념식(conceptual equation)으로 나타내면 다음과 같다.

$$E_{xc}^{GGA}[\rho^{\alpha},\rho^{\beta}] = \int f[\rho^{\alpha}(r),\rho^{\beta}(r), \nabla\rho^{\alpha}(r), \nabla\rho^{\beta}(r)]dr \tag{5.74}$$

그리고 GGA 방법에서는 여전히 교환 부분과 상관성 부분을 분리하여 다루며, 추가하는 보정(additional correction)항들을 원래의 L(S)DA 방법의 범함수에 (Perdew-Wang 방법처럼) 곱하거나 혹은 (Becke 방법처럼) 더해주는 함수 형태가 대부분이다.

한편, GGA 방법들을 비국지적(non-local) 방법이라고 부르기도 하지만, HF 방법에서의 Exchange 에너지처럼 전체 공간에 의존하지는 않고, 단지 주어진 위치 주변에서의 전자밀도와 전자밀도의 변화율에만 의존할 뿐이기 때문에, GGA 방법은 절반-국지적(semi-local) 방법이라고 부르는 것이 타당하다.

#### 1) GGA의 대표적인 교환-범함수들(Exchange functionals)

Perdew와 Wang은 전자밀도의 변화(gradient)에 의존하는 부분을 원래의 L(S)DA 범함수에 곱하는 형태를 가지는 두 가지 범함수들의 사용 방법(PW86과 PW91)을 제안하였다. 설명을 간단하게 하기 위하여 $\alpha$-스핀과 $\beta$-스핀 전자 각각을 합하여 다루는 부분에 대한 세부 사항을 생략하면 교환-범함수는 다음과 같다.

$$\epsilon_x^{PW86} = \epsilon_x^{LDA}(1+ax^2+bx^4+cx^6)^{1/15}, \quad x = \frac{|\nabla\rho|}{\rho^{4/3}} \tag{5.75}$$

PW86 수식에서 전자밀도의 변화율 x는 단위가 없는 값이고, a, b, c는 상수들이며,

$$\epsilon_x^{PW91} = \epsilon_x^{LDA}\left(\frac{1+xa_1\sinh^{-1}(xa_2)+(a_3+a_4e^{-bx^2})x^2}{1+xa_1\sinh^{-1}(xa_2)+a_5x^2}\right)$$

PW91 수식에서의 $a_1,...,a_5$와 $b$도 역시 일정한 값으로 고정된 상수들이다.

반면에 Becke는 보정 항을 원래의 L(S)DA 범함수에 <u>더하는</u> 형태의 사용 방법(B 또는 B88)을 제안하였다.

$$\epsilon_x^{B88} = \epsilon_x^{LDA} + \Delta\epsilon_x^{B88}, \qquad \Delta\epsilon_x^{B88} = -\beta\rho^{1/3}\frac{x^2}{1+6\beta x \sinh^{-1}x} \tag{5.77}$$

여기서 $\beta$는 원자들에 대한 실험 자료들을 이용하여 결정하는 매개변수이고, $x$는 식 (5.75)의 끝에 정의된 전자밀도의 변화율이다.

### 2) GGA의 대표적인 상관성-범함수들(Correlation functionals)

전자밀도의 변화율을 고려하는 전자-상관성에 대한 여러 가지 형태의 범함수가 제안되었는데, 널리 사용되는 것 중의 하나로 다음과 같은 LYP 범함수가 Lee, Yang, Parr에 의하여 제안되었다.

$$\epsilon_c^{LYP} = -a\frac{\gamma}{(1+d\rho^{-1/3})} - ab\frac{\gamma e^{-c\rho^{-1/3}}}{9(1+d\rho^{-1/3})\rho^{8/3}} \tag{5.78}$$

$$\times\left[18(2^{2/3})\,C_F(\rho_\alpha^{8/3}+\rho_\beta^{8/3}) - 18\rho t_W + \rho_\alpha(2t_W^\alpha + \nabla^2\rho_\alpha) + \rho_\beta(2t_W^\beta + \nabla^2\rho_\beta)\right]$$

$$\gamma = 2\left[1 - \frac{\rho_\alpha^2+\rho_\beta^2}{\rho^2}\right], \quad \mathrm{t}_{\mathrm{W}}^\sigma = \frac{1}{8}\left(\frac{|\nabla\rho_\sigma|^2}{\rho_\sigma} - \nabla^2\rho_\sigma\right) \tag{5.79}$$

이 식에서 $a, b, c, d$는 헬륨 원자에 대한 실험 자료를 이용하여 결정한다. 위의 식에서 전자밀도에 대한 2차 미분의 형태를 포함하는 부분은 부분적분법으로 처리된다. 한 가지 주목할 점은, 만약 계 내의 모든 전자가 동일한 스핀을 가지는(예를 들어 헬륨의 삼중-항 상태와 같은) 경우에는, 식 (5.79)에 따라 $\gamma$ 값이 영이 되고, 식 (5.78)에 의하여 LYP 범함수에서는 전자-상관성 에너지가 영으로 계산되는 문제점이 있다.

1986년에는 Perdew는 전자-상관성에 대하여 다음과 같이 LSDA 범함수에 보정 항을 더해주는 P86 범함수를 제안하였는데,

$$\epsilon_c^{P86} = \epsilon_c^{LDA} + \Delta\epsilon_c^{P86}, \qquad \Delta\epsilon_c^{P86} = \frac{e^{\Phi}\,C(\rho)\,|\nabla\rho|^2}{f(\zeta)\,\rho^{7/3}} \tag{5.80}$$

$$f(\zeta) = 2^{1/3}\sqrt{\left(\frac{1+\zeta}{2}\right)^{5/3} + \left(\frac{1-\zeta}{2}\right)^{5/3}}, \qquad \Phi = a\frac{C(\infty)|\nabla|}{C(\rho)\rho^{7/6}}, \tag{5.81}$$

$$C(\rho) = c_1 + \frac{c_2 + C_3 r_S + c_4 r_S^2}{1 + c_5 r_S + c_6 r_S^2 + c_7 r_s^3} \tag{5.82}$$

여기서 $a$와 $c_1-c_7$은 상수이다. 이 수식은 1991년에 Perdew와 Wang에 의하여 4개의 상수 값을 가지는 PW91(P91) 형태로 변형되었다.

그런데, P86과 PW91 범함수는 전자가 하나인 계를 올바르게 다루지 못하는 등의 몇 가지 기본적인 경우에 대한 문제점을 가지기 때문에, 이들을 해결하기 위하여 1990년대 중반에 Becke가 제안한 B95 범함수는 다음 형태를 가진다.

$$\epsilon_c^{B95} = \epsilon_c^{\alpha\beta} + \epsilon\,\mathrm{n}_c^{\alpha\alpha} + \epsilon_c^{\beta\beta} \tag{5.83}$$

$$\epsilon_c^{\alpha\beta} = [1 + a(x_\alpha^2 + x_\beta^2)]^{-1}\epsilon_c^{PW91,\alpha\beta}, \quad \epsilon_c^{\sigma\sigma} = [1 + bx_\sigma^2]^{-2}\frac{D_\sigma}{D_\sigma^{LDA}}\epsilon_c^{PW91,\sigma\sigma} \tag{5.84}$$

$$D_\sigma^{LDA} = 2^{5/3}C_F\rho_\sigma^{5/3} \tag{5.85}$$

여기서 $\sigma$는 $\alpha$와 $\beta$에 대한 것이고, $a$와 $b$는 실험값을 사용하여 결정하는 상수이다.

### 3) Meta−GGA 방법들

1990년대 후반에 들어서면서부터, 전자밀도의 1차 변화율뿐만 아니라 2차 변화율과 (아래에 설명하는) '운동−에너지−밀도(kinetic energy density)'도 함께 고려하는 방법들이 제시되었는데, 이것들을 Meta−GGA 방법이라고 부른다. 이것은 (간단히 표기하여 위하여 $\alpha$−스핀과 $\beta$−스핀 전자 각각에 대한 세부 사항을 생략하면) 다음 개념식으로 표현된다.

$$E_{xc}^{MGGA}[\rho] = \int f[\rho(r), \nabla\rho(r), \nabla^2\rho(r), \tau]dr \tag{5.86}$$

여기서 '콘−샴의 운동−에너지−밀도(Kohn−Sham kinetic energy density $\tau$)'는 KS−궤도함수를 사용하여 다음과 같이 계산된다.

$$\tau = \frac{1}{2}\sum_{i=1}^{N_{occ}}|\nabla\theta_i^{KS}|^2 \tag{5.87}$$

대부분의 Meta−GGA 방법들은 전자밀도의 2차 변화율까지 사용하지는 않고, 운동−에너지−밀도만을 추가로 사용하는데, 이것을 교환−범함수에만 사용하거나 상관성−범함수에만 사용하거나 혹은 양쪽 모두에 사용한다. **TPSS**(Tau, Perdew, Stroverov, Scuseria) 계열의 방법과 Becke의 B95 meta−GGA 상관성−범함수가 대표적인 Meta−GGA 방법에 해당한다.

Meta−GGA 방법들은 GGA 방법들보다는 더 좋은 결과를 주지만, 계산 시간은 GGA 방법보다 더 많이 사용된다. 이들 범함수들의 구체적인 형태는 너무 복잡하기 때문에 여기서 생략한다. 범함수 이름을 나타내는 용어(keyword) 중에 K(kinetic energy correction)

가 포함된 범함수들(예컨대 PWB6K, BMK, BB1K, MPW1K, etc)은 대부분 Meta-GGA 종류에 해당한다.

### 5.5.5 혼성 DFT 방법(Hybrid DFT Methods)과 이중-혼성 DFT 방법

만약 정확한 Kohn-Sham 궤도함수를 얻었다고 가정하면, Exchange 에너지 자체는 정확하게 계산될 수 있다. 전자-상관성 효과가 전혀 없는 가상의 경우에는 이것이 전체 Exchange-correlation 에너지인 셈이다. 이러한 상태에서 출발하여 전자-상관성 효과가 완전하게 작용하는 경우까지 연결하는 가상적인 함수 $V_{XC}(\lambda)$가 있다면, (이때 매개변수 $\lambda$는 전자-상관성 효과가 전혀 없을 때의 0에서 완전하게 작용할 때의 1까지 변한다.) 정확한 Exchange-correlation 에너지는 다음처럼 계산될 수 있다.

$$E_{XC} = \int_0^1 < \Psi_\lambda | V_{XC}(\lambda) | \Psi_\lambda > d\lambda \tag{5.88}$$

이것을 **Adiabatic Connection Formula**(ACF)라고 한다. $V_{XC}$에 대한 가장 간단한 근사는 이것을 선형으로 가정하는 것이고, 그런 경우에는 다음처럼 평균값으로 표시할 수 있다.

$$E_{XC} \simeq \frac{1}{2} < \Psi_0 | V_{XC}(0) | \Psi_0 > + \frac{1}{2} < \Psi_1 | V_{XC}(1) | \Psi_1 > \tag{5.89}$$

이 식에서 첫 부분은 (정확한 Kohn-Sham 궤도함수를 아는 경우에는) HF 방법에서와 동일한 방법으로 계산될 수 있는 값이지만, $V_{XC}$를 모르기 때문에 두 번째 부분은 여전히 알 수 없는 값이다. 두 번째 부분을 LSDA 결과를 이용하여 근사적으로 구하는 방법이 Half-Half (H-H) 방법이다.

$$E_{XC}^{H-H} = \frac{1}{2} E_x^{exact} + \frac{1}{2}(E_x^{LSDA} + E_c^{LSDA}) \tag{5.90}$$

LSDA 방법보다는 GGA 방법이 더 좋은 결과를 주기 때문에 위 식에서 LSDA 방법의 결과를 이용하는 부분을 여러 가지 GGA 방법의 결과를 이용하는 방식으로 변형하고, Exchange 에너지 부분 역시, 밀도 변화율을 고려하는 부분을 섞어주는 방법을 생각할 수 있는데, 그러한 방법들 중에서 가장 널리 사용되는 방법의 하나인 Becke 3 parameter functional(B3) 방법은 다음과 같다.

$$E_{XC}^{B3} = (1-a)E_x^{LSDA} + aE_x^{exact} + b\Delta E_x^{B88} + E_c^{LSDA} + c\Delta E_c^{GGA} \tag{5.91}$$

여기서 $a$, $b$, $c$는 정확한 값이 알려진 실험 자료들(원자화 에너지 56개, 이온화 에너지 42개, 양성자-친화도 8개, 원자번호 10번까지 원소들의 총 에너지 값)을 잘 재현하도록 짜-맞춤(fitting)하여 결정된 상수 값들인데, 전자-상관성 부분에 대하여 어떤 GGA 범함수를 사용하는가에 따라 그 값이 조금씩 다르다. 그러나 보통은 $a \sim 0.2, \mathrm{b} \sim 0.7, \mathrm{c} \sim 0.8$ 근처의 값을 가진다.

식 (5.91)을 바탕으로 혼성-밀도-범함수-이론(Hybride DFT) 방법들의 의미를 분석해 보면, L(S)DA DFT에 해당하는 $E_{xc}^{LSDA}$를 출발점으로 하여, 여기에 HF 방법으로 구한 Exact Exchange를 혼합하는 정도를 $a$ 값을 곱하여 보정하고, Exchange 에너지에는 GGA 개념에 의하여 전자밀도 변화율(Gradient)에 의존하는 영향을 $b$ 값을 곱하여 보정하고 Correlation 에너지에는 역시 GGA 개념에 의하여 전자밀도의 변화율 Gradient에 의존하는 영향을 Perdew-Wang 방법으로 구한 것에 $c$ 값을 곱하여 보정하는 것에 해당한다. 3개의 인자를 사용하는 B3 방법의 우수성 때문에 H-H 방법은 이제 거의 사용되지 않고 있으며, 3개보다 더 많은 조절 매개변수를 가지는 방법들도 시도되었지만, 일반적인 대부분의 경우들에서 그 결과가 특별하게 개선되는 것을 보여주지는 않는다. 그래서 아직까지도 B3LYP 방법이 가장 자주 사용되고 있다. 최근의 양자화학 계산 프로그램에서는 위의 수식과 비슷한 혼합방식 자체를 사용자들이 설계한 후, 혼합하려는 범함수들의 선택과 이들의 혼합 비율인 $a$, $b$, $c$ 상수의 값들을 사용자 자신이 조절할 수 있는 기능을 제공하기도 한다.

식 (5.89)로 표시되는 Adiabatic Connection Formula(ACF)에 사용되는 $V_{XC}$ 함수가 선형이 아닌 여러 방식에 대한 연구가 최근에도 계속 발전하고 있지만, 이에 대한 설명은 이 책의 범위를 벗어나기 때문에 여기서는 생략한다.

### 5.5.6 분산-교정(Dispersion Correction) 방법과 기타 방법

화학결합으로 직접 연결되지 않은 부분들 사이의 런던 분산력(London dispersion force)이 중요하게 작용하는 연구 대상인 경우에는 5.5.3절에서 5.5.5절까지 설명한 대부분 DFT 함수들을 사용한 계산 결과에 여전히 많은 문제점이 포함된다. 이 문제는 나노미터 크기의 물질이나 생화학 분자들과 같은 큰 분자를 다루기 위해서는 아주 중요한 사항이기 때문에 2000년대 들어선 이후부터 많은 연구가 진행되고 있다.

이 문제를 다루는 가장 간단한 방식은 KS-DFT 방법들 중 하나를 선택하여 에너지를 구한 후, 다음 수식과 같은 분산력에 의한 보정 항을 더해주는 방식이다.

$$E_{disp} = -\sum_{A<B=1}^{N_{atoms}} \frac{C_{AB}}{R_{AB}^6} f(R_{AB}) \tag{5.92}$$

여기서 $R_{AB}$는 원자핵 A와 B 사이의 거리이고, $C_{AB}$는 (대부분의 경우에 반－경험 방식으로 정하는) 상수 값이다. $f(R_{AB})$는 $R_{AB} \to 0$에서 $E_{disp} \to 0$이 되도록 조정하는 완충－함수(damping function)다. 이런 방식들을 흔히 DFT－D 방식으로 표기하며, 이들 방법에서는 $E_{DFT-D} = E_{DFT} + E_{disp}$에 해당한다. 여러 가지 DFT 방법들을 나타내는 이름(keyword)에 D가 포함된 것들(예를 들어 B3LYP－D3, B97－D3, TPSS－D3, M062X－D3, wB97－XD 등)은 대부분 이런 방식으로 분산력의 영향을 보정해 준다. 실제로는 식 (5.92)보다 훨씬 더 복잡한 수식을 사용하는데, 대표적인 방법 중 하나로 잘 알려진 것이 **DFT－D** 방법이다. 이를 더욱 발전시킨 **DFT－D3** 방법에서는 $C_{AB}$ 값을 실험 자료들을 사용하여 정하지 않고 이론적으로 계산하고, $1/R_{AB}^8$에 의존하는 항을 추가하면서 3개의 인수(parameters)를 사용한다.

분산력을 보정하기 위한 식 (5.92)와 유사한 명시적인 함수를 직접 사용하지 않는 대신에 매우 복잡한 수식(여러 요인들을 복잡하게 조합한)과 많은 인자들(parameters)을 포함하여 화학결합으로 직접 연결되지 않은 상호작용의 경우를 비교적 잘 다루는 범함수들도 2010년에 이르면서부터 제안되고 있다. 대표적인 것이 M06－2X에 해당하는데, 35개의 내부 조정 인자들을 포함하며, 구체적인 함수의 내용은 너무 복잡하여 여기서는 생략한다. M06－2X에서 M은 이 방법을 제안한 연구자들이 대학이름(University of Minnesota)의 M을 의미하며 06은 2006년에 해당한다. 범함수 이름에 M이 포함된 경우에는 이 연구진과 밀접한 관계를 가지는 경우가 많지만, 항상 그렇지는 않다.

한편으로는 기존의 어떤 교환－상관성 함수($E_{xc}$)에도 그냥 덧붙여 사용하는 전혀 다른 방식도 제안되고 있는데, 이에 해당하는 'VV10'이라는 함수를 사용하면 화학결합으로 직접 연결되지 않은 상호작용(nonbonded interaction)을 5～10% 정도의 오차로 잘 다루어 주는 것으로 주장되고 있다. 여기서 VV는 이 방법을 제안한 연구자들의 이름(Vydrov and van Voorish)에서 유래한 것이다.

분산력을 다루는 부분에 대한 DFT 분야의 연구는 들뜬 전자상태를 다루는 DFT 분야와 함께 지금도 계속하여 발전되고 있는 분야이다.

### 5.5.7 DFT 방법들의 적용 지침

#### 1) 특정 DFT 함수의 선택 기준

DFT를 사용하는 계산에서 적용되는 여러 범함수들의 기본 계통을 5.5.3절부터 5.5.6절까지 간단하게 정리하였지만, 현재 사용되고 있는 범함수들은 무수히 많다. 제법 널리 사용되는 것들만 해도 40여 종이 넘는다고 할 수 있다. 이 많은 종류들 중에서 어떤 것을 선택하여야 하는지에 대한 체계적인 정리나 안내는 매우 어렵다. 어떤 범함수는 유기화합물에 대하여 좋은 결과를 주는 반면에 무기 화합물에는 적절하지 않은 결과를 주며, 또 다른 범함수는 오히려 반대의 경향을 보이는 경우가 제법 흔하다. 반응 에너지에 대하여 좋은 결과를 주는 것이 활성화 에너지 장벽(activation barrier height)에 대해서는 그렇지 않은 경우도 있다. 수년 전에 발표된 한 연구 결과에 따르면, 실험 결과가 알려진 수많은 화합물들에 대하여 사중-제타+분산-바탕집합(QZP, quadruple-zeta polarized basis set)과 함께 약 40여 종의 DFT 함수들을 시험한 결과 에너지 값에 대한 계산 값의 평균 절대 오차(MEA, mean absolute error)가 표 5.2와 같은 경향을 보였다.

**표 5.2** DFT 방법들에서 사용하는 범함수들의 여러 종류를 적용하여 구한 에너지 값의 평균 절대 오차

| DFT에서 사용하는 범함수 종류들 | L(S)DA | GGA | Meta-GGA | Hybride- | Double-Hybride |
|---|---|---|---|---|---|
| MEA (kcal/mol) | 12.0 | 5.3 | 4.4 | 3.3 | 1.8 |

출처: Phys. Chem. Chem. Phys. 13, 6670 (2011)

참고로, MP2 방법을 적용하면서 바탕집합의 크기가 충분히 큰 수렴 값을 추정하는 CBS(complete basis set limit extrapolation) 방법(MP-CBS)을 표 5.2에서 다룬 화합물들에 적용한 결과(MEA)는 3~4 kcal/mol 수준이다. 그러나 MP2 방법 자체가 DFT 방법보다 더 많은 계산량을 요구하며, 더구나 위의 DFT 방법들은 QZP 바탕집합 하나만을 사용한 계산이지만, (5.6절에서 소개하는) MP2-CBS 방법은 여러 바탕집합들을 사용하는 일련의 계산들을 조합하여야 하기 때문에 매우 많은 계산 시간을 사용한다.

그러나 이 표의 내용을 너무 중요한 기준으로 생각할 필요는 없다. 위 표에서 동일한 종류로 분류하는 서로 다른 방법들 사이에도 일정한 차이를 보인다. 또한 위 표는 에너지 값을 기준으로 한 것이지만, 계산화학에서 구하려는 물리-화학 성질들 중에는 상대적인 에너지에 직접 관계되지 않는 것들도 많다. 최근 발표되는 연구 결과들 중에는 DFT 방법을

사용하면서도 1.0 kcal/mol보다 더 적은 에너지 차이에 관련된 연구를 진행하는 하는 경우도 있는데, 위 표를 바탕으로 생각하면 혼란스러울 수 있다. 계산화학을 처음 시작하는 학생들은 일단 Hybride−DFT 종류의 대표에 해당하는 B3LYP 범함수를 적용하면서, 계산된 에너지의 신뢰성을 대략 ±3 kcal/mol로 간주하고, 계산 결과를 사용하는 것이 바람직하다. 그보다 더 정교한 결과를 원한다면, 연구하려는 대상에 대하여 DFT 방법을 적용한 이전의 다른 연구 결과들을 조사하면서 어떤 범함수를 추가로 적용하여야 하는지 판단하는 것이 바람직하다.

### 2) DFT 방법에서 바탕집합의 선택

이번 5.5절 이전까지 설명한 WFT(Wave Function Theory) 방법들(HF, Configuration Interaction, Many Body Perturbation Theory, Coupled−Cluster Theory)의 결과는 어떤 바탕함수를 선택하는지에 따라 크게 의존하며, 바탕함수의 크기를 증가시킴에 따른 계산 결과의 수렴이 비교적 느리다. 그러나 DFT 방법들은 바탕함수에 대한 의존 정도가 훨씬 더 적어서, 이중−제타에 분극함수를 추가한 DZP(double zeta plus polarization) 수준(예컨대 6−31G(d) 정도)의 바탕집합을 사용하면, 특정 범함수로 얻을 수 있는 최종 수준에 거의 접근한 결과를 얻을 수 있다. 삼중제타에 분극함수를 추가한 TZP 수준의 바탕집합으로 확장하면 계산 결과에서 (증가된 계산 시간에 비례하여) 어느 정도 의미 있는 개선을 거둘 수 있지만, 바탕집합의 크기를 TZP를 초월하여 더 확장하는 것은 거의 의미가 없다고 주장되고 있다. 그러나 모든 경우에 항상 그런 것은 아니라는 것도 염두에 둘 필요가 있다.

비슷한 크기의 Pople 계열의 바탕집합과 Dunning 계열의 바탕집합을 비교하면, DFT 방법을 사용한 계산에서는 Pople 계열의 바탕집합이 훨씬 더 좋은 결과를 주는 것으로 알려져 있다. 한편 Dunning 계열 바탕집합들의 크기를 증가시키면서 WFT 방법들(HF, CI, MBPT, etc.)을 적용한 결과들은 매우 안정되게 일정한 값으로 수렴하는 경향을 보이지만, DFT 방법들은 그러한 수렴 경향이 일정하지 않은 것으로 알려져 있다.

계산화학을 처음 시작하는 학생들은 일단 6−31G(d) 바탕집합을 사용하여 계산한 후, 계산 시간이 가능하다고 예측되면 6−31+G(2d,p) 정도까지도 확장할만하다. 꼭 필요하다고 생각되면 6−311++G(3df,2pd)까지 확장해볼 필요는 있겠지만, 그 이상으로 확장하는 것은 DFT 방법을 적용하는 대부분의 경우에 무의하다.

KS−DFT 방법(현재 널리 보급된 계산화학 프로그램들에 포함된 거의 대부분 DFT 방법들은 KS−DFT 방법에 해당한다.)을 사용하는 계산에서는 바탕집합의 선택보다는, 3차원 실제 공간을 작은 육면체들로 나누는 격자(실-공간 그리드, real space grid)의 크기 조절이 오히려 더 중요하다. 다행히 최근(2010년대 이후)의 계산화학 프로그램들은 (최근 발달된 컴퓨터의 계산 능력 향상을 반영하여) 적절한 크기의 격자(그리드) 크기를 (사용자가 주목하지 않아도 저절로) 선택하는 기능을 제공하고 있다. 그러나 경우에 따라서는 바탕 집합의 크기를 확대하기 이전에 격자의 크기를 조절하는 것이 더 나을 수도 있다. 격자 크기를 더 작게 축소하여야 더 정밀한 계산 결과를 얻을 수 있지만, 계산 시간은 당연히 더 길어진다.

### 3) DFT 방법의 실제 적용 방법

앞의 5.5.3절과 5.5.4절에서 설명하였듯이, 대부분의 DFT 방법에서는 교환-상관성(exchange-correlation, $E_{xc}$)을 교환에 대한 부분($E_x$)과 전자-상관성에 대한 부분($E_c$)으로 나누고, 각 부분에 대한 범함수를 결합($E_{xc} = E_x + E_c$)하여 사용한다. 따라서 계산화학 프로그램의 사용자는 $E_x$에 대한 범함수를 나타내는 지시어(keyword)와 $E_c$에 대한 범함수를 나타내는 지시어를 덧붙여서 방법 전체를 표시한다. 표 5.3은 교환 부분과 상관성 부분에 해당하는 비교적 흔한 (시실은 역사적으로 중요했던) 범함수들을 보여준다. 그래서 표 5.3의 왼쪽과 오른쪽으로 나뉘어 있는 $E_x$와 $E_x$에 대한 어떤 범함수들 사이의 조합을 만들어 사용해도 원리적으로 아무런 문제가 없다. 예컨대 BLYP으로 표기된 방법은 $E_x$를 구하기 위하여 Becke가 제시한 범함수(B)를 사용하고, 동시에 $E_c$는 Lee-Yang-Parr 세 사람이 공동으로 개발한 범함수(LYP)를 사용하는 방법을 의미한다. Exchange 부분에 대

**표 5.3** 교환($E_x$) 및 상관성($E_c$)에 대한 여러 범함수들을 나타내는 용어들(keywords)

| $E_x$, **Exchange Functionals** | | | $E_c$ , **Correlation Functionals** | | |
|---|---|---|---|---|---|
| | Alone | Comb. | | | Local+non-local |
| Slater | HFS | S | Vosko, Wilk, | VWN | |
| X$\alpha$ | XAlpha | XA | Nusair 1980 | VWN5 | |
| Becke 88 | HFB | B | Lee, Yang, Parr | LYP | VP86 |
| Perdew-Wang 91 | N/A | PW91 | Perdew Local | PL | |
| Modified PW91 | N/A | MPW | Perdew 86 | P86 | (=VWN+P86) |
| Gill 96 | N/A | G96 | Perdew/Wang 91 | PW91 | V5LYP |
| Handy's OPTX | N/A | O | Becke 95 | B95 | (=VWN5+LYP |
| Perdew, Burke, Ernzerhof | N/A | PBE | Perdew, etc. | PBE | |

| Standalone Functionals | Keywprds |
|---|---|
| Adamo and Barone's modification of PBE | MPBE |
| Voorhis and Scuseria's … | VSXC |
| Handy's family functionals with GGA… | HCTH, HCTH93, HCTH407 |

해서는 B88(B) 또는 3개의 인수로 HF와 혼합해주는 B3 범함수를 선택할 수 있고 전자−상관성 부분에 대해서는 LYP, P86, PW91 범함수들 중에서 선택할 수 있다. 따라서 이들 사이의 조합에는 BLYP, BP86, BP91, B3LYP, B3P86, B3PW91의 경우가 가능하다.

표 5.3의 교환 함수들(Exchange Functionals)에서 'Alone'으로 표기된 열은 $E_c$에 해당하는 부분을 사용하지 않고 $E_x$에 해당하는 부분만을 적용할 때 사용하는 지시어이고, 'Comb.'로 표기된 열은 $E_c$에 해당하는 부분과 함께 적용할 때 사용하는 지시어다. (**참고** : 전체 에너지에 대한 기여에서 $E_c$ 부분보다는 $E_x$ 부분이 훨씬 더 큰 경우가 많으며, $E_c$ 부분의 계산에 더 많은 시간이 걸리는 경우가 있기 때문에 $E_x$ 부분만 적용하는 계산을 하는 경우도 있다.) Alone에 해당하는 부분에 표기된 N/A(Not Available)은 Alone 방식으로 사용할 수 없다는 의미다. 따라서 HFBLYP라고 표기하면 오류가 발생하기 때문에 BLYP라고 표기해야 한다. 반면에 HFB만 표기하면 $E_c$에 해당하는 부분을 사용하지 않는 계산이 진행되지만, PW91이라고만 표기하면 계산이 시작되지 않으면서 오류가 발생한다. 한편 표 5.3의 가장 오른쪽 칸에 있는 'Local+non−local' 부분의 지시어(keyword)는 상관성 에너지를 국지적(local)으로 구하는 범함수와 광역적(non−local, global)으로 구하는 범함수를 함께 사용하는 경우에 해당한다. 광역적(non−local, global)으로 구하는 범함수를 사용하면 계산 시간이 훨씬 더 많이 걸린다는 것을 알아둘 필요가 있다.

DFT를 나타내는 지시어들 중 BLYP, BP86, BP91 방법들은 HF/SCF 방법의 도움을 전혀 사용하지 않는 순수한 DFT 방법인 반면(이러한 방법들을 **pure−DFT** 방법이라고 부른다.), B3LYP, B3P86, B3PW91 방법들은 HF/SCF 방법의 결과를 사용하는 **혼성−밀도−범함수−이론**(Hybrid−DFT) 방법이다. 여기서 사용하는 3이라는 수는 HF/SCF 방법의 결과와 DFT 방법의 결과를 혼합하는 과정에서 3개의 인수를 사용하였음을 나타낸다. 한편 pure−DFT 방법들의 경우에는 분산−병렬−기법(distributed parallel processing)을 아주 효과적으로 적용할 수 있기 때문에 매우 큰 분자들을 전용으로 다루는 계산화학 프로그램들(예를 들어 ADF package)에는 pure−DFT 방법들만 포함되어 있고 Hybride−DFT 종류에 해당하는 방법들(그리고 non−local 함수를 포함하는 다른 방법들)은 포함되어 있지 않다.

한편, 일부 계산화학 프로그램에서는 여러 범함수들을 부분적으로 혼합하여 사용할 수 있는 기능을 제시하고 있는데, 다음 식은 Gaussian 프로그램에서 사용하는 방식이다.

$$E_{xc} = P_2 E_X^{HF} + P_1 (P_4 E_x^{Slater} + P_3 \Delta E_x^{non-local}) + P_6 E_c^{local} + P_5 \Delta E_c^{non-local} \quad (5.93)$$

사용자는 위 식의 $E_x^{non-local}$, $E_c^{local}$, $E_c^{non-local}$에 해당하는 범함수를 각각 선택한 후,

$P_1$부터 $P_6$까지 인자 값을 계산의 입력자료(input)에서 조절해 가면서, 현재 자신이 연구하는 대상에 적합한 범함수를 스스로 설계하여 사용할 수도 있다.

2000년대 들어온 이후에는 더 이상 교환 부분과 상관성 부분으로 나누지 않고 개발된 범함수들이 등장하기 시작하였는데, 이러한 범함수들을 독립-사용(홀로서기 Standalone) DFT라고 부른다. 5-3의 아랫부분에는 이들 중 비교적 초기(2000~2010 사이)에 개발된 홀로서기 DFT 함수들 중 일부를 보여준다. 이 범함수들은 원칙적으로 다른 범함수와 혼합하여 사용하지 않아야 한다. 최근에 개발되고 있는 범함수들 중에는 이러한 Standalone DFT에 해당하는 것들이 매우 많은데, 이에 대한 정리는 여기서 생략한다.

비록 표 5.3에 제시된 것들이 Gaussian 프로그램을 기준으로 정리한 것이지만, 많은 계산화학 프로그램들이 이와 비슷한 방식 및 표기법을 사용하고 있다. 각 계산화학 프로그램에 따라 달라지는 부분은 각 프로그램의 상용자 설명서(User's Guide)를 참고해야 한다.

### 4) DFT 방법의 사용에서 주의할 점들

DFT 방법들은 본질적으로 (대칭성과 스핀 다중도(2S+1)가 동일한 전자상태들 중 에너지가 가장 낮은) 바닥 전자상태에 대한 것이다. 스핀 다중도가 1이 아닌 열린-껍질 전자배치에 해당하는 상태들에 대한 계산에서 DFT 방법들은 스핀-오염(spin contamination)에 관련된 부분을 좀 모호하게 다루는 부분이 있기는 하지만, 스핀-오염의 문제가 (최소한 바닥 전자상태를 다루는 경우에는) DFT 계산에서 그다지 심각하지 않은 것으로 간주되고는 있다. 한편 선형-반응시간-의존 밀도-범함수-이론(LR-TDDFT, Linear Response Time Dependent DFT) 방법을 적용하면 들뜬 전자상태들도 계산할 수 있지만 원자가-전자(valence electron) 하나만 저-준위의 들뜬 상태로 들뜨는 경우(electronic excitation)들에 대해서 주로 좋은 결과를 주며, 계산된 수직 들뜸 에너지(vertical excitation energy) 값의 오차는 대략 0.1~0.5 eV 수준이다. 이중-들뜸 전자상태(doubly excited electronic state)나 공명-이중 결합들의 길이가 긴 분자의 경우, 전하-이동(혹은 전하-분리) 정도가 큰 들뜬 전자상태들에 대한 결과는 잘못된 경향을 보이기도 한다.

바닥 전자상태에 대한 적용에서도 주의할 경우들이 많다. 최근 사용되는 범함수들은 화학 반응 경로에서 전이-상태(TS, Transition-State)에 도달하는 활성 에너지 장벽(activation energy barrier)의 높이에 대한 오차를 많이 개선하였기는 하지만, 아직도 모든 일반적인 경우에 대해서 개선되었다고 안심하기는 어렵다. 반데르발스(van der Waals) 상호작용이 큰 역할을 하는 대상을 DFT 방법으로 다루려는 연구들도 많이 진행되었지만,

이러한 경우에는 DFT 방법만을 적용하는 것은 여전히 주의해야 한다. 또한 대부분의 범함수들이 자체－상관성(self－correlation)에 관련된 문제(원래는 전자 하나가 자신과 상호작용하는 부분이 없어야 한다.)를 완전히 해결하고 있지 않기 때문에 $F_2^+$ 처럼 대칭적인 라디칼이 두 부분으로 해리하는 경우에 먼 거리 부분의 퍼텐셜 에너지 곡선이 잘못 묘사된다. 이로 인하여 전하－이동 복합체들(charge－transfer complexes)에서의 분자 간 상호작용(intermolecular interaction)을 과도하게 다루기도 한다.

완벽하지 않은 범함수를 사용하는 DFT 방법은 변분원리를 충족하지 않기 때문에, 일부 DFT 범함수들은 에너지에 대하여 참값보다 더 아래의 값을 주기도 한다. 예컨대 지금도 가장 널리 사용되는 B3LYP 범함수를 cc－pvTz 바탕집합과 함께 사용하여 물($H_2O$) 분자의 구조를 최적화시키면, 그 에너지는 참값보다 13.8 kcal/mol 더 아래의 값이다. 전하밀도 변화율을 고려하는 GGA 방법은 크기－일치(size consistent) 성질을 만족시킨다. 그러나 크기－일치 성질을 만족하는 것과 변분 원리를 만족하는 것은 별개의 사항이다. 현재 널리 사용되고 있는 방법들은 대부분 순수한 GGA 방법이 아니고, HF 결과의 일부 및 다른 보정 항들을 여러 경험－인자들(empirical parameters)과 함께 혼합하여 사용하기 때문에 크기－일치 성질을 완전히 충족시키지 않을 수도 있지만, 큰 문제는 없는 것으로 여겨지고 있다.

지금까지 수많은 종류의 범함수들이 제시되고 개발되었다. 그러나 특정 범함수를 사용하여 결과를 얻은 후, 그보다 더 정확한 결과를 제공하기 위하여 추가로 시도할 수 있는 방향에 대한 체계적인 방안 혹은 규칙이 DFT 이론 자체에서 내부적으로 제공되지 않는다는 점이 DFT 방법의 가장 큰 단점이다. 다시 말해서, 전통적인 WFT 방법들에서는 바탕집합의 크기를 점차 확대하면서 동시에 계산 방법의 이론 수준을 (배치－간 상호작용 방법에서는 CISD, CISDT, CISDTQ 등의 순서로; MBPT 방법의 경우에는 MBPT(2), MBPT(3), MBPT(4) 등의 순서로; CC 방법에서는 CCS, CCSD, CCSDT, CCSDTQ 등의 순서로) 점차 높여나가면서 계속하여 무한히 결과를 개선시킬 수 있는 방법이 그 이론의 내부에서 제공된다. 그러나 DFT 방법에서는 서로 다른 DFT 방법들 사이에 어느 것이 이론적으로 더 우수하다고 평가하기가 어렵고, 또한 주어진 범함수를 사용하여 얻은 결과를 더 개선할 수 있는 아무런 방법이 없다는 것이 DFT 방법의 가장 큰 단점이다.

그럼에도 불구하고 B3LYP 또는 B3PW91과 같은 혼성－DFT 방법들을 사용하면 MBPT(2) 수준의 정확도를 MBPT(2)보다 훨씬 더 적은 계산량(계산 시간과 주 메모리 용량)만으로도 구할 수 있다는 것이 1990년대 중반부터 많은 경우에 대하여 보고되고 있다. 어떤 경우에는 CCSD 또는 CCSD(T)에 필적하는 좋은 결과를 제공하기도 한다. 여러 가지 논란에도 불구하고, 계산화학 프로그램을 일반 연구자들이 활용하는 분야에서는 DFT 방법들이 매우 광범위하게 활용되고 있다. 계산 시간이 적게 걸린다는 점과 사용하기 쉽다는 두 가지 이유 때문에 DFT가 아주 널리 (다소 부주의하고 때로는 용감하게) 사용되고 있다. 앞서 강조하였듯이 DFT 방법이 본질적으로 약간은(혹은 상당히) 반-경험적인 부분을 포함하기 때문에, 지금까지 연구되어온 화합물들과 전혀 다른 화합물을 다루고자 하는 경우에는 DFT 방법만 전적으로 사용하면 전혀 잘못된 결과를 얻을 수도 있다는 가능성을 항상 염두에 두면서 사용해야 할 것이다.

그런 의미에서 DFT 방법을 사용하는 연구를 진행하다가, 무언가 확실하지 않은 부분이 있다고 생각되면, 앞의 5.2절과 5.4절 사이에 설명한 WFT 방법들 중 하나를 적절하게 보완하여 사용하는 것이 보다 안전한 최선의 방법일 것이다. 특히 MP2 방법은 전자-상관성 효과를 포함하는 WFT 방법들 중 계산 시간이 가장 적게 걸리며, 정성적인 경향성은 비교적 올바르게 제시하는 것으로 여겨지기 때문에, DFT 계산 방법들을 적용하면서 MP2 방법을 일부라도 시험 삼아서 적용해보기를 권한다. 또한 DFT 방법으로 구한 결과들에 대하여 (참고할 만한 실험 결과가 거의 없어서) 본격적인 이론 검증으로 사용되는 것으로는 CCSD(T) 방법(혹은 그에 거의 근접하는 방법)이 가장 자주 사용된다. 그러나 대상 화합물에 포함된 (수소를 제외한) 원자가 10여 개 이상만 되면 CCSD(T) 방법을 적용하면 계산 시간이 아주 많이 요구된다.

WFT 방법에서는 풀어야 하는 수식은 명확하게 규정되기 때문에 그것을 풀이하면 정확한 해답을 구하는 것이 원칙적으로 가능하지만, 그것을 점차로 더 정확하게 풀어가는 과정이 급격히 어려워지고 또한 계산-자원양이 급격히 증가하기 때문에 실제 적용에서는 많은 제한을 받는다. 반면 DFT 방법에서는 대상 수식을 풀이하는 것 자체는 비교적 쉽지만, 풀어야 하는 수식(즉 범함수)을 정확하게 규정하는 체계적인 방법이 모호하며, 따라서 풀이된 결과의 신뢰성에는 항상 어느 정도의 한계를 포함된다. 그러나 과학 연구에서는 무조건 정확한 해답만이 꼭 필요한 것은 아니며, 연구의 목적을 기준으로 허용 가능한 오차 범위 안에 들어오는 실질적인 근사 (실용적인 정확성) 결과가 더 중요한 의미를 가질 수도 있다.

마지막으로 DFT 방법을 사용함에 있어서는, 연구하려는 문제의 특성에 적합한 범함수를 잘 선택하는 것이 가장 중요하다는 것을 지적한다. 그러나 어느 것이 가장 적합한 범함수인지를 판단하는 기준은 각각의 경우에 따라 달라지기 때문에, 여기서 간단히 정리하기 어렵다.

## 5.6 복합 방법들(Composite Methods)

계산 방법에 대한 하나의 지시어(keyword)만 지정하면, 미리 정의된 순서에 따라 지금까지 앞에서 설명한 여러 방법들을 적용한 후, 이들 여러 계산의 결과들을 정해진 규칙으로 조합하여, 가능한 최상의 결과를 제공하는 방법들을 **복합 방법**(composite method)이라고 부른다. 어찌 보면, 계산화학을 전문적으로 수행하는 연구자들이 동일한 연구 대상에 여러 종류의 계산화학 방법들을 나름대로의 순서와 규칙으로 적용하여, 최적의 결과를 추구하는 과정들 자체가 복합 방법에 해당한다고 볼 수 있다. 그러나 여기 5.6절에서 설명하려는 것은 연구자가 그러한 과정을 일일이 진행하지 않고, 계산화학 프로그램이 알아서 진행하도록 개발된 것들에 대한 것이다. 원칙적으로는 계산화학 방법으로 다룰 수 있는 모든 물리-화학 성질들 모두가 이러한 복합 방법의 대상이 될 수 있겠지만(그리고 인공지능 개념이 계산화학에 성공적으로 도입된다면 10여년 후에는 일부 가능할 수도 있겠지만), 현재로는 오직 (바닥 전자상태에 해당하는 대상들의) 에너지에 대해서만 이러한 복합 방법들이 개발되어, 일반적으로 사용되고 있는 계산화학 프로그램들에 포함되어 있다.

복합 방법들이 처음 시작되던 애초에는 에너지에 대한 평균-절대-오차(MAE, mean absolute error)를 흔히 화학적 정확성(chemical accuracy)이라고 부르는 1.0 kcal/mol 이하에 도달하는 것을 목표로 하였는데, 요즈음에는 그보다 훨씬 더 정확한 (MAE < 0.5 kcal/mol) 수준까지도 도달하고 있다. 복합 방법의 기본 원리는 이번 5장의 가장 앞 부문에 있는 표 5.1에 포함된 의미로부터 이해될 수 있으며, 이를 그림 5.2에 도식적으로 나타내었다.

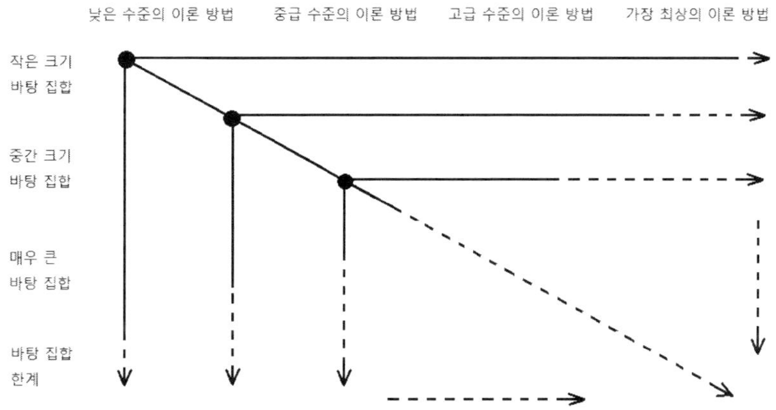


그림 5.2 복합 방법(composite method)의 원리와 체계에 대한 개념도

계산에 사용되는 이론 방법의 수준이 낮은 경우에는 매우 큰(예컨대 aug−cc−pv6z 수준의) 바탕집합까지 사용하는 것이 가능하며, 바탕집합의 크기가 커지면서 계산 결과가 수렴하는 거동으로부터 바탕집합의 한계에 해당하는 값을 외삽으로(extrapolation) 추정할 수 있다. 이것은 그림 5.2의 그림에서 가장 왼쪽에 있는 아래로 향하는 화살표에 해당한다. 이론 방법의 수준이 한 단계 더 높아지면 아주 큰 바탕집합까지 사용하는 것은 어렵겠지만, 작은 바탕집합부터 큰 바탕집합으로 순차적으로 확장하면서 계산을 수행한 후, 이들 각 바탕집합을 사용하여 얻은 결과들을 조합하여 그 이론방법에 대한 바탕집합의 한계에서 도달할 수 있는 결과를 추정할 수 있다. 이것이 위 그림에서 아래를 향하는 화살표들 중 두 번째 (아래 끝 부분이 점선으로 된) 화살표에 해당한다. 다행히 에너지에 관해서는, 특히 cc−pVnZ 계열의 바탕집합을 사용하면, 바탕집합의 한계를 추정하는 것이 매우 신뢰성이 높은 것으로 알려져 있다.

한편, 바탕집합의 크기가(예를 들어 DZP 정도로) 작다면 (그리고 분자가 크지 않다면) 가장 최상의 이론 방법인 Full−CI 방법을 적용한 계산이 가능하다. 이것이 그림 5.2의 오른쪽 방향 화살표들 중 가장 위의 것에 해당한다. 분자가 보통 크기로 커지고, 바탕집합의 크기도 좀 더 커지면 Full−CI 방법은 어렵겠지만, Full−CI에 아주 근접하는(예를 들어 CCSD(T)과 같이) 매우 높은 수준의 방법을 적용할 수도 있다. 이것은 위 그림의 오른쪽 방향 화살표들 중 가장 위에서 두 번째(오른쪽 끝이 점선으로 된) 것에 해당한다. 분자가 더 커지고 바탕집합의 크기도 더 커지면, CCSD(T)보다는 좀 낮은 수준인 MP4 혹은 QCISD(T) 방법까지 적용할 수 있을 것이다. 이것은 세 번째 오른쪽 방향 화살표에 해당한다. 동일한 바탕집합에 대하여 이론 방법의 수준을 순차적으로 높여가면, 각 이론 방법의 결과들을 조합하여 가장 최상의 이론 방법을 적용하였을 때의 결과를 추정해 볼 수 있겠지만, 아쉽게도 이 경우에는 바탕함수 크기를 확장하는 경우에 비하여 그러한 추정 방법이 명확하지 않다. 그러나 위의 그림에서 오른쪽을 향하는 화살표에 해당하는 일련의 계산들과 아래쪽을 향하는 화살표에 해당하는 또 다른 일련의 계산들을 몇 가지 선정하여 모두 수행한 후, 그 결과들을 조합하여(그리고 경우에 따라서는 다소 경험적인 몇 가지 추가 보정을 더하여) 위 그림의 가장 오른쪽 아래에 해당하는 정확한 결과를 추정할 수 있다. 이것이 거의 모든 복합 방법들의 원리다. 각각의 복합 방법들은 위 그림에서 검은색 원으로 나타낸 기준점들 중 어디에서 출발하는지에 따라서 각 방법이 요구하는 계산량 및 계산 결과의 정확성이 결정된다.

복합 방법들의 가장 기본이며, 최초 방식은 1980년대 중반부터 이미 시작된 **완전 바탕집합**(CBS, complete basis set) **방법**들이다. 동일한 수준의 이론 방법을 사용하면서 바탕함수의 크기를 점차 확대하는 일련의 계산들을 수행하고, 그 결과들을 이용하여 바탕함수의 극한(one−electron basis set lit)에 해당하는 값을 외삽(extrapolation) 방법으로 구하는 여러 수식들이 제안되었다. 분자에 포함된 원자들의 종류에 따라서, 사용하는 계산 방법의 이론 수준에 따라서 여러 종류의 CBS 방법들이 개발되었는데, CBS - Q(**주의**: 여기서는 대문자 Q와 소문자 q가 다른 의미를 가진다.), CBS−q, CBS4, CBS−QB3 등이 이에 해당한다. CBS 방법은 여러 복합 방법들 중에는 비교적 간단하기 때문에 이에 대한 설명은 생략하고, 아래에 G3 방법을 사용하여 복합 방법들의 일반적인 방식을 설명한다.

그림 5.2와 이에 대하여 위에서 개념적으로 설명한 단계들이 실제로 어떤 순서 및 체계로 진행되는지를, 복합 방법들 중 하나인 **G3 방법**(Gussian−3 method)을 예로 들어 설명하면 다음과 같다.

(1) HF/6−31G(d) 방법으로 구조−최적화와 분자 진동수 계산을 순차적으로 수행하여, 그 결과로부터 영점−에너지 보정(zero−point vibration energy correction) 값(ZPVE)을 구한다. 이때 HF/6−31G(d) 방법으로 계산한 분자 진동수($\omega_i$)들에 0.893의 비례−인자(scaling factor)를 곱한 후 $ZPVE = (1/2)\sum_{i=1}^{3N-6(5)} \omega_i$ 수식으로 계산한다. 아래의 (2)−(8) 단계의 결과들이 모두 Hartree 단위로 주어지기 때문에, 만약 $\omega_i$를 $cm^{-1}$ 단위로 계산하면, 계산된 ZPVE 값을 219474.6으로 나누어 Hartree 단위로 변환하여야 한다(3장의 표 3.1 참고).

(2) MP2/6−31G(d) 방법으로 분자구조를 다시 최적화하여 기본 분자구조(base molecular structure)로 삼는다. 아래의 모든 계산들은 이 분자구조를 더 이상 변화시키지 않고 수행하는 '단일−지점(single point) 에너지 계산'들이다.

(3) 기본 분자구조에서 MP4/6−31G(d) 에너지를 구하여 이것을 에너지의 기본 값(base energy)으로 삼는다. 이때 주의할 것은 그냥 MP4 방법을 사용하면 전자−상관성 계산 부분에서 중심 전자들을 제외하기 때문에 Full−core에 해당하는 지시어(Gaussian 프로그램에서의 Keyword는 FC)를 사용하여 계산하여야 한다. 그러나 아래 (4)번 뒤의 계산들은 중심 전자들을 제외하는 방법으로 수행한다.

(4) 기본 분자구조에서 MP4/6−31+G(d), MP4/6−31G(2df,p), QCISD(T)/6−31G(d), MP2/G3Large 방법들로 계산을 수행한다. 여기서 바탕집합 G3Large는 6−311+G(3df,2p) 바탕집합을 (바탕집합의 한계를 외삽(extrapolation) 방법으로 추정하기에 더 적합하도록) 조금 더 개선한 것에 해당한다.

(5) 위의 (4)번 계산에서 사용한 이론 방법에 내포된 더 낮은 수준 이론 방법의 결과들을 분리해 낸다. 예컨대 MP4/6−31G(2df,p) 방법의 결과 안에는 MP2/6−31G(2df,p)

방법의 결과가 포함되어 있고, QCISD(T)/6−31G(d) 방법의 결과 안에는 MP2/6−31G(d) 방법과 MP4/6−31G(d) 방법에 해당하는 결과들이 이미 포함되어 있다.

(6) 위의 (5)번 단계에서 분리−추출해낸 결과들을 이용하여 각 수준 이론방법의 바탕집합 한계를 추정한다. 예컨대 MP2/6−31G*, MP2/6−31+G(d), MP2/6−31G(2df,p), MP2/G3Large 결과들로부터 바탕집합에 추가되는 분극−바탕함수들(polarization basis functions, d−, p− 부분)의 기여도, 퍼진−바탕함수들(diffuse basis functions by +)의 기여도, 더 추가되는 바탕함수들(additional basis functions by 3df−, 2p−)의 기여도 등으로 분리한다.

(7) MP4/6−31G(d), QCISD(T)/6−31G(d) 방법의 결과들로부터 $\Delta E_{MP4-QCISD(T)}$ 값을 정한다.

(8) 위의 (5)~(7)번의 결과를 조합하여 QCISD(T)/G3Large 방법에 해당하는 결과($E_{CISD(T)/G3Large}$) 값을 계산한다. (5)~(7)번 결과에서 구한 각 기여도들을 조합하는 것은 단순한 덧셈−관계(additive relation)가 아니며, 그 방식은 좀 복잡하여 여기서는 생략한다.

(9) $E_{CISD(T)/G3Large}$에 (1)번에서 구한 ZPVE 값을 더한다.

(10) 마지막으로 남아있는 여분의 전자−상관성 효과를 다음 수식으로 계산하여 더해준다.

$$\Delta E_{additional-correl.} = -A \times n_{pairs} - B \times n_{unpaired} \tag{5.93}$$

여기서 $n_{pairs}$는 (중심 전자들을 제외한) 짝진−전자쌍들의 수(**주의**: 짝진 전자쌍의 수는 짝진 전자들 수의 반이다.)이고, $n_{unpaired}$는 짝짓지 않은 전자들의 수다. 상수 A와 B는 분자인 경우에는 A=0.0006386, B=0.0002977이고, 원자인 경우에는 A=0.0006219, B=0.0001185이다.

G3 방법을 적용하면 정확한 실험값이 알려진 많은(대략 100여개) 분자들에 대한 에너지 계산 값의 평균−절대−오차(MAE)가 1.1 kcal/mol이다. 그러나 제법 큰 분자에 G3 방법을 그대로 적용하면 너무 많은 계산량이 요구되기 때문에, 좀 더 적은 양의 계산으로 G3 방법에 근접하는 결과를 제공하는 변형 방법들(예를 들어 G3MP2, G3B3, G3MP2B3)이 있다. 1998년에 발표된 G3 방법은 그 이전(1989−1991)에 발표된 G1/G2 방법을 개선한 것인데, G2 방법보다 시간이 더 걸리지 않으면서도 오히려 좀 더 좋은 결과를 준다. 그래서 G2 계통의 방법을 사용하려면 차라리 G3 계통의 방법을 사용하는 것이 더 나은 선택일 수 있다. G3 방법을 오히려 더 개선하려는 변형 방법들도 있는데, G3X, G3S, G3SX 방법

들이 그에 해당한다. 한편 ccCA 방법(correlation consistent composite approach) 방법은 G3 방법의 변형에 해당하는데, G3 방법에서 Pople 계통의 바탕집합들을 사용하여 CBS 극한(complete basis set limit)을 추정하는 부분을 cc-pVnZ 계통의 바탕집합을 사용하여 CBS 극한을 추정하는 것으로 대체하였고, 또한 QCISD(T) 방법을 CCSD(T) 방법으로 대체하였다. 그 결과 ccCA 방법들(ccCA에 해당하는 변형들도 10여 종류 이상이다!)의 MAE는 대략 ±1.1 kcal/mol이다. 또 한편으로 G3(MP2) 방법을 조금 변형하여 2009년도에 제시된 T1 방법은 MEA가 약 2.0 kcal/mol 수준으로 다수의 큰 분자들의 에너지 특성을 비교적 빠른 방법으로 계산하기 위하여 제시된 방법에 해당한다.

G3 방법보다 더 높은 정확성을 추구하는 G4 방법이 2007년에는 제시되었는데, G3 방법에서의 QCISD(T) 방법이 CCSD(T) 방법으로 좀 더 높여졌고, 기본 분자구조 결정과 ZPVE 계산을 모두 B3LYP/6-31G(2df,p) 방법 수준으로 높인 것이 주요 특징이다. G4 방법의 MAE는 0.8 kcal/mol이다.

Gn 방법들에 자극받아 1999~2000년에 W1 방법이 발표되었고, 뒤이어 **W2, W3, W4** 방법들이 2006년쯤까지 연이어 발표되었다. 여기서 W는 이들 방법을 제시한 연구자들이 소속된 이스라엘 Weizmann Institute를 의미한다. Wn 방법들은 짝진-뭉치 이론(coupled-cluster theory) 방법들을 주로 사용하여 더 정확한 결과를 추구하는 방법들이다. 처음 제시된 W1 방법에서는 하나의 경험 인자를 사용하였지만 이후 W2부터는 반-경험적 인자를 전혀 사용하지 않는다. (Gn 방법들에는 여전히 한두 개의 경험 인자를 사용한다.) W1/W2 방법에서는 cc-pVnZ 계열의 바탕집합과 함께 CCSD와 CCSD(T) 방법의 바탕집합 극한을 구한다. W3/W4 방법에서는 CCSDT와 CCSDTQ까지의 계산을 수행하며, W4 방법에서는 좀 작은 바탕함수를 사용하여 CCSDQ5 수준까지의 계산도 포함한다. 이러한 다소 과도한 계산 덕분에 분자의 에너지(혹은 열역학에서의 몰-생성열, Heat of formation)에 대한 MAE가 W1/W2 방법들은 0.6/0.5 kcal/mol이고 W3 방법은 0.2 kcal/mol, W4 방법은 0.1 kcal/mol까지 작아졌다고 주장되고 있다. Wn 방법에 (전자 사이의 거리를 직접 포함하는 바탕함수를 사용하는 것을 근사하여 포함시키는 방법인) F12 방법을 결합한 W1-F12와 W2-F12 방법들도 2012~2014년 사이에 제시되었다. Wn 방법들은 기본적으로 매우 높은 수준의 CCT 이론 방법을 사용하기 때문에 에너지 값뿐만 아니라 분자구조도 매우 정확하게 제시한다. (Gn 방법은 분자구조 자체는 아주 정확하게 제시하지 않는다.) 한편 **HEAT**(high accuracy extrapolated ab initio thermochemistry) **방법**에서는 CCSCTQ 수준의 이론 방법에서 CBS 극한까지 추정하며, ZPVE 계산에서 진동의 비-조화성(anharmonicity)도 (scaling factor를 사용하지 않은 직접 계산으로) 고려하여 보정해주며, 상대성 효과에 의한 보정과 보른-오펜하이머 근사에 의한 오차까지(2-nd order nonadiabatic coupling term까지 계산하여) 보정한다. 그 결과 에너지 값에 대한 계산들의 MAE를 0.1 kcal/mol까지 낮추었다고 주장되고 있다.

지금까지 위에서 열거한 복합 방법들은 분자에 포함된 원자의 종류나 화학결합의 특성에 관계없이, 미리 정의된 절차를 모든 분자에 공통으로 적용한다. 그런데, 수년 전(~2012년)에 Feller, Peterson, Dixon이 제안한 **FPD 방법**에서는 대상 분자의 특성이나 추구하는 정확도의 수준에 따라, 미리 정해둔 여러 종류(대략 13종류)의 보정 방법들 중 필요한(혹은 적합한) 방법들을 유연하게 조합(flexible composite)하여 최종 결과를 구한다. 높은 수준의 FPD 방법을 사용하면 에너지 값에 대한 MAE는 0.3 kcal/mol 수준, 수소가 참여하지 않은 결합 길이에 대한 MAE는 0.0020 Å, 수소가 참여한 결합 길이에 대한 MAE는 0.0034 Å이라고 주장되고 있다. FPD 방법은 널리 사용되고 있는 계산화학 프로그램에 포함된 경우가 거의 없지만, 이번 5.6절의 첫 문단에서 언급한 바와 같이, 에너지나 평형 분자구조뿐만 아니라, 다른 모든 물리-화학 특성들을 대상으로 하는 계산화학 연구에 인공지능 개념을 도입하는 한 가지 방향 혹은 접근 방식이 될 수 있다고 여겨지기 때문에 여기에 소개한 것이다.

여러 종류의 복합 방법들을 5.6절에서 소개하였지만, 계산화학을 처음 시작하는 학생들은 이들 복합 방법의 사용을 자제하는 것이 좋다. 특히 분자에 포함된 (수소를 제외한) 원자의 수가 5개 이상만 되어도, 이 방법들은 매우 많은 계산량을 요구한다. 컴퓨터 성능이 우수하다면 CBS-q(대문자 Q가 아니라 소문자 q) 방법이나 G3(MP2)/G3B3 방법쯤은 한 번 시도해 볼만하다. 계산화학에 대한 일정 수준 이상의 경험과 이론적 이해가 갖추어진 이후에, 그리고 연구하려는 대상 분자에 대하여 낮은 수준의 계산 방법들을 충분히 적용한 이후에 복합 방법들을 사용하여야 한다. 더구나 복합 방법들은 인정한 평형구조를 가지는 분자들의 상대적인 에너지 값에 대하여 적용하는 경우에만 의미가 있고, 다른 연구 대상들(예컨대 IR, UV/Vis, NMR 등의 분광학 특성 등)에 대한 연구에 복합 방법을 적용하는 것은 거의 무의미할 수 있다.

사실 대학교 4학년 학생을 주요 대상으로 하는 이 책에서 이번 5장의 여러 내용들을 굳이 설명할 필요는 없겠지만, 이 책에 포함된 기초 실습에 의한 결과들의 품질(정확성 혹은 신뢰도)에 대하여 학생들이 다소 실망하였을까 염려되어, 높은 수준의 양자계산화학 방법들을 적용하면 훨씬 더 정확한 (경우에 따라서는 실험 결과보다 더 높은 신뢰성이 인정되는) 결과들도 얼마든지 도달할 수 있다는 것을 보여주기 위하여 5.6절의 내용을 이 책에 포함시켰다.

## 실습-5-01 복합 방법들에 대한 기초 실습

### 1. 각 복합 방법에 대한 기초 실습

#### 1-1. G3 방법으로 바닥 전자상태인 산소 분자($O_2$)의 에너지 계산

(1) 다음 네모 칸 안의 내용과 같은 Gaussian input 자료를 이용하여 바닥 전자배치인 삼중-항(Triplet) 상태의 산소 분자의 에너지를 계산한다.

```
#T G3 test

*** Triplet-state, O2, by G3MP2 method ***

0 3
O
O  1   1.160
```

주의: **이번 실습에서는** Route section(#로 시작되는 첫 줄)에 위 네모 칸의 내용처럼 **test가 꼭 있어야 한다**. (아래 (2)번에서, output file의 내용에서 필요한 부분을 쉽게 찾을 수 있도록 test를 사용한다.) 아래의 (2)-(7)까지 내용의 의미에 대해서는 여기서부터 3쪽 앞에서 이미 설명한 G3 방법의 내부 과정을 참고하라.

(2) 계산이 끝나면 결과 파일을 열고, '찾기 도구'를 사용하여 'Test job not archived'라는 부분을 찾으면 다음 네모 칸 부분이 나온다.

```
Test job not archived.
1\1\GINC-HPC\FOpt\UHF\GTBas1\O2(3)\???\??-???-2017\0\\#t G3 test...
* test for G3 , O2 ***\\0,3\O,0.,0.,-0.0030587811\O,0.,0.,1.1646587811
     . . . . . . . . .
```

위 내용에서 두 번째 줄에 나온 계산 방법(**UHF/GTBas1**)을 확인한다.

(3) '찾기 도구'를 사용하여 'Test job not archived'라는 부분을 한 번 더 찾아 다음 네모 칸 내용과 같이, 계산 방법(**HF/GTBas1 Freq**)을 확인한다.

```
Test job not archived.
1\1\GINC-HPC\Freq\UHF\GTBas1\O2(3)\???\??-???-2017\0\\#t#T ...
ck Guess=TCheck SCRF=Check Test HF/GTBas1 Freq\\*** test for G3 , O2 *
     . . . . . . . . .
```

(4) '찾기 도구'를 사용하여 'Test job not archived'라는 부분을 또 한 번 더 (3번째) 찾아 다음 네모 칸 내용과 같이, 계산 방법(**MP2**(Full)/**GTBas1**)을 확인한다.

```
Test job not archived.
1\1\GINC-HPC\FOpt\UMP2-Full\GTBas1\O2(3)\???\??-???-2017\0\\#t\#T..
AllCheck Guess=TCheck SCRF=Check Test MP2(Full)/GTBas1 Opt=RCFC\\*** t
    . . . . . . . . .
```

(5) '찾기 도구'를 사용하여 'Test job not archived'라는 부분을 계속 더 찾아서, G3 방법에서 사용한 모든 단계(7단계)들의 방법을 확인하여 표로 정리하라.

(6) output file의 가장 끝에는 아래 네모 칸 안과 같이, 최종 결과의 주요 내용들이 종합하여 정리되어 있다. 여기서 포함된 각 값들이 어떤 의미인지 물리화학 교재, 양자화학 교재 및 이 책의 5.6절 설명을 참고하여 이해하라.

| | | | |
|---|---|---|---|
| Temperature= | 298.150000 | Pressure= | 1.000000 |
| E(ZPE)= | 0.004065 | E(Thermal)= | 0.006427 |
| E(QCISD(T))= | −149.961905 | E(Empiric)= | −0.037884 |
| DE(Plus)= | −0.009077 | DE(2DF)= | −0.092296 |
| E(Delta−G3)= | −0.151115 | E(G3−Empiric)= | −0.037884 |
| G3(0 K)= | −150.248212 | G3 Energy= | −150.245850 |
| G3 Enthalpy= | −150.244906 | G3 Free Energy= | −150.268117 |

가장 중요한 것들만 간단히 정리하면 다음과 같다. 이 경우는 특정 온도를 지정하지 않았기 때문에, 실온에 해당하는 298.15 K에 해당하는 값들을 계산하였다. input에서 keyword를 사용하여 특정 온도를 지정할 수 있다(이 책의 실습−4−04를 참고하라).

$$G3\,(0\,K) = E_{elec.} + ZPE$$

$$G3\,Energy\,(298.15K) = G3\,(0\,K) + E_{Trans} + E_{Rot.} + R_{Vib.}$$

$$G3\,Enthalpy\,(298.15K) = G3\,(298.15\,K) + RT$$

$$G3\,Free\ Energy\,(298.15K) = G3\,Enthalpy\,(298.15\,K) - TS$$

(7) 아래의 종합 표에 E(ZPE)와 G3(0 K) 값을 기입한다.

| 종합 표−1 | G3 | G3B3 | G3MP2 | G3MP2B3 |
|---|---|---|---|---|
| Step−1 | UHF/GTBas1 | | | |
| Step−2 | HF/GTBas1 Freq | | | |
| Step−3 | MP2(Full)/GTBas1 | | | |
| Step−4 | QCISD(T,E4T,FrzG3)/GTBas1 | | | |

| Step−5 | MP4=FrzG3/GTBas2 | | | |
|---|---|---|---|---|
| Step−6 | MP4=FrzG3/GTBas3 | | | |
| Step−7 | MP2=Full/GTLarge | | | |
| | | | | |
| E(ZPE) | 0.004065 | | | |
| G3 (0 K) | −150.248212 | | | |

### 1−2. G3, G3B3, G3MP2, G3MP2B3 방법들 사이의 비교

(1) 1−1의 (1)에 보인 Route section 부분만 아래와 같이 바꾼 후 계산하고, 결과 (output file)에서 해당 부분들을 찾아서, 위의 **종합 표−1**의 세 번째 열에 첨가하라.

```
#T G3B3 test
```

(2) G3B3를 G3MP2로 바꾼 후, 위 과정을 반복한다.

(3) G3MP2를 G3MP2B3로 바꾼 후, 반복한다.

(4) 이 결과들을 사용하여 위의 **종합 표−1**을 완성하라.

(5) **참고**: G3 방법은 7 단계들을 진행하였지만 G3B3, G3MP2, G3MP2B3 방법들은 각각 6, 5, 4단계까지만 진행한다.

(6) 에너지에 기여하는 부분 및 계산 단계들에서 G3, G3B3, G3MP2, G3MP2B3 방법들 사이의 공통점과 차이점을 간단히 설명하라.

### 1−3. CBS−APNO, CBS−QB3, CBS−4M 방법들의 비교 실습

1−1과 1−2에서 진행한 Gn 계열의 복합 방법에 해당하는 네 가지 방법들(G3, G3B3, G3MP2, G3MP2B3) 대신에 CBS 계열의 복합 방법에 해당하는 세 가지 방법들(CBS−APNO, CBS−QB3, CBS−4M)을 비교하기 위하여, 바닥 전자상태인 산소분자($O_2$)의 에너지를 계산하고, 그 결과를 다음과 같은 **종합 표−2** 방식으로 정리하라.

| 종합 표-2 | CBS-APNO | G3B3 | G3MP2 |
|---|---|---|---|
| Step-1 | UHF/6-311G(d,p) | | |
| Step-2 | HF/6-311G(d,p) Freq | | |
| Step-3 | QCISD/6-311G(d,p) | | |
| Step-4 | QCISD(T)/6-311++G(2df,p) | | |
| Step-5 | MP2=Full/CBSB6 | | |
| Step-6 | HF/CBSB5A | | |
| Step-7 | MP2/CBSB5 CBSExtrap=(NMin=10,Pop) | | |
| | | | |
| E(ZPE) | | | |
| CBS (0 K) | | | |

### 1-4. W1U, W1BD, W1RO 방법들의 비교 실습

Wn 계열의 복합 방법에 해당하는 3가지 방법들(W1U, W1BD, W1RO)을 비교하기 위하여 바닥 전자상태인 산소분자($O_2$)의 에너지를 계산하고, 그 결과를 다음과 같은 **종합 표-3** 방식으로 정리하라. (주의: W1 방법들은 매우 시간이 많이 걸리기 때문에, 실습 시간이 충분하지 않으면, 이번 1-4는 수행하지 않아도 된다.)

| 종합 표-3 | W1U | W1BD | W1RO |
|---|---|---|---|
| Step-1 | | | |
| Step-2 | | | |
| Step-3 | | | |
| Step-4 | | | |
| ... | | | |
| E(ZPE) | | | |

## 2. 반응 에너지에 대한 복합 방법을 적용하는 기초 실습

메탄올의 연소반응은 다음과 같다. $CH_3OH(g) + \frac{3}{2}O_2(g) \rightarrow CO_2(g) + 2H_2O(g)$
이 화학 변화의 연소열(반응열)을 여러 복합 방법으로 연구하고, 그 결과표를 완성하라.
(주의: Wn 방법들은 매우 많은 계산량이 요구되므로, 꼭 하지 않아도 된다.)

| 복합 방법 | $CH_3OH$ | $O_2$ | $CO_2$ | $H_2O$ | 반응 에너지 |
|---|---|---|---|---|---|
| CBS-4M | | | | | |
| CBS-QB3 | | | | | |
| CBS-APNO | | | | | |
| G3MP2B3 | | | | | |
| G3MP2 | | | | | |
| G3B3 | | | | | |
| G3 | | | | | |
| W1U | | | | | |
| W1BD | | | | | |
| W1RO | | | | | |

메탄올 연소의 반응열에 대한 실험 결과 값을 문헌이나 인터넷에서 검색한 후, 위 결과와 비교하여 논하라. 실험값이 결정된 온도를 고려하면, 각 복합 방법의 최종 결과에서 어떤 부분을 사용하는 것이 합당한지 생각하고, 위 표를 완성하라.

# 맺음말

국내 대학의 학부 교육과정에서 '계산화학'이라는 교과목으로 정식 강좌가 개설된 경우가 아직은 흔하지 않으며, 대학원 과정에서야 비로써 계산화학 또는 그와 유사한 제목의 강좌로 교육되고 있는 경우가 대부분이다. 그러나 화학에 관련된 최근의 연구개발 현장에서는 '계산화학 방법을 사용하는 것'이 마치 '분석기기를 사용하는 것'에 비견될 정도로 아주 흔하고 중요한 역할을 하고 있다. 화학분야 학술 잡지의 최신 연구논문들 내용에 계산화학 방법을 적용한 결과들이 포함되는 경우가 매우 흔하며, 학술 논문의 심사자들이 '계산화학 방법을 적용한 결과를 첨부하라'고 요구하는 경우도 드물지 않다. 따라서 이제는 계산화학 방법을 적용하는 것이 더 이상 '가능하다면 한번 해 보면 좋은 것'이 아니라 '어렵더라도 꼭 해봐야 하는 것'에 해당하게 되었으며, 여러 경우에는 실제 실험 연구 이전에 '반드시 선행하여 거쳐야 하는 것'으로 인정되고 있다.

더구나 계산화학 방법을 적용하는 연구가 예전에는 '계산화학 분야의 전문 연구자'가 수행하던 특별한 것이었지만, 이제는 화학 분야 연구자라면 세부 전문 연구 분야에 무관하게 어느 정도는 직접 수행할 수 있어야 하는 기본 사항으로까지 여겨지고 있다. 따라서 대학원으로 진학하게 될 학생들의 경우에는 특정 세부 전공을 본격적으로 시작하기 이전에, 계산화학에 대한 기본적인 수준의 이해를 갖출 필요가 있다. 대학원 과정을 거치지 않고, 화학의 실무 분야에 진출하게 되는 학생들의 경우에도, 화학 분야 전문 연구자들과의 원활한 정보 교환과 소통을 위해서는 계산화학에 대한 최소한의 이해와 지식을 갖출 필요가 있다.

그러나 계산화학에 대한 전체적인 이해를 기본 수준이라도 갖추는 것이 사실은 그렇게 쉽지 않다. 여러 가지 계산화학 방법들의 이론적인 배경에 대하여 개념적인 수준을 갖추는 것만도 간단하지 않으며, 계산화학을 적용하는 단계에서 화학의 여러 분야(유기화학, 무기화학, 분석화학, 물리화학, 생화학 등)에 걸쳐있는 지식을 통합하고 연결하여 활용하는 것도 결코 간단하지 않다. 또한 계산화학 방법을 활용하는 것이 쉬어 보일 수 있겠지만, 실제 원하는 수준의 단계에 도달하기 위해서는 계산화학 방법을 적용하는 연구 경험을 일정 기간 이상 누적하는 것이 필요하다. 한 가지 다행스러운 점은, 계산화학 방법을 적용하는 실험-실습은 시약과 기구를 사용하는 실제 실험-실습에 비하여 비교적 저렴하고 안전하기 때문에, 사전 지식이 충분하지 않은 학생들에게도, 안전사고의 우려 없이, 교육할 수 있다는 것이다. 그래서 한편으로는 계산화학 방법에 대한 이론적인 이해가 충분하지 않은 상태에서라도, 일단 계산화학 방법을 적용하는 실습을 함께 진행하면서 교육하는 것이 더 바람직한 방법이 될 수도 있다.

이러한 여러 요인들을 고려하여, 학부생들에게 너무 어렵지 않은 적절한 수준으로 계산화학의 기본 개념들을 전달하고, 실제 실습을 진행할 수 있도록 이 책의 내용을 구성하였다. 이 책에 포함되지 않은 내용들도 많기 때문에 아쉬운 부분이 적지 않지만, 이 책을 활용한 학습을 지금까지 끝마쳤다면, 계산화학에 대한 최소한의 기본은 갖춘 것으로 생각할 수 있다. 이제는 좀 더 깊은 개념의 이해와 복잡한 단계를 거치는 고급 수준의 활용 능력을 습득하기 위하여, 대학원 이상 수준의 외국 서적을 학습하거나, 특정 계산화학 프로그램의 복잡한 사용자 설명서(User's Guide)를 집어 들고, 계산화학의 영역 안으로 본격 진입하기를 기대한다.

# 참고문헌

## 1장의 참고문헌

1−1. 신소재 개발을 위한 계산화학 개론 및 실습, 백경구·최석정·정효태, (주) 북스힐 출판, 2008.

1−2. Chemical & Engineering News (C&EN, May 12, 1997), Pub. by, ACS, James H. Krieger, 1997, pp. 30−40.

1−3. Chem & Bio Draw 10.0, User's Guide, CambridgeSoft, 2005.

1−4. Origin 8, User Guide, OriginLab Corporation, 2007.

1−5. UNIX for Programmers and Users, Graham Glass, Prentice Hall, 1993.

1−6. Introduction to Computational Chemistry, Frank Jensen, John Wiley & Sons, 1999.

## 2장의 참고문헌

2−1. Molecular Mechanics, Ulrich Burkert and Norman L. Allinger, ACS Monograph 177, 1982.

2−2. Introduction to Computational Chemistry, Frank Jensen, John Wiley & Sons, 1999.

2−3. HyperChem for Windows (Getting Started), HyperCube Inc., 2002.

2−4. Computer Simulation of Liquids, M. P. Allen and D. J. Tildesley, Clarendon Press, 1987.

2−5. 분자 동력학 모의실험, 이송희, 신지선원, 2000.

2−6. Understanding Molecular Simulation, Daan Frenkel and Berend Smit, Academic Press, Inc., 1996.

## 3장의 참고문헌

3−1. Quantum Chemistry, 7−th Ed., by Ira N. Levine, Pearson, 2014.

3−2. The Hartree−Fock Method for Atoms, by C. F. Fischer, John Wiley & Sons, 1977.

3−3. Methods of Molecular Quantum Mechanics, by R. McWeeny and B. T. Sutcliffe, Acamedic Press, 1969.

3−4. Semiempirical Methods of Electronic Structure Calculation, Ed. by Gerald A. Segal, Plenum Press, 1977.

3−5. Semi−Empirical Methods of Quantum Chemistry, by Joanna Sadlej and Ian L. Cooper, Ellis Horwood Limited Pub., English Edition, 1985.

3−6. Atomic Data and Nuclear Data Tables, Vol. 14, No. 3−4, by E. Clementi and C. Roetti, Academic Press, 1974.

3−7. https://bse.pnl.gov/bse/portal EMSL Basis Set Exchange web−site.

3−8. https://sites.google.com/site/orcainputlibrary/effective−core−potentials ORCA Input Library web−site.

3−9. Pseudopotential Theory of Atoms and Moleculs, by Levente Szasz, John Wiley & Sons, 1985.

## 4장의 참고문헌

4−1. Molecular Vibrations: The Theory of Infrared and Raman Vibrational Spectra, by E. Bright Wilson Jr., J.C. Decius, and Paul C. Cross, (Dover Books on Chemistry) Paperback−March 1, 1980.

4−2. Numerical Optimization, by J. Nocedal, S.J. Wright, Springer, 2006.

## 5장의 참고문헌

5−1. Modern Quantum Chemistry, A. Szabo and N. S. Ostlund, McGraw−Hill Pub., 1982.

5−2. Ab Initio Methods in Quantum Chemistry, Ed. by K. P. Lawley, John Wiley & Sons, 1987.

5−3. Exploring Chemistry with Electronic Structure Methods, 3−rd Ed. James B. Foresman and Æleen Frish, Gaussian, Inc., 2015.

5−4. Density−Functional Theory of Atoms and Molecules, by R. G. Parr and W. Yang, Oxford, New York, 1989.

5−5. Perspective: Kohn−Sham density functional theory descending a staircase, by H. S. Yu, S. L. Li, and D. G. Truhlar, ***J. Chem. Phys.*** Vol. 145, 130901 (2016).

# 한글 찾아보기

# 영문 찾아보기

## S



## T



## U



## V



## W



## Z

# 계산화학개론

초판 1쇄 발행 | 2018년 2월 25일
초판 2쇄 발행 | 2025년 8월 25일

지은이 | 백경구
펴낸이 | 조승식
펴낸곳 | (주)도서출판 북스힐

등 록 | 1998년 7월 28일 제22-457호
주 소 | 서울시 강북구 한천로 153길 17
전 화 | (02) 994-0071
팩 스 | (02) 994-0073

홈페이지 | www.bookshill.com
이메일 | bookshill@bookshill.com

정가 25,000원

ISBN 979-11-5971-126-8

Published by bookshill, Inc. Printed in Korea.